U0120920

威士忌工艺学

WHISKY TECHNOLOGY

孙方勋　主编

中国轻工业出版社

图书在版编目（CIP）数据

威士忌工艺学 / 孙方勋主编 . —北京：中国轻工业
出版社，2024.5

ISBN 978-7-5184-4569-1

Ⅰ．①威… Ⅱ．①孙… Ⅲ．①威士忌酒－工艺学
Ⅳ．①TS262.3

中国国家版本馆CIP数据核字（2023）第184895号

责任编辑：贺　娜
策划编辑：江　娟　　责任终审：白　洁　　　　封面设计：伍毓泉
版式设计：锋尚设计　　责任校对：郑佳悦　晋　洁　责任监印：张　可

出版发行：中国轻工业出版社（北京鲁谷东街5号，邮编：100040）
印　　刷：鸿博昊天科技有限公司
经　　销：各地新华书店
版　　次：2024年5月第1版第1次印刷
开　　本：787×1092　1/16　印张：32.25　插页：4
字　　数：800千字
书　　号：ISBN 978-7-5184-4569-1　　定价：228.00元
邮购电话：010-85119873
发行电话：010-85119832　010-85119912
网　　址：http://www.chlip.com.cn
Email：club@chlip.com.cn

谨以此书献给为中国威士忌事业不懈努力的奋斗者！

主编：孙方勋

　　酿酒高级工程师，国家一级品酒师，资深的国家级评酒委员，中国酒业协会葡萄酒技术顾问委员会委员和威士忌技术委员会委员，国际葡萄酒与烈酒大赛裁判，青岛大学兼职副教授，曾担任青岛葡萄酒厂总经理助理并全面负责技术工作，是青岛华东葡萄酿酒有限公司首任总酿酒师，现为青岛勋之堡酒业有限公司董事长。20世纪80年代中期赴澳大利亚学习、进修葡萄酒酿造技术，90年代中期赴欧洲研究威士忌、白兰地工艺。发表学术论文40余篇。出版的专著有《世界葡萄酒和蒸馏酒知识》《高级调酒师教程》《葡萄酒职场圣经》以及《威士忌品鉴课堂》（审校）、《葡萄酒工业手册》（参编）、《世界经典鸡尾酒大全》（审校）、《自酿葡萄酒入门指南》（审校）等。

主审：王好德

　　中国威士忌研究资深专家，酿酒高级工程师，连续多届的国家级评酒委员，青岛葡萄酒厂原总工程师，原轻工业部"优质威士忌酒的研究"青岛小组负责人，是我国威士忌研究的开创者。发表《优质威士忌酒研究》《苏格兰威士忌挥发性物质的研究》《威士忌质量的研究》《威士忌的调配与陈酿》等专业报告和论文十几篇。

序(一)

在酒业领域，中国是世界级的生产和消费大国。2020年，中国酒行业销售收入开始突破1万亿元，占全国GDP的1%。中国经济不断向好的发展，给酿酒行业带来新一轮高速发展的机会。酒的存在，不仅仅是满足人民的"口腹之欲"，更是为了满足人民日益增长的物质文化需要，是广大消费者美好生活的重要组成部分。

与许多国家在酒领域的"独沽一味"不同，中国酒有着种类全、产量大的特点，不仅是传统白酒和黄酒生产大国，也是最大的啤酒生产和消费国。作为世界六大蒸馏酒之一的威士忌，近年来在中国也快速发展。随着中国人均可支配收入的不断提升和消费升级，年轻群体对新事物的接纳度高于中年人和老年人。在这一背景下，威士忌凭借其品牌影响力和时尚形象，受到国内年轻群体的青睐，80后与90后已经成为威士忌消费市场的主体。

也正是因为中国高端消费者对威士忌的青睐，使之成为国际蒸馏酒领域最快的增长者。目前中国的威士忌市场需求量远大于生产量，市场对外依赖度相对较高。

我国近几年来陆续新建了一些威士忌酒厂，在提高国产威士忌质量的同时也扩大了生产规模。国内大型酒厂及国际威士忌企业积极在全国新建与扩建蒸馏厂，加速了中国威士忌市场的繁荣，这几年威士忌单品价格也呈现出上涨现象。

即使如此，国产威士忌仍处于起步阶段，国内大部分市场需求仍依赖进口产品。随着国内相关生产技术的逐渐成熟，酿造出具有个性化的国产威士忌将成为今后一段时期的研究重点。

同时，尽管威士忌产业目前在国内规模还不算大，但是展望未来，市场发展空间可谓巨大。为了适应行业需要，2023年，中国酒业协会成立了威士忌专业委员会，目的是正确引导行业发展，加快同国际接轨的步伐。目前协会正在会同有关部门及企业对原威士忌国家标准进行修订，筹备出台威士忌团体标准，以适应威士忌快速发展的需要，引导中国威士忌健康发展并建立独特风格，尽快在世界威士忌版图中占有一席之地，提升中国威士忌的价值。

对于酒类企业而言，目前发展国产威士忌可谓一片蓝海。首先，我们拥有庞大的市场需求。其次，中国原料品种资源丰富，在工艺技术和装备方面，已有啤酒、白酒、葡萄酒及白兰地等领域的成熟经验可供借鉴。此外，有赖于频繁的国际交流，我们可以学习先进产区经验，在此基础上，完全有能力生产中国威士忌，并形成鲜明特色的"国威"系列。

发展威士忌，需要理论和技术的支持，《威士忌工艺学》一书的出版恰逢其时。本书从威士忌的历史、原料、工艺、风味和产区等方面进行了诠释，其中大量数据都是来源于多年的科学实验，是非常宝贵的研究成果。全书内容丰富，深入浅出，非常适合威士忌酒厂的生产和研究，也可以作为高等学校的教学用书，是一本权威性的威士忌专著，对提高中国威士忌行业的技术水平有极大指导意义。

本书主编孙方勋先生从事葡萄酒和威士

忌的研究、生产工作40多年，是我国资深酒类专家，也是连续多届的中国酒业协会国家级评酒委员，现在是中国葡萄酒技术顾问委员会委员。他实践经验丰富、理论基础扎实，与国内外同行长期保持密切交流，曾长期在酿酒厂担任总酿酒师或总工程师，也曾出版多部酒类专著。他既有长期的一线实战经验，又有理论高度，他的把关也让《威士忌工艺学》一书同时具备了专业书籍的严谨性和实用性。

最后，我期待孙方勋先生在未来不断有更多研究成果与同行们分享！

（王延才）

原中国酒业协会理事长，现名誉理事长

2023年5月于北京

序(二)

在孙方勋先生主编的《威士忌工艺学》新作问世之际，很高兴能先睹为快，应邀为之作序。

威士忌作为著名蒸馏酒，在酒的世界中占有非常重要的地位。不同国家和产区根据其历史文化传统及原料、气候等特点，生产出具有地方独特风格的威士忌，如风靡世界的苏格兰麦芽威士忌、历史悠久的爱尔兰三次蒸馏威士忌，还有美国波本威士忌、日本水楢桶陈酿威士忌和加拿大黑麦威士忌等。这些富有魅力的生命之水，备受世界各地消费者的喜爱，多年来畅销不衰。

威士忌在我国虽也有百年历史，但发展速度缓慢。改革开放以来，威士忌的消费量逐年提高。特别是2017年开始，中国威士忌进口市场增速明显，高价位的威士忌进口占比增加。2022年，中国威士忌进口量已达到3282万升，进口金额为5.58亿美元。这意味着巨大的市场机遇，整个威士忌产业也正积极面对爆发需要，国内外各界巨头纷纷加入。威士忌产业异常活跃，众多洋酒、白酒和啤酒巨头乃至资本巨头都纷纷在国内布局威士忌，实行威士忌品牌本土化策略。在如今世界威士忌的版图上，中国具有举足轻重的位置。

威士忌的发展离不开科学技术的支持，早在20世纪70年代，国家就将威士忌的研究列入轻工业部重点科研项目，由研究机构、重点企业和高等学校的专家组成的攻关队伍，经过多年努力取得了大量研究成果，为我国威士忌的发展奠定了基础。

《威士忌工艺学》一书的出版，填补了国内这一领域专著的空白。这本书涉及面广，从原料到产区，再到设备、品鉴与饮用，涉及全球产区分布与质量法规、等级制度等。作者从专业角度和国际化视野对上述内容进行了全面和系统的解读，同时根据威士忌工艺的每一环节中的原理、技术，使用了大量图表与数据。书中还详细记录了中国威士忌的历史及发展脉络。这种种表现，都说明它是一部科学严谨、信息量大、内容丰富，理论与实践相结合的威士忌行业工具书，充分展现了作者在酒行业钻研40余年的深厚底蕴与专业素养。相信本书的出版，对于威士忌技术人员拓宽工作思路、提高工艺水平，可带来重要的参考和借鉴价值，对我国威士忌行业的持续健康发展提供强有力的技术支撑。

祝中国威士忌在不远的将来可以同世界著名产区的佳酿媲美！

（王德良）

中国食品发酵工业研究院首席专家、酿酒工程部主任、教授级高工、博士、国家酒类品质与安全国际联合研究中心主任

2023年9月10日

序（三）

威士忌是一种受欢迎的国际性酒精饮品。青岛是我国威士忌生产的发源地，国产威士忌起源于 20 世纪初，当时的威士忌和啤酒主要供德国人饮用，因为那个时期我国主要的酒类产品是黄酒和烧酒，不符合德国人的消费习惯。当时生产的威士忌大部分是调配威士忌。

青岛葡萄酒厂威士忌生产虽然有百年历史，但是中华人民共和国成立前规模较小，中华人民共和国成立后产量逐渐增加，在国内主要供应旅游市场，部分威士忌出口国外。为了提高产品质量，轻工业部将优质威士忌酒的研究列为 1973—1977 年科学技术发展规划，并且列入重点科研项目，承担单位为青岛葡萄酒厂和江西省食品发酵研究所，协作单位为吉林师范大学和青岛市轻工业研究所。威士忌的研究得到了有关部门的大力支持，轻工业部在人力和物力上给予支持，中国食品进出口总公司从国外购买威士忌样品，有关信息部门负责收集资料。我们从原料、糖化、发酵、蒸馏、陈酿及设备等方面进行了 5 年的科研工作，完成了预计的研究目标。1977 年由轻工业部委托北京市第一轻工业局在北京进行了鉴定，研究的威士忌经过了专家的对比品鉴和分析。鉴定意见为：①试验的威士忌已具有苏格兰威士忌的典型风格，质量接近"红方"水平；②从试验酒所达到的质量水平，说明所采用的工艺路线是成功的，方向是对的；③优质威士忌酒的研究成功，为满足国内外需要奠定了技术基础，做出了一定的贡献。在技术鉴定书中同时提出，为进一步提高质量，希望加强对威士忌用泥煤选择的研究。该研究项目获得轻工业部科技成果奖，山东省科技成果二等奖。青岛威士忌先后四次被评为山东省优质产品和名牌产品，获得轻工业部酒类大赛银奖。

我是 1961 年从山东省轻工业学校毕业分配到青岛啤酒厂，直到 1995 年在青岛葡萄酒厂退休，工作期间一直从事威士忌和葡萄酒的生产技术和科学研究工作。在 1973—1984 年期间专门负责威士忌科研工作，1983 年被中国食品工业协会聘为国家评酒委员，1987 年任青岛葡萄酒厂总经理助理，1992 年担任总工程师，可以说我一生的精力都是在同酿酒技术打交道，同这个行业建立了深厚的感情。

我从事酿酒行业几十年以来，参加过几届国家评酒大赛并出任评委，经历和目睹了中华人民共和国成立特别是改革开放以来，我国酿酒行业的快速发展，回想起来让我备感兴奋。

多年来，党和政府不论在科研工作、酿酒事业，还是生活方面都给予我很多的支持和关心，让我感激不尽，特别是在优质威士忌的研究过程中，给予了很多财力和人力的支持，当年在国家财政困难、外汇紧张的条件下，依然下拨专项资金从国外进口样品酒和购买设备；在人员配备方面，从全国各地的研究机构、大专院校等部门调出精兵强将支持威士忌的科研项目，这是优质威士忌酒研究取得成功的关键因素。

退休前，我一直有个愿望，将我多年来研究威士忌的过程进行总结，写出一本威士忌的书，也是为行业做出一点贡献。今天，孙方勋让我的这个梦想得以实现。我很高兴看到威士忌研究历经近半个世纪后，在中国大地上如此深受人们的钟爱，让我更欣慰的是看到我国威士忌的研究得以传承。

孙方勋从学校毕业后分配到青岛葡萄酒厂后一直从事技术工作，他勤奋好学、善于钻研、注重实践，先后担任酿酒车间（下属"威士忌班组"）副主任、技术处长、青岛华东葡萄酿酒有限公司总酿酒师等职务。我在青岛葡萄酒厂担任总工程师期间他是副总工程师，是我的得力助手，我退休后他接替我的工作并兼任总经理助理。改革开放以后他多次出国学习考察，先后去澳大利亚学习葡萄酒酿造技术，回国后为华东意斯林霞多丽葡萄酒的风格奠定了技术基础。他被邀请赴欧洲的实验室专门研究白兰地和威士忌课题。孙方勋不仅具有丰富的酿酒技术经验和理论水平，同时也有着良好的文笔基础，曾经出版多部酒的专著，他是《威士忌品鉴课堂》中文版的主审和中国产区的执笔人；中国酒业协会"国际烈性酒品酒师酒课程——威士忌"的主讲者。《威士忌工艺学》由他担任主编是一个最佳的选择，我为此感到高兴。这部书的出版，填补了国内威士忌生产工艺专著方面的空白，相信会对我国威士忌行业的发展发挥重要的作用。

（王好德）

"优质威士忌酒的研究"青岛小组专家，原青岛葡萄酒厂总工程师

2021 年 3 月于青岛

序(四)

我于 2005 年一头栽入威士忌领域时，中国台湾的烈酒市场刚从干邑、白兰地转换成威士忌不久，酒款主要都来自苏格兰，但品项并不多，威士忌的爱好者仍属于小众，多半是有共同兴趣爱好的圈内人士自办品酒会，努力搜集国外数据并相互讨论。至于一般消费者，由于信息渠道的限制，必须从营销广告中学习 OB（官方灌装）、IB（独立装瓶商）、单一、调和、冷凝过滤及焦糖着色等基础语言，尽可能地去分辨何者为真，何者又只是便宜的话术。

不过随着威士忌风潮于 2010 年前后吹起，台湾惊人的购买力让国外厂商络绎不绝地到访，让我有机会接触到国外的知名作家、首席调酒师、酒厂蒸馏师及酒厂经理，也逐渐理解威士忌从原料、制作、熟陈到调和，甚至到风味的组成，都充满学问，需要花费心思深耕探索。尤其到了近代，制酒工艺愈发地成熟进步，信息也借着网络而更加透明，成为我于 2018 年出版《威士忌学》，以及 2022 年更新为《新版威士忌学》的最大契机和动力。

不过，正如某些朋友指出，我的最大问题是"纸上谈兵"，无论资料收集得多丰富、整理得多完善，终因欠缺制酒经验、缺乏实验数据，以致许多细节只能倚靠文献资料来推测和判断。正因为如此，我曾不止一次地提到，最佩服实际制酒的蒸馏师，唯有脚踏实地的操作和实验，才能结合理论与实务，持续提升制酒工艺。以此观之，孙方勋先生绝对是我所佩服的人。

我应该无须多介绍孙先生了吧？但是如我辈只关注威士忌的人，他的经历可以说十分特殊，因为他拥有跨酒种——包括葡萄酒、白兰地、威士忌的酿制背景，得以从不同的角度观摩威士忌，当然也将这种种差异反映在这本《威士忌工艺学》之中。另外一个重点是，由于我和孙先生缘悭一面，私下与好朋友陈正颖打听孙先生的为人，他拍胸口向我保证孙先生是一位非常"工程师"性格的人。什么是工程师性格？凡事有条理、秩序，侧重实证与逻辑，深入学理研究。若有不明白之处，则亲自动手去查明。我的本业为岩土工程师，虽然在思想上形成某种桎梏，却在书写文章时发挥极大效能，因此古人有谓"英雄惜英雄"，我则"工程师惜工程师"啊！

中国台湾威士忌的发展很早，不过在噶玛兰蒸馏厂于 2005 年成立之前，并不曾自行生产，而是从国外进口原酒，再桶陈后调和或直接调和装瓶，因此以生产技术而言，可说年轻稚嫩得很。虽说如此，由于这 10 多年来威士忌的热潮不断，信息流通快速，得以撷取国外数十年或甚至上百年经验，让生产制作踏上轨道。另一方面，中国威士忌产业于近年来也成长很快，至今营运中或兴建中的威士忌酒厂超过 20 家，此时极需一本重量级著作来明确地指引道路。

由于任何工艺的发展往往都不是先理论后实行，而是走了一大段路之后——可能很多是冤枉路，再慢慢汇整出法则，因此《威士忌工艺学》于此时出版可以说恰逢其时。这本厚重的巨著吸纳了孙先生四十余载的实作与研究，内容涵盖极深极广，除了从原料、蒸馏、陈酿到调和的制酒流程，也包括了产区风格和风味赏析，更将中国威士忌的发展纳入世界版图，绝对是所有威士忌的爱好者不可或缺的一本书。

（邱德夫）

苏格兰双耳小酒杯执持者（Keeper of the Quaich），威士忌作家，《新版威士忌学》《酒徒之书》《美国威士忌全书》作者

2024 年 1 月 8 日

前　言

威士忌是用谷物为原料，经糖化、发酵、蒸馏、木桶陈酿和调配而成的烈酒。在苏格兰和爱尔兰，人们将威士忌称为"生命之水"。

威士忌是一种国际性酒精饮品，也是国际贸易中进出口额最大的烈性酒。由于受到原料、工艺、气候、技术和文化因素的影响，威士忌品种丰富，风味复杂，深受世界各地消费者喜爱。

长期以来，苏格兰、爱尔兰、美国、日本和加拿大是世界上最主要的威士忌传统生产国。近年来，欧洲其他国家、澳大利亚、印度和中国台湾省也纷纷生产出具有本地特色的威士忌，在得到消费者青睐的同时，也给这些国家和地区带来了可观的经济效益。

中国最早的威士忌诞生于山东省青岛，生产者来自一家由德国人于 20 世纪初创建的前店后厂式的生产作坊，这家作坊于 1930年被德商"美最时洋行"收买，命名为"美口（Melco）酒厂"。美口酒厂于 1947 年 9 月开始附属于青岛啤酒厂，1949 年 6 月 2 日，对内为青岛啤酒厂的一个果酒车间，对外仍称为"美口酒厂"，1959 年 4 月经青岛市政府批准，美口酒厂改名为青岛葡萄酒厂。1964年 4 月青岛葡萄酒厂与青岛啤酒厂分离，成为独立经营的国有企业。

1973 年，轻工业部将优质威士忌酒的研究列为重点科研项目，承担单位为青岛葡萄酒厂和江西食品发酵工业科学研究所（现在的"中国食品发酵工业研究院有限公司"），协作单位为吉林师范大学（现在的"东北师范大学"）和青岛市轻工业研究所。经过几年努力，研发团队成功完成各项研究目标，该项目于 1977 年经过了轻工业部组织的专家鉴定。

此后，青岛威士忌先后获得山东省和轻工业部优质产品，出口多个国家和地区，是国内对外接待用酒。

近几年来，国内外威士忌行业的格局发生了巨大的变化。在原料领域，从传统的大麦和玉米发展至小麦、黑麦，甚至大米；蒸馏手段从两次蒸馏到连续蒸馏；陈酿方法从波本和雪莉桶到水楢桶；酒厂规模从大型的调和威士忌蒸馏厂到富有特色的微型精酿厂……形形色色的威士忌在全球各地生根发芽。在我国，威士忌需求量大增，大量的国外产品进口到中国市场，也有许多投资商纷纷建立新的威士忌酒厂，这种局面前所未有。

工艺技术是威士忌酒厂的核心，如何酿酒？如何酿出好酒？又如何酿出有特色的好酒？需要理论和实践作为支撑。目前国内威士忌行业苦于缺乏专业资料，因此急需填补这方面的空白。

我国威士忌研究领域老前辈王好德先生，曾任青岛葡萄酒厂总工程师，是"优质威士忌酒的研究"青岛小组负责人、高级工程师、国家级评酒委员。从 20 世纪 70 年代开始，他便将全部精力投入威士忌的研究工作中，直至退休。他和他的团队经过几十年努力，从原料到工艺，从设备到土建，从理论到实践，从翻译国外资料到获取样品，积累了大量的科学数据，为我国威士忌的发展奠定了基础。

2020 年春天，84 岁的王老来到笔者公司办公室，带来一份珍贵的"礼物"，这是他老人家个人多年研究威士忌的全部资料，还有两瓶存放 50 年的日本"寿"牌威士忌和苏格兰尊尼获加蓝牌威士忌样品。他语重心长地说:"方勋,这些资料送给你了,希望对你有用。多年来,我一直有个愿望,就是写一本关于威士忌的书。我已经写了几万字,但当年出书不易,而且威士忌行业从业者太少,书的发行量也会受到限制,所以成为我的一大遗憾。"

王老的嘱托和期望深深地打动了笔者。作为他的得意门生,笔者感觉自己有义务和责任撰写中国第一本《威士忌工艺学》。掐指算来,自己从事热爱的酒业工作已40多年。在这期间,除了专注于工艺技术研究之外,笔者也借着喜欢写点东西的小爱好,出版了《世界葡萄酒和蒸馏酒知识》《高级调酒师教程》和《威士忌品鉴课堂》(审校)等多部与酒有关的专著。这本《威士忌工艺学》,可视为笔者对行业所尽的微薄之力。当然,也是对王老多年来看重与关心笔者的回报,当年,王老担任青岛葡萄酒厂总工程师期间,笔者便是他的助手,担任副总工程师。他退休后,笔者接替了总工程师的工作,进一步熟悉了威士忌工艺,也有能力与王老一起实现这个梦想。

师徒二人:王好德(左),孙方勋(右)在原轻工业部"优质威士忌酒的研究"项目旧址(青岛葡萄酒厂威士忌车间)亲切交流(2020年5月25日 摄影:马民)

2021年秋天,当这本书写作完成后,交由王老最终审稿之际,他已重病缠身,此时的他已无法完整表达。尽管如此,他还关注这本书的出版,问我有什么困难,充分体现出王老对威士忌事业的无限热爱。遗憾的是几天后他便永远地离开了我们,让笔者悲痛万分。

外部条件的改善,也有助这个梦想的实现。近年来,中国酒业对外交流频繁,笔者多次去国外考察威士忌项目,并在欧洲的威士忌实验室亲自参与工艺和调配的研究,积累了一些经验。

这本书共分11章,全面系统地介绍了威士忌历史、生产原料、发酵、蒸馏、陈酿、调和、装瓶的工艺及设备和理论,还有威士忌的法规、标准及国外威士忌的产区,威士忌的品鉴等。笔者付出了最大努力,让这本书尽量向"知识面广、内容丰富、实用性强"的预期靠拢。

由于轻工业部优质威士忌的研究项目已过去几十年,在这期间一些原料、工艺、设备、分析方法、标准及计量单位等都会不断发生变化,这是本书编写过程中的最大困惑。不过,威士忌毕竟作为一种传统产品,内在成分和工艺过程不会发生根本性改变,笔者尽量在原研究的基础上进行验证和分析,希望找出科学的规律,如有不完整甚至错误的地方敬请大家谅解和指正。

据《青岛日报》1978年4月13日报道,优质威士忌的研究历经5年时间,先后翻译了50多份英文和日文的技术资料,进行了635罐次的扩大试验,检测了13000多个数据,试制了69种威士忌原酒,取得了大量的研究成果,比原计划提前一年多完成了试验任务。笔者有幸完整保留了所有资料,其中有些都是手工蜡版印刷,这是我国威士忌研究的宝贵财富,也是见证中国威士忌历史的重要组成部分。

编写过程中,笔者翻阅了大量历史研究资料时发现,在1967—1976年那个困难时期,前辈们不为名利艰难攻关。其外部环境并没有影响他们研究威士忌的执着和热情，如高传刚、熊子书、郭其昌、杨玲秀、王好德……

《威士忌工艺学》的出版凝聚了多方面的力量，首先是我们近半个世纪的研究成果汇总；其次是吸取了国内外成功的先进技术，在编写过程中得到了许多行业专家的合力支持。

本书的第二章第三节中的"活性干酵母"部分，由安琪酵母股份有限公司的许引虎高级工程师编写。

第三章第六节中的"蒸馏设备及自动化控制"部分，由石勇智先生编写。石老是我国著名的威士忌、白兰地蒸馏设备专家，20世纪70～80年代就给"优质威士忌酒的研究"项目的蒸馏器提供设计和制作。

第五章第三节中"熟成要素及选桶用桶策略"部分，由叠阵陈酿系统首席研发专家邢凯先生和叠阵陈酿系统联合研发专家查巧玲女士编写。

本书的第七章"威士忌酒厂的清洁化生产、节能环保和消防安全"中的第一节到第三节，由中国食品发酵工业研究院有限公司酿酒部中心主任宋绪磊教授编写。

在本书的编写过程中，苏格兰威士忌协会提供了大量的高清图片，爱尔兰威士忌协会提供了大量资料，法国乐斯福集团弗曼迪斯事业部提供了最新的酵母试验研究资料，东北师范大学地理科学学院泥炭沼泽研究所所长王升忠教授提供了他多年来泥炭研究领域的最新成果，本书参考了很多国内外的威士忌书籍、文献和网络资料。中国轻工业出版社生物分社江娟社长给予了细致的专业指导，方使本书得以顺利出版，在此对以上单位和各界人士表示衷心的感谢！

本书可供威士忌生产厂家的技术人员、高等院校师生及相关科研人员学习和参考。希望这本书能成为各位的良师益友，并为您的工作提供方便。由于本人的知识水平有限，难免有许多错漏之处，恳请大家指正。

（孙方勋）

2023年12月于青岛

目　录

第十一章　威士忌的感官评价

附　录

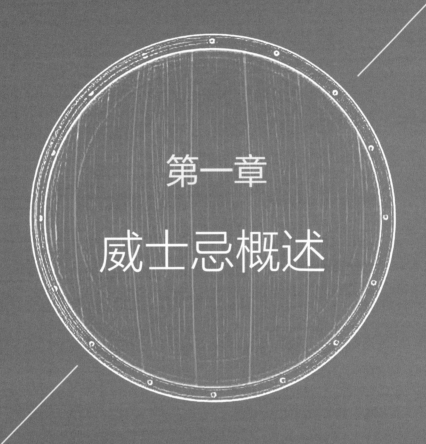

第一章

威士忌概述

第一节　威士忌的定义与分类

威士忌是一种以大麦麦芽、大麦、黑麦、燕麦、小麦、玉米等谷物为原料，经发酵、蒸馏后在橡木桶中陈酿、调配而成的一种蒸馏酒。

应该说明的是，以上定义只是一个笼统的概念，究竟什么是"威士忌"？在不同国家、不同历史阶段都出现过一些不同的定义，甚至在一些地区还发生过长达多年的法律诉讼。在此仅以中国威士忌和苏格兰威士忌的定义与分类进行说明。

一、中国威士忌的定义与分类

根据中华人民共和国国家标准—烈性酒质量要求　第一部分：威士忌（报批稿，2024 年 3 月）规定如下：

（一）术语和定义

1. 威士忌（Whisky）

以谷物为原料，经糖化、发酵、蒸馏、陈酿、经或不经调配而成的蒸馏酒。
［来源：GB/T 17204—2021，3.15］

2. 麦芽威士忌（Malt whisky）

以大麦麦芽为唯一谷物原料，经糖化、发酵、蒸馏，并在橡木桶中陈酿的威士忌（1）。
注：陈酿时间不少于两年。
［来源：GB/T 17204—2021，3.15.1］
单一麦芽威士忌（Single malt whisky）
在同一个工厂至少完成糖化、发酵、蒸馏过程的麦芽威士忌（2）。
注：陈酿时间不少于三年。

3. 谷物威士忌（Grain whisky）

以谷物为原料，经糖化、发酵、蒸馏，经或不经橡木桶陈酿的威士忌（1）。
注 1：不包括麦芽威士忌。 注 2：经橡木桶陈酿。
［来源：GB/T 17204—2021，3.15.2，有修改］
单一谷物威士忌（Single grain whisky）

在同一个工厂至少完成糖化、发酵、蒸馏过程的谷物威士忌（3）。

4. 调配威士忌（Blended whisky）

调和威士忌

以麦芽威士忌（2）和谷物威士忌（3）按一定比例混合而成的威士忌（1）。

［来源：GB/T 17204—2021，3.15.3，有修改］

5. 风味威士忌（Flavored whisky）

以威士忌（1）为酒基，添加食品用天然香料、香精，可加糖或不加糖调配而成的饮料酒。

［来源：GB/T 17204—2021，3.16］

6. 酒龄（Aage of whisky）

威士忌原酒（7）在木桶中陈酿的时间。

注：以年为单位。

7. 原酒（Crude whisky）

经糖化、发酵、蒸馏、陈酿而得到的未经灌装的酒。

注：未经陈年的原酒称为"新酒"。

（二）产品分类

按原料和工艺分为：麦芽威士忌、谷物威士忌、调配威士忌、风味威士忌。

二、苏格兰威士忌的定义与分类

1909 年，英国政府皇家委员会（Royal Commission），对"威士忌"（Whiskey）定义为："一种由麦芽内部淀粉酶糖化的谷浆经过蒸馏取得的烈酒"，而"苏格兰威士忌（Scotch whisky）"定义为"在苏格兰境内进行"。这是一个相当重大的决定，允许威士忌可以选用壶式蒸馏器或科菲蒸馏器生产。

1988 年，《苏格兰威士忌法案（1988）》（*The Scotch whisky act 1988*）规定了产品酒精度、最低陈酿年限和国家产地等。

2009 年，《苏格兰威士忌法案（2009）》（*The Scotch whisky regulations*）除保留 1988 年版的内容外，进一步扩展到苏格兰威士忌的整个产业链，包括酒厂、生产、运输、市场、标识、包装、营销广告等都进行了规定。

2012 年 12 月 23 日增加了"单一麦芽威士忌必须在苏格兰装瓶，不得用其他方式运出"的规定。

苏格兰的法规对威士忌的定义（包括工艺）规范如下：

（1）在苏格兰境内，蒸馏厂使用水和发芽大麦（可加入其他全谷谷类）作为原料，蒸馏而成。以上必须经过以下步骤。

①在该蒸馏厂内加工谷浆。

②在该蒸馏厂内，只通过谷物内源酶转化可发酵基质。

③在该蒸馏厂内，只可添加酵母进行发酵。

（2）蒸馏后所得酒精度需在 94.8%vol 以下；保留原材料生产工艺所取得的香气和口感。

（3）在容量不超过 700L 的橡木桶中陈酿。

（4）只可以在苏格兰境内陈酿。

（5）在橡木桶中陈酿至少 3 年。

（6）陈酿只能在保税仓库或允许地进行。

（7）需保留来自原材料、加工工艺和陈酿过程中取得的色泽、香气和口感。

（8）在整个过程中，除了以下物质外，不能添加其他任何物质：①水；②普通法焦糖色；③水和普通法焦糖色。

（9）装瓶威士忌的酒精度最低为 40%vol。

法规中除了明确地点和区域及产地标志外，也同时定义 5 种苏格兰威士忌。

（1）苏格兰单一麦芽威士忌（Single malt Scotch whisky）。

（2）苏格兰单一谷物威士忌（Single grain Scotch whisky）。

（3）苏格兰调和麦芽威士忌（Blended malt Scotch whisky）。

（4）苏格兰调和谷物威士忌（Blended grain Scotch whisky）。

（5）苏格兰调和威士忌（Blended Scotch whisky）。

2009 年，《苏格兰威士忌法》明确列出了 5 个可以使用的"传统"地区名称，它们是"高地"（Highland）、"低地"（Lowland）、"斯佩塞区"（Speyside）、"坎贝尔镇"（Campbeltown）和"艾雷岛"（Islay）。

第二节　威士忌简史

一、国外威士忌简史

（一）威士忌起源

威士忌其本身历史相当复杂，真正起源模糊不清，有多种说法。

1. 源于炼金术之说

这一切都源于穆斯林炼金术士贾比尔·伊本·哈扬（Jabir ibn Hayyan）于公元750年发现"Vitrion"，就是我们今天熟知的硫酸，同时也描述了如何制作更强的王水（Aqua fortis），字面意思是"强水"，它可以溶解黄金，即炼金液，当时的人相信这种物质本身具有魅力。受到这种思想的影响，将发酵后的水果、谷物进行蒸馏，可产生另一种形式的强水，也就是所谓的"生命之水"（Aqua vitae）。图1-1（1）《混合物蒸馏法》一书描述了"生命之水"的制作方法。

16世纪的蒸馏器见图1-1（2）。

（1）最早的蒸馏文字记录[4]　　　（2）16世纪的蒸馏器[25]

◀ 图1-1　最早的蒸馏文字记录和16世纪的蒸馏器

（1）耶罗尼米斯．布鲁斯维希的《混合物蒸馏法》（斯特拉斯堡，1512年）一书中描述了"Aqua vitae"的制作方法，这也是世界上最早描述蒸馏烈酒的著作之一。

（2）诞生于古希腊的冶金术，7世纪在阿拉伯盛极一时，中世纪以后传入欧洲，用于铁、铜、铅冶炼，不久后便使用于蒸馏威士忌。

第一位制造出接近纯酒精的人是14世纪来自西班牙维兰诺瓦的阿诺德斯（Arnaldus）。如同王水，酒精也是一种良好的溶剂，它具有防腐性，同时在医学上是可以用于清洗伤口的消毒剂，与具有强烈腐蚀性的王水不同，不仅较温和，甚至可以食用。酒精的用法很快传遍欧洲，尤其在黑死病肆虐的14世纪，医生别无良方，只能提供这种"生命之水"来缓解病人的疼痛，也因此"酒精"被译成不同的名称：在法语中，它是"水果白兰地（Eau de vie）"；在新堪的纳维亚语中是一种"生命之水（Aquavit 或 Akavit）"及"伏特加（Vodka）"；在荷兰则是一种烧酒（Branddewijn），传到英国后成为白兰地（Brandy）；在苏格兰和爱尔兰人们用谷物酿酒，盖尔语（Gealic）发音为"威士忌（Uisge beatha）"。

2. 种类进化之说

早些时候的"威士忌"与我们现在所期待的大不相同。它可能更像谷物烧酒，加入了当地的一些植物成分，如石楠、薰衣草和蜂蜜，让它的味道变得更好。这种蒸馏方式一直占据主导地位，直到18世纪末商业蒸馏在苏格兰和爱尔兰兴起。

图1-2展示的是17世纪之前的蒸馏器。

（1）古老的蒸馏法[4]

（2）木桶陈酿的偶然发现[48]

◀ 图 1-2 古老的蒸馏法和木桶陈酿的偶然发现

（1）17 世纪之前的蒸馏器很小、很简单，当时还没有蒸馏酒的发酵陈酿技术。

（2）历史上，爱尔兰和苏格兰都有过非法蒸馏时期。据说陈酿技术是偶然发现的，地下蒸馏者将酒藏在木桶里忘记了，想起来后拿出来打开发现，酒的味道变得更加醇香。

3. 源于爱尔兰之说

对于威士忌起源于什么地方这个问题，多数人会默认威士忌起源于爱尔兰而不是苏格兰。

中世纪的时候，爱尔兰的修道士从阿拉伯地区带回了蒸馏技术，并在爱尔兰当地制作蒸馏酒。在爱尔兰威士忌发展的鼎盛时期，包含小作坊在内的威士忌酒厂不下上千家，其中最古老的老布什米尔（Old Bushmills）酒厂成立于 1608 年，至今还在运转（图 1-3）。爱尔兰的这个威士忌酿造风潮，很快就通过艾雷岛传遍整个苏格兰。

◀ 图 1-3 老布什米尔酒厂

老布什米尔酒厂是首个获得蒸馏许可证的酒厂，它被公认为全世界历史最悠久的合法威士忌蒸馏厂。

（图片来源：www.Irish Whiskry360.com）

4. 源于苏格兰之说

据苏格兰的文献记载，1494 年苏格兰的修道院曾用 8 斗的大麦酿造蒸馏酒，这些大麦足够酿造 1000 多升酒。这说明在 1494 年的苏格兰已经有了比较成熟的蒸馏酒酿造技术，而它的起源可以向更早时间推移。

虽然威士忌酒的起源时间说法不一，但是能确定的是，到目前威士忌酒在苏格兰地区的生产已经超过 500 年的历史，因此苏格兰人认为他们那里是威士忌的发源地。

（二）其他国家的威士忌

1. 美国威士忌

17 世纪初期欧洲殖民者开始到达美国，他们带来了酿造和蒸馏技术。不过大麦在北美生长得不如欧洲好，所以改用当地的农作物玉米和黑麦为主要原料酿造威士忌。几乎各种类型的威士忌都含有或必须含有玉米。使用全新橡木桶是美国威士忌的特点之一。

2. 加拿大威士忌

美国独立战争后，一些反对独立的美国人迁移到加拿大，开始酿造威士忌。直到 1920 年起十多年的美国禁酒令时代，大量的威士忌从加拿大走私到美国。当美国禁酒令废除后，需求量更是激增，而美国威士忌酒厂还在酝酿之中，这样加拿大威士忌一举占领了美国市场，从而确立了加拿大威士忌的地位。

3. 日本威士忌

三得利的创始人鸟井信治郎，在 1923 年与当时有苏格兰威士忌酿造工艺学习经验的竹鹤政孝，共同创立了日本首个威士忌酒厂——山崎蒸馏所，并于 1929 年推出了日本第一款威士忌——白扎。日本威士忌师从苏格兰，也可以说是效仿苏格兰风格，但日本威士忌凭借得天独厚的优质水源、风土气候，酿制出了独特风味的威士忌。

4. 印度威士忌

印度是甘蔗种植大国，印度人把成本低廉的糖蜜作为原料蒸馏出蒸馏酒，之后再与一些谷物或者麦芽威士忌调和，便成为了印度威士忌，口味和风格更像朗姆酒。不过印度也生产纯正的单一麦芽威士忌，他们完全遵照苏格兰和欧盟法律来进行生产，只使用发芽的大麦作为原料，二次壶式蒸馏，陈酿三年以上，主要向欧美市场出口，而且取得不错的口碑。

（三）威士忌发展的历史轨迹

公元前 2000 年，蒸馏艺术始于古代美索不达米亚（Mesopotamia）。

100 年，第一个关于蒸馏的书面记录，来自希腊古城阿芙洛迪西亚（Aphrodisias）一位名为亚历山大（Alexander）的人。

750 年，阿布·穆萨·贾比尔·伊本·哈扬（Abu Musa Jabir ibn Hayyan）发现炼金术。

1000—1200 年，蒸馏技术从欧洲大陆慢慢传播到爱尔兰和苏格兰修道院。

1494 年，第一次出现了威士忌的商业交易记录，是苏格兰国王詹姆斯四世（James IV）从约翰·科尔修士那里购买了大量麦芽，以此来酿造"生命之水"，被视为苏格兰威士忌元年。

1505 年，威士忌只能以药用为目的，爱丁堡的理发师兼外科医生行会被授予威士忌蒸馏专营权（Whisker distilling monopoly）。

1506 年，苏格兰的詹姆斯四世在邓迪镇从外科医师行会购买了大量的苏格兰威士忌。

1608 年，北爱尔兰的老布什米尔酒厂获得了世界上第一家蒸馏烈酒许可证。

1644 年，苏格兰政府为了战争需要首次征收烈酒税。处于不满或需求，所有人都抗拒征税，许多蒸馏者选择遁隐。

1671 年，加拿大魁北克出现第一个蒸馏器。

1707 年，《联合法案》（Acts of Union）宣布苏格兰属于英国后，英国开始对威士忌征税，这一政策使许多蒸馏厂躲躲藏藏，绝大多数的苏格兰酿酒厂都是在晚上开始生产的，这使得这种威士忌的昵称"月光酒"（moonshine）诞生了，甚至有许多蒸馏厂逃到偏远的山区酿造私酒。因此现在很多苏格兰威士忌厂的开头会出现"Glen"（格兰）一词，盖尔语意为："山谷"。

1724 年，爱丁堡与格拉斯哥征收"麦芽税"，引发激烈的罢工潮。

1725 年，《麦芽税》（Malt tax）造成爱丁堡市酿造业罢工和格拉斯哥市暴动，大量苏格兰蒸馏厂转入地下，非法蒸馏者更加兴盛，几乎终结了苏格兰的威士忌产业。

1736 年，威士忌（Whisky）这个词正式出现。

1755 年，威士忌这个词正式收录于塞缪尔·约翰逊（Samuel Johnson）编写的《英语大辞典》。

1757—1760 年，苏格兰禁止超过 10gal（约 45.46L）容量的私有蒸馏器蒸馏。

1769 年，加拿大建立首家威士忌蒸馏厂。

1779 年，苏格兰将私有蒸馏器蒸馏合法容量下调至 2gal（约 9.092L）。这一年，爱丁堡拥有近 400 家非法蒸馏作坊以及 8 家拥有正规执照的作坊。

1781 年，苏格兰酒令禁止私酿酒，私酿却更加猖狂。

1783 年，波本威士忌的先驱埃文·威廉姆斯（Evan Williams）在美国肯塔基州建立蒸馏厂。

1784 年，为了解决私酿与走私问题，英国政府制定了《酒汁法》（Wash Act），并划分了"高地线"（Highland line），此线以北高地地区税金较低，但是规范更加严格。

1791 年，美国联邦政府颁布威士忌消费税的征收法令，人们开始违法私酿威士忌。

1794 年，美国总统乔治·华盛顿（George Washington）派遣超过 1.25 万名警察到宾夕法尼亚州，镇压威士忌消费税的抗议活动。

1798 年，美国肯塔基州已经有超过 200 家蒸馏厂。

1816 年，英国政府公布《小型蒸馏器法》（Small Stills Act），目的是让大型生产者生存，规定蒸馏器容量不得低于 40gal（约 181.84L）。

1820 年，美国开始使用活性炭过滤威士忌。

1820 年，苏格兰尊尼获加威士忌诞生。

1823 年，尽管在此之前的几十年里，美国的酿酒厂一直在生产威士忌，但 1823 年，老波本郡的酿酒师们终于开始将他们的酒命名为"波本"。

1823 年，英国国会重新制定《消费税法》(*Excise Act*)，关税减半，为合法蒸馏厂营造宽松的税收环境，政府鼓励非法蒸馏厂申请合法蒸馏执照，同时大力"围剿"非法蒸馏厂。

19 世纪初英国私酿蒸馏酒见图 1-4。

1826 年，爱尔兰人罗伯特·斯坦（Robert Stein）取得柱式蒸馏器专利，但是这种蒸馏器没有被当地人采用，反而大受苏格兰人欢迎。

1831 年，爱尔兰税务官埃尼斯·科菲（Aeneas Coffey）将柱式蒸馏器改良成现在常用的连续蒸馏器，并且获得专利。

1835 年，"现代波本威士忌之父"詹姆斯·克罗博士（Dr. James Crow），开始在肯塔基州伍德福德县的格兰溪边的一家酒厂进行试验，在公开分享他的科学发现的同时，推广了酸醪工艺。

▲ 图 1-4　19 世纪初英国私酿蒸馏酒[4]
19 世纪初英国为了支援和拿破仑的战争进行了增税，因此私酿者越来越多。这幅画的背景是 1827 年左右，当时即使是很小的蒸馏酒厂［最低 40gal（约 181.84L）］也需要缴纳税款。据 1824 年的报道中记载，某收税官和近 30 人的地下私酿者发生了激烈的冲突，最后 410gal 的威士忌被没收。

1841 年，杂货店用旧的葡萄酒瓶来分装威士忌。

1850 年，安德鲁·亚瑟（Andrew Usher）首次推出调和威士忌。

1853 年，美国海军将领马休·卡尔布莱斯·佩里（Matthew Calbraith Perry）登陆东京港，船上载有波本威士忌。

1862—1870 年，世界葡萄酒产量因根瘤蚜爆发而大幅下降，威士忌销量飙升。

1860—1870 年，英国产生了上百家调和商，如现在市场上熟悉的马修·格洛格（Matthew Gloag）家族调和的"威雀"（Famous Grouse）、约翰·杜瓦父子（John Dewar & Sons）调和的"帝王"、亚瑟·金铃父子（Arthur Bell & Sons）调和的"金铃"（Bells）、芝华士兄弟（Chivas Brothers）的"芝华士"（Chivas）、乔治百龄坛父子（George Ballantine & Sons）的"百龄坛"（Ballantines）以及全球销售量第一的尊尼获加父子（John Walker & Sons）调和的尊尼获加（Johnnie Walker）。

1872 年，苏格兰威士忌首次来到日本。

1880 年，葡萄根瘤蚜在全球范围内的传播严重影响了葡萄酒和白兰地的生产，威士忌的生产和消费在北欧以外地区大幅增长。

1895 年，高登与麦克菲尔（Gordon & Macphail）成立，至今仍在经营。

1909 年，皇家委员会就威士忌（Whisky）名称做出裁定，"苏格兰威士忌"一词包括麦芽威士忌、谷物威士忌和调和威士忌。

1912 年，苏格兰"葡萄酒与烈酒品牌协会（Wine and Spirits Brand Association）"成立，1917

年改名为"苏格兰威士忌协会（Scotch Whisky Association）"。

1915年，苏格兰强制规定威士忌必须在橡木桶内陈酿两年后才能销售（1916年改为三年）。

1917年，苏格兰"中央控制委员会（Central Control Board）"规定威士忌销售的最低酒精度为40%abv[①]。

1918年，英国关税翻了一番（达到每加仑3英镑），1919年提高到每加仑5英镑，1920年是7.26英镑。1918年开始实施出口禁令，同年，第一次世界大战结束。

1920—1933年，美国禁酒令时期开始，重创美国烈酒，却迎来了苏格兰威士忌的繁荣。因为无酒可喝，一些苏格兰威士忌以药用的目的到了美国。美国人对苏格兰威士忌需求的激增，使得苏格兰威士忌因此迅猛发展起来。

1923年，山崎在日本建立首家威士忌蒸馏厂。

1933年，苏格兰威士忌立法明确酿造工艺。

1935年，美国联邦法律规定，所有波本威士忌必须在新橡木桶中陈酿，苏格兰威士忌制造商用使用过的波本威士忌桶来陈酿，这使他们从中获益。

1960年，苏格兰威士忌协会（Scotch Whisky Association）正式注册成立。

1964年，美国国会宣布认可波本威士忌为美国特有蒸馏酒。

1966年，爱尔兰酿酒公司（Irish Distillers Ltd.）成立，下面包含所有的爱尔兰威士忌酒厂。

1980年，爱尔兰威士忌法案（*Irish Whiskey Act*）通过。

1994年，苏格兰纪念威士忌生产500周年。

2015年，日本威士忌首次被评为世界最佳威士忌。

（四）《威士忌博物馆》历史图片展示

以下图片来源于日本野间省一所著的《威士忌博物馆》一书，介绍了世界各地的一些威士忌历史资料，如图1-5至图1-9所示。

▲ 图1-5　三得利威士忌博物馆[4]

位于日本南阿尔卑斯山脚下的山梨县北杜市的白州蒸馏所内，双宝塔烘麦炉独有特色，还原了大正年间的山崎酿酒厂。

二、中国威士忌简史

中国威士忌起源于20世纪初，当时主要生产调配威士忌。最早的威士忌出现在山东省青岛市，生产者是由一个德国人创建的前店后厂式的作坊，据《青岛葡萄酒厂厂志1914—1985》一书记载，这家作坊诞生于1914年，在1930年被德商"美最时洋行"收买，命名为"美口酒厂"（图1-10）。1947年9

---

① abv：酒精的体积分数，即vol。

月—1964 年 2 月附属于青岛啤酒厂，也就是后来独立经营的青岛葡萄酒厂的前身。

1961 年，当时附属于青岛啤酒厂的青岛葡萄酒厂开始使用麦芽为原料生产威士忌，并且有小批量产品出口到国外。

1964 年 12 月，北京葡萄酒厂和轻工业部食品发酵工业科学研究所协作进行以大麦为原料酿制威士忌的试验，1965 年进行中试。

1966 年，第一轻工业部食品局和中国粮油食品进出口总公司（66）食局 112 号及（66）粮食总局 8890 号，"关于转发第三个五年计划饮料酒出口规划意见函"，要求青岛葡萄酒厂 1967 年计划出口威士忌 500t。

1973 年 3 月，轻工业部下达"轻工业 1973 年科学技术发展规划重要科研项目"，其中有"优质威士忌酒的研究"（图 1-11）。威士忌课题的承担单位为青岛葡萄酒厂和江西食品发酵工业科学研究所（现在的"中国食品发酵工业研究院有限公司"），协作单位为吉林师范大学和青岛市轻工业研究所等单位。

1976 年，麦芽威士忌在青岛葡萄酒厂进行规模化生产。

1977 年 12 月，优质威士忌酒的研究项目在北京通过了轻工业部组织的科研项目鉴定验收。图 1-12 为 20 世纪 80 年代初期在民航上为乘客提供饮用的青岛威士忌。

▲ 图 1-6 波本伯顿和格兰威特博物馆分别展示了历史上威士忌的生产设备 [4]

（1）拥有近 200 年历史的格兰威特蒸馏厂博物馆清晰展示了苏格兰威士忌的历史。（2）肯塔基州的波本巴顿（Barton）威士忌历史博物馆。（3）从右边开始依次是苏格兰私酿时期使用的蒸馏器和美国禁酒令时期的蒸馏加热器、酵母储存罐和烧有蒸馏所名字的陶制容器。

▲ 图 1-7 苏格兰私酿时代人们的生活 [4]

1989 年，我国发布第一个威士忌国家标准 GB 11857—1989《威士忌》。

2004 年 5 月，青岛葡萄酒厂威士忌停产。

2006 年，台湾省噶玛兰生产第一款威士忌。

2008 年 10 月，国家标准 GB/T 11857—2008《威士忌》发布，2009 年 6 月 1 日实施，代替 GB/T 11857—2000《威士忌》。

2008 年，台湾省南投酒厂安装了 4 台壶式蒸馏器。

▲ 图 1-8　苏格兰私酿时代人们使用的工具[4]

2015 年，福建大芹陆宜酒业有限公司成立。

2019 年，百润股份投资的崃州蒸馏厂在四川省邛崃开始建设。

2019 年 4 月，帝亚吉欧与洋河股份达成合作，联手发布中式威士忌——中仕忌。

2019 年 4 月，高朗烈酒集团新厂项目在湖南省浏阳市开建。

2019 年 8 月，保乐力加集团宣布，在四川省峨眉山市开始建设麦芽威士忌厂。

▲ 图 1-9　美国禁酒令时期，隐藏在山洞内的蒸馏器，洞内有经过岩石过滤的纯净水[4]

▲ 图 1-10　20 世纪 30 年代青岛美口酒厂的生产车间。在木箱和橡木桶上标注美口酒厂创建于 1914 年

（图片来源：德国美最时公司）

◀ 图 1-11　"优质威士忌酒的研究"项目计划书及技术总结报告

（图片来源：孙方勋）

2019 年 8 月，怡园酒业收购万浩亚洲股权，在福建省龙岩市建设威士忌蒸馏厂。

2019 年，钰之锦（山东）蒸馏酒有限公司"涌金"单一麦芽威士忌上市。

2019 年，福建大芹陆宜酒业有限公司三期项目开始竣工投产。

2019 年，中国酒业协会成立"国际蒸馏酒、利口酒分会"。

2020 年，内蒙古蒙泰威士忌酒厂开始建设，蒸馏设备由苏格兰福赛斯（Forsyths）制造。

2020 年 2 月，青岛啤酒集团宣布，增加威士忌经营范围。

2020 年 6 月，劲酒推出子品牌"威士忌风味本草烈酒"劲仕。

▲ 图 1-12　20 世纪 80 年代初期在民航上为乘客提供饮用的青岛威士忌（箭头所指）
（图片来源：青岛市档案馆）

2020 年 10 月，香格里拉青稞威士忌 2800 正式上市。

2020 年，苏格兰威士忌出口到中国大陆的出口额为 1.07 亿英镑（比 2019 年增长 20.4%），首次进入苏格兰威士忌出口额前十大排名榜。

2021 年 7 月，全国酿酒标准化委员会在上海召开"《威士忌》国家标准起草启动会"。

2021 年 9 月，中国酒业协会在山东蓬莱市召开了"探索中国威士忌发展之路暨第二届钰之锦蒸馏酒专家委员会会议"，会议研究起草威士忌团体标准事宜。

2021 年 10 月，巴克斯酒业（成都）有限公司崃州蒸馏厂举行开元桶灌桶仪式。

2021 年 11 月 2 日，帝亚吉欧宣布，洱源威士忌酒厂在云南破土动工。

2021 年 11 月 16 日，保乐力加峨眉山叠川麦芽威士忌酒厂正式投产运行。

2022 年，苏格兰威士忌出口到中国大陆的出口额为 2.33 亿英镑（比 2021 年增长 18%），在苏格兰威士忌出口额的排名中位于第 6 名。

2023 年 4 月 12 日，"中国酒业协会威士忌专业委员会"成立会议在四川省泸州市举行。

2023 年 6 月 19 日，"中国酒业协会威士忌技术委员会"在四川省德阳市成立。

2023 年 12 月 12 日，保乐力加首款中国原产威士忌产品"叠川"发布，叠川麦芽威士忌酒厂体验中心也于同日亮相。

三、威士忌在蒸馏酒中的地位

1. 威士忌的国际贸易

（1）威士忌为全球第一大出口烈性酒　根据有关机构对 2008 年以来全球烈性酒调查的统计数据，从出口贸易金额来分析，威士忌为全球出口烈性酒排名第一，十年间出口贸易额市场占比均未低于 35%；白兰地为全球第二大出口烈性酒，出口贸易额市场占比基本在 20% 以上；就单一烈性酒类别而言，除威士忌和白兰地外，其余各类别烈性酒出口贸易额市场占比在百分之几至十几不等，总体变化趋势较为接近，基本呈波浪式曲线。

（2）威士忌主要出口国家　威士忌主要出口国家有英国、美国、日本、新加坡、爱尔兰等。根据最近 10 年全球威士忌出口贸易数据，英国在威士忌全球出口贸易中占据绝对优势，其出口贸易额一直占全球威士忌出口贸易总额的 50% 以上，美国威士忌出口贸易额市场占比约为 10%，其他国家和地区出口贸易额市场占比均低于 10%，其中，新加坡威士忌出口贸易多为转口贸易。

（3）苏格兰的威士忌出口情况　根据苏格兰威士忌协会（SWA）发布的数据（表 1-1），2022 年苏格兰威士忌对外出口额首次突破 60 亿英镑大关，达到 62 亿英镑，比 2021 年增长了 37%。调和威士忌占苏格兰威士忌出口总值的 59%，单一麦芽威士忌占出口总值 32%。

表 1-1　苏格兰威士忌十大出口市场　　　　　　　　　　　　单位：亿英镑

国家/地区	2022年	2021年
美国	10.53	7.90
法国	4.88	3.87
新加坡	3.16	2.12
中国台湾	3.15	2.26
印度	2.82	1.46
中国大陆	2.33	1.98
巴拿马	2.03	0.77
德国	2.02	1.48
日本	1.75	1.33
西班牙	1.73	1.18
全球合计	62	45.1

苏格兰威士忌十大出口目的地在 2022 年都实现了两位数的增长，其中以美国为首，成为苏格兰威士忌唯一的超过 10 亿英镑的市场。

2015 年以来，苏格兰威士忌的出口属于整体上升的趋势，2019 年达到了创纪录的 49.1 亿英镑。2020 年由于受全球疫情影响，苏格兰威士忌出口总值同比下降 23%，降至十年来最低水平。2021 年行业开始复苏，2022 年表现持续上升，苏格兰威士忌的出口量猛增 21% 至历史新高。

亚太市场整体呈现强劲增长，传统的转口港新加坡和中国台湾地区经历了近几年的放缓后正在复苏。中国大陆市场在 2020 年首次进入前十大出口市场。

（4）美国威士忌出口贸易　根据 2013—2017 年美国威士忌出口额贸易数据，美国威士忌前 10 位出口目的地分别为：英国、澳大利亚、法国、德国、日本、西班牙、荷兰、巴拿马、墨西哥、加拿大，欧洲是美国威士忌的主要市场。2022 年，中国已经成为美国威士忌的主要消费市场之一，进口数量为 382 万 L，按数量算仅次于苏格兰，列中国威士忌进口排名第二位。

2. 中国威士忌的国际贸易

2017 年开始中国威士忌进口市场增速明显提升，高价位的威士忌进口占比有所提高，到 2022 年中国威士忌进口量为 3282 万 L（图 1-13），进口金额为 55819 万美元，进口均价相比之前有明显上涨（图 1-14）。中国进口威士忌主要来源于英国、美国和日本三个国家（图 1-15）。

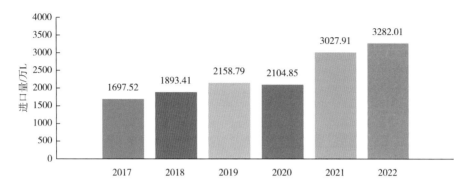

▲ 图 1-13　2017—2022 年中国威士忌进口量（资料来源：中国海关）

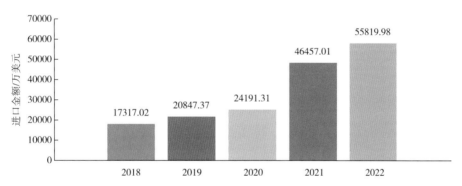

▲ 图 1-14　2017—2022 年中国威士忌进口金额（资料来源：中国海关）

▲ 图 1-15　2022 年中国威士忌前 10 个主要进口国 / 地区

随着国内威士忌酒厂的新建扩建，2017—2022 年期间我国威士忌出口金额从 408 万美元上升至 4004 万美元（图 1-16），出口量从 46 万 L 增长至 408 万 L（图 1-17）。出口主要国家及地区为：尼日利亚、马来西亚、中国香港、阿联酋、中国台湾、美国、澳大利亚、印度尼西亚、新加坡、日本等。

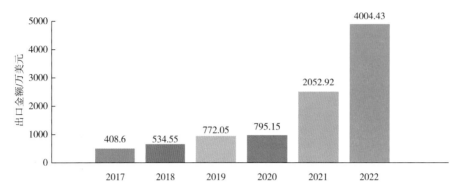

▲ 图 1-16　2017—2022 年中国威士忌出口金额（资料来源：中国海关）

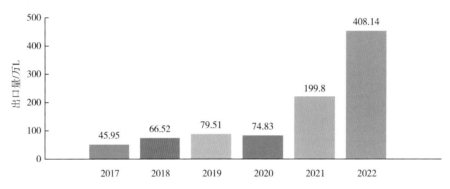

▲ 图 1-17　2017—2022 年中国威士忌出口量（资料来源：中国海关）

3. 威士忌的消费

威士忌是一种国际性饮品，受到全世界各地消费者的喜爱。威士忌可以引领时尚和潮流，追求个性化的很多威士忌爱好者都在寻找属于自己的威士忌。威士忌有不同的饮用方法，可以纯饮，也可以添加各种风味物质来享用，例如，在西班牙，威士忌＋可乐；在日本，威士忌＋苏打水＋冰块；在英国：纯饮或＋水。威士忌也适用于调配鸡尾酒。

4. 威士忌产品创新之路

威士忌具有多样性、包容性、开放性的特点。就生产工艺而言，威士忌不是局限某种产地的酒，它可以在世界各地广泛生产，可以通过无数种工艺进行组合，创造出丰富多彩的威士忌特色产品，其酿造和蒸馏是一种创造性艺术，在陈酿方面也是在做时间的生意，所有这些都为威士忌的风格增添了独特的元素。尽管威士忌来自各产区，但它属于全世界。

（1）传统产区　在威士忌的传统产区，如苏格兰单一麦芽威士忌、波本玉米威士忌、爱尔兰三次壶式蒸馏威士忌、加拿大黑麦威士忌、日本水楢桶陈酿威士忌等，都已经拥有自己产区的鲜明特色。

（2）原料方面　原料和环境条件形成了威士忌独特的风格。大麦、黑麦、玉米、小麦已成为各产区的原料特点，在一些地区酿酒师们也对一些谷物如燕麦、青稞、高粱等原料进行大胆的尝试。

（3）工艺方面　采用不同的麦芽烘干方式，不同的酵母，不同的蒸馏器，进行研究和尝试，尽管威士忌通常会使用之前已装过葡萄酒、雪莉酒和波特酒的橡木桶进行陈酿，但有些酿酒师甚至会更进一步，例如，一家著名的蒸馏厂使用印度淡色艾尔啤酒（IPA）的木桶陈酿威士忌。

（4）文化方面　各地的环境、文化、风俗、饮食习惯不同，为威士忌本土味道的多样性产生提供了外部条件，例如艾雷岛的泥煤风味威士忌、日本的嗨棒威士忌饮用法等。

（5）新兴威士忌产区　如今世界各地威士忌蒸馏厂都在寻找自己的产品特点。由于气候和历史等影响因素，如何选择不同威士忌的风格，以及他们更偏向何种威士忌的酿造方法，这些都发挥着重要作用。许多酿酒师在尊重传统、历史和规矩的同时，也在挑战自己的极限。

①亚洲：这是威士忌的新兴产区，人们正在打破传统，用新的思维对固有经验发起颠覆性的挑战。

在日本，威士忌经过近百年的坎坷之后，用了仅仅十几年时间，从一个边缘市场到今天奠定五大威士忌产区的地位。

在中国台湾，早期威士忌生产受制于法规限制，除烟酒专卖局外，普通人没有权限去建立酒厂。直到2002年台湾地区开放贸易自由化，废止了酒类专卖制度。台湾第一座麦芽威士忌蒸馏厂——噶玛兰（Kavalan）于2005年正式完工。这里地处特殊的热带环境，他们坚持对传统工艺坚守的同时大胆创新，使噶玛兰近些年在威士忌业内和消费者中，赢得了双重口碑，在国际比赛中屡获桂冠。原本只专注葡萄酒、水果酒领域的南投酒厂，也转型投入威士忌的酿造中，2008年成立的南投蒸馏厂，大胆地将台湾本土水果的魅力结合到橡木桶中，推出了梅子桶、荔枝桶、柳丁桶和橘子桶威士忌，特殊的风味桶赋予了威士忌独有的地域气息。

在印度，1948年在班加罗尔成立的雅沐特（Amrut）蒸馏厂，2004年推出了单一麦芽威士忌，填补了印度单一麦芽威士忌的空白，目前在国际上拥有非常好的知名度，出口全球二十几个国家和地区，在本土市场也深受欢迎。

伴随着印度和中国台湾威士忌的成功，亚洲威士忌不再是日本独享。这些新兴的蒸馏厂正在形成一种不断追求创新、放弃传统束缚而形成的亚洲新风格。

在中国大陆，威士忌正在以前所未有的速度发展。过去的几年，威士忌消费增长率在所有进口酒类中提升最多，目前正在吸引国内外投资者前来建设新的蒸馏厂，这些蒸馏厂分布在中国的南方、北方、东部和西部的各个地区。

②欧洲：这里是威士忌诞生之地，还有历史悠久的爱尔兰和苏格兰两大产区，一度让其他国家的威士忌显得有些黯然失色。现在爱尔兰涌现许多新的威士忌蒸馏厂（图1-18）。鉴于人们对威士忌的热爱，除爱尔兰和苏格兰外的其他欧洲地区，威士忌的产业也得到了前所未有的发展，目前正在成为威士忌酿造的热点地区。

▲ 图1-18　位于爱尔兰的威士忌蒸馏厂

（图片来源：www.Irish Whiskry360.com）

英格兰和威尔士是两个新兴的威士忌酿造产区，它们的北面邻居虽然是威士忌蒸馏实力强大的苏格兰，然而它们正在这样的背景中崛起。这些地区生产种类繁多的威士忌，是对"新兴"威士忌产区的一种启示。英格兰和威尔士威士忌在新世纪迎来了一个美好的发展时期。自位于诺福克（Norfolk）郡的英格兰威士忌（The English Whisky Co.）2006年开始投产以来，开启了威士忌新的乐章。从那以后，新的酿酒厂如雨后春笋般在英格兰各地出现。

在欧洲的瑞典、冰岛、丹麦、挪威、德国，甚至是法国，都在开始大量建设新的威士忌蒸馏厂。瑞典的海歌蒸馏厂（High Coast），位于北纬63°地区，是目前全球最接近北极圈的麦芽威士忌蒸馏厂。如此之高的纬度，带来的是长年低温的水源和冬夏巨大温差，毫不夸张地说海歌地处世界上最复杂的威士忌陈酿环境，同时也赋予了与其他蒸馏厂迥异的风格。特殊的温差令酒液和橡木桶的交互作用无比强烈，加速了威士忌的陈酿时间，使海歌可以表现出超出其酒龄的不凡品质。特别值得说明的是，海歌或许是世界上产品信息最透明的威士忌蒸馏厂，在海歌官网中，你能查到每一款威士忌的用料、蒸馏时间、陈酿时间、陈年百分比，甚至是橡木桶的来源。这种高度透明化的信息公开，是海歌作为新世界威士忌的一种创举。

瑞典的麦克米拉（Mackmyra）蒸馏厂成立于1999年，从建厂之初便把目光聚焦到未来的跨界中。用日本绿茶浸泡过的橡木桶来陈酿威士忌，彰显了麦克米拉蒸馏厂颠覆传统的决心。2019年5月，一向打破常规的麦克米拉宣布推出人工智能（AI）威士忌。根据官方介绍，这款威士忌的诞生是与微软公司的共同之作，微软从麦克米拉提供的酿造数据中研发了一套新的软件。最终，这套威士忌软件可以实现自动识别威士忌的酒桶选择，预测陈年时间，以及调和配比。虽然在短时间内，所谓的人工智能威士忌更像是一种对未来的探索，但这令传统威士忌的行业受到启发。

③澳大利亚：塔斯马尼亚岛的温和气候，比澳大利亚大陆更接近苏格兰，故被称为澳大利亚的"艾雷岛"，那里的条件是酿造威士忌的理想之地，而塔斯马尼亚岛在某种程度上已成为威士忌蒸馏的重要产区。该岛距澳大利亚大陆240km，多山、森林茂密，但也有大片肥沃的可耕地，尤其是在岛上的中部地区。值得注意的是，当地盛产大麦，这也是其以出产高品质单一麦芽威士忌而闻名的原因之一。

2014年，塔斯马尼亚（澳大利亚的一个岛屿）拥有9家威士忌酿酒厂，现在发展为20多家。岛上的第一个现代威士忌制造商是云雀，成立于1992年，之后是1994年建立的仅有五人的苏利文酿酒厂。塔斯马尼亚的大部分威士忌酒厂，专注于小批量和单一桶威士忌。尽管塔斯马尼亚的威士忌产量只有艾雷岛的1%，但是塔斯马尼亚看重的是质量而不是数量。在这里，众多备受关注的威士忌蒸馏厂不断增加的"最佳"奖项就是最好的证明。赫利尔路黑比诺葡萄酒桶收尾的单一麦芽威士忌（hellyers road pinot noir finish），被《烈酒商务》（*The Spirits Business*）杂志评为2015年度烈酒大师级金奖（The Global Spirits Masters），并入围全球十大最具价值威士忌排行榜。截至2020年2月澳大利亚酒业协会公布的数据，全澳大利亚注册的蒸馏厂数量共计288个，是近些年来威士忌行业规模发展最快的国家。2015年，塔斯马尼亚岛的威士忌蒸馏厂，自发组成了本地的威士忌蒸馏厂联盟——"塔斯马尼亚威士忌生产者协会"（Tasmanian Whisky Producers Association），代表所有的塔斯马尼亚威士忌酒厂。

④北美洲：随着精酿潮流的蓬勃发展，北美洲的精酿威士忌蒸馏厂正在大胆创新，它们不仅以不同的谷物为原料进行试验，而且还添加蜂蜜、樱桃、香辛料等原料生产威士忌，这些产品的创新，在挑战传统的同时，也拓展了威士忌新的领域。

5. 威士忌文化

威士忌的爱好者不仅对威士忌的历史和渊源感兴趣，还对威士忌的风土与工艺，风味和典型性也充满好奇。这些爱好者所拥有的开放心态是过去多年来所没有的。

威士忌比伏特加和金酒等烈酒更贵,主要原因是它通常需要几年的时间才能成熟,因此必须储存起来,这就增加了其成本。

此外,全球范围内对陈年威士忌的需求,显然没有办法得到满足,这意味着威士忌价格会大幅上涨。这对苏格兰和日本的陈年库存造成了影响,剩余库存的市场价格也随之上涨。

为缓解价高的问题,酿酒厂现在正在提高产量。此外,自2000年以来,全球范围内的精酿技术出现了空前的繁荣,这一切都是为了满足市场需求。但当所有这些新威士忌陈酿后,可能会给威士忌生产商带来新的价格问题。如果对威士忌的需求像历史上有些时期那样放缓,产品过剩可能就会导致价格下跌。

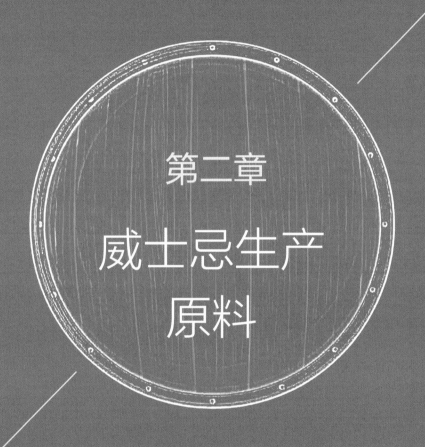

第二章

威士忌生产
原料

第一节 谷物

威士忌酿造的主要原料为谷物，包括大麦、小麦、玉米、黑麦和燕麦等，不同产地有着不同的原料使用习惯，而依据谷物的使用，威士忌也获得了不同的命名。

一、大麦

在苏格兰的历史上，对于早期的农民来说，生产过剩后的农作物不易保存，体积大，也不方便运到外地贩卖，将其用于蒸馏威士忌，从而转化成更具经济价值的商品是过剩农作物很好的出路。农民使用过剩的粮食来酿酒，当时主要以大麦为主，所以在苏格兰仅使用大麦酿造的威士忌成了一个特定的分类，以区别于用其他谷物酿造而成的威士忌。

1.特点

▲ 图2-1 大麦
[摄于苏格兰拉瑟岛（Isle of Raasay）蒸馏厂，图片来源：苏格兰威士忌协会（SWA）]

大麦（图2-1）在世界粮食产量中排名第四，它有如下几个特点。

（1）具有广泛的生态适应性　大麦可以生长在气候条件不适于种植其他谷物的地区。苏格兰土地贫瘠，常有暴风雨雪的气候，可以种植的粮食选择性少，大麦是理想的种植农作物。另外一个主要原因是大麦有坚硬的外壳，不易发霉，耐存储，而小麦、裸麦和燕麦由于缺少坚硬的外壳保护，容易吸收水分发芽和发霉腐败，除非将其彻底干燥，否则难以长期保存。

（2）可以作为人的粮食和动物饲料使用　大麦营养丰富，可以加工成食品。在苏格兰，主要的农作物是燕麦和大麦。燕麦的蛋白质和脂肪含量较高，是人们的主要粮食，可制成燕麦粥、燕麦烤饼等。而大麦主要是用作酿酒原料，例如啤酒和威士忌，酿酒产生的糟粕含有丰富的蛋白质，是理想的动物饲料，在私酿时期可以有效补充冬季牧草的不足。

（3）麦芽具有酿酒的先天优势　发芽的大麦含有高质量的淀粉。大麦含有55%~65%的淀粉，是最便宜的淀粉来源之一，是生产啤酒和威士忌的最佳原料，也是制作天然淀粉、淀粉衍生物、果葡糖浆等的主要原料。大麦芽拥有足够的淀粉酶，能充分地将淀粉转化为糖，为酵母发酵产生乙醇提供糖源。麦芽威士忌具有香甜、纯正的味道。

青稞是大麦的主要变种，在中国西北、西南各省有栽培，适宜高原清凉气候。我国威士忌国家标准规定，威士忌可以用青稞为原料进行发酵蒸馏。

2. 品种分类

（1）根据种植季节分

①冬季大麦：9月份种植，生长时间300d，产量6000kg/hm²。

②春季大麦：3~4月份种植，生长时间150d，产量4000kg/hm²。

大麦属一年生禾本植物，生长周期较短。每年成熟收割后，来年需重新播种。因为风土对于大麦风味的影响很少，所以苏格兰威士忌行业除了使用本地区种植的两季大麦，即春季大麦和冬季大麦以外，也可以从境外进口较为合适的大麦品种。

第二次世界大战前，苏格兰使用的大麦基本以苏格兰和英格兰地区为主，少数来自丹麦、美国加利福尼亚州、澳大利亚等其他地区。英国拥有五个大麦产区，西北区（含北爱尔兰和北威尔士）、东北、中部、西南和东南区，这些产区的大麦都是苏格兰麦芽威士忌生产可以选择的原料。

（2）根据谷粒数分

①二棱大麦：适用于春季种植。世界各地种植的大麦主要是二棱大麦，大多在灌溉条件下生长，质量稳定。二棱大麦蛋白质含量较低或适中，不易遭受病害，产量较高，颗粒较大，尺寸均匀，淀粉含量高，多酚类及苦味物质含量少。

②多棱大麦：美国是唯一广泛种植多棱大麦的国家，大多在旱地条件下生长，质量不稳定，蛋白质含量适中或较高，易遭受病害，在发芽过程中生成酶的能力较强，产量较低，适用于冬季种植，颗粒大小不一，淀粉含量少，苦味物质含量较多。

3. 大麦品种的更新换代

大麦的品种是伴随着抗病性和适应种植环境被不断优化选择的，一般来说，同一品种的大麦到了一定周期，需要进行更新换代。

20世纪50年代，主要有两个大麦品种，它们分别是斯巴特·阿彻（Spatt archer）和羽毛·阿彻（Plumage archer）。随后，一系列不同的杂交品种开始出现，包括普罗克托（Proctor）、先锋（Pioneer）、马里斯·水獭（Maris otter）（前两个品种杂交的产物，也是20世纪70年代最重要的大麦品种）。1966年前后，著名的黄金诺言（Golden promise，简称GP）大麦正式问世，在当时的同类大麦中，GP大麦的质量和出酒率都是革命性的，虽然总体产量不高，但在之后20余年里仍然是主要品种。

随着威士忌行业的发展以及农业种植的科技进步，大麦品种的更新换代是必然结果，例如出酒率、发芽率都是衡量大麦品质的指标，GP大麦在逐渐的换代中被抛弃，取而代之的是更有经济价值的新品种。

20世纪80年代，出现了翡鸟（Halcyon）、皮普金（Pipkin）和善知鸟（Puffin），在20世纪90年代初它们又被奥普推克（Optic）、战车（Chariot）和德卡尔多（Derkardo）取代。现在威士忌酿酒使用最多的是协奏曲（Concerto）、奥德赛（Odyssey）等品种。

"协奏曲"的种植和使用已经占到苏格兰威士忌行业整体的70%，例如百富、格兰威特、欧肯特轩等大的蒸馏厂家都在使用。品种选育的首要指标是产酒率高，每吨"协奏曲"大麦能够生产 410L 左右的乙醇，而早前著名的大麦品种 GP 大麦，每吨则只能生产 380L 左右的乙醇，因此使用"协奏曲"使出酒率大大提升。

图 2-2 为麦芽威士忌用大麦品种的更新换代及销售量变化情况，从图中可以看出，从 1996 年之后 GP 大麦的使用量基本很少。

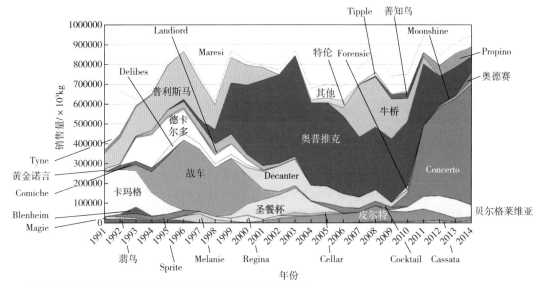

▲ 图 2-2　麦芽威士忌用大麦品种的更新换代及销售量变化情况

［图片来源：国际大麦中心（The International Barley Hub）］

酒厂产量提升的同时，伴随着苏格兰威士忌产业规模的不断扩大，培育和增加更多的大麦品种，以保证大麦品种的活力和抵御重大自然风险的能力，已经成了行业防范原料性危机的共同认知。

在英国，每年都会选育出大量的新品种，但是威士忌行业不允许以转基因的方式来培育大麦，只能以传统杂交方式进行实验。一个品种进入市场前，首先必须经过差异性、均一性和稳定性测试，才能列入英国国家粮食局（HGCA）的国家名单，最后成为新大麦商品进入市场。这能确保该品种是真正从栽种到使用都具差异性的新品种。

目前，英国使用的两年制国家栽种测试（NL1 和 NL2）由英国国家粮食管理局负责，为了评估是否适合英国境内栽种，以及是否有比目前品种更好的农艺特性和更好的抗病性或抗菌性，每年该部门下属的"大麦委员会"（Barley Committee）出具评估结果，并决定是否进行上市前最后 2 年的栽种推荐列表试验。

以苏格兰为例，"苏格兰谷物咨询委员会"（Scottish Cereals Consultative Committee，SCCC）会根据苏格兰农乡学院［Scotland's Rural College，SRUC，原苏格兰农业学院（Scottish Agricultural College，SAC）］的推荐名册做决定（SAC，2012）。推荐名册对蒸馏厂相当重要，虽然苏格兰威士忌法规并未要求只使用苏格兰产的大麦和小麦，但产业链中的供应商、麦芽厂和蒸馏厂本着降低成本的原则，往往会就近选择和使用一个或几个品种的大麦，有时甚至会在一个生产周期内改变几次大麦品种。

在大麦对威士忌风味的影响方面，有人以为不同品种的大麦对威士忌风味的影响不大，但业内也有专家觉察到大麦品种同质化的风险，其背后有着整个农业日趋工业化的影子，造成威士忌风味越来越同质化。

4. 大麦的选用标准

大麦中含有大量的淀粉、蛋白质和微量元素。依据这些内含物，酒厂对大麦的检查主要考虑的因素是淀粉含量、蛋白质含量、氮含量及发芽测试，如休眠性（Dormancy）、水敏感度（Water sensitivity）和预发芽（Pre-germination）。另外还有过筛分布和重量（千粒重）。

（1）淀粉、蛋白质占比　威士忌的发酵是糖分在酵母的作用下产生乙醇和 CO_2。由此可见，糖分含量至关重要，而糖是由淀粉通过酶的反应得来，保证酒厂出酒率的前提是大麦含有足够的淀粉，淀粉含量越高意味着出酒越多。与此相关的是，大麦蛋白质的含量直接影响了淀粉含量的占比，大麦中蛋白质越多，淀粉就越少。显然，蛋白质含量高的大麦品种是酿酒人所不乐见的。因此，在二棱大麦和六棱大麦的选择上，苏格兰威士忌行业更偏向于使用淀粉含量较高的二棱大麦，而六棱大麦多用于当地的啤酒酿制。

同啤酒使用的大麦相比，威士忌使用蛋白质含量低的春季大麦，啤酒使用蛋白质含量高的冬季大麦。

（2）发芽率高低　大麦中的淀粉并不会自然转化为糖分，这个过程需要酶的作用。苏格兰威士忌的相关法律对酶的使用有着严格的限定，仅可以利用大麦中本身具有的酶，不允许添加其他酶。由于大麦在投产前已被晾晒干燥后储藏，当生产开始时，为促使大麦中淀粉酶充分释放，大麦必须首先浸泡发芽，通过胚芽、胚根的生长及细胞壁的溶解，触发淀粉酶对淀粉的不断分解。因此，大麦品种是否拥有良好的发芽率也是酿酒厂选用的主要因素之一。

氮是蛋白质结构中氨基酸的组成元素，通过检测氮含量可以判断大麦中蛋白质含量的高低，更为重要的是，氮含量过高会阻碍大麦的发芽。蒸馏厂挑选麦芽的氮含量一般控制在1.4%~1.6%（干重），每年会根据不同情况略微上下浮动1.1%~1.8%。谷物威士忌用麦芽的含氮量较高，为1.8%~2.0%（干重），确保未来有较强的产酶能力并产生更多的自由基氨基酸（Free amino nitrogen，FAN），这两种指标是谷物威士忌良好发酵的基础。

由此可以看出，威士忌酿造应该选用淀粉含量高、蛋白质及氮含量较低、发芽率高的大麦。

（3）无糖苷丁腈产出　糖苷丁腈（Glycosidic nitrile，GN），是氨基甲酸乙酯（Ethyl carbamate，EC）的主要前体物质。EC 是一种致癌物，会污染烈酒并被某些国家列入管制名单。目前苏格兰要求育种厂选育的新品种为无糖苷丁腈产出（Non-GN-producing）品种的大麦。蒸馏使用的新品种大麦必须标示"无糖苷丁腈产出"。

二、玉米

玉米（图 2-3）原产于中美洲和南美洲，它是世界上重要的粮食作物，广泛分布于美国、中国、巴西和其他国家。玉米与传统的水稻、小麦等粮食作物相比，具有很强的耐旱性、耐寒性、

▲ 图2-3 玉米

耐贫瘠性以及极好的环境适应性。玉米的营养价值较高，是优良的粮食作物。作为高产粮食作物，玉米在中国是畜牧业、养殖业的重要饲料来源，也是食品、医疗、化工业等不可或缺的原料之一。

玉米是全球产量最高的谷物，与大麦不同，玉米中不含有酶类，糖化时要通过高温加热来进行分解。玉米淀粉含量高达72%，储存的水分必须在15%以下。在苏格兰的谷物威士忌蒸馏厂，1984年以前都是用玉米为原料，因为英国不种植玉米，大部分来自美国。从1984年开始，欧洲提高了玉米进口关税，导致玉米价格提高，进口量大减，再加上玉米在糖化时要通过高温加热，时间和成本太高，所以现在除个别蒸馏厂完全使用玉米外，大部分改为使用部分玉米和小麦或者全部使用小麦为原料，而在美国和加拿大，玉米是威士忌的主要原料。

玉米中含有较丰富的植酸，在酿酒发酵过程中被分解成环己六醇和磷酸，前者使酒呈甜味，两者都能促进酵母菌生长及酶的代谢与甘油的生成。玉米在蒸煮后疏松适度，不黏糊，有利于发酵，因此玉米威士忌的特点为柔软甜蜜，具有香草、枫糖浆的风味，酒体细腻，陈年酒醇美丰满。

玉米中的蛋白质及脂肪高于其他原料，特别是胚芽中脂肪含量高达30%~40%，发酵中难以被微生物利用，容易使发酵液中高级脂肪酸乙酯的含量升高，加之蛋白质高而杂醇油生成量多，会在一定程度上影响出酒。理论上玉米的酒精出产率为400L/t。

对玉米原料酿酒除基本要求外，果胶质含量越少越好，不得含有过多的含氰化合物番薯酮及黄曲霉毒素等有害成分。

玉米籽粒千粒重50~400g，平均为250g。容重为625~750kg/m³。玉米淀粉的颗粒直径约为20μm，10%~15%为直链淀粉，85%~90%为支链淀粉，玉米的含氮物质几乎全部来源于蛋白质。

玉米国家标准（GB 1353—2018）将玉米划分为5个等级，如表2-1所示。

表2-1　玉米质量指标

等级	容重/（g/L）	不完善粒含量/%	霉变粒含量/%	杂质含量/%	水分含量/%	色泽、气味
1	≥720	≤4.0				
2	≥690	≤6.0				
3	≥660	≤8.0	≤2.0	≤1.0	≤14.0	正常
4	≥630	≤10.0				
5	≥600	≤15				
等外	<600	—				

注："—"为不要求。

三、小麦

小麦（图2-4）是仅次于玉米和水稻的全球第三大农作物，是一种世界性的主要粮食。小麦品种众多，能生长在比玉米更寒冷的地区。在加拿大，一些移民使用主食剩下的小麦制作威士忌，使其越来越受到精酿威士忌的欢迎。另外，小麦也是苏格兰谷物威士忌的主要原料。

▲ 图2-4 小麦

威士忌使用小麦的要求：威士忌用小麦总体要求为低氮含量，高出酒率，易加工。在苏格兰，威士忌使用的是便宜的软质冬小麦，因它们具有较高的产酒率和良好的加工性能，不会像硬质小麦那样产生高黏度的麦芽汁，给谷浆运送、副产品的离心脱水带来麻烦。

英国与爱尔兰国家磨坊协会将英国的冬小麦品种划分为四大类，第一大类和第二大类全是硬小麦，主要用于磨坊和烘焙，不适合用于蒸馏。第三大类和第四大类有部分品种可以作为蒸馏原料使用。第三大类是软质小麦，虽然一些重要的蒸馏品种也列在其中，但该大类主要是用于制作饼干和蛋糕。第四大类同时列出软质和硬质品种，虽大多数用于制作饲料，但蒸馏厂也使用这类里的许多软质品种。所以，威士忌用小麦规格比较接近生产饲料使用的小麦。面包生产需要高质量的硬质小麦，以满足高氮含量和低淀粉含量的要求。面包用小麦基本上不适合作为威士忌的生产原料，因为黏度问题会影响生产效率和出酒率。

苏格兰对于威士忌用小麦的技术要求主要包括：软胚乳、高淀粉、低氮量（蛋白质），这是影响乙醇产量的主要因素。其他重要指标还有含水量、高容重、外观、硬度和粒度，这些主要会影响生产时的效率。

容重是单位体积谷粒的质量（单位为 g/L），起源于蒲氏耳（Boshel）体积单位（注：$42in^3$，$688cm^3$）的质量，其概念等同于大麦用的千粒重（Thousand con weight）。容重越高表示含有越多淀粉和蛋白质。谷物威士忌厂通常会使用容重不低于 720g/L 的小麦，但会按照小麦来源进行调整。

对谷粒大小或粒径也有要求，特别是那些工艺要求很高的蒸馏厂，喜欢使用大颗粒的小麦。如果粒径太小，小麦颗粒会直接通过破碎机进入糖化阶段，造成淀粉糖化不彻底，降低乙醇产率。

小麦淀粉含量约69%，与玉米相差不多。小麦糊化温度比大麦还低，甚至不需要蒸煮。小麦乙醇产出率约为390L/t。小麦淀粉含量基本上与含氮量呈负相关。从结构上来说，籽粒可分三部分：胚乳约占83%，麸皮占14%，胚芽占3%。胚乳是最重要的部分，关系到乙醇产量。胚乳由80%以上的碳水化合物（主要为淀粉）组成，包括蛋白质12%、脂肪2%、矿物质1%和其他物质。小麦也含有少量非淀粉类碳水化合物，如单糖、双糖、寡糖和果聚糖，以及组成细胞壁的多糖体，如阿拉伯木聚糖、β-葡聚糖、纤维素和葡甘露聚糖。细胞壁多糖体含量对蒸馏厂加工很重要，太多多糖体会提高黏滞性，尤其是影响副产物回收。小麦存储运输时水分

须 < 15%。

小麦威士忌的特点：圆润和蜂蜜的香气，口感轻柔协调。

小麦质量指标见表 2-2。

表 2-2　小麦质量指标

| 等级 | 容重/（g/L） | 不完善粒% | 杂质% | | 水分/% | 色泽，气味 |
			总量	矿物质		
1	≥ 790	≤ 6.0				
2	≥ 770	≤ 6.0				
3	≥ 750	≤ 8.0	≤ 1	≤ 0.5	≤ 12.5	正常
4	≥ 730	≤ 8.0				
5	≥ 710	≤ 10.0				

▲ 图 2-5　黑麦

四、黑麦

黑麦（图 2-5）在世界粮食产量排名中位于第六，主要产自北美，黑麦威士忌在全球范围内越来越受欢迎。黑麦生长快，比大麦成熟期短，耐寒，几乎不需要除草。黑麦是加拿大威士忌的主要原料。

黑麦威士忌的特点：香气浓郁强劲，陈酿期短的具有柠檬和尘土味，酸，有点油，具有胡椒、肉豆蔻、丁香、肉桂等香辛料的风味。

黑麦的质量等级指标见表 2-3。

表 2-3　黑麦质量等级指标

| 等级 | 容重/(g/L) | 不完善粒/% | 杂质/% | | 水分/% | 色泽、气味 |
			总量	其中：矿物质		
1	≥ 790	—				
2	≥ 770	≤ 6.0				
3	≥ 750	≤ 8.0	≤ 1.0	≤ 0.5	≤ 13.0	正常
4	≥ 730	—				
5	≥ 710	≤ 10.0				
等外	<710	—				

注："—"为不要求。

五、其他谷物

还有一些生产商正在使用口味各异的非主流谷物为原料，来生产与众不同的威士忌，主要包括以下几类。

1. 燕麦

直到 18 世纪，它还是苏格兰威士忌的宠儿；在爱尔兰，它被广泛应用到了 20 世纪。现在，燕麦重现在了一些德国、奥地利和美国的蒸馏厂中。燕麦淀粉含量很低，在蒸馏过程中，谷物发酵液可能在蒸馏器中出现黏结现象，但是对一部分生产商来说，他们正在为获得燕麦的奶油质地和坚果香味付出努力。

2. 高粱

高粱又称红粮、蜀黍等。高粱是仅次于玉米、小麦、水稻和大麦的世界上第五大种植谷物。高粱以其淀粉含量高、脂肪含量低等显著特点，自古就是我国蒸馏酒的首选原料。

在西方一些国家，将高粱与大麦、玉米、黑麦、燕麦、大米、小麦和小米等谷物一起归类为威士忌的生产原料。

在我国，素有"高粱香、玉米甜、小麦冲、大米净、糯米浓"的说法，概括了几种主要的酿酒原料与酒质的关系。

（1）高粱的种类　高粱的种类多，分布广，按颜色可以分为白、青、红、黄、黑几种；按黏度可以分为糯高粱和粳高粱，北方多产粳高粱，南方多产糯高粱。

（2）高粱的成分　高粱颜色的深浅，反映其单宁及色素成分含量的高低。不同品种高粱成分的含量不同。

高粱的内容物多为淀粉质颗粒，外包一层由蛋白质和脂肪组成的胶粒层，易受热分解。糯高粱内容物中的淀粉颗粒几乎全是支链淀粉，以泸州地区特产的糯红高粱为典型代表；而粳高粱内容物中的淀粉则大部分是直链淀粉。支链淀粉具有吸水性强、容易糊化、酶作用点多等特点，因此，以糯高粱酿酒，出酒率和品质均优于粳高粱。高粱皮中含有高达 2% 以上的单宁，微量的单宁经蒸煮和发酵后，衍生为香兰酸等酚元化合物，能赋予酒特殊的芳香，但若单宁含量过多，易被带入酒体中，使酒体呈苦涩味。

（3）高粱的特性　高粱相对于其淀粉质原料来讲结构较疏松，蒸煮后易于被酿酒微生物利用，在我国传统白酒中应用广泛。

高粱威士忌具有易饮的特性，越来越受到蒸馏厂的欢迎。在 19 世纪 60 年代，澳大利亚开始以高粱为原料制作威士忌。在美国，有些蒸馏厂从高粱中提取高粱糖浆，以此来酿造威士忌。目前美国和澳大利亚共有十几家小型酒厂在使用高粱为原料生产威士忌。

3. 荞麦

18、19 世纪的苏格兰，在谷物威士忌中常见到荞麦的身影。现在在法国的布列塔尼可以看到一款使用荞麦为原料生产的威士忌（Wddu，当地语音中荞麦的意思）。这种谷物生产的威士忌气味芳香，但是也能带来类似黑麦威士忌的强烈香气。

4. 黑小麦

黑小麦是小麦与黑麦的杂交品种，有时也会在加拿大威士忌中出现，它的酒体风格也是介于两者之间。

5. 小米

小米威士忌这几年也非常受欢迎，至少有一家美国酿酒厂生产纯小米威士忌。小米很耐旱，几乎不需要浇水就能正常生长。这种谷物可以给酒带来坚果风味。

6. 大米

大米是水稻的籽实。水稻，禾本科，一年生草本植物，是世界播种面积最广的谷物。我国为水稻的原产地之一，有4700余年的栽培历史，其总产量居世界第一位，是我国南方地区的主要作物。

大米分籼米、粳米和糯米三类。籼米由籼型非糯性稻谷制成，米粒一般呈长椭圆形或细长形；粳米由粳型非糯性稻谷制成，米粒一般呈椭圆形；糯米由糯性稻谷制成，乳白色，不透明或半透明，黏性大。各种大米均分为早熟和晚熟两种，一般晚熟稻谷的大米蒸煮后较软、黏。现在我国种植的稻谷多数为杂交稻谷。

大米的淀粉含量较高，蛋白质和脂肪相对含量较少。粳米的淀粉结构疏松，有利于蒸煮糊化，但如果蒸煮不当过黏，易导致发酵升温过猛而影响酒质和发酵。糯米质软，蒸煮后黏度大，一般均需与其他原料配合使用，避免过黏影响发酵。

从日本和美国的新威士忌中，我们发现，大米清淡、微妙的味道很受年轻饮酒者和鸡尾酒爱好者的欢迎。

第二节　水

一、概述

多数苏格兰麦芽威士忌酒厂使用泉水或从苏格兰高地小溪渗入的地表水，这些水都非常软，具有很低的可溶性固形物含量，一些流经泥煤地的水源可能含有机物，使用前通常不经过滤，此类有机物会增加酒中的酚类挥发物。无机盐类对风味的影响有限，但是会影响糖化和发酵，这些软化水并非完全不含无机盐类，苏格兰人以为流经泥煤地和花岗岩的水质最适宜酿造麦芽威士忌。大部分的谷物威士忌酒厂都靠近市区，多数使用地下水源。

美国的肯塔基州和田纳西州位于一个大型的石灰岩层上，可以对水进行很好的过滤。山谷中石灰岩层破裂的地方，可以看到用于威士忌生产的理想的清澈水源。他们认为这些硬水有助于生产一些类型的芳香物质。为了克服这些硬水的高碱度，蒸馏厂通常使用酸醪法，甚至在糖化过程中加入酒蒸残液予以酸化。

每座蒸馏厂的兴建之初，最重要的考虑要素一定是水，酒厂的选址务必确保周围水源丰沛无忧、水质良好，因为上好的水源品质是酒品质的基本保证。例如，格兰利威使用源于威特河的水及富含矿物质的乔西之井（Josie's Well）水；格兰菲迪罗使用了比多泉水（Robbie Ddu Spring），泉水从康瓦尔山（Conval Hills）流经石英石和花岗岩地表到酒厂，给酒厂带来了充沛的优质软水；瑞典海歌（High Coast）使用的是来自安格曼河（Angerman River）的水，河流清澈见底，且一年有 8 个月水温维持在 5℃，为酒厂提供天然的冷却水，这是由于海歌酒厂拥有全世界威士忌蒸馏厂中温度最低的天然水源。在我国，杭州千岛湖威士忌酒业公司，建立于美丽的千岛湖畔，这里水资源丰富，水质优良，为酿造、蒸馏提供了保证。

另外，关于水、土的特点也是酒类品牌宣传重点，那些优质的威士忌毫不吝啬对于水土的赞美，总是想证明这独一无二的酒类风格形成来自得天独厚的地理位置。但是关于水质中的一些成分，的确会对威士忌间接产生巨大的影响，那就是硬度，或者说是水中各种离子的含量与浓度，这些都会显著影响酵母表现从而影响整个风味。

二、酒厂用水

水对于威士忌酒厂无论数量还是质量都是重要的因素，威士忌酒厂需要大量的水且必须是无色无臭，不含微生物、有机物。

蒸馏厂用水主要是生产工艺用水，入橡木桶之前降低酒精度的稀释用水和冷却用水，锅炉用水等。通常情况下，一个水源就可以满足这些需要，而在一些酒厂，工艺用水和冷却用水来源不同。

1. 酒厂用水种类

威士忌工厂工艺用水有以下几类。

（1）浸泡水　应清澈无污染。

（2）糖化用水　水中溶解的盐类影响最大，糖化适合使用硬度低的软水。表 2-4 是麦芽威士忌酒厂糖化用水与啤酒厂用水比较。

表2-4 麦芽威士忌酒厂糖化用水与啤酒厂用水比较　　　　　　单位：mg/L

成分	啤酒厂用水			威士忌厂用水		
	波顿桥	慕尼黑	都柏林	参数	格兰纳里奇	吉拉
溶解性固体	—	—	—	46	—	—
钠	54	10	12	—	7	14
镁	24	19	4	6	3	6
钙	352	80	119	5	2	5
氯化物	16	1	19	27	12	27
硫酸盐类	820	5	54	14	3	14
重碳酸盐	320	333	319	5	2	5

（3）入橡木桶前用水　加水降酒精度，按规定执行。

（4）装瓶前稀释水　中性的、无色无味离子交换水或者蒸馏水。

（5）其他生产用水　主要包括冷凝水、热交换水和清洁用水等。

苏格兰威士忌的糖化用水、生产和清洁用水标准，根据苏格兰的私有水源供应法规 [*Private Water Supplies（Scotland）Regulations*，2006]，这些加工用水的规格无需符合较严格的欧盟饮用水法规（*Council Directive* 98/83/EC，European Council，1998），只要清洁、符合卫生标准，消费者饮用蒸馏酒后不会因水质造成健康问题即可。对于成品酒内添加的稀释水则必须受上述欧盟饮用水法规的限制。

2. 选择厂址需考虑水源

厂址所在地，需水质良好，稳定充沛。首选泉水或河川、溪流、涌泉，其次为湖泊和井水，此类水可能受到地表层的泥煤和生长植物中的有机杂质影响，涌泉和深井的地下水则更会受到地质组成的影响。少数酒厂如谷物酿酒厂使用自来水，自来水水质稳定，但成本较高。开采地下水也必须符合法律的规定，过度的抽取容易造成地层下陷。污水排放也是一个很重要的因素，酒厂要有一定的处理设施排放污水，要综合考虑排放污水的温度、pH、溶解物和固体悬浮物等指标。

另外，威士忌蒸馏厂附近的空气对产品质量的影响很大，蒸馏厂周边的空气必须洁净，且具有适当的湿度条件。在苏格兰，麦芽威士忌蒸馏厂所在地大多数为城市郊外，甚至远离农村，有的酒厂位于森林和沼泽，而这些森林和沼泽对空气起到净化作用，另外许多的蒸馏厂设在距离海岸几千米的地方。

3. 水对威士忌风味的影响

水中各类盐离子浓度会影响 pH，影响糖化过程进行的各种酶反应效率，提供各类酵母生产所需的微量元素。钙、镁和锌离子皆为酵母生长所需。同时，钙离子对糖化过程中的淀粉降解酶（α-淀粉酶）的活性有重要影响。过量硫酸盐类虽可降低 pH，但对糖化和发酵效率有负面影响。高浓度碳酸盐类将提高 pH，并增加加热表面形成锅垢的可能性。水中含有一定量的硝酸盐或亚硝酸盐类表明是地表水或被污水污染，需谨慎避免。

苏格兰的一些麦芽威士忌酒厂通常使用软水，其相对低的 pH 有助于酵母的生长。在其他一些地区可能会使用硬水。例如，美国肯塔基州和加拿大的部分威士忌酒厂偏好当地来源于石灰岩地质的硬水，他们认为这样的水有助于威士忌产生某种类型的芳香物质。为了克服这些硬水伴随着的高碱度，威士忌酒厂常使用酸醪法（Sour mosh process），甚至在糖化过程中加入酒蒸馏液，降低 pH。

4. 苏格兰一些蒸馏厂的水源情况

表 2-5 是苏格兰一些蒸馏厂的水源情况介绍。可以看出，不同的酒厂根据不同的资源选择了酒厂的位置。

表 2-5　苏格兰一些蒸馏厂的水源情况

蒸馏厂名称	水源
阿伯拉吉（Aberargie）	泉水、软质水
爱柏迪（Aberfeldy）	小溪水
亚伯乐（Aberlour）	泉水是工艺用水，冷却水来自劳尔溪（Lour Burn）
红河（Abhainn Dearg）	来自纳斯盖尔（Raonasgail）湖，富含矿物质的软水
爱尔萨湾（Ailsa Bay）	来自彭瓦普勒湖（Penwhapple Loch）的软水
雅伯（Ardbeg）	来自阿瑞南贝斯特（Arinambeist）湖和乌伊加代尔（Uigeadail）湖，带有泥煤成分的软质水
阿德莫尔（Ardmore）	来自诺坎蒂山（Knockandy Hill）的 15 个泉眼的蒸馏用软质水。冷却用水来自当地
欧肯特轩（Auchentoshan）	来自卡特林湖（Loch Katrine）的软质水是工艺用水，冷却用水来自基尔帕特里克山
欧摩（Aultmore）	来自奥金德兰河（Auchinderran Burn）的工艺用水，来自雷利格斯河（Burn of Ryeriggs）的冷却用水
百富（Balvenis）	来自康瓦尔山（Conval Hills）上的泉眼的软质水
本利亚克（BenRiach）	来自伯恩赛德（Burnside）的深层泉水作为工艺用水，来自格兰溪（Glen Burn）的水作为冷却水
本诺曼克（Benromach）	来自查铂尔顿（Chapelton Spring）的泉水作为工艺用水，来自莫塞河的水作为冷却水

蒸馏厂名称	水源
波摩（Bownmore）	来自拉根（Lagan）河的泥煤软水作为工艺和冷却用水
布赫拉迪（Bruichladdich）	工艺用水取自布赫拉迪水库（软水、酸性/含泥煤），冷却用水取自布赫拉迪小溪，稀释用水取自詹姆斯·布朗（James Brown）泉水
布纳哈本（Bunnahabhain）	来自玛格达莱群山（Margadale Hills）的泉眼水作为工艺用水，含有轻微的泥煤味道，水质硬。冷却用水来自斯太翁莎湖
加勒多尼亚（Caledonian）	工艺用水来自城市主供水，冷却用水来自附近的福斯和克莱德（Clyde）运河
达夫特米尔（Daftmill）	工艺用水和冷却用水来自酒厂内的泉水
大摩（Dalmore）	工艺用水来自基尔德莫利湖（Loch kildermorie），冷却用水来自艾维隆（Averon）或阿尔内斯河
达夫镇（Dufftown）	来自康瓦尔山（Conval Hills）"苏格兰佬井"（Jock's Well）的软质水为工艺用水（辅以康瓦尔山谷泉水），冷却用水来自杜兰河（River Dullan）
格文（Girvan）	来自彭瓦普勒湖水（Penwhapple Loch）
格拉斯哥（Glasgow）	来自卡特琳湖水（Loch Katrine）
格兰多纳（Glendronach）	来自流经酒厂的多纳克小溪（Dronac Burn）的水作为生产用水
格兰花格（Glenfarclas）	软质工艺水和冷却用水来自本林尼斯山的天然山泉水
格兰菲迪（Glenfiddich）	来自罗比杜布泉（Robbie Dubh Springs）的水作为软质工艺用水
格兰哥尼（Glengoyne）	来自坎普西山布莱尔嘉溪（Blairgar Burn）的软水
格兰冠（Glen Grant）	来自凯普多尼克泉的水（Caperdonich Springs）和格兰冠小溪（Glen Grant Burn）的水
格兰盖尔（Glengyle）	来自克罗斯希尔湖（Crosshills Loch）的水
格兰昆奇（Glenkinchie）	硬质工艺用水来自酒厂内的泉水，冷却用水来自昆奇湖（Kinchie Burn）
格兰威特（The Glenlivet）	富含矿物质的硬质工艺用水来自乔西之泉（Josie's Well），冷却用水来自酒厂后山钻得
格兰杰（Glenmorangie）	高硬度、矿物质含量丰富的水来自塔洛吉泉（Tarlogie Spring）
高原骑士（Highland Park）	硬质水从凯蒂湖（Crantit Lagoons）和一口涌泉泵入酒厂内
齐侯门（Kilchoman）	来自格林奥斯梅尔溪（Allt Glean Osmail Burn）的软质泥煤水
乐加维林（Lagavulin）	来自索罗姆湖（Solum Lochs）的深色软质水
拉弗格（Laphroaig）	来自基尔布赖德水库的软质泥煤水，还有部分来自布赖斯南湖（Loch na Beinne Brice）

续表

蒸馏厂名称	水源
罗曼湖（Loch Lomond）	来自钻井和罗曼湖的水
麦卡伦（Macallan）	来自钻井抽取的砂石含水层的软质水
慕赫（Mortlach）	软质工艺用水来自基德曼的诺乌泉涌（Guidman's Knowe），冷却用水来自康瓦尔山的泉水
欧本（Oban）	来自格林恩湖的软质水
富特尼（Pulteney）	来自亨普里格斯湖的软质工艺用水和冷却用水，通过泰尔福建造的欧洲最长的石制运输管道引入，该管道同时为富特尼镇供水
云顶（Springbank）	来自克洛斯希尔湖（Crosshills Loch）的软水
泰斯卡（Talisker）	工艺用水来自酒厂后面的霍克希尔山（Cnoc Nan Speireag）的泉涌，冷却用水来自卡博斯特溪（Carbost Burn）

第三节　酵母

一、概述

1. 酿酒酵母

酵母菌种类繁多，可以说是无处不在。经过多年的筛选以及近现代的科学研究，现在用于蒸馏酒行业的酵母被称为酿酒酵母（*Saccharomyces cerevisiae*）。

"Saccharomyces"一词于 1838 年出现，拉丁文意思是糖真菌（Sugar fungus），但酿酒工业用酵母（Yeast）是现代分类学概念，由在丹麦嘉士伯实验室工作的汉森（Hansen）于 19 世纪 80 年代提出。早先的卡尔斯伯酵母（*S. carlsbergensis*）和葡萄酒酵母（*S. ellipsoideus*）等现在均称为酿酒酵母；能发酵淀粉的淀粉酵母（*S. diastaticus*）也归类于酿酒酵母。

酿酒酵母属于真菌界（Fungi）真菌门（Eumycota）子囊真菌亚门（Ascomycotins）半子囊菌纲（Hemiascomycetes）内孢霉目（Endomycetales）酵母科（Saccharomycetaceae）酵母属（*Saccharomyces*）。

酿酒酵母是一类以单细胞为主的通过芽殖再生的真菌，呈卵圆形或球形，形态简单但生理复杂。繁殖方式有 3 种：①出芽繁殖：出芽时，由母细胞生出一个小突起，子细胞开始时是一个小芽，在整个细胞周期中逐渐增大，直到几乎和母细胞一样大，最后子细胞脱离母细胞个体。细胞分裂后，两个细胞上都会留下一个伤痕。母细胞上的称为芽痕（Bud scar），子细胞上的称为

▲ 图 2-6　酵母菌细胞的繁殖与芽痕（高倍电子显微镜放大图）

蒂痕（Birth scar）。芽痕和蒂痕都可被荧光染色剂染色，在荧光显微镜下进行观察与计数（图 2-6）。酵母菌不会在细胞壁同一位置出现两次芽痕，每次酵母菌进行出芽繁殖后便会留下芽痕，只要计算酵母上的芽痕就能推算出细胞年龄。②孢子繁殖：在不利的环境下，细胞变成子囊，内生 4 个孢子，子囊破裂后，散出孢子。③接合繁殖：有时每两个子囊孢子或由它产生的两个芽体，双双结合成合子，合子不立即形成子囊，而产生若干代二倍体的细胞，然后在适宜的环境下进行减数分裂，形成子囊，再产生孢子。

在酿酒酵母菌属下，还分有许多菌株（Strains），它们都具有不同的风味特征：香槟酵母与红葡萄酒酵母不同，而啤酒酵母的多样性更是产生啤酒各种各样口味的关键。现在已经研究出一类威士忌专用酵母，它具有以下特性：①产生良好的风味；②麦芽汁中完全、快速发酵；③耐受最初麦芽汁中糖的渗透压，耐糖浓度在 16%~20%；④完全发酵后发酵醪中酒精度达 8%~10%vol；⑤缺乏絮凝性和最小的起泡性；⑥ 30℃以上的良好生长能力。

2. 酵母的营养与环境

麦芽汁中富含酵母营养物，含有可发酵性糖、可同化氮、矿物质和维生素以及微量生长因子。当酵母生长时，还需要氧。

在麦芽汁中存在各种糖，如葡萄糖、果糖、蔗糖、麦芽糖、麦芽三糖和糊精。在发酵过程中，酵母利用可发酵性糖（糊精不能被利用）产生能量与乙醇和 CO_2，产生的乙醇约为糖浓度的一半。在厌氧条件下，酿酒酵母会代谢产生各种有机物，也需要消耗糖。

在酿酒酵母生长繁殖过程中，还需要氮源，消耗麦芽汁中的氨基酸和简单的肽作为氮源。

酵母生长发酵需要合适的 pH、温度和营养。酿酒酵母最适 pH 为 5.0~5.2，但蒸馏酒酵母 pH 在 3.5~6.0。威士忌用酵母最适宜生长和发酵温度为 30~33℃，生长温度范围 5~35℃。但在 25℃以下时生长速度缓慢。

酵母生长需要矿物质，它们能维持细胞结构的完整性、絮凝作用、基因表达、细胞分裂、营养摄入、酶活性等，特别是磷酸盐、硫酸盐和许多微量金属离子作为酶的辅因子，其中铁、钾、镁、锌、钙是最重要的。钾是渗透调节的必需电解质，同时也是氧化磷酸化、蛋白质和碳水化合物代谢酶的辅因子。镁对酵母的生长是必不可少的，它是 300 多种酶（如 DNA 合成酶系、糖酵解酶系）的重要辅因子。缺镁细胞不能完成分裂，镁能维持细胞的发芽力和生命力，也参与细胞的应激反应，在浓醪发酵中，镁离子参与了对乙醇胁迫的保护。钙在酿造过程中的主要作用是絮凝，它与酵母细胞壁结合，并稳定其他酵母细胞的凝集素结合中心。另一方面，钙可以通过抑制镁依赖性酶而影响酵母生理。锌在酵母发酵代谢过程中发挥着重要作用，它对乙醇脱氢酶（AHD）活性至关重要，同时也刺激麦芽糖和麦芽三糖的摄入。此外，它促进酵母絮凝和维持蛋白质结构。酵母缺乏锌会导致发酵速度减慢。

维生素、嘌呤、嘧啶和脂肪酸是酵母必需的。生物素是酿酒酵母仅需的有机生长因子,泛酸和肌醇有时是必需的,维生素如泛酸、核黄素、硫胺素酵母自身可以合成。嘌呤和嘧啶用于DNA 和 RNA 的合成;脂肪酸被吸收后形成脂质。厌氧发酵时,蒸馏酒酵母不能合成细胞膜的组成部分——不饱和脂肪酸和麦角固醇。

硫和磷是无机化合物,硫参与含硫氨基酸的合成,氨基酸和无机硫是酵母所需硫的主要来源,硫对于磷脂、核酸的磷键和酵母代谢中的许多磷酸化酶都是必不可少的。

氧可以被看作是酵母的营养物质。发酵过程中,酵母长时间处于无氧阶段,由于反巴斯德效应(Crabtree effect),呼吸通路被阻断,但酵母需要氧气才能充分生长。

3. 酵母的代谢及产物

发酵过程中酵母以糖为“食”,不仅生成乙醇和二氧化碳,还能生成各式独特的气味分子(图 2-7),主要包括丙醇、丁醇类(正丁醇和异丁醇)、戊醇类(正戊醇和异戊醇)、甘油、2- 苯乙醇、乙酸、己酸、辛酸、丙酮酸、丁二醇、乙醛、双乙酰、硫化氢以及乙酸乙酯等酸和醇反应生成的酯类,超过 400 种(适用于啤酒、葡萄酒和蒸馏酒等)。这些化合物对最终的产品质量影响极大,不同威士忌中的这些复杂化合物为我们带来了丰富而又多样的品饮体验。

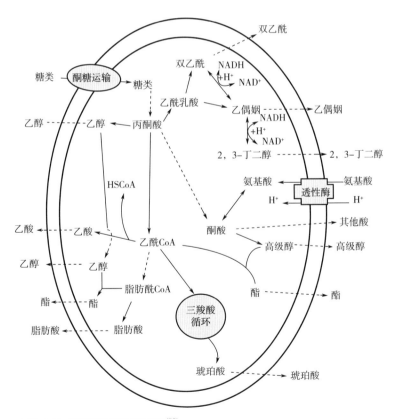

▲ 图 2-7　酿酒酵母代谢副产物 [30]

二、酵母菌

1. 细胞壁

细胞壁位于细胞的最外层，较坚韧。酵母细胞壁厚度为 100~200nm（取决于环境），质量占细胞干重的 18%~25%。细胞壁主要由葡聚糖、甘露聚糖、蛋白质与几丁质组成，这些成分占细胞壁的 90%。细胞壁可以维持菌体外形，保护细胞内组织，避免外界环境的压迫，保持渗透压平衡，维持细胞外形和作为蛋白质支架。

2. 细胞膜

酵母菌的细胞膜与原核生物的基本相同，酿酒酵母中含有固醇类物质，这在原核生物中是罕见的。细胞膜是酵母菌生存的关键，是细胞内外的屏障，由双层磷脂质构成，厚度仅 7nm。它的功能是控制营养物质的吸收与代谢物质如乙醇和二氧化碳的排除。

3. 细胞核

酵母具有由多孔核膜包裹着的细胞核，上面有大量的核孔。每一个细胞具有一个核，核呈圆形或卵形，直径一般不超过 1μm。细胞核位置一般位于细胞的中央，由于液泡的逐渐扩大，把细胞核挤在边缘，常变为肾形。细胞核的功能是携带遗传信息，控制细胞的增殖和代谢。细胞核内有 98% 以上是脱氧核糖核酸（DNA），这些 DNA 构成 16 条染色体，保护 6000 组以上基因，这些基因编码能合成酵母菌内大部分的蛋白质。

4. 细胞质及内含物

细胞质主要由细胞膜包裹下的溶胶状物质构成，同时细胞质内还含有液泡和许多颗粒，里面存在赋予细胞生命力的线粒体，而转化乙醇的酶也是在细胞质内。

5. 线粒体

线粒体含有细胞在有氧环境下呼吸所含的酶，用以协助细胞呼吸，并产生三磷酸腺苷（Adenosine Triphosphate，ATP），用以储存和传递能量。

在电子显微镜下可以很容易观察到有氧环境中的酵母细胞内的线粒体呈球状或棍棒状（香肠状）结构，周边被双层膜环绕，内膜向内折叠突出的部分又被称为线粒体褶皱（Mitochondrial cristae）。大部分与三羧酸循环相关的酶都存在于线粒体基质内，参与电子传递与氧化磷酸化反应的酶与内膜线粒体褶皱有关。无脂质厌氧生长的细胞有非常简单的线粒体，由外双层膜组成，但缺乏褶皱。线粒体有自己的脱氧核糖核酸，线粒体脱氧核糖核酸（Mitochondrial DNA，mtDNA）总量不到细胞总量的 2%。

6. 液泡

液泡是由单层膜包裹的囊泡物，其中含水、有机酸、盐类和水解酶类，还有一些贮藏颗粒（如肝糖粒、脂肪粒、异染颗粒等）。液泡功能是储藏营养物如基础氨基酸、多磷酸盐、金属离子、水解酶类和未被排除的废弃物质，与细胞质进行物质交换，调节渗透压。

图 2-8 为高倍电子显微镜放大的酵母细胞内部结构。

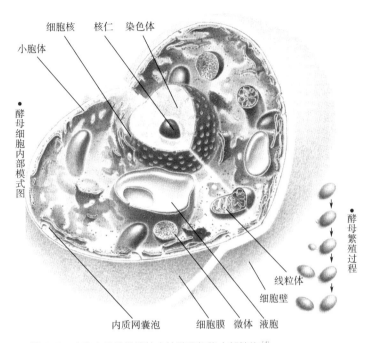

▲ 图 2-8　高倍电子显微镜放大的酵母细胞内部结构 [4]

三、威士忌酵母

1. 概述

不同类型的酵母能产生不同的芳香物质。例如一些酵母菌株会产生新鲜水果的香气，如柑橘、苹果、梨；另一些则会产生诸如李子、杏子和浆果等成熟水果的香气。

酵母的选择对威士忌发酵十分重要。大部分酒厂都会使用经过精选的同一种酵母。而在日本的蒸馏酒厂会使用不同种类的酵母，以期待酿出他们所希望的味道。在美国，每个酒厂都拥有自己特有的或是专利的酵母菌种，酒厂都会非常细心地保管这些菌种，而不同的酵母会给威士忌的最终风味产生极大的影响，它们能促进特定风味元素的生成。

作为威士忌酵母的选择，主要是考虑以下三点：糖转化为乙醇的效率、发酵的速度和发酵所能形成的风味。

近些年里，有越来越多的人开始强调酵母对于风味形成所发挥的作用。酵母和整个发酵过程，在一定程度上会影响威士忌的风味。日本山崎蒸馏厂建立了一座拥有 3000 种以上酵母的研究室，来保管和开发新酵母，以实现威士忌的各种新风味。2019 年格兰杰（Glenmorangie）推出了梁思敦博士的新品——格兰杰私藏系列第十代野生杰鹜（Allta），此款威士忌采用了一种梁思敦博士自行分离并培养的全新种类野生酵母，酒厂将其命名为"*Saccharomyces diaemath*"，简称为 *S. diaemath*，其中"Saccharomyces"为酿酒酵母的意思，"Diaemath"是盖尔语，意思是上帝是仁慈的（God is good）。这可能也是威士忌工业化之后，第一次有人再次尝试使用野生酵母来进行发酵。最终这款威士忌面世，少了许多威士忌的花香果香风格，多了一些土壤气息。这一次的先锋之举，也再次验证了酵母的确影响着威士忌风味的形成。

现在大部分苏格兰蒸馏厂用的都是商业化的干酵母，因此一般还需要一个激活的过程。在有些蒸馏厂，甚至还会有特别的酵母罐，用来取出一部分麦芽汁，先与酵母进行实验性的混合，以确定该批次酵母的发酵活性，避免浪费一整批的原料。

2. 酵母对威士忌风味的影响

酵母的加入温度一般在 20℃，而对于威士忌而言，整个发酵时间在 45~90h。一般短时间发酵会给酒带来更多的坚果类香气，而长时间发酵则会产生更多的花果香特征。原因是在刚开始发酵的第一天，因为糖分和各种营养较为充足，因此主要发生的是酵母的繁殖过程，以及有氧发酵的过程。而在此之后，由于 O_2 和营养物质渐渐耗尽，酵母菌会开始以厌氧发酵的方式来继续存活。而整个厌氧发酵的过程，则被公认为会产生更多的高级醇类、酯类，以及氮化物、硫化物等，为酒的风味增加更多的可能性。

当整个体系中的糖分被完全消耗以后，酵母由于没有食物会慢慢全部死去，如果在这个时间点上任由发酵时间继续延长的话，此时乳酸菌等来自环境中的"野生"的杂菌则会乘虚而入，开始所谓的二次发酵。二次发酵可能会引入更多的风味物质，但同时也会降低乙醇的出产率，可以说是一把双刃剑，其机理也较为复杂。有些理论认为酒厂当地的杂菌的引入，应该被看作威士忌"风土"的一部分。坚持使用松木发酵槽的酒厂，也会经常暗示长期生长在发酵槽缝隙间的菌群是酒厂酒液特殊风味的来源。所以，酵母的选择和整个发酵过程的控制，是影响威士忌新酒（New make）风味的重要因素（表 2-6）。

表 2-6　与酵母有关的风味特点

风味分类	香气特点
果香味	香蕉、苹果、梨、杏仁、菠萝、热带水果、成熟甜水果、蜜饯水果
花香味	玫瑰花、天竺葵花
酚类香味	辛香料、丁香
乙醇香味	葡萄酒、雪莉酒
芳香味	香水、酯类

3. 威士忌酵母的选择

苏格兰为了支撑庞大的调和威士忌产业，酵母的选择更多的是考虑到整个生产工艺的稳定性以及生产效率。酒厂最喜欢的酵母，应该是在发酵过程中不容易结块的、可以在超高糖浓度下存活的、耐高温的，以及最终在高酒精度下依然能够有效发酵的酵母。

苏格兰最早的威士忌酵母株是 1870 年被筛选出来，但仅限于少数蒸馏厂使用。1920 年中期 DCL 公司开发了 DCL S.C 以及 DCL L-3 等菌株，在 DCL 所属的蒸馏厂使用。

在 20 世纪 50 年代之前，苏格兰的各个酒厂一般还是在用自家酒厂培育的蒸馏酒酵母株（或混合了 DCL S.C 和 DCL L-3 等菌株），甚至还会使用相当一部分来自附近啤酒厂的啤酒酵母。通常情况下，蒸馏酒酵母菌株可以产生更多的乙醇，啤酒酵母可以产生不同的风味与口感。

1952 年 DCL（蒸馏公司 Distillers Company Limited）的 M-Strain 酵母诞生，整个产业开始转用商业酵母来提高酒精的转化率及产量，而啤酒酵母因为产酒率低于商业酵母，使用者逐渐减少，当然在 1980 年之前，部分蒸馏厂也会同时使用啤酒酵母。1990 年，克利集团（Kerry Group）上市了发酵速度更快，风味类似的 MX-Strain 酵母，才打破这一垄断局面。当然，还有一些酒厂会混用一种称作毛里（Mauri）的酵母，来增加风味的复杂性。

相比之下，波本威士忌由于陈酿橡木桶单一，所以更需要在前期的工艺中采取更多措施，不过波本威士忌原料复杂，需要不一样的酵母来配合生产。美国肯塔基州和田纳西州较硬的水质降低了麦芽汁的酸度，酵母菌无法正常生长。为了解决这个问题，这些产区的蒸馏厂将蒸馏后呈现酸性的酒糟液体加回发酵罐中，也就是我们所说的酸醪。因为酵母会最终影响酒体风味，大多数的美国蒸馏厂使用自己专用的酵母，甚至每一种不同的酒醪都会有各自的专用酵母菌种。例如，肯塔基州的四玫瑰蒸馏厂有 2 种酒醪和 5 种酵母，它们可以创造 10 种个性十足的基酒，再进行调配。

日本威士忌因为酒厂数量有限，每个酒厂必须自己生产出各种不同风味的原酒，所以他们研究实验了许多改变风味的工艺和方法。

苏格兰威士忌使用的酵母分为主要酵母菌株和次要酵母菌株，两者的遗传背景不同。主要菌株为发酵酵母，酵母有 DCL 专门的威士忌酵母（M）和克利生物科学（Kerry Biosciences）公司提供的蒸馏厂专用酵母。这种酵母可利用低分子的糖类，迅速发酵。次要菌株是啤酒厂的回收酵母，对提高乙醇的产率并不重要，但对于提高发酵醪中的酵母数量，对新酒中脂肪酸和脂肪等香味物质的含量发挥作用。二次投入啤酒酵母有助于提高麦芽汁 pH，以维持酶的活性。在无氧条件下生长的啤酒酵母吸收了有氧环境下酵母所排出的丙酮酸后提高了 pH，促使淀粉酶延长活化时间继续分解淀粉，直到最后麦芽汁降到低 pH 环境才停止淀粉酶作用。然而，目前很少有苏格兰威士忌蒸馏厂使用二次投入啤酒酵母的做法。随着苏格兰啤酒厂的减少，此做法将会越来越少。

主要菌株和次要菌株通常是干酵母，用真空包装。两种酵母的使用比例各个酒厂都不一样，例如 4 : 1, 1 : 1, 3 : 4 等，有的酒厂完全使用 DCL "M" 酵母，有些麦芽威士忌酒厂同时使用两种酵母，谷物威士忌酒厂单独使用 DCL "M" 酵母。

苏格兰威士忌行业并不会回收酵母（而啤酒厂会），法规也不允许在糖化与发酵过程中添加其他提高酵母营养的物质，如酵母营养剂或酶。因此，选择正确的酵母与合适的受体搭配就非常重要。

4. 酵母的技术要求

（1）酵母必须有可接受的发酵能力。

（2）酵母在发酵或蒸馏期间必须不能直接或间接产生感官不可接受的气味。

（3）酵母菌含量（干重）

①液体酵母，含量 15%~20%（w/w），1~4℃冷藏，要在 7d 内使用完毕。

②鲜酵母，含量 30%~40%（w/w），1~4℃冷藏，两星期使用完毕。

③活性干酵母，含量 95%（w/w），密封保存可以保存 1 年以上，但使用前需要活化。

（4）生长发育能力大于 95%。

（5）干酵母中细菌和野生酵母的活菌总数低于 1×10^4 个 /g。

（6）干酵母中醋酸菌（ *Acetobacter* ）、乳酸杆菌（ *Lactobacillus* ）和片球菌（ *Pediococcus* ）总菌数低于 1×10^3 个 /g。

（7）不得检出致病菌。

四、活性干酵母

1. 活性干酵母[①] 的发展历史

原始的活性干酵母起源于 19 世纪上半世纪。当时，压榨酵母的干燥方法有：①吸附法，将压榨酵母吸附在纸上；②吸水干燥法，将压榨酵母与淀粉、面粉等食物混合吸水干燥。这些方法可把酵母干燥至含水分 20% 左右，这种原始的活性干酵母水分大，保存期短。

至 20 世纪 20 年代后，我们今天所熟知的活性干酵母的生产方法已基本形成。20 世纪 20~50 年代，压榨酵母的干燥方法以盘架式、干燥室式或隧道式干燥为主。在这些干燥方法中，酵母被挤到由多孔的不锈钢网格状筛床或筛柱构成的输送设备上，慢慢通过不同温度和湿度的干燥区，空气从底部或从上面吹入，大约 10h 后，通过不同的区域，并保证酵母颗粒加热温度不超过 30~40℃，产品的固形物达到 92% 以上，这时即可以包装了。

酵母颗粒基本上是处于静止状态的，因而传热效果较差，干燥时间长，且酵母受热不均，活性损失较大。这种方法有些地方仍然使用，但所用的酵母菌种必须强壮。使用时发酵较慢，特别要说明的是它适应麦芽糖发酵的能力降低了。这种干燥方法所得的干酵母在室温下贮存 1 年左右，并要加入抗氧化剂以增加贮存的稳定性。使用这种干燥方法所得的干酵母，必须先用水活化。干酵母倒入 35~43℃ 的温水中溶解 5~10min 并使之搅匀。如果水温太低，细胞重新生成的时间很长，也就是说更多的细胞内含物会渗漏；温度太高，酵母会死掉。

---

① 本部分由安琪酵母股份有限公司的许引虎高级工程师编写。

20 世纪 50 年代后，活性干酵母的干燥方法普遍采用沸腾干燥或气流干燥生产速溶活性干酵母。酵母颗粒的粒度也从原来的 4~5mm 减少至 0.5mm。由于传热面积增大，酵母悬浮在加热空气中，因而传热效果较好。干燥室温度和酵母颗粒品温有所下降，干燥时间大大缩短到 1h 以内。酵母的活性损失相对较少，发酵力较静止状态干燥的产品大大提高。一般地，对于没有添加保护剂的活性干酵母产品，其水分含量大多在 8% 左右。

20 世纪 60 年代开始，活性干酵母的生产技术得到了进一步的发展，由于添加剂的广泛使用，如山梨聚糖酯或单甘油酯柠檬酸酯的应用，以及干燥技术的进一步成熟，活性干酵母的产品质量不断提高。目前，活性干酵母的水分含量已降至 4%~5%，发酵力也大大提高，抽真空或充惰性气体包装后，保存期可达 2 年以上。使用气流沸腾干燥方法所得的干酵母，活性很高，可以不需水化而直接与发酵底物混合启动发酵。

20 世纪 50 年代末至 60 年代初，在面包酵母品种出现多样化的同时，开始出现了酿酒活性干酵母（图 2-9）。目前，在国内外燃料乙醇、蒸馏酒、葡萄酒、啤酒、黄酒等酿酒工业中，已普遍使用活性干酵母。

▲ 图 2-9 酿酒活性干酵母的外观

20 世纪 80 年代初，我国引进国外葡萄酒业的先进生产技术，其中一项是使用高活性的葡萄酒活性干酵母，在生产中显示出它的巨大优越性。此后，天津轻工业学院、轻工业部食品发酵工业科学研究所、宜昌食用酵母基地等单位进行了酿造用高活性干酵母的研究、制造与推广应用工作，取得了系列科研成果。1988 年天津轻工业学院完成了乙醇活性干酵母的研究工作，1990 年在宜昌食用酵母基地（安琪酵母股份有限公司前身）顺利投入生产。从此在我国开始了酒用活性干酵母的大规模生产，并引起了酿酒行业生产工艺的改革与技术进步。1991 年宜昌食用酵母基地又生产出了耐高温酒用活性干酵母和黄酒专用活性干酵母；1997 年，已完成改制更名的安琪酵母股份有限公司与天津轻工业学院合作，研制出啤酒活性干酵母。2000 年左右，安琪酵母股份有限公司联合国外合作伙伴开发出多款威士忌活性干酵母，并持续多年出口欧美尤其是美国市场，从此使酒用活性干酵母的品种专一化和系列化，并在我国酿酒行业得到广泛应用。

近年来，蒸馏厂采用的商业酵母品种主要来自专业的酵母公司，如法国乐斯福、中国安琪、加拿大拉曼、澳大利亚马利等公司。

2. 活性干酵母的生产工艺 [①]

酵母细胞经纯种发酵培养和大生产扩大培养后离心脱水洗涤而成的乳液状酵母就是俗称的液体酵母，又称"酵母乳"。因为这种酵母是直接由发酵简单离心获得，因此含水量较高，一般为 80%~86%，需要在 2~10℃ 的低温下储存以保持其稳定性。液体酵母经过板框压滤或真空过

---

① 本部分内容根据法国乐斯福集团弗曼迪斯（Fermentis）事业部提供的资料改编。

滤达到进一步浓缩即可获得块状的鲜酵母，再经特殊设备造粒后，通过无菌热风干燥工艺处理，便会制成干物质含量最高可达 96.5% 的产品——活性干酵母（ADY），如图 2-10 所示，这也是我们日常生产生活中最容易获得的酵母产品。

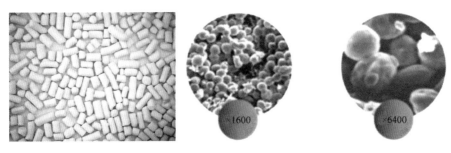

▲ 图 2-10　酵母颗粒微观图

酵母细胞在有氧和无氧条件下都能生长繁殖。在有营养物质的情况下，酵母会通过自我复制遗传物质和出芽生殖来增殖。酵母工厂会利用这种机制来大批量生产酵母。每一次的酵母生产都会从存放于冷藏试管的纯酵母菌株开始，这种酵母菌株必须保存在温度为 -196℃ 的菌株库中。实验室会在严格控制的条件下精选酵母细胞并进行第一级增殖，少量增殖后的酵母菌株会送入工厂进行下一步繁殖，直到有足够的"酵母种"（Mother yeast）。然后，会将"酵母种"转入更大一级的商业或工业用发酵罐中，让其依靠糖源（主要是糖蜜）、氮源和其他营养物质生长繁殖（图 2-11）。

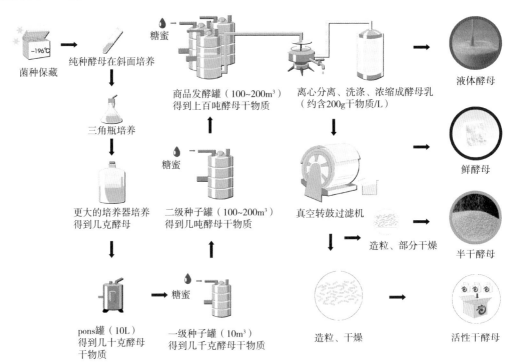

▲ 图 2-11　活性干酵母的生产工艺

商业或工业化酵母培养通常将酵母所需要的多种营养物质采用分批补料的方式添加到发酵罐中以实现酵母细胞的增殖，这些营养物质包括碳源、氮源、无菌的压缩空气及多种维生素。这一过程的难点和诀窍在于，如何在增殖过程的繁殖周期中，随时确保大多数酵母细胞以最佳的状态成型，从而能在后期的分离、干燥等工艺处理环节达到最佳干燥结果，同时保留酵母细胞所有的原始酿酒特性不发生变化，在这个过程中还要防止杂菌的污染，确保酵母菌株在最终的商业化酵母产品中达到技术标准所要求的微生物纯度。

在酵母细胞经过增殖培养后（此工艺常被误称为"发酵"），酵母已完全生长成熟，然后通过对发酵培养的悬浮液进行离心处理来提取酵母细胞。在这之后，酵母就可最终被加工成三种类型的酵母产品：①液体酵母，干物质含量15%~20%；②鲜酵母，干物质含量30%~40%；③活性干酵母（ADY），干物质含量超过95%。

3. 影响活性干酵母活力和稳定性的主要因素

（1）活性干酵母活性的损失　一般情况下，要3.5g鲜酵母才能制得1g活性干酵母。但就酵母活性（发酵力）而言，1g活性干酵母只相当于2~3g鲜酵母；就活细胞率而言，复水后检测活细胞率一般为80%~95%。可见鲜酵母制成活性干酵母，并经一定时间的贮藏及使用前的复水过程后，有一定的活性损失。一般说来，活性损失包括三部分：①干燥脱水过程中的损失。酵母在干燥过程中迅速脱水，酵母细胞膜受到一定损伤，酵母内容物随水分的蒸发流向细胞外，同时有部分酶变性失活。②贮藏过程中活性的损失。在贮藏过程中，酵母细胞中的某些成分，其中主要是蛋白质和酶被氧化而引起活性的损失。③复水过程中的损失。自然状态的酵母细胞含水量70%以上，而活性干酵母的含水量为4%~9%，当将含水量很低的活性干酵母突然与水混合时，酵母细胞中的某些物质将向胞外渗透，其结果必然会影响复水后细胞的活性。

（2）化学组成与活性　酵母细胞中氮、磷和海藻糖等物质含量对活性干酵母的活性贮藏有很大的影响。

对于酿酒酵母来说，含氮量低的酵母起发速度稍慢。但由于酿酒过程时间较长，酒精发酵时间为2~3d，而其他酒类的发酵都在3d以上，因此起发稍慢一般并不影响中、后期发酵，其决定酿酒发酵的主要因素是活细胞数。为了获得较高的活细胞率和较长的贮存期，酿酒活性干酵母一般采用较低的含氮量，其范围根据菌种不同一般为5.5%~7.0%。但酿酒酵母的含氮量亦不宜过低，因为若起发速度太慢，将引起酒精发酵周期延长和容易造成前期杂菌污染，而且，发酵过程控制的含氮量过低，将会使细胞的生长速率和酵母对糖的收得率明显降低，生产成本上升。较高的海藻糖含量有利于延长活性干酵母的贮存期，而磷含量的高低对海藻糖的积累和细胞含氮量水平以及酶的活性都有一定的影响，一般活性干酵母的海藻糖含量达干物质的14%左右，对其就具有较好的贮存稳定性，而以P_2O_5表示的磷含量为氮含量的30%~40%。活性干酵母的这些组分可在酵母细胞的培养过程中，通过控制培养条件和培养基组成成分得以调节。

（3）水分与活性　自然状态的酵母细胞含水量70%~80%，其中结合含水量为15%~20%，自由水含量为 50%~60%。将自然状态的酵母细胞制成低水分含量的活性干酵母后，有一定活性的损失，而活性损失的程度与干酵母的水分含量有关。一般说来，水分含量越低，越有利于活性干酵母的贮存，因为酵母物质被氧化的速度随水含量的降低而减少。但另一方面，水分含量越低，干燥和复水过程中活性的损失就越大。水分含量高，不利于保存，贮存损失大，而干燥和复水损失较小。因此，活性干酵母的水分含量必须既要考虑到贮存的稳定性，又要考虑到干燥和复水过程中活性的损失。

当水分含量在 15%~30% 时，由于酵母的结合水分基本上没有丧失，一般不会影响酵母的活性或发酵力，但这种高水分含量的活性干酵母只能冷藏。当活性干酵母的水分减少至 12%~15% 时，酵母有一些定性的变化，在室温下贮存的稳定性大大增长，在干燥和复水过程中，有小部分活性损失。当活性干酵母的水分含量为 7.5%~8.3% 时，活性干酵母在常温下保存期可达半年以上，但在干燥和复水过程中，将有部分细胞活性损失。对于不添加保护剂的活性干酵母，当水分含量低于 7.5% 时，在干燥和复水过程中的活性损失将大大增加。因此，不加保护剂的活性干酵母其水分含量不宜低于 7.5%；对于添加保护剂的活性干酵母，其水分含量可降至 4%~5%，保存期可达一年以上。

（4）其他　影响活性干酵母的其他因素还有成品细胞生理状况、保护剂的种类及添加方式、干燥时的温度与干燥速率以及包装方法等。成品细胞必须相当成熟，胞内贮藏物质多，而出芽很少，才能在干燥、贮存和复水过程中保持其细胞活性。处于对数生长期的细胞对于干燥的抵抗性明显下降，活性损失较大。采用合适的保护剂和添加方式使细胞周围形成一层均匀的保护膜，以改变干燥细胞的细胞膜渗透性，则有利于防止细胞在干燥和复水等过程中活性的损失。干燥温度过高，容易使细胞失活死亡；温度太低，将会使干燥时间延长，产品水分增加。干燥速率必须控制在一定范围内，干燥速率太慢，干燥时间增加，酵母在干燥过程中因氧化而引起的活性损失增大；干燥速率太快，酵母细胞在急速脱水过程中容易引起细胞膜的损伤，使细胞失活死亡。

4. 活性干酵母的复水活化

水是酵母细胞的主要成分。水是良好的溶剂，只有在水溶液中营养物质才能溶解和被细胞吸收，代谢产物也只有通过水方能排泄到体外。水又是细胞质胶体的结构组成部分，并直接参与代谢过程中的许多反应。由于水的比热容较高，能有效地吸收代谢过程中放出的热量，使细胞温度不至骤然上升。水又是热的良导体，有利于放热，可调节细胞的温度。所以酵母菌没有水便不能进行生命活动。

自然状态的酵母细胞含水含量 70% 以上，其中结合水含量为 15%~20%，这部分水直接与蛋白质、核酸、膜及其他胞内物质结合以维持细胞的结构。活性干酵母的含水量大多为 4%~8%，可见，酵母细胞在干燥过程中，不仅自由水分被全部干燥挥发，而且其中的大部分结合水分也被干燥挥发掉了。活性干酵母在进行发酵或繁殖之前，首先必须吸收大量水分恢复至原来自然状态的含水量，此即为复水，或称之为再水化。复水后，再经一定时间的培养，恢复成具有自然状态细胞的正常功能，此即为活化。掌握活性干酵母复水活化机理，选择合适的复水活化条件,以获得最大的活性,是使用活性干酵母至关重要的技术问题。

酿酒活性干酵母的复水活化条件包括复水活化液的组成和用量,以及复水活化的温度和时间。

(1)复水活化液 在酿酒工业生产中,活性干酵母的复水活化液一般有三种:①自来水;②含糖量为 2%~4% 的白糖或红糖溶液;③浓度为 4~5° Bx 的稀糖化醪,一般由 1 份糖化醪加 3 份水组成。在稀糖化醪中,除糖外还含有酵母生长所需的其他营养成分,有利于酵母的活化与生长繁殖。自来水适合于带载体的酿酒活性干酵母的活化,因为在这些产品的载体中,含有一定的糖及其他营养物质,可部分提供酵母活化时营养的需要。

活化液的酸度在卫生条件良好和糖化醪质量正常的情况下一般不需调酸。若车间卫生条件差或糖化醪有轻微杂菌污染,则需要调酸至 pH 4.5~5.0,且需进行高温灭菌处理后才能使用。严重污染的糖化醪不能用作活化液。

(2)复水活化液的用量 活性干酵母恢复至自然状态必须吸收大量水分,复水活化液与活性干酵母的最小比例为 4:1,最大则不限,可结合使用时的工艺用水量来确定。一般情况下取复水活化液的用量为活性干酵母的 20 倍左右。若采用较长时间的活化,以便在活化过程中增殖一定量的酵母,从而可适当减少活性干酵母的用量,则活化液的用量应为活性干酵母的 50 倍以上。

(3)复水活化温度 如果在低于 30℃ 复水,细胞的活性损失将很大,特别是对没有添加保护剂的活性干酵母更是如此。工业生产中复水的温度范围可在 30~43℃,对于常温活性干酵母大多采用 35~38℃ 复水,耐高温活性干酵母则在 38~43℃ 下复水。对于不添加保护剂的活性干酵母,复水温度要求严格控制,而添加保护剂的活性干酵母可采用适当较低的复水温度,但不得低于 30℃。酵母细胞复水过程一般在 10min 左右即完成。活化过程的最适温度也就是酵母生长的最适温度,一般为 28~32℃。若活化时温度太高,容易使细胞老化,对发酵不利。因此复水 10~15min 后,若不投入使用,则应使其温度逐渐下降至 28~33℃。当活性干酵母的使用量不大,活化液体积亦不大时,往往在复水后可自然下降至 30℃ 左右;而活性干酵母用量大,活化液体积大时,则需采用冷却降温。

(4)复水活化时间 复水活化时间的长短与复水活化液的组成、用量及活性干酵母的接种量等有关。对于酿酒酵母,若复水活化液为自来水,由于自来水中不含有细胞生长所需的各种营养成分,因此活性干酵母复水 10~15min 后应立即投入使用,否则会使细胞老化。时间长了还会引起酵母菌体自溶和杂菌污染等现象。对于带有大量载体的活性干酵母,则由于载体中含有一定的营养物质,用自来水复水活化时,时间可为 15~60min,一般以 30min 左右为宜。若复水活化液为白糖或红糖溶液,复水活化时间可在 15min 至 3h,一般以 2h 左右为宜。在纯糖溶液中,虽然含有酵母细胞生命活动所需的基本成分——糖,但缺乏其他营养,因此当酵母细胞开始出芽时即应投入生产。一般情况下,复水活化时间不应超过 3h。此外,当活性干酵母浓度较大时,活化液中的糖会很快耗尽,这时应缩短活化时间。

若复水活化液为稀糖化醪,复水活化的时间可在 15min 至 8h,一般以 2~4h 为宜。采用较长的活化时间,可适当减少活性干酵母的用量。当活化时间为 6~8h 时,其活性干酵母的用量一般可减少一半。应当注意的是,当活化时间超过 3~4h 时,酵母便开始大量繁殖,此时活化液的用量应为活性干酵母用量的 50 倍以上（对于带载体活性干酵母则 25 倍以上即可），因为酵母浓度太高不利于细胞的正常生长与繁殖。同时，对于营养欠缺的薯干等糖化醪，应在活化液中适当补充一定量的硫酸铵等营养盐。此外，活化一定时间后，若活化醪中停止或很少产气泡，说明糖已耗尽，应该停止活化，投入使用，若因各种原因不能及时投入使用，则在活化醪中补加一定的新鲜糖化醪，同时检测活化醪的 pH，看是否需要调酸或加碱。有时采用降低温度的办法（20℃以下），也可延缓活化时间。

5. 威士忌活性干酵母及应用

活性干酵母为威士忌酒厂提供了可靠的选择，在产品质量上，它的使用解决了各批次威士忌发酵不一致性问题。在生产过程中，干酵母可随时接种，通常既可以直接接种，也可以简单复水后进行间接接种，使用非常方便。通过接种一定数量的干酵母，可以轻松获得所需酵母数，既不需要扩大培养，也不需要室内实验室投入。发酵的一致性还提高了对发酵产生物的可预见性。

（1）质量指标　一般说来，酿酒活性干酵母的质量指标包括水分、活细胞率与活细胞数、保质期、杂菌数、淀粉出酒率、发酵力、氮含量和海藻糖含量等。但就酿酒活性干酵母而言，其质量指标主要是前四项。

①水分：水分是活性干酵母重要的质量指标之一，水分质量的高低不仅反映了酵母干固物含量的高低，同时反映了贮存的稳定性，成品水分越低，越有利于贮存。酿酒活性干酵母因种类和生产方法不同，其水分含量亦有所不同，一般在 5%~10%。

②活细胞率与活细胞数：活细胞率与活细胞数是酿酒活性干酵母最主要的质量指标。一般不带载体的活性干酵母，其总细胞数为（3~5）×10^{10}/g；带载体的活性干酵母的细胞数一般为不带载体活性干酵母的 1/10~1/3。刚出厂的活性干酵母产品，活细胞率的范围为 65%~95%，其中高活性干酵母为 85%~95%。

③保质期：一般对于采用真空包装的低水分（5% 左右）活性干酵母保质期 1~4 年；对于含水量为 8% 左右的活性干酵母，采用普通塑料袋包装时为 3~6 个月，采用真空包装时为 6~12 个月。

④杂菌数：不同的酒类酿造对杂菌的要求不同，对啤酒、威士忌来说，杂菌对酒体风味起到负面影响居多，还会影响出酒率及成品质量。因而活性干酵母的杂菌数是主要的质量指标之一。

（2）酿酒活性干酵母的扩大培养　在酿酒生产中，酿酒活性干酵母可作为种子，进行扩大培养后再投入主发酵罐，这种方式可大幅度减少活性干酵母的使用量。对于不具备酒母培养设备的酿酒厂则不必采用此种方法，因为扩大培养酒母首先是需要一定的设备投资；其次是与不进行扩大培养时比较，虽然活性干酵母用量减少了，但酒母培养过程中所投入的人力、物力和能耗，其总成本可能比节省的活性干酵母还要多；最后是扩大培养增加了杂菌污染的可能，降低了发酵的安全性。

①接种量：活性干酵母作为酒母扩大培养的种子，其接种量取决于活性干酵母的活细胞数

和培养时间的长短。一般情况下，接种后培养液中的酵母细胞数在 10^7/mL 数量级为宜。

②培养基：活性干酵母扩大培养基可根据不同类型酿酒厂的具体情况来确定，在啤酒厂或威士忌工厂可采用 12~14°Bx 的麦芽汁。

③活性干酵母的活化与培养：取酒母培养基用水稀释至 4~5°Bx，用量为活性干酵母的 10~20 倍为宜，调温至 35~40℃，加入所需的活性干酵母，复水 10~30min，待活化液产生大量气泡时即可接入酒母培养罐中进行发酵培养。

培养温度，对于常温酵母为 28~30℃，耐高温酵母为 32~34℃。待醪液糖分下降 40%~45%，乙醇含量为 3%~4% 时即培养成熟。对于具有通风条件的培养罐，在接种后 4h 左右通第一次风，以后每 1~2h 通一次，每次 3~5min。通风会使酵母细胞的繁殖速度较快，pH 也可能下降，在培养后期当 pH 下降到 4.0 以下时，应适当用碱水调 pH 至 4.5 左右。

酒母成熟醪的细胞浓度取决于培养基组成与培养条件。对于一般的糖化醪培养基，若扩大培养设备不具备通风条件，则酒母成熟醪的细胞浓度为 9×10^7~1.2×10^8/mL。若培养罐具备通风条件，同时在糖化醪培养基中补充适量的营养盐，则酒母成熟醪的细胞浓度可达 1.5×10^8~3×10^8/mL。

（3）威士忌活性干酵母的应用　酵母是酿造苏格兰威士忌的原料之一。威士忌所使用的酿酒酵母，最重要的着眼点是能生成更多的乙醇，确保发酵过程更快速、更完整，将泡沫的生成降至最低，并创造出独特的风味。甚至还有酒厂会加入乳酸菌来帮助发酵，以达到增加有机酸而实现陈酿过程中提升酯类含量的目的。

优良的威士忌酵母除了具有降糖速度快、乙醇产量高、耐高酒精度、耐高糖度、温度适应性强、高活性和产出优质风味物质等特点之外，还要在风味特征方面具有特色，如麦芽威士忌多半使用会让风味较为强烈的酵母，成品较有特色；而谷物威士忌则适合能让成品稳定温和的酵母，因为谷物威士忌通常会和麦芽威士忌混合成调和威士忌，所以味道不能太过突出。

苏格兰选择标准为：①酵母类型 "M*"（苏格兰行业标准）。"M" 是最早被分离的纯种菌株，是专门用于麦芽威士忌（Malt whiskey）发酵的酵母菌株。此菌株是酿酒酵母 *S. cerevisiae* 和糖化变种酵母 *S. cerevisiae* var. *diastaticus* 的杂交菌株，其具有能发酵代谢麦芽三糖和某些麦芽四糖的能力。这种酵母早在第二次世界大战之前就被人类首次分离成功。②满足风味目标合成需要。③高产酒率（麦芽三糖发酵）。④耐高乙醇和温度能力。⑤快速启动和快速完成发酵（50h）。⑥通过苏格兰威士忌研究院（SWRI）检查。

不同的干酵母生产厂家会有不同的产品风格和标准，通常都会高于以上要求。下面通过弗曼迪斯对思弗烈（SafSpiris™M-1）活性干酵母的试验为例进行说明[①]。

（1）发酵试验　图 2-12 为发酵动力学——相对密度降低同发酵时间的关系曲线图。试验分别使用 2 种新鲜 "M" 酵母同活性 "M" 干酵母（复水，以确保活细胞计数）。发酵动力学曲线表明，在不同浓度发酵醪液的条件下，M-1 活性干酵母在 SWRI 的本轮测试条件下，发酵进行 50h 内几近完毕，即相对密度接近 1.000。

---

① 试验内容根据法国乐斯福集团弗曼迪斯（Fermentis）事业部提供的资料改编。

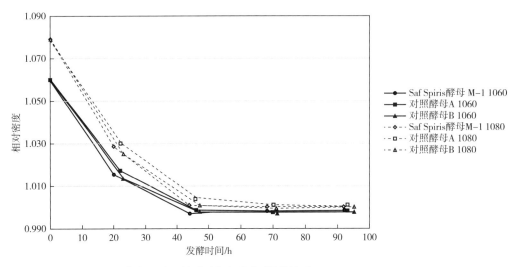

▲ 图 2-12　发酵动力学曲线——相对密度降低同发酵时间的关系

（2）风味评估　评估方法是将蒸馏后的新酒酒精度稀释到 20%vol，然后对风味物质进行感官评估。

通过品尝可以看出：酸（Sour）感和油脂（Oily）感这两个负面指标进行对比，M-1 活性干酵母表现出更低的分数。

（3）成分分析　通过对发酵结束和二次蒸馏后的成分分析可以发现，风味物质符合期待的主要风味类别；感官特性与 M 型酵母菌株的风味保持一致；发酵阶段获得的风味物质可在后期工艺中保持并存留（表 2-7）。

表 2-7　发酵结束和二次蒸馏后的成分分析

成分	发酵结束/（mg/kg）	二次蒸馏后/（mg/kg）
乙酸乙酯	27.2	225
甲酸异戊酯	0.07	0.6
丁酸丁酯	0.15	1.3
乙酸异戊酯	1.30	9.0
己酸乙酯	0.28	1.8
辛酸乙酯	0.70	3.4
异丙醇	40.0	442
异丁醇	51.6	571
2- 甲基丁醇	46.2	519
3- 甲基丁醇	122.0	1393
2, 3- 丁二酮	1.04	4.9
2, 3- 戊二酮	0.02	0.1

（4）使用活性干酵母的工艺操作实例

复水：活性干酵母的复水是在发酵之外的容器中进行操作，目的是确保在接种之前恢复酵母的各种功能。

复水温度25~35℃，操作时将酵母粉撒于不低于其质量10倍的无菌水或麦芽汁中。静置15min，轻轻搅拌，然后添加到发酵罐中（图2-13）。

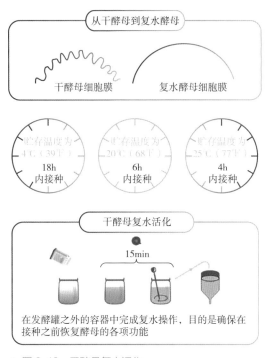

▲ 图2-13　干酵母复水活化

干酵母根据说明书上的要求，也可以直接用于发酵罐中（直接接种），无需进行复水操作。直接接种时，准备必要数量的活性干酵母，开始时先将其加入占发酵罐容量10%的麦芽汁中，然后再扩大到整个发酵罐内（图2-14）。注意麦芽汁的温度须与发酵起始温度相同。

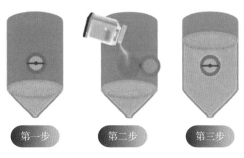

▲ 图2-14　干酵母直接接种

第三章

麦芽威士忌
生产工艺

第一节 麦芽制作

一、大麦的构造及组成

1. 大麦的构造

大麦形态：所有品种的大麦麦粒物理结构都是一样的。大麦是由胚芽和胚乳两大部分组成，中间由角质层分隔。每个麦粒都由麦壳、糊粉层、胚乳和胚芽几个主要结构组成（图 3-1）。

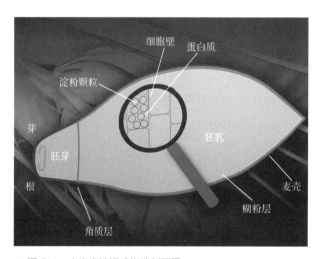

▲ 图 3-1 大麦麦粒组成构造剖面图

（1）麦壳 麦壳是胚芽和胚乳的一个保护层。它将微生物阻止在脆弱的种子局部机体之外，并在发芽阶段保护幼芽的生长（图 3-2）。麦壳的厚度因大麦的品种而异。麦壳的主要化学成分为纤维素、戊聚糖、大分子碳水化合物及多酚。纤维素和戊聚糖对酿酒没有影响。大分子碳水化合物可在糖化时从麦壳中滤出。多酚也同样从麦壳中滤出，但这一步更多地发生在过滤时而不是在糖化时。酿酒时不希望出现多酚，因为它会使酒苦涩、黏稠。糖化之后将麦芽汁从醪液中分离出来，大麦麦壳还可发挥过滤层的作用。

（2）糊粉层 糊粉层与麦粒发芽息息相关，其在大麦浸水后表现出极高的代谢活性，并促使幼苗生长。胚芽会产生赤霉酸，这种赤霉酸能够穿透糊粉层。糊粉层中的蛋白细胞拥有赤霉酸的受体部位，当赤霉酸分子结合到这个受体部位时，细胞就会分泌一种酶。

糊粉层可以分泌好几种酶。这些酶的作用是以化学方式将胚乳分解为更简单的有机化合物，以便为幼苗的生长提供原料，直到幼苗根茎能够吸收养分并通过光合作用合成养料。

糊粉层分泌的部分酶有以下几类。

①葡聚糖酶：它能破坏胚乳的细胞壁，从而使淀粉成分暴露在其他酶的面前。

②淀粉酶：它将胚乳细胞中的淀粉转化为供幼苗吸收的糖类养分。

③蛋白酶：它将蛋白质分解为供幼苗生长时吸收的氨基酸养分。

上面的这些酶在酿酒过程中扮演着非常重要的角色。由酶催化分解胚乳淀粉而生成的糖可以被酵母发酵。我们可以控制这些酶的活性，以生产具有特定特性的麦芽汁。

（3）胚乳　胚乳是种苗的营养来源，它由淀粉、蛋白质、糖及大分子碳水化合物组成，碳水化合物负责支撑其结构。胚乳中化学成分比例见表3-1。

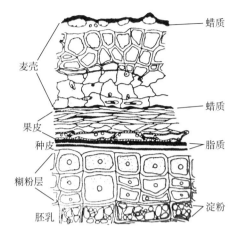

▲ 图3-2　大麦壳外层构造剖面图

表 3-1　大麦胚乳的化学成分

物质	比例
淀粉	60%~65%
蛋白质	10%~13%
糖	6%~ 8%
大分子碳水化合物	6%~8%

胚乳中有两种淀粉：支链淀粉和直链淀粉。支链淀粉中多含由单糖组成的复杂、分支极多的链，而直链淀粉仅含有单糖的直链。淀粉酶将淀粉链中的化学键破坏，并使淀粉形成能被酵母发酵的糖类。

胚乳淀粉集中在颗粒中，而这些颗粒包含在又长又圆的细胞中。

（4）胚芽　胚芽是麦粒中有生命的一个部位。当胚芽处于合适的湿度和温度条件下时，就会发芽。开始发芽时，胚芽首先将自身的糖类和脂类耗尽，而酶此时开始催化分解胚乳淀粉并将它们转化为糖类。当胚芽将内部的营养来源耗尽之后，就开始消耗在胚乳中产生的糖类。胚乳为幼苗提供生长所需的养分，直到幼苗长到能够从外界获取营养为止。

2. 大麦的化学组成

（1）淀粉　大麦中的淀粉含量在 60%~65%，淀粉粒存在于胚乳的细胞内，包埋于由蛋白质构成的间质中，大麦中的淀粉粒有两种大小：1~2μm 的小淀粉粒和 20~25μm 的大淀粉粒，大淀粉粒的数量较少。

大麦中的淀粉主要分为两类：

①支链淀粉：占 75%~80%，与碘液反应呈紫红色。

②直链淀粉：占 20%~25%，与碘液反应呈深蓝色。

（2）蛋白质　大麦粒的含氮量和淀粉量之间存在着一个规律，即麦粒的含氮量增加淀粉的含量会降低，反之亦然，因此从麦粒的含氮量可以推测出将来经过制麦后浸出物的含量。

大麦的蛋白质主要存在于胚乳部分，可分成四个主要的部分：

①水溶性的白蛋白（Albumin）：约占总蛋白质的 4%。

②溶于稀释盐水溶液的球蛋白（Globulin）：约占总蛋白质的 31%。

③溶于 70% 乙醇溶液的大麦醇溶蛋白（Hordein）：约占总蛋白质的 36%。

④溶于 4%NaOH 水溶液的谷蛋白（Glutelin）：约占总蛋白质的 29%。

大麦醇溶蛋白和谷蛋白是在制麦期间被分解的主要蛋白质，白蛋白和球蛋白是构成酶的主要蛋白质。

（3）糖类　主要含有蔗糖和棉籽糖，这两种含有果糖的糖类主要存在于胚和淀粉层，麦芽中多数的蔗糖是存在于胚中，与麦芽糖不同，蔗糖是一种非还原糖。

（4）其他成分

①脂类：大麦含有 3%~4% 脂类，主要存在于胚和淀粉层中，重要的脂肪酸是亚油酸、油酸和棕榈酸。

②维生素：发酵期间酵母需要维生素，大麦含有 B 族维生素和其他如肌醇、生物素等。

③酚类和多元酚：主要存在于谷皮和糊粉层中。

④ 无机盐类：大麦中含有硒（主要在谷皮）、钾、磷、镁、钠和氯，钾、磷、镁主要存在于糊粉层中。

⑤酶：含有丰富的淀粉糖化酶，是酿造威士忌主要酶的来源。

二、大麦芽生长特性

1. 大麦芽的生长特性

大麦芽的生长主要受两个特性的影响，它们分别是休眠和发芽。

（1）休眠　休眠是指在麦粒成熟后发育不充分。这是一种适应性特征，它使一年期的植物（例如大麦）在因冬季气候影响而停止生长后仍能保持活力，在翌年春天继续繁殖。如果种子不休眠，它将在秋天发芽，并在低温的天气条件下死亡。

（2）发芽　当麦粒遇到水和 O_2 时，就会开始发芽。胚芽和胚乳一旦吸收水分，就会开始膨胀。麦粒会开始呼吸，并从周围环境中吸收 O_2、排出 CO_2。其中大约 70% 的 O_2 由胚芽吸入，剩余的 O_2 由糊粉层吸入。胚芽开始释放赤霉酸，后者随后通过角质鳞片被转移到糊粉层。赤霉酸通过糊粉层细胞刺激酶的产生。酶开始将胚乳成分分解为幼苗的营养。蛋白质基体和细胞壁被降解，淀粉开始转化为糖类。

2. 大麦发芽测试

我们通过三种常见的测试方法来测试大麦的发芽,它们是发芽力、发芽率以及对水的敏感程度。

(1)发芽力 在每一大批种子中都有一些坏死、不能发芽的种子。样品中能发芽的种子所占的百分比称为"种子发芽力"。在25℃下,将100粒麦粒在200mL、浓度为0.75%的H_2O_2溶液中浸泡3d,即可测出发芽力。H_2O_2提高了果皮的通透性,有助于防止休眠。

(2)发芽率 发芽率实验用来测试休眠。在这一实验中,将100个麦粒放在一个装有滤纸和4mL水的培养皿中。将麦粒在25℃条件下放置3d,每天对出现小芽的麦粒进行统计。

发芽力和发芽率的区别:发芽力表示大麦发芽的均匀性。发芽率表示大麦发芽的能力。优质大麦发芽力不低于95%,发芽率不低于97%。

(3)对水的敏感程度 未充分成熟的麦粒会表现出一种被称为"对水敏感"的行为。当水分过多时,对水敏感的麦粒不会发芽。在水分过多的条件下,一层水膜将覆盖在麦粒表面并阻止麦粒呼吸,因而胚芽和糊粉层无法获得足够的O_2。而充分成熟的麦粒内部有足够的O_2促使发芽,而且一旦成长的胚根穿透果皮,O_2就能够进入麦粒的内部。

在两个放入4mL水和8mL水的培养皿中分别放入100个麦粒,即可测出其对水的敏感程度。在25℃下,在发芽室中孵化3d,两个培养皿中麦粒的发芽差异就是大麦对水的敏感程度。

三、大麦的选择

1. 选择的主要因素

(1)在大麦坚硬的谷皮下,胚乳中储存着大量的淀粉。
(2)它需要合适的温度和湿度去脱离休眠状态而开始生长。
(3)在长出叶子之前,都是依靠着淀粉作为能量来源。
(4)酶将淀粉转化成糖。
(5)希望更高的淀粉含量,这样转化的糖以及乙醇就更多。
(6)大麦芽和其他谷物相比能更有效地产出更多的酶。

2. 质量检查

(1)颜色(外观) 从明亮的淡黄色到晦涩的棕黑色,大麦的颜色千差万别。发霉的大麦(也称为风化大麦)外观呈灰色或钢铁色,并带有少量霉菌粉末。

(2)气味 质量好的大麦气味新鲜、纯净而且没有任何异味。在取样或鉴定过程中发现任何异味时,必须进行彻底的调查。下面列出了大麦异味的一些常见描述。

①霉味:通常由水分过多导致。
②葡萄干味或酒味:表明受热过多。

③化学药味：通常由杀虫剂导致。

3. 大麦常见的其他质量问题

（1）麦角　麦角是由寄生真菌形成的一团微红、棕色或黑色的谷粒状物质。麦角病曾经对人的身体造成极大的危害，随着现代植保手段的不断发展，麦角病在禾本科作物上的危害也得到了很好的控制。

（2）杂粕及杂质　杂粕由杂质种子、茎秆、谷糠、麦秆、沙子、泥土、尘埃以及谷粒加工过程中的其他非麦粒材料组成。杂质是指不希望存在的物质，例如石块、贝壳、木棍、金属碎片及类似物质。杂粕可以通过过滤和清洗去除。

（3）虫害／损害　合格的大麦必须不含任何存活的害虫或者害虫残骸。谷生害虫可以通过在筛子上摇动大麦样品，然后检查过滤物中是否有昆虫活动迹象来鉴定。如果大麦中有异物镶嵌或者脱壳，则表明大麦遭到了谷生昆虫的破坏。正在生长的大麦一旦受到昆虫破坏，麦粒就会变形或变小、变轻。

（4）水分　大麦的水分含量必须低于13.5%。较高的水分含量会在储存过程中产生质量问题，包括使麦粒失去发育能力。异味、受热过多或微生物生长迹象都表明大麦的水分含量较高，但需要通过实验室分析才能准确确定这一含量。和蛋白质一样，近红外测试能够提供比较准确的水分含量。

（5）瘦小　瘦小的大麦麦粒主要因干旱的生长条件、欠佳的田间管理或病虫害导致。它们通常含有更高的蛋白质以及更少的可浸出淀粉。瘦小的麦粒通常在大麦清洗过程中被去除，这对麦芽生产者是一种损失。

（6）杂质种子　杂质种子是指除大麦种子以外的任何作物种子，例如玉米、小麦、向日葵或野生燕麦等。即便已经考虑到杂粕的存在，大麦清洗过程中仍无法去除所有的杂质种子。大多数杂质种子比大麦具有更高的含油量，而油对威士忌质量具有负面影响，因此过多的杂质种子会导致货物被拒收。

（7）受热过多　受热过多是由储存方法不当或机械烘干过度造成的。储存方法不当会导致大麦呼吸产生的热量逐渐积累，受热过多的麦粒会有一种类似葡萄干或酒的独特味道，去壳麦粒的胚芽和胚乳会呈微红色、红褐色或者变黑。受热过多可能会杀死胚芽，使麦粒无法发芽。它还可能在糖化和过滤时产生问题。

（8）出芽的麦粒　出芽的麦粒是指已经发芽的大麦颗粒。它可能还没有长出支根，但出芽的麦粒会露出一个膨胀的胚芽，有时麦壳还会开裂。在潮湿的天气下收割或在潮湿的条件下储存都会造成提前发芽。被中断的发芽过程不能在麦芽坊内重新继续，这对麦芽生产者来说是一种损失。出芽的麦粒在糖化工艺中具有更低的榨取价值，而且会造成发酵困难。

（9）品种混合　品种混合是指大麦品种或种类的任意混合，例如二棱品种与六棱品种混合，或者不同的二棱品种或六棱品种之间的混合。不同品种之间的任意混合可能会造成麦粒发芽不当，这是因为被发芽的品种有基于自身化学特性的特殊发芽工艺序列和时间。发芽不当会导致一些酿酒困难。

（10）枯萎　枯萎是细菌或真菌引起的病虫害导致。受影响的麦粒呈现从棕褐色到黑棕色的各种颜色，或者呈现大面积的褪色。不同的病虫害会产生不同的颜色，但在各种情况下，褪色都很明显。枯萎受环境及田间管理措施的影响很大。麦粒枯萎会破坏胚芽，进而在发芽过程中导致发芽速度下降或发芽不均衡，榨取产量也会较低。

（11）发霉　发霉出现在田间或储存过程中。在麦粒成熟期或接近成熟期时，如果气温过高、湿气过多，就会出现田间霉。如果储存条件不当，也会出现储存霉。严重霉菌感染会造成麦粒不育，从而阻止麦粒发芽。同时，霉菌会在麦粒周围形成一层膜，这层膜将在发芽过程中阻止或者妨碍 O_2 和水的吸收，从而阻止发芽。麦芽发芽失败对麦芽生产者也是一种损失。

（12）带皮麦粒　带皮麦粒是指带有松散或残缺麦壳的那些麦粒，其胚芽未被覆盖住，1/3或更多的麦壳已经丢失。麦壳通常紧附在麦粒上，但也会被物理摩擦运动（例如联合收割、谷物升降机和麦芽坊传送带）剥离。带皮麦粒会造成质量缺陷，这是因为胚芽和胚乳会暴露在昆虫及微生物的攻击之下。

（13）破碎的麦粒　当沿垂直于麦粒轴的方向切开时，就会出现破碎的麦粒。它们很容易被发现，原因在于淀粉白色的胚乳与黄色的麦壳形成了鲜明的对比。暴露的胚乳很容易遭受微生物和病虫害的攻击。破碎的麦粒通常在清洗过程中被去除，这对麦芽生产者是一种损失。

（14）霜冻损害　在麦粒成熟之前，如果出现冷冻气温，将会产生霜冻损害。霜冻损害的特征表现在麦粒侧面凹陷，并可能伴有黑色、棕色或绿色的褪色。霜冻损害会中断麦粒的发育，并降低发芽的质量，从而导致榨取物产量和酶产量下降。

（15）未成熟的麦粒　未成熟或绿色的大麦很容易识别，它是指未充分发育成熟的大麦。当收割未成熟的麦田时，就会出现未成熟的麦粒。未成熟的麦粒通常比较瘦小，发芽效果差，而且水分含量较高。未成熟的麦粒通常在清洗过程中被去除。未被去除的未成熟麦粒会导致榨取物产量下降，麦芽汁浑浊度上升，它们还会为新酒带来一种青草味。

四、大麦浸渍

蒸馏厂几乎都会从专业的麦芽加工厂购买所需要的麦芽。

1. 大麦浸渍前的准备

（1）大麦的贮藏　短期存储含水量 <14.8%，温度 15℃。长期存储含水量 <13.6%，温度15℃。贮藏大麦应按时通风，防止虫、鼠及霉变的危害，严格防潮，按时倒仓、翻堆。

（2）粗选和精选　粗选的目的是除去各种杂质和铁屑。大麦粗选使用去杂、集尘、脱芒、除铁等机械。精选的目的是除掉与麦粒腹径大小相同的杂质，包括荞麦、野豌豆、草籽和半粒麦等。大麦精选可使用精选机（又称杂谷分离机）。

（3）分级　大麦的分级是把粗选、精选后的大麦，按颗粒大小分级。目的是得到颗粒整齐的大麦，为发芽整齐、粉碎后获得粗细均匀的麦芽粉以及提高麦芽的浸出率创造条件。大麦分级常使用分级筛。

2. 浸渍原理

淀粉是一种葡萄糖单元长链所组成的大分子，必须借助水解作用才能分解成葡萄糖单元或麦芽糖（2个葡萄糖单元）或者麦芽三糖（3个葡萄糖单元），任何大于这些糖的分子都没办法让酵母吸收，因此麦芽必须要浸渍。

（1）发芽与含水量及温度的关系　提高大麦的含水量，以达到发芽的水分要求。麦粒含水量25%~35%时就可萌发。对酿造用麦芽，还要求胚乳充分溶解，所以含水量必须保持在43%~48%。

（2）浸麦吸水过程及测定　大麦的吸水过程在正常水温（12~18℃）下进行，浸麦可分三个阶段：

①第一阶段：浸麦6~10h，吸水迅速，麦粒中含水量上升至30%~35%。

②第二阶段：浸麦10~20h，麦粒吸水很慢，几乎停止。

③第三阶段：浸麦20h后，麦粒膨胀吸水，在供氧充足的情况下，吸水量与时间成直线关系上升，麦粒中含水量由35%增加到43%~48%。

以上三个阶段，大约需要50h。

（3）浸麦与通风　大麦浸渍后，呼吸强度激增，需消耗大量的O_2，而水中溶解氧远不能满足正常呼吸的需要。因此，在整个浸麦过程中，必须经常通入空气，以维持大麦正常的生理需要。

（4）浸麦吸水过程及测定　浸麦用水必须符合饮用水标准。为了有效地浸出麦皮中的有害成分，缩短发芽周期，达到清洗和卫生的要求，常在浸麦用水中添加一些化学药剂，如石灰乳、$CaCO_3$、$NaOH$、KOH、H_2O_2、赤霉素等。

3. 影响大麦吸水速度的因素

（1）温度　浸麦水温越高，大麦吸水速度越快，达到相同的吸水量所需要的时间就越短，但麦粒吸水不均匀，易染菌和发生霉烂。水温过低，浸麦时间延长。浸麦用水温度一般在10~20℃，最好在13~18℃。

（2）麦粒大小　麦粒大小不一，吸水速度也不一样。为了保证发芽整齐，麦粒整齐程度很重要。

（3）麦粒性质　粉质粒大麦比玻璃质粒大麦吸水快；含氮量低、皮薄的大麦吸水快。

（4）通风　通风供氧可增强麦粒的呼吸和代谢作用，从而加快吸水速度，促进麦粒提前萌发。

另外蛋白质含量和浸麦时间也影响大麦吸水速度。

4. 浸麦方法及控制

浸麦方法很多，常用的方法有：湿浸法（效率较低，目前已淘汰）、间歇浸麦法和喷雾浸麦法。

（1）间歇浸麦法（浸水断水交替法）　此法是浸水和断水交替进行。根据大麦的特性、室温、水温的不同，常采用浸二断六、浸四断四、浸六断六、浸三断九等方法。

操作方法（以浸四断四法为例）：浸麦槽先放入 12~16℃ 清水，将精选大麦称量好，把浸麦度测定器放入浸麦槽，边投麦，边进水，边用压缩空气通风搅拌，使浮麦和杂质浮在水面与污水一道从侧方溢流槽排出。不断通过槽底上清水，待水清为止，然后按每立方水加入 1.3kg 生石灰的浓度加入石灰乳（也可加入其他化学药剂）。浸水 4h 后放水，断水 4h，此后浸四断四交替进行。浸渍时每 1h 通风一次，每次 10~20min。断水期间每小时通风 10~15min，并定时抽吸 CO_2。浸麦度达到要求，萌芽率达 70% 以上时，浸麦结束，即可下麦至发芽箱。此时应注意浸麦度与萌芽率的一致性，如萌芽率滞后应延长断水时间，反之，应延长浸水时间。

（2）喷雾（淋）浸麦法　此法是浸麦断水期间，用水雾对麦粒淋洗，既能提供 O_2 和水分，又可带走麦粒呼吸产生的热量和放出 CO_2。由于水雾含氧量高，通风供氧效果明显。

操作方法：洗麦同间歇浸麦法，然后浸水 2~4h，每隔 1~2h 通风 10~20min。断水喷雾 8~12h，每隔 1~2h 通风 10~20min（最好每 1h 通风 10min）。浸水 2h，通风一次 10min。每次浸水均通风搅拌 10~20min。再断水喷雾 8~12h，反复进行，直至达到浸麦度，停止喷淋，控水。2h 后出槽，全过程约 48h。

常用的浸麦设备有传统的柱体锥底浸麦槽、新型的平底浸麦槽等。

浸泡开始时需要根据实验结果、环境温度、麦芽品种和未来麦芽商品的规格而决定加水温度，并进行第一次充氧。第一次浸渍让大麦均匀地吸收水分和氧气后，便会解除休眠状态。一定时间后放水，让大麦休息一段时间，接着再加入新的水。

图 3-3 是浸渍好的大麦。

五、大麦发芽

1. 大麦发芽目的和原理

（1）发芽目的　大麦发芽目的即是使麦粒生成大量的各种酶类，并使麦粒中一部分非活化酶得到活化增长。随着酶系统的形成，胚乳中的淀粉、蛋白质、半纤维素等高分子物得以逐步分解，可溶性的低分子糖类和含氮物质不断增加，整个胚乳结构由坚韧变为疏

▲ 图 3-3　浸渍好的大麦
［摄于拉弗格（Laphroaig）蒸馏厂，图片来源：苏格兰威士忌协会（SWA）］

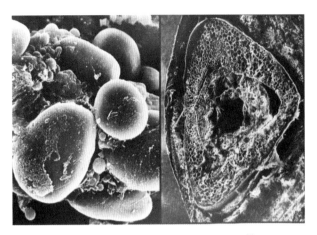

▲ 图 3-4 发芽大麦横切后断面的电子显微镜照片 [4]

松，这种现象称为麦芽溶解。

图 3-4 是发芽大麦横切后断面的电子显微镜照片。其中左图是胚乳的高倍扫描电子显微镜的立体照片，圆圆的颗粒是淀粉粒，可以为发芽提供充足的能量，经过发芽的大麦所含淀粉酶数量和种类大量增加。右图是发芽的大麦横切后断面的电子显微镜照片，看起来像心脏形状的是其胚芽，其周围是胚乳部分。

（2）发芽原理　大麦开始发芽时，麦粒的胚部吸水后分泌赤霉素输送到糊粉层，诱导产生淀粉酶和蛋白酶，这些水解酶分解胚乳中的蛋白质和淀粉，使大麦的营养成分溶解，蛋白质被降解成氨基酸，淀粉被降解成葡萄糖。这些小分子物质再被输送至胚，用以合成新的细胞，生长出大麦的根芽和叶芽。

2. 大麦和麦芽中的酶

现已发现大麦中的酶类达数百种，而且每年都有新酶种发现，经过发芽的大麦所含酶量和种类大量增加。水解酶的形成是大麦转变成麦芽的关键所在，下文介绍酿造过程中最重要的几种水解酶。

（1）α- 淀粉酶　经发芽后，在糊粉层内形成大量的 α- 淀粉酶。

（2）β- 淀粉酶　原大麦中存在相当数量的 β- 淀粉酶，有游离态和结合态两种，大部分存在于胚中。

（3）支链淀粉酶　是降解麦芽汁中支链糊精的酶，也是淀粉酶中不可缺少的组成部分。

（4）蛋白分解酶　是分解蛋白质肽键一类酶的总称，可分为内肽酶和端肽酶两类。

（5）半纤维素酶类　是胚乳细胞壁的主要组成部分，而细胞壁在制麦过程的分解是大麦胚乳分解的主要内容，所以它是麦芽溶解的先驱者。

3. 发芽现象

发芽的三个阶段包括：萌发、发芽、发芽结束。

检查麦粒发芽变化的外观尺度是根芽、叶芽的生长情况。同时，胚乳将变得疏松。麦粒内部物质的溶解提供根芽、叶芽生长所需的营养，呼吸作用加剧，提供更多的能量。胚的生长最初表现在胚根，然后表现在胚芽上。主胚根首先伸展"露白"，开始分须，根长得粗短、新鲜均匀，表明发芽旺盛。一般淡色麦芽的根芽长度为麦粒长度的 1~1.5 倍，浓色麦芽的根芽长度为麦粒长度的 2~2.5 倍。在根芽生长的同时，叶芽也生长，它生长于麦粒的背部。叶芽长度为麦粒长度的 0~1/4。发芽时期的呼吸作用：大麦的胚部和糊粉层是活性组织，通过呼吸作用提供发芽过程中所需要的能量，呼吸作用分三个时期。

（1）浸渍大麦的呼吸强度比原大麦显著提高，发芽前 1~2d，其呼吸强度较浸渍大麦无明显增加，麦温上升不明显，不必过多地翻拌。

（2）发芽 3~5d，大麦出现呼吸高峰，麦粒呼吸强度较初浸渍大麦时成倍增加，发芽旺盛，麦温明显升高，需加强通风，增加翻拌次数。

（3）发芽后期，当根芽开始凋萎（变黄而萎缩）时，随着贮藏物质消耗、呼吸强度逐渐下降，应减少搅拌次数。

4. 大麦发芽过程中物质的变化

（1）物理及表面变化　浸麦后麦粒吸水膨胀，体积约增加 1/4，胚乳溶解各部分是不对称的，主要是由于酶的形成是从糊粉层逐渐向外扩展。

（2）糖类的变化　最主要的变化是淀粉的相对分子质量有所下降，经过制麦过程可溶性糖大部分有积累，这是由于淀粉、半纤维素及其他多糖被酶水解的综合结果。淀粉是胚乳中的主要物质，在发芽期间由于酶的形成和呼吸作用而被消耗的淀粉为大麦质量的 4%~8%。

（3）蛋白质的变化　蛋白质在发芽期间变化大，但损失极微。一部分醇溶蛋白质和谷蛋白分解成低分子含氮物质，供胚部生长需要而转移至根芽和叶芽中，合成新的重要蛋白质。在干燥后的除根工序中，根芽中的蛋白质略有下降。麦芽中的蛋白质含量较大麦低 0.1% 左右。

（4）半纤维素和麦胶物质的变化　实质是细胞壁的分解。

（5）胚乳的溶解　麦芽的溶解是从胚乳附近开始的，沿上皮层逐渐向麦粒尖端发展，靠基部一端比麦粒尖端溶解较早、较完全，酶活性相对较高。

（6）酸度的变化　发芽过程中酸度的变化主要表现在酸度提高，虽然酸度明显增长，但麦芽汁溶液的 pH 变化不大，这主要是由于磷酸盐的缓冲作用。

（7）脂肪的变化　大麦中脂肪含量 2%~3%，发芽期间因呼吸作用而消耗的脂肪为 0.16%~0.34%，部分被水解为甘油和脂肪酸。

（8）其他变化　无机盐类稍有下降；多酚物质实质上没有增减等。

5. 发芽工艺技术要求

（1）发芽水分 43%~48%，冬季高一点，夏季低一点。

（2）发芽温度 13~18℃，后期不超过 22℃。在实际操作中有先高温后低温，或先低温后高温的情况，按大麦品种及特性而定。

（3）连续通风中，通风温度比麦层温度低 1~2℃，相对湿度 >95%。间歇通风时，浸渍大麦进入发芽箱后 2h 内必须通风一次，然后再根据麦温情况进行间歇通风，通风温度比麦温低 2~3℃，相对湿度 >95%。

（4）浸麦度不够时，翻拌时应均匀喷淋给水。加水量和加水次数按发芽需要的水分而定。

（5）翻拌次数，按前期间歇短、后期间歇长的原则，8~12h 翻拌一次。

（6）发芽时间，夏季 4.5d 或 5d 以上，冬季 5d 或 6d 以上，具体时间按大麦品种及其特性和相应的麦芽溶解情况而定。

图 3-5 为发芽的大麦。

（1）　　　　　　　　　　　（2）

▲ 图 3-5　发芽的大麦

［摄于波摩（Mowmore）蒸馏厂，图片来源：（1）苏格兰威士忌协会（SWA），（2）陈正颖］

6. 发芽的方法

（1）传统地板式发芽法　将浸渍后的谷粒铺在不透水的石板或水泥地板上，8~20cm 厚，工人利用木制铲子将麦堆铲起（图 3-6），这个操作也称为翻麦，目的是释放发芽时产生的热量，让流通的空气带走发芽时产生的 CO_2 等物质，同时开启和关闭窗户来控制温度，利用齿耙来疏散缠绕的根芽。控制湿度的方法，则是用简单的喷洒罐来添加水分。

▲ 图 3-6　传统手工翻麦

［摄于波摩（Mowmore）蒸馏厂，图片来源：苏格兰威士忌协会（SWA）］

传统的地板式发芽法需要 6~7d，视季节和气温而定，必须依靠大量的人力，工人因为长年累月翻麦，休息时累得双手下垂举不起来，因此戏称自己为"三只猴子"。目前在苏格兰保留地板式发芽法的酒厂有拉弗格、波摩、齐侯门、百富、云顶、高原骑士和班瑞克，其余大部分已经采用机械化操作。

（2）萨拉丁箱发芽法　萨拉丁箱是应用最早、最广泛而且至今仍然使用的经典箱式发芽设备。其为 19 世纪末法国人查尔斯·萨拉丁（Charles Saladin）发明，主要目的是为了解决传统地板式发芽时若不能连续地将发芽中的麦粒翻起，则可能使麦芽的芽、根相互缠绕形成块状而影响后期的处理。最早的设计是一个开放的长方形箱体，上方横跨一根可以前后移动的横杆，横杆下连接一系列可以旋转的螺旋杆，使用时用链条带动横杆移动，螺旋杆随之缓慢旋转，将底部的麦粒带到顶部，这样可以达到翻动麦粒的作用。若搭配底部通风装备，麦粒可以堆高至 60~80cm，不仅处理能力大，而且大大节省翻麦人力（图 3-7）。

▲ 图 3-7　萨拉丁箱

[摄于英国福绍特（Thomas Fawcett & Sons Maltsters）麦芽公司，图片来源：陈正颖]

（3）鼓式发麦机（Drum）发芽法　外表是一个横放的巨大金属圆桶，内部安装了许多朝向轴心的侧板，滚动时用于翻搅谷物，整个滚桶设在两侧的滚轮支撑上放入大约 3/4 满的谷物后，利用皮带滚动滚轮让圆桶沿中心轴转动，经控温、控湿的空气借由装在轴心的多孔导管往圆周方向吹送，或者是反过来由圆周上的多孔导管往轴心方向吹送。随着鼓式发麦机的慢慢转动，大麦新长的芽和根不至于互相缠绕。

六、麦芽规格要求

蒸馏厂从麦芽厂购买麦芽双方需要根据情况签订协议，表 3-2 中的数据是根据各种数据修改的成品麦芽规范，其数值为参考值，应随着季节或不同麦芽厂的产品有所修正。此表并未列出所有数据，但所提及的参考数据皆符合 4 个原则：生产效率、加工难易度、烈酒质量和产品追溯。

表 3-2　2012 年一般的麦芽参数

大麦种类	参考数据
水 /%	4.5~5.0
可溶萃取物（0.2mm）（细）/%	>79（83 干重）
可溶萃取物（0.7mm）（粗）/%	>78（82 干重）
粗 / 细萃取物差 /%	< 10
可发酵性 /%	87~88
可发酵物萃取性 /%	>68
预估烈酒产量（PSY）/（L/t）	>410（430 干重）
淀粉酶分解力（DP, $\alpha+\beta$ 淀粉酶）	65~75

续表

大麦种类	参考数据
糊精化分解力（DU，α- 淀粉酶）	>45
总氮 /（%，干重）	< 1.5~1.6
溶氮比例（SNR）	< 40
自由氨基酸（ $\times 10^{-6}$ ）	150~180
破碎性 /%	>96
均一性 /%	>98
酚类含量 /（mg/kg）	0~50
二氧化硫含量 /（mg/kg）	< 15
亚硝胺含量 /（mg/kg）	< 1
糖苷丁腈 /（g/t）	< 1.2
非糖苷丁腈产生化合物 /（g/t）	~0.5

注：数值会因季节改变，仅供参考。

资料来源：（节选）[加]Inge Russell　[英]Graham Stewart 主编，陈正颖主译，《威士忌生产工艺与营销策略》

　　麦芽最重要的几个参数都关系到蒸馏厂的生产效率和产酒率，如含水量、可溶性萃取物含量、发酵度、可发酵萃取物含量和乙醇产量（预估乙醇产量）。某些情况如谷物蒸馏使用的麦芽则会更重视酶活性参数，淀粉酶分解力或糊精化分解力指标将被会列入麦芽采购合同中。

　　麦芽的其他指标，如破碎均匀性、粗细粒度差、可溶性氮源比和自由氨基氮都是加工难易性指标。可帮助蒸馏厂了解在工艺中麦芽的表现或找出问题的对应解决方式，如麦芽过滤或发酵效率问题。低修饰度的麦芽会降低萃取率和产酒率，尤其是使用传统糖化槽或过滤槽，除非磨得非常细碎，否则淀粉难以被利用。若糖化中有一定比例的未修饰谷物，会增加更多问题。如酶活性降低和蛋白质转化不佳，前者造成 β- 葡聚糖低度裂解，而后者则会有未全部降解的蛋白质溶入，都会造成麦芽汁过滤困难。修饰度差的麦芽则含有比平均含量更低的可溶性氮源和自由氨基酸，影响发酵效率。过度修饰的麦芽易碎裂堵住糖化槽底部或成为团状，造成后续麻烦，如黏附在较高温的设备表面。因此，如何平衡过度或低度修饰的麦芽规格需要根据各个蒸馏厂的不同情况确定。

　　酚类含量：泥煤烘烤是许多（但非全部）麦芽威士忌的特色处理方式，其浓度一般直接由酚类化合物的总浓度表示。

　　硫化物和亚硝胺：N- 二甲基亚硝胺（N-nitrosodimethylamine，NDMA）等亚硝胺盐类是由大麦中的大麦芽碱和燃烧产生一定浓度的氮氧化物反应而成，但已被现代化的制麦厂采用间接加热烘烤法控制。无论使用泥煤烟熏还是在热风中加入一定比例泥煤烟气，烟气仍会直接接触麦芽；在制麦过程中，燃烧硫黄块产生二氧化硫气体进入烘麦芽的热风中，此法可阻止大麦芽碱转化成亚硝胺。值得注意的是，过多二氧化硫烟气会造成厂内设备腐蚀。过去的二氧化硫浓度相当高，一般为 20~25mg/kg，目前重泥煤麦芽所用的二氧化硫浓度皆不超过 15mg/kg。过高浓度的二氧化硫（>15mg/kg）会降低麦芽汁的酸碱度而减弱发酵能力，因此重泥煤重二氧化硫麦芽会在运输至蒸馏厂前进行熟成几周来恢复（挥发一些物质以稳定质量）。有时就连没有泥煤烟熏的麦芽都会使用微量（最多 5mg/kg）二氧化硫烟熏以最小化任何产生 N- 二甲基亚硝胺的机会。

糖苷丁腈和氨基甲酸乙酯：氨基甲酸乙酯是蒸馏烈酒中的微量污染，许多国家已有管制。氨基甲酸乙酯的主要前体物质是氰苷（一种糖苷丁腈），会出现在某些大麦品种中。可以通过蒸馏厂工艺改善，如制麦芽、蒸馏、铜置换等，最重要的是选择不产生氰苷的蒸馏用大麦品种以避免氨基甲酸乙酯产生。

注："修饰"是指通过加热、蒸汽或化学方法处理麦芽，以改变它的蛋白质、碳水化合物和酶的结构。"低修饰度"的麦芽指的是在麦芽制造过程中，没有经过处理以提高它的可消化性的麦芽。"高修饰度"的麦芽通常比低修饰度的麦芽更易于消化，并且可以产生更多的酒精。然而，低修饰度的麦芽也有其优点，特别是在制作威士忌时。这些麦芽可以带来独特的口味和香气，并且可以产生更丰富的多酚类物质，这些物质有助于保持酒的颜色和口感。因此，许多威士忌酿酒厂选择使用低修饰度的麦芽，以制作独特的、具有地域特色的威士忌。

七、麦芽干燥

经过发芽处理的大麦称为绿麦芽（Green malt）。

1. 干燥的目的

将麦芽的含水量从大约 50% 降低到 4%~5%，终止大麦继续发芽，以利于长久存储和运输，但必须尽可能地保留酶，特别是后续糖化所需的淀粉酶。

2. 干燥的温度

干燥温度影响酶的合成，因此必须尽量采用低温干燥。开始温度；60~65℃，当绿麦芽含水量降低到 20% 后，提高到 70℃ 直到完成。

3. 干燥的方法

（1）传统干燥法　将绿麦芽平铺在石板、水泥板或者多孔铸铁板上，大约 30cm 厚，上方为具有独特宝塔造型通风屋顶的烟筒，这个设计的目的是从麦芽干燥床抽出干燥热气，下方为加热炉。1889 年，最杰出的麦芽威士忌酒厂设计师、苏格兰建筑师查尔斯·赫力·伊格（Charles Chree Doig）率先运用东方（尤其是中国）宝塔的形状，为大昀威士忌酒厂（Dailuaine Distillery）设计出自然通风效率十分高的烘麦炉，而且按照"黄金比例"设计，甚为美观。一时间多个酒厂争相聘请伊格设计建造宝塔烘麦炉，蔚然成风。后来被称为"伊格通风房"（Doig Ventilator）的宝塔烘麦炉，成为大部分苏格兰威士忌酒厂的标志（图3-8）。如今虽然只有七家酒厂仍然使用手工地板发芽，真正地在使用他们的宝塔干燥麦炉，但其他相当大部分的酒厂，仍然保存宝塔干燥麦炉，并引以为傲。可惜当年伊格建造的第一对宝塔干燥麦炉，已被1917年一场大火烧毁。1959年再度遭遇火灾，1960年进行重建。

（1）宝塔烘麦炉　　　　　　　　　　（2）宝塔烘麦炉结构图

▲ 图3-8　宝塔烘麦炉及结构图

[摄于格兰菲迪（Glenfiddich）蒸馏厂，图片来源：支彧涵]

　　传统手工地板发芽后，会把发芽大麦运送到这种宝塔烘麦炉中进行烘干。宝塔炉都是正方形的，下方是烧火的炉子。传统干燥麦芽用泥煤作燃料，让发芽大麦吸收大量的酚类，因此最终在酒液中表现出浓郁的烟熏和消毒药水风味。现代酿酒会根据要求达到的泥煤程度，在干燥初期进行一段时间的泥煤烘烤，其他时间会改为热空气烘烤，热空气大部分是用燃烧轻质石油的方法。热空气干燥是中性的，不会添加任何风味。在宝塔炉里，干燥麦芽工人手工把湿麦芽放置在细金属丝网窑床上铺平，厚度大约0.8m。干燥麦芽过程会分为三个步骤：自由干燥（Free drying）、降速干燥（Falling rate drying）和熟化（Curing）。在整个48~72h的干燥过程中，需要定时进行手工翻动，让各个部位的温度能够尽量均匀，也有利于水分均匀地挥发。

完成干燥，发芽大麦水分降至低于 4.5%，等热腾腾的大麦芽降温后，再用传送带送到干燥储槽储藏。干燥后的发芽大麦，需要至少两个月的休停时间才可使用。

（2）滚筒发芽法　大部分都会配置一个泥煤炉子和一个轻质石油燃烧器，因此都可以直接用来干燥麦芽。操作的步骤、程序和时间与宝塔炉相同，定时每次缓慢转动滚筒一圈，把大麦翻转。基于设备配置和生产效率的考虑，大部分滚筒发麦芽厂都会配备大型的圆形干燥麦炉。这种圆形干燥麦炉原理和宝塔炉一样，操作的方法也很接近，主要区别是铺放大麦的厚度可以达到 1.0~1.2m 厚，炉内有机械臂不停缓慢地翻麦。

（3）箱式发芽法　萨拉丁发芽箱都有热空气通道，可以直接用来干燥，但是箱式发芽厂经常会用滚筒干燥或圆形干燥麦炉。工作原理、步骤和时间也与宝塔炉相似。

4. 干燥的燃料

麦芽需要完全干燥后才能用于制作威士忌。这个程序是在干燥炉中完成的，麦芽被放置在细金属丝网上进行烘烤直到完全干燥。加热可以使用任意燃料，所以每个地区都有使用最便宜的燃料来干燥谷物的传统。

泥煤是最原始的燃料，在苏格兰的艾雷岛人们会使用很容易获得的泥煤来干燥麦芽。泥煤燃烧时带有深色刺鼻的烟雾，会给麦芽和最终的威士忌带来一股烟熏味，这就是艾雷岛威士忌的泥煤味。在现代，泥煤烟雾对麦芽的影响都被严格计算，精确到百万分之几。泥煤的主要成分是纤维素、木质素、腐植酸等天然有机物质，没有什么污染物等毒性。泥煤也可以作为肥料用于园艺种植，也可以作为洁净燃料，烘烤的温度也容易控制，比煤炭、石油燃料更清洁可靠，而且价格便宜，所以许多厂家用泥煤干燥麦芽（图 3-9）。

▲ 图 3-9　燃烧的泥煤让大麦吸附烟熏味，而燃烧产生的热风则会慢慢干燥麦芽

[摄于拉弗格（Laphroaig）蒸馏厂，图片来源：苏格兰威士忌协会]

除使用泥煤之外，也有内陆厂家使用煤，这种燃料燃烧非常干净并且不会给大麦带来过多的味道。或者是煤和泥煤的混合物，缺点是难以稳定控制温度。

20 世纪 50 年代使用轻油和重油为燃料，70 年代使用天然气为燃料，但是经研究发现使用这些燃料会导致麦芽中亚硝胺含量大增，亚硝胺是一种致癌物质。20 世纪 80 年代大部分麦芽厂多采用导入热空气或者用热水做交换的间接加热法，不仅降低了麦芽中亚硝胺的含量，还大大提高了麦芽发酵能力。20 世纪 90 年代麦芽厂采用低温烘干的方法，大大减少了对酶活性的破坏，目前标准的加热循环为 60℃ 12h，68℃ 12h，72℃ 6h。

5. 麦芽制作各阶段变化情形

表 3-3 为麦芽制作各阶段变化情形。

表 3-3　麦芽制作各阶段变化情形 [7]

	大麦	发芽时	干燥后麦芽
含水量	约 12%	浸泡后约 45%，最终可达 50%	干燥后 4%~5%
可萃取的碳水化合物	淀粉受到严密保护，因此接近于 0	淀粉颗粒已被释放，可供酶转化为糖	总量因含水量降低而固定，避免继续发芽
蛋白质	氮含量约 1.5%	总量未改变，但转化成可溶性的多肽	总量未改变，但因含水量降低而固定，避免继续发芽

小贴士

自己制作麦芽的苏格兰威士忌厂家

下面的一些苏格兰威士忌厂家自己制作麦芽，它们是：格兰奥德（Glen ord）拥有一个大型制麦车间；云顶（Springbank）可以自给自足；高原骑士（Highland park）、拉弗格（Laphroaig）、波摩（Bownmore）、齐侯门（Kilchoman）、艾德麦康（Ardnamurchan）、本利亚克（BenRiach）和百富（Balvenis）都保留了传统的地板发芽。

八、不同麦芽的酿酒试验 ①

1. 麦芽的制备及类别

由于试验条件所限，本次试验没有研究麦芽的制备工艺，试验用的麦芽系委托青岛啤酒厂及兰州啤酒厂按照生产威士忌酒的需要协助加工的，使用的麦芽分为以下几种：

（1）啤酒生产用麦芽。

（2）试验 1 号麦芽（叶芽长度占麦粒长度的比例为 3/4~1）。

（3）试验 2 号麦芽（叶芽长度占麦粒长度的比例为 1~1.5）。

（4）焦香麦芽（青岛啤酒厂供生产黑啤酒用）。

---

① 　资料来源："优质威士忌酒的研究"青岛小组，1973—1977 年。

2. 原料配比及工艺条件

（1）糖化　每次投料 240~300kg 麦芽粉，加水至 1200L 不断搅拌，升温至 45℃保温 0.5h，于 63℃糖化 2h，升温至 69℃糖化至终点（滴碘液测定），然后过滤洗糟 2~3 次，定容至 1200L 加硫酸调整 pH 至 4.0 左右。

（2）发酵　将糖化液冷至 25℃接种酵母，接种量为 10∶1，在发酵温度不超过 32℃的条件下发酵 65h 左右开始蒸馏。

（3）蒸馏　分粗馏、精馏两段进行，精馏时按粗馏酒的 2% 去酒头，当酒精度降低至 55%vol 时去酒尾，蒸馏至酒精度 1%vol 以下停机，本试验初馏三次合并为一次精馏。

3. 试验结果

（1）麦芽汁的分析　不同麦芽酿酒试验麦芽汁成分分析见表 3-4。

表 3-4　不同麦芽酿酒试验麦芽汁成分分析

试号	试次	试验内容	还原糖	总糖	糖化率/%	酸度	pH
15	6	啤酒麦芽（对照）	6.9	10.7	64.4	3.16	3.8
15B	6	试验 1 号麦芽	7.7	11.2	68.8	3.1	4.5
25	3	啤酒麦芽加焦香麦芽	7.03	11.19	62.8	4.85	3.3
35	25	试验 1 号麦芽∶试验 2 号麦芽 60∶40	7.2	11.5	62.6	3.8	3.7

注：①还原糖、总糖以 g/100mL 计，表 3-5 同。
　　②酸度为 10mL 试样消耗 0.1mol/L NaOH 的毫升数。

（2）发酵醪的分析　不同麦芽酿酒试验发酵醪的成分分析见表 3-5。

表 3-5　不同麦芽酿酒试验发酵醪的成分分析

| 试号 | 试次 | 酒精度/%vol | 残糖 | | 酸度 | pH |
			总糖	还原糖		
15	6	5.3	1.19	0.38	4.3	3.9
15B	6	5.9	0.80	0.33	4.8	3.8
25	3	5.3	1.29	0.40	5.15	3.4
35	25	6.2	1.02	0.37	4.7	3.7

（3）原酒产量及出酒率　不同麦芽酿酒试验原酒产量及出酒率的比较见表 3-6。

表 3-6 不同麦芽酿酒试验原酒产量及出酒率的比较

试号	试验原料类别	酒头 折60% vol/L	酒心 折60% vol/L	酒尾 折60% vol/L	出酒率[1]/ （L/100kg大麦芽） （折60%vol乙醇）
15	啤酒麦芽	47.8	375	268.5	37.02
15B	试验1号麦芽	44.8	442.1	219.3	49.0
25	啤酒麦芽加焦香麦芽	23.3	176	132.5	37.5
35	试验1号麦芽与试验2号麦芽混合	27.1	3318.1	65.6	45.48

[1] "出酒率"是否包括"酒头"和"酒尾"？原文没有记载。本结果仅仅可对不同麦芽的出酒率进行比对。

4. 分析与讨论

（1）从以上试验结果可以看出，试验1号麦芽糖化率及产酒率均高于啤酒麦芽，产品质量经感官鉴定基本一致。初步认为用于生产威士忌的麦芽在制麦过程中，适当延长发芽时间来增加叶芽的长度，对于产量和质量都是有利的。

（2）在糖化中添加焦香麦芽，在产品质量及产量方面，均未见其明显的优点，为简化生产工艺，今后在生产中不再添加焦香麦芽。

第二节　泥煤

一、泥煤简介

▲ 图 3-10 吉林省柳河县哈泥泥煤沼泽的落叶松 - 油桦 - 薹草群落

（图片来源：王升忠）

泥煤（Peat），又称泥炭、草炭。根据这一行业的国家标准、中文专业词典（包括百科全书）、产业发展习惯等，在我国被称为"泥炭"。20世纪70年代轻工业部威士忌研究项目中也使用了"泥炭"这个名称。不过，在现今的威士忌行业中，"泥煤"的叫法似乎已是约定俗成。

泥煤是在过湿的嫌气性沼泽环境中（图3-10）由死亡后尚未完全分解的植物残体为主要物质，堆积而成的松软的有机无机复合物，其有机质含量在30%以上。苏格兰威士忌烟熏味是由泥煤燃烧的烟气熏烤麦芽而产生的。

泥煤不仅仅是传统的威士忌生产原料，也被广泛应用于农业、园艺、工业、能源以及环保等领域，是一种宝贵的非金属矿产资源。目前，我们国内泥煤的需求量逐年增多，但几乎全部依赖国外进口，主要来源地为拉脱维亚和爱沙尼亚等国家。同威士忌使用块采泥煤不同的是，这些泥煤的采收程序是排水、耙松、风干、真空吸采，经一定粉碎、筛分后进行压缩包装运输。

1. 物质组成

泥煤是由三相物质组成的复杂体系，主要包括固相的干物质、液相的水分以及含量较少的气体。其中固相物质是泥煤的主要物质成分，由有机质和矿物质两部分构成。有机质主要是纤维素、半纤维素、木质素、腐殖酸、沥青物质等。泥煤中腐殖酸含量常为 10% ~ 30%，高者可达 70% 以上。泥煤中的无机物主要是黏土、石英和其他矿物杂质。液相物质的水分包括束缚水和自由水两种。自由水是泥煤水含量最多的一种水分类型，能被植物直接吸收利用，主要储存在泥煤空隙之中，携带阴、阳离子，形成不同性质的水溶液，在一定程度上影响泥煤的氧化还原过程。而束缚水不能直接参加泥煤中的物理化学过程，一般不能被植物直接吸收。

2. 类型

根据泥煤形成与发育过程的阶段性，确定泥煤分类的第一层次依据为泥煤的营养状况，据此可将泥煤分为三类，即富营养（低位）泥煤、中营养（中位）泥煤和贫营养（高位）泥煤。以植物残体生活型及其组合特征作为泥炭的第二级分类依据，可将泥煤分为不同的亚类。植物残体的主要类型有藓类泥煤、草本泥煤和木本泥煤；将植物残体的植物种类作为第三级分类依据，可将泥煤分为不同的型，例如薹草泥煤、芦苇泥煤、落叶松 - 薹草泥煤、泥煤藓泥煤等。具体分类等级和类型见表 3-7。

表 3-7　泥煤分类系统

类	亚类	型
富营养（低位）泥煤	草本泥煤	薹草泥煤
		芦苇泥煤
		薹草 - 芦苇泥煤
		嵩草 - 薹草泥煤
		薹草 - 甜茅泥煤
	木本 - 草本泥煤	赤杨 - 薹草泥煤
		柳 - 薹草泥煤
		落叶松 - 薹草泥煤

类	亚类	型
中营养（中位）泥煤	草本 - 藓类泥煤	薹草 - 泥煤藓泥煤
	木本 - 草本 - 藓类泥煤	落叶松 - 薹草 - 泥煤藓泥煤
	木本 - 藓类泥煤	落叶松 - 泥煤藓泥煤
贫营养（高位）泥煤	藓类泥煤	泥煤藓泥煤
	木本 - 藓类泥煤	落叶松 - 笃斯越橘 - 泥煤藓泥煤
		落叶松 - 杜香 - 泥煤藓泥煤

3. 物理性质

（1）颜色　泥煤颜色的变化主要与植物残体组成、分解程度、含水量及矿物质等因素有关。泥煤藓泥煤多呈浅黄色或黄色；草本泥煤多呈棕色、棕褐色、褐色；木本泥煤以暗褐和暗红色为主。泥煤的颜色深浅还随着分解程度的增强而加深。

（2）结构　泥煤结构取决于孔隙度的大小和纤维含量的高低。主要有海绵状、纤维 - 海绵状、粗纤维状、细纤维状、小块 - 纤维状、小块状、粒状 - 团块状。泥煤藓泥煤呈疏松的海绵状结构，草本泥煤一般呈粗纤维状结构，木本泥煤呈碎块状和木屑状。随着分解程度变大，泥煤中的植物残体变细。

（3）含水量　泥煤的含水量是指在自然状态下泥煤含有的各种类型水分的总量。泥煤的含水量和大小与泥煤的植物残体组成、泥煤分解度、灰分含量以及泥煤地的水文状况等因素有关。泥煤藓的含水量最高，草本泥煤次之，木本泥煤最低。泥煤的含水量随着分解程度增大而减少，随着含灰量增加而减少。

（4）容重　泥煤的容重是指单位体积内泥煤（含孔隙）的重量。容重的大小主要与植物残体类型、灰分含量、含水量以及分解程度等因素有关。泥煤藓的干容重最小，草本泥煤次之，木本泥煤较大。随着灰分含量增加和分解程度增强，泥煤的容重增大。图 3-11 是干燥后的泥煤块。

▲ 图 3-11　干燥后的泥煤块

4. 化学性质

（1）酸碱度　泥煤的酸度取决于游离酸的存在，作用比较复杂，既可由 H^+ 引起，也可由 Al^{3+} 引起。贫营养泥煤呈强酸性，pH 一般为 4.0~4.8；富营养泥煤的 pH 一般在 5.5~6.2，少数可以达到 7 以上。

（2）氧化还原电位　表示泥煤体系中氧化还原作用的强度。一般以 300mV 作为氧化性和还原性的分界线，氧化还原电位大于 300mV 时，泥煤层空气中的氧气起主要作用，氧化还原电位小于 300mV 时，以还原作用为主。

（3）离子交换性能　泥煤有机胶体、无机胶体和有机 - 无机复合胶体的表面带有电荷，因而能从液相介质中吸收离子，吸收的离子又可与液相中带有电荷符号相同的离子进行交换。泥煤腐殖酸含量越大，泥煤粒度越小，泥煤离子交换量越大。

（4）生理活性　泥煤的生理活性是指泥煤中的腐殖酸类物质对生物具有刺激和加速生命活动的能力。羧基和酚羟基的存在使腐殖酸的一价盐具有水溶性，并提高了分散性；腐殖酸分子结构中的多元酚是加强植物呼吸作用的接触剂，使植物吸收氧的能力有所增加；在腐殖酸类物质的参与下，能增强植物光合作用的强度。

在艾雷岛经常可见当地居民堆放整齐的泥煤块，作为冬天取暖燃料，泥煤的挖取一般在春、夏季酒厂维修期间，同时因为夏末雨水太多而冬天会下雪，泥煤都是湿的，冻土也会影响挖采。泥煤挖取仅需要将长草的表土移开，即可用铁锹挖取后，切成横截面积大约 10cm×10cm，长大约 60cm 的条状，堆放在田野让其自然干燥 2~3d 后便可以运到蒸馏厂泥煤堆场等待燃烧使用。现在的威士忌酒厂会使用机械进行挖取。泥煤田、人工挖取泥煤和晾干如图 3-12 所示。

（1）泥煤田　　　　　　　　（2）人工挖取泥煤　　　　　　　　　（3）晾干

▲ 图 3-12　泥煤田、人工挖取泥煤和晾干

［图片来源：（1）支彧涵，（2）苏格兰威士忌协会（SWA），（3）陈正颖］

很多人误认为所有的苏格兰威士忌都具有烟熏和泥煤味。事实上，单一麦芽威士忌使用泥煤熏烘大麦这一工艺占的比例并不高。

英国的泥煤面积苏格兰占 68%，英格兰占 23%，威尔士占 9%，大部分为园艺和作为燃料使用，威士忌使用占比较小。

泥煤每年只能增加 1cm 的厚度，但是在人们的大量使用下，以每年 2cm 的速度减少。泥煤的未来深受威胁，英国甚至成立保护协会，希望园林爱好者能使用其他物品来代替泥煤。

东北师范大学（原吉林师范大学），在 20 世纪 70 年代就是青岛优质威士忌酒研究小组的协作单位，该学校的地理科学学院设有泥炭沼泽研究所。他们曾经对我国的泥煤资源进行了系统的研究。

由于泥煤中含有的植物种类很丰富，包括薹草、芦苇、甜茅、莎草、落叶松等。高位泥煤中的有机质占比较高，低位泥煤中有机质含量则要低一些。而泥煤中的灰分，也就是燃烧后剩余的无机物含量，正好与有机质相反。泥煤中的有机质占比高，具有燃烧彻底、灰分低、发热量高（15MJ/kg 以上）的特点，适用于威士忌的麦芽干燥。

二、泥煤分布

世界泥煤集中分布于北纬 40°~70° 的北半球寒带和温带，斯堪的纳维亚、俄罗斯的西伯利亚、美国阿拉斯加、加拿大、爱尔兰、英国、波罗的海沿岸国家都是泥煤的集中分布区。热带泥煤主要分布在马来西亚和印度尼西亚。

中国在对泥煤资源进行统计时，会用到裸露泥煤和埋藏泥煤这两个概念，泥煤的裸露与埋藏与现代沼泽有很大的相关性。沼泽还在的称为裸露泥煤，即所谓的现代沼泽泥煤。沼泽消失了，埋在地下的泥煤称为埋藏泥煤。相关的资料显示，中国裸露泥煤储量在 210~220 亿吨，而埋藏泥煤大概在 50 亿吨。

从区域分布上来看，中国泥煤资源的分布面较广，但是资源的分布很不平衡。总体上是北方多南方少，越往西越少。以下是各地区的泥煤分布的调查情况。

▲ 图 3-13　位于甘肃省甘南合作市的泥煤地

（图片来源：王升忠）

1. 青藏高原和甘南泥煤分布区

青藏高原和甘南泥煤分布区属于高寒表露泥煤区，该地区的特点是泥煤分布面积较大，泥煤层也较厚，是我国泥煤储量最丰富的地区，泥煤一般 1~3m 厚，最大厚度为 10m，矿体规模较大。泥煤类型单一，均为草本泥煤。图 3-13 是位于甘肃省甘南合作市的泥煤地。

2. 西南高原埋藏泥煤分布区

西南高原埋藏泥煤分布区是我国埋藏泥煤资源储量最丰富的地区，集中分布在滇西山地、滇东盆地和云贵高原，云南省的 121 个县中有 108 个县有泥煤资源。本区泥煤的突出特点是泥煤厚度大，层次较多，如石屏秀山泥煤地矿层多为 5~7m，最厚处超过 12m。泥煤赋存的地貌类型主要为湖滨和山间盆地，以草本泥煤为主，也有木本泥煤和藓类泥煤。

3. 东北山地平原表露泥煤分布区

东北山地平原表露泥煤分布区包括大小兴安岭、长白山地及三江平原，是我国表露泥煤面积最广泛的地区，泥煤类型也较齐全。泥煤主要赋存于山地的沟谷、河漫滩、阶地后缘、废弃河道、火口湖、熔岩堰塞湖、熔岩台地等各种成因的负地貌中。泥煤地个体面积不大，但矿点较多，泥煤矿层一般较薄，多为 1~2m，个别泥煤地的泥煤厚度可达 10m 以上。泥煤类型以草本泥煤为主，在大小兴安岭和长白山地的少数泥煤地中，有少量贫营养的泥炭藓泥煤和中营养的泥炭藓—草本泥煤。图 3-14 是吉林长白山区泥煤地土壤剖面。图 3-15 是吉林敦化市附近的草本泥煤地，这是我国草本泥煤储藏量最多的地区。

4.东部平原丘陵埋藏泥煤分布区

东部平原丘陵埋藏泥煤分布区包括北起辽松平原到长江中下游的广大地区。沿海泥煤主要是海岸变迁造成的,长江中、下游泥煤是河湖变迁的结果。全区泥煤分布不均衡,以沿海和长江中下游最为丰富,其次是山地与平原间的交接洼地,松辽平原较少,黄淮平原最少。全区泥煤类型皆为草本泥煤。分解度较高,灰分含量多。泥煤层数和泥煤埋深由南向北减少。成炭时间由南向北逐渐变新。长江中下游的泥煤层次一般为2~3层,单层厚度由0.3m至2~3m。辽松平原泥煤层厚度一般均为1~2m,埋深1~3m不等。

▲ 图3-14 吉林长白山区泥炭地土壤剖面
（图片来源：王升忠）

5.东南沿海低山丘陵埋藏泥煤分布区

东南沿海低山丘陵埋藏泥煤分布区包括长江以南、云贵高原以东的广大山地、丘陵及沿海平原。山地丘陵区的泥煤多分布在山间小盆地、河漫滩及阶地上,矿体面积小,储量少,质量较差。泥煤一般为单层,少数发现两层,埋深多为1.5~2m,主要为草本泥煤,有的含有较多的腐木。

▲ 图3-15 吉林敦化市附近的草本泥煤地
（图片来源：张天宇）

6.北疆山地半湿半干湿润高寒裸露泥煤区

北疆山地表露泥煤分布区包括天山、阿尔泰山及其山麓地带,泥煤多赋存于宽阔的河谷盆地,山前冲积—洪积扇缘洼地、湖滨与沿河洼地之中。该区突出特点是冰雪融水充足,水分滞流条件优越,泥煤沼泽得到普遍发育。但由于气温低,泥煤积累较慢,泥煤层较薄,多为20~30cm。泥煤以草本残体为主。泥炭藓仅在阿尔泰山少数泥煤地中出现。

从区域分布上来看,中国泥煤资源的分布面较广,但是资源的分布很不平衡。总体上是北方多南方少,越往西越少。

从资源集中度来看,裸露泥煤的分布相对来讲比较集中,主要在两个区域:一个是东北,占了裸露泥煤储量的50%以上,另一个是青藏高原,占到了19%。埋藏泥煤则达不到裸露泥煤的集中度,遍布东部堆积平原的泥煤大概也只占埋藏泥煤的11%。

作为一种短期内不可再生的非金属战略型资源,泥煤在我国总体上处于限制开发利用状态。政府通过相应的法律法规以及规范要求,对泥煤资源利用进行了明确的规划和管理。在省级矿产资源规划中禁止开采的有广东、吉林、黑龙江等地,《湿地保护法》中也明确规定了,全面禁止在沼泽湿地开采泥煤。

三、泥煤的感官特点

泥煤烟熏麦芽后产生的物质十分复杂，经麦芽吸收，分析发现烟熏麦芽含有较多的酚类，如邻甲酚、愈创木酚、对甲酚，另有4-乙基苯酚和4-乙基丁香酚等均是泥煤芳香成分的主要组成部分，这些成分的感官特点如表3-8所示。

表3-8　泥煤主要成分的感官特点

名称	嗅觉门槛/（μg/L，溶于水中）	气味特征
酚类	5900	消毒药水
邻甲酚	650	消毒药水、烟熏
间甲酚	680	消毒药水、烟熏
对甲酚	55	汗水、猪圈
愈创木酚	3~21	焦烤、木头、培根、烟熏、药水、香草、正露丸
紫丁香酚	1850	焦烤、辣味、培根、烟熏、药水、香草、奶油、肉味
4-乙基苯酚	140	干草、消毒药水
4-乙基丁香酚	600	培根、香料、丁香、烟熏

品尝威士忌时，泥煤味是指具有焦炭、柏油、碘酒、消毒药水、海潮、皮革、花露水等的味道。

上面已经谈到，全世界许多地方都有泥煤，不同产区的泥煤威士忌风味也各异。苏格兰得天独厚，泥煤资源丰富，不同的泥煤也造就了不同的威士忌风格。通常将苏格兰泥煤威士忌分为以下三个类型。

（1）艾雷岛泥煤威士忌　具有花露水、消毒水的味道，也有较多的海藻风格，一些来自海边的泥煤由于海风的作用，威士忌会出现海盐的咸味，同时消毒水、柏油的味道会很强烈，这也是艾雷岛泥煤威士忌留给人们深刻印象的主要原因。

（2）海岛泥煤威士忌　有点类似艾雷岛泥煤风格，但没有那么强烈，如苏格兰最著名的泥煤岛屿——欧克尼岛，这个岛由于没有高大的树木，绝大多数泥煤是地表层上的石楠木所形成的。经过这些泥煤熏烤后的麦芽，蒸馏后的威士忌会具有更多的花香和蜜香，这就造就了欧克尼岛泥煤生产的威士忌特殊的石楠花蜜香。欧克尼岛泥煤，同艾雷岛的泥煤味道非常不同，同其他味道协调形成威士忌平衡的关系，如泰斯卡。

（3）高地泥煤威士忌　这里的泥煤常常被人们忽略，包括斯佩塞。这个区域的泥煤大部分没有海盐、海藻的气味，绝大多数具有苏格兰的松木、苔藓味，这是当地的植被沉积所造成的，所以它在烟熏过程中产生没有消毒水、柏油味及花露水的味道，反而是比较多的烟熏味。10mg/kg以下的高地泥煤含量，品鉴时往往首先是具有新鲜的水果味道，如烤橘子、苹果的气味，然后是更多的烟熏味，而不是印象中的消毒水味，这些酒往往酒体浓厚、味道复杂，而烟熏作为最后的余味，让人们联想不到泥煤的风格。

所以高地泥煤、海岛泥煤和艾雷岛泥煤威士忌的风味是有很大区别的。

四、泥煤的作用和影响因素

（一）泥煤的作用

（1）制作干燥麦芽的燃料。

（2）泥煤燃烧产生的 SO_2 可以降低麦芽微生物污染的风险及抑制 *N*- 亚硝基二甲胺的生成。

（3）烟雾中含有各种酚类的悬浮颗粒，依附在潮湿的麦芽颗粒上，这是泥煤味的来源。

图 3-16 是未经泥煤烟熏的麦芽（普通干燥法）和泥煤烟熏的麦芽浸出物经气相色谱分析成分对比图。

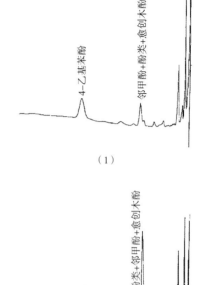

▲ 图 3-16 泥煤烟熏麦芽与否成分对比
［（1）未经泥煤烟熏麦芽，（2）泥煤烟熏麦芽 ］

（二）影响泥煤味大小的因素

1. 影响泥煤味大小的主要因素

（1）燃烧温度　泥煤燃烧的烟雾是产生泥煤味的主要来源，泥煤干燥麦芽时，麦芽厂需要的是烟雾而不是热量，因此操作时需要不断地向火炉内洒水，这样可以避免泥煤燃烧过快，更重要的是可以产生大量的烟雾。

（2）燃烧时间　威士忌中泥煤烟熏含量的多少，取决于大麦谷粒在干燥过程中暴露在泥煤烟雾中的时间。湿麦芽的干燥时间一般约 30h，在这期间，干燥初期大量提供泥煤烟熏，当大麦含水量降低后停止使用泥煤烟熏，改用其他的干燥方式。拉弗格将麦芽在泥煤火中烟熏大约 18h。

（3）麦芽的干燥程度　当麦芽颗粒表明仍具有水膜时，泥煤烟雾不容易附着，但是如果麦芽颗粒表面非常干燥时，其附着量也非常小，只有当麦芽含水量在 15%~30% 时容易吸附。

2. 威士忌中的泥煤值

威士忌中的泥煤值也称为酚值，是各种酚类的组合值，通常是指经过泥煤烘干后麦芽中的酚类物质的含量。麦芽的泥煤值可以通过气相色谱分析，单位为 mg/kg（ppm）。

酚类化合物包含苯酚、甲酚、丁香酚、愈创木酚等。威士忌中的泥煤值通常在 0~200mg/kg。表 3-9 是一些苏格兰威士忌的泥煤含量情况。苏格兰大部分威士忌不一定有泥煤味。泥煤值在 1~5mg/kg，属于轻度泥煤味威士忌；泥煤值在 5~15mg/kg，属于中度泥煤味威士忌；泥煤值 15~40mg/kg，属于重度泥煤味威士忌；泥煤值在 40~50mg/kg，属于极重度泥煤味威士忌。例如雅柏太空陈酿泥煤值为 100mg/kg。但是也有些特殊的威士忌泥煤值非常高，例如布赫拉迪泥煤怪兽 6.3 版，泥煤值为 258mg/kg。

表 3-9　一些苏格兰威士忌的泥煤含量情况

威士忌	泥煤值/ （mg/kg）	泥煤浓度等级	
		泥煤值范围/ （mg/kg）	等级
布赫拉迪泥煤怪兽 6.3 版	258	>100	极重度
布赫拉迪泥煤怪兽 7.3 版	169	>100	极重度
雅柏太空陈酿	100	>100	极重度
雅柏 10 年	50	40~50	极重度
泰斯卡 10 年、高原骑士 12 年、波摩 12 年	15~25	>15	重度
欧本 14 年、克拉格摩尔 12 年	1~5	（1~5）/（5~15）	轻度 / 中度

那么是不是泥煤值越高泥煤味越重？泥煤值含量，只是一个参考数字，与香气口感的表现不一定成正比。

3. 泥煤值在酿造过程中的变化

麦芽经过存储、破碎、糖化、发酵、蒸馏等工艺处理后，泥煤值会降低。

4. 泥煤威士忌桶的再利用

▲ 图 3-17　泥煤烟熏烘干麦芽
（图片来源：陈正颖）

一些威士忌酒厂为了增加泥煤风味，会购买曾经装过泥煤威士忌的橡木桶来装自己的威士忌，这样也可以产生一些比较淡雅的泥煤威士忌。有一些威士忌生产厂家就会强调自己使用了来自艾雷岛（Islay Cask）重度泥煤酒厂的桶，这样也可以产生泥煤味道的威士忌。

五、泥煤烟熏麦芽工艺

火炉中燃烧泥煤（图 3-17），产生的烟雾经导管输入烘干设备内，让酚类悬浮颗粒附着在潮湿的麦芽上。为了避免燃烧过快，必须不断在火炉上洒水，这样可产生大量烟雾。

泥煤威士忌使用麦芽泥煤值的多少，可以用不带泥煤味道的 0 为标准（没有经过泥煤干燥的麦芽）计算，估计

10000kg 麦芽要得到 10mg/kg 的泥煤值，干燥使用的泥煤大约需要 1000kg。

泥煤干燥的方法与用量各厂不一，例如有的酒厂会先以泥煤干燥 5h，并燃烧硫以控制二甲基亚硝胺的形成，然后继续使用天然气干燥 21h。艾雷岛的一个酒厂先以泥煤干燥麦芽 24h，继续使用天然气干燥 24h，所得到的麦芽泥煤值高达 20~25mg/kg，估计 10000kg 成品麦芽需要 3000~4000kg 泥煤。有的麦芽厂采用固定重量的泥煤熏制固定重量的麦芽，例如每个批次麦芽 100000kg，使用 20000kg 的泥煤，烘干后的麦芽泥煤值为 30~80mg/kg 不等，经过检测后，再与非泥煤麦芽混合，便可以根据客户的要求制作不同泥煤值的麦芽。

现代化的麦芽厂，有一个专门燃烧泥煤的烟灶，根据酒厂需要的规格，燃烧适量的泥煤用风扇与热风一起输入干燥室。除艾雷岛外多数的麦芽威士忌酒厂，泥煤烟熏麦芽泥煤值在 4~5mg/kg。

亚硝胺是一种致癌物质，它的形成是由于 NO_2 与麦芽中的大麦芽胺（主要在根和芽中）作用。采用间接加热烘烤法，用油作为燃料或者用天然气作为燃料时并燃硫，可以降低麦芽中亚硝胺的含量。但是，无论使用泥煤烟熏还是在热风中加入一定比例泥煤烟气，烟气仍会直接接触麦芽；在制麦过程中，燃烧硫黄块产生二氧化硫气体进于烘麦芽的热风中，此法可阻止大麦芽胺转化成亚硝胺。每家麦芽厂的 SO_2 气体浓度不同，但足够让亚硝胺的产生降至最低。过多 SO_2 烟气因其为酸性会造成厂内设备腐蚀。过去的 SO_2 浓度相当高，一般为 20~25mg/kg，目前重泥煤麦芽所用的 SO_2 浓度都不超过 15mg/kg。过高浓度的 $SO_2>15mg/kg$ 会降低麦芽浆酸碱度而减弱发酵能力，因此重泥煤重 SO_2 麦芽会在运输至蒸馏厂前进行陈酿（maturing）几周来恢复，以挥发部分物质从而稳定质量。有时没有泥煤烟熏的麦芽都会使用微量（<5mg/kg）SO_2 烟熏，以避免亚硝胺的产生。

六、泥煤烟熏麦芽酿酒试验 [①]

烟熏风味是苏格兰泥煤威士忌的特点之一。根据小组实验的结果观察，不同产地的泥煤对于威士忌的香气和口味均有明显的影响，所以在研究试制泥煤风格的威士忌时，对于泥煤的选择被作为一项重要的工作。

我国是泥煤资源比较丰富的国家，根据吉林师范大学提供的资料，全国约 607 个市县有泥煤资源，分布面积约 2880000 万 m^2，大约有 20 多个品种。为了使原料立足于国内，在吉林师范大学地理系泥煤沼泽研究室的大力支持和协作下，选择 9 种国产泥煤，进行烟熏麦芽酿酒试验，另外还进口了一种英国泥煤作为对照。

1. 试验设计及工艺条件

（1）泥煤烟熏炉的结构　试验用泥煤烟熏炉是一个双层自抽炉灶，每层有效面积为 $1m^2$。烘麦芽时将泥煤在炉内燃烧，靠烟囱的抽力使烟通过烟道及麦芽层，烟囱中部装有挡板可以控制火力，底层装有间接加热蒸汽管。

---

① 　资料来源："优质威士忌酒的研究"青岛小组，1973–1977。

（2）烟熏工艺　利用啤酒厂发芽完毕的绿麦芽，在 1m² 干燥炉内进行了三种干燥试验。其操作条件见表 3-10~ 表 3-12。

表 3-10　全泥煤烟熏干燥

烟熏温度/℃	烟熏时间/h	翻拌次数
45~50	12	每小时 1 次
55~60	12	每小时 1 次
75~80	4	每半小时一次

表 3-11　泥煤烟熏 15h

烟熏温度/℃	烟熏时间/h	翻拌次数	烘干方式
45~50	10	每小时一次	泥煤烟
55~60	10	每小时一次	前 5h 用泥煤烟，后用间接汽
65~70	6	每半小时一次	间接汽
75~85	2	每半小时一次	间接汽

表 3-12　泥煤烟熏 10h

烟熏温度/℃	烟熏时间/h	翻拌次数	烘干方式
45~50	10	每小时一次	泥煤烟
55~60	10	每小时一次	间接汽
65~70	6	每半小时一次	间接汽
75~85	2	每半小时一次	间接汽

（3）烟熏工艺条件的比较　根据以上三种干燥方法，从泥煤用量、干燥麦芽的质量以及劳动强度等方面比较，全泥煤烟熏每 1kg 干麦芽需泥煤 2~2.5kg，且劳动强度较大，故试验多采用后面两种工艺，现列表比较如表 3-13 所示。

表 3-13　烟熏工艺条件的比较

干燥工艺	泥煤		绿麦芽		干麦芽		总干燥时间/h	备注
	品种	用量/kg	数量/kg	水分/%	数量/kg	水分/%		
泥煤烟熏 15h	山岔子	34.1	65	40.65	34.5	3.4	29	5 批平均值
泥煤烟熏 10h	山岔子	20	65	38.57	38.6	5.3	29	5 批平均值

2. 不同泥煤烟熏麦芽酿酒的感官鉴定

（1）方法与目的　利用不同泥煤烟熏的麦芽与啤酒麦芽混合，按统一的工艺条件酿酒，将新蒸馏出的原酒进行感官鉴定以鉴别泥煤的风味，并结合泥煤资源情况及开发条件，选择适合于生产应用的泥煤。

（2）感官鉴定结果 表3-14是不同泥煤烟熏麦芽酿酒的感官鉴定结果。

表3-14 不同泥煤烟熏麦芽酿酒的感官鉴定结果

试号	原料配比	感官鉴定评语摘要
1	啤酒麦芽：英国泥煤烟熏麦芽80：20	烟香较大，冲鼻，味较醇和有甜感
2	啤酒麦芽：敦化泥煤烟熏麦芽80：20	烟香似1号，味带甜略涩
3	啤酒麦芽：伊通泥煤烟熏麦芽80：20	烟香不纯正，似艾香，味较苦
4	啤酒麦芽：尚志泥煤烟熏麦芽80：20	烟香与1号相比稍有异香，不纯正，味带甜
23	啤酒麦芽：伊尔施泥煤烟熏麦芽87：13	发酵酸败，试样无代表性
37	啤酒麦芽：朝阳镇泥煤烟熏麦芽90：10	有烟香，无异味，尚醇和，略辛辣
38	啤酒麦芽：山岔子泥煤烟熏麦芽90：10	有烟香，无异味，尚醇和，略辛辣
39	啤酒麦芽：二密河泥煤烟熏麦芽90：10	烟香明显后味长，较醇和
49	啤酒麦芽：抚松泥煤烟熏麦芽96：4	烟香较好味浓，微带苦
61	啤酒麦芽：乌伊岭泥煤烟熏麦芽92：8	烟香尚可味稍浓，有涩味

根据以上感官鉴定结果，初步认为国产敦化泥煤烟熏麦芽酿酒的风味与英国泥煤相似。

3. 两种泥煤主要成分的分析

通过酿酒试验的感官鉴定，初步认为国产敦化泥煤烟熏麦芽酿成的威士忌风味较好，烟熏风味与对照样品近似。为了鉴定其主要芳香成分，由青岛市轻工业研究所、山东济南化学石油研究所协助，用气相色谱仪分析了国产敦化泥煤和英国泥煤冷凝液水相中的醛类及酚类的组成，以观察两种泥煤醛类及酚类之间的差别。吉林师范大学地理系进行了常规分析。

（1）试验条件（气相色谱分析） 泥煤浓烟的制备与冷凝液中油相和水相的分离按麦克巴莱恩（Macbarlane）等《泥煤化学组成》文中所述进行。

仪器：Pye104气相色谱仪，热导池鉴定器，1mV记录器，4mm×1.5m色谱柱，柱内：固定液OV-17，担体：硅烷化Chromosorb P 80~100目。

条件：汽化温度220℃。

载气：H_2 40mL/min。

桥电流：180mA。

（2）气相色谱定性分析 结果见图3-18。两种泥煤糠醛和苯

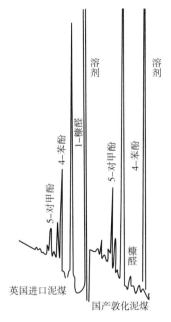

▲ 图3-18 两种泥煤中糠醛和苯酚的气相色谱图

酚成分的比较见表3-15。

从表3-15可以看出，两种泥煤的醛类和酚类的组成存在明显的差别，国产泥煤苯酚含量多，糠醛含量少；英国泥煤糠醛含量多，苯酚含量少。

表3-15 两种泥煤糠醛和苯酚成分的比较

	糠醛	苯酚	对甲酚
英国泥煤	多	少	一般
敦化泥煤	少	多	一般

注：泥煤色谱中还含有5-甲基糠醛、愈创木酚、3,5-二甲基酚之峰，因没标样故未做出。

用六甲基二硅胺处理样品，使醛类被抑制的图谱如图3-19所示。

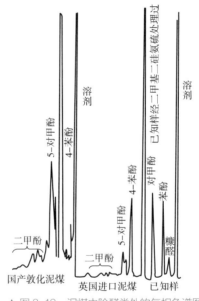

▲ 图3-19 泥煤中除醛类外的气相色谱图

由图3-19可得出相关结论，如表3-16所示。

表3-16 泥煤中除醛类外的气相色谱图分析

	糠 醛	苯 酚	对甲酚	二甲酚
英国泥煤	—	少	少	一般
敦化泥煤	—	多	多	一般

（3）不同泥煤常规分析　结果如表3-17所示。

表 3-17　不同泥煤的常规化学分析结果

分析项目 泥煤品种	有机质/ %	全碳量/ %	胡敏酸/ %	灰分/ %	水分/ %	pH	质量能/ （J/kg）
敦化泥煤	62.24	36.10	16.79	37.76	15.12	4.8	16403
尚志泥煤	73.86	42.90	22.02	26.14	14.30	5.3	14470
爱尔兰泥煤	74.89	43.44	14.02	25.11	15.00	4.6	17417
苏格兰泥煤	82.78	48.02	10.89	17.22	15.40	4.4	—

（4）经过酿造和蒸馏过程后泥煤值的变化　麦芽经过存储、破碎、糖化、发酵、蒸馏等过程，泥煤值会降低，具体见表 3-18。

表 3-18　经过酿造和蒸馏过程后泥煤值的变化　　　　　　　　　　　　单位：mg/kg

	样品1	样品2	样品3	样品4	样品5
麦芽	35	55	30	80	20
新酒	15	23	12	30	8

根据表 3-18 的数据进行计算可以发现，新蒸馏酒中泥煤值降低，大约是原麦芽泥煤值的 40.42%，根据表 3-18 数据可得图 3-20。

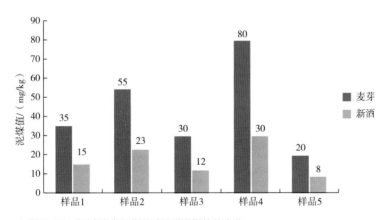

▲ 图 3-20　经过酿造和蒸馏过程后泥煤值的变化

4. 分析与讨论

通过对不同产地泥煤烟熏麦芽酿酒的试验及品评结果，初步得出以下结论。

（1）敦化泥煤香型清淡味正，与对照样类似。尚志泥煤酿出的酒，初评质量尚可，但不突出，经过贮存后，风味有所改善，有浓郁的枣香及甜感，都属质量较好的国产泥煤。

（2）山岔子、二密河、抚松等地所产泥煤初评认为也较有希望，但因原酒贮存时间尚短，有待进一步观察其特性的发展。从气相色谱及常规分析的数据观察，目前认为质量较好的国产泥煤与国外对照样相比，不论是外观或成分都存在着显著差别。

（3）目前暂定利用尚志、敦化两种泥煤作为生产原料。

第三节　粉碎

▲ 图 3-21　麦芽运输专车卸货

[摄于安南达尔（Annandale）蒸馏厂，图片来源：苏格兰威士忌协会（SWA）]

▲ 图 3-22　储粮仓

（摄于嵊州蒸馏厂）

经过风干或烘干后，大麦停止发芽。通常会使用麦芽运输专用车辆将大麦芽运输到蒸馏厂（图 3-21，图 3-22）。

到达蒸馏厂后首先要进行计量称重量和质量检查，主要包括外观及污染情况、水分和含氮量（蛋白质）、千粒重和粒度检查。

经过检查合格后的麦芽，运输车辆会被停靠至卸粮液压翻板上，通过遥控装置控制液压翻板的角度，车厢的倾斜角度会根据粮食流量，从 15°~38° 逐步提升。进入卸粮地坑的麦芽，通过斗式提升机和刮板机输送到粮食仓内。

麦芽在收获、制麦、干燥过程中，容易混入泥土、小谷粒、小砂石、金属等杂物，这些杂质必须在入仓前进行筛选除净，否则会影响生产的正常运转以及粉碎设备损坏或者出现事故。

一、粉碎的目的

烘干后的谷物（大麦、黑麦、玉米和小麦）都会被粉碎成粗颗粒的麦粉（Grist），然后被输送系统（图 3-23）送到糖化槽。粉碎的目的是使麦芽或其他谷类（未经发芽的谷物）的颗粒减小，这样便能更轻易获得其中的淀粉成分，在糖化过程中，麦粉与热水混合期间酶能迅速地进行分解。

玉米、黑麦和小麦，要在谷粒中加入一部分酿造用的碎麦芽以促进发酵。

二、粉碎的技术要求

首先，不应该有未破碎的麦粒。粉碎的麦芽统称为麦粉。麦粉由麦壳、粗颗粒、细颗粒和面粉组成。

完整的麦壳在糖化罐中位于过滤筛板的上方，有助于糖化时麦芽汁的过滤，完整的麦壳可降低麦芽汁过滤所需时间以提高萃取效率。所以在破碎时应尽量减少对麦壳的破坏。碎麦粒的粗细颗粒比例是决定萃取效率和麦芽汁过滤的关键，细粉含量高会掉入糖化槽底部而又有降低萃取量的可能性；同时，过多的细碎粒容易阻碍过滤筛板。因此每家蒸馏厂应针对糖化系统优化碎粒比是基本要求。

▲ 图 3-23 谷物原料输送系统
［摄于安南达尔（Annandale）蒸馏厂，图片来源：苏格兰威士忌协会（SWA）］

不同的蒸馏厂需要根据麦芽和糖化罐的情况，环境的温度和湿度及时调整麦粉粉碎的最佳比例。用传统糖化槽的使用麦壳、碎麦粒和面粉最佳比例通常为 20%、70%、10%。如果在半过滤槽或过滤槽中使用可以更细些。通过调整粉碎机上方的滚压轴间距来保证麦壳的相对完整，通过调整粉碎机下方的滚压轴及筛网来设置粗细颗粒和麦粉比例。

碎麦粒比例检查：大多数是靠人工方法，使用筛分盒或类似的筛选工具进行。在粉碎机运转时，从辊长边方向的底部取出多个样品。这些通过振动筛（网目为 1.98mm 和 0.212mm），取得麦壳、中颗粒和细粉的质量比。

三、粉碎设备

常用粉碎设备分为辊轴式和锤击式两种。

1. 辊轴式

辊轴式粉碎机（图 3-24）分为 4 辊和 6 辊，常用于麦芽威士忌，通常 4 辊粉碎机的生产能力为 1mm 辊轴长 2~6kg/h。操作前须调整辊轴间的距离以获得理想的粉碎度，麦芽经粉碎后存储在麦粉箱（grist case）。四辊轴粉碎机结构如图 3-25 所示。

谷粒通过辊轴式粉碎机时会被辊轴挤压。辊轴式粉碎机温和地让麦粒和麦壳分开通过，使麦壳免受破坏而成为糖化时良好的过滤床；特别适用于传统糖化槽和过滤槽的麦芽汁过滤。

四辊轴粉碎机运转时，麦芽由进料辊依序倒入装有弹簧的辊轴中，辊轴直径约 250mm，最大工作长度约 1500mm。主动辊通常转速为 250r/min。破碎麦芽时尽量不破坏麦壳。第一对辊的间距设定其指标为 1.3~1.9mm；应经常检查辊轴的磨耗状态并确保

▲ 图 3-24 辊轴式粉碎机外观
（摄于嵊州蒸馏厂）

两辊轴平行。有时两辊都装有驱动，但有些则是由谷粒和主动辊之间的摩擦力带动。两辊可以不同转速运转，以此创造剪刀力来有效粉碎麦粒。

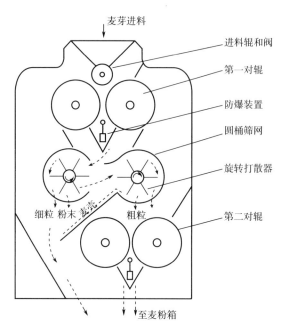

▲ 图 3-25　四辊轴粉碎机结构示意图

通过第一对辊的碎麦粒和麦壳会进入间距（0.3~1.0mm）更近的第二对辊。有些粉碎机的设计会让碎麦粒先通过一组打散器（Beater），将麦芽汁中的细粒和粗粒分离。让粗粒进入第二对辊做进一步粉碎。通过打散器的麦壳进入碎粒箱（Grist case）前大多省掉第二次粉碎，以减少被破坏的机会。通过调整打散器的筛网可控制进入第二对辊粗粒和细粒的比例，以精细调整最后碎麦粒的比例。

麦壳软化工艺：有的蒸馏厂会采取使用少量低压蒸汽快速喷洒麦芽的办法来降低麦壳的脆度，这样可以保证有更多完整的麦壳，同时也不会影响胚乳的淀粉碾磨。

尽管粉碎机都设有防爆装置，但是麦芽及谷物进入粉碎机之前一定要做好杂物的分选工作，如果一些碎石和金属物质进入粉碎机，很可能对设备造成破坏甚至有发生火灾、爆炸的危险。

2. 锤击式

锤击式粉碎机由于电动机的驱动作用使破碎机转子高速旋转，谷物进入破碎机后，立即受到高速旋转的锤片（锤子）的冲击而破碎，谷物经过破碎后借锤头的冲力高速向机壳内的衬板和箆条冲击而受到二次破碎。谷物颗粒小于箆条缝隙的便从缝隙中排出，颗粒较大的谷物则在破碎腔内继续受到锤片的击打直至符合破碎要求粒度规格，最后通过筛板的缝隙排出，这样可以保证粉碎后谷物的粉碎度，在谷粉中如果发现有完整颗粒，则说明粉碎机的筛网已经破损。谷物威士忌所有的谷物粉碎都是使用锤式粉碎机，为了达到精确控制谷物威士忌生产配方，粉碎机必须按照不同谷物的比例计算好每种谷物的数量。

由于锤击式粉碎机（图 3-26）容易破坏麦壳，粗细颗粒难以掌握，所以麦芽威士忌很少使用，常用于其他谷物威士忌的粉碎，原因是未发芽谷物需要粉碎得更细。

▲ 图 3-26　锤击式粉碎机外观
（摄于嵊州蒸馏厂）

第四节　糖化

一、糖化概述

威士忌的糖化是指利用麦芽中的淀粉酶、糖化酶将淀粉转化为糖的过程。

在糖化工艺中，将粉碎后的麦芽，同 63~64℃ 热水一起泵入糖化锅中（图 3-27）并搅拌成浓稠的浆液。然后进行过滤，洗糟，这个步骤通常要重复三次，以促进淀粉在水解酶的作用下转化为可发酵糖。经过过滤后的这种液体称为"麦芽汁（Wort）"。

苏格兰威士忌不允许添加酶制剂，酶主要来源于麦芽。谷物威士忌，85%~90% 都是用未发芽的谷物，如玉米或小麦，其淀粉颗粒被锁紧在细胞壁和蛋白质框架中，必须靠高温蒸煮才能将淀粉糊化。

▲ 图 3-27　糖化锅
（摄于嵊州蒸馏厂）

糖化工艺通常可分为两个步骤，一是将淀粉转化为糖；二是将麦芽汁进行分离，分离后的固体称为"糟粕"，可以作为饲料。

糖化虽然是将发芽大麦的淀粉转化成可发酵糖的工艺，整个操作看似简单，但这是形成威士忌风味的关键工艺，对最终威士忌的风味会产生重要的影响，也为设计威士忌的风格提供了一定的空间，需要精心掌控。

1988 年英国政府颁布的《苏格兰威士忌法》（*Scotch Whisky Act 1988*，图 3-28），对威士忌的定义就是从糖化开始的。现行的在 2009 年颁布的新的苏格兰威士忌条例（*The Scotch Whisky Regulations 2009*）对糖化有更明确的规定。"苏格兰威士忌"的定义和苏格兰威士忌的种类，规定苏格兰威士忌从制作到包装的原则为：必须在苏格兰蒸馏厂制作，用水及发芽大麦或其他全谷物为原料，使用天然内源酶糖化，添加酵母菌进行发酵，然后蒸馏和陈酿。

请注意以上的条文，都涵盖纯麦和谷物威士忌。

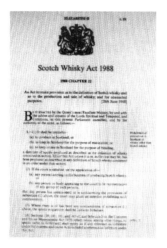

▲ 图 3-28　1988 年英国政府
颁布的《苏格兰威士忌法》

从以上的条文可以看到，苏格兰威士忌的糖化过程，必须在所属酒厂内完成，而且只能使用发芽大麦里的酶来进行糖化，即所说的"天然内源酶"，不能添加外源酶。这些条文也从一个角度说明糖化影响威士忌最终风味的重要性。

从英国法律对苏格兰威士忌的定义，可以看出对糖化这一个过程的重视，也可以知道，糖化对于苏格兰威士忌的风格具有关键的作用。

二、酶的作用

1. 酶的概念

大麦发芽时，由于蛋白质的水解，产生大量不同种类和数量的酶。其中的淀粉酶可以促进长链的淀粉分子分解成为可供发酵的糖分子。由于需要保存大部分的淀粉用于制造乙醇，所以必须在芽苗和根苗开始使用分解出来的糖分之前，通过烘烤，停止发芽过程。因此，发芽大麦里保存了绝大部分的淀粉和各种不同种类活性的酶。

酶是指具有生物催化功能的高分子物质。大多数的酶都是蛋白质，而且大部分是分子链很长的蛋白质，通过水解或者其他化学过程，分解成为较短分子链的蛋白质。在生物化学的变化过程中，酶起着催化的作用，使原来需要很长时间的化学变化大大地加速，而且往往是上百万倍的加速。酶具有高度的专一性，特定的酶只催化特定的反应。在酶的催化反应体系中，反应物分子被称为底物（Substrate），底物通过酶的催化转化为另一种分子，称为产物（Product）。几乎所有的细胞活动进程都需要酶的参与，以提高效率。由于酶是催化物，它并不参与化学反应，因此在过程中不会被消耗。图 3-29 是酶作用的简化示意图。

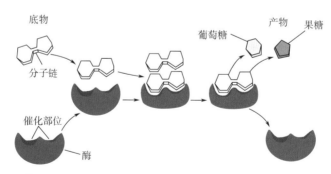

▲ 图 3-29　酶的作用示意图

淀粉是由许多葡萄糖分子经 α-1,4 或者 α-1,6 糖苷键连成的大分子物质，如图 3-30 所示。淀粉有直链淀粉和支链淀粉之分，直链淀粉为线状结构，它的葡萄糖分子之间都是以 α-1,4 糖苷键连接。支链淀粉分子为分支结构，分支点为 α-1,6 糖苷键连接。直链淀粉的分子末端有一个具有还原能力的游离羧基，称为还原性末端，另一端则称为非还原性末端。天然的直链淀粉的分子质量为 150000~600000u，相当于 300~400 个葡萄糖分子缩合而成，直链淀粉遇碘呈深蓝色。

支链淀粉具有许多分支状结构，形如树枝。分子质量比直链淀粉还要大，一般在 1000000~6000000u 以上，相当于 1300 个或者更多的葡萄糖残基组成，支链淀粉中存在两种糖苷键，除 α-1,4 糖苷键外，每隔 20~25 个葡萄糖单元就有一个以 α-1,6 糖苷键连接。支链淀粉分支部分的平均长度为 20~30 个葡萄糖分子，遇碘呈红紫色。由许多分支组成的支链淀粉的大分子也只有一个还原性末端。

一般农产品中的淀粉都是由直链和支链两种淀粉共同组成，其中支链淀粉约占 70%，直链淀粉为 30%。

将发芽大麦中的淀粉转化为糖类分为两个步骤。第一个步骤在糖化锅（Mash tun）里进行，转化其中 75%~80% 的淀粉，第二个步骤在发酵罐（Washback）中进行，转化剩余的 20%~25% 淀粉。

为了保证两个阶段的转化能够成功进行，有三种存在于发芽大麦中的酶是不可或缺的。

2. 酶的类型

在纯麦威士忌的糖化过程中，最重要的是三种不同的酶，提供三种不同的催化作用，使得复杂的长链淀粉完全地分解成可以发酵的简单糖分子。这三种酶是：α- 淀粉酶、β- 淀粉酶和极限糊精酶。

（1）α- 淀粉酶　可以将长链淀粉分子随机地"切割"为麦芽糖（两个葡萄糖单元）、麦芽三糖（三个葡萄糖单元）以及其他高于四个葡萄糖单元连接的糊精（Dextrins），另外也可以分解未糊化的淀粉颗粒，但是速度较为缓慢。这个过程大大降低相应化学反应所需的活化能，从而令这个分子链断开。简单来说，就是 α- 淀粉酶从中间把长链的淀粉分子"切断"成较短的分子。

（2）β- 淀粉酶　它的功能只会在末端"分解"淀粉分子链，使这个分子链断开成为由两个葡萄糖单糖分子组成的麦芽糖分子。在下一步工序发酵中，酵母可以使用单糖、两个甚至三个单糖分子组成的糖分子作为营养，产生乙醇。因此 β- 淀粉酶催化作用下产生的麦芽糖，属于可发酵糖。

（3）极限糊精酶　对于支链淀粉的开叉部分的分子链，无论 α- 淀粉酶或 β- 淀粉酶，都发挥不了作用。因此，在两种淀粉酶的作用下，除了产生可发酵糖之外，还会剩余相当数量的、不能用于发酵的支链多糖分子，称为极限糊精。极限糊精酶却恰恰可以将限制性糊精内这些开叉处的分子链断开，这个反应主要是在发酵期间发挥作用，分解 β- 淀粉酶分解淀粉后留下的极限糊精。

以上这 3 种酶共同作用，最终完全将淀粉糖化成可发酵糖（图 3-31）。

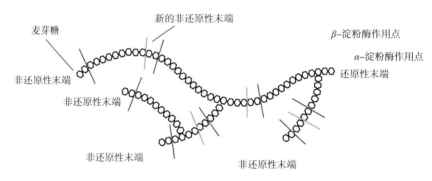

▲ 图 3-31　淀粉酶切割示意图

3. 威士忌酿造中酶的分解作用

酿造威士忌，特别是纯麦威士忌，是用批量浸泡的糖化方法，主要依靠两次热水浸泡，利用麦芽产生的淀粉酶和糊精酶，将长长的淀粉分子链截短，产生大量可发酵的糖，在酵母的作用下发酵成乙醇。

糖化过程开始，首先向研磨后的大麦原料中加入 64.5℃的热水。由于酶对于温度的反应十分敏感（α- 淀粉酶的最适温度要高于 β- 淀粉酶，但 β- 淀粉酶对酸性的抗性更强），64.5℃作为 α- 淀粉酶和 β- 淀粉酶都能保证一定活性的温度妥协点，也是进行糖化过程的最佳温度。伴随热水的加入，淀粉开始部分溶解，与酶直接接触，反应开始。

糖化锅最后得出的物质就是麦芽汁。α- 淀粉酶的功能在于将整个复杂的大分子切开，使其变为糊精、低聚糖、麦芽糖。β- 淀粉酶则负责将切开后的非还原性末端切下的苷（配糖体），产生麦芽糖与极限糊精。

两种酶充分作用的同时，淀粉就变成了各种各样的糖类，具体变成了什么糖，是由这个糖上有多少个葡萄糖决定。大麦芽的糖化过程中生成的糖主要是麦芽糖（二糖），还会有一部分的葡萄糖（单糖）和麦芽三糖。

大型发酵罐中糖化和发酵会同时进行。为了达到极限糊精酶的最适温度，从糖化锅中取出的麦芽汁会通过热交换器进行冷却，降温至16~20℃，然后再转入发酵罐中。3种酶会在此时一起工作，开始第二轮的转化，同时，会向发酵罐添加酵母，将转化完成的糖分发酵变成乙醇。整个发酵的过程虽然根据酒厂不同会有很大的差距，但是之前说到的二次转化的过程，一般会在发酵开始后的24h后结束（发酵开始后液体的酸性增强，抑制了酶的活性，当酶失去活性则不再产生新的糖）。

纯麦威士忌麦芽汁糖分构成比例见图3-32。

从表3-19可以看见，糖化后得到的麦芽汁中大约有13%的碳水化合物是不能发酵的，这些碳水化合物的主要成分是高分子糖和糊精，没有完全转化成为麦芽四糖或以下的低糖，不能直接为酵母所用，但同时麦芽汁内淀粉酶与糊精酶的活性仍然得以保持。因此，在下一个发酵阶段，复杂的糖和短链淀粉，即糊精，能够继续转化成简单的糖。从糖化的第一道水和第二道水得来的麦芽汁，温度较高，需要经过热交换器降至适当的温度，才能入发酵罐，然后加入酵母，进行发酵。

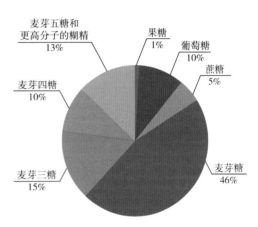

▲ 图3-32　纯麦威士忌麦芽汁糖分构成比例

表3-19　纯麦威士忌发酵中麦芽汁糖分构成

	糖类	占总碳水化合物的比例
单糖类	果糖	1%
	葡萄糖	10%
二糖类	蔗糖	5%
	麦芽糖	46%
三糖类和四糖类	麦芽三糖	15%
	麦芽四糖	10%
不可发酵的碳水化合物	麦芽五糖和更高分子的糊精	13%

酵母只能将单糖、二糖、三糖，甚至四糖转化成乙醇，面对五糖与更高的分子，就束手无策了。糖的基础结构，是由6个碳原子、12个氢原子和6个氧原子组成，化学式是$C_6H_{12}O_6$。但是分子内的碳和氧原子可以有不同的排列方法，产生不同的物理化学特征，包括不同甜度的不同的"糖"。麦芽汁中主要有两种单糖：果糖与葡萄糖；两种双糖：蔗糖与麦芽糖（图3-33）。

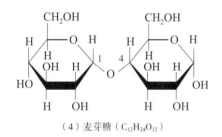

（1）果糖（$C_6H_{12}O_6$）

（2）葡萄糖（$C_6H_{12}O_6$）

（3）蔗糖（$C_{12}H_{24}O_{12}$）

（4）麦芽糖（$C_{12}H_{24}O_{12}$）

▲ 图 3-33　部分糖的分子结构

当 4 个碳原子与 1 个氧原子组成一个五角形的环状时，称为"果糖"。当 5 个碳原子和 1 个氧原子组成一个六角形环状时，称为"葡萄糖"。一个果糖与一个葡萄糖分子结合在一起产生的双糖，称为"蔗糖"。2 个葡萄糖分子结合在一起产生的双糖，称为"麦芽糖"。

麦芽五糖及以上的大分子物质都不能被酵母所用，统称为"糊精"。极限糊精酶不能在糖化过程的高温度环境下发挥作用，温度相对更低的发酵罐才是它的主要战场。它会分解 β- 淀粉酶分解淀粉后留下的极限糊精，将其变成简单的结构，再由前面提到的两种淀粉酶进一步分解糖化，在发酵罐内糖化和发酵会同时进行。

三、糖化对新酒风味的影响

麦芽的品质对于威士忌糖化起着一定的影响作用，若选用的麦芽蛋白质含量较高时，相对应的其淀粉含量就会偏低，因此糖化结束后能萃取的糖分就会较少，相对密度也会偏低，后续发酵和蒸馏时产生泡沫也会较多；若淀粉含量高，蛋白质含量则相对较低，糖化后得到的麦芽汁相对密度也会相对较高。

不同类型麦芽（泥煤麦芽、特种麦芽等）本身的风味会在糖化过程中萃取进入麦芽汁，并一直保留到后面随之影响新酒的风味，如吡嗪、酚类物质等，会赋予新酒一些坚果、烟熏泥煤的风味。

料水比、洗糟次数、洗糟水温度都会影响糖的成分，进而影响最终麦芽汁的相对密度。若料水比越高，即水越多，最终相对密度会降低。反之则相对密度会偏高。麦芽汁相对密度较高会影响发酵过程中酯类物质的生成，它会赋予新酒一些花香、果香、皂味、溶剂味等风味。相对密度越高，酯类化合物含量相对越高，反之则较低。

糖化时萃取的脂肪多少也会影响新酒的风味：其分解产物是重要的风味化合物。此外在发酵过程中脂肪会影响其他同系物的浓度。

麦芽汁脂肪会分解产生一系列风味物质，如 1- 辛烯 -3- 醇、2- 壬醛、2，6- 壬二烯醛、2，4- 壬二烯醛、2，4- 癸二烯醛等，分别有着蘑菇、油脂、花香、黄瓜等风味。另外不饱和脂肪酸含量越高，则会抑制后续发酵过程中酯类物质的生成，同样还会抑制酶的活性。不饱和脂肪酸含量越高，麦芽汁中的固体颗粒物越多，麦芽汁越浑浊，其坚果、谷物的风味较强；反之则麦芽汁为澄清状态，花香、果香、皂味较强。

生产中我们通过使用修饰更好的麦芽、更细的研磨、更高的洗糟温度、更薄的槽床、更快的过滤去提高麦芽汁中的脂肪含量。不同酒厂根据自己的需求去决定麦芽汁的澄清度，从而确定未来的新酒风味走向。

四、糖化工艺

1. 麦芽威士忌

（1）糖化进料　糖化进料所使用的设备是混浆器。碎麦芽从碎粒箱中进入混浆器与从热水管进入的糖化热水混合。当碎麦芽和热水接触时，会被混浆器中的螺旋板搅拌并被打散杆混合均匀后推向搅拌机开口末端。入料温度和麦芽浆的最终温度非常重要，将决定糖化步骤是否能正确运行。

以前是用人工添加冷水来控制入料温度（通常是 68~70℃）以达到要求的糖化进料温度（通常是 63.5~64℃），可由混浆末端温度计进行测量。现代化的蒸馏厂多数设有信息回馈系统做自动调整。有些蒸馏厂为了节省冷水而直接用热交换器控制糖化热水水温以达到正确的入料温度。维持进料温度为 63.5~64℃相当重要。温度超过 65℃会使麦芽中重要的酶快速失效，造成淀粉和糊精水解不良，导致发酵不完全。糖化热水温度可以根据碎麦粒入料量和糖化槽大小调整。进料时不要搅拌，在快结束时才开始搅拌，因为搅拌太快细粒会堵塞糖化槽底板滤槽，造成后续麦芽汁过滤问题。进料结束后，操作人员要记录麦芽浆的最终温度和液面高度。

糖化完成后加速搅拌以制成麦床，最后进行 10min 左右的沉降，再谨慎地打开糖化槽底部阀门，让部分麦芽汁靠重力流入平衡罐直到两边麦芽汁液面等高。平衡罐会维持糖化槽的液体压力，在用泵抽取麦芽汁时注意保护假底。平衡罐麦芽汁高度一般会反映糖化槽中麦芽汁高度，如果两者差距大就说明麦芽汁分离时出现了问题。

当麦芽汁过滤开始后，对麦芽浆进行慢速搅拌。刚开始时，麦芽浆随着耙刀温和地流动，但随着麦芽浆不断沉积于假底，流动逐渐趋缓直至停止。耙刀会平稳地切过麦床，慢慢地挤压出麦芽汁。当麦床露出表面时，通过喷淋开始均匀地添加第二次热水。

（2）第一道水　糖化的主要目的是最大程度地提取发芽大麦里的可发酵糖分。纯麦威士忌酒厂都使用批量浸泡糖化方法（Batch infusion mashing）。将碎麦芽加进糖化槽里，同时将第一道水一起加进去。碎麦芽不可以直接倒入糖化槽内再添加第一道水，这样不仅搅拌费事，而且还会造成不均匀，因此必须借由搅拌器与第一道热水搅拌均匀后，再输入糖化槽内。

传统的顶部开放式糖化槽见图 3-34。

在碎麦芽进入糖化槽中之前，要首先在空罐内

▲ 图 3-34　传统的顶部开放式糖化槽

[摄于爱尔兰尊美醇（Jameson）蒸馏厂，

图片来源：www.Irish Whiskry360.com]

加入热水,数量为没过过滤筛板即可,这个工艺称为"糖化槽内铺水"(Underletting)。目的是预热底板和让麦芽醪浮在底板上,减少悬浮颗粒通过底板。槽底注水和碎麦芽与水混合的热水是来自上一批糖化的第三、四道获得的"弱麦芽汁"热水。

一些酒厂仍然采用传统的铸铁糖化锅,如苏格兰高地汀斯顿(Deanston)酒厂。进行这个操作时,需要小心控制加水的量和水温,碎麦芽与热水按照1∶4的比例在糖化槽中混合,糖化醪再用转动耙混合均匀,形成一锅浓稠的粥,要把水和碎麦芽充分搅拌混合。少部分蒸馏厂已更改为涡流式混合器(Vortex mixer),它们是碎麦芽从上方料斗进料,同一时间热水从侧面管路流进,让碎麦芽与热水以固定速度充分混合成糊状,再入糖化槽。涡流式混合器用喷射方式将糊状混合液注入糖化锅呈漩涡状。以上操作需要20~30min。最终最佳温度是64℃。各个酒厂因为条件不同,如使用的大麦品种、酒厂的设备情况和当时的室内气温、加水量、目标温度不同,各项参数会略有调整。

充分搅拌后的麦芽汁,pH 在5.0~5.5,正是 *α*- 淀粉酶和 *β*- 淀粉酶都能够维持相当活跃程度的适合 pH,苏格兰的纯麦威士忌酒厂中,有11家采用含钙和镁较高,硬度也较高的硬水酿酒。这种水质在糖化工序中,由于会使大麦芽汁的 pH 略高,因此使糖化的过程有明显区别,尤其再配合下一道发酵工艺,产生的风味物质的图谱便有了很大的差异,形成更多类似花香的风味物质。

所有的麦芽汁都加入糖化槽之后,需要快速搅拌,让完整的麦壳均匀地铺在底部形成过滤层,可以有效地协助麦芽汁过滤。麦芽醪床形成后,静置约1h,在这段时间内,两种淀粉酶和限制性糊精酶有充分时间把淀粉转化成各种可发酵的糖和一部分糊精,然后第一道含糖的麦芽汁从麦芽过滤醪床的底部排出。

第一道含糖的麦芽汁收集在麦芽汁平衡罐(Underback)中,然后经热交换器冷却到22℃左右,进入发酵罐。

传统糖化槽的麦芽过滤醪床1.0~1.5m深,因重力因素,麦芽醪颗粒间孔隙较小,可以发挥较好的过滤效果,过滤后的麦芽汁会相当清澈。但是由于孔隙较小,麦芽汁流速较慢,且采用批次方式注水,每一次注水后必须重新搅拌形成麦芽过滤醪床来进行过滤,因此效率较低,每批次的糖化时间约需要6h。排水的时间比停歇时间长得多。在这一道水完全排出后,糖化槽内的粗粉糊几乎全干后,才会加进下一道水,这就是所谓的"批量浸泡糖化方法"。

传统的糖化槽所得第一次的麦芽汁相对密度为1.040~1.050,修改后的糖化槽所得麦芽汁的相对密度可达1.055~1.060,但仍比不上半过滤槽的1.065~1.070。相对密度越大,代表麦芽汁所含的发酵糖的浓度越高,后续产生的乙醇量越多。不过坚持使用传统的糖化槽的酒厂认为其特殊风格才是重点。

糖化过滤后的麦芽醪床[全过滤槽(Lauter tun)]见图3-35。

▲ 图3-35 糖化过滤后的麦芽醪床 [全过滤槽
(Lauter tun)]
(图片来源:爱尔兰大北方酒厂)

（3）第二道水　第一道水流出后，露出糖化醪顶部，糖化罐中的麦粒再用 70~75℃ 的热水进行第二次浸出，水量大概是原来粗粉质量的两倍，传统上是从开始糖化进料的搅拌器流入，若有热水喷淋系统则从顶部洒入。为了让热水与麦芽醪充分混合，必须搅拌重新形成麦芽醪，同时溶解剩余的糖。这一个步骤，温度已经超出两种淀粉酶 62~65℃ 的最佳工作温度范围，但是仍然能保存淀粉酶的活性。较高的温度，有利于溶化已经转化的糖。同样方法排出相对密度为 1.030 左右的第二次的麦芽汁，也进入发酵罐与第一次麦芽汁混合。

（4）第三道水　再重复以更高温度浸出第三次或第四次麦芽汁，第三次水的温度会提高到 80℃，水量又会恢复到四倍。有一部分酒厂会使用第四道水，进一步把所有剩余的糖溶化，一般水量是两倍，温度会达到 85~90℃。第三道和第四道水都不会用于发酵，而是混合在一起循环回到热水罐，用作下一批糖化的第一道水。

第三道和第四道水通常会从糖化槽/平衡罐沿着麦芽汁管路以高温回到洗糟水罐。洗糟水多半控制在相对高温（大于 70℃），以避免污染和麦芽汁劣化。回收入罐的洗糟水及温度接近最后糖化温度（接近 90℃），因此再次进入糖化槽前需要先降温。可在洗糟水罐中加入冷水降温，还有另一个更有效率的做法：在回到洗糟水罐前先用热交换板降温，此法可更好地控制温度，减少添加水量，从而让蒸馏厂可用高相对密度麦芽汁运作。从洗糟水获得的热能也可转移到其他工艺上使用。

第一道和第二道麦芽汁，会进入下一步的发酵工序。值得一提的是，由于威士忌酒厂的麦芽汁，不像啤酒厂要经过煮沸，因此麦芽汁内的淀粉酶和极限糊精酶仍然活跃，在发酵时，尤其是发酵初期 6h 的"迟滞期"，糖化过程仍然会继续进行，特别是极限糊精酶让极限糊精进一步分解，再由淀粉酶继续糖化。

▲ 图 3-36　糖化麦芽汁

（5）麦芽汁（图 3-36）的主要成分　混合发酵罐中的第一道和第二道麦芽汁的成分为：

pH 约为 5.5。

相对密度为 1.045~1.065。

氨基态氮 150~180mg/L。

糖的组成如下：六碳糖类 10%，蔗糖 5%，麦芽糖 45%，麦芽三糖 15%，高于麦芽三糖的大分子糖 25%。

（6）糟粕　残余的麦粒称为糟粕（Spent grains 或 Draff），用人工或者从底部的麦粒排除孔移出，可以作为饲料（Dark grains）。

2. 谷物威士忌

苏格兰谷物威士忌不允许添加酶制剂，所以需要使用 15%~20% 的干麦芽或绿麦芽，这是酶的主要来源，因此要求麦芽必须含有较高的酶活性，特别是 α- 淀粉酶和 β- 淀粉酶，其他谷物原料主要是玉米、小麦等。麦芽使用前必须先粉碎，用温水调成糊状，于 40℃ 静置 20~30min，再与高温蒸煮后的谷物醪混合。

谷物先经过筛选除去杂物，粉碎后进行蒸煮，高温高压使谷物完全糊化，蒸煮不充分有时醪中会有残留的淀粉，过热也会形成焦糖化（Caramellzation），造成糖的损失，降低乙醇产量。混合了麦芽汁和谷物醪后，其糖化的工艺与麦芽相同，通常也在糖化锅内进行，但有可能是在不含固液态分离装置的糖化锅或者是在连续式输送管内进行。如果是糖化锅，则温度维持在62~65℃，大约30min完成转化。良好的搅拌非常重要，如果不搅拌可能导致醪的固化，但若是在连续式输送管内，由于温度较高并且酶与淀粉接触较为紧密，大约20min便能完成转化。其他条件同麦芽相似，例如必须维持pH为5.0~5.5，不同之处是固液态分离方法。由于麦芽威士忌的过滤方式复杂耗时，不符合谷物威士忌的规模化生产，因此不经过滤，直接将谷物糖化醪经冷却后输送到发酵罐，所以发酵开始的相对密度往往高达1.085。未经过滤的谷物糖化醪省去了固液态分离的麻烦，但是无法避免在连续蒸馏器的蒸馏板上留下谷物杂质，出现蒸馏效率和清洁问题。有的酒厂为了解决这个问题已经考虑将麦芽汁过滤后发酵，然而这样做会过滤掉部分糖分，使出酒率降低，同时也会失掉一些蛋白质从而影响酵母的生长和繁殖。

3. 影响糖化的因素

（1）温度　最佳为65℃，太低影响酶的活性，高于70℃酶活性会丧失。

（2）pH　最佳为5.5，过低酶的活性丧失，较高将降低酶活性，但是高于7.0仍然可继续使用。

（3）水分　每千克谷物溶解于2.5~3.5L的水，浓度低酶对温度较为敏感，否则对温度不敏感。

（4）时间　30min，低于30min分解不完全，高于30min也无法转化更多的糖。

五、糖化设备

1. 传统糖化槽

传统糖化槽是使用木头和铸铁两种材料制作的圆柱形罐，上面是开放式带有可以旋转的搅拌耙，个别老的酒厂没有这种机械设备，纯粹依靠人工，包括出渣操作。

20世纪70年代，苏格兰蒸馏厂都在使用传统的被称为"犁耙式"或"齿轮型耙式"的糖化槽。这样的糖化槽有一个旋转臂，配有几个可以上下旋转的耙子，用于搅拌和翻动糖化麦芽汁，也便于排水。

糖化槽底部上方有可以拆装的金属过滤板（False plate），过滤板有上窄下宽楔的开孔。常见的糖化槽大小是直径4~5m，6~8h一个循环，糖化5~12t的麦芽，滤床深0.5~0.6m。近几年来传统糖化槽也加上了铜的或不锈钢顶盖，以避免异物进入及避免热量损失过快，同时也安装了热水喷淋系统。

传统糖化槽的主要缺点是糖化过程慢且无效率，麦芽汁过滤因经常需要重添加热水、搅拌和重做麦床而被迫打断。传统糖化槽适应于生产较低相对密度的麦芽汁。

2. 现代全过滤槽和半过滤槽

在 20 世纪 70 年代的威士忌扩张期，许多蒸馏厂使用德国酿酒设备厂家发明的半过滤糖化槽。这些糖化槽中，在中心竖立旋转杆，杆的顶端往两侧延伸并且安装了多只"耙刀臂"，通过耙刀臂可以上下调整耙刀，以维持麦芽汁滤出速度（图 3-37）。一些更先进的过滤槽还装有顺转和逆转齿轮，可以增加耙刀压力，如遇到严重的麦芽汁阻塞问题也可以抬起麦床。现代全过滤槽和半过滤槽可以灵活调整糖化麦芽汁的数量，有效萃取高相对密度麦芽汁，从而大大提高了糖化效率。

▲ 图 3-37　苏格兰欧肯特轩（Auchentoshan）蒸馏厂糖化过滤槽
［图片来源：苏格兰威士忌协会（SWA）］

为什么叫半过滤槽？威士忌与啤酒酿造存在许多相似之处。在啤酒厂，糖化是在糖化槽中进行，然后转入麦芽汁过滤罐中进行固体和液体的分离，而威士忌的糖化和分离都在糖化槽里进行，而且糖化是分段进行，加进三次或者四次温度渐次提高的水，每次加水休停足够时间后，以糟粕作为过滤层，把麦芽汁排至全干。由于在一个糖化槽内同时采用批量浸泡糖化方法和过滤分离方法，以示区分，也称为"在全过滤糖化槽内进行传统式糖化作用"，所以糖化槽的功能一半是糖化，另一半则是过滤，称为"半过滤槽"。

目前蒸馏厂使用最多的是半过滤槽。实际上半过滤槽比传统过滤槽的直径更大，并且能有效地完成传统糖化槽和过滤槽系统的任务。现代过滤槽或半过滤槽与传统过滤槽的主要差异在于过滤槽被设计为快速过滤麦芽汁，速度比传统过滤槽更快。现代全过滤槽或半过滤槽的麦床深度较浅，而传统糖化槽的麦床深度较高。不同于旧式的爪耙，现在全过滤槽或半过滤槽配有多组带角度的耙刀片（鲨鱼鳍），可以对麦床施加轻微压力，有利于麦芽汁的排出。

使用现代全过滤槽和半过滤槽，出酒率平均比传统糖化槽提高 1%。别小看 1%，经年累月，这 1% 的经济效益不容忽视。加上半糖化槽排水时间远远低于传统糖化槽，因此，许多蒸馏酒厂当需要更换糖化槽时，会换上现代全过滤槽或半过滤槽（图 3-38）。

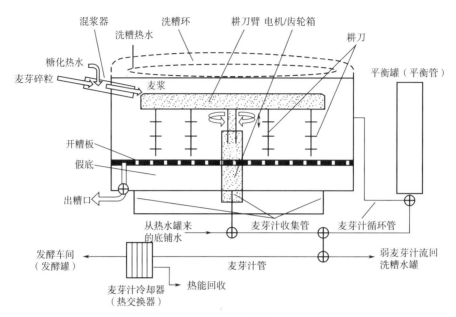

混浆器　洗糟环　耕刀臂 电机/齿轮箱 耕刀

洗糟热水

糖化热水

麦芽碎粒

麦浆

平衡罐（平衡管）

开糟板

假底

出糟口

从热水罐来的底铺水

麦芽汁收集管　麦芽汁循环管

发酵车间（发酵罐）

麦芽汁管

弱麦芽汁流回洗糟水罐

麦芽汁冷却器（热交换器）

热能回收

▲ 图 3-38　现代全过滤槽和半过滤式糖化槽示意图[21]

现代化大型糖化槽如图 3-39 所示。

▲ 图 3-39　现代化大型糖化槽

（摄于嵊州蒸馏厂）

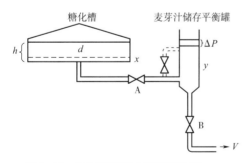

▲ 图 3-40　糖化槽麦芽汁过滤原理图[14]

3. 糖化槽麦芽汁过滤原理

糖化槽麦芽汁过滤原理如图 3-40 所示，其中影响麦芽汁过滤速度的因素可用式 3-1 所示。

$$V = K\frac{\Delta P(d^2)}{nh} \tag{3-1}$$

式中　V——单位时间麦芽汁排滤量

　　　K——常数

　　ΔP——通过滤床的压差

　　　d——醪颗粒的大小

　　　n——麦芽汁的黏度

　　　h——醪床的深度

　　麦芽汁排滤的速度与醪床的深度成反比,与滤床的压差和颗粒的大小成正比。x 和 y 的压差 ΔP 可以在控制盘上显示,首先打开 A 阀使两边的高度相同,麦芽汁在最小的压差下由 B 阀流出。

六、糖化操作实例

1. 传统糖化槽

传统糖化槽操作实例见表 3-20。

表 3-20　传统糖化槽操作实例

糖化设备	直径 6.1m 传统糖化槽			
麦芽用量	9500kg			
发酵麦芽汁收集量	46000kg,相对密度 1.060			
糖化用水	数量 /L	温度 /℃	每千克麦芽用水量 /L	时间 /min
第一次水	32500	63	3.4	进料 30 静置 45 排滤 90
第二次水	20500	76	2.2	进水 15 静置 30 排滤 90
第三次水	15000	88	1.6	进水 10 排滤 20 喷洗 60
第四次水	15000	95	1.6	槽粕移出和冲洗 60 总时间 7.5h

2. 半过滤糖化槽

半过滤糖化槽操作实例见表 3-21。

表 3-21　半过滤糖化槽操作实例

糖化设备	直径 6.1m 全过滤糖化槽			
麦芽用量	4750kg			
发酵麦芽汁收集量	23000kg, 相对密度 1.060			
糖化用水	数量 /L	温度 /℃	每千克麦芽用水量 /L	时间 /min
第一次水	19500	63	4.1	进料 15 静置 15 排滤 60
第二次水	7000	80	1.5	喷洗 60 喷洗 90
第三次水	16000	98	3.4	糟粕移出和冲洗 30 总时间 4.5h

七、糖化条件的试验 [①]

（一）试验一：糖化温度的选择

在威士忌的生产工艺中，糖化操作和酒的产量、质量都有密切的关系。如何使麦芽中更多的淀粉变为可发酵性糖，进而生产出较多符合质量要求的原酒，是我们选择最适糖化条件的目标。

以麦芽为糖化剂，糖化温度一般认为 55℃较好，但从灭菌的观点以及提高原料中不溶性淀粉的糊化率出发，适当提高糖化温度也是必要的。在糖化后期，由于糖化液中含糖量的增加对淀粉酶产生一定的保护作用，所以主张把糖化温度提高到 60~63℃。如糖化温度过高，一部分淀粉酶在高温下被破坏，因此生成糖的数量降低，而所余的 α- 淀粉酶则只能生成糊精及发酵性较差的糖类，因而糖化温度过高不利于糖化作用在发酵过程中继续进行。在扩大试验中我们重点试验了糖化温度的研究。

1. 糖化温度对酶活性的影响

试验方法：在糖化的实际操作中根据不同糖化温度分别取样测定。方法为：取清洁试管 10 支为一组，分别加入 2% 的可溶性淀粉 10mL，在每支试管中分别加入不同糖化温度的糖化液 0.1、0.2、0.3、0.4、0.5、0.6、0.7、0.8、0.9 及 1.0mL，另备一支为空白对照。将上述试管在 60℃ 水浴中保温 1h。迅速冷却，每个试管滴入 1% 碘液 2~3 滴，摇匀观察其颜色反应。假如加入 0.1mL 糖化液即可使碘液不显色，作为剩余酶活性为 100% 则加 0.2mL 糖化液方能使碘液不显色的试样其剩余酶活性为 90%，依次类推。

不同糖化温度糖化液中的相对剩余酶活性测定结果如表 3-22 所示。

---

① 资料来源："优质威士忌酒的研究"青岛小组，1973—1977 年。

从表 3-22 可以看出：

（1）63℃糖化 2h 的糖化液只加 0.1mL，可使碘液显紫红色，加 0.2mL 即不显色，说明其相对剩余酶活性尚保存 95% 左右。

（2）升温至 69℃糖化 1h，需加 0.8mL 糖化液方能使碘液显紫红色，说明其相对剩余酶活性尚保存 25% 左右。

（3）由 69℃升至 80℃只有加 0.9mL 糖化液的试样显紫红色，说明其相对剩余酶活性仅残存 15% 左右。

（4）在 80℃保温的糖化液，试样全显蓝色，说明糖化液中的淀粉酶已全部钝化。

表 3-22　不同糖化温度糖化液中的相对剩余酶活性测定结果

糖化液加量 糖化条件	空白	0.1	0.2	0.3	0.4	0.5	0.6	0.7	0.8	0.9	1.0
63℃保温 2h	蓝色	紫红色	不显色	不显色	不显色	不显色	不显色	不显色	不显色	不显色	不显色
69℃保温 1h	蓝色	蓝色	蓝色	蓝色	蓝色	蓝色	蓝色	蓝色	紫红色	不显色	不显色
由 69℃升至 80℃（15~20h）	蓝色	蓝色	蓝色	蓝色	蓝色	蓝色	蓝色	蓝色	蓝色	紫红色	不显色
80℃保温 3h	蓝色	蓝色	蓝色	蓝色	蓝色	蓝色	蓝色	蓝色	蓝色	蓝色	蓝色

2. 低温浸出糖化试验

根据以上测定结果，可以看出糖化升温至 69℃保温，已有相当多的淀粉酶失活，因此又进行了低温浸出糖化试验。

糖化条件：糖化时原料加水比为 1：3，在不断搅拌的条件下，于 45℃浸渍 30min，升温至 50℃糖化 30min，然后升温至 63℃糖化至终点。

试验结束后，低温浸出糖化醪与发酵醪的分析结果见表 3-23、表 3-24。

表 3-23　低温浸出糖化醪的分析结果

试号	试次	试验内容	还原糖	总糖	糖化率/%	酸度	pH
15	6 次平均	对照试验	6.90	10.70	64.4	3.76	4.2
20	3 次平均	低温浸出糖化	7.62	11.66	65.3	3.76	4.2

注：①对照试验升温到 69℃以上保温。

　　②还原糖、总糖以 g/100mL 计，表 3-24 同。

　　③酸度为 10mL 试样消耗 0.1mol/L NaOH 毫升数。

表 3-24 低温浸出发酵醪的分析结果

试号	试次	酒精度/%vol	残糖		酸度	pH	备注
			总糖	还原糖			
15	6 次平均	5.3	1.19	0.38	4.3	3.9	其中一次发酵酸败, 酸度
20	3 次平均	6.0	1.04	0.37	7.2	3.6	升高至 10.5

3. 新酒产量及原料出酒率

低温浸出糖化法出酒率情况如表 3-25 所示。

表 3-25 低温浸出糖化与对照试验出酒率的比较

试号	试验内容	原料类别	酒头折 60%vol/L	中馏酒折 60%vol/L	尾酒折 60%vol/L	出酒率
15	对照	啤酒麦芽	47.8	375	268.5	37.02
20	低温糖化	啤酒麦芽	24.8	289	76.5	43.6

注: 出酒率为 100kg 大麦芽折 60%vol 乙醇的量（L）。

4. 中馏酒的分析与品评结果

对中馏酒进行的分析与品评, 结果见表 3-26。

表 3-26 中馏酒的分析与品评　　　　　单位: g/L（50%vol 乙醇）

试号　　实验内容　　分析项目	15	20	评语摘要	
	对照试验	低温浸出糖化	15	20
酒精度 /%vol	66.2	66.3		
总酸（以乙酸计）	0.04655	0.04645		
挥发酸（以乙酸计）	0.0401	—		
总酯（以乙酸乙酯计）	0.1304	0.324		
总醛（以乙醛计）	0.03345	0.03340		
糠醛	0.00905	0.01695	无色, 失光。具有显明的麦芽香气, 香味突出, 较醇和带甜感, 但不够爽口	近无色, 浑, 麦芽香气明显纯正, 味浓带甜但不爽口
甲醇	0.0870	0.1075		
高级醇	2.075	1.995		
异戊醇（A）	1.435	1.395		
异丁醇（B）	0.5285	0.377		
A/B 比值	2.71	3.70		
氧化还原电位	1.82	2.24		
pH	6.2	5.45		

5. 分析与讨论

以上分析结果表明,降低糖化温度以后与对照试验相比,糖化率有所提高;发酵醪中的含酒量增加,残糖减少,原料出酒率较对照试验提高6.58%。

在产品质量方面,成品分析和品评结果与对照样品相比无明显差别,但降低糖化温度以后对保持麦芽香气比较有利。

根据以上试验结果认为:在保证麦芽质量的情况下,生产麦芽威士忌宜采用低温浸出糖化。

(二)试验二: 加麸曲糖化试验

在酿酒中利用曲作为糖化剂,是我国酿酒行业使用的传统方法,经过不断改进提高沿用至今,在我国的现代酿酒工业中(特别是白酒)早已取代了麦芽为糖化剂。据报道,利用麸曲为糖化剂所制成的乙醇产量,要比利用良好的干麦芽为糖化剂所酿成的乙醇产量平均高出12%。但在威士忌的酿造中,尚未见有用曲为糖化剂的报道。

为研究独特的糖化工艺并且达到优质高产的目的,在试制麦芽威士忌中曾进行了补加少量麸曲,以增强后糖化作用的试验。

1. 试验方法

以啤酒麦芽为原料,加水比为1∶4.5,50℃糖化30min,63℃糖化1h,升温至69℃糖化15h,冷却至62℃,按碎麦芽用量的3%加麸曲糖化45h,然后过滤、洗糟、定容,调pH至4~4.5,冷却至25~27℃接种酵母进行发酵。

2. 试验结果

(1)糖化醪的分析　加麸曲糖化试验所得糖化醪的分析结果见表3-27。

表3-27　加麸曲试验糖化醪的分析结果

试号	试次	试验内容	还原糖	总糖	糖化率%	酸度	pH	备注
52	6	对照	6.62	10.43	63.4	3.0	4.3	平均值
53(1)	6	加麸曲3%	7.18	10.51	68.3	3.4	4.1	平均值
53(2)	3	加麸曲3%	7.11	10.41	68.3	3.5	4.2	平均值

(2)发酵醪的分析　加麸曲糖化试验所得发酵醪的分析结果见表3-28。

表 3-28 加麸曲试验发酵醪的分析结果

| 试号 | 试次 | 酒精度/%vol | 残糖 | | 酸度 | pH |
			总糖	还原糖		
52	6	5.6	0.79	0.26	6.0	3.2
53（1）	6	6.1	0.54	0.23	5.5	3.4
53（2）	6	6.0	0.65	0.27	6.3	3.5

注：①还原糖、总糖以 g/100mL 计。

②酸度为 100mL 试样消耗 0.1mol/L NaOH 毫升数。

（3）原酒产量及出酒率　加麸曲后糖化试验出酒率情况见表 3-29。

表 3-29　加麸曲后糖化试验出酒率的比较

试号	试验内容	酒头酒尾合计 60%vol/L	蒸馏酒心 60%vol/L	出酒率
52	对照	109.2	557.2	44.16
53（1）	加麸曲 3%	107.5	572.8	52.01
53（2）	加麸曲 3%	186.7	201	53.45

注：出酒率为 100kg 大麦芽折 60%vol 乙醇的量（L）。

（4）蒸馏酒的分析与品评结果　对加麸曲后所得酒进行分析与感官评价结果见表 3-30。

表 3-30　加麸曲试验中馏酒的常规化学分析结果　　　　单位：g/L（50%vol 乙醇）

分析项目 \ 试号	52	53（1）	53（2）
酒精度 /%vol	67.0	66.2	66.2
总酸（以乙酸计）	0.0039	0.0044	0.0045
总酯（以乙酸乙酯计）	0.444	0.234	0.338
总醛（以乙醛计）	0.014	0.015	0.013
甲醇	0.0208	0.0174	0.0126
高级醇	2.83	2.34	1.59
异戊醇（A）	1.42	1.13	0.683
异丁醇（B）	0.746	0.679	0.304
A/B 比值	1.90	1.66	2.24
氧化还原电位	2.58	2.62	2.8
pH	5.0	4.9	4.58
感官鉴定评语摘要	浑，具麦芽香及烟熏香，酒香较好，醇和微苦	浑，具麦芽香及烟熏香，酒香纯正，醇和带甜，略淡	失光，具麦芽香及烟熏香，酒香较好，味浓有甜感

（5）气相色谱分析结果　对加麸曲得中馏酒进行气相色谱分析结果见表3-31。

表 3-31　加麸曲试验中馏酒的气相色谱分析结果　　　　　　　　　单位：g/L

试号 分析项目	52	53（1）	53（2）
乙醛	0.0375	0.032	0.0328
甲醇	0.041	0.0525	0.063
乙酸乙酯	—	—	痕量
正丙醇	0.040	0.324	0.251
异丁醇	0.94	0.577	0.28
异戊醇	1.84	1.50	1.05
己酸乙酯	0.013	0.011	0.014
辛酸乙酯	0.035	0.025	0.036
癸酸乙酯	0.066	0.060	0.084
月桂酸乙酯	0.040	0.027	0.036
肉豆蔻酸乙酯	0.031	0.019	0.017
棕榈酸乙酯	0.28	0.168	0.145

注：痕量：0.1mg/100mL 以下，余同。

3. 分析与讨论

试验用麸曲系由青岛酒精厂提供，产酒量对比，分别多产 60%vol 原酒 7.85%~9.29%。由此可见，加麸曲糖化对于提高原料利用率是有利的。在产品质量方面，成分分析及感官鉴定均未见不良效果。

从糖化醪发酵的分析数据来看，加麸曲试验的批次酸度略有增高，为其缺陷，但从试验的全过程分析，增酸并不完全是因加麸曲所导致。随着制曲技术的提高（液体曲）和使用方法的改进（浸出法），我们认为存在的缺陷是可以克服。图 3-41 中为 20 世纪 70 年代后期"优质威士忌的研究"项目使用过的糖化槽和过滤槽。

▲ 图 3-41　20 世纪 70 年代后期，"优质威士忌的研究"项目使用的糖化槽和过滤槽
（摄影：孙方勋）

第五节　发酵

一、发酵原理

1. 糖的代谢

威士忌发酵是指将酵母加入冷却后的麦芽汁中,将糖转化为乙醇及形成风味成分的过程。

麦芽发酵前首先要考虑糖化液中可发酵糖的数量,其次考虑乙醇和风味物质的产生,再次考虑代谢物的胞外分泌,这些成分会影响发酵后威士忌的风味和质量。

麦芽汁发酵过程中酿酒酵母的主要代谢途径是消耗碳水化合物形成乙醇。一般来说,酒精发酵是在厌氧条件下产生能量的过程,葡萄糖被代谢成乙醇和 CO_2(图 3-42)。

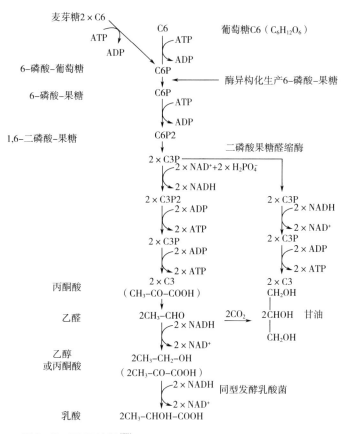

▲ 图 3-42　EMP 途径[23]

糖类是酵母的主要能量来源,尤其是葡萄糖。麦芽糖等二糖和多糖在转运和进入酵母细胞后,会在各种转运和水解酶的作用下转化为单糖。糖类在有氧的情况下生成二氧化碳和水,产生与燃烧等价的能量。而在无氧的情况下，则会生成酒精和二氧化碳，产生较少的能量，这也是我们利用其生产各种酒精饮料的"发酵"过程。酵母是唯一能够有效地在有氧（呼吸）途径和厌氧（发酵）途径之间来回切换的微生物。葡萄糖在酵母细胞内通过糖酵解途径，转化为丙酮酸，以 ATP 的形式产生能量，并以 NADH 的形式形成还原能力，用于细胞的各种生物合成途径。

己糖发酵代谢途径的第一步涉及糖的磷酸化，这是一个需要能量的过程，每个己糖分子需要两个 ATP 分子。然而，麦芽糖在运输过程中和水解为葡萄糖之前已经被磷酸化，因此己糖代谢的第一个磷酸化步骤是不必要的。此外，无论己糖的原始结构如何，都必须异构化为果糖 -6- 磷酸。只有有了果糖的特定结构，下一步的 1,6- 二磷酸才能分裂成两个相同的磷酸三糖分子（3- 磷酸甘油醛）。而后，3- 磷酸甘油醛进一步磷酸化为 1,3- 二磷酸甘油酸，同时伴随着烟酰胺腺嘌呤二核苷酸（NAD）还原为 NADH。之后两步反应将磷酸根转移到 ADP，最终生成丙酮酸，每个己糖分子总共产生四个 ATP 分子。由于需要两个 ATP 分子来"偿还"两个 ATP 原子的初始使用，因此该途径的总体效果是净生成两个 ATP，这对于生长细胞的生理活动是足够的。而丙酮酸，则是酵母能量与物质代谢的关键物质，在有氧和无氧的情况下，丙酮酸将有两个途径。在有氧的情况下，丙酮酸会进入经典的三羧酸循环（TCA），参与呼吸作用，而在无氧的情况下，则会进入乙醇合成途径，以平衡细胞内的 NAD^+-NADH 动态水平。

葡萄糖发酵的总反应式：

$$C_6H_{12}O_6+2H_2PO_4^- +2ADP \longrightarrow 2CH_3-CH_2-OH+2CO_2+2ATP$$

同型乳酸发酵的总反应式：

$$C_6H_{12}O_6+2H_2PO_4^- +2ADP \longrightarrow 2CH_3-CHOH+2ATP$$

在严格的好氧条件下，同样途径产生丙酮酸，但是丙酮酸脱羧酶会将丙酮酸转化为乙酰辅酶 A。在下面的三羧酸循环中，乙酰辅酶 A 用于产生能量。这时的氢受体是氧，可以得到 38molATP/mol 葡萄糖（图 3-43）。

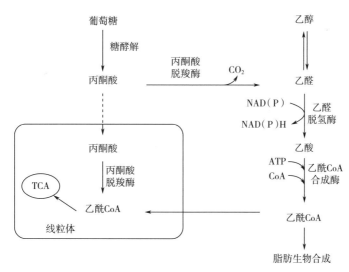

▲ 图 3-43　有氧和无氧环境下葡萄糖的代谢[23]

乳酸可以由同型乳酸发酵产生，也可以由异型乳酸发酵产生。异型乳酸发酵是指发酵产物中除乳酸外，还有乙醇等物质。

$$C_6H_{12}O_6 \longrightarrow CH_3CHOHCOOH+C_2H_5OH+CO_2$$
$$\text{葡萄糖} \qquad\qquad \text{乳糖}$$

$$2C_6H_{12}O_6+H_2O \longrightarrow 2C_3CHOHCOOH+CH_3COOH+C_2H_5OH+2CO_2+2H_2$$
$$\text{葡萄糖} \qquad\qquad \text{乳酸}$$

$$3C_6H_{12}O_6+H_2O \longrightarrow 2C_6H_{14}O_6+2CH_3CHOHCOOH+CH_3COOH+CO_2$$
$$\text{葡萄糖} \qquad\qquad \text{甘露醇} \qquad\qquad \text{乳酸}$$

威士忌发酵过程中的糖转化是复杂的：第一，麦芽汁中的糖并不完全是葡萄糖和果糖，还包括二糖如麦芽糖和蔗糖，二糖通过转化酶分解时，还会产生三糖。三糖和寡糖几乎不能被发酵。第二，发酵过程中，麦芽中释放的酶还会分解可溶性糊精。第三，发酵过程中，不仅仅存在酵母发酵，还存在乳杆菌属（*Lactobacillus*）和明串珠菌属（*Leuconostoc*）以及链球菌属（*Streptococcus*）活动，这些微生物会利用少量的糖转化为乳酸和其他的次要成分，从而形成威士忌的风味。

麦芽汁中初始葡萄糖浓度对糖的消耗顺序起着关键作用。只要葡萄糖存在于培养基中，酵母就不会吸收其他糖。这时由于葡萄糖抑制作用，酶编码基因（如麦芽糖酶）转录受到抑制。对威士忌酵母的研究发现，酵母并不同时利用可发酵性糖，是有顺序的。葡萄糖、果糖和蔗糖非常快速地被利用。主要的糖——麦芽糖接着被发酵，而发酵的后半程是缓慢利用麦芽三糖、麦芽四糖和可溶性糊精的分解产物。在此过程中，细菌群落逐渐增长，并产生乳酸和其他的酸，以及低浓度的其他成分，这些成分影响着威士忌的风味。发酵期间酵母分解糖产生乙醇的情况如图3-44所示。

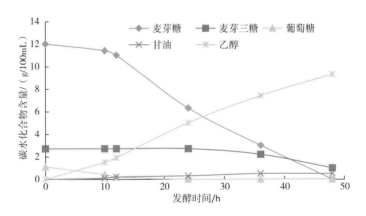

▲ 图3-44　发酵期间酵母分解糖产生乙醇的情况

啤酒厂麦芽汁和蒸馏厂麦芽汁有许多不同之处。啤酒厂麦芽汁在发酵前会煮沸消毒，但蒸馏厂麦芽汁则不会，因此蒸馏厂麦芽汁的淀粉酶不会失去活性，发酵期间仍持续作用，将大分子碳水化合物分解成酵母菌可代谢的小分子形态。结果，啤酒厂发酵常会残留部分不可发酵的糊精（提供啤酒口感和酒体），而蒸馏厂发酵时可达到更低的相对密度并产生更多的乙醇。

2. 酵母菌氮的代谢

威士忌发酵过程中。酵母菌生长需要氮，这些氮来源于原料中的蛋白质水解。大麦在发芽时会产生蛋白酶，水解蛋白质变成 α- 氨基酸，所以全麦芽制作的麦芽汁不会缺乏氨基酸，但是谷物威士忌制作的谷浆有可能会缺乏部分氨基酸。

根据麦芽汁发酵过程中氨基酸的吸收速度，可以将氨基酸分为四组；第一组是从发酵开始时吸收很快的氨基酸，包括天冬氨酸和天冬酰胺、谷氨酸、赖氨酸、精氨酸、丝氨酸和苏氨酸；第二组是发酵开始吸收慢后来吸收快的氨基酸，即在第一组后利用的氨基酸，包括组氨酸、异亮氨酸、亮氨酸、甲硫氨酸和缬氨酸；第三组是吸收慢的氨基酸，包括丙氨酸、甘氨酸、苯丙氨酸、色氨酸氨和酪氨酸。第四组是整个发酵过程中缓慢吸收或几乎不吸收的氨基酸，包括脯氨酸和羟脯氨酸。第一组和第二组氨基酸通过特定渗透酶进入细胞，第三组氨基酸一般通过氨基酸渗透酶进入细胞。

在发酵过程中。氨基酸摄取程序是瞬时的。缬氨酸是酵母生长所必需的，但只有在第一组氨基酸被消耗后才能被代谢。因此，细胞会合成它。在合成过程中，会产生一种副产物乙酰乳酸，它在细胞外转化为双乙酰。因此，双乙酰浓度不会下降，直到酵母开始吸收缬氨酸。氨基酸代谢会直接影响威士忌酒的风味。

α- 酮酸是氨基酸合成与代谢的中间体（图 3-45）。氨基酸脱氨基后，再脱羧基产生高级醇。高级醇是指碳原子数 3 个以上的醇类，威士忌中主要包括正丙醇、异丁醇、异戊醇、2- 苯乙醇和酪醇，通常主发酵结束时，90% 以上的高级醇已经形成。高级醇的形成与酵母代谢有关。

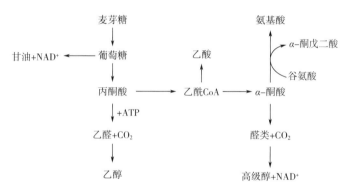

▲ 图 3-45　高级醇与氨基酸代谢 [23]

高级醇的生成途径有以下两条：

（1）由氨基酸在酶的作用下脱氨基，产物酮酸即 2- 酮酸接着脱羧基生成醛，最终被还原为相应的醇，此过程称为埃尔利希途径（Ehrlich pathway）。

例如，亮氨酸脱氨基、脱羧基生成异戊醇（3- 甲基丁醇），缬氨酸脱氨基、脱羧基生成异丁醇，异亮氨酸生成活性戊醇（2- 甲基丁醇）。

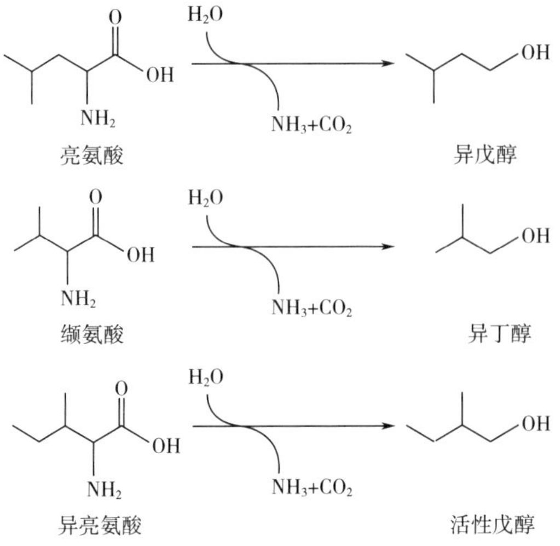

亮氨酸 → 异戊醇

缬氨酸 → 异丁醇

异亮氨酸 → 活性戊醇

苯丙氨酸生成 2- 苯乙醇，酪氨酸生成酪醇，色氨酸生成色醇。

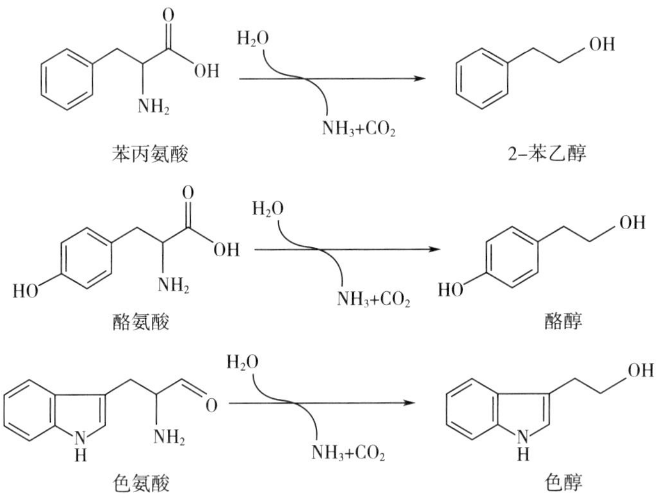

苯丙氨酸 → 2- 苯乙醇

酪氨酸 → 酪醇

色氨酸 → 色醇

（2）来源于氨基酸的合成　必需的酮酸（如 2- 酮酸）与谷氨酸在转氨酶作用下，生成 2- 酮戊二酸和另外一种 α- 氨基酸。此反应为可逆反应。必需的酮酸（如 2- 酮酸）是糖代谢的产物。

高级醇生成的种类及数量与原料、酵母菌及发酵条件有关。第一，原料的蛋白质含量高，则高级醇生成量多；原料中蛋白质含量太少时，酵母在通过转氨基作用合成氨基酸时，也使高级醇的生成量增多。第二，麦芽汁中酵母数量越少，则在发酵过程中形成的高级醇越多。第三，酵母有较多的乙醇脱氢酶时，则形成高级醇的能力强。第四，发酵温度高，麦芽汁中氧含量多，会促进高级醇的形成。

2,3- 丁二酮（双乙酰）和 2,3- 戊二酮是酵母发酵过程中产生的 α- 邻二酮类物质，它们是氨基酸生物合成的中间代谢产物。高级醇异丁醇与缬氨酸的生物合成有关。缬氨酸生物合成中间体 α- 乙酰乳酸脱羧基还原为乙偶姻（3- 羟基 -2- 丁酮）和 2,3- 丁二醇。乙酰乳酸、乙偶姻和 2,3- 丁二醇在麦芽汁中会被非酶氧化为双乙酰。2,3-戊二酮与异亮氨酸有关,异亮氨酸合成中间体是 α-乙酰羟基丁酸。在胞外,被氧化及脱羧基作用生成 2,3-戊二酮。酵母再次吸收双乙酰和 2,3-戊二酮时,可将它们分别还原为 2,3-丁二醇和 2,3-戊二醇。双乙酰、乙偶姻和 2,3-丁二醇具有奶油、乳酪、爆米花的香气,在烈酒中可以含有微量的双乙酰,但是大量出现则是严重的风味缺陷。

缬氨酸合成与双乙酰生成的关系见图 3-46。

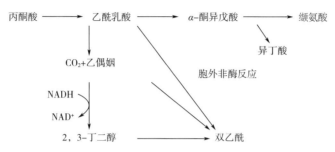

▲ 图 3-46　缬氨酸合成与双乙酰生成的关系 [23]

3. 脂肪酸与酯生成途径

酯是威士忌的重要风味化合物,主要产生于发酵过程。在发酵过程中酯是酵母的次要代谢产物;其次是贮存陈酿时酸与醇的非酶化,但这一反应非常缓慢。酯的产生与辅酶 A(CoA)有关。乙酸和长链脂肪酸是合成活动中的重要中间产物,成为威士忌酒的风味物质。乙酰 CoA 及其高级同系物脂肪酸 CoA,是酶蛋白、核酸和酯类生物合成的重要中间体。

由于乙酸和乙醇是发酵过程中生成量最大的酸和醇,因此乙酸乙酯浓度最高,尽管其他香气阈值较低的酯类对威士忌等蒸馏酒最终产品影响更大。图 3-47 显示了 CoA 的循环,显示了乙醇、高级醇和酯生产中涉及的各种酸基团的来源。

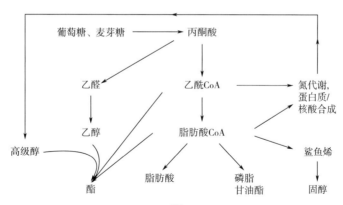

▲ 图 3-47　酯和脂肪酸的生成途径 [23]

与乙酸酯合成相关的酶是 AATase(Alcohol acethyltransferase,醇乙酰基转移酶),作用于底部和乙酰 CoA;酯还可以由酯酶合成。

麦芽汁中乙酯类的合成与细胞内的脂酰 CoA 的量有关, 也与乙醇的量有关。当麦芽汁中乙醇供应充足时, 任何增加细胞内脂酰 CoA 含量水平的因素都将导致乙酯类合成的增加。一般当细胞的生长受到限制时, 脂酰 CoA 较少被利用, 则含量水平上升, 有利于乙酯类的合成。如发酵后期, 氧的供应明显减少 (厌氧环境), 细胞不能充分合成不饱和脂肪酸和类固醇, 酵母生长缓慢或停止。在这种情况下, 若乙醇含量充分, 则酯的合成便会增加, 这是麦芽汁发酵后期产酯的根源所在。

酯合成的另外一个影响因素是温度, 温度升高, 会增加酯的合成。

葡萄糖与氨基酸产生威士忌风味物质详细的代谢路径见图 3-48 所示。

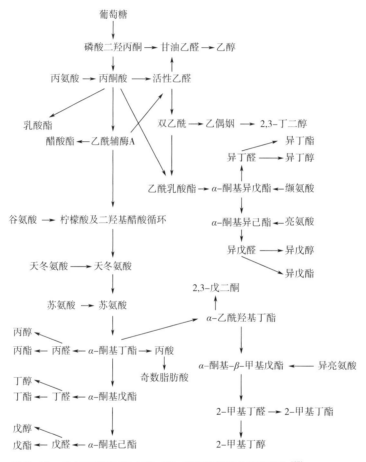

图 3-48 威士忌发酵过程中醇、醛、酸和酯类化合物的产生 [23]

4. 硫的代谢

麦芽汁发酵时, 含硫氨基酸的生物合成和硫酸盐的还原对发酵产生的硫气味物质影响极大 (图 3-49)。虽然蒸馏过程中, 铜会与硫化物发生反应, 但不可能完全去除蒸馏酒中的硫化物。另外, 半胱氨酸和甲硫氨酸的生物合成也会产生硫化物。由于硫化物的风味阈值极低, 会极大地影响产品质量。

硫化氢是酵母代谢的副产物。在氨基酸合成时, 酵母通过还原硫酸盐、硫醚等含硫的化合物而形成硫化氢。当硫化氢的产生量超过合成氨基酸的使用量时，就会造成硫化氢的积累，从而释放进入酒中。

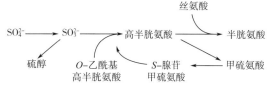
▲ 图 3-49　硫的代谢 [23]

二硫醚通常是在发酵结束后，由一硫醚或硫醇氧化产生的，但又很容易还原成硫醇。由于硫醇比硫醚有着更低的感官阈值，因此这种还原反应会产生令人讨厌的异味。二硫醚对铜离子也不敏感。

三硫醚的形成与二硫醚类似。S- 甲基 -L- 半胱氨酸亚砜在半胱氨酸亚砜裂解酶的作用下，经一系列的反应生成二硫醚，二硫醚再与一分子的硫结合，从而生成三硫醚。

二、发酵过程中的变化

其他成分或参数如相对密度（SG）、酵母菌数、温度等在发酵中的变化如图 3-50 所示。

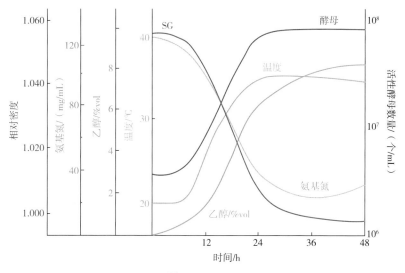
▲ 图 3-50　威士忌的发酵特性 [21]

1. 麦芽汁浓度

发酵开始时，麦芽汁初始相对密度为 1.060~1.070，谷物威士忌偏高，约为 1.080，相对密度越高则糖分越多，产生的乙醇也越多。当糖分消耗完结，由于乙醇和二氧化碳的相对密度都比水低，相对密度降到 1.000 以下，通常为 0.975，此时发酵作用逐渐缓慢至最终结束。

2. 发酵温度

由于发酵产生热量，麦芽汁的温度将随着发酵旺盛而升高，但是酵母菌不耐高温，最适合的繁殖温度为 30~33℃，35℃以上其发酵能力大大降低，超过 38℃停止发酵。在小规模的威士忌生产企业，发酵罐没有温度控制装置，让温度随发酵而升高。有些传统的发酵罐还是木制的，也不收集二氧化碳。大规模的生产企业，如使用连续生产方式生产谷物威士忌，发酵罐是不锈钢的，带有冷却系统，有的还带有二氧化碳回收装置。因此应根据环境温度确定初始发酵温度，如在冬天将麦芽汁的冷却温度控制在22℃，而夏天降低到19℃，以便让发酵时麦芽汁的最高温度控制在33~34℃。当酵母繁殖期结束后，麦芽汁的温度会出现不升反降的现象。

3. 酵母和乙醇

在发酵的最初24h，酵母大量繁殖，麦芽汁温度升高，糖类持续被酵母菌利用直到耗尽为止。乙醇含量随之提高，当增殖期结束后，酵母菌的数量不再增加，这时乙醇的提高速率减缓。氮源与糖类只在酵母活跃期一起被利用，过了活跃期酵母菌将不再继续吸收氮源，但仍然持续制造乙醇。在麦芽蒸馏厂和谷物蒸馏厂的发酵过程中，糖化酶（大麦芽提供的 α- 淀粉酶、β- 淀粉酶和极限糊精酶）将继续分解淀粉可发酵糖分，不像啤酒厂会煮沸麦芽汁，酶便会失去活性。麦芽蒸馏厂通常在48h内完成发酵，若有杂菌参与发酵则需要更长的时间。由于谷物威士忌蒸馏厂连续运转，厂内发酵流程必须更加统一。蒸馏厂发酵时的糖化酶活性最多能增加15%的乙醇产量。麦芽蒸馏厂的麦芽汁不缺乏氨基酸，但谷物蒸馏厂的谷浆常有缺乏氨基酸的情况。发酵结束时氨基氮的轻微增加是因为当酵母菌生长停止，一些氨基氮被酵母菌放弃。另外如果酵母死亡或自溶也会释放出氨基酸。

4. pH 和酸度

图 3-51 显示了威士忌发酵过程中 pH 和酸度的变化情况。发酵麦芽汁初始的 pH 约为 5.3，发酵的第一个 30h 酵母增殖，污染的好气细菌死亡，产乳酸的细菌逐渐占有优势，造成 pH 下降至 4.2。发酵末期因细菌代谢 pH 而略微上升，这时的酸度为 0.02%。如果终点 pH 为 3.8 以下，酸度值超过 0.025%，这是因为乳酸菌浓度异常增加导致。糖化后的威士忌麦芽汁中含有一定量的乳酸菌，如果含量过高，就会导致发酵液 pH、酸度的变化，最终影响威士忌的风味特点。

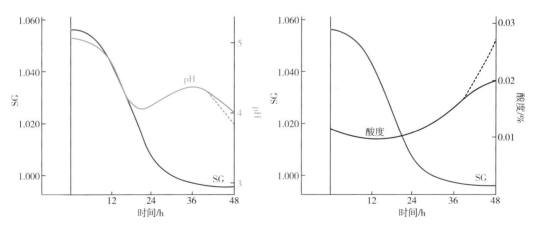

▲ 图 3-51　威士忌发酵过程中 pH 和酸度的变化情况

三、发酵过程中的杂菌

麦芽汁的糖化温度为63~65℃，能够大幅度降低杂菌数量。然而由于麦芽汁在发酵之前没有经过煮沸，可以预见会存在部分污染。常见的杂菌包括乳酸菌（LAB）、乙酸菌、大肠杆菌和其他野生酵母。这些杂菌通常比酵母菌小，长度在$1\mu m$（$1×10^{-6}m$）以下，不同菌种有不同形状，包括球状、杆状或螺旋状等。

威士忌发酵过程麦芽汁中的杂菌（尤其是乳酸菌）数量变化如图3-52所示，图中显微计数的每一点都是三次采样的平均值，对于每个样本，拍摄了10张显微照片。平板计数的每个点都是三次重复计数的结果。标准差被显示（误差条）。随着发酵时间的延长，可以看到至少要三四十小时后，杂菌才开始旺盛生长。

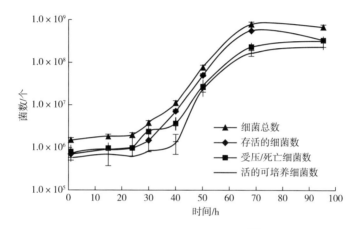

▲ 图3-52　麦芽汁发酵过程中的杂菌生长与变化 [21]

在啤酒工艺过程中，发酵会使用回收酵母，但是蒸馏厂不会使用。蒸馏厂为了抑制微生物污染，发酵时pH很低。酵母菌是专业化的工厂提供，污染的概率很低。但是如果使用二次回收酵母，有可能造成污染。例如啤酒发酵回收的艾尔酵母引入的发酵单胞菌，会产生硫化氢和腐败水果味；回收酵母中的片球菌株会产生酸和双乙酰，也会使酒产生异味。

现代化的大型谷物威士忌蒸馏厂，小麦和玉米占原料比例的90%，原料发酵之前需要进行蒸煮，同时不锈钢发酵罐也容易清洗杀菌，可以减少威士忌的污染机会。相比之下，麦芽威士忌及木制的发酵槽更容易产生污染。不过对于大型谷物威士忌蒸馏厂，其他的环境因素如工艺水回收、热交换器及管路等也会因为杀菌不彻底而带来更大规模的污染风险。

1. 乳酸菌

乳酸菌是乳酸球菌属（*Lactococcus*）、片球菌属（*Pediococcus*）、链球菌属（*Streptococcus*）、球菌属（*Lactobacillus*）的统称，主要来源于麦芽、谷物粉尘及商业酵母。乳酸菌在发酵中摄取糖分之后，代谢出酸、双乙酰和不良风味。乳酸菌参加发酵的全过程，在发酵前期因为酵母菌的繁殖会抑制乳酸菌生长，随着乙醇含量的增加也杀灭了部分菌种。在发酵的第二个阶段，大约是酵母进行厌氧发酵期间，酵母的数量不再增长并且开始下降，而乙醇产量也完成了80%~90%，由于酵母的死亡，乳酸菌菌属如乳酸杆菌、LP益生菌等数量大增，产生的乳酸、乙酸的含量也持续增加。到了本阶段的后期，因pH下降加速酵母菌死亡，也让乳酸菌成为主流菌种。后期大约在70h后，乳酸菌属的数量达到高峰，而后开始下降。在这个阶段因糖分已经消耗完毕，乳酸菌以死亡后溶解的酵母为食（图3-53）。

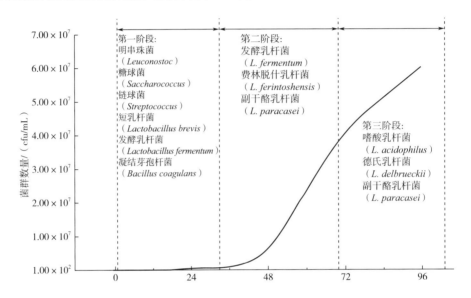

▲ 图3-53　发酵时乳酸菌族群的生长与变化[21]

　　发酵初期不希望有大量乳酸菌污染，如果数量大于 1×10^{-6}/mL，乳酸菌生长会消耗麦芽汁糖分，产生过多的乳酸、乙酸而抑制酵母的繁殖。与酵母菌相比，乳酸菌每食用一个糖分子就会减少2个乙醇分子的产生，在降低出酒率的同时也影响了酒的质量。由于酵母发酵初期产生的各类同属物中含量最多的是高级醇，包括丙醇、异丁醇、异戊醇等，如果发酵初期有大量的乳酸菌，也会抑制高级醇生成的浓度。

　　酵母繁殖和乙醇积累能维持乳酸菌数量在发酵初期的低菌数状态，如控制在 1×10^{-5}~1×10^{-3}/mL，直到酵母群开始死亡并停止乙醇生成，这样也不会影响酵母菌的繁殖和乙醇产量。随着酵母菌的死亡乳酸菌生长将会爆发，会给威士忌的风味物质产生积极影响。通常认为，乳酸菌发酵期间由于乳酸持续积累以及乳酸乙酯的增加，许多酯类和其他化合物发生复杂的化学变化，从而提高酯类含量，而酯类是果香的主要成分。除此之外，乳酸菌发酵也会提高内酯浓度，给威士忌增加奶油甜味。一些乳酸菌株可能产生例如具有烟熏辣味的乙烯基愈创木酚，具有花香风味的大马士革酮。所以乳酸菌的生长会使更多的酯类进入新酒，并降低酒精度，而这些都会影响威士忌的风味化合物组成。

　　所以，短的发酵时间（50h以下）会更加突出麦芽本身的风味特性（Cereal taste）。而长时间的发酵（75~120h）和酯化反应会带来更多具有果香的酯类物质，风味层次也因此通常会更加复杂。

2. 乙酸菌

乙酸菌主要来源于原料和工艺用水。在麦芽汁中、发酵初期及酵母供给环节会出现污染风险。乙酸菌会使威士忌产生不良的乙酸味。

3. 大肠杆菌

大肠杆菌主要来源于原料和工艺用水。在麦芽汁中、发酵初期及酵母供给环节会出现污染风险。在麦芽汁发酵过程中大肠杆菌会产生硫化物和双乙酰等不良味道。

4. 野生酵母

野生酵母主要来源于麦芽粉尘、谷物及商业酵母。在麦芽汁发酵过程中野生酵母的含量非常低（图 3-54），一般为 $10\sim10^4$ 个 /L，主要包括酿酒酵母属（*S. cerevisiae*）、膜醭毕赤酵母（*Pichia membranifaciens*）、假丝酵母属（*Candida* spp.）、东方伊萨酵母属（*Issatchenkia orientalis*）和戴尔有孢圆酵母属（*Torulaspora delbrueckii*）。野生酵母会参加发酵阶段的全部过程，但好氧酵母只存在于发酵的前段。在长时间（50h）麦芽汁发酵的末期，许多蒸馏酵母品种会因为缺氧等情况变种成为野生酵母。野生酵母在麦芽汁发酵期间有主流酵母的抑制而难以大量繁殖。不过由于生物特性的相似性，这些野生酵母仍然会与主流酵母竞食糖分，降低乙醇产量，产生如杂醇油、双乙酰以及一些难以预期的不良风味。

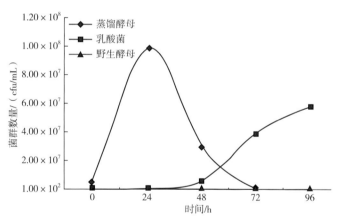

▲ 图 3-54　发酵期间的菌种数量变化情况 [21]

膜醭毕赤酵母污染会在高酒精度下进行有氧代谢造成严重问题。此类酵母常见于酿酒厂污染，蒸馏厂发酵使用回收酵母有可能会引入。好氧性酵母菌东方伊萨酵母菌已证实会在啤酒发酵时产生不良风味并在发酵液表面形成薄膜。如果蒸馏厂使用回收酵母也可能会发生此类污染。发酵性酵母菌戴尔有孢圆酵母菌的生理机制如同野生酿酒酵母，与蒸馏酵母菌的生化特性相似，会与主流酵母竞食糖分。这种酵母通常来源于酿造厂的污染，数量低时几乎不会对发酵产生危害，当达到一定数量的时候会有不良味道的出现。

四、发酵中风味物质的形成

麦芽汁中的糖在酵母的作用下将糖不仅生成乙醇和二氧化碳，还能生成各式独特的风味物质，例如高级醇、酯类、酸类、醛类、酮类和硫化物等，它们对威士忌风味的影响巨大。

原始麦芽汁浓度、发酵时间、发酵温度、发酵槽使用的材料（比如木头、铸铁还有不锈钢），发酵过程中使用的酵母，以及发酵槽中的微生物群落是影响风味的几大要素。

1. 高级醇和杂醇油

在本节"发酵原理"部分已经提到，高级醇和杂醇油是酵母在发酵过程中氨基酸和碳水化合物发生生化反应而产生的。更多的酵母菌生长将会产生更多的高级醇，它们可通过分解途径（由缬氨酸生成异丁醇）或合成途径（正丁醇）生成。威士忌最常见的风味物质是异戊醇，其次是异丁醇、光学活性戊醇和丙醇。异戊醇是威士忌的主要杂醇，占总杂醇含量的40%~70%，微量存在时会产生水果香气，但大量存在时会产生不愉快的气味。

2. 酯类

酯类会赋予威士忌花香和果香风味，发酵时产生的酯类已发现超过90种。乙酸乙酯是产量最多的主要酯类，其他香味阈值低的酯类也能提供明显的威士忌风味。乙酸乙酯与其他长链酯类都由酵母菌在发酵过程中通过酶反应生成。在橡木桶陈酿期间，乙醇与其他酸类也会通过化学反应产生酯类。酯类是香气物质中最大的一类，主要由脂肪酸类乙酯构成。酯类同样也能由杂醇进行酯化反应后增加。除了乙酸乙酯（水果味、溶剂味），威士忌常见的酯类还有己酸乙酯（苹果香气）、辛酸乙酯（苹果香气）、葵酸乙酯（甜味、蜡质味、水果味）、月桂酸乙酯（苹果味、甜味、水果味）、乙酸异戊酯（香蕉味、苹果味）、β-乙酸苯乙酯（玫瑰香、蜂蜜味）。

3. 酸类

有机酸在整个发酵过程中都会形成。高浓度的时候，闻起来像醋、谷仓甚至一些呕吐物的味道。发酵时产生的酸类会影响威士忌香气特征，如乙酸、丙酸、异丁酸、丁酸、异戊酸；脂肪酸则有辛酸、己酸、葵酸、月桂酸。在这些酸类中，异戊酸带有强烈刺激性的乳酪味，对于烈酒风味的影响最大。

4. 硫化物

发酵过程中硫化合物的产生，主要是来源于两种类型的反应：含硫氨基酸的生物合成以及麦芽汁中硫酸盐的还原。酵母的新陈代谢产生许多硫化合物主要是 SO_2，而 SO_2 很容易被还原成 H_2S（臭鸡蛋味道），它非常容易反应和挥发。另一方面，一些高芳香族的硫化合物，如二甲基硫化物（DMS，具爆米花、奶油玉米味）和三硫化物（DMTS，具伤口感染腐败味）、二甲基亚砜（DMSO，无味）、S-甲基甲硫氨酸（SMM，具香草、温柔的甜味）、二硫代苯酚（DTPOH、DTPA，具刺激性臭味）和各种硫醇，它们主要来自麦芽，不过会被酵母代谢掉一部分。

蒸馏器中的铜可以与硫反应生成硫酸铜，从而消除部分硫化物。硫化物的嗅觉阈值非常低，会严重影响烈酒的感官品质。而发酵时产生的硫化氢大多数会被产生的二氧化碳带走；残留的硫化氢将于蒸馏过程中形成乙硫醇，再被氧化成有着令人不愉快的大蒜气味的二乙基二硫。某些硫化物如二乙基二硫，会随着橡木桶的陈酿而浓度降低，但另一些硫化物则可能会被保留或随着陈酿而浓度增加。

作为发酵产品，很多酒会被其中令人不悦的过量硫化物风味毁掉，甚至一些昂贵的酒款也不例外。一些葡萄酒桶陈酿的威士忌就曾被人们抱怨残存大量"硫味"，而其中可能的原因竟然来自酒厂用来给旧橡木桶消毒所使用的硫。同时，硫化物的风味也可能来自蒸馏过程中的杂菌污染，而这种风味会持久地留到最后，对最终酒液的风味造成影响。不过芳香硫化合物不一定是不悦的异味，它同时也是浓郁和复杂香气的酒体所必需的，当然需要控制好比例和数量。

5. 羰基化合物

在发酵过程中产生的羰基化合物是氨基酸合成的副产物。威士忌中含有乙醛、丙醛、糠醛、2,3-戊二酮、异丁醛、正丁醛、异戊醛、正戊醛和双乙酰。尽管羰基化合物只占香气化合物的很少一部分，但具有刺激、尖锐的气味，对香气影响极大。双乙酰是一种羰基化合物，具有奶油、乳酪、爆米花的香气，是酵母菌代谢氮源的副产物，细菌代谢也能形成。在烈酒中可以含有微量的双乙酰，但是大量出现则是严重的风味缺陷。在蒸馏的初级阶段，双乙酰前体物质会因加热而快速转变为双乙酰。双乙酰具有非常低的味觉阈值（1×10^{-6}mg/L）且挥发性类似乙醇，因此只要存在就不容易完全去除。发酵结束后让酒醪中的残余酵母进行"双乙酰休止"可以除去过量的双乙酰。

6. 酚类物质

酚类物质在威士忌中含量很低，主要来源于泥煤烟熏，并非发酵产物。但是一些野生酵母会产生部分酚类化合物，例如 4-乙烯基愈创木酚（发酵香气，丁香味，略带甜味）。

发酵时间对风味的影响：酵母的加入温度一般约在20℃，而对于威士忌而言，整个发酵时间可以在45~90h。研究表明，麦芽威士忌的发酵时间至少需要48h，低于40h的短时间发酵会影响芳香物质的比例，产生较差的烈酒。一般短时间发酵会带来更多的坚果类香气，而长时间发酵则会发展出更多的花果香特征。原因是一般在发酵开始的一天内，因为糖分和各种营养较为充足，因此主要发生的是酵母菌的繁殖过程及有氧发酵的过程，而在此之后，由于氧气和营养物质渐渐耗尽，酵母菌会开始以厌氧发酵的方式来继续存活。而整个厌氧发酵的过程，则被认为会产生更多高级醇类、酯类，以及氮化物、硫化物等，为酒体的风味增加更多的可能性。

当整个体系中的糖分被完全消耗以后，酵母菌由于缺乏食物会慢慢全部死去，如果在这个时间点上任由发酵时间继续延长的话，此时乳酸菌等来自环境中的"野生"的杂菌则会乘虚而入，开始所谓的二次发酵。二次发酵可能会引入更多的风味物质，但同时也会降低乙醇的出产率,可以说是一把双刃剑,其机理也较为复杂。有些理论认为酒厂当地的杂菌的引入,应该被看作威士忌"风土"的一部分。坚持使用松木发酵桶的酒厂,也会经常暗示长期生长在发酵槽缝隙间的菌群是酒厂赋予酒液特殊风味的来源。

所以,酵母的选择和整个发酵过程的控制,是影响威士忌新酒风味的重要因素。

五、发酵工艺

威士忌的发酵可分为:投入—有氧—厌氧—结束四个阶段。

从糖化得到的麦芽汁,里面含有一部分约 13% 的高分子糖和糊精,没有完全转化成为麦芽四糖或以下的简单分子糖,不能直接为酵母菌所用,但同时麦芽汁内淀粉酶与糊精酶的活性仍然得以保持。因此,在下一个发酵工序,复杂的糖和短链淀粉,即糊精,能够继续转化成简单的糖。继续的转化,与发酵工艺分成四个阶段这个自然现象关系密切。

从糖化的第一道水和第二道水得来的麦芽汁,温度较高,需要经过热交换器降至适当的温度,才能入发酵罐,然后加入酵母,进行发酵。整个发酵工艺自然地分成四个阶段:迟滞期、对数繁殖期、静止期和衰减期。

▲ 图 3-55 添加酵母

1. 迟滞期

将麦芽汁冷却到 14~26℃后输入发酵槽,立即投入酵母菌,以免杂菌感染。蒸馏厂的接种量根据产品说明的要求,使用温水将活性干酵母溶解后加入(图 3-55)。酵母菌加入量通常以干酵母菌质量与麦芽或谷物质量的百分比表示。麦芽蒸馏厂的接种量一般为 1.8%,谷物蒸馏厂则为 1.0%。麦芽蒸馏厂的接种量取决于酵母菌种与麦芽汁相对密度,一般最低接种量是每 1000kg 麦芽加入约 18kg 干酵母(或每 1L 麦芽汁加入 5g 压缩干酵母)。目标是达到酵母少繁殖、可快速发酵和乙醇理论值最大化。如果使用啤酒酵母,接种量通常增加至 1000kg 麦芽加入约 22kg 干酵母,目标接种量为($3\sim4$)$\times 10^7$ 个 /mL。与啤酒发酵不同的是,蒸馏厂一次加入酵母后,酵母菌只会分裂几次,发酵结束时酵母菌浓度为 2×10^8 个 /mL。添加酵母后的最初 6h,活性酵母菌的总量并不增加。以前人们以为这个阶段没有任何反应发生,因此将这个阶段称为"迟滞期"。其实强烈的生物化学变化一直在这个阶段内进行。酵母从严重缺乏养分的环境下一下子来到了这个充满营养和 O_2 的新鲜麦芽汁环境下,经受到强烈的渗透压冲击,细胞内的物理、化学和生物状态都必须调整。现在的酿酒人更倾向认为,一部分的酵母已经开始繁殖,另一部分却经受不住冲击而自溶,增加与减少的数量大致上互相抵消。同时在这个阶段,淀粉酶和糊精酶继续活跃地将余下的高分子糖分解,继续增加可发酵的糖。

2. 对数繁殖期

迟滞期过后,酵母进入快速的繁殖期。酵母是依靠细胞分裂进行繁殖的,利用麦芽汁内丰富的糖分、氨基酸、脂肪酸、固醇等营养物质进行代谢，并用来构建新的细胞物质，一分为二、二分为四，快速地增长。代谢后的残留物质，主要就是乙醇和 CO_2。如果在实验室的可控条件下，以对数尺度（即10 的倍数）来标绘活性酵母的数量，得到的是一条上升的直线，因此把这个阶段称为"对数繁殖期"。这个繁殖期持续 18~24h。

在对数繁殖期中，麦芽汁的酸度上升，pH 从原来的 5.5 左右持续下降。初期的 2h，pH 仍然在 4.0 以上，因此淀粉酶和糊精酶仍然快速地分解着淀粉。但是当 pH 低于 4.0 后，这个转化就变得十分缓慢。不过一般相信转化会一直持续到最后阶段。酵母菌可以在 pH3.5~6.0 的环境下存活，但是最佳 pH 为 5.0~5.5。

在这个迅速繁殖期，酵母代谢产生大量 CO_2 气体，部分酵母也因絮凝作用，连接在一起，因此产生大量泡沫。酵母代谢糖和氨基酸是一个很复杂的生物化学过程，经过大量的中间变化，代谢过程同时产生热量。酿造啤酒时，会把发酵液维持在很低的温度，大概是几摄氏度，减慢发酵的速度。但是酿造威士忌一般都会让发酵液自然升温。大概在对数繁殖期开始了 18~24h 后，温度升到 33~34℃的顶点，这也是酵母菌生长的最佳温度（图 3-56）。活性酵母菌的总量在温度达到顶峰后 2~4h 也会停止增加，发酵进入静止期。

3. 静止期

在静止期内，由于生成细胞膜所必需的脂质类养分不足，细胞的进一步繁殖受到限制，酵母活性细胞的总量不再增加。不过在接下来的时间，糖分的代谢继续进行。其中一部分酵母细胞继续繁殖，另一部分死亡并自然溶解。静止期初期繁殖与自溶速度相互抵消，细胞总数因此维持大致不变。但随后自溶的细胞总数慢慢超过繁殖总数，因此活性细胞的总量开始缓慢下降，发酵步入衰减期（图 3-57）。

4. 衰减期

静止期与衰减期的分界相当模糊，整个 12~24h 的阶段，发酵液看起来慢慢地冒着泡，一直到最后完全静止（图 3-58）。从投入酵母至停止发酵，糖完全转化为乙醇，大概需要 48~110h，得到的酒醪酒精度为 7%~8%vol。

发酵是所有酒类产生风味物质最重要的一步，因此通过改变发酵的各种参数，除了可以最大化获取乙醇外，还可以产生大量的影响风味的物质。

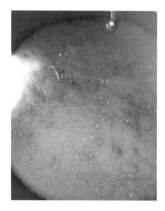

▲ 图 3-56　酵母繁殖发酵
［摄于钰之锦蒸馏酒（山东）有限公司］

▲ 图 3-57　酵母静止期
［摄于钰之锦蒸馏酒（山东）有限公司］

▲ 图 3-58　发酵结束期间
［摄于钰之锦蒸馏酒（山东）有限公司］

部分啤酒厂或者是小型自酿啤酒厂准备利用自有的设备增加威士忌的蒸馏。尽管生产工艺有许多类似之处，但威士忌作为一种谷物蒸馏酒，在风味特性及出酒率方面拥有自己的工艺要求。在此，以苏格兰麦芽威士忌为例分析威士忌与啤酒酿造的主要工艺差别。

（1）除麦芽、酵母、水外，按照苏格兰的有关规定，在威士忌的酿造过程中不使用任何添加物。

（2）麦芽干燥阶段有的采用泥煤干燥　为了减少淀粉酶破坏，威士忌用麦芽通常会比酿造啤酒用麦芽以更低的温度进行干燥。壶式蒸馏用麦芽其最高干燥温度通常为72℃左右，而酿造啤酒用麦芽则为75~80℃。对谷物威士忌用麦芽，为了使其分解酶含量最大化，发芽时间通常会延长（5~6d）并降低干燥温度至50~60℃，发展和保留酶的活性，以利于未来转化其他未发芽谷物的淀粉。

（3）只使用一个糖化罐　威士忌糖化罐的全过滤和半过滤系统的概念同啤酒厂完全不同。对啤酒厂来说，全过滤罐系统泛指麦芽浆在不同的罐中混合和浸出，再送到过滤罐中进行麦芽汁过滤。而威士忌的全过滤和半过滤系统同时也是高效能的糖化罐，不仅能快速有效地萃取高相对密度麦芽汁还能快速过滤麦芽汁。

（4）糖化高温洗糟　威士忌的糖化温度为63.5~64℃，第二、三次糖化洗糟水的温度为85~95℃；啤酒糖化洗糟水的温度为78℃左右。

（5）不需要添加酒花增加香味和苦味　上面已经说明，苏格兰麦芽威士忌除麦芽、酵母、水外，在酿造过程中不使用任何添加物。

（6）麦芽汁不经煮沸、杀菌　啤酒麦芽汁在发酵之前需要进行煮沸、杀菌；威士忌蒸馏厂的麦芽汁不需要煮沸、杀菌，这样麦芽汁中含有淀粉酶和蛋白酶活性，也存在细菌和野生酵母，其中淀粉酶在发酵期间可以持续发挥作用。

（7）高温快速发酵（22~34℃）　啤酒厂通过控制发酵温度来维持酵母菌活性并确保啤酒风味特性和酵母的可重复利用性。而威士忌蒸馏厂的发酵较少控制温度。麦芽汁在室温下（20℃）接种。根据环境温度和麦芽汁的起始相对密度，发酵温度会升高到28~34℃。许多酵母厂家提供的酵母菌能承受34℃或更高的温度。接种30h内会快速发酵，麦芽汁相对密度降低到1.000。

（8）威士忌蒸馏厂酵母不回收，而啤酒厂的酵母会在一定次数发酵循环内回收使用。威士忌蒸馏厂使用的酵母通常由酵母供货商提供，而啤酒厂酵母则通常在工厂内进行扩大培养，或者直接由集团内另外一个啤酒厂提供。

（9）不需要残留糊精　威士忌麦芽汁中的淀粉酶在发酵期间仍持续发挥作用，将大分子的碳水化合物分解成酵母菌可代谢的小分子形态。所以啤酒发酵常会残留部分不可发酵的糊精（提供啤酒的口感和酒体），而威士忌的发酵可达到更低的相对密度并且产生更多的乙醇。

（10）发酵结束后进行蒸馏　麦芽威士忌通常在48h内完成发酵，乙醇含量约为75%vol。发酵结束后，通过泵或者重力由酒醪预热器进入酒醪进料缓冲罐中，然后输送到酒醪蒸馏器进行第一次蒸馏。

六、发酵容器

1. 木制发酵槽

在苏格兰，麦芽威士忌发酵槽习惯称为"Wash back"，很少称为"Fermentor"。传统的发酵槽是木制的。发酵槽配有木盖或不锈钢盖。发酵槽使用的材料由欧洲松木制成，也有的使用云雀木、柏树，甚至水楢木为原料。木制发酵槽（图 3-59、图 3-60）的优点是保温性能好，长期生长在发酵槽缝隙间的乳酸菌可以赋予威士忌特别风味。缺点是木制的发酵槽对温度的掌握更为复杂，如果需要会使用外部冷却器维持酵母菌在增殖和发酵阶段的温度。木制的发酵槽需要经常进行维护和保养。木结构特点决定了在发酵环节中受到不良细菌感染的风险会更高。

▲ 图 3-59　爱尔兰奇尔贝肯（Kilbeggan）蒸馏厂的木制发酵槽
（图片来源：www.Irish Whiskry360.com）

（1）　　　　　　　　（2）　　　　　　　　（3）

▲ 图 3-60　木制发酵槽
（1）苏格兰格兰塔（Glenturret）蒸馏厂的花旗松发酵槽，每次使用 2 个发酵槽的发酵麦芽汁供给一次初次蒸馏锅所需要的量
（2）苏格兰安南达尔（Annandale）蒸馏厂的花旗松发酵槽
（3）苏格兰欧肯特轩（Auchentoshan）蒸馏厂拥有的花旗松发酵槽
[图片来源：苏格兰威士忌协会（SWA）]

如今仍有不少酒厂坚持使用木槽进行发酵，例如欧本和格兰塔等，有的蒸馏厂酿酒师还相信木头会更好地吸收发酵过程中代谢反应散发出的热能，使发酵过程变得更加温和、持久。秩

父酒厂则是世界唯一使用水楢木发酵槽的蒸馏厂，这种类型的发酵槽造价昂贵，不易清洗和消毒，甚至需要在发酵前做中和预处理。但独特木材中的微生物和乳酸菌产生的奇妙化合反应，的确给老秩父酒厂带来了一些独树一帜的风味。

▲ 图 3-61　大型不锈钢发酵罐
（摄于崃州蒸馏厂）

2. 不锈钢发酵罐

现在大部分发酵槽为不锈钢罐（图 3-61），有开放式和半开放式，多数罐的上方有盖和机械转动的消泡棒，容量大小差异很大。不锈钢发酵罐可以进行自动温度控制，有利于产生干净、香气优雅的威士忌。

谷物威士忌酒厂发酵罐容量较大，采用密闭式发酵，以回收 CO_2，由于玉米油的存在很少有泡沫产生。

威士忌的发酵温度为 22~34℃，酵母在新陈代谢过程会产生大量的热量，特别是在厌氧产生乙醇的阶段。因此，威士忌酵母必须容忍不同的温度。风味化合物的形成受发酵温度的影响也是相当大的，高温度的发酵会产生较少的酯类和较多的高级醇。在苏格兰由于气候凉爽，夏季短，很少高于 20℃，发酵罐无需控温设备（除了起始温度会根据环境温度进行调整之外）。近几年，一些新兴国家的蒸馏厂发酵罐设有温度控制系统，在发酵过程中，每几个小时进行一次酸度、pH、麦芽汁浓度和酒精度的测试，通过控制发酵温度达到平稳降糖和增加风味复杂性的目的。

3. 木制和不锈钢组合发酵罐

一些蒸馏厂使用木制和不锈钢组合发酵罐。例如格兰花格蒸馏厂使用罐体为不锈钢，罐盖为木制的组合型发酵槽。组合发酵罐将木制和不锈钢的特点进行优化，增加了威士忌风味的多样性。

苏格兰部分威士忌蒸馏厂使用的发酵罐类型及数量见表 3-32。

表 3-32　苏格兰部分威士忌蒸馏厂使用的发酵罐类型及数量

蒸馏厂名称	类型	数量/个
亚伯乐（Aberlour）	不锈钢发酵罐	6
艾尔萨湾（Ailsa Bay）	不锈钢发酵罐	12
安南达尔（Annandale）	花旗松发酵罐	4
雅伯（Ardbeg）	落叶松发酵罐	3
	花旗松发酵罐	3

蒸馏厂名称	类型	数量/个
阿德莫尔（Ardmore）	花旗松发酵罐	14
欧肯特轩（Auchentoshan）	花旗松发酵罐	4
百富（Balvenis）	北美黄杉木发酵罐	9
本利亚克（BenRiach）	不锈钢发酵罐	8
本诺曼克（Benromach）	苏格兰落叶松发酵罐	4
波摩（Bownmore）	花旗松发酵罐	6
布赫拉迪（Bruichladdich）	北美黄杉木发酵罐	6
布纳哈本（Bunnahabhain）	北美黄杉木发酵罐	6
达夫特米尔（Daftmill）	不锈钢发酵罐	2
大摩（Dalmore）	北美黄杉木发酵罐	8
达夫镇（Dufftown）	不锈钢发酵罐	12
格拉斯哥（Glasgow）	不锈钢发酵罐	4
格兰多纳（Glendronach）	北美黄杉木发酵罐	9
格兰花格（Glenfarclas）	不锈钢发酵罐	12
格兰菲迪（Glenfiddich）	北美黄杉木发酵罐	24
格兰哥尼（Glengoyne）	北美黄杉木发酵罐	6
格兰冠（Glen Grant）	北美黄杉木发酵罐	10
格兰盖尔（Glengyle）	落叶松发酵罐	4
格兰昆奇（Glenkinchie）	北美黄杉木发酵罐	5
格兰威特（The Glenlivet）	北美黄杉木发酵罐	8
格兰杰（Glenmorangie）	不锈钢发酵罐	6
高原骑士（Highland Park）	北美黄杉木发酵罐 西伯利亚落叶松发酵罐	12 2
齐侯门（Kilchoman）	不锈钢发酵罐	4
乐加维林（Lagavulin）	北美黄杉木发酵罐	10
拉弗格（Laphroaig）	不锈钢发酵罐	6
麦卡伦（Macallan）	1号蒸馏室：不锈钢发酵罐 2号蒸馏室：花旗松发酵罐	16 6
慕赫（Mortlach）	落叶松发酵罐	6

蒸馏厂名称	类型	数量/个
欧本（Oban）	欧洲落叶松发酵罐	4
托本莫瑞（Tobermory）	斯堪的纳维亚船皮落叶松发酵罐	6
富特尼（Pulteney）	铸铁内衬耐大气腐蚀钢发酵罐	6
拉塞岛（Isle of Raasay）	不锈钢发酵罐	6
云顶（Springbank）	斯堪的纳维亚船皮落叶松发酵罐	6
泰斯卡（Talisker）	木制发酵罐	6

七、发酵条件试验 [①]

（一）实验一：威士忌酵母的研究

1. 酵母来源

为了选择比较完美的、适于酿造优质威士忌的酵母菌株，从中国科学院微生物研究所等科研和生产单位，收集了 26 株保藏和使用菌株。从其发酵力、高级醇的产生量，以及产酯能力等方面进行了小型试验及扩大试验，先后选出了五株较好的酵母菌，其中包括以生产苏格兰麦芽威士忌为代表的淡雅型，高级醇总量少，异戊醇与异丁醇比值低，风味良好的 3 号等菌株；以美国波本玉米威士忌为代表的浓香型，高级醇总量多，异戊醇与异丁醇比值高，风味良好的 1 号等菌株。

选择威士忌酵母时考虑的主要因素如下：

（1）酒精发酵力高。

（2）发酵温度低。

（3）聚集性强。

（4）异戊醇与异丁醇的比重。

（5）成品风味良好。

初选出的五株酵母菌的菌种编号和名称见表 3-33。

表 3-33　初选出的五株酵母菌的菌种编号和名称

菌种编号	名称	保藏或使用单位
1217（1 号）	美国威士忌酵母 （American whisky yeast）	江西食品发酵所保藏 青岛葡萄酒厂生产用

---

① 　资料来源："优质威士忌酒的研究"青岛小组，1973—1977 年。

菌种编号	名称	保藏或使用单位
1263（3号）	威士忌酵母630 （Whisky yeast 630）	江西食品发酵所保藏
2.460（4号）	啤酒酵母 （Saccharomyces cerevisiae）	中国科学院微生物所保藏
—（10号）	传统啤酒酵母	青岛啤酒厂生产用
1363（8号）	啤酒下面酵母（Under hefa）	江西食品发酵所保藏

2. 酵母基本发酵试验

（1）发酵温度的试验　通过对5种酵母分别在25、30和35℃的温度下发酵3d，对发酵醪成分、CO_2减少量、蒸馏新酒中的总酸、总酯、总醛、高级醇、异丁醇、异戊醇及比值进行分析和品尝。

从分析结果可以看出，发酵速度在25~30℃时比35℃要高。总酸与总醛在不同发酵温度时变化不明显。总酯以30℃发酵为基准，在25℃或35℃则稍有变化。高级醇以30℃发酵为基准，在25℃时生成多，在35℃时则大为减少。

品尝结果为：在25~30℃发酵的酒，一般香气纯正，口味醇和，味甜爽口，无不快之感。30℃发酵的酒，香气较大，口味粗辣，苦涩味重，或有异味，不愿尝评。

（2）酸碱度（pH）对酵母生长影响的试验　通过对5种酵母分别在pH为2.6、3、4、5、6的情况下发酵观察4d，对发酵醪中CO_2减少量、乙醇含量进行检测和分析。

分析结果看出：酵母的生长及发酵与pH关系密切，过高或过低都会影响酶活性和稳定性。试验观察，以pH3~5繁殖较旺盛。如延长发酵时间，其繁殖由pH4开始向两端发展，因为酵母菌株不同，其pH范围会稍微有所区别。根据产生乙醇的量综合进行对比，认为试验酵母适宜的pH为3~5，以pH4为最佳。

（3）酵母耐乙醇的试验　通过对乙醇含量分别为6%、7%、8%、9%、10%、11%、12%vol的麦芽汁进行酵母发酵，每天监测发酵气泡，进行记录和分析。

观察结果可以看出：每一种酵母有其能忍耐最高的酒精度，酵母不同其忍耐酒精度是不一样的，如试验中的1号和6号两种酵母耐酒精度达10%vol以上，3号、8号和10号酵母耐酒精度仅为8%vol以上。从试验观察中得知，忍耐酒精度高的酵母，繁殖速度快，发酵较旺盛。

3. 酵母综合性的发酵试验

（1）目的　以选出的威士忌酵母1号、3号两株为基础，结合发酵条件试验所获得的数据，进行一次综合性的发酵试验。进一步加以比较，除用1号、3号两株酵母做单株试验，并以1号、3号酵母分别同生香酵母混合发酵，了解其产品成分与风味的关系，同时取大生产发酵醪作对照。

（2）试验方法　取麦芽粉6kg，加温水21~24L，其加水比为1：（3.5~4），在45℃糖化30min，升温到53℃ 30min又升温至62~65℃约3h，用碘液检查糖化结束，在72℃经10min，用铜筛过滤，调节滤液pH，可得糖化液14~18L。

接种酵母后，在28℃进行培养，生香酵母为48h，（笔者注：之前试验的20株酵母中，其中有编号为16~20号的4株生香酵母，余同）威士忌酵母24h，分别接入小三角瓶，再培养24h，接入大三角瓶，接种量为10%，大三角瓶装糖化液2000mL，接种后在26~29℃发酵3d，每天称重一次，发酵结束用特制的铜壶式蒸馏器蒸馏，粗馏液为1000mL，再蒸去酒头10mL，中馏液取250mL，两次混合后进行分析与品评。

（3）结果

①糖化液成分：见表3-34。

表3-34　糖化液成分

试次	加水量	糖度/°Bx	总糖/(g/100mL)	还原糖/(g/100mL)	酸度*	pH
1	1：4	16.6	15.95	9.95	4.7	4.2
2	1：3.5	18.4	16.78	10.88	5.2	4.0

* 酸度：取10mL发酵醪用0.1mol/L NaOH液滴定所需毫升（mL）数，表3-36、表3-40同。

从测定结果看出：因加水比不同，其糖度也不一样，为了提高糖度。增加发酵醪的含酒量，可考虑加水比和糖化工艺。

②发酵醪减轻CO_2的量：表3-35是发酵醪减轻CO_2的量，从测定结果得知：1号及1号+19号+20号生香酵母混合发酵速度快，第一天减少CO_2量最多，第二天就缓慢减少，第三天几乎停顿。3号及3号+19号+20号与生香酵母混合发酵则稍缓慢，第二天减轻CO_2量还较多，1号+3号与生香酵母混合发酵同样较快。

表3-35　发酵醪减轻CO_2的量　　　　　　　　　　　　　　　　单位：g

发酵时间/h 试号*	24			48			72		
	1	2	平均	1	2	平均	1	2	平均
1	126	132	129	131	141	136	133	143	138
3	124	124	124	129	142	135	131	145	138
1+19+20	127	135	131	132	145	138	134	147	141
3+19+20	120	115	118	127	141	134	128	143	136
1+3+18+19+20	125	133	129	131	145	138	132	147	139

* 试号中的酵母都来自江西食品发酵研究所，其中1号是1217号酵母，3号是1263号酵母，18号是1312号生香酵母，19号是1274号生香酵母，20号是1437号汾酒1号酵母。

③发酵醪的成分分析：见表3-36。

表3-36　发酵醪的成分分析

测定项目 / 试次 试号	酒精度/%vol			还原糖/(g/100mL)			总糖/(g/100mL)			酸度			pH		
	1	2	平均	1	2	平均	1	2	平均	1	2	平均	1	2	平均
1	7.1	7.9	7.5	0.55	0.59	0.57	1.37	1.23	1.30	3.55	3.90	3.73	3.5	3.7	3.6
3	7.0	7.8	7.4	0.73	0.82	0.78	1.75	1.69	1.72	4.05	4.50	4.27	3.7	3.7	3.7
1+19+20	6.9	7.7	7.3	0.52	0.58	0.55	1.35	1.41	1.33	3.78	3.98	3.88	3.5	3.7	3.6
3+19+20	6.8	7.2	7.0	0.76	0.83	0.79	1.81	1.62	1.71	4.06	4.85	4.46	3.5	3.5	3.5
1+3+18+19+20	7.3	7.8	7.6	0.52	0.55	0.54	1.43	1.66	1.55	3.82	4.03	3.93	3.5	3.7	3.6
大生产	—	—	5.1	—	—	0.51	—	—	1.47	—	—	4.40	—	—	3.5

从分析结果看出：1号与3号酵母单株比较，前者酒精度高0.1%vol，酸度也较低，小型试验与大生产比较后者酒精度低，总糖和酸度较1号酵母发酵者高，1号+3号即生香酵母混合与1号单株酵母发酵较相似。

④成品酒的成分：表3-37为成品酒的成分分析，从分析结果可以看出：总酸以3号较1号酵母发酵高，大生产较小型实验高。总酯以混株比单株酵母发酵高，大生产较小型试验更高，总酯比混株较单株酵母发酵高，较大生产也高，总醛和高级醇总量与以前分析一样，说明两株酵母各有特性。

表3-37　成品酒的成分分析

分析项目 / 试号	酒精度/%vol	总酸/%		总酯/%		总醛/%		高级醇总量/(g/100mL)		异丁醇（B）		异戊醇（A）		A/B比值
		原酒精度	100%酒精度	原酒精度	100%酒精度	原酒精度	100%酒精度	原酒精度	100%酒精度	原酒精度	100%酒精度	原酒精度	100%酒精度	
1	53.1	0.0022	0.0041	0.0206	0.0387	0.0017	0.0032	0.292	0.550	0.070	0.132	0.200	0.377	2.9
3	53.0	0.0032	0.0060	0.0166	0.0313	0.0019	0.0036	0.130	0.245	0.005	0.009	0.103	0.194	—
1+19+20	54.4	0.0044	0.0081	0.0345	0.0634	0.0019	0.0033	0.295	0.542	0.063	0.116	0.203	0.373	3.2
3+19+20	53.1	0.0038	0.0072	0.0388	0.0674	0.0020	0.0038	0.145	0.273	0.010	0.019	0.105	0.198	—
1+3+18+19+20	53.1	0.0028	0.0053	0.0345	0.065	0.0018	0.0034	0.292	0.550	0.086	0.160	0.190	0.358	2.2
大生产	48.1	0.0135	0.023	0.0139	0.0289	0.0017	0.0035	0.280	0.582	0.075	0.156	0.185	0.385	2.4

注：酯的皂化其一在常温条件下约24h，另一在沸腾水平上1h，经测定沸腾较常温条件高0.01%左右，本资料数据均为常温条件测定。

⑤成品酒的品评：从酒样品评结果（表 3-38）可以看出：单株酵母发酵试验以 3 号较 1 号好，小型试验又较大型生产好，混株酵母发酵试验以香气好、味醇和仍以 3 号加 2~3 株生香酵母的较好。

表 3-38　酵母综合性发酵试验品评结果

试号	评语摘要
1	香气不正，带异味，辛辣，微苦涩
3	香气较正，味甜爽口，有辣苦感
1+9+20	香气较好，味较醇和，甜中带微苦
3+19+20	香气较好，味较醇和，回味带甜，爽口
1+3+18+19+20	香气较好，味辛辣，微苦涩
大生产	香气一般，味粗糙，带苦涩

酵母试制成品酒的风味，常以香气正、味醇、回甜和爽口味为佳，尽量减少异香和苦涩的感觉。影响威士忌酒质量的因素较多，为了进一步判断酵母菌株的优劣，最好将试制的原酒进行一定时间的陈酿，再做最后决定。

4. 酵母产 C_8~C_{12} 脂肪酸乙酯能力的研究

据报道，苏格兰威士忌的芳香成分达 226 种之多，其中酯类在数量上占主要地位，威士忌中的酯类又以辛酸乙酯、癸酸乙酯和月桂酸乙酯为主体，这些酯类的形成与酵母菌种、发酵温度以及接种浓度等条件有关。

为了进一步研究已选出的酵母菌的特性，特别是观察其产 C_8~C_{12} 脂肪酸乙酯的能力，试验采用相同的原料及设定的发酵条件，对 5 种酵母菌进行了比较试验。

（1）试验方法　采用减少酵母接种量（从原来的 1/10，减少到 1/30）；降低接种温度（从原来的 27~28℃降低到 25~26℃）；延长发酵周期（从原来的 65h 左右延长至 72h 以上）等设定的工艺条件进行试验。

（2）试验结果　在设定工艺条件下不同酵母产酒质量的比较结果见表 3-39 所示。

表 3-39　设定工艺条件下不同酵母产酒质量的比较结果　　　　单位：g/L（100% vol 乙醇）

试验编号 / 试验内容 分析项目	44	46	47	48	5B	苏格兰红方威士忌
	2.460酵母	1263酵母	传统啤酒酵母	1363酵母	1217酵母	对照
乙醛	0.020	0.019	0.018	0.018	—	0.032
甲醇	0.038	0.043	0.0486	0.032	—	0.045
乙酸乙酯	—	痕	痕	—	—	0.0688

续表

试验编号 试验内容 分析项目	44 2.460酵母	46 1263酵母	47 传统啤酒酵母	48 1363酵母	5B 1217酵母	苏格兰红方威士忌 对照
正丙醇	0.274	0.298	0.237	0.312	—	0.194
异丁醇	0.79	0.357	0.43	0.83	—	0.315
异戊醇	1.65	1.42	1.32	1.54	—	0.284
己酸乙酯	0.022	0.014	0.017	0.016	0.0066	0.013
辛酸乙酯	0.0370	0.055	0.042	0.057	0.024	0.047
癸酸乙酯	0.103	0.166	0.117	0.148	0.059	0.126
月桂酸乙酯	0.057	0.089	0.057	0.082	0.032	0.086
肉豆蔻酸乙酯	0.029	0.055	0.037	0.051	0.029	0.011
棕榈酸乙酯	0.138	0.29	0.21	0.205	0.255	0.034

（3）分析与讨论　从以上分析结果可以看出，在选定的工艺条件下，五种酵母产 C8~C12 脂肪酸乙酯能力，有两株（1263、1363）超过对比酒样，有两株（2.460、传统啤酒）接近对比酒样，其中传统啤酒酵母产异戊醇量较少。因此，试验认为以上四种酵母都可以作为生产威士忌用菌种。1217 号酵母菌因其发酵力强，在小试验中曾认为是一株可用的菌种，但从产酒的成分来看，则不够理想，故今后不再使用。

（二）实验二：发酵醪中氮元素对高级醇形成的影响

在苏格兰，不允许发酵时使用氮源等添加物，本研究的主要目的是研究氮元素对发酵时高级醇形成的影响。

高级醇在蒸馏酒中既是芳香成分也是呈味物质，是一种必要成分，但其数量必须控制在一定范围。数量过少往往会失去产品传统的风格，过多则会导致辛辣苦涩，给产品质量带来不良影响。高级醇的主要成分有正丙醇、正丁醇、异丁醇、异戊醇等，其中异戊醇为主要成分，其次为异丁醇。因而有的国家常以异戊醇与异丁醇的比值 A/B 作为质量标准之一，苏格兰威士忌的 A/B 值通常在 1 左右，新酒多在 1.8~2.4。

根据有关研究，在酒精发酵过程中高级醇的形成与使用原料的组成、酵母菌种和生产工艺条件有关。埃里希（Ehrich）及汤姆森（Thomson）曾报道，某种氨基酸经过脱氨基作用和脱羧基作用，可以生成比原来少一个碳原子的高级醇，其反应过程可以用下式表示：

$$R \cdot CHNH_2COOH + H_2O \rightarrow R \cdot CH_2OH + CO_2 + NH_3$$

　　　　　　氨基酸　　　　　　　　　　醇

根据这一反应通式，汤姆森进一步证实：异戊醇是由酵母同化亮氨酸生成的。其反应式为：

$$
\begin{array}{c}
CH_3 \\
| \\
CH_3 - CH \\
| \\
CH_2 \\
| \\
CHNH_2 \\
| \\
COOH
\end{array}
+ H_2O \longrightarrow
\begin{array}{c}
CH_3 \\
| \\
CH_3 - CH \\
| \\
CH_2 \\
| \\
CH_2OH
\end{array}
+ NH_3 + CO_2
$$

亮氨酸   异戊醇

异丁醇的生成是来自缬氨酸，其反应式为：

$$
\begin{array}{c}
CH_3 \\
\diagdown \\
\diagup \\
CH_3
\end{array}
CH \cdot CHNH_2 \cdot COOH + H_2O \longrightarrow
\begin{array}{c}
CH_3 \\
\diagdown \\
\diagup \\
CH_3
\end{array}
CH \cdot CH_2 \cdot OH + NH_3 + CO_2
$$

缬氨酸   异丁醇

由于反应中分解出的氨参与构成酵母细胞的蛋白质，而碳链则成为高级醇被排出。基于这一机理，有人主张在发酵醪中添加足够的氮源供酵母直接利用，以减少酵母对氨基酸的分解来控制高级醇的生成。研究小组在小型试验中曾进行了在发酵醪中分别添加尿素及硫酸铵的试验，证明了采取这一措施可以在发酵时降低高级醇的产量。在扩大试验中又进行了验证。

1. 实验方法及条件

原料：啤酒麦芽、尿素 $(NH_2)_2CO$ 及硫酸铵 $(NH_4)_2SO_4$。
工艺条件：采用相同的糖化及发酵条件，分别在糖化液内添加尿素 0.2g/L 或硫酸铵 0.2g/L。

2. 实验结果

（1）发酵醪的分析　添加氮源试验发酵醪的分析结果见表 3-40。

表 3-40　添加氮源试验发酵醪的分析结果

| 分析项目 | | 酒精度/ %vol | 残糖 | | 酸度 | pH | 备注 |
试号	试次		总糖/ (g/100mL)	还原糖/ (g/100mL)			
15	6	5.3	1.19	0.38	4.3	3.9	对照试验 6 次平均值
18	3	5.6	1.39	0.54	9.7	3.3	加硫酸铵 0.2g/L
19	3	5.7	1.23	0.47	7.7	3.4	加尿素 0.2g/L

（2）原酒产量及原料出酒率　添加氮源试验原料产酒率结果见表 3-41。

表 3-41　添加氮源试验产酒率的比较

试号	实验内容	原料	原酒产量/L			出酒率/（L/100kg大麦芽）（折60%vol乙醇）
			酒头折60%vol乙醇	酒心折60%vol乙醇	酒尾折60%vol乙醇	
15	对照试验	啤酒麦芽	47.8	375	268.5	37.02
18	加硫酸铵	啤酒麦芽	23.9	196.5	123.7	38.23
19	加尿素	啤酒麦芽	24.1	230.3	117	42.15

（3）蒸馏酒心的化学分析与品评结果　添加氮源试验蒸馏酒心的分析及品评结果见表3-42。

表 3-42　添加氮源试验蒸馏酒心的分析及品评结果　　单位：g/L（100% vol乙醇）

试号　　　　实验内容　分析项目	15	18	19
	对照试验	加硫酸铵	加尿素
酒精度 /%vol	66.2	65.0	65.3
总酸	0.0466	0.1515	0.0378
挥发酸	0.0409	—	—
总酯	0.1304	0.412	0.3295
总醛	0.0335	0.0273	0.0204
糠醛	0.0091	0.0185	0.0212
甲醇	0.0870	0.0766	0.0774
高级醇	2.075	1.42	1.73
异戊醇（A）	1.435	1.075	1.15
异丁醇（B）	0.5285	0.3845	0.345
A/B 比值	2.71	2.79	3.33
氧化还原电位	1.82	2.52	2.50
pH	6.2	4.98	4.96
评语摘要	无色，失光，具有明显的麦芽香，口味较柔带甜，但不够爽	近无色，浑，有麦芽香，香气纯正，口味调和带甜	近无色，浑，有麦芽香，香气纯正，口味柔和带甜

（4）不同添加量的试验　在上述试验的基础上，又进行了不同添加量的试验，并分别进行了成分分析，其结果见表3-43。

表3-43　氮源添加量对形成高级醇的影响　　　单位：　g/L（100% vol 乙醇）

试号 分析项目	64 加尿素 （0.02%）	64B 加尿素 （0.03%）	64C 加尿素 （0.05%）	65 加硫酸铵 （0.02%）	65B 加硫酸铵 （0.03%）	65C 加硫酸铵 （0.05%）
正丙醇	0.430	0.410	0.470	0.379	0.402	0.443
异丁醇	0.733	0.513	0.455	0.784	0.87	0.732
异戊醇	1.60	1.30	0.70	1.96	2.22	1.81

注：以上为气相色谱法分析结果。

3. 分析与讨论

（1）从分析结果可以看出：在糖化液中不论使用尿素或硫酸铵，对于控制发酵时形成高级醇都有一定的效果。

（2）经感官鉴定认为，加氮源的酒香气纯正，酒质柔和，可以初步确定添加物对于产品感官并无不良影响。

（3）从不同添加量的试验结果可以看出，添加尿素的效果较明显，为了合理地控制高级醇的量，添加 0.03% 较为恰当。

（4）原料中的氮含量和发酵期间氮的浓度对高级醇形成有直接的影响。

第六节　批次蒸馏

一、威士忌蒸馏

1. 蒸馏的历史

发酵酒在公元前 5000 年至公元前 4000 年就已经存在，而蒸馏酒相对较晚，为什么呢？液体汽化后冷却液化，再次液化后的液体中部分成分会得到浓缩，人们弄清楚这些蒸馏的原理花费了很长时间，再将其应用到酒的生产中也是需要一定时间的。但蒸馏现象到底是什么时候开始被发现的，现在仍然找不到一个明确的答案。

有关蒸馏器的最早迹象可追溯至公元前 3500 年左右的美索不达米亚带颈双耳蒸馏罐，被认为是用于香料蒸馏；亚里士多德（公元前 384—公元前 322 年）在书中写道"海水蒸馏后可以制得饮用水"。但是现在意义上的蒸馏技术被广泛应用和发展，要归功于阿拉伯人的炼金术（Alchemy），他们为炼制长生不老药研制"生命之水（Aqua vitae）"，因此发现了酒精（Alcohol）以及蒸馏器（Alembic）。图 3-62 为当时使用的各种蒸馏器。

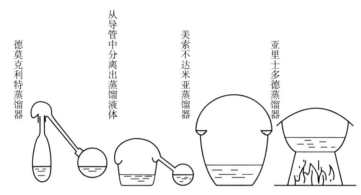

▲ 图 3-62 旧时代使用的蒸馏器[4]

在欧洲，威士忌的蒸馏传说是从爱尔兰开始的，但尚无明确证据。但是，12 世纪以谷物为原料的蒸馏酒已经存在，所以威士忌的蒸馏还被认为是从这个时候开始的。

随着近代科学的发展，蒸馏技术也在进步，效果越来越好的蒸馏方法也逐渐被发现，但酒的蒸馏到目前为止仍然以壶式蒸馏器居多，日本、苏格兰的麦芽威士忌几乎都是采用这种方式，白兰地酒、朗姆酒等大多也使用这种蒸馏器。蒸馏技术得到快速发展是在进入 19 世纪以后，最早的连续式蒸馏器应该是法国人爱德华·亚当（Edouard Adam）发明，他从劳伦特·索利马尼（Laurent Solimani）教授的化学讲座中获得灵感，改进了化学实验常用的分馏装置（Woulfe bottle）用于乙醇蒸馏［图 3-63（1）］，于 1801 年制作并且获得了首个通过一次操作生产乙醇的专利，成为精馏技术快速发展的契机，可惜的是爱德华·亚当的发明未能实现商业化。1808 年，尚 - 巴蒂斯特·赛利埃·布鲁门塔尔（Jean-Baptiste Cellier Blumenthal）发明了第一个实用的连续蒸馏瓶器［图 3-63（2）］，并于 1813 年获得专利，使蒸馏技术取得了进步。1828 年，苏格兰蒸馏者罗伯特·斯坦（Robert Stein）申请了他的连续蒸馏专利，其柱状外形将此前水平放置的连续蒸馏设备立了起来，大大降低了燃料的消耗，一种与壶式蒸馏器大不相同的柱式蒸馏器由此诞生。埃尼斯·科菲（Aeneas Coffey）在罗伯特·斯坦柱式蒸馏器基础上进行了改良，于 1831 年获得专利，在许多苏格兰蒸馏厂中受到欢迎。此后纪尧姆（Guillaume）等人又进行了诸多改良后形成了现在的功能区分明确的多塔式蒸馏器。

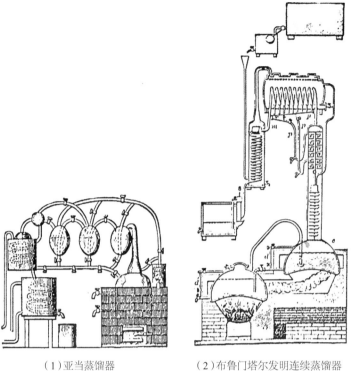

（1）亚当蒸馏器　　　　　　　（2）布鲁门塔尔发明连续蒸馏器

▲ 图 3-63　改进后的蒸馏器[4]

2. 威士忌蒸馏概念

威士忌酒厂在英文中是"Distillery"这个词，直译过来便是"蒸馏厂"。由此可见，蒸馏在整个威士忌酿造工艺中发挥着举足轻重的作用。

蒸馏器是威士忌蒸馏厂的核心，是威士忌酒厂最富有象征性的设备，进入蒸馏室，里面排列着外形曲线各异并很有艺术感的铜蒸馏器。其实，过去数百年，这些蒸馏器的基本形状并没有发生太大的变化，一直沿用至今。蒸馏器的容量、回流等技术参数是产品设计范畴，而外观形状属于工业设计。蒸馏器大小、形状各异，目的是能够馏出在香气与味道方面具有各自鲜明特色的威士忌，这些造型各异的蒸馏器已经成为酒厂风格的最佳代言者。

尽管壶式蒸馏器的形状相似，但很少会有两家威士忌厂的蒸馏器形状完全相同，这是影响威士忌风味特色最重要的原因。在一些酒厂，即便更换蒸馏器，淘汰的那个不管外观有什么样的凹陷或者凸起，他们都会尽可能把它们全部复制到新的蒸馏器上。因为蒸馏过程中发生的回流会极大程度上改变威士忌的特性。

到了威士忌蒸馏厂，会有沁人的香气迎面扑来。离厂房近的时候会发现这香气中又分为两种类型：一种像是谷物的甜香，另一种是酒的香味。前者是来源于酿造过程中的糖化工艺，后者则来源于蒸馏室的散发。在这里闻到的有特征性的香气，是这家蒸馏厂威士忌特点的如实表现。

3. 威士忌的蒸馏科学

关于蒸馏的基本原理，有关资料是这样介绍的："蒸馏是一种热力学的分离工艺，它利用物质挥发性的差异，将液体经过加热得到充分的热能，在它的沸点完全汽化后经由冷凝管冷却，凝结成为液体，而达到分离收集的目的"。因此，蒸馏包括气化、凝结与收集三个程序。

简单来讲，蒸馏技术也就是利用混合物质被加热以后，通过物质挥发速度快慢的差别来对其进行分离。

利用提供的热能，将液体蒸馏为气态，经冷却后再由气态转化为液态。前后液态的组成成分并不相同，其差异来自蒸馏液内各种物质的沸点不同所致。

在蒸馏技术发展初期，为了取得较高的乙醇含量，采取在大锅里重复蒸馏的办法。这种蒸馏的时间长，消耗的能源多，是不合理的。后来在大锅的上部安装了分馏器，含成分低的蒸气在分馏器里冷凝成液体，又回到大锅里，而含成分高的蒸气进入冷凝器，这样馏出物的乙醇含量就显著提高了（图 3-64）。

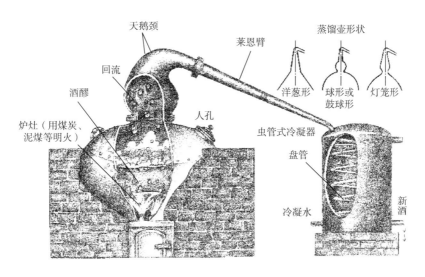

▲ 图 3-64　传统的苏格兰威士忌壶式蒸馏示意图[4]

对威士忌来说，蒸馏就是利用乙醇与水的沸点不同，将乙醇与水进行分离，从而提高酒精度的过程，以此将发酵酒醪，最终蒸发冷凝变成高乙醇含量的烈酒。另外，在浓缩乙醇的同时，对于风味物质的提取也是威士忌蒸馏这个工艺的重要环节。

威士忌进行蒸馏时，借助于壶式蒸馏器的球形锅体、天鹅颈和莱恩臂来浓缩蒸馏液。因为锅体内的低浓度的酒精混合液，比含酒精量高的回流液具有较高的沸点温度，所以有部分回流液又重新蒸发，形成高浓度的酒精蒸气，流出设备系统。

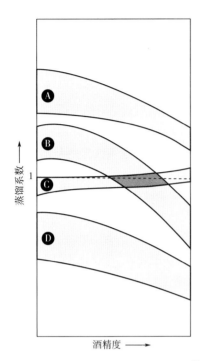

▲ 图 3-65 相对于酒精度的蒸馏系数 [4]

（与 D 相比，威士忌中更容易含有微量成分 A。）

威士忌麦芽汁发酵醪的主要成分是水和乙醇，乙醇的沸点比水低，利用蒸馏原理，蒸出的液体酒精度可以越来越高。但是，威士忌的成分并不仅仅是乙醇，还有种类繁多的微量成分，所以威士忌制作过程中的蒸馏不仅仅是为了浓缩乙醇。麦芽汁发酵醪里含有许多副产物，这些成分和乙醇一起蒸发，塑造了威士忌酒的特点。这些挥发性成分中具有代表性的包括高级醇类、有机酸类、酯类、醛类等。现在掌握的威士忌微量成分多达数百种。其次，决定威士忌酒细微品质差别的并不是含量多的成分，各种成分自身的香气及味道的浓度都发挥着很大作用。

这些微量成分在水和乙醇的混合物中的蒸发难易程度（挥发性）并不一定和沸点的大小顺序相同，其自身浓度及其和水、乙醇的亲和程度不同，其蒸发难易程度也会有所差别。一般来说，蒸馏液在酒精度较低的情况下进行蒸馏时，各种成分容易和乙醇一同蒸发，但随着酒精度的升高，蒸发程度越来越低（相同原理，威士忌兑水后比不兑水时香味更浓。兑水后散发出香气更加充分）。

蒸馏过程中各种成分的变化大体可以分为 4 类，如图 3-65 所示。也就是说，用图中的蒸馏系数"1"来说明混合物的含量同乙醇含量之比究竟是在增加还是在减少。在整个蒸馏过程中划分为蒸馏系数 >1 的，蒸馏系数 <1 的，蒸馏系数 ≈ 1 的。

一般来说，比蒸馏系数 1 越大的成分越容易蒸发出来，越容易和威士忌一起被浓缩，比蒸馏系数 1 越小越容易留在蒸馏加热器中，接近蒸馏系数 1 的成分和乙醇一同以相同的比例被蒸馏、浓缩。

在蒸馏器的设计及蒸馏操作时，应考虑到发酵后酒醪的组成、蒸馏过程中加热器内发生的反应、多数微量成分相对于酒精度的蒸发难易度以及各种成分香味的浓度等。

威士忌蒸馏液体前后变化：

发酵后酒醪成分：

水：86%~94%。

乙醇：6%~14%vol。

风味化合物：0.1%。

蒸馏后新酒成分：

水：35%~5%。

乙醇：65%~95%vol。

风味化合物：0~0.5%。

威士忌中常见的挥发性化合物种类的沸点和气味特点见表 3-44。

表 3-44　威士忌中常见化合物种类的沸点和气味特点

化合物种类		沸点/℃	气味
醛类	丙酮	56.5	有溶剂气味，带弱果香，入口微甜，有刺激感
	甘油	290	甜味
	乙酸	118	食醋味道
	乙醛	20.8	有苹果香、青草味道
	糠醛	161.7	苦杏仁味
醇类	甲醇	64.7	甜乙醇味，入口有刺激、灼伤感
	乙醇	78	乙醇味
	1- 丙醇	97.2	水果味
	2- 丙醇	82.5	水果味
	丁醇	118	香蕉味、去渍油味
	戊醇	138	略带奶油味、灼烧气体味
	异戊醇	132	有杂醇油气味，入口有刺激感，有涩味
	异丁醇	108.4	有微弱的戊醇味，入口有苦味
酯类	甲酸乙酯	54	朗姆酒、覆盆子、红莓、桃的气味，有涩味
	甲酸异丁酯	98.4	水果味
	甲酸芳樟酯	192	苹果香、桃香
	乙酸甲酯	56.9	胶水味
	乙酸乙酯	77.1	梨、苹果、香蕉等水果甜味
	乙酸己酯	171.5	水果味
	乙酸辛酯	210.2	橘子香
	乙酸苯酯	195	梨味、草莓味、茉莉香
	乙酸冰片酯	228	松木味
	乙酸香叶酯	138	天竺葵香
	乙酸异丁酯	116.6	樱桃味、草莓味
	乙酸异戊酯	142	梨味、香蕉味
	乙酸异丙酯	89	水果味
	乙酸芳樟酯	220	薰衣草香、鼠尾草香
	丁酸甲酯	102.8	菠萝果香、苹果香、草莓味
	丁酸乙酯	121	具有明显的脂肪气味，菠萝果香
	丁酸丙酯	143	梨

化合物种类	沸点/℃	气味
	丁酸丁酯	126.5	菠萝果香
	丁酸戊酯	185	杏、桃、菠萝果香
	丁酸香叶酯	138	樱桃果香
	戊酸甲酯	191~194	花香
	戊酸乙酯	144~145	苹果香
	戊酸戊酯	206, 8	苹果香
	己酸乙酯	167	菠萝、苹果的水果香气
	己酸戊酯	226	菠萝、苹果的水果香气
	己酸丙酯	187	黑莓、菠萝果香、葡萄酒、乳酪味
酯类	庚酸乙酯	188.3	杏、桃、苹果、草莓果香
	辛酸乙酯	206	菠萝、苹果的水果香气, 具有明显的脂肪气味
	壬酸乙酯	216~219	葡萄果香
	癸酸乙酯	244	具有明显的脂肪气味, 微弱的果香气味
	月桂酸乙酯	269	带有月桂油香味, 皂味
	肉桂酸乙酯	272	肉桂香
	肉桂酸甲酯	262	草莓果香
	苯甲酸甲酯	198	水果味
	棕榈酸乙酯	185.5	微带奶油味, 有不明显的脂肪气味
	乳酸乙酯	154	奶油、乳脂味
硫化物类	H_2S	-60.3	臭鸡蛋味
	SO_2	-10	燃烧的硫黄味
	二甲硫	37	卷心菜、蔬菜味
脂肪酸类	月桂酸	299	月桂叶油味
	棕榈酸	351	奶油、蜡、肥皂味

上述挥发性成分在蒸馏的过程中转入蒸馏液。这些成分对形成威士忌特有的口味和香味具有重要的作用。根据沸点的高低, 挥发性物质可分为三类: 低沸点、中沸点和高沸点。

属于第一类的物质, 其沸点低于乙醇(78.3℃), 主要低沸点的物质有乙酸、乙酸甲酯、乙酸乙酯。

乙醇属于中沸点的化合物。

属于高沸点的化合物, 具有比乙醇高的沸点温度。主要的高沸点化合物有高级醇(丙醇、异丁醇、异戊醇、活性戊醇）、糠醛、酯类（乙酸异戊酯、辛酸乙酯、癸酸乙酯、月桂酸乙酯）、酸类（丁酸、辛酸、月桂酸、异戊酸）。

威士忌蒸馏时温度不超过100℃，表3-44中所列的威士忌中常见化合物种类的沸点有许多都在100℃以上，如异戊醇的沸点是132℃，月桂酸的沸点是299℃。为什么这些高沸点的物质能够蒸馏到威士忌中，形成威士忌芳香物质的基础呢？多组分混合溶液蒸馏时，各组分的挥发性不是由各自的沸点决定的，而是由溶液中各组分之间引力决定的。

以异戊醇和乙醇为例，两者都是一元醇，都有—OH，因此都存着氢键作用力。异戊醇的相对分子质量比乙醇大，它的分子间的作用力也比乙醇大。因此异戊醇的沸点高于乙醇，即在纯组分时异戊醇较难挥发。可是在大量水存在的情况下就不同了，水分子有较强的氢键作用力，水分子同时对乙醇和异戊醇分子有氢键吸引力，但异戊醇分子比乙醇大，这就减弱了它和水分子的氢键缔合强度，于是异戊醇就比乙醇容易挥发。

同样道理，当有大量水存在时，比水分子相对分子质量小的甲醇的氢键作用力大于乙醇，甲醇的沸点虽然只有64.7℃，但甲醇在稀溶液里比乙醇难挥发。

上述现象除了用分子间作用力解释外，还可以用水蒸气蒸馏解释。酒中一些高沸点物质，如丁酸乙酯，它难溶解于水。当不能互溶的两种液体混合加热至沸腾时，蒸气中的分压不与溶液中该成分的含量成正比，而是各组分都有各自独立的蒸气分压。当加热使不互溶的混合液的蒸气压与大气压相等时，两种组分便同时沸腾。由于溶液的蒸气压是两种组分蒸气分压相加的结果，因此混合溶液的沸点便低于两组分中任一组分的沸点。由此可知，即使沸点很高的物质，只要其难溶解于水，也能被蒸出来。由于水是溶液中的两者之一，因此称这种现象为水蒸气蒸馏。这时蒸气中两种组分的浓度比等于两种组分蒸气分压的比。

还是以异戊醇为例，它在水中的溶解度很小。将异戊醇与水混合，当加热至沸腾时，气相中异戊醇的蒸气分压与溶液中异戊醇的含量不发生关系，异戊醇和水各自具有独立的蒸气分压。当这两种液体的蒸气分压之和与大气压相等时，这两种液体的混合溶液便沸腾，此时的温度为93℃，水的蒸气压为78.5kPa，异戊醇的蒸气压为22.8kPa，蒸气压之和为101.3kPa，所以此时沸腾。按道尔顿分压定律，在蒸气中异戊醇的浓度为：

$$\frac{22.8}{22.8+78.5} \times 100\% = 22.5\%$$

即蒸气中异戊醇的浓度大大增加了。许多酯类沸点虽高，只要它不溶入水，根据水蒸气蒸馏的道理，便能很容易地进入酒中。

为了更好地了解和控制挥发性成分在威士忌蒸馏过程中的转移情况，搞清楚蒸发系数和蒸馏系数的含义是很有必要的。

4.蒸发系数

对乙醇来说，如果乙醇在蒸气中的含量用Y_a表示，乙醇在液体中的含量用X_a表示，那么，乙醇的蒸发系数K_a，则可表示为：

$$K_a = \frac{Y_a}{X_a}$$

同样，如果混合物在蒸气中的含量用 Y_n 表示，该混合物在液体中的含量用 X_n 表示，那么，混合物的蒸发系数 $K_n = \frac{Y_n}{X_n}$。

蒸发系数指明了在简单蒸馏的情况下，乙醇或混合物的加强程度。对乙醇来说，蒸发系数也称加强系数。表3-45列出的是乙醇及少量混合物的蒸发系数，在达到恒沸点混合物之前，它们随着蒸馏液体中乙醇含量的提高而降低。

表 3-45　乙醇及少量混合物的蒸发系数

乙醇含量 /% vol	乙醇 K_a	混合物的蒸发系数 K_n							
		异戊醇	乙酸异戊酯	异戊酸乙酯	异丁酸乙酯	乙酸乙酯	乙醛	乙酸甲酯	甲酸乙酯
10	5.10	—	—	—	—	29.0	—	—	—
15	4.10	—	—	—	—	21.5	—	—	—
20	3.31	5.63	—	—	—	18.0	—	—	—
25	2.68	5.55	—	—	—	15.2	—	—	—
30	2.31	3.00	—	—	—	12.6	—	—	—
35	2.02	2.45	—	—	—	10.5	—	12.5	—
40	1.80	1.92	—	—	—	8.6	—	10.5	—
45	1.63	1.50	3.5	—	—	7.1	4.5	9.0	—
50	1.50	1.20	2.8	—	—	5.8	4.3	7.9	—
55	1.39	0.98	2.2	—	—	4.9	4.15	7.0	12.0
60	1.30	0.80	1.7	2.3	4.2	4.3	4.0	6.4	10.4
65	1.23	0.65	1.4	1.9	2.9	3.9	3.9	5.9	9.4
70	1.17	0.54	1.1	1.7	2.3	3.6	3.8	5.4	8.5
75	1.12	0.44	0.9	1.5	1.8	3.2	3.7	5.0	7.8
80	1.08	0.34	0.8	1.3	1.4	2.9	3.6	4.6	7.2
85	1.05	0.32	0.7	1.1	1.2	2.7	3.5	4.3	6.5
90	1.02	0.30	0.6	0.9	1.1	2.4	3.4	4.1	5.8
95	1.004	0.23	0.55	0.8	0.95	2.1	3.3	3.8	5.1

从表 3-45 可以看出，各种混合物的蒸发系数彼此显著不同，并随着乙醇在被蒸馏液体里的含量变化而变化。

如果乙醇在被蒸馏的液体里含量 <55%，那么表 3-45 中所有物质的蒸发系数都 >1；乙醇在被蒸馏的液体中含量 >55%vol，异戊醇的蒸发系数 <1。因此，在这种情况下，异戊醇在蒸气里的含量比在被蒸馏的液体里含量低。当被蒸馏的液体里乙醇的含量高于 65%vol，则异戊醇异戊酯的蒸发系数 <1，同样对乙酸异戊酯、异戊酸乙酯、异丁酸乙酯，要使它们的蒸发系数 <1，乙醇含量的体积分数，要分别高于 72%、87%、92%。表 3-45 列出的其他物质的蒸发系数都 >1。所以，这些物质在蒸气里的含量始终大于在液体里的含量。

表 3-46 为乙醛、杂醇油、缩醛、糠醛的蒸发系数。从表中可以看出，这四种物质的蒸发系数随着乙醇的最初含量而变化，并且几乎在表 3-46 所列的情况下都 >1。

表 3-46　乙醛、杂醇油、缩醛、糠醛的蒸发系数

液体中乙醇含量 /%vol	蒸发系数			
	乙醛	杂醇油	缩醛	糠醛
40	10.20	2.00	11.90	0.65
35	11.50	2.42	12.30	0.68
30	12.70	3.1	13.00	1.02
25	14.40	3.99	14.00	1.61
20	16.30	5.59	15.00	2.57
15	18.40	8.22	16.20	4.16
10	20.70	12.50	18.00	6.80
8	21.60	14.60	19.40	8.28
6	22.60	18.00	20.40	10.10
4	23.70	22.44	21.60	12.20
2	24.90	26.00	23.00	15.00
1	25.50	29.00	23.80	16.60

在蒸馏过程中，在酒精度低的情况下，因为水分子对甲醇分子有较大的氢键作用，因而甲醇比乙醇难挥发，使甲醇集中在尾馏分。将高浓度的乙醇进行蒸馏时，因为甲醇比乙醇分子小、沸点低，所以它先于乙醇挥发，而集中于头馏分。

乙酸在蒸馏过程中的状态研究得比较清楚。在水 - 乙醇 - 乙酸三种混合液中，乙酸的不同

浓度不影响它的蒸发系数。

乙酸的蒸发系数取决于蒸馏液的乙醇含量及蒸馏的操作方法。当蒸馏方法确定后,乙酸的蒸发系数随酒醪中乙醇含量的降低而增加。同样,当酒醪中乙醇的含量确定时,蒸馏的操作方法不同,乙酸的蒸发系数也不同。蒸馏过程中施加于蒸馏器上的热能会影响烈酒质量,加热越快,乙酸的蒸发系数越低。

5. 蒸馏系数

蒸发系数不能说明少许混合物伴随乙醇蒸出的程度,为了判断通过蒸馏能够在什么程度上把乙醇和少许混合物分开,必须比较混合物的蒸发系数 K_n 和乙醇蒸发系数 K_a。

乙醇中所含的任何挥发性成分的蒸发系数与乙醇蒸发系数的比,称为蒸馏系数。如果蒸馏系数用 K' 表示,则:

$$K' = \frac{K_n}{K_a}$$

蒸馏系数表示在蒸馏过程中,挥发成分的含量与乙醇含量的比例关系是如何变化的,如表 3-47 所示。

表 3-47 蒸馏系数 K' 的数值

乙醇含量/%vol	异戊醇	乙酸异戊酯	异戊酸乙酯	异丁酸乙酯	乙酸乙酯	乙酸甲酯	甲酸乙酯	乙醛
1	3.26	—	—	—	—	—	—	—
10	—	—	—	—	5.67	—	—	—
25	2.02	—	—	—	5.43	—	—	—
30	1.30	—	—	—	5.43	—	—	—
40	1.05	—	—	—	4.77	5.83	—	—
50	0.80	1.866	—	—	3.86	5.26	—	2.86
60	0.615	1.307	1.76	3.23	3.3	4.92	8.0	3.08
70	0.44	0.94	1.45	1.96	3.07	4.61	7.26	3.25
80	0.36	0.74	1.20	1.30	2.77	4.25	6.6	3.34
90	0.26	0.688	0.882	1.07	2.37	4.01	5.68	3.34
95	0.22	0.548	0.797	0.897	2.09	3.78	5.08	3.34

蒸馏系数说明了混合物的含量对乙醇含量之比究竟是在增加还是在减少。如果蒸馏系数 =1,即混合物与乙醇以同样的速度蒸发出来,这样的蒸馏不能把混合物和乙醇分开,即蒸

所得到的馏出液与被蒸馏液中该混合物的含量没有变化。蒸馏系数 >1，意味着馏出液里比被蒸馏的酒醪里含有大量的混合物，因为混合物比乙醇蒸发得快。蒸馏系数 >1 的混合物进入头馏分，称为酒头混合物。蒸馏系数 <1，这意味着馏出液里混合物含量比被蒸馏的酒醪里少，该混合物比乙醇蒸发得慢，它们随着蒸馏进入尾馏分，称为酒尾混合物。

当被蒸馏的酒醪中乙醇含量相同时，不同的混合物蒸馏系数是不同的。乙醛、乙酸乙酯、乙酸甲酯，无论酒醪中乙醇的含量高还是低，它们的蒸馏系数都 >1。因此，这些物质总是比乙醇蒸发得快，它们属于酒头混合物。乙酸异戊酯、异戊酸乙酯、异丁酸乙酯，当被蒸馏的酒醪中乙醇含量低时，属于酒头混合物，当乙醇含量高时，则属于酒尾混合物。

乙酸异戊酯，直到酒精度 <68%vol，都是酒头混合物。当酒醪中酒精度为 68%vol，这时乙酸异戊酯与乙醇具有相同的蒸发性，当酒精度高于 68%vol，它就成为酒尾混合物了。

蒸馏威士忌时，易挥发的酯类，如乙酸乙酯，主要进入头馏分。中馏分里，它们的含量就低了。而较大分子的挥发酯，具有 <1 的蒸馏系数，它们在酒尾的含量比中馏分里高。

当被蒸馏的液体里乙醇含量达到 42%vol 时，则异戊醇比乙醇蒸发得还快。当乙醇含量超过 42%vol 时，异戊醇就成为酒尾的混合物了。异戊醇在正常的蒸馏情况下，是不留在蒸馏锅里的。异戊醇是杂醇油的主要组成部分，除此之外，杂醇油还包括另外一些高级醇，如丙醇、异丁醇。其他的高级醇在蒸馏时，表现出和异戊醇相似的性质，即当被蒸馏的液体里乙醇的含量达到某种程度时，它们就离开酒头而进入中馏分或尾馏分。

在任何情况下，乙酸的蒸馏系数都 <1，这说明乙酸是典型的酒尾混合物。乙酸的蒸馏系数越低，它在被蒸馏液里的含量就越大。

二、蒸馏设备

原始的蒸馏器材质大多以陶瓷和玻璃为主，那时的蒸馏器对风味的影响还十分有限。经过蒸馏者不断地摸索尝试，才确定铜为理想材料，至今为止使用铜制蒸馏器已有了几百年的历史。蒸馏器的设计自 19 世纪以来没有太大的变化，但蒸馏室变得更加整洁了，因为蒸馏器不再用煤炭直接加热。图 3-66 是 20 世纪初的威士忌壶式蒸馏器及蒸馏室，那个时期还是直接在蒸馏器下方加热，使用木柴、煤炭及天然瓦斯。这种加热方式对火候控制要求非常严格，否则由于杂质沉淀容易烧焦蒸馏器底部，所以苏格兰的大部分蒸馏厂在 20 世纪中期抛弃了直火加热，改为热效率高又容易控制的蒸汽方式，这样蒸馏车间也变得干净整洁（图 3-67）。不过少部分蒸馏厂为了保持酒中的坚果、焦烤或蔬菜等风格，至今仍使用传统的直火加热。

▲ 图 3-66　20 世纪初的壶式蒸馏器[20]

▲ 图 3-67　格兰哥尼（Glengoyne）蒸馏厂威士忌蒸馏车间

［图片来源：苏格兰威士忌协会（SWA）］

随着科技的进步，人们也尝试过不锈钢等新材料，然而使用过不锈钢的酿造者很快发现，不锈钢制蒸馏器中产出的威士忌新酒总是有一股硫黄味，而这种味道显然是酒厂和消费者都不想获得的风味。因此，铜制蒸馏器不仅是一种历史传承，在安全性和可靠性上经得住考验，而更为重要的一点，铜的特性使得它在蒸馏器内壁得以发生化学反应，以清除高挥发性的含硫化合物（主要有二甲基三硫醚，一种致臭物质，会使得威士忌散发出不太好的气味），此外它还帮助酯类物质的形成，后者正是威士忌中果香的重要来源。

在连续蒸馏的过程中，铜材料也有利于集中不想要的化合物，提升蒸馏效率，让威士忌的口感变得更加顺滑。

不仅材质对原酒有影响，蒸馏器的形状也至关重要，现在苏格兰酒厂中蒸馏器可以分为两大类，分别是壶式蒸馏器（Pot stills）和柱式蒸馏器（Column stills）。这两者最大的区别在于，柱式蒸馏器能够连续式蒸馏，而壶式蒸馏器只能分批次蒸馏。连续式蒸馏能够极大地提升蒸馏效率，在短时间能获得更高的酒精度，但这样的蒸馏方式会让原酒在风味上缺失。连续式蒸馏除了专门酿造谷物类威士忌会用到外，几乎都用于调和威士忌，这也是为什么苏格兰法规中规定了单一麦芽威士忌只能使用壶式蒸馏器。

蒸馏"回流"的概念：蒸馏器的形状之所以能影响威士忌的风味，主要就是与回流有关。酒液挥发后，当它们碰到蒸馏器中较冷的部分时，在蒸气被收集前便有机会变回液态，这就是所谓的"回流"。一般来说，回流次数越多，酒体就会越轻盈，酒的风味也会越发清新优雅。

1. 壶式蒸馏器的分类

蒸馏器根据用途分为"酒醪蒸馏器"（Wash still）和"烈酒蒸馏器"（Spirit still）或者"低酒精度蒸馏器"（Low wines still）。

（1）酒醪蒸馏器　发酵后的酒醪酒精度在 8%vol 左右，首先经过酒醪蒸馏器后把酒精度提高到 23%vol 左右，称为初次蒸馏酒。

（2）烈酒蒸馏器或者低酒精度蒸馏器　将初次蒸馏酒在烈酒蒸馏器再进行蒸馏。这次蒸馏出来的液体会被分为"酒头"（Foreshots head）"酒心"（Middle cut heart）和"酒尾"（Feints tail）。酒心会被进行陈酿，而酒头和酒尾会与下一批的初酒混合用于下一次蒸馏。烈酒蒸馏器尺寸会比酒醪蒸馏器小。

在苏格兰，酒醪蒸馏器通常在罐体和天鹅颈连接的部分用红色标注，而烈酒蒸馏器则是用蓝色标注。

▲ 图 3-68　壶式蒸馏器
（摄于峡州蒸馏厂）

2. 壶式蒸馏器的构造

根据壶式蒸馏器（图 3-68）设备的造型特点，可以产生不同种类的威士忌。例如，爱尔兰人惯用的壶式蒸馏器通常比苏格兰人所使用的容量要大很多，甚至 3 倍以上。

苏格兰麦芽威士忌通常是两次蒸馏，大多数爱尔兰酒厂与少数的苏格兰酒厂，例如欧肯特轩则会进行三次蒸馏。通常在蒸馏厂里，蒸馏器是成对排列的。由于壶式蒸馏器只能单批次蒸馏，给酒厂更大的选择空间。通常酒厂会根据蒸馏器的特点进行组合蒸馏，从而让蒸馏的新酒符合酒厂预期的要求。拉弗格酒厂和格兰塔酒厂的壶式蒸馏器分别如图 3-69 和图 3-70 所示。

▲ 图 3-69　苏格兰拉弗格（Laphroaig）蒸馏厂的壶式蒸馏器
[其中 3 个普通型的初次蒸馏器（10500L），4 个灯罩形的烈酒蒸馏器（1 个 9400L，3 个 4700L），
图片来源：苏格兰威士忌协会（SWA）]

▲ 图 3-70　格兰塔（Glenturrrt）蒸馏厂的壶式蒸馏器
[图片来源：苏格兰威士忌协会（SWA）]

（1）蒸馏锅　用以储存蒸馏酒醪并加热的主体容器称为蒸馏锅，拥有不同的形状及尺寸。蒸馏锅的大小会影响到其一批次可以处理的酒醪的量，以及加热的效率与均匀程度等。

上面已经提到，蒸馏器主要的成分是铜，铜物质能够净化过多的硫化物，减少不良杂味和一些橡胶等风味。胖的蒸馏器的表面积大，蒸气与铜的相互作用也越大，蒸馏出的酒液会更加干净，果味也就更加明显。

酒蒸气接触到铜的时候会因降温而凝结，也由于较宽大型的蒸馏器比窄的蒸馏器有更多的表面积，就有越多的酯类、酚类会接触到铜并产生回流，往往会产生较少油性和更精致优雅的酒体。窄小形的蒸馏器里的蒸气则没有那么多的机会与铜"交流"，因此蒸馏出的酒液风味也会更加丰富。所以表面积较大的蒸馏器能产出干净芬芳的酒液；较小的蒸馏器的产品有着粗犷浓郁的口感。

有的蒸馏器壶身与颈部处会有明显收窄，主要也是与回流有关。当乙醇蒸气上升时，颈部的收窄处会减少乙醇蒸气的行进，令铜表面温度降低，蒸气更易被冷却凝结并回流。有些酒厂甚至扩大收窄后的结构，称为球形（"Bulge"或"Ball"），让上升蒸气进入球形时能降低温度，提高回流率，生产出风味细致优雅的新酒。

按照蒸馏器的收口与否有着洋葱形、平直形、长直形和球形等形状，有收口或球形的蒸馏器能增加回流率，造出更细致优雅的酒液。

酒醪蒸馏器大小各异，许多大的蒸馏酒厂如布纳哈本（Bunnahabhain）、卡尔里拉（Caolila）的罐体容量可以轻松超过35000L，而一些小酒厂如斯特拉森（Strathearn）却可以小到500L的罐体容量。

蒸馏锅实际装载蒸馏液时通常只能装其容量的2/3。罐体上会装有紧闭式气阀、入料口、排渣口、人孔和排气阀（图3-71）。

蒸馏器的热源选择：威士忌蒸馏使用的热能主要有三类，分别是直火蒸馏、蒸汽蒸馏和水浴蒸馏。

▲ 图3-71 蒸馏锅上的人孔和排气阀
［摄于苏格兰高地汀斯顿（Deanston）蒸馏厂，图片来源：苏格兰威士忌协会］

直火蒸馏：是传统的加热方式。所谓的直火蒸馏就是在蒸馏器下面架设炉灶，用煤炭、泥煤等明火对蒸馏器进行直接加热，后来改为使用天然气。用直火时，酵母菌体和固体成分沉落在加热器底部，加热器外部温度高达数百度，很容易烧焦。用蒸汽进行加热时，蒸馏器内部设有加热盘管，几乎不需要担心烧焦的问题。无论是用直火还是用蒸汽加热，都需要考虑消除局部加热和突然沸腾导致的蒸馏不均匀，及蒸馏器内部清扫不充分的问题。直火蒸馏火候控制不好，壶底出现烧焦的情况，会给威士忌带来不愉快的味道。如果是微微烧焦，却能让威士忌的风味更加别致，所以这就非常考验蒸馏技师的技术了。为了防止烧焦，必须在酒醪蒸馏器内加装刷锅机（Rummagers，一个装有链片的耙），装在旋转齿轮轴上，可以刷拭酒醪蒸馏器烟道壁内部和锅底部，但是也容易刮薄铜底部。用于直火蒸馏锅的底部及烟道壁部分使用的铜板厚度要足够（16mm），蒸馏器下方的炉部可以使用砖头或钢结构搭建。现在苏格兰少部分蒸馏厂还保留了直火蒸馏的工艺（图3-72）。

蒸汽蒸馏：是现在比较先进的一种蒸馏方式，起源于 20 世纪 60 年代。它的方法主要分为两种，一种是壶内管道循环（图 3-73），一种是壶外管道循环。不过蒸汽通过壶内管道时，仍存在烧焦的可能，壶外管道循环烧焦的风险则会更低一些。由于温度与压力成正比，可以调整蒸汽阀门来控制温度和压力。为了减少热辐射的损失，可以在蒸馏器的外壁做保温处理。

▲ 图 3-72　直火蒸馏[4]

水浴蒸馏：主要通过壶底外部包围热水，对蒸馏器进行加热。由于这种蒸馏方式的环境局限性比较大，所以较少蒸馏厂使用。

蒸馏器的设计自 19 世纪以来没有太大的变化，但是蒸馏车间变得更整洁了，主要原因是蒸馏器不再使用煤炭直接加热。

（2）天鹅颈（Swan neck）　自罐体向上延伸的颈部，连接壶底和莱恩臂的部分称为天鹅颈（蒸馏颈）（图 3-74）。其与罐体合并形成洋葱形、球形或者鼓球形、灯笼形等形状。

▲ 图 3-73　峡州蒸馏厂的蒸馏器内蒸汽管道循环加热系统
（摄影：孙方勋）

（1）

（2）

▲ 图 3-74　天鹅颈
（1）烟台裕昌机械有限公司正在制造天鹅颈
（2）峡州蒸馏厂的天鹅颈
（摄影：孙方勋）

观察不同酒厂蒸馏器的天鹅颈时会发现，它们的高低和形状是不一样的。蒸气上升后凝结沿铜壁回流，以增加蒸气与铜的反应，被以为对塑造新酒的风格有决定性的影响。而不同高低

▲ 图 3-75 酒醪蒸馏器
（22503L）上的观察窗口
[图片来源：苏格兰威士忌协会
（SWA），摄于格兰哥尼（Glengoyne）
蒸馏厂]

和形状的天鹅颈，回流相差很大，回流得越多，酒液就越轻盈。对于回流来说，高度是最明显的因素。天鹅颈越高，温度阶差就越大，回流得就越多，酒体也就越轻盈。相反，天鹅颈越低，蒸馏出来的威士忌原酒就会越粗犷，个性也会更足。

由于酒醪蒸馏器中的蒸馏液存在许多杂质，加热时容易产生泡沫，因此需要在蒸馏颈部相对的两侧开设窗口安装视镜（图3-75），特别是在操作酒醪蒸馏器时，易于观察起泡情况，同时也表示需要降低火力。蒸馏器后侧视镜可安装灯光照亮蒸馏器内部。传统上使用木槌敲击方式检视泡沫位置。至于烈酒蒸馏器，因为蒸馏的低度酒较为纯净，而无需设立观察窗。为了蒸馏安全，可以在酒醪蒸馏器和烈酒蒸馏器天鹅颈的上方设置冷凝回流器。

在苏格兰蒸馏厂中，最高的蒸馏器位于格兰杰蒸馏厂（图3-76），6个非常高的酒醪蒸馏器（11300L）高5.18m，还有6个非常高的烈酒蒸馏器（7500L）。高天鹅颈的蒸馏器，露出地面的底部罐体呈半球状，往上有很突兀如棋子状的"球形装置"，尤其近4m长的颈部非常壮观，从下往上像是一根大的烟囱。不难发现设计的主要目的都是为了增加"回流"。乙醇蒸气带着各种成分在热力的作用下往上飘升，在此过程中，铜制蒸馏器颈部中的铜与硫发生作用，同时只有最轻盈和纯净的乙醇及香气物质能被提取，因此酒质也会以细腻为特点。所以格兰杰最终蒸馏出来的酒，风味非常柔和淡雅，并且具有鲜花和水果轻盈的香气。

▲ 图 3-76 格兰杰（Glenmorangie）蒸馏厂蒸馏器
[图片来源：苏格兰威士忌协会（SWA）]

（3）莱恩臂或导流管（Lyne arm/Lye pipe） 蒸馏器上方的横向蒸气导管称为"莱恩臂"（图3-77），是从天鹅颈延伸的铜臂以连接冷凝器，它将乙醇蒸气从壶式蒸馏器送到冷凝器，莱恩臂是蒸馏器的一部分。在莱恩臂至冷凝器之间可以加装净化器，内部装有导流管并由外部水冷夹套或内部盘管降温，可以使高级脂肪酸等重油类物质在蒸馏时通过U形管回到蒸馏器内部。莱恩臂的长度和角度可以影响蒸馏器内部的蒸气。较重的乙醇和内含物回流快。不同倾角的莱恩臂，影响最终的酒体质量。作为酿酒师需要很好地掌握两者之间的平衡。

▲ 图 3-77　各种角度和形状的莱恩臂

原则上，莱恩臂角度向上，意味着只有最轻的气体分子才能一路向上，较重的气体分子则会回流继续蒸馏，也就是较清爽的部分才会通过莱恩臂到冷凝器，因此酒体会比较轻盈细致；莱恩臂角度向下，即使较重的气体分子也能轻易通过，也不容易造成回流，因此酒体会比较浓郁厚重。若是水平的则两种风味因子各半，风味会趋向平衡（图3-78）。

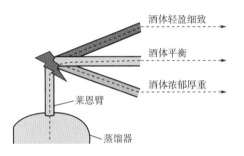

▲ 图3-78　莱恩臂的长度和角度对蒸馏器内部蒸气的影响

莱恩臂里的沉淀物会比天鹅颈多，但没有一个简单的方法能清洁莱恩臂，壶式蒸馏器的清洁却相对容易，例如只要打开蒸馏器的门并使用水管清洁即可。

莱恩臂通常长度是 3m，虽然有可能会更长，厚度通常是 4mm。蒸馏会逐渐腐蚀内部的铜并减少其厚度，每年需要做这样的测量。一旦厚度低 2mm 时，就必须更换莱恩臂。在酒醪蒸馏器里乙醇蒸气是非常容易蒸发的，所以莱恩臂管会耗损得更快，必须在 8~12 年内做更换。而烈酒蒸馏器里则有明显较少的蒸气挥发，莱恩臂管可在 30 年内更换。莱恩臂的更换工程通常要几天时间。所有的莱恩臂都有凸缘，这表示它们是以螺栓及榫附着在蒸馏器颈及冷凝器上，这远比直接焊接要方便更换并且实用。

假如蒸馏器是个"矮胖子"，乙醇蒸气行进过程较短，回流率低，这样的原酒酒体通常较为粗犷、强烈、复杂。反之，如果蒸馏器是一只"长颈鹿"，被蒸馏的乙醇蒸气花较长的时间在瓶颈之中努力往上爬，许多杂质在上行的过程中有更多机会回流，相对来说，蒸馏出的酒液整体较为干净、柔和、细致。而如果有球形或收口，就能放大回流的效果。

（4）有代表性厂家的壶式蒸馏器　以下是苏格兰部分具有代表性蒸馏厂的蒸馏器情况。

▲ 图 3-79 苏格兰麦卡伦新的现代化蒸馏厂
[图片来源：苏格兰威士忌协会（SWA）]

▲ 图 3-80 苏格兰泰斯卡酒厂的蒸馏器
[图片来源：苏格兰威士忌协会（SWA）]

▲ 图 3-81 托本莫瑞蒸馏厂的蒸馏器
[图片来源：苏格兰威士忌协会
（SWA）]

①麦卡伦（Macallan）：上文所述的"矮胖子"的代表就是麦卡伦，外形有如洋葱，蒸馏器偏小，莱恩臂下垂，带来浓郁复杂的滋味（图 3-79）。

麦卡伦新的现代化蒸馏厂，投资 1.4 亿欧元于 2018 年开业。威士忌在蒸馏过程中，使用了小的蒸馏器（只有 4m 高），外形有如洋葱，蒸馏器偏小。而设计莱恩臂垂直向下倾斜，做成一个溜滑梯让酒向下流动，蒸馏器特有的尺寸和形状使酒液能够最大限度地接触到铜的表面，降低了硫味等。由于酒厂对酒心获得比例的精确控制，使蒸馏的新酒果香清柔、酒体有浓郁复杂的滋味。

②泰斯卡（Talisker）：两个球鼓形酒醪蒸馏器（14000L，图 3-80），在进入虫管冷凝器前的莱恩臂上有一个马蹄形 U 形弯管以及一个净化器管（一根回流管），这大大增加了回流量。一位前蒸馏厂经理估计，到达 U 形弯管的蒸气 90% 会被回流到蒸馏器中，进行再次蒸馏。

这种特殊蒸馏器 U 形莱恩臂配置，使得第一次蒸馏就有两次蒸馏的效应，加上回流，几乎有三次蒸馏的效果，也让新的配置不会失去过去味道的传承。尽管 1960 年蒸馏厂遭遇火灾，但是重新制作蒸馏器时，仍仿造原来的蒸馏器形状。

③托本莫瑞（Tobermory distillery）：两个球鼓形酒醪蒸馏器（18000L），2 个球鼓形烈酒蒸馏器（14500L），均为间接加热，在腰部带有较小的球状沸腾泡，最奇特的是它们的莱恩臂竟然水平转弯，进入各自的壳管式冷凝器（图 3-81），如此可使较厚重的蒸气回流，取得轻盈的酒体。

托本莫瑞和利爵两款产品酒体醇厚，风味复杂，谷物味明显，带有轻微的果香，入口柔软，酒体较轻。

（5）冷凝器 冷凝器是用于将蒸气冷凝的装置，有虫管式（Worm tub）冷凝器和壳管式（Shell-and-tube）冷凝器两种。

①虫管式冷凝器：传统的冷凝器为虫管式，直到 20 世纪 60 年代都是最流行的冷凝器。其是由与莱恩臂末端相同尺寸的铜管逐渐缩小直径，最后到安全箱时会缩至 76mm 左右，可视为莱

恩臂的延伸。这是一种像蚯蚓一样（大概这就是名字的来源）细长的管子，一圈圈地回绕并且浸泡在木制或铁制的开放式的冷却水箱内。水箱内的冷凝水从底部进入，从上方溢流管离开，冷凝水需要保持一定的温度，离开冷却水箱后的升温水也可以使用冷却塔或通过海水的冷热交换器冷却后再回到冷却系统。当蒸馏出的乙醇蒸气通过管道的时候，随着温度的降低，逐渐由气态转成液态，从冷凝器的末端流出来，让最终进入安

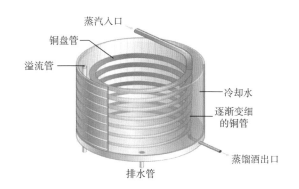

▲ 图3-82　虫管式冷凝器

全箱的乙醇温度降低到20℃左右。因为这种方法接触到的铜更少，生产的威士忌硫化物含量较多，味道会更醇厚和饱满（图3-82）。

　　对于酒厂来说，它体型大，有些更是长达100m以上，而且价格昂贵，水的耗用量大，实现能源回收利用难度大。安装和维护都需要更高花费，特别是当盘管出现渗漏点时，很难找到渗漏点。目前在苏格兰只有少数几个蒸馏厂还在坚持使用虫管式冷凝器。

　　②壳管式冷凝器（图3-83）：其使用直立式铜制圆桶，内部由许多细铜管组成，使用时冷凝水在铜管内部自下而上流动，与外部的乙醇蒸气进行热交换，冷凝水的温度逐渐上升，而乙醇蒸气经过冷凝后，自上而下沿铜管壁流下，温度逐渐下降，在冷凝器的底部温度大约为20℃。取酒心后流入安全箱。现在几乎所有的苏格兰威士忌酒厂都已经开始采用比较先进的壳管式冷凝方法。这种冷凝器增加了乙醇与铜的接触，因此得到的酒更加轻柔。

　　（6）烈酒安全箱（Spirit safe）　苏格兰的威士忌酒厂在蒸馏器旁有一个上着锁的黄铜箱子（图3-84）。在这个黄铜箱里流淌着的都是透明无色的液体——刚刚蒸馏出的威士忌新酒。它从近200年前诞生至今，这个带锁的黄铜箱在苏格兰威士忌的生产中一直有着至关重要的作用，以至于它的名字都带着些许神秘——烈酒安全箱（Spirit safe）。

　　苏格兰威士忌酒厂的烈酒安全箱看上去外观都差不多——一个带着上锁玻璃前盖的黄铜箱，可以让蒸馏师观察蒸馏后获得的威士忌新酒，与此同时还能够测量到新酒的某些指标，如酒精度和温度等，而蒸馏技师则根据经验来判断何时截取所需酒心，无论是在爱尔兰还是在美国，威士忌酒厂都拥有类似装置。根据记载，艾雷岛的波特艾伦酒厂（Port Ellen）是苏格兰最早安装烈酒安全箱的威士忌酒厂，之后才推广到全苏格兰。

　　烈酒安全箱很早以前作为税收用途，安全箱的钥匙掌握在税务官员手中，从1983年开始安全箱的钥匙酒厂经理也有一把。现在安全箱的主要功能是作为用于分析酒精度的工具。在苏格

▲ 图3-83　壳管式冷凝器（嵊州蒸馏厂配置了独特的壳管式双冷凝设备，可以灵活地切换常规铜和不锈钢冷凝设备，以此提取口味纯净或多变的新酒，摄影：孙方勋）

（1）　　　　　　　　　　　　　　　（2）

▲ 图 3-84　烈酒安全箱

（1）苏格兰汀斯顿（Deanston）蒸馏厂的烈酒安全箱

（2）安南达尔（Annandale）蒸馏厂的烈酒安全箱

[图片来源：苏格兰威士忌协会（SWA）]

兰，首次安装记录约为 1823 年的爱雷岛波特艾伦（Port Ellen）蒸馏厂。它被用于观测蒸馏液的取酒点、酒精度和温度并导入对应的收集罐。从酒醪蒸馏器蒸馏出的低度酒、烈酒蒸馏器提取的酒头、酒心和酒尾传统上都可由烈酒密度计测量。酒醪蒸馏阶段可用已于 20℃ 环境校正的宽域的 0~75%vol 的密度计，或窄域的 0~10%vol 的密度计来决定何时停止酒醪蒸馏。烈酒蒸馏器则用两支密度计测，蒸馏液从冷凝器尾管流出后会导入两个收集罐，一个是酒头、酒尾罐，另一个是酒心收集罐。酒心的收集口经常配有薄纱布，过滤从冷凝器中掉出的铜绿固形物。通过密度计读数后酒液由旋转流出管（spout）导流，进于酒头、酒尾收集罐或酒心收集罐。

▲ 图 3-85　苏格兰汀斯顿（Deanston）蒸馏厂 DUTY FREE 仓库

[图片来源：苏格兰威士忌协会（SWA）]

在苏格兰，有时会发现在酒窖仓库大门上有 DUTY FREE（图 3-85）和 DUTY PAID 的标志，其中 DUTY FREE 是还没有收税仍在成熟中的仓库。而 DUTY PAID 则是已交税可装瓶销售的仓库。苏格兰对仓库内酒的数量管理非常严格，就是在橡木桶边品尝而消耗的酒也要登记。

3. 罗蒙德式蒸馏器

蒸馏器可以蒸馏出极具个性的风味威士忌，但是产能小而成本高；连续蒸馏器能够大幅度提高产能并且降低成本，但是酒质轻而且缺乏特色。所以若能综合这两者的优点并尽量减少缺点，那就完美了。受这种思路的影响，出现了在壶式蒸馏器的颈部安装多孔蒸馏板的想法，于是产生了罗蒙德式蒸馏器（图3-86）。由于罗蒙德式蒸馏器蒸馏板上的残留物很难清洗干净，而产能和效率又很难提升，因此目前仅有少数蒸馏厂使用此款蒸馏器。例如苏格兰的斯卡帕（Scape），罗蒙德式蒸馏器的特点是同一个蒸馏器可以蒸馏出不同酒精度的酒，得到口味迥异的麦芽威士忌。

▲ 图3-86　罗蒙德式蒸馏器

（图片来源：支彧涵）

4. 苏格兰部分威士忌蒸馏厂的蒸馏器和冷凝器情况

苏格兰部分威士忌蒸馏厂的蒸馏器和冷凝器情况见表3-48。

表 3-48　苏格兰部分威士忌蒸馏厂的蒸馏器和冷凝器情况

蒸馏厂名称	蒸馏器			冷凝器
	初次（数量/型号/单个容量）	烈酒（数量、型号、单个容量）	加热方式	
亚伯乐（Aberlour）	2个普通型（12500L）	2个普通型（16000L）	蒸汽间接加热	壳管式
爱尔萨湾（Ailsa Bay）	4个直边鼓球形（12000L）	4个鼓球形（12000L）	间接加热	壳管式
雅伯（Ardbeg）	1个灯罩形（11775L）	1个灯罩形（13600L）	蒸汽间接加热	壳管式
阿德莫尔（Ardmore）	4个普通型（15000L）	4个普通型（15500L）	间接加热	壳管式
欧肯特轩（Auchentoshan）	1个灯罩形（17300L）	1个灯罩形中间蒸馏器（8000L），1个灯罩形烈酒蒸馏器（11000-12000L）	间接加热	壳管式
欧摩（Aultmore）	2个普通型（16400L）	2个灯罩形（15000L）	间接加热	壳管式
班尼富（Ben Nevis）	2个普通型（21000L）	2个普通型（12500L）	间接加热	壳管式
本利亚克（BenRiach）	2个普通型（15000L）	2个普通型（9000L）	间接加热	壳管式
本诺曼克（Benromach）	1个普通型（7500L）	1个鼓球形（5000L）	间接加热	壳管式
波摩（Bownmore）	2个普通型（20000L）	2个普通型（14637L）	间接加热	壳管式
布赫拉迪（Bruichladdich）	2个普通型（12000L）	2个普通型（7100L）	间接加热	壳管式
布纳哈本（Bunnahabhain）	2个普通梨形（166250L）	2个普通型（9000-9600L）	间接加热	壳管式
卡尔里拉（Caol Ila）	3个普通型（35340L）	3个普通型（29550L）	间接加热	壳管式
达夫特米尔（Daftmill）	1个普通型（2500L）	1个普通型（1500L）	间接加热	壳管式

蒸馏厂名称	蒸馏器		加热方式	冷凝器
	初次（数量/型号/单个容量）	烈酒（数量、型号、单个容量）		
大摩（Dalmore）	4 个灯罩形平顶（3 个 13411L，1 个 30000L）	4 个鼓球形（3 个 8865L，1 个 19548L）	间接加热	壳管式
汀斯顿（Deanston）	2 个鼓球形（8500L）	4 个鼓球形（6500L）	间接加热	壳管式
达夫镇（Dufftown）	3 个普通型（13000L）	2 个普通型（15000L）	间接加热	壳管式
格拉斯哥（Glasgow）	2 个鼓球形（2400L）	1 个鼓球形（1500L）	间接加热	壳管式
格兰多纳（Glendronach）	2 个鼓球形（9000L）	2 个鼓球形（6000L）	间接加热	壳管式
格兰花格（Glenfarclas）	3 个大型鼓球形（25000L），配有锅底刷	3 个鼓球形（21000L）	燃气直接燃烧加热	壳管式
格兰菲迪（Glenfiddich）	10 个普通型（9500L）	18 个鼓球形（5500L）	燃气直接燃烧加热	壳管式
格兰哥尼（Glengoyne）	1 个鼓球形（14000L）	2 个鼓球形（3495L）	间接加热	壳管式
格兰冠（Glen Grant）	4 个德国头盔式（1500L）	4 个鼓球形（7800L）	间接加热	壳管式
格兰盖尔（Glengyle）	1 个普通型（1100L）	1 个普通型（9000L）	间接加热	壳管式
格兰昆奇（Glenkinchie）	1 个灯罩形（20000L）	1 个灯罩形（17000L）	间接加热	虫管式
格兰威特（The Glenlivet）	4 个灯罩形（15000L）	4 个灯罩形（10000L）	间接加热	壳管式
格兰杰（Glenmorangie）	6 个 5.18m 高的（11300L）	6 个高的（7500L）	间接加热	壳管式
高原骑士（Highland Park）	2 个普通型（14600L）	2 个普通型（9000L）	间接加热	壳管式
齐侯门（Kilchoman）	1 个普通型（2700L）	1 个鼓球形（1500L）	间接加热	壳管式
乐加维林（Lagavulin）	2 个普通型（10500L）	2 个普通型（12200L）	间接加热	壳管式
拉弗格（Laphroaig）	3 个普通型（10500L）	4 个灯罩形（1 个 9400L，3 个 4700L）	间接加热	壳管式
麦卡伦 1# 蒸馏室（Macallan）	15 个普通型（12750L）	10 个普通型（3900L）	初次使用燃气直火加热，烈酒使用间接加热	壳管式
麦卡伦 2# 蒸馏室（Macallan）	2 个普通型（12000L）	4 个普通型（3900L）	间接加热	壳管式
慕赫（Mortlach）	3 个鼓球形（2 个 7500L，1 个 16000L）	1 个鼓球形（1 个 7000L "小女巫"，1 个 9300L）	间接加热	虫管式

蒸馏厂名称	蒸馏器			冷凝器
	初次（数量/型号/单个容量）	烈酒（数量、型号、单个容量）	加热方式	
欧本（Oban）	1 个灯罩形（11600L）	1 个灯罩形（7000L）	间接加热	虫管式
富特尼（Pulteney）	1 个鼓球形（14400L）	1 个鼓球形（13200L）	间接加热	虫管式
拉琵岛（Isle of Raasay）	1 个灯笼式（5000L）	2 个普通型（3600L）	间接加热	壳管式
云顶（Springbank）	1 个普通型，配有锅底刷（11000L）	2 个普通型（7500~8000L）	燃气直接加热 / 间接加热	虫管式 / 壳管式
泰斯卡（Talisker）	2 个鼓球形（14000L）	2 个普通型（11300L）	间接加热	虫管式

三、壶式蒸馏器的操作

壶式蒸馏器的操作要求很严苛，且这种要求与其说具有科学性倒不如说更具匠人精神，更偏经验性。如果将威士忌制作过程分为蒸馏和贮藏时的陈酿，对于品质来说二者同等重要，仅注重贮藏过程是酿造不出令人满意的威士忌的。可以说，原料、发酵、蒸馏的巨大变化塑造了威士忌的骨骼。从麦芽原料到糖化、发酵，最终成为成分更加丰富的发酵醪，蒸馏就是有选择性地提炼出能够塑造威士忌风味的有效成分。

蒸馏技术的精髓是"细心"，如前面所述，即使有蒸馏方面的科学技术，这也只能算是蒸馏的一部分，蒸馏最重要的是常年积累而来的"经验"和持续的细心留意。实际上，蒸馏师的所有精力都集中在蒸馏器中液体的沸腾状态和酒精的检测方面。

大部分麦芽威士忌采用二次蒸馏，偶尔会三次蒸馏，得到的酒味道较为清淡。第一次使用酒醪蒸馏器蒸馏的乙醇溶液称为低度酒，第二次使用烈酒蒸馏器蒸馏产生的乙醇溶液包括酒头、酒心和酒尾三个部分，蒸馏的整个过程需要几个小时完成。蒸馏器的规格是不同的，酒醪蒸馏器比烈酒蒸馏器大很多。

1. 酒醪蒸馏器操作

首先，关闭蒸馏器的排渣阀门并且打开排气阀，然后用泵或重力输送经过加热 60℃ 左右的酒醪，加热目的除节能外也为了防止酒醪中的残留蛋白质和少量糖分同蒸馏锅的铜壁产生热裂解而烧焦，也称之为"美拉德反应（Maillard reaction）"。酒醪添加的数量大约是蒸馏器容量的 3/4，通常在人孔（图 3-87）之下与底部齐平。当进料结束后，关闭进料阀门及清洁人孔，检查天鹅颈上的安全阀是否操作正常，便可以进行加热。当蒸馏器进一步加热时，乙醇气体离开酒醪，上升到天鹅颈位置。通过天鹅颈上的观察视镜，如果发现酒醪产生很多泡沫，必要时投入消泡剂或降低加热温度，避免泡沫上升到蒸馏器颈上端从而影响蒸馏的正常进行。蒸馏过程都有安

▲ 图3-87 蒸馏器人孔
（摄于嵊州蒸馏厂，摄影：孙方勋）

全箱中的密度计决定，直到密度计读数大约为1%vol时停止蒸馏，这样可以确保不浪费时间和燃料。

酒醪蒸馏需要5~8h，可以与糖化和发酵同时进行。发酵不彻底的酒醪会使蒸馏的新酒产生过高的氨基甲酸乙酯和生成许多不良风味。酒醪蒸馏的低度酒（Low wines）中乙醇含量为21%~28%vol，大约是酒醪乙醇含量的3倍。当然，大多数挥发性成分会和乙醇一同被蒸馏出来，这些成分也是威士忌风味的重要组成部分。而加热过程中分解生成的硫化物等成分则会与加热器及冷却管的铜反应。

在蒸馏过程中要记录好低度酒收集罐的初始和蒸馏结束后的液面高度。低度酒温度在冷水管中校正到20℃后，进行低度酒酒精度测量，蒸馏期间每15min记录一次。如果蒸馏的时间比以前增加了，说明酒醪蒸馏器内部加热表面有焦炙产生，这样会降低热效率。当热效率降低严重时，需要对蒸馏锅进行碱洗，方法是在蒸馏锅内添加浓度为10~20g/L的NaOH溶液进行加热，以除去蒸馏锅表面的焦炙。如果焦炙还是无法除掉，就需要通过人工进行刷洗。另外，保持传递热量和酒醪之间的最小温度差可降低焦炙的产生速度。

蒸馏结束且低度酒已完全收集后，应先打开排气阀平衡蒸馏器内外压力，否则很容易导致蒸馏器内缩，造成设备的重大损失。

蒸馏加热器中残留的残渣称为热酒蒸残醪，其中含有大量麦芽中的成分及酵母的菌体成分，营养价值很高，因此会被加工成家畜饲料。

2. 烈酒蒸馏器操作

烈酒蒸馏（二次蒸馏）的时间一般较酒醪蒸馏（一次蒸馏）略长，需要5~8h。烈酒蒸馏中进料的组成为低度酒、酒头和酒尾的混合物，这些混合物的酒精度不应超过30%vol，否则影响酒心的切取。

烈酒蒸馏入料前不需要预热，主要原因是为了避免乙醇的损失。入料操作及注意事项同酒醪蒸馏一样，添加的数量大约是蒸馏器容量的3/4。

蒸馏出的液体最初的部分称为酒头，含有不适合饮用的高挥发性的化合物，如甲醇、乙酸乙酯等，有很强烈的刺激性气味，酒头酒精度最高从85%vol左右降至75%vol。酒头出酒时间为15~30min。接着蒸馏师会根据"除雾试验"确认可以形成威士忌的酒心的部分。中馏过程中蒸馏出的新酒会释放浓郁香气，这时的酒味非常烈，蒸馏师需要从中预测出可以制成的威士忌的典型性。

去雾试验是一种确定什么时候提取酒心的方法。由于酒头的酒精度高，所以溶解的酯类物质也多，因此操作时在安全箱内将酒头加水稀释到45.7%。一开始，其混合物浑浊。浑浊的原因是不溶解于水的长链脂肪酸和酯（C14及以上）类物质在水中分散；这些脂肪酸和酯类是上次蒸馏结束后，蒸馏器内壁或冷凝器底部的残留物。在高酒精度的酒头中，脂肪酸和酯类被溶解后冲进冷水管中。当酒头和水的混合物出现无色透明时，代表烈酒已经可以食用。转动出酒管，将提取的酒心导入烈酒收集罐。由于蒸馏液蒸气中的含硫分子有高度的挥发性，这些气味物质会腐蚀部分铜形成硫化物。酒醪中 CO_2 会加强碳酸铜的形成造成铜绿锈蚀。可使用安全箱中收集口的纱网将这些固体进行过滤。

部分蒸馏厂为了获得特殊风味的新酒，不去做去雾试验，而是采用蒸馏一段时间后直接收集酒头进入新酒中。用这种方法取得的蒸馏液有高含量的脂肪酸酯类，会给以后陈年威士忌的冷冻过滤带来困难。

通过图 3-88 可以发现，在蒸馏过程中高挥发性同系物主要出现在酒头，所有酒头到酒心切取点的任何微小变化都会显著影响产品中高挥发性物的含量。例如，二甲基三硫

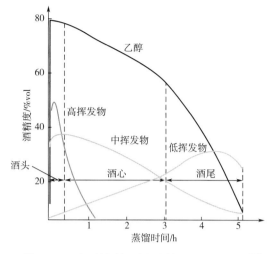

▲ 图 3-88　烈酒蒸馏过程中挥发性物质的变化情况 [23]

（DMTS）在麦芽威士忌中的浓度非常低。由于其具有高挥发性，出现在酒头和酒心切取的开始处。如果酒心切取点前移，那么二甲基三硫的浓度可能会增加一倍。

低挥发性同系物，例如长链脂肪酸，仅在蒸馏结束时出现，并且仅在酒精馏出物中少量存在。含量的多少将取决于酒心到酒尾的切取点和蒸馏的终点，而蒸馏的终点将影响酒尾中的物质和废酒液中的物质的平衡。

现在一些酒厂采用自动化的温度和酒精度检测系统，或者通过计算机管理来确定转换提取酒心的切点。

酒心收集后需要切换成酒尾，酒尾与酒头进入收集罐，并要在下次烈酒蒸馏时重新蒸馏。

酒心切换成酒尾的过程对威士忌的品质来说更为重要，也是蒸馏过程中最难的部分。虽然许多酒厂已经大量采用计算机控制，但在这个环节上还要靠蒸馏师的经验来判断。这个时候的酒精度在 60%~65%vol，较重的高分子物质如脂肪酸及杂醇油含量逐渐提高，酒香在切换过程中时时刻刻都在发生变化，切换过早可以保留香味，但会使酒缺少魅力，切换过晚会使酒产生异味。蒸馏过程中切换的时机决定了威士忌的风格。蒸馏师通过酒精度检测和新酒的香味来辨别切换时机。这一步需要常年的品质区分训练和敏锐的感官。

酒心切换结束后，蒸馏出的液体酒精度下降，不溶于水的成分比例增高，液体变得更浑浊。继续进行蒸馏，直至乙醇几乎消失后。酒头和酒尾同一次蒸馏的低度酒混合一同成为烈酒蒸馏的原料。烈酒蒸馏过程中，只有酒心作为威士忌成分保留。

酒心酒精度为 65%~70%vol。蒸馏加热时间快慢影响烈酒的质量，时间太快影响回流，蒸馏液也不能同蒸馏器中的铜发生足够反应，会使烈酒出现口感刺激、浓烈和有硫味的味道。为了避免破坏香气质量，酒头和酒心的收集都需要精细地控制火候；而酒尾反而能像酒醪蒸馏初期泡沫一样，增加火力保持定速出酒收集。酒尾可以使用较大火力进行蒸馏，将酒精度从 60%vol 蒸馏到最后的 1%vol 时停止。不同蒸馏阶段的蒸馏液如图 3-89 所示。因此，混合后的酒尾酒精度在 30%vol 左右。

酒尾有皮革、烟草等味道，兑一点水后会呈现蓝色。泥煤威士忌中的酚类和烟熏味也在酒心提

取的尾段，图 3-90 显示了酒精和酚类物质含量随蒸馏时间的变化情况。

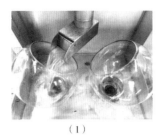
（1） （2）

▲ 图 3-89 不同蒸馏阶段的蒸馏液
（1）蒸馏新酒
（2）蒸馏去雾试验时的"酒心""酒头"和"酒尾"

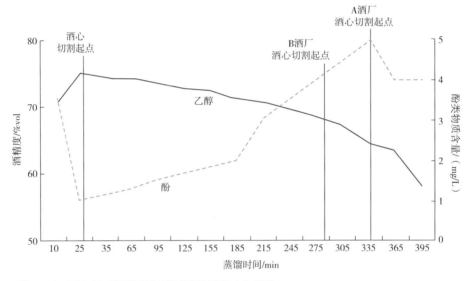

▲ 图 3-90 酒精度和酚类物质含量随蒸馏时间的变化情况

图 3-90 中 X 轴为蒸馏时间（min），Y 轴分别为酒精度和酚类物质含量。图中显示 A 酒厂的酒心切割时间为 25~335min，而 B 酒厂的酒心切割时间为 25~275min。可以看到，由于切割点的这些变化，与 B 酒厂相比，A 酒厂会收集到更高浓度的酚类物质，这使得 A 酒厂的产品具有更浓郁的泥煤味和烟熏味。

当蒸馏结束后，打开排渣阀门前必须先打开排气阀，以避免蒸馏器内产生负压。烈酒蒸馏器不太需要化学清洗加热面，否则会影响内部铜绿，造成蒸馏器气味改变。

蒸馏后的酒糟含有丰富的蛋白质，用于动物饲料。

3. 蒸馏对麦芽威士忌风格多样性的影响

（1）蒸馏器的大小与形状 壶式蒸馏器的设计多种多样，对风格和质量，酒体和浓郁度都有重要影响。为了风格的统一，蒸馏厂在更换新的蒸馏器时，会严格按照旧的形状设计。

（2）切取的酒精度（Cut point） 与所有烈酒一样，酒头和酒尾的切割时间会直接影响产品的风格。所以，蒸馏厂必须通过反复试验来确定这两个切割点，以确保两个切割点之间的馏出物满足产品要求。如果将第一次切割点提前，将得到更高酒精度和更多高挥发性化合物的产品。如果将第二次切割点推后，将得到更低酒精度和更多低挥发性化合物的产品。而对于泥煤风味的把握，泥煤的风味来自低沸点的副产物，切得越晚，泥煤味越重。这些成分上的变化将产生不同特征和品质的威士忌。

（3）二次蒸馏与多次蒸馏 在苏格兰除了低地的欧肯特轩酒厂使用的是三次蒸馏外，绝大部分酒厂使用的都是二次蒸馏，有一些比较特殊的酒厂可能会使用 2.5 次蒸馏、2.8 次蒸馏等。

通过第一次蒸馏之后，威士忌原酒的酒精度可以达到 28%vol 左右。第二次蒸馏将进一步提高原酒的酒精度，而且在使用不同壶式蒸馏器搭配的情况下，二次蒸馏可以大大改善原酒的风味和口感。所以说，二次蒸馏是威士忌新酒风味的主要来源。

（4）蒸馏速度的影响 对威士忌原酒成分的有着直接的影响，图 3-91 是不同速度壶式蒸馏器蒸馏成分状况的实测图。从中可以看出，即使用相同的蒸馏器，当蒸馏速度发生变化时，各成分的蒸馏状况也会出现不同变化。

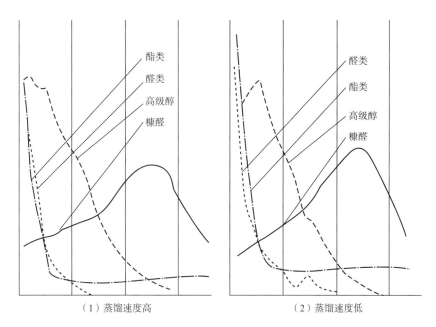

▲ 图 3-91 蒸馏速度对威士忌原酒成分的影响 [4]

4. 蒸馏新酒中不同化合物及特点

酒头主要是低沸点的丙酮、甲醇、乙醛、甲酸乙酯、硫化物以及部分溶解于高酒精度的脂肪酸等，这些物质有不愉快的气味，会影响人的中枢神经系统，导致失明甚至危及生命。但这些物质气味特殊，酒头的酒精度高（72%~80%vol），所以很容易识别。如将酒头兑一点蒸馏水，酒会变浑浊。

5. 蒸馏操作实例

（1）二次壶式蒸馏工艺　二次壶式蒸馏是麦芽威士忌的传统工艺，以下是苏格兰一个酒厂的操作流程。

在酒醪蒸馏器中加入完成发酵的酒醪进行蒸馏。当蒸馏的酒精度持续降至1%vol时停止，这时得到低度酒的酒精度平均为24%vol。

低度酒与二次蒸馏的酒头、酒尾混合后，加到烈酒蒸馏器中进行蒸馏，因为最先释放的酒液含有大量的有害成分，所以要进行去"酒头"操作，酒头开始的最高酒精可以达到85%vol，待酒精度降到75%vol（各厂不同）时，开始收集威士忌新酒"酒心"。

酒精度降到63%vol（各厂不同）时开始收集"酒尾"，直到酒精度1%vol。"酒头"和"酒尾"同低度酒混合，加到下一批烈酒蒸馏器中进行蒸馏。"酒心"根据每个酒厂的要求，经过加水稀释，入橡木桶陈酿（图3-92）。

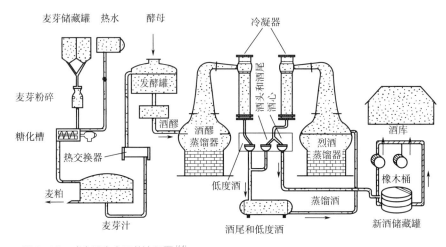

▲ 图 3-92　威士忌生产工艺流程图[14]

取"酒心"的操作对威士忌的个性化影响非常大，越到"酒尾"，风味倾向皮革、烟草、灰烬的味道。泥煤威士忌的烟熏味道也在酒心的尾段提取。如果取"酒心"的范围较窄，成品会比较干净、轻柔，但是耗能太大且成本高。如果取"酒心"的范围较宽，成品会有较多的杂醇味道。

（2）三次壶式蒸馏工艺　三次蒸馏与二次蒸馏的威士忌相比具有更高的酒精度，香气轻柔。目前使用这种工艺的主要集中在爱尔兰及苏格兰低地很少的几个蒸馏厂。

图3-93是理论上的三次蒸馏工艺流程。共有三个蒸馏器组成，第一个叫酒醪蒸馏器（Wash still），又称为初次蒸馏器，蒸馏出的两个组分——高浓度低酒（Strong low wines）和低浓度低酒（Weak low wines）。他们分别单独收集，分别在第二个中馏蒸馏器中进行再次蒸馏，其中低浓度低酒蒸馏后又分为高和低，高的与高浓度低酒蒸馏后的产物混合，进入第三个烈酒蒸馏器，低的与下一批低浓度低酒混合，再进行中馏。

烈酒蒸馏器中的馏出物仍然被划分成三个组分收集——酒头、酒心和酒尾（酒尾与酒头混合在一起被收集，并且返回到烈酒蒸馏器中被再蒸馏）。这种从低浓度酒蒸馏器和烈酒蒸馏器中获得的各种组分的回收利用，影响到新酒的最终香气和酒精度。三次蒸馏产品酒精度通常超过正常的二次蒸馏产品。二次蒸馏时酒精度通常在68%~72%vol，三次蒸馏酒精度可接近90%vol。

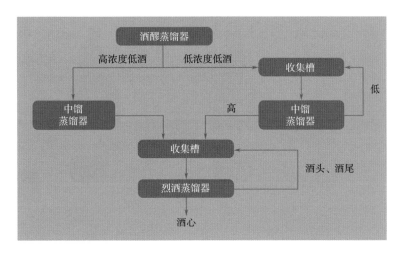

▲ 图3-93　三次蒸馏工艺流程

在苏格兰，除了常规的二次蒸馏外，还有极少数的特殊酒厂专门为自家蒸馏法做出优化。像云顶有它的2.5次蒸馏，慕赫也有自己独步天下的2.81次蒸馏。

欧肯特轩酒厂是三次蒸馏特殊工艺的使用者。三次蒸馏工艺起源于爱尔兰，历史上在苏格兰的低地蒸馏厂也相当常见，蒸馏厂大部分都混合使用麦芽及其他谷物为原料，但二次蒸馏后很难得到足够干净并且酒体强度高的新酒。

或许有些人会认为三次蒸馏的酒都过于清淡，其实不然。酒体的浓郁与否和蒸馏几次并无直接关系，虽然它可能也因此会损失一部分想要的风味。三次蒸馏因多了一道蒸馏手续，所以可以过滤掉酒体中不必要的杂味，三次蒸馏使酒质变得纯净、轻柔。

欧肯特轩蒸馏厂和安南达尔蒸馏厂是苏格兰低地仅存的两家三次蒸馏的威士忌厂家。欧肯特轩酒厂有1个灯罩形的酒醪蒸馏器（17300L），1个灯罩形的低度酒蒸馏器（8000L），1个灯罩形的烈酒蒸馏器（11000~12000L），均为间接加热，配外部壳管式冷凝器（图3-94）。

欧肯特轩的三次蒸馏工艺如下：将发酵后的酒醪加入酒醪蒸馏器，从中提取的低度酒送到低酒收集罐，在那里与低度酒蒸馏器中提取的酒尾进行混合（酒精度为20%vol）。低酒收集罐的酒液加入较小的低度酒蒸馏器进行蒸馏，得到的酒头送到中馏酒收集罐，在那里与烈酒蒸馏器中提取的酒尾进行混合（酒精度大约为56%vol）。中馏酒收集罐的酒液再转入烈酒蒸馏器，进行蒸馏，得到的酒头和酒尾会送到中馏酒收集罐，酒心则被保存在

▲ 图3-94　欧肯特轩（Auchentoshan）蒸馏厂的三次蒸馏工艺蒸馏器

［图片来源：苏格兰威士忌协会（SWA）］

新酒收集罐中，酒精度大约为81%vol（图3-95）。在蒸馏中，酒醪蒸馏和低酒蒸馏都是各蒸馏两锅，相应的烈酒蒸馏一锅。

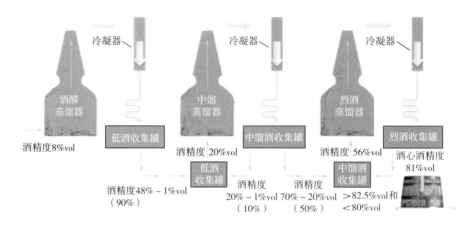

▲ 图3-95　欧肯特轩（Auchentoshan）蒸馏厂的三次蒸馏工艺

（图片来源：根据欧肯特轩官方图重新绘制）

四、蒸馏自动化控制

1. 常用的蒸馏设备

在长期的生产实践中，随着人们对蒸馏工艺机理的深入了解及材料、制造工艺、控制技术的不断提高，不同结构形式和采用各种控制技术的蒸馏设备相继出现。

2. 蒸馏设备的自动化控制

近年来，随着威士忌在国内消费者中的普及和生产企业的快速发展，国内新建的威士忌生产企业大多采用以上几种传统的蒸馏设备。这些蒸馏设备很好地满足了酒液中复杂成分和芳香物质分离提取的工艺要求。但是，传统设备因受时代技术发展的局限，多采用手动阀门调控整个蒸馏生产过程。这种结构的蒸馏设备，在安全性、产品质量的稳定性及操作便捷性等方面普遍存在明显的缺陷。这些缺陷的存在，已很难适应现代产业的生产需求。其主要问题反映在以下几点。

（1）设备缺乏安全防护所需的保护器件和制约程序，如操作不当，会直接造成设备的损坏和人身伤害。

（2）因传统的蒸馏设备均采用简单的手工操作方式，对系统运行状态、工艺参数等方面，缺乏科学精准的在线监测和调控手段。需要掌握专业技能的熟练技工，才能基本保证蒸馏过程对各工艺参数的精准把握，稍有不慎，将影响产品质量的稳定性。

（3）因设备结构尺寸庞大，各回路阀门较多，位置相距较远、较高（如一套"科菲式蒸馏器"各类大小阀门共计65个之多，最高处距地面20m以上），使得操作事故风险高，操作过程繁杂不便。

在生产实践中，由于各种物料发酵醪的组分不同，对蒸馏要求的工艺参数差别很大，而蒸馏过程中对各个阀门的精准操控及对蒸发、分馏参数的调控，会直接影响最终产品中风味物质、口感等指标的构成。因而，怎样克服传统蒸馏设备所存在的上述缺陷，成为人们不断创新完善的目标。现代在线监测和自动化控制技术的出现，为人们实现这一目标提供了便捷、可靠的方法。

在传统蒸馏设备自动化监控技术的应用中，人们一直在不断地求索，也经历了逐步提高完善的演进过程。

（1）自力式元器件在蒸馏控制系统中的应用　具体详情见图 3-96 所示。

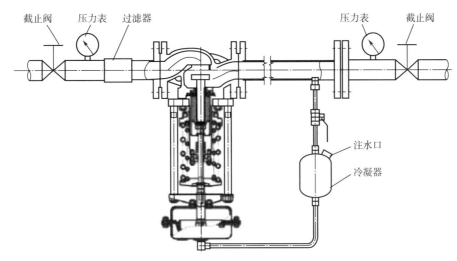

▲ 图 3-96　自力式元器件在蒸馏控制系统中的应用

自力式调节装置，适用于蒸馏设备运行过程中自动调控介质流量、压力、温度、液位等工艺参数。根据控制系统中预先设置的控制信号，自动调节阀门的开度，从而实现介质流量、压力、温度和液位的调节。

当自力控制元器件出现时，人们便首先将这一新技术应用到蒸馏系统冷却水和蒸汽加热蒸发量的自动控制中。这一新技术的应用，显著提高了冷却和蒸馏系统工艺参数的准确率，避免了人为操作失误带来的风险，减轻了操作强度。

该系统虽具有线性控制的特性，但系统只能独立运行，缺乏其他信息采集、传输及与总体系统的互动功能，所以，仍难以满足蒸馏系统对安全保障及工艺功能的全部要求。

（2）气动技术在蒸馏控制系统中的应用　气动控制技术因其元器件所具有的阻燃防爆特性和逻辑功能，得以在蒸馏系统控制中被广泛使用。人们在蒸馏系统的控制实践应用中，通过元器件之间气路管道的串联、并联接驳，利用元器件的"或""与""是""非"门功能十分便捷地组成逻辑控制回路。此技术可编制实现控制系统的零位、零压及安全互锁程序，从而有效防止了人为误操作所造成的系统负压或超压事故，同时可实现远程操控，避免操作人员攀爬操作可能发生的高空坠落风险。

气动控制技术因受元器件功能所限，在蒸馏系统控制中无法实现模拟量控制功能，只能进行开关量操作，对关键的蒸发、分馏等参数，无法实现工艺过程对介质流量、压力、温度和液位的线性调控。

（3）可编程控制器（PLC）在蒸馏控制系统中的应用　具体如图 3-97 所示。

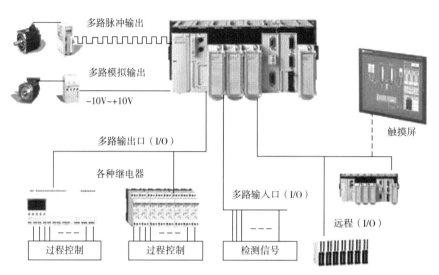

▲ 图 3-97　可编程控制器（PLC）在蒸馏控制系统中的应用

可编程逻辑控制器，是采用一类可编程的存储器，用于其内部存储程序，并执行逻辑运算、顺序控制、定时、计数与算术操作等面向用户的指令，并通过数字或模拟式输入/输出控制各种类型执行机构的运行过程。

可编程逻辑控制器具有以下鲜明的特点：

①使用方便，编程简单。只需采用简明的梯形图、逻辑图或语句表等编程语言，而无需专业的计算机知识，因此系统设计开发周期短，现场调试容易。另外，还可通过远程通信接口，在线修改程序，改变控制方案而无需拆动硬件。

②功能强，性价比高。一台小型 PLC 内有成百上千个可供用户使用的编程元件，具有很强的功能，可以实现非常复杂的控制功能。它与相同功能的继电器系统相比，具有很高的性能价格比。PLC 可以通过通信联网，实现分散控制，集中管理。

③硬件配套齐全，用户使用方便，适应性强。经过多年的发展完善，PLC 产品已经标准化、系列化、模块化。配备有品种齐全的各种硬件装置可供选用，能灵活方便地进行系统配置，组成不同功能、不同规模的系统。PLC 的安装接线也很方便，一般用接线端子连接外部接线。PLC 有较强的带负载能力，可以直接驱动一般的电磁阀和小型交流接触器。硬件配置确定后，可以通过修改用户程序，方便快速地适应工艺条件的变化。

④可靠性高，抗干扰能力强。PLC 用软件代替大量的中间继电器和时间继电器，仅剩下与输入和输出有关的少量硬件元件，接线可减少到继电器控制系统的 1/100~10/100，从而有效避免了传统的继电器控制系统因触点接触不良造成的故障。

PLC 采取了一系列硬件和软件抗干扰措施，具有很强的抗干扰能力，平均无故障时间达到数万小时以上，可以直接用于有强烈干扰的工业生产现场。

⑤系统的设计、安装、调试工作量少。PLC用软件功能取代了继电器控制系统中大量的中间继电器、时间继电器、计数器等器件，使控制柜的设计、安装、接线工作量大大减少。

PLC的梯形图程序一般采用顺序控制设计法来设计。这种编程方法很有规律，很容易掌握。对于复杂的控制系统，设计梯形图的时间比设计相同功能的继电器系统电路图的时间要少得多。

PLC的用户程序可以在实验室模拟调试，输入信号用小开关来模拟，通过PLC上的发光二极管可观察输出信号的状态。完成了系统的安装和接线后，在现场的统调过程中发现的问题一般通过修改程序就可以解决，系统的调试时间比继电器系统少得多。

⑥维修工作量小，维修方便。PLC的故障率很低，且有完善的自诊断和显示功能。PLC或外部的输入装置和执行机构发生故障时，可以根据PLC上的发光二极管或编程器提供的信息迅速地查明故障的原因，用更换模块的方法可以迅速地排除故障。

由于可编程逻辑控制器所具有的优良特性，使其在威士忌蒸馏设备的检控系统中被广泛应用。

威士忌生产企业可根据自身的产品工艺特点，通过触控屏方便快捷地输入或更改蒸馏过程的工艺参数。这样既避免企业工艺参数的泄露，又能保障所取得的产品保持鲜明的个性化特征。同时结合气动技术的特长，将两者有机结合，形成蒸馏设备合理完善的在线监测、控制技术。

近年来，随着核心算法的突破、云计算功能的迅速提高以及海量互联网数据的支撑，人工智能已迎来质的飞跃，也成为全球瞩目的科技焦点，人工智能已经从科幻逐步走入现实。

人工智能的发展，对蒸馏设备的智能化升级，也是一个历史性的新机遇。不一定需要蒸馏设备像人一样思考才能获得智能，但是，让机器能够解决人脑所能解决的问题，让机器学习人的思考方式和行为，将能进一步提升蒸馏设备的安全性能，突出人性化特点，充分保持各种酒类的独特风味特色，使威士忌蒸馏酒生产这一古老的传统工艺设备，紧跟时代，满足行业发展的需求。

五、麦芽蒸馏出酒率

1. 影响出酒率的因素

在威士忌生产过程中，影响出酒率的主要因素有以下几方面。

（1）原料：主要是大麦的品种，淀粉含量是影响大麦出酒率的主要因素。

（2）制麦及粉碎工艺不完整。

（3）糖化不彻底，这是影响出酒率的重要因素。

（4）管路、罐体同蒸馏器的连接不密封发生蒸气泄漏问题。

（5）蒸馏锅、天鹅颈、莱恩臂、冷凝器中的铜壁变薄，导致小孔渗漏。

（6）提前结束蒸馏操作。

2. 出酒率的计算 [21]

在苏格兰,威士忌蒸馏厂的出酒率是基于一周生产计划计算。按大麦芽使用量计算低度酒和酒头、酒尾收集罐、中间烈酒收集罐(Intermediate Spirit Receiver,简称ISR),以及烈酒收集罐、仓储大罐(Spirit Warehouse Receiver Vessel,简称SWRV)中的总量,减去前一周酒头、酒尾收集罐内保留量和烈酒产生总量;用每1L所含纯乙醇(Litres of Pure Alcohol,简称LPA)表示,单位为"L/t"。

蒸馏厂出酒率计算:

①前一周酒尾乙醇量: a=15500L(由前一周酒尾残量计算)

②中间烈酒收集罐中乙醇量: b=7200L

③在烈酒收集罐、仓储大罐中的乙醇量: c=30300L

④本周酒尾乙醇量: d=13500L

⑤乙醇总产量: $=b+c+d-a$

$=7200+30300+13500-15500=35500L$

⑥糖化用大麦芽量: $=85.54t$

⑦蒸馏厂出酒率: = 乙醇总产量(L)÷ 大麦芽使用量(t)

$=35500÷85.54=415L/t$

英国税务与海关总署(Her Majesty's Revenue and Customs,HMRC)会根据各蒸馏厂采购的麦芽数量及过去的生产经验,以周为周期进行估算,每单位重量的麦芽能产多少纯乙醇。

3. 计算发酵产酒量及超酵量 [21]

如前例中,一周多次发酵量平均从发酵前麦芽汁相对密度为1.055到发酵完成后相对密度0.998(FG:Final Gravity=998°),得到57°比重度。总共发酵10次得到总量485000L的酒醪,平均发酵量为57°比重度,因此可得发酵产酒量如下:

$$发酵产酒量 = \frac{酒醪量 \times 平均发酵酒精量}{8 \times 100} = \frac{485000 \times 57}{8 \times 100} = 34556L$$

英国税务局根据下列公式计算超产率:

$$\left(\frac{烈酒酒精产量 \times 100}{发酵酒精产量} - 100 \right) \times 100\% = \left(\frac{35500 \times 100}{34556} - 100 \right) \times 100\% = 2.73\%$$

可以得到合理的超产率2.73%。一般容许值在3%内,若多超过1%~2%就需要进行检查。

低报麦芽汁起始相对密度会提高超产率,高报会减少超产率,因此实验分析起始相对密度数值是必要的。法律规定,每周至少有六批发酵量需要进行检测以取得实际数据,蒸馏厂同时也要申报酒醪测量温度和相对密度以确定校准密度计读数。

理论出酒率虽然是每1000kg的大麦芽可以产生425L乙醇,但实际大型蒸馏厂的操作效率只有90%~95%,出酒率大概为390~400L乙醇。中小型蒸馏厂的操作效率会更低。

六、蒸馏安全生产要求

威士忌蒸馏车间的安全非常重要，要防止烧伤、烫伤、起火、爆炸等事故的发生。

蒸馏器上要安装压力表和安全阀，并且要定期检查和校对压力表和安全阀的灵敏度。

原料装锅后，开始通入蒸汽之前，首先要检查蒸汽的管路与阀门是否畅通。

发酵醪入蒸馏器或者从蒸馏器排放糟液，必须先打开蒸馏器上面的空气阀门，待压力表指到零，空气阀门不再往外排气时，再打开人孔阀和排糟口。有的操作人员不等蒸馏器里的压力降到零就去打开人孔阀，常被炽热的蒸汽烫伤。

必须仔细检查设备附件的严密性。附件不严密，能使设备漏出的乙醇蒸气至空气中，不仅造成浪费，还有导致起火和爆炸的危险。

蒸馏车间不允许见直火，不许吸烟，不能在此从事钳工或锻工工作，更不能在此烧电焊、气焊。

蒸馏车间的照明要采用防爆灯，整个车间的电灯都要有附属罩，携带式或长线光源所用的长线灯必须用低压电源。

当蒸馏设备和承压乙醇的容器必须进行维修时，要采取果断措施停止蒸馏。从蒸馏器和乙醇承受器里充分地排除乙醇蒸气，反复用水冲洗，待容器里没有酒的味道时，才能开始维修。

蒸馏车间应该在明显的地方设置灭火器、沙桶和麻袋，此外，还应该备有消防皮带等。应该按照安全生产、防火防爆的要求，对所有的操作人员进行系统的培训。

七、蒸馏技术的研究[①]

（一）试验一：威士忌新酒在生产中成分变化的试验

小组曾经对生产过程中成分的变化进行系统的研究，以下是研究成果汇总。

1. 原料

使用澳大利亚和日本的大麦芽进行试验，并且同苏格兰的麦芽进行对比，分析结果见表 3-49。

表 3-49　大麦芽成分的分析

	日本麦芽（A）	澳大利亚麦芽	日本麦芽（B）	苏格兰麦芽
干粒重 /g	34.9	37.2	34.4	32.7
水分 /%	9.7	5.41	7.37	5.73
浸出率 /%	70.03	75.13	69.96	73.81

---

① 　资料来源："优质威士忌酒的研究"青岛小组，1973—1977 年。

	日本麦芽（A）	澳大利亚麦芽	日本麦芽（B）	苏格兰麦芽
可溶解氮 /%	0.79	0.56	0.53	0.50
总氮 /%	1.83	1.65	1.68	1.61
脂肪 /%	1.64	2.00	1.48	1.52
纤维 /%	4.74	5.11	5.09	4.47
灰分 /%	1.73	1.82	1.98	1.89

从分析数据可以发现，澳大利亚麦芽的外观、切断试验、浸出率及其他成分都是良好的，苏格兰麦芽的千粒重较轻，颗粒也小，其他成分是中等。日本产的两种麦芽相类似，与澳大利亚和苏格兰比较，其切断试验呈现的结果和浸出率等较差。

2. 糖化与发酵期间成分的变化

（1）试验方法　分别使用日本和澳大利亚麦芽为原料，生产威士忌新酒进行对比。
（2）试验结果
①糖化和发酵的试验结果：日本和澳大利亚麦芽在糖化、发酵期间的分析结果见表 3-50、表 3-51。

表 3-50　日本麦芽糖化和发酵的分析结果

	时间/L	总糖/%	还原糖/%	糖度/°Bx	pH	总酸*	总氮/（mg/100mL）	氨态氮/（mg/100mL）	I.T.T.值**/min	酒精度/%vol
糖化	0	—	1.93	6.0	5.4	0.65	135	41.1	2.30	—
	1	—	6.34	13.3	5.4	0.92	176	54.6	2.10	—
	2	—	9.14	15.5	5.5	0.97	176	59.7	4.40	—
	2.4	14.00	9.85	16.4	5.5	1.10	173	60.2	4.40	—
发酵	接种液	8.03	4.04	7.5	4.4	1.25	1.25	—	—	—
	0	10.21	5.89	12	5.4	0.98	0.98	—	9.30	—
	16	7.59	4.53	8.5	4.4	1.22	1.22	31.7	8.00	—
	40	1.69	0.45	1.7	4.3	1.21	1.21	22.9	6.20	5.9
	64	1.22	0.36	1.2	4.4	1.18	1.18	22.4	5.00	5.9

* 总酸：取样品 10mL，使用 0.1mol/L 的 NaOH 溶液滴定的毫升数，表 3-51、表 3-60、表 3-61 中同。
**I.T.T.（Indicator Time Tast）值（指示剂时间试验值）：2，6 - 二氯酚靛酚的 60% 脱色需要的时间（min）。I.T.T. 还原后从红色变为无色。

表 3-51　澳洲麦芽糖化和发酵的分析结果

	时间/h	总糖/%	还原糖/%	糖度/°Bx	pH	总酸	总氮/（mg/100mL）	氨态氮/（mg/100mL）	I.T.T.值/min	酒精度/%vol
糖化	0	—	4.05	10.0	5.5	0.65	165	54.1	2.30	—
	1	—	8.87	16.2	5.5	1.00	—	65.8	4.00	—
	2	—	9.23	17.0	5.5	1.05	177	67.5	5.30	—
	接种液	6.50	3.84	9.0	4.0	1.30	—	—	—	—
发酵	0	—	6.34	13.0	5.5	0.80	—	—	6.00	—
	16	7.15	4.49	8.8	4.1	1.48	—	32.7	3.20	—
	40	1.76	0.50	2.0	4.0	1.20	—	24.7	5.00	6.5
	64	1.35	0.39	1.3	4.2	1.13	—	23.3	3.30	6.5

注：I.T.T.值澳大利亚麦芽发酵期间都较低，这是由于还原的作用。

研究与分析：糖化开始时还原糖含量低，接着增加速度很快。麦芽经研磨、糖化，最终麦芽汁中溶出了大量的氮。发酵时糖分因酵母的繁殖而减少，氨态氮含量、I.T.T.值也同样降低，用日本麦芽和澳大利亚麦芽进行比较发现，糖化时澳大利亚麦芽的还原糖生成多，发酵时乙醇生成率高。

氨态氮为澳大利亚麦芽含量高，从残量看出日本麦芽变化很少。高级醇生成的量，为使用澳大利亚麦芽的高。发酵时糖的消耗率，初期（0~16h）以澳大利亚麦芽为多；总酸的生成率，16h后以日本麦芽较高。

原料是造成以上差别的主要原因。

②发酵期间的低沸点成分分析结果：通过在不同时间的取样，对发酵期间的低沸点成分使用气相色谱进行分析，其结果见表3-52、表3-53。

表 3-52　日本麦芽发酵期间的低沸点成分变化　　　　单位：g/100mL

发酵时间/h	乙醛/×10⁻⁴	丙酮/×10⁻⁵	乙酸乙酯/×10⁻³	正丙醇/×10⁻³	异丁醇/×10⁻³	异戊醇/×10⁻³
16	2.3	2.3	1.13	0.68	0.86	2.2
40	7.1	6.8	3.25	3.27	2.78	10.5
64	9.8	9.7	4.22	4.08	4.01	15.5

表 3-53　澳大利亚麦芽发酵期间的低沸点成分变化　　　　　　　单位：g/100mL

发酵时间/h	乙醛/×10⁻⁴	丙酮/×10⁻⁵	乙酸乙酯/×10⁻³	正丙醇/×10⁻³	异丁醇/×10⁻³	异戊醇/×10⁻³
16	3.6	2.5	1.5	0.57	0.92	2.45
40	11.7	6.4	3.84	2.89	3.71	14.0
64	18.1	9.4	4.89	3.65	5.30	20.0

　　研究与分析：在高级醇的含量中，使用澳大利亚麦芽的异丁醇、异戊醇含量高。但正丙醇为使用日本麦芽含量高。因为麦芽原料的蛋白质及其他含氮成分的不同，其结果与以前研究的日本和苏格兰威士忌新酒所含高级醇是一致的。除丙酮外，乙醛、乙酸乙酯使用澳大利亚的麦芽生成量多。

　　糖化、发酵的条件基本一样，由于原料的不同而有差距。

　　③发酵期间的高沸点成分分析结果

　　a. 定性分析：通过不同时间的取样，对发酵期间的高沸点成分进行萃取，使用气相色谱进行分析，其定性物质见表 3-54。

表 3-54　气相色谱的保留时间与定性物质

峰号	保留时间/min	定性物质
1	—	乙醇
2	1.1	异戊醇
3	1.32	己酸乙酯
4	2.34	—
5	2.78	辛酸乙酯
6	4.10	糠醛
7	4.82	—
8	6.45	癸酸乙酯
9	8.38	癸醇
10	8.56	—
11	10.50	十一烷酸乙酯
12	12.80	—
13	16.20	月桂酸乙酯
14	21.70	β- 苯乙醇
15	23.50	—
16	33.60	—

b. 定量分析：对上述检出的主要成分，如辛酸乙酯、癸酸乙酯、癸醇、月桂酸乙酯、β-苯乙醇和糠醛进行定量分析，其结果见表 3-55、表 3-56。

表 3-55　气相色谱对发酵期间高沸点成分的分析结果（乙醚萃取）　　单位：mg/L

原料	发酵时间/h	辛酸乙酯	癸酸乙酯	癸醇	月桂酸乙酯	β-苯乙醇	糠醛
日本麦芽	0	—	0.03	—	0.09	1.88	—
	16	0.04	0.11	—	0.61	11.45	—
	40	1.54	0.73	0.54	5.77	45.1	—
	64	1.10	0.99	0.69	4.77	57.4	—
澳大利亚麦芽	0	—	痕量	—	0.09	0.81	—
	16	0.70	0.43	—	1.99	18.98	—
	40	2.28	1.64	0.81	6.72	42.1	—
	64	1.74	1.92	1.03	5.42	56.4	—

表 3-56　气相色谱对发酵期间高沸点成分的分析结果（水蒸气蒸馏后乙醚萃取）　　单位：mg/L

原料	发酵时间/h	辛酸乙酯	癸酸乙酯	癸醇	月桂酸乙酯	β-苯乙醇	糠醛
日本麦芽	0	—	—	—	0.03	1.96	—
	16	0.26	0.11	0.20	1.15	17.1	0.035
	40	0.35	0.32	0.37	3.47	34.7	0.035
	64	0.35	0.44	0.57	3.38	40.4	0.052
澳大利亚麦芽	0	—	—	—	—	0.78	—
	16	0.21	0.12	0.13	1.41	18.0	0.17
	40	0.53	0.60	0.55	2.41	37.0	0.21
	64	0.53	0.91	0.58	4.24	39.2	0.21

c. 研究与分析：直接乙醚萃取发酵 40h 各成分都有增加，特别是 β-苯乙醇和月桂酸乙酯生成较显著。发酵 40~60h 的日本麦芽和澳大利亚麦芽，其 β-苯乙醇继续增加，辛酸乙酯和月桂酸乙酯达到平衡状态而减少。

从含量上看，两种麦芽生成 β-苯乙醇较多，月桂酸乙酯大约 1/10 以下，辛酸乙酯和癸酸乙酯依次减少。

使用两种麦芽各成分含量的对比，β-苯乙醇差别不大，其他成分以澳大利亚麦芽较日本麦芽生成量多。

水蒸气蒸馏后乙醚萃取物较直接乙醚萃取法的所有定量值小，这是因为没有完全蒸馏出，还有些成分会进行分解。

3. 蒸馏期间成分变化

（1）试验方法　将日本和澳大利亚的麦芽经过糖化、发酵和进行两次壶式蒸馏，在烈酒蒸馏时取出部分样品进行分析，从而了解蒸馏过程中各种成分的变化规律。

（2）试验结果

①常规分析：乙醇、总酸、总醛、杂醇油和酯类的实验结果见图3-98。

从图3-98的结果可以看出，总醛和酯类大部分在蒸馏的初期被蒸发，杂醇油不是与总醛和酯类那样在蒸馏初期蒸发较多，而是在酒精度为25%vol时期最多。酸的馏出，开始较多，直到最低，在9h（酒精度在73%vol）后又增加，以酒精度在35%vol左右最大，蒸馏结束时约为最大时的1/3。

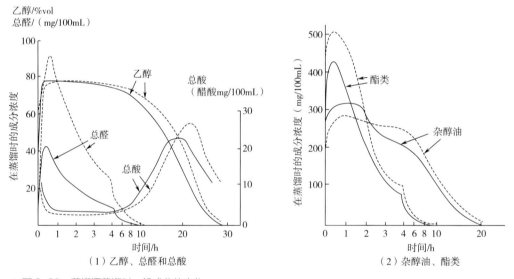

▲ 图3-98　蒸馏酒蒸馏时一般成分的变化

注：——日本麦芽　……澳洲麦芽

日本麦芽同澳大利亚麦芽比较，整个成分以后者馏出量较多，说明同原料有关。

②低沸点成分的气相色谱分析：乙醛、乙酸乙酯、正丙醇、异丁醇、异戊醇的气相色谱分析结果见图3-99所示。

从图3-99说明整个主要挥发物之间的关系，各成分在蒸馏初期多被蒸出，后来馏出量减少。乙醛、乙酸乙酯曲线持续降低，这也与图3-98的一般常规分析结果趋势一致。从图3-99了解到各种醇的成分，蒸馏的初期馏出有较强的倾向，异丁醇和异戊醇从初馏到后馏是连续地减少。正丙醇从初馏到后馏的减少极小。

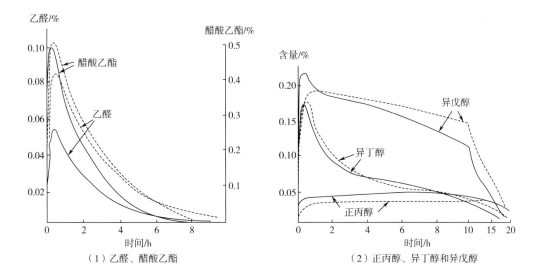

▲ 图 3-99　烈酒蒸馏时低沸点成分的变化

注：——日本麦芽　……澳大利亚麦芽

　　本分析结果与日本中村定性试验有相同的倾向。使用日本与澳大利亚麦芽的情况。除正丙醇外，整个成分以后馏出量为多，与前述一般分析结果对比一致。

　　③高沸点成分的气相色谱分析：癸醇、糠醛、癸酸乙酯、辛酸乙酯、月桂酸乙酯、β- 苯乙醇的气相色谱分析结果见图 3-100。

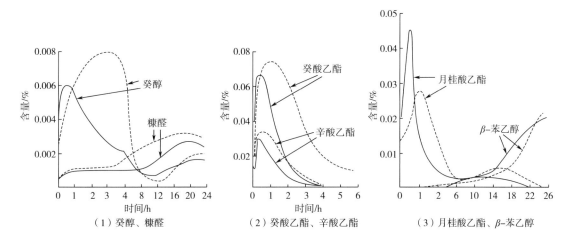

▲ 图 3-100　蒸馏酒蒸馏过程中高沸点成分的变化

注：——日本麦芽　……澳大利亚麦芽

　　烈酒蒸馏时高沸点成分的定性及定量：酯类和癸醇都是在初馏期间大部分被馏出，以后很快地减少，月桂酸乙酯在 6h 左右再增加，达到水平后又继续减少。癸醇在烈酒蒸馏中期或后期再度增加，该成分的特点是值得研究的。糠醛是在开始后15~25h馏出最多，整个中期变化不大。β-苯乙醇与其他成分不同，开始蒸馏后8h检出，从14h开始增加。

（3）蒸馏期间成分含量分析　为了了解蒸馏期间各种成分的含量情况，对酒醪蒸馏后的低度酒、烈酒蒸馏后的"酒尾""酒头""酒心"及"酒头+酒尾"的成分含量进行分析。

①蒸馏期间成分含量的变化

a. 低沸点成分的分析结果：见表3-57。

表3-57　日本和澳大利亚麦芽威士忌蒸馏低沸点成分　　单位：g/100mL

项目	乙醛		丙酮		乙酸乙酯		正丙醇		异戊醇		异丁醇	
	日本	澳大利亚	日本	澳大利亚	日本	澳大利亚	日本	澳大利亚	日本	澳大利亚	日本	澳大利亚
低度酒	0.0025	0.0052	0.00025	0.00025	0.0125	0.0145	0.0135	0.0125	0.014	0.0185	0.056	0.074
酒尾	0.0040	0.0030	0.00050	0.00032	0.0240	0.0200	0.010	0.011	0.0105	0.0099	0.0285	0.034
酒头	0.046	0.056	0.0033	0.0036	0.331	0.335	0.043	0.029	0.156	0.146	0.193	0.178
酒心	0.0055	0.0095	0.0010	0.00077	0.0357	0.0370	0.033	0.029	0.040	0.051	0.133	0.150
酒头+酒尾	0.0050	0.0060	0.00030	0.00032	0.0250	0.0250	0.022	0.019	0.014	0.013	0.04	0.039

b. 高沸点成分的分析结果：见表3-58。

表3-58　日本和澳大利亚麦芽威士忌蒸馏高沸点成分　　单位：g/100mL

项目	辛酸乙酯		糠醛		癸酸乙酯		癸醇		月桂酸乙酯		β-苯乙醇	
	日本	澳大利亚	日本	澳大利亚	日本	澳大利亚	日本	澳大利亚	日本	澳大利亚	日本	澳大利亚
低度酒	0.0002	0.0002	0.0006	0.0009	0.0002	0.0004	0.0002	0.0003	0.0007	0.0008	0.0087	0.0070
酒尾	0.0016	0.0023	0.0014	0.0019	0.0041	0.0047	0.0014	0.0017	0.0024	0.0031	0.0120	0.0140
酒头	0.0231	0.0270	0.00025	0.00063	0.056	0.054	0.0053	0.0046	0.0270	0.0200	未检出	未检出
酒心	0.0021	0.0022	0.0009	0.0021	0.0038	0.0052	0.0008	0.0014	0.0055	0.0061	0.0054	0.0029
酒头+酒尾	0.0019	0.0022	0.0024	0.0026	0.0048	0.0052	0.0012	0.0011	0.0030	0.0035	0.0155	0.0135

c. 分析与研究

酒醪的蒸馏变化情况：酒醪使用壶式蒸馏器进行蒸馏，通过蒸馏液生成的各种成分分析，来了解其蒸馏过程中的变化情况。

酒醪蒸馏是从开始蒸出馏液，到乙醇持续蒸完为止，因此在酒醪蒸馏时的损失，包括蒸馏后的废液及馏出液中未被液化的挥发性成分等。酒醪蒸馏时各成分的馏出状态难以观察，因此只能根据烈酒蒸馏后的分析结果推算，酒醪蒸馏时各成分损失率的特征分析如下：乙醛、丙酮的损失率为20%~30%，正丙醇为5%~10%，乙酸乙酯约为20%，这些损失都是从原来未凝结的气体而挥发掉的。异丁醇、异戊醇在沸点升高时，则有少部分的气体挥发，异丁醇的挥发率约为5%以下，异戊醇在成熟的发酵酒醪中几乎全部被蒸到低度酒中。高沸点的癸醇损失约为20%，高级脂肪酸的乙酯类损失为35%~70%，这些损失也可能是在废液中被排出，也可能是随着气体被蒸馏掉。β-苯乙醇从烈酒蒸馏开始时约有60%的损失，完全通过蒸馏废液被排出了。糠醛在发酵时直接生成的很少，大部分是在酒醪蒸馏中由酒醪的残糖经加热分解而生成。

烈酒蒸馏时成分的变化情况：烈酒蒸馏是将低度酒加上烈酒蒸馏时的酒头和酒尾一起进行蒸馏，分为酒头、酒心、酒尾及废液等。酒醪中的各种成分是如何分离的，烈酒蒸馏操作又如何影响威士忌新酒的成分，这在威士忌新酒的生产管理上是非常重要的。现将各成分的变化情况说明如下。

乙醛：属沸点低、挥发性大的液体，在初馏液中馏出约为30%，中馏液中约为50%，后馏液中约为10%以下，大约有15%的损失，主要以气体状态未凝结而蒸发掉。

丙酮：在后馏部及蒸馏损失中是看不到的，在中馏液中有75%~80%。不同于乙醛那样的分离，其数量也少，关于这一点还需要进一步研究。

乙酸乙酯：初馏液中约有40%馏出，在后馏部及蒸馏损失中没有见到。

正丙醇：总含量的60%以上在中馏液中被分离，烈酒蒸馏时与其他醇类比较，其馏出量的变化极少，初馏液的馏出量很少，后馏液为30%左右。残液中的含量几乎没有。

异丁醇：比正丁醇、异戊醇馏往初馏液的多，初馏液中有20%左右被分离，后馏液、蒸馏残液中含量极少。在中馏液的分离，比正丙醇、异戊醇多70%~80%。

异戊醇：比正丙醇、异丁醇沸点高，中馏液中为60%左右，后馏液、蒸馏残液中也比较多。

高级脂肪酸的乙酯类：在烈酒蒸馏过程中，高级脂肪酸乙酯都有所增加，这是由于在加热状态的烈酒蒸馏阶段进行酯化反应。当然这种酯化反应也在酒醪蒸馏时进行，酒醪中的酒精度为6%vol左右，其大部分为水，因此酯化反应比烈酒蒸馏时少得多。

烈酒蒸馏时生成这些酯类的数量，同月桂酸乙酯、癸酸乙酯在低度酒中的数量大体相同，辛酸乙酯低度酒中分离了60%~90%的量，前两者的生成量则较多，这与在酸中或在初馏液中这些酯类物质对应的游离酸的多少有关系。

这些酯类在低度酒中和在烈酒蒸馏时生成，其全部馏出的状态观察如下：辛酸乙酯在中馏液中大于50%，其余不到50%存在于初馏液、后馏液及蒸馏残液中的损失。癸酸乙酯在中馏液馏出与辛酸乙酯50%左右相同，月桂酸乙酯约60%中馏液，初馏液中为20%左右，相反后馏液及蒸馏残液的损失是很少的。

癸酸：使用澳大利亚麦芽不但绝对量多，且中馏液的量也多。后馏液中约30%，在蒸馏残液中几乎没有损失。

β-苯乙醇：同酒醪蒸馏时的损失相同，中馏液中日本麦芽为14%，澳大利亚麦芽为8.7%，损失很少，后馏液中为35%~40%，蒸馏残液中约为50%左右。

糠醛：初馏液馏出少，在后馏液中是相当多的，使用日本麦芽和澳大利亚麦芽差别很大。不论使用哪种麦芽，蒸馏残液中的损失几乎没有。

②新酒高级醇成分的馏出比率：威士忌成品的异戊醇/异丁醇的比值是其特征之一。更以新酒和谷物酒中的异戊醇/异丁醇，异戊醇/正丙醇，异丁醇/正丙醇的比值，说明了其特征。因此，在发酵过程中生成高级醇各成分的比例及在酒醪、烈酒蒸馏时的比例及其变化，对威士忌新酒的研究意义非常重要。

异戊醇/异丁醇，异戊醇/正丙醇，异丁醇/正丙醇的比值，在烈酒蒸馏时的变化趋势如图3-101所示。

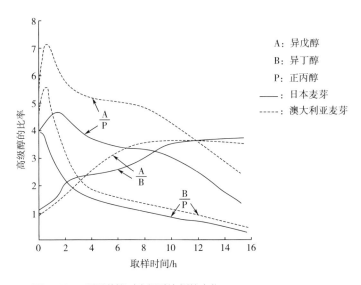

▲ 图 3-101　烈酒蒸馏时高级醇比例的变化

异戊醇/异丁醇的比值，预计在蒸馏初期从1.0开始，徐徐上升，中馏时为1.2~1.5，余馏时为3.4~3.8。异戊醇/正丙醇、异丁醇/正丙醇的比值，在蒸馏初期较高，有慢慢减少的倾向。使用不同的日本麦芽和澳大利亚麦芽为原料，其绝对值也不相同，从总的数据来看前者数值低。曾经有研究，日本的威士忌原酒比苏格兰威士忌原酒中异戊醇/正丙醇、异丁醇/正丙醇的比值低，使用苏格兰麦芽和澳大利亚麦芽为原料也有差别，所以原料会影响这些比值。

生产工艺也会影响这些比值，包括发酵、酒醪蒸馏、烈酒蒸馏的酒头、酒心及酒尾。生产过程中异戊醇/异丁醇，异戊醇/正丙醇，异丁醇/正丙醇的比值及其变化情况见表3-59。

表 3-59　威士忌新酒生产过程中高级醇的比值

	馏分	日本麦芽			澳大利亚麦芽		
		A/B	A/P	B/P	A/B	A/P	B/P
发酵	16h	2.53	3.28	1.30	2.68	4.34	1.62
	40h	3.74	3.21	0.85	3.77	4.83	1.28
	64h	3.87	3.80	0.98	3.77	5.47	1.45

馏分	日本麦芽			澳大利亚麦芽		
	A/B	A/P	B/P	A/B	A/P	B/P
低度酒 + 低度酒	4.00	4.15	1.04	3.97	5.87	1.48
低度酒 + 酒尾	3.78	3.92	1.04	3.90	5.38	1.38
酒头	1.23	4.53	3.68	1.21	6.17	5.09
酒心	3.31	4.07	1.23	2.94	5.16	1.75
酒尾	24.09	1.61	0.07	24.00	1.41	0.06
酒头 + 酒尾	3.07	1.95	0.64	3.00	2.05	0.68

注：A—异戊醇，B—异丁醇，P—正丙醇。

发酵醪进行蒸馏时，异戊醇 / 异丁醇，异戊醇 / 正丙醇，异丁醇 / 正丙醇的比值，数值都有越来越高的倾向。在烈酒蒸馏时这些成分的损失，正丙醇 > 异丁醇 > 异戊醇。

使用澳大利亚麦芽的这些数据，同苏格兰新酒的数据有些近似。苏格兰威士忌新酒与日本威士忌新酒的差别，主要是在发酵过程中的条件不同、蒸馏方式的不同等综合原因造成的。从烈酒蒸馏酒的这些分析数据可以看出，尽可能采取初馏部分的新酒，其高级醇成分的组成比接近苏格兰新酒，当然也不是绝对的。

（二）试验二：蒸馏酒头和酒尾切点的试验

在威士忌酒的生产中，蒸馏过程是一个关键的环节。通过蒸馏操作可以把发酵时形成的醇类及其他挥发性物质浓缩提纯，达到"去粗取精"的目的。由于在一定的条件下各挥发性物质都具有其特定的挥发系数，因此各种成分存于蒸馏的不同阶段中。一般认为低沸点杂质多集中在酒头，高沸点的物质多集中在酒尾，因此在蒸馏时利用掐头去尾的方法以控制酒心的质量，已成为行之有效的经验。

1. 试验方法及条件

（1）一次酒醪蒸馏去酒头和酒尾　去酒头量每千升酒醪为 2.5L。去酒尾量视酒醪中的酒精度而定，如酒精度为 5%~6%vol，则在 7%vol 开始去尾，借以控制蒸馏的低度酒酒精度在 27%vol 左右，试验中采用 7%vol 开始去尾。

（2）二次烈酒蒸馏掐头去尾　二次烈酒蒸馏掐头量为一次蒸馏的 2%，去尾量根据酒头的酒精度及需要的酒心酒精度由经验式计算而定，计算公式如下：

（酒头酒精度 – 需要的酒心酒精度）× 2= 系数

需要的酒心酒精度 – 系数 = 应当去尾的酒精度

例：（77–70）× 2=2 × 7=14

　　70–14=56

试验中酒精度去酒头阶段每隔 1L 取样一次，酒心及去尾阶段每间隔 15L 取样一次，分别测定酒精度、总酸、总酯、总醛、高级醇、异戊醇及异丁醇等，以观察各种成分的变化情况。

2. 试验结果

（1）酒醪蒸馏中酒头、酒尾的成分　在蒸馏试验中共分析了九锅次，其结果基本上是一致的，今以 22 号试验的三锅分析数据为例列表，如表 3-60 所示。

表 3-60　一次蒸馏酒成分的常规分析　　　　　　单位 :g/L（50%vol 乙醇）

试样	分析项目	酒精度/%vol	总酸	总酯	总醛	高级醇	异戊醇	异丁醇
第一锅	酒头	61	0.1665	0.825	0.063	5.409	2.95	0.8196
	酒中	26.7	0.0691	0.2573	0.05765	1.722	0.823	0.1872
	酒尾	3.2	0.485	2.725	0.3435	0.3593	0.125	0.0125
第二锅	酒头	62.6	0.118	0.401	0.05795	5.431	2.903	0.1597
	酒中	28.6	0.0715	0.3045	0.05	1.748	0.874	0.1748
	酒尾	4.9	0.6295	1.96	0.211	2.85	1.224	0.0204
第三锅	酒头	65.9	0.0505	1.015	0.06175	4.552	2.579	0.1517
	酒中	28.9	0.05325	0.137	0.03575	1.539	0.865	—
	酒尾	3.7	0.55	3.535	0.2	0.297	0.108	0.027
三锅混合液		27.1	0.68	0.276	0.03615	1.937	0.922	0.1845

（2）二次蒸馏过程中温度及酒的变化　在二次蒸馏试验时控制壶式蒸馏锅的颈顶压力，保持在 15~20cm 水柱，每隔 15min 在检酒器观察一次酒精度，每隔 15min 观察一次锅顶气相的温度，根据测定的结果绘制温度和酒精度的变化曲线（图 3-102），以观察动态精馏过程。

（3）烈酒蒸馏过程中酒头、酒心、酒尾的成分　在烈酒蒸馏过程中，去酒头阶段每隔一升取样一次，酒心及酒尾每隔 15L 取样一次，全过程共取样 28 次，本试验共试二批，今将试号 22 号的分析结果列表，如表 3-61 所示。

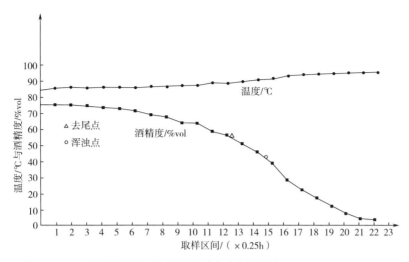

▲ 图 3-102　烈酒蒸馏过程中温度及酒精度的变化曲线图

表 3-61　二次蒸馏酒头、酒心、酒尾的成分　　　　　单位：g/L（50%vol 乙醇）

区间	样品号	酒精度/%vol	总酸	总酯	总醛	高级醇	异戊醇 A	异丁醇 B	A/B
1	酒头 2	77.6	0.02545	0.484	0.04535	2.174	1.063	0.386	2.75
2	4	77.7	0.02775	0.4885	0.0481	2.22	1.159	0.193	6.0
3	6	77.4	0.03185	0.485	0.0509	2.374	1.356	0.9689	1.39
4	8	77.3	0.0422	0.5210	0.05265	2.328	1.261	0.9702	1.29
5	10	77.4	0.03585	0.547	0.05055	2.422	1.259	0.9689	1.04
6	12	77.2	0.03275	0.2585	0.04805	2.234	1.214	0.9715	1.24
7	14	76.6	0.0402	0.4965	0.0484	2.105	1.174	0.9791	1.19
8	16	76.6	0.0402	0.302	0.0484	2.349	1.272	0.9791	1.29
9	酒心 15	76.1	0.02595	0.2215	0.0477	2.398	1.248	0.1314	9.5
10	30	75.6	0.0163	0.1275	0.04305	2.546	1.322	0.1322	10
11	45	75.1	0.01804	0.2245	0.03365	2.396	1.264	0.1331	9.5
12	60	74.6	0.0206	0.1405	0.0280	2.305	1.239	0.1340	9.2
13	75	74.1	0.02495	0.130	0.02075	2.361	1.349	0.06747	19.9
14	90	73.1	0.02105	0.161	0.01845	2.216	1.258	—	—
15	105	72.1	0.02735	0.183	0.0085	2.135	1.109	0.05547	18.4
16	120	70.6	0.02375	0.2755	0.00870	2.039	1.048	0.05665	18.4

区间	样品号	酒精度/%vol	总酸	总酯	总醛	高级醇	异戊醇 A	异丁醇 B	A/B
17	135	69.2	0.02225	0.0860	0.003175	1.994	1.040	0.05790	17.9
18	150	68.2	0.02255	0.100	0.003485	1.876	0.997	0.05.8	17.2
19	165	66.2	0.0382	0.0570	0.00498	1.737	0.9441	—	—
20	180	64.5	0.0267	0.0775	0.005115	1.550	0.8139	0.03875	21.0
21	195	62.5	0.03645	0.100	0.00528	1.380	0.80	—	—
22	210	61.0	0.0303	0.0534	0.005405	1.229	0.6557	0.041	15.9
23	225	57.2	0.03985	0.303	0.005765	1.092	0.5676	0.044	12.9
24	酒尾 30	49.4	0.0524	0.2795	0.00668	0.506	0.253	0.0101	25.0
25	60	37.6	0.0375	0.288	0.008775	0.267	0.1462	0.0266	5.49
26	90	25.6	0.0846	1.586	0.00855	0.1562	0.039	0.0195	2.0
27	120	14.2	0.139	1.89	0.0232	0.1480	0.0352	0.0704	0.5
28	150	4.2	0.3665	0.745	0.0520	0.2976	0.190	0.119	1.59
中馏酒混合		70.6	0.0288	0.1520	0.02395	1.98	1.415	0.354	3.99

根据以上分析数值，绘制曲线图，表明了几种主要成分在二次蒸馏过程中的分布情况（图 3-103）。

3. 分析与讨论

（1）一次蒸馏过程中高级醇多分布在酒头，而总酸、总酯在酒尾中均有明显的增加，这可能是由于蒸馏最后阶段随着蒸馏醪内乙醇成分的减少，沸点逐渐增高，一些分子质量较大的脂肪酸及其乙酯类被蒸出。为了控制产品质量和提高精馏效率，研究小组认为在粗馏过程通过掐头除去部分高级醇，通过去尾除去一些不必要的长链脂肪酸及其乙酯，对于稳定产品质量是有益的。

（2）烈酒蒸馏过程中根据分析数据及其曲线图可以看出，高级醇的转移是一条比较柔和的曲线，大约从第 10 区开始呈递减状态，在 3~10 区间按其分析值看相差甚微，在曲线图上近似水平，由此可以断定有相当多的高级醇在酒头阶段馏出。总酸、总酯、总醛的曲线都是呈近似 U 形的走向，其中总酸、总酯在 2、3 区上升较快，而在观察二次蒸馏过程中恰好此时馏液出现乳白色浑浊，由此可以推断，引起蒸馏酒浑浊的原因主要是长链脂肪酸及其酯类，其次是高级醇。鉴于从 2、3 区开始酒质的变化情况较大，而其酒精度为 50%~57%vol，为了改善酒心的质量，提前至 60%vol 左右（即 22 区与 23 区间）去尾是比较稳妥的。

（3）从曲线图中可以看出，1~2 区间各种成分的含量均略低，这可能是在开始蒸馏阶段冷却器内存有水分所致，但在 5~7 区间各种成分分别达到顶点，此后渐降，说明从 8 区开始掐头还是比较合适的；9~23 区间为酒心，从曲线图看，8~13 区间各种成分变动较大，13~18 区间比较平稳，18~23 区间又有较大的变化。结合气相色谱分段分析酒心的结果，研究小组认为对酒心可以考虑分级贮存，这样对于调整勾兑酒的成分，稳定产品质量是有利的。

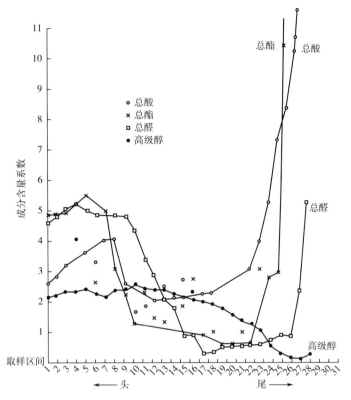

▲ 图 3-103　蒸馏过程中几种主要成分的变化曲线图

（4）关于酒头及酒尾的处理是一项值得深入研究的问题。在我国著名白酒的生产中有些宝贵的经验可以借鉴，由于条件所限未能进行试验，但从成分分析数据可以看出，酒头中高级醇及总酯的含量较多，香气也较浓郁，如能单独处理去粗存精合理利用，对于提高酒的风味将是有益的；而酒尾的处理，通常是用较大火力蒸馏，直到最后的酒精度降为 1%vol。在实验中发现，当酒精度在 2%vol 以下的部分因为蒸馏锅内的残液中乙醇含量已为 0.15%vol 以下，壶颈顶部的温度持续在 98℃以上，此时蒸出的馏分杂质较多，因此不论是从酒质或从设备利用及热量消耗的观点来看，继续蒸至酒精度为 0 是不经济的，可以考虑停机废弃或部分混入下批的发酵醪中重蒸。

（三）试验三：酒心的分级试验

蒸馏试验的观察结果：在收集酒心的过程中，各种成分的变化很大。为了进一步探讨合理的收集酒心的条件，进行了以下的酒心分级试验。

1. 试验方法

烈酒蒸馏时掐头以后，根据酒心的产量分为三段，分别贮存在橡木桶中，定期分析其成分，并进行感官鉴定。

2. 试验结果

酒心分级试验原酒气相色谱分析结果见表3-62。

表3-62　酒心分级试验原酒气相色谱分析结果　　　单位：g/L（50%vol乙醇）

分析项目 ＼ 试验内容	酒心一段	酒心二段	酒心三段
酒精度 /%vol	67.9	64.1	59
乙醛	0.0583	0.021	0.0125
甲醇	0.040	0.036	0.037
乙酸乙酯	0.288	痕量	痕量
正丙醇	0.37	0.408	0.288
异丁醇	1.116	0.93	0.709
异戊醇	2.85	2.79	1.55
己酸乙酯	0.022	0.006	0.011
辛酸乙酯	0.135	0.027	0.022
癸酸乙酯	0.357	0.057	0.022
月桂酸乙酯	0.19	0.029	0.0085
肉豆蔻酸乙酯	0.106	0.033	0.013
棕榈酸乙酯	0.30	0.26	0.20

感官鉴定评语摘要见表3-63。

表3-63　感官鉴定评语

酒心一段	酒心二段	酒心三段
色：浅禾秆黄	色：浅禾秆黄	色：浅禾秆黄
香：较浓，高级醇味略重，较辛辣	香：较纯正，醇和适口	香：较浓，有糟香味

3. 分析与讨论

从分析结果可以看出，一段酒心与二段酒心其高级醇的含量相差不多，但 C_8~C_{12} 脂肪酸乙酯的含量则差别很大，特别是癸酸乙酯的含量，前者较苏格兰威士忌酒样品高出近两倍，后者尚不及苏格兰威士忌酒的一半，三段酒心的各种成分含量均较低。

图 3-104 是"优质威士忌酒的研究"后期规模化生产中使用的蒸馏器，现存于青岛葡萄酒厂旧址内。本蒸馏器的设计和制作者为我国著名的白兰地和威士忌蒸馏设备专家石勇智先生。

▲ 图 3-104 "优质威士忌酒的研究"后期规模化生产中使用的蒸馏器
（摄影：袁新海、孙方勋）

第七节 国内传统麦芽威士忌生产工艺回顾

"优质威士忌酒的研究"于 1977 年通过轻工业部鉴定后，青岛葡萄酒厂成立了专门的威士忌生产车间，对内称为"酿酒车间威士忌班组"。自此，这个威士忌生产车间一直坚持生产，每天采取早、中、晚三班连续运转，从来没有停止过。可惜的是，在 20 世纪末由于种种原因而被迫关闭，庆幸的是目前这个车间及生产设备等还得到了完整的保留。

以下是青岛葡萄酒厂传统的麦芽威士忌生产工艺及流程，见图 3-105。

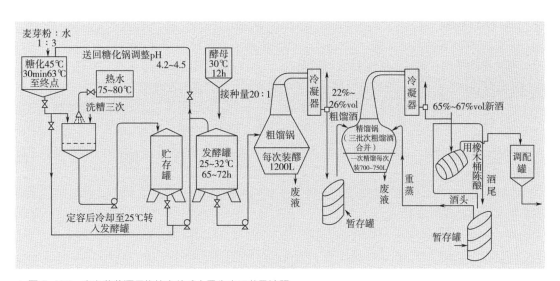

▲ 图 3-105 青岛葡萄酒厂传统麦芽威士忌生产工艺及流程

一、糖化工艺

1. 技术指标

外观糖度：12~14° Bx。
总糖：9.5%~12%。
还原糖：6%~7%。
酸度[①]：3~4。

2. 操作要点

投料量：250kg。
料水比：1∶4。
温度：45℃，30min。
　　　55℃，30min。
　　　63℃，糖化至终点。
pH：4.5±0.2。
定容：1250L。

3. 操作步骤

（1）按规定量加入水（950~1000L）开汽加温，并搅拌至48~50℃，均匀投料（烟熏麦芽在最后加入）注意防止结团。加水定容到1250L。

（2）开汽升温，按规定温度进行糖化，并定时取糖化液检查至遇碘液不变色时止。

（3）过滤洗糟

①放出糖化醪经过滤洗糟，泵入1号存储罐（第一麦芽汁），余下的麦糟用70~75℃的热水分两次进行洗糟（至糟面见水），搅拌后泵入1号存储罐。然后泵入糖化锅定容到1250L，用H_2SO_4调整pH4.5左右，开冷却水冷却至要求的温度时，立即泵入发酵罐。

②经第一次洗过的麦糟，以同样的操作方法用75~80℃的热水进行第二次洗糟（用量950~1000L），放出原麦芽汁（第三麦芽汁）泵入存储罐作为下次糖化用水（如不马上使用，则要在80~85℃杀菌30min），最后取出麦糟。过滤槽用热水冲洗干净备用。每星期六早晚要拆卸箅子彻底洗刷。

③管路、工具和存储罐等送料完毕及时清洗。存储罐立即用蒸汽杀菌30min，往发酵罐送料时管路要先用蒸汽杀菌10min。

---

① 　酸度为10mL试样消耗0.1mol/L NaOH的毫升数，余同。

二、酵母培养和发酵

（一）酵母培养

1. 技术指标

在培养过程中不应增酸，培养的酵母醪酵母细胞数，每毫升不少于1亿，出芽率15%~25%。

2. 操作要点

酵母培养的操作要点见表3-64。

表3-64　酵母培养的操作要点

	培养条件	试管	小三角瓶	大三角瓶	卡氏罐	酵母罐
培养液	浓度 /°Bx	15~16	15~16	15~16	15~16	16~14
	pH	4.5~4.8	4.5~4.8	4.5~4.8	4.5~4.8	4.5~4.8
	数量 /mL	12	120	1200	12000	120000
	杀菌压力 /MPa	0.1	0.05	0.05	0.05	蒸汽
	时间 /h	0.5	0.5	0.5	1	0.5
	培养时间 /h	24	24	20	17~18	14~15
	培养温度 /℃	28~30	28~30	28~30	28~30	28~30
	扩大培养倍数	10	10	10	10	10

3. 操作步骤

（1）斜面培养　取12~13°Bx的麦芽汁过滤，加1.5%~2.5%琼脂熔化，装入已备好的试管（每管约10mL）塞上棉塞，在0.1MPa杀菌30min或常压间隙杀菌3次。制成斜面放保温箱2~3d即可使用。在28~30℃培养5~6d（接种之后）。

（2）酵母罐　使用之前空罐用蒸汽杀菌15min再泵入糖化醪50~60L，调pH4.5~4.8，升温至63~65℃，保温继续糖化。

接种前1.5~2h开间接蒸汽在80~85℃杀菌30min，冷却至24~28℃备用。接种后在28~30℃培养14~15h。接种后搅拌1min，每小时记录品温。

（3）酵母检查　卡氏罐及酵母罐中种液，每次使用前1h检查酸度，酵母使用前进行镜检，测定耗糖率。

（二）发酵

1.技术指标

酒精度：5%~6% vol。
总残糖：不大于 1.0%。
还原糖：不大于 0.4%。
酸度：不高于 6。

2.操作要点

温度：25~32℃。
时间：不低于 72h。
接种量：5%。

3.操作步骤

（1）所有容器、管路、设备工具使用前后用水冲刷，并使用蒸汽杀菌备用。
（2）接种前 1h 将酵母罐的输送胶管用蒸汽杀菌 30min，泵和胶管用蒸汽杀菌 15min。
（3）发酵温度控制在 26~30℃，因气候关系，实在有困难，也不要超过 32℃。
（4）发酵罐使用前 2h 用水冲刷，并使用蒸汽杀菌 100℃，1h。
（5）严格消毒杀菌工作，保持室内清洁。每周六夜班清理门、窗、下水道、墙壁、地面。下水道撒漂白粉进行杀菌，次日早班进行冲刷工作。
（6）按实际操作正确填写原始记录。

三、蒸馏

1.技术指标

酒精度：不小于 65%vol。
质量：加水稀释至 43%vol 不失光。

2.操作要点

（1）酒醪蒸馏　要严格控制防止溢锅现象，截取前 5L 酒头。

（2）水柱高度及温度控制　酒醪蒸馏锅：30~60cm。烈酒蒸馏锅：截酒头和中馏酒心阶段10~25cm，去酒尾阶段40~60cm，温度控制在20~30℃。酒温：（25±3）℃。

3. 操作步骤

（1）酒醪装锅前先关闭锅底阀门，然后将酒醪装入锅中，关闭好锅盖，开间接蒸汽蒸馏至酒精度1%时停止蒸馏，排出糟渣，清洗干净。

（2）烈酒蒸馏（二次蒸馏）将低度酒进行二次蒸馏时，开始要缓慢，待截取酒头（2%）后，再转入正常速度操作。新酒的酒精度不能低于65%vol，一般在62%vol接酒尾。

（3）在烈酒蒸馏过程中，定时取样加水稀释至酒精度43%vol，观察酒的清浑，随时截取酒尾。

（4）酒头酒尾合并进入二次蒸馏。

（5）蒸馏结束，一切用具立即冲刷备用，如原料品种风味不同互相影响时，蒸馏锅及冷却器要彻底冲刷至无异味为止。

四、存储和调配

1. 存储

在橡木桶中存储陈酿3年以上。在陈酿期间定期检查，检验记录将作为调配时参考。

2. 调配

根据青岛威士忌的独特风格，利用不同质量和风味、不同存储年份的酒进行调配。调配后的威士忌可以继续在橡木桶中存储。

小贴士
麦芽威士忌的质量控制要点

　　帝亚吉欧是全球著名的酒类巨头企业，对于威士忌质量控制拥有成熟的经验，对生产工艺的每个阶段进行质量和流程把控，以保证各个酿酒厂的风味特征。图3-106为帝亚吉欧对苏格兰威士忌质量控制要点的总结（资料来源：摘自2021年9月28日在山东蓬莱召开的"威士忌国家标准研讨会"帝亚吉欧的技术报告）。

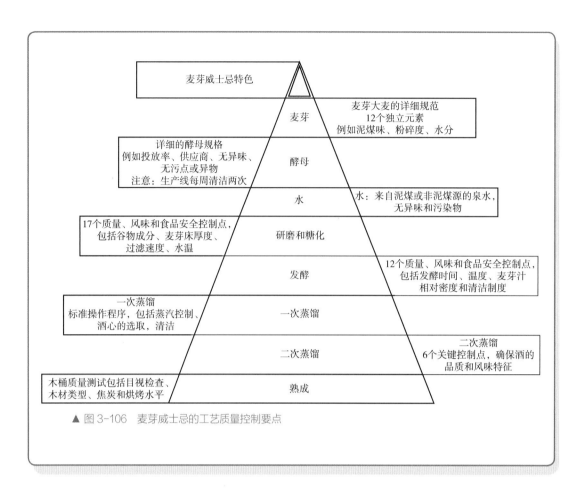

麦芽威士忌特色

麦芽

麦芽大麦的详细规范
12个独立元素
例如泥煤味、粉碎度、水分

详细的酵母规格
例如投放率、供应商、无异味、
无污点或异物
注意：生产线每周清洁两次

酵母

水

水：来自泥煤或非泥煤源的泉水，
无异味和污染物

17个质量、风味和食品安全控制点，
包括谷物成分、麦芽床厚度、
过滤速度、水温

研磨和糖化

发酵

12个质量、风味和食品安全控制点，
包括发酵时间、温度、麦芽汁
相对密度和清洁制度

一次蒸馏
标准操作程序，包括蒸汽控制、
酒心的选取，清洁

一次蒸馏

二次蒸馏

二次蒸馏
6个关键控制点，确保酒的
品质和风味特征

木桶质量测试包括目视检查、
木材类型、焦炭和烘烤水平

熟成

▲ 图 3-106　麦芽威士忌的工艺质量控制要点

第四章

谷物威士忌
生产工艺

谷物威士忌（Grain whisky），原料是使用发芽大麦及各类型谷物，例如玉米、小麦等。当然，尚未发芽的大麦也是可以的，不过在苏格兰大多数使用的原料是小麦，而美国的波本威士忌使用的原料为玉米。

谷物威士忌同麦芽威士忌在原料处理环节的区别是不用经过浸麦的发芽过程，因此酿造的时间及成本也相对降低。谷物威士忌经过发酵后，酒醪可以直接进行连续蒸馏。麦芽威士忌通常以壶式蒸馏器蒸馏，而谷物威士忌则是使用科菲蒸馏器。科菲蒸馏器的优点是可以连续且快速蒸馏出酒精度 90%vol 以上的酒液，成本更低。蒸馏后用水稀释，装桶陈酿，其陈酿潜力有时不比麦芽威士忌差，有些适合酒龄短年轻时混合，大多数适合陈酿后再调和。通常在小于 700L 的橡木桶中陈酿，时间为 3 年以上。

许多谷物威士忌的制作并不是为了单独装瓶，而是为了制作调和威士忌。在苏格兰，由于谷物威士忌成本低，生产出来后，大多与麦芽威士忌一起调配成调和威士忌（Blended whisky）。这样可以提高威士忌的产量，还可以根据两种威士忌的优点，调配出更符合大众口味的产品，例如大家十分熟悉的芝华士（Chivas）、尊尼获加（Johnnie Waker）等。调和威士忌一直以来是威士忌的主流市场。

世界各地都有非常著名的谷物威士忌，例如在日本，一甲科菲谷物威士忌（Nikka coffey grain whisky）以及知多三得利威士忌（Suntory whisky chita）。在美国，每家酒厂都有自己的谷物混合配方。法律要求肯塔基州纯波本威士忌的玉米比例至少为 51%，但实际上玉米比例会更高些（60%~80%）。

第一节　原料粉碎

谷物威士忌的生产可使用谷类。在苏格兰，以前最基本的谷物是玉米，但是玉米需要进口，现在主要使用当地产的小麦。在爱尔兰、日本和加拿大玉米作为主要原料被广泛使用。谷物威士忌原料也包括大麦芽。

在美国，威士忌是多种谷物按照特定比例来制作的，基本上每个酒厂所使用的比例都不大相同。多种谷物可以使威士忌有多种风格，玉米能提供丰富油脂感的甜味，裸麦能提供香料味和酸度，裸麦比例越高最终成品就越辛辣。小麦则能带来较甜、细腻的效果。未发芽的大麦因含有较多的胶质成分，产生的黏性会增加泵送和清理的困难。而发芽大麦主要是提供能将淀粉转化为糖的酶，通常使用量为 10%~15%。

一、粉碎的目的

谷物威士忌酒厂的糖化都已实现了原料蒸煮过程的连续化，所以原料必须预先进行粉碎，加水制成谷浆后，连续均匀地输送到连续蒸煮系统。

粉碎的目的是释放淀粉颗粒以利于糖化。通过粉碎,使原料颗粒变小,原料的细胞组织部分破坏,淀粉颗粒部分被充分暴露,经过热水处理时,谷物原料的淀粉颗粒吸水膨胀,有利于糊化和液化工艺的完全进行,大大提升原料利用率。另外,与整粒谷物相比,经过粉碎后的谷物原料所需要的蒸煮压力和温度都现代较低,时间也较短,不仅可以减少能源消耗同时降低可发酵性物质的损失。玉米、黑麦、小麦、麦芽等谷粒首先在谷物粉碎机中被粉碎成了细粉。

二、谷物原料除杂

玉米等谷物从储藏罐的漏斗输出后自动称重,经过筛除杂质,再入粉碎机。粉碎后的玉米称为"谷粉",之后进入下一步的加热处理工艺。

筛除杂质,主要包括泥土、沙石、纤维质杂物,甚至金属块等。这些杂质会损坏粉碎机的筛板、泵的活塞或叶轮等部件,除影响生产效率外,严重的会导致生产过程停机并且带来重大机械设备方面的损失。

清除这些杂质,传统上使用筛选、风选和磁力除铁三种方法。智能除杂清粮机是一种大产量多功能筛选设备,主要用于粮食筛选,特点是产量大、筛选净度高。该机主要结构包含机架、风选器、振动筛、比重筛、环保除尘系统等;原料喂入后先经风选器,去除粉尘和轻杂;之后进入振动筛,振动筛的作用是通过筛孔去除大、小杂质;振动筛选过后物料进入比重筛,比重筛的作用是通过风力、振动摩擦力两力作用去除秕籽、霉变粒、不成熟粒等不良籽粒。

第二节　糖化

一、概述

谷物除主要含有淀粉外,但还含有少量蛋白质、脂肪和微量元素。淀粉是一种多糖,糖分子以长链相连。在自然中,每种谷物类型都可以发芽并且可以将淀粉变成糖。但是,并非每种谷物类型都适合这种技术工艺,只有大麦在这种技术工艺下具有极好的能力,可以在酶的作用下,在发芽过程中将淀粉变成糖。常见谷物的淀粉含量和淀粉糊化温度如表4-1所示。

表 4-1　常见谷物的淀粉含量和淀粉糊化温度

谷物种类	淀粉含量/%	一般酒精产量/（L/t）	淀粉糊化温度/℃
玉米	70~74	400	70~80
大米	74~80	430	70~80
小麦	60~65	390	52~55

谷物种类	淀粉含量/%	一般酒精产量/（L/t）	淀粉糊化温度/℃
大麦	65~70	350	60~62
高粱	62~68	388	70~80

数据来源：帝亚吉欧。

二、糖化工艺

糖化过程分为四步：糖化酶从麦芽粉内释放；蒸煮后的玉米等谷物淀粉被糖化酶作用；过滤糖化醪；进一步过滤，分离糟粕。

玉米、黑麦和未发芽大麦，这些谷物通常会使用蒸煮的方法进行糊化，产生水解淀粉，然后进行糖化。

在苏格兰，谷物被磨成粉之后加热水进行蒸煮，让淀粉进行糊化，蒸煮完成之后再加入大麦麦芽。大麦麦芽中的酶会将淀粉转化为可发酵的糖。在一些国家，可以添加人工酶来完成这种糖化，但在苏格兰是不允许的，他们通常使用 10%~15% 的麦芽。利用麦芽中的酶将淀粉转化为可发酵的糖，为此需要高酶含量品种的大麦。

玉米经过研磨，水和玉米粉混合后泵入蒸煮锅中进行蒸煮，在高温高压的作用下，使谷物完全糊化，不充分的蒸煮有时会残留淀粉粒在糖化醪中，过热也会形成焦糖化，造成糖的损失降低乙醇产量。在苏格兰多数威士忌酒厂仍使用传统卧式罐的批量蒸煮法，操作时压力到 0.63MPa，内有搅拌装置。典型的玉米蒸煮工艺，1~1.5h 使温度升到 120℃，在此温度下维持 1.5h，蒸煮后排压，已蒸煮的玉米醪直接转入有麦芽和水的糖化罐中，加入冷水使温度维持在 60~65℃。良好的搅拌非常重要，如不搅拌可能导致醪的固化。经糖化后，可以像麦芽威士忌那样将麦粕等先行分离，或者将全部糖化醪经冷交换器冷却后，入发酵罐中加入酵母进行发酵。

在肯塔基，使用石灰岩地层富含矿物质的水，同玉米粉混合后在蒸煮锅中进行蒸煮直至接近沸腾，之后用压力锅或是无顶锅进行蒸煮到糊化。因为黑麦和小麦会在高温中结块变成面疙瘩，所以需要等到玉米醪的温度下降到 77℃后才加入，熬煮完成后将混合物冷却到 63.5℃，然后加入粉碎后的发芽大麦，目的是将淀粉转化为可发酵的糖。主要谷物的蒸煮温度及时间见表 4-2。

表 4-2　主要谷物的蒸煮温度及时间

谷物种类	温度/℃	蒸煮时间
玉米	114	高压下长时间
黑麦	77	中等
大麦	66	短

糖化酶的作用非常复杂，通常淀粉分子的长链部分被麦芽中的 α- 淀粉酶所裂解，而麦芽糖

由 β- 淀粉酶作用而得，极限糊精酶的作用是将支链淀粉破裂，有利于发酵。麦芽除提供酶活性外，在实际的谷物生产中，往往使用过量的麦芽以提高酒的香味。

谷物糖化酒醪经冷交换器冷却后，入发酵罐中加入酵母进行发酵。

第三节　发酵

一、酸醪的使用

在苏格兰，把蒸馏后的剩余物质使用离心机将固液态分离，固态物质作为饲料（DDGS），液态物质可回收加入糖化处理水再度利用，即所谓的蒸馏废液（Backset）。由于蒸馏废醪呈酸性（pH 大约为 4），又仍会有水溶性蛋白质，若以 40%~50% 的比例与一般用水混合使用，有利于后续发酵（开始发酵的 pH 大约为 5.2）并影响出酒率。

在美国，这一阶段会添加部分酸醪（Sour mash）。酸醪指的是部分蒸馏残醪，当添加到谷物糖化醪中后，可以调整发酵时的酸碱度，降低糖化醪的 pH，避免细菌对发酵产生影响，以利于发酵。蒸馏残液的 pH 很低，一般在 3.5~4.1，而糖化醪的 pH 太高，一般会在 5.6~6.0，所以把一些 pH 较低的蒸馏残醪加入谷物糖化过程中，谷物糖化醪 pH 降低到 5.4~5.8，这是酵母生长的理想酸度。

加入酸醪的比例会影响麦芽汁中所含糖的比例，所以风味清新的波本威士忌会加入较少的酸醪，而每一款波本威士忌都有添加酸醪这个工艺。一些人在市场宣称酸醪具有消毒效果和含有酵母菌，然而这些残液经过高温加热蒸馏后，其中的酵母已经全部失去生命活力了。其实回添酸醪的目的就是为了在谷物的糖化过程中，pH 维持在相对正常的区间，以便使各种酶在最佳的条件下促进谷物液化和糊化。此外，蒸馏残液中含有大量酵母营养物质，一些氨基酸、氮源等都会给酵母提供更好的繁殖发酵条件，增加发酵酒精度以及发酵稳定性。

美国肯塔基州属于温暖偏热的气候，微生物生长更为容易，因此生产过程中卫生极为重要。酸醪的使用有利于发酵的稳定性，酸醪降低糖化醪的 pH，酵母发酵的副产物也会有一些差别，从而产生不同的风味，并且酯化反应在酸性更强的环境中进行得会更好，所以会有更多的酯类化合物形成。

峡州蒸馏厂的谷物蒸馏使用壶式蒸馏产生的初馏残液（Pot ale）。据来自蒸馏厂的信息，同使用谷物线 DDGS 清液对比，麦芽蒸馏残液的 α- 氨基氮含量是谷物清液的 4 倍。使用麦芽蒸馏残液可以提高谷浆中的氮源含量，同时可以不必外加其他氮源，降低生产费用。麦芽的蒸馏残液中还有一部分还原糖未被利用，回用蒸馏残液可以利用残还原糖的二次发酵，提高出酒率。另外，在降低糖化醪的 pH、节水、环保特别是提供酒的风味方面，都具有重要意义。

二、麦芽的使用

谷物威士忌与麦芽威士忌主要的区别在于两点：一是原料使用已发芽大麦及各种谷物，二是使用连续式蒸馏工艺。

在谷物威士忌的酿造中，麦芽提供了酶的来源，目的是将玉米、小麦等谷物经蒸煮后的淀粉转化成可发酵性的糖。测定酶活性有许多方法，糖化酶的测定使用林特法（Lintner），包括 α-淀粉酶和 β-淀粉酶。通过用林特法测定发现，麦芽中的 α-淀粉酶含量高，通常 β-淀粉酶含量也会高，当然 α-淀粉酶和 β-淀粉酶的比例主要取决于大麦的品质和产地，同时也取决于制麦和干燥等工艺条件，生产谷物威士忌时测定糖化酶的活性，对糖化时玉米等谷物的淀粉转变为可发酵性的糖的活力方面，可以给予有效的判断。

三、谷物发酵

1. 发酵过程

研磨后的谷物经过预处理蒸煮和糖化等过程，淀粉已充分糊化和液化，其中相当一部分已转化成可发酵性糖，这时谷浆送入发酵罐，当谷物糖化液冷却到 25~30℃，在发酵罐中加入酵母进行酒精发酵，糖化过程中没有失活的糖化酶也同时在不断地将残存的低分子质量淀粉、糊精或多糖转化成可发酵性糖。就这样，酵母的酒精发酵和后糖化作用互相配合，最终将谷浆中绝大部分的淀粉及糖转化成酒精和二氧化碳，并产生热量。发酵完成后，酒精度会达到 8%~9.5%vol。少数酒厂会让发酵持续更长时间，但酒精度最高也只是 10%~11%vol。发酵结束后的液体在苏格兰威士忌生产中称为"Wash"，在美国称为"Beer"或"Distiller's beer"，只是叫法不同。

威士忌酒精发酵过程大致分为发酵初期、发酵旺盛期和后发酵后期，根据这一规律和微生物学基础理论，可以把控制酵母酒精发酵工艺过程分为批次发酵、半连续发酵和连续发酵。

发酵初期由于酵母在相对低浓度的糖中进行有氧增殖，而转入高糖谷浆发酵醪后需要一段时间来适应新的环境。在此阶段，检测不到酵母细胞数量的增加，要创造条件，让酵母菌迅速繁殖。在这时酵母细胞数还较低，由于此时谷浆中含有一定数量的溶解氧，各种养分也比较充足，所以酵母迅速繁殖。在这一阶段，主要集中在酵母增殖，消耗完发酵空间和谷浆中的氧气后，才会进入酒精发酵阶段。发酵前期的长短与酵母的接种量直接相关，接种量大，发酵前期短，反之，则长。谷物威士忌酵母接种量较大，因此一般都会先进行酵母扩培增殖后再使用。发酵的温度应控制在 28~30℃，超过 30℃，容易引起酵母早衰，致使主发酵过程过早结束，造成酒精发酵不彻底，影响出酒率。

发酵旺盛期的酵母细胞数量迅速增加，碳水化合物向酒精的转化也迅速增加。最终，由于缺乏不饱和脂肪酸和固醇来合成细胞膜，酵母停止生长。在此期间酵母细胞数基本已经达到最大量，在批次发酵时，发酵液的酒精度达到 4%vol 以上，酵母细胞的繁殖基本停止。发酵旺盛期，糖分迅速下降，酒精含量逐渐增多，酵母代谢释放大量热量，发酵醪的温度上升较快，应该将发酵罐进行冷却降温。通常谷物威士忌发酵时控制发酵温度不超过34℃。在谷物威士忌批次发酵的主发酵阶段，发酵醪的外观糖度下降速度一般为每小时下降1%。主发酵时间的长短取决于发酵液所含的糖分浓度高低，糖分高则主发酵期持续时间长，反之则短。主发酵时间一般为10~16h。

发酵后期的酵母细胞由于缺乏营养而停止生长，因此不再需要氨基酸。酵母细胞内酶活性依然保持，因此可以继续从可用的碳水化合物中产生酒精。发酵液中酵母将大部分糖分基本消耗完，但残存的糊精等继续被淀粉酶系作用转化为可发酵性糖，而酵母则继续将它转化为乙醇。由于后糖化作用比较缓慢，所以酒精和二氧化碳的生成量相对较少。谷物威士忌的发酵后期阶段一般需要35~45h才能结束，这是酒精发酵延续最长的阶段，后续会伴随着部分乳酸发酵产生更多复杂的风味。该阶段始于酵母细胞的失活和自溶，以及随后氨基氮的释放。

谷物威士忌发酵期间要对有关数据进行检测分析，绘出曲线图，这对于生产的调度及质量控制具有重要的意义。监控项目重要的指标包括：酒精度、发酵液的糖度、酵母细胞数、pH以及温度。

谷物威士忌发酵结束确认：在发酵过程中，到达发酵结束的时间前，需要对发酵液的糖度进行测量，间隔12h降糖 ≤ 0.1°P 则判定发酵结束。最后，确认发酵结束后取样检测发酵液酒精度、pH、发酵度、真实浓度、原麦汁浓度等。确认发酵完成的发酵液会输入缓冲罐，为后面进入蒸馏做备用。

2. 发酵容器

发酵罐（图4-1）的尺寸大小不一。由于柱式蒸馏器大部分为连续工作，可以蒸馏大批量的发酵液，所以必须保证原料的稳定输入。发酵罐越大，产生的热量越多。如果发酵罐中的温度上升至高于35℃，酵母就会开始死亡导致发酵停止，因此许多发酵罐都有温度控制系统。

威士忌酒厂都有一个用于盛放发酵酒醪的缓冲罐，缓冲罐通常用不锈钢制成，放置在许多发酵罐中间。缓冲罐的大小与发酵罐的大小相对应，通常比最大的发酵罐还要大1/3，这样即使某个发酵罐的排空被延迟，柱式蒸馏器还可以持续生产。

▲ 图 4-1　嵊州蒸馏厂发酵罐
〔摄影：孙方勋〕

3. 发酵对风味的影响

发酵液的味道会影响到未来威士忌的风味。在威士忌酿造过程中，发酵液中酵母代谢会产生醇类物质和氨基酸，这是产生酯类及其同系物风味化合物的基础。在谷物威士忌的发酵过程中，可以根据情况去控制发酵时间，通常将发酵时间可分为：少于60h，60~75h和超过75h。60~75h产生的烈酒会带有较重的原料风味。如果发酵时间超过75h，氨基酸就会在发酵液中积累，会使发酵后的新酒带来更加丰富的花香及芳香的甜味和柑橘味。发酵液应具有纯正的香气，发酵液如果香味不足，有可能是酵母受到污染，下一批次发酵则需要更换新的酵母液。

4. 发酵酵母

谷物威士忌的酵母有液态酵母、半干酵母、干酵母。苏格兰威士忌通常使用液态酵母，活性高，但是液体酵母的活力很难长时间维持，只能存活几周。

在肯塔基州和田纳西州，每家酒厂都有自己的酵母菌株，有些是 1919—1933 年的禁酒令中幸存下来。酒厂会特别保存这些酵母，严格保密甚至还为它们申请专利。

酵母的培养是从试管到三角瓶、酵母罐逐步扩大。所有用于酵母繁殖的物质都必须先在高压灭菌器中灭菌，这样就可以避免乙酸菌和外来的酵母污染。

在三角瓶中产生扩大培养的纯酵母后，将酵母转移到种子罐内。在这里会产生大量的酵母，最后转移到更大的酵母存储罐中备用。

在肯塔基州，蒸馏厂通常用不同的酵母生产不同的波本威士忌。不同的酵母会对威士忌的最终风味产生极大的影响，它们能促进特定风味物质的生成，所以每种威士忌有自己的酵母罐。

在我国，20 世纪 70 年代威士忌新工艺研究中，曾经对威士忌专用酵母进行分选，目前有关部门还保留了这些酵母菌株。现在，国内还没有足够的上下游资源去供应液态酵母，威士忌蒸馏厂基本使用干酵母，因为干酵母易于保存且时间长。

如果酵母被乙酸菌或外来酵母污染，则酵母繁殖会受到很大影响，必须重新培养新的酵母。

第四节　蒸馏

一、概述

连续蒸馏器主要用于使用玉米、黑麦或小麦等为原料制作的谷物威士忌。从 15 世纪以来，乙醇蒸馏都是采用壶式蒸馏器，费时费工，除非扩大蒸馏器的体积，否则很难扩大产量。连续式蒸馏器的发明大大提高了蒸馏效率（有关连续式蒸馏器的历史在第三章已经进行了详细的说明），不过在欧洲威士忌历史上也一度受到争议。17 世纪末，爱尔兰威士忌已经扬名海外，其产品大量出口至美国和西印度群岛，其中壶式蒸馏威士忌在世界范围内广受好评。到 19 世纪上半叶，爱尔兰堪称世界蒸馏之都，威士忌的发展达到顶峰，当时这里云集了世界上最多的蒸馏者和最先进的蒸馏生产工艺。其产量占全球威士忌总产量的 1/2，一举成为全球最畅销的威士忌产品。然而，爱尔兰威士忌的辉煌却没能一直持续下去。20 世纪中叶，原本繁盛的爱尔兰威士忌却遭遇滑铁卢，大量蒸馏厂倒闭停业，整个产业危在旦夕。而这一切的发生主要原因之一是威士忌行业使用了科菲蒸馏器。

固守传统的爱尔兰威士忌生产者认为这种新技术虽能提升生产效率，却会破坏威士忌的口感，因此拒绝采用。这使得爱尔兰威士忌在市场竞争中大受打击，这是大量蒸馏厂关门倒闭的原因之一。

而在苏格兰，由于新发明的连续蒸馏器制造谷物威士忌，可以连续生产，提高效率，降低成本，增加酒精度，很快得到推广。这种新的中性威士忌与更具有复杂香味和烟熏味的单一麦芽威士忌融合在一起，调配成柔和的威士忌，受到青睐。采用连续蒸馏器大大改变了苏格兰威士忌的格局，使苏格兰调和威士忌占据世界主导地位。这些调和的先驱者很多是食品杂货商，咖啡、茶和香料等当时奢侈物品的供应商，他们的产品至今仍然存在，并成为全球知名的威士忌品牌。

在苏格兰，法律规定威士忌蒸馏的酒精度不超过 94.8%vol。在美国，法律规定威士忌蒸馏的酒精度不超过 80%vol，大部分酿酒师截取的新酒还低于此标准，新酒的酒精度越低，风味越饱满。

二、柱式蒸馏器类型

柱式蒸馏器分为柱式间歇蒸馏器和柱式连续蒸馏器。

1. 柱式间歇蒸馏器

（1）柱式间歇蒸馏器的结构（图 4-2）　柱式间歇蒸馏仍然是传统的蒸馏方式。同传统的壶式蒸馏器相比，只不过不使用天鹅颈，而使用柱式蒸馏。此间歇蒸馏主要由蒸汽发生装置、多个塔板的蒸馏柱和冷凝系统组成。酒头和酒尾可以循环到沸腾锅中。

（2）间歇蒸馏器化合物的馏出规律　图 4-3 显示了 A、B、C 型化合物在间歇蒸馏过程中的变化。线 A 显示 A 型化合物主要在酒头中收集；线 B 显示 B 化合物在蒸馏全过程的收集，且与乙醇变化类似；线 C1 显示 C 型化合物的一类蒸馏出的最大浓度大约在烈酒结束时。但另一类 C 型化合物 C2 其最大浓度出现在酒心截取后，在酒尾中含量不断增加（线 C2）。

液态蒸馏使用塔板，故不同化合物在精馏段会出现在不同的塔板上（图 4-4），如糠醛、戊醇、异丁醇等分布于 5~15 的塔板上，如果在此塔板上装置流出口并冷却，可以有效地去除这些化合物。

2. 柱式连续蒸馏器

谷物威士忌通常使用连续蒸馏法，即科菲连续蒸

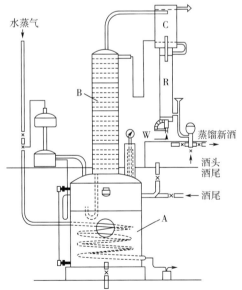

▲ 图 4-2　柱式间歇蒸馏器结构示意图[23]
A—沸腾锅　B—蒸馏柱　C—冷凝器　R—冷却器
W—水

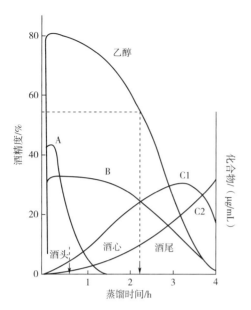

▲ 图 4-3 间歇蒸馏器化合物的馏出规律（1）[23]
A—比乙醇易挥发的化合物 B—与乙醇类似挥发的化合物 C—比乙醇难挥发的化合物（C1 和 C2）

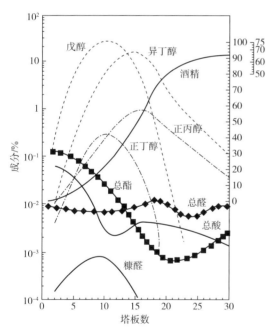

▲ 图 4-4 间歇蒸馏器化合物的馏出规律（2）[23]

馏器或类似的蒸馏器（图 4-5）。该系统于 1827 年开始用于生产苏格兰威士忌。与传统的壶式蒸馏器相比，连续蒸馏器生产的酒味纯正、清淡。连续蒸馏器通常是圆柱形的，由多层塔板或水平的空心塔板内部连接而成。蒸馏柱用铜或不锈钢制作，用不锈钢时，必须存在部分铜的部件，如在精馏柱顶部以除雾器（网状的筛子）方式存在，以去除硫化氢的异味。

（1）连续蒸馏器蒸馏原理 连续柱式蒸馏器内部有许多蒸馏塔板，板与板之间的隔层便如同小型蒸馏。蒸馏塔板为了发挥作用，必须具备以下功能：

①让蒸气透过蒸馏塔板上的小孔上升。

②让上升的蒸气与蒸馏板上的液体及凝结下降的液体相互混合。

③使蒸馏塔板上的液体挥发。

④提供导流管道让液体流动到下一层。

最简单也是最传统的蒸馏塔板为多孔铜板，孔的数量及孔直径大小须经严密计算（如谷物醪的孔径为 12mm），除了让蒸气通过，蒸气的压力也必须支撑板上的液体避免从小孔滴落。

图 4-6 是一个柱式蒸馏器中蒸馏塔板的内部构造的剖面图。来自塔下部的蒸汽加热不断被供应的发酵醪，各个蒸馏塔板中从下部上来的蒸汽不断凝缩，蒸馏塔板上的液体也不断二次蒸发。这种现象反复发生使蒸汽不断上升，酒精度得到了高效增加，通过几十段的蒸馏塔板后，酒精度甚至超过 90%vol。随着酒精度的升高，其他成分也逐渐减少，这样就制得了近乎纯净的烈性蒸馏酒。

回流的作用：回流是精馏过程中很重要的一个环节。如果精馏塔没有回流，会导致精馏塔板上的酒精由于不断蒸发而逐渐减少，使塔板上的酒精浓度逐渐降低、沸点升高，虽然有进料来补充蒸出的酒精，但不足以维持各层塔板稳定的酒精浓度差和温度差，精馏过程就无法继续进行下去，蒸馏液的酒精浓度将难以保证，杂质的清除也难以彻底。为了维持各层塔板上相对稳定的酒精浓度，只靠进料的酒精量是不够的，必须有一定比例的回流液，才能使塔中各层塔板酒精浓度及温度稳定。回流液数量对成品产量并无多大影响，成品产量主要决定于进料量。因为各蒸馏塔系统的谷物新酒产出量不同，回流量也就不同，所以应该取相对量来比较，即回流比（ R ），它是回流液流量与出酒流量之间的比例关系。回流比大，即流回塔中的酒精数量较多，要得到一定浓度的谷物威士忌新酒，需要的塔板数就少些（但是回流比大了，塔径也要相应增大），塔的设备费用就可能小些。但是回流比过大，消耗的加热蒸汽量与冷却水也随之增加，生产费用就增高。相反，如回流比小，回流到塔中的酒精量小，得到同样浓度的酒精需要的塔板数就要多些，消耗蒸汽量虽可减少，但设备投资增加较多。如果蒸馏塔的设备固定，增大回流比，可以使原有的谷物威士忌新酒出酒酒精度进一步提升，一般来说固定的设备只能通过减小塔内环境压力，使原有的加热热量产生更多的酒精-水蒸气，且同时降低塔顶的冷凝介质的温度就可以在不改变塔设备的情况下增大回流比。

对于谷物威士忌来讲，回流比越高的蒸馏设备设计或者工艺，生产出的谷物威士忌新酒风味会偏向清淡典雅，反之则厚重浓郁，壶式蒸馏也是遵循相同的原则。

（2）连接蒸馏的进料操作　在糖化后，进发酵罐前去除较粗的谷物颗粒，最大限度地减少对管道、发酵罐和蒸馏器的损害。无论使用玉米、小麦还是其他谷物，均会产生一些物质，可以引发发酵的化学和物理性质变化，例如玉米含油量较高，在发酵过程和初馏柱中具有消泡剂的作用。

在发酵过程中，温度上升到30~34℃，从节能角度

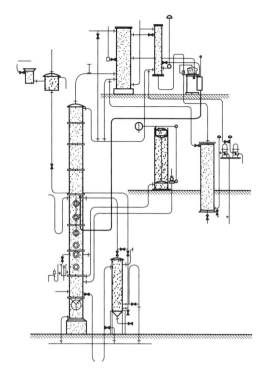

▲ 图4-5　柱式连续蒸馏器结构示意图[4]

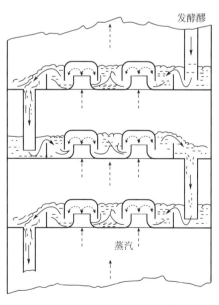

▲ 图4-6　柱式蒸馏器蒸馏板结构[4]

考虑，应在温度下降之前蒸馏发酵醪。通常的做法是将发酵醪排放到蒸馏贮存罐中，其容量大约是两个发酵罐大，并配备搅拌机以确保均匀，还可以去除大部分 CO_2。发酵醪被连续泵送到蒸馏器中，当蒸馏贮罐中的醪液下降到一半时，添加下一发酵罐的物料。在一段时间内连续使用蒸馏贮罐后，需要不定期清洗和消毒，否则存在潜在的微生物污染。

为了保持蒸馏器稳定的操作条件，最好保持发酵醪中乙醇含量恒定。在蒸馏贮罐混合醪液有助于平衡发酵批次间乙醇含量的轻微变化。用温水（30℃）稀释到恒定比例的酒精度是必要的。

酒精度较低的醪液会更有利于操作稳定和风味物质的最佳分离，但从蒸馏的节能方面考虑，需要较高的初始酒精度。然而，对谷物威士忌生产时的连续蒸馏而言，增加醪液中乙醇含量（8.5%vol 以上需要仔细操作）后，在实际操作中难以维持必需的稳定条件。

蒸馏器在运行时，酒精度低的醪产生的烈酒量少，因此要增加回流比，此时易挥发性化合物比例增加。相反，假如酒精度高的发酵醪能获得更多的乙醇，回流减少。因此，各种风味化合物分馏较少。最终，随着乙醇含量增加，系统需要更多的分馏，但超过了固定塔板数的分流能力，因此，无论对能量的影响如何，如果超过了蒸馏到需要质量标准的最大的蒸馏能力，必须稀释发酵醪液。

（3）连续蒸馏的馏出物变化　质量最好的蒸馏酒通常积累在精馏器上面的几个塔板上（图 4-7），在设计的稳态运行条件下，从"烈酒塔板"上引出。苏格兰威士忌的定义将馏分酒精度限制在 94.8%vol 以下。从理论上讲，谷物威士忌的最大允许酒精度为 94.17%vol。然而，目前还没有苏格兰谷物威士忌可生产超过酒精度 94.0%vol 的烈性酒。

图 4-7 显示了精馏柱内主要醇如乙醇、正丙醇、丁醇和异戊醇的分布情况。烈性酒的塔板不一定是酒精度最高的塔板，但塔板越高，酒精度越高，在该塔板上含有不可接受的 A 型挥发性化合物——主要是乙醛和某些硫化物，它们会与系统中的铜发生反应。图 4-7 中酒精度单位是 %vol，但其他化合物通常以 mg/L 表示，虽然远远低于 1%，但是它们会直接影响威士忌的风味特征。

然而，在连续蒸馏过程中，比乙醇难以挥发的 C 型化合物根本不可能对精馏柱做出任何贡献。少量的会因在初馏柱顶部塔板气化而拖带入精馏柱，但仅仅被冷却进入低酒精度段，再从热酒尾回到初馏段。类似的效应发生在整个初馏段中，较低挥发性的材料（C 型）将逐渐向蒸馏柱的下端聚集，最终离开而进入酒糟中。

因此，流入精馏柱底部的热酒蒸气含有丰富的 A 型（比乙醇易挥发化合物）和 B 型（与乙醇类似

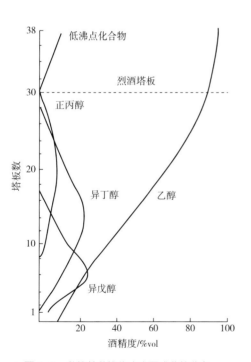

▲ 图 4-7　蒸馏柱蒸馏物内主要成分的分布情况[23]

的挥发性化合物）化合物，但只含有少量 C 型化合物，且很快它们就会返回到初馏柱。A 型化合物在乙醇所有浓度下都易挥发，它被迁移到蒸馏柱的顶部。根据顶部冷凝器的工作条件，该混合物的单个成分将被排放到大气中，在回流的精馏器顶板时回收，或在酒尾中经泵再循环到初馏段顶部进行回收。B 型化合物的情况比较复杂，因为酒精度在柱内的不同高度各不相同。这些化合物将稳定在其挥发性和乙醇挥发性相等的塔板上。

三、科菲连续蒸馏器

1. 科菲连续蒸馏器概述

出生于法国的爱尔兰人埃涅阿斯·科菲（Aeneas Coffey）于 1824 年从税务官员的职位上退休，并在都柏林收购了多德银行（Dodder Bank）酿酒厂。他还管理着都柏林的南国王街酿酒厂（South King Street distillery）和码头酿酒厂（Dock distillery）。最初的科菲蒸馏器是由木头和铁制成的，只有一根单独的柱子，很快科菲蒸馏器改良内部塔板为铜制，塔体也更新为铜制或金属材质。科菲在 1830 年为他的蒸馏器设计申请了专利。

科菲连续蒸馏器自产生后，一直被使用到现在，特别是在 19 世纪 40 年代的苏格兰谷物威士忌生产中被大规模使用。期间进行过一些改进，主要是发酵醪进入蒸馏器的自动控制和精馏段塔板流出酒的酒精度精确控制，酒精度的精确控制直接影响到威士忌新酒的质量。

在科菲柱式蒸馏器的蒸馏过程中，热蒸汽从右侧的粗馏塔底部蒸汽入口注入，向上通过蒸汽管道连续流经粗馏塔和精馏塔；而发酵酒醪从精馏塔上部的液体管道注入，经过精馏塔的预热，再进入粗馏塔由上向下滴落，水蒸气和发酵酒醪相遇形成混合蒸气，在迷宫式的上下开口蒸馏盘上经历液体下落和气体上升过程，最终通过粗馏塔和精馏塔层层蒸馏形成精馏酒成品（图 4-8）。

蒸馏器的温度控制为：在顶部，乙醇为气态，温度 78~85℃；在底部蒸煮发酵液，温度为 95~100℃。这个过程可以永远进行

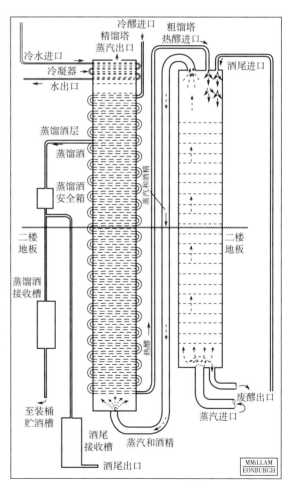

▲ 图 4-8 科菲连续蒸馏器工作原理图[14]

下去，只要有足够的新发酵液供应。当乙醇在顶部提取时，液体及残留谷物在底部累积，这个产品称为"酒蒸残醪"或"废醪"，会被加工为动物饲料和酸醪，酸醪会被重新用于发酵过程。

乙醇蒸馏后的新酒，美国人称白狗（White dog）。蒸馏液会从冷凝器流经烈酒安全箱进入储存罐，然后入橡木桶陈酿。

蒸馏废醪通过粗馏塔下的废液管道排出。除此之外，精馏塔产生的废液还可以通过另一条液体管道导回粗馏塔，同样参与混合蒸气的蒸馏，大大降低了损耗。

科菲连续蒸馏器的设计有两点值得惊叹，第一，它充分利用一切空间让热蒸汽与酒醪结合，温度流失的方向与酒醪流动的方向相反，这将极大程度保证热能的不浪费。第二，它采用双塔结构，保证了乙醇蒸气不会被加热蒸汽污染的同时还实现了另一件事，分层提取馏出物。

科菲蒸馏器的发明，不仅为威士忌制造了福利，它改变了整个人类的乙醇化学工业。但对于威士忌本身而言，连续蒸馏器的诞生则意味着生产者可以使用精确的方法控制生产工艺。

2. 科菲连续蒸馏器的工艺

科菲连续蒸馏器常见的工艺通常有两种：

（1）工艺 A　粗馏塔和精馏塔，每一个塔体里都有穿孔的蒸馏板分成隔层。在蒸馏时，酒醪被注入螺旋形的铜管，铜管从上至下穿过整座精馏塔，最后从精馏塔底部延伸至粗馏塔的顶部，酒液就从粗馏塔的顶部被注入，穿过带孔的蒸馏隔板，流向底部。在此过程中受热蒸发的酒蒸气会上升，当穿过蒸馏隔板的酒蒸气会遇到下降的酒液，并且会将其进行加热，这样酒液中蒸发的酒蒸气被一起带走。

（2）工艺 B　将蒸汽输送到精馏塔的底部，然后再次上升。因为不同的乙醇在不同的温度条件下的分馏点不同，所以不同的乙醇成分开始被分离成各自稳定的状态。较重的醇类会在此过程中冷凝在蒸馏隔板上，这部分被重新收集回流到粗馏塔中。因此，只有最轻的醇类才能上升到精馏塔顶部的特定蒸馏塔板中，在那里经过冷凝后成为新酒，通常酒精度为90%~94%vol。虽然酒精度高，但科菲这种方式比其他两种蒸馏方式所产生的谷物酒液更具有油脂感。

另外，乙醇蒸气和铜制蒸馏器之间的交互时间越长，最后形成的酒质就越轻盈，科菲这种蒸馏方式蒸馏出的酒液会很轻盈。

四、倍增蒸馏器

波本威士忌的蒸馏最早在壶式蒸馏器中进行，后来改为使用单一柱式蒸馏方法。柱式威士忌的蒸馏通常采用蒸馏柱和倍增蒸馏装置组合的方式进行（图4-9），倍增装置相当于传统的铜制壶式蒸馏器。此过程可以将酒精度再略微提升，从进入之前的

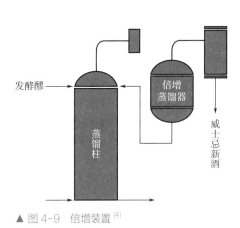

▲ 图4-9　倍增装置[4]

62.5%vol，提高到 67.5%~70%vol，同时去除不希望留下的味道。如果希望单独酒液能与铜反应，也会只使用仅有倍增装置的二次蒸馏器进行，有时也会使用多塔式蒸馏器的部分组合来制作蒸馏酒精度较低的威士忌。

柱式威士忌的蒸馏投料时一般会直接将发酵醪进行蒸馏，倍增蒸馏器的废液将回到蒸馏器中重新蒸馏。

波本威士忌，法律上规定蒸馏酒精度不能超过 160proof（80%vol），通常为 64%~70%vol。

五、多柱连续蒸馏系统

使用三柱或者比三柱更多的蒸馏塔用于制作混合威士忌用的中性谷物蒸馏烈酒，蒸馏的酒精度超过 95%vol，其香味纯净，非常符合用于调配威士忌的基酒。

加拿大式威士忌由调味威士忌和基础威士忌组成，陈酿前将二者混合是其特点。

调味威士忌的蒸馏方法和美国的柱式威士忌的蒸馏方法完全相同，所以得到的威士忌香味浓厚，有很强的黑麦特征。而基础威士忌在多柱式蒸馏器中蒸馏，其蒸馏方法也和美国的中性谷物蒸馏烈酒没有什么差别，香味清淡。

常见的柱式蒸馏器分为以下几类。

（1）两柱式蒸馏器　主要由初馏柱、精馏柱和冷却系统组成，详见图 4-10。发酵醪在精馏柱预热，然后进入第一个柱子顶部，即初馏柱顶部。蒸汽从初馏柱底部进入，发酵醪从顶部落下。挥发性化合物被蒸馏出来，并从顶部被移走。热酒蒸气通过精馏柱，乙醇与水分离。烈性酒从精馏柱顶部移走，杂醇油主要是异戊醇（3-甲基丁醇和 2-甲基丁醇），从靠近精馏柱的底部移去。从柱顶部获得的酒头与从柱底部获得的酒尾循环进于精馏柱顶部，进行再次蒸馏。

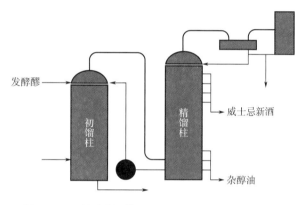

▲ 图 4-10　两柱式蒸馏[4]

（2）三柱连续蒸馏器　用于制作威士忌的连续型蒸馏器按照功能来区分，如图 4-11 所示，大体可以分为初馏柱、低沸点分离柱、精馏柱。初馏柱的主要目的是进行固体成分的分离，低沸点分离柱的主要目的是进行低沸点成分及酯类的分离，精馏柱是用于乙醇浓缩的柱，但同前面所述，酒精度越高，中沸点、高沸点成分的比例会越来越小。

（3）多柱连续蒸馏系统　此系统常用于生产香气淡雅的蒸馏酒。科菲蒸馏器生成的谷物威士忌酒精度约为 94.5%vol，香气相对浓郁。更多蒸馏柱添加后，生产的酒更加纯净，香气与口感更淡。这些酒更适合生产金酒、伏特加或其他调香产品，有的国家称之为农业乙醇。图 4-12 是一组用于生产中性乙醇的五柱蒸馏器系统。

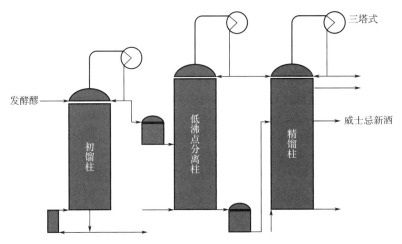

▲ 图4-11 三柱式蒸馏[4]

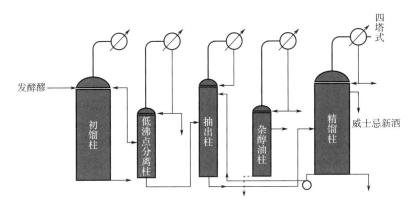

▲ 图4-12 多柱连续蒸馏系统[4]

　　日本、苏格兰、加拿大、美国的威士忌在进行蒸馏的过程中，也会采用这种连续式的蒸馏方式。在实际蒸馏过程中，会使用多种功能的多种柱，各酒厂根据自己的产品目标确定使用什么类型的柱、怎样组合及需要的蒸馏酒精度。为此使用的蒸馏柱数量可以有2~5个，根据谷物威士忌的品质要求来确定柱是如何组合的，以及取出的产品的酒精度。

　　调和威士忌使用的谷物威士忌、加拿大式基础威士忌或者美国调和威士忌的基酒都是使用连续式蒸馏器制作而成。这些工艺蒸馏的威士忌酒精度很高（90%~95%vol），由于绝大部分分子较大、较重或沸点较高的化合物都会被滤除，因此得到的新酒较为纯净，口感柔和。连续式蒸馏器原料处理、发酵工艺对环境产生影响较小；生产节约能源、生产效率高，完全可以实行自动化控制。我国嵊州蒸馏厂使用的7柱式连续蒸馏器（图4-13），可实现连续生产，除可以蒸馏谷物威士忌外还可以蒸馏伏特加使用的纯净乙醇。

六、其他蒸馏器

1. 复合式蒸馏器

壶式蒸馏器可以比较容易掌握每一批次的质量，柱式蒸馏器效率高，其产品纯净度高。有的威士忌酒厂会单独选择壶式蒸馏器，或者壶式蒸馏器和柱式蒸馏器两者都选。

现在蒸馏器制造厂研究出一种复合式蒸馏器，将柱式蒸馏器加装在壶式蒸馏器上，目的是让蒸馏器更有灵活性。如果蒸馏器只想使用壶式蒸馏器的功能，可以将隔板打开，整个设备就是一台壶式蒸馏器；如果想要波本风格的威士忌，可以再将隔板关上；如果想要蒸馏纯净的烈酒，如伏特加或"白威士忌"（在一些国家有的精酿蒸馏厂销售一种未经过陈酿的威士忌），可以将隔板关上，同时让酒汁在柱式蒸馏器反复循环，甚至可以将酒汁送到另一部柱式蒸馏器，此时壶式蒸馏器的作用主要是加热酒汁。蒸馏器甚至可以加装上一个金酒头，让酒汁在蒸馏器中反复循环、流经植物药草，并再度回流至壶式蒸馏器。

这种蒸馏器，不单纯是壶式蒸馏器，也不是柱式蒸馏器，而是一种具有灵活性的复合式蒸馏器（图4-14）。

▲ 图4-13　峡州蒸馏厂的谷物连续蒸馏器

（摄影：孙方勋）

2. 萃取式蒸馏器

萃取式蒸馏方法通常用于纯净的乙醇蒸馏，这种提乙醇的方法不同于常规工艺。酒汁蒸馏产生的酒液酒精度大约为65%vol，接着便稀释至10%~15%vol，并且再转入萃取蒸馏柱，目的是除去杂醇油等酒液中不纯的化学物质。这些化合物大部分都不溶解于水，当水分比例提高时，这些物质就可以同酒液分离。会在萃取蒸馏柱的顶部进行分离这些物质，可以作为化工原料或者作为燃料给蒸馏器加热。使用这种工艺蒸馏的酒精度可以达到94%，非常纯净。

▲ 图4-14　复合式蒸馏器

（摄于青岛夏菲堡酒业有限公司）

七、酒糟

在柱式蒸馏器底部，会有废料累积，其包括水、蛋白质、油脂和谷物纤维，更轻的物质如乙醇和酯类会被从蒸馏器的顶部提取。这些废料会不断地从柱式蒸馏器底部的容器内泵出。这个产品称为"酒糟""残醪"或者"糟粕"，会被加工为动物饲料和酸醪，酸醪会被重新用于发酵过程。

（1）动物饲料　首先酒糟的纤维会被过滤器收集起来，剩余的液体会使用热蒸汽在大型滚桶内干燥。聚集在桶壁的固体物质随后会被取出并作为动物饲料提供给农场，这种饲料是由不溶性固体物质组成，包含碎谷粒和酵母以及可溶性而非挥发性物质，低聚糖、糊精以及发酵过程中产生的甘油、一定比例的脂肪、蛋白质和微量元素，它们部分是来自谷物，部分是由于酵母生长产生（表4-3）。

表4-3　苏格兰谷物威士忌酒糟制作动物饲料的成分分析

	干燥谷粒	干燥的可溶性物质	干酒糟（包括干粒和可溶性物质）
水分 /%	5~7	5~7	5~7
蛋白质 /%	16~20	28~30	35~45
脂肪 /%	6~9	8~10	12~16
纤维 /%	17	3	9
灰分 /%	3	5	4~5
维生素 B_2/（mg/kg）	1.2	19.5	10.0
烟酸 /（mg/kg）	70	164	112
泛酸 /（mg/kg）	5	19	12

（2）酸醪　酸醪指的是将部分蒸馏残余物（酒糟）重新添加到谷物发酵酒醪中。以达到酵母生长的理想酸度（详见本节"一"部分）。

新蒸馏的谷物威士忌酒，具有芬芳的香味，但是口感粗糙浓烈，为了使其口味柔和，需要在橡木桶中进行陈酿，陈酿之前将酒精度进行稀释，从94%vol左右降低到65%vol左右。

美国波本威士忌，谷物新酒经过首次使用的波本橡木桶陈酿，陈酿后会赋予威士忌香草和椰子的风味。田纳西威士忌蒸馏后的新酒会经过枫木炭过滤，以除去新酒中的杂质和刺激性味道。

在苏格兰，谷物威士忌是调和威士忌重要的组成部分，能给调和型威士忌带来轻柔干净的口感。

第五节　不同谷物酿酒试验[①]

一、不同谷物原料及工艺的试验

1. 试验方法

小组研究的过程中，在扩大试验中分别利用玉米、高粱、大麦、大米及小麦五种谷物为

---

① 　资料来源："优质威士忌酒的研究"青岛小组，1973—1977 年。

原料，以试验 2 号麦芽为糖化剂，进行了试制谷物威士忌的研究。在工艺条件方面，除了谷物原料需经糊化以外，其他糖化、发酵及蒸馏的工艺条件与麦芽的酿酒试验基本一致。

2. 试验结果

（1）糖化醪的分析　不同谷物原料糖化醪的分析结果见表 4-4。

表 4-4　不同谷物原料糖化醪的分析结果

试号	试次	试验内容	还原糖	总糖	糖化率%	酸度	pH
30	11	玉米 70%，2 号麦芽 30%	7.10	11.17	63.6	2.8	4.4
31	6	高粱 70%，2 号麦芽 30%	6.77	10.88	62.2	2.8	4.2
32	9	大麦 70%，2 号麦芽 30%	6.39	10.13	63.1	3.7	4.0
33	9	大米 70%，2 号麦芽 30%	8.11	12.41	65.4	3.0	4.0
34	9	小麦 70%，2 号麦芽 30%	6.97	11.00	63.4	3.0	4.0

注：①还原糖、总糖单位：g/100mL。
　　②酸度：为 10mL 试样消耗 0.1mol/LNaOH 毫升（mL）数，表 4-8、表 4-11、表 4-12 同。

（2）发酵醪的分析　不同谷物原料发酵醪的分析结果见表 4-5。

表 4-5　不同谷物原料发酵醪的分析结果

分析项目		酒精度/%vol	残糖		酸 度	pH
试号	试次		总糖	还原糖		
30	11	5.6	0.82	0.27	4 7	3.6
31	6	4.9	1.05	0.34	3.9	3.6
32	9	4.6	1.05	0.27	5.1	3.5
33	9	6.6	0.91	0.31	3.8	3.7
34	9	5.6	0.99	0.28	3.6	3.6

（3）原料出酒率　不同谷物原料的出酒率见表 4-6。

表4-6　不同谷物原料的出酒率

试号	试次	原料类别	酒头（折60%vol）/L	酒心（折60%vol）/L	酒尾（折60%vol）/L	出酒率*（L/100kg大麦芽）（折60%vol）
30	11	玉米70%，2号麦芽30%	19.6	1185.3	87.9	49.01
31	6	高粱70%，2号麦芽30%	12.1	523.3	49.5	47.64
32	9	大麦70%，2号麦芽30%	19.2	760.6	77.9	38.45
33	9	大米70%，2号麦芽30%	21.4	1037.7	76.2	52.56
34	9	小麦70%，2号麦芽30%	20	863.2	94.3	45.70

* 原料出酒率是否包括"酒头"和"酒尾"？原文没有记载。本结果仅可对不同谷物的出酒率进行对比。

（4）酒心的分析与品评结果　不同谷物原料酒心的分析结果见表4-7。

表4-7　不同谷物原料酒心的分析结果　　　　单位：g/L（50%vol乙醇）

试号 分析项目	30（玉米）	31（高粱）	32（大麦）	33（大米）	34（小麦）
酒精度/%vol	65.8	65.3	65.3	65.9	65.3
总酸	0.04685	0.06437	0.0643	0.08703	0.06608
糠醛	0.0188	0.0126	0.0230	0.0149	0.0161
总酯	0.161	0.2428	0.2692	0.1812	0.2428
总醛	0.010	0.0135	0.0124	0.020	0.0168
甲醇	0.0251	0.0262	0.0207	0.0195	0.0222
高级醇	1.60	1.38	1.40	1.44	1.68
异戊醇A	1.101	0.919	0.919	0.986	1.378
异丁醇B	0.380	0.383	0.306	0.379	0.383
A/B比值	2.89	2.4	3.0	2.6	3.6
氧化还原电位	2.27	2.7	2.59	2.65	2.62

试号 分析项目	30（玉米）	31（高粱）	32（大麦）	33（大米）	34（小麦）
pH	5.68	4.98	5.11	5.0	5.05
感官鉴定评语摘要	失光，稍有乙醇臭，味醇和有甜感	浑，香气纯，味正带甜	浑，微带异香，大麦皮味稍大，有甜感	浑，香气较淡，味正带甜	浑，香气较浓但有异香

3. 分析与讨论

根据以上试验结果可以看出：以玉米及高粱为原料酿酒产量质量均较好。以大米为原料产酒率虽然较高，但因酒味淡薄且系食用主粮，因而不够理想，以小麦酿酒香气较浓但有异香。

二、不同谷物威士忌的感官分析

1. 试验方法

威士忌的生产除使用麦芽为原料外，还选用大麦、玉米和糖浆等为原料进行试验。

将 40kg 麦芽粉碎，在 50~60℃ 的条件下糖化 8h，糖化液进行轻度过滤，加入酵母后数量共计为 180kg，发酵 3~4h，使用 90L 的蒸馏器蒸馏两次，截取中间蒸馏酒作为新酒。

另外取 20kg 麦芽，其余使用其他原料例如大麦和玉米等，进行蒸煮后，同样进行糖化、发酵和蒸馏，得到不同的威士忌新酒，对新酒的各种成分和质量进行比较，威士忌的新酒酒精度均为 52%vol。

2. 试验结果

糖化醪、发酵醪及蒸馏新酒成分分析见表 4-8、表 4-9。

表 4-8　糖化醪和发酵醪的成分分析

原料		pH	酸度	总氮/（g/L）	糖/°Bx	酒精度/%vol
麦芽	糖化醪	4.8	1.2	25	13.0	0
	发酵醪	3.4	4.3	5	2.0	4

续表

原料		pH	酸度	总氮/（g/L）	糖/°Bx	酒精度/%vol
大麦	糖化醪	4.3	1.5	17	11.0	0
	发酵醪	3.9	4.0	4	2.0	4.5
玉米	糖化醪	4.3	1.7	15	13.5	0
	发酵醪	2.1	2.1	1	0.5	4.2
糖浆	糖化醪	4.5	0.9	12	13.0	0
	发酵醪	2.9	2.9	5	2.0	4.2

表 4-9　蒸馏新酒成分分析　　　　　　　　　　　　　　单位：%

原料	酸度	总醛	总酯	杂醇油
麦芽	0.8	0.0040	0.0140	0.18
大麦	0.8	0.0020	0.0140	0.18
玉米	0.7	0.0040	0.176	0.22
糖浆	0.8	0.0030	0.0100	0.13

注：酒精度 52%vol。

使用气相色谱对蒸馏新酒成分进行分析，高级醇的结果见表 4-10，酸的结果见表 4-11。

表 4-10　蒸馏新酒高级醇的组成　　　　　　　　单位：g/L（100%vol 乙醇）

原料	正丙醇	异丁醇	异戊醇	活性戊醇
麦芽	+	0.370	1.280	0.150
大麦	+	0.390	1.230	0.180
玉米	+	0.580	1.410	0.210
糖浆	+	0.270	0.940	0.090

注："+"表示检出，"+"号多表示检出量多。

表 4-11　蒸馏新酒酸的组成

原料	甲酸	乙酸	正戊酸	月桂酸
麦芽	++	++	+	+

原料	甲酸	乙酸	正戊酸	月桂酸
大麦	++	++	−	−
玉米	++	+++	−	−
糖浆	+	+	−	+

注:"+"表示检出,"+"号多表示检出量多,"−"表示未检出。

感官评价:感官评价的评酒员由 20 人组成,对威士忌的各种新酒进行鉴定,评酒方法为香气根据质量高低得分为 1~10 分,滋味根据质量高低分为 1~5 分,香气分为"优雅""刺激""重的"和"异臭"四个项目,味道分为"圆润""刺激""甜的"和"酸味"四个项目,每项根据质量高低得分为 1~3 分,其结果如表 4-12 所示。

表 4-12　威士忌新酒的感官评定

原料		香气（10分）				味道（5分）				平均分数		名次
		优雅	刺激	重的	异臭	圆润	刺激	甜的	酸味	香气（10）	味道（5）	
麦芽	平均值	2.2	1.90	2.1	1.4	2.0	2.1	2.0	1.2	6.2	3.4	3
	标准差额	0.79	0.57	0.89	0.71	0.71	0.52	0.71	0.44	9.6*		
大麦	平均值	1.9	1.8	1.9	1.4	2.3	1.7	2.3	1.4	6.3	3.5	1
	标准差额	0.74	0.68	0.74	0.38	0.49	0.42	0.43	0.49	9.8*		
玉米	平均值	1.8	2.6	2.6	2.3	1.8	2.0	2.3	1.5	6.7	3.1	1
	标准差额	0.79	0.5	0.70	0.60	0.63	0.42	0.5	0.5	9.8*		
糖浆	平均值	2.1	2.0	1.9	1.4	1.5	2.3	2.0	1.4	6.7	2.5	4
	标准差额	0.57	0.74	0.57	0.71	0.50	0.7	0.5	0.49	9.2*		

* 为香气和味道的得分合计。

3. 试验结果

从各种原料经过糖化后的糖化醪和发酵醪的成分可以看出,麦芽的总氮含量最高,然后是大麦、玉米和糖浆。糖度方面除大麦原料外,其他大致相同。如果糖化温度低、时间长,酸度就略高,但用糖浆为原料,虽然酸度不低,但 pH 较低,这说明无缓冲能力。发酵温度为 15~20℃,如温度太低,一般发酵情况都比较差。乙醇含量低,酸度增加。原料产生的乙醇数量差别不大。

从各种威士忌新酒的分析结果可以看出,使用玉米为原料的新酒酸度略低或接近,使用麦芽和玉米为原料的新酒醛的含量较多；以玉米为原料的新酒酯的含量最多，麦芽、大麦次之，糖浆最少；以玉米为原料的新酒杂醇油含量特别多，以麦芽为原料的新酒含量也不低。无论使用哪种原料酿酒都可以检测出乙醛、乙酸乙酯、甲醇等成分，而以玉米为原料的较多，糖浆为原料的乙醛含量高。高级醇中的正丙醇尚未定量，其他的醇类如异戊醇无论使用何种原料都比较高，其次是异丁醇、活性戊醇，而以玉米为原料的新酒含量最多，麦芽、大麦大致相同，糖浆为原料的新酒含量最低。

各种原料都有甲酸、乙酸，麦芽可检测出戊酸和月桂酸，玉米、大麦没有检测出月桂酸。

使用玉米和大麦为原料生产的威士忌酒的香味好，仅次于麦芽原料，糖浆为原料酿的酒质量最差。使用麦芽和大麦为原料的威士忌酒味道、香气都非常好。

麦芽为原料香味最好，没有异味，酸味也少。大麦为原料的威士忌香味优雅，滋味圆润，带甜味。玉米威士忌有较重的刺激香气，带异香，口味粗糙。但是糖浆为原料酿的威士忌，香气粗糙，有刺激味。

第六节　传统谷物工艺回顾

优质威士忌酒的研究项目于 1977 年通过轻工业部鉴定。当年，为了扩大威士忌的生产规模，青岛葡萄酒厂投资 18.7 万元，建设了 1250m² 新的威士忌车间，1979 年又向国家轻工业部、财政部贷款 137 万元，除填平补齐生产设备外，建设威士忌酒库 500m²。可惜的是新的车间建成后一直未投入使用。

图 4-15 是青岛葡萄酒厂当时的威士忌生产工艺及流程。

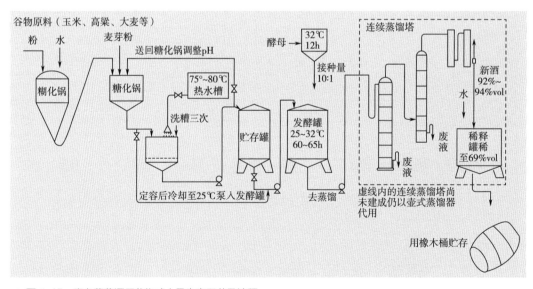

▲ 图 4-15　青岛葡萄酒厂谷物威士忌生产工艺及流程

苏格兰的谷物威士忌蒸馏厂虽然数量不多，但产量巨大，表4-13是苏格兰谷物威士忌蒸馏厂情况。

表 4-13　苏格兰谷物威士忌蒸馏厂情况

蒸馏厂	拥有者	谷物原料	规模（年产）	蒸馏器	说明
卡梅隆桥（Cameronbridge）	帝亚吉欧（Diageo Plc）	小麦	>1亿L	3个科菲蒸馏器	1824年成立，是最古老、最大的谷物蒸馏厂，也是苏格兰第一家在柱式连续蒸馏器中生产谷物威士忌的酒厂。70%的英格兰金酒是在苏格兰生产，主要在卡梅隆桥
格文（Girvan）	格兰父子公司（William Grant&Sons Ted）	小麦+10%麦芽	1亿L	2个科菲蒸馏器，1个净化柱式蒸馏器。1992年安装了连续蒸馏系统，在粗馏塔中采用独特的真空蒸馏工艺	1963年成立，位于埃尔郡港口，主要考虑因素是水源和充足的劳动力，前往港口和低地的酒厂交通非常方便。蒸馏厂拥有一个巨大的压缩机，用于分离固体和酵母残渣
因弗高登（Invergordon）	怀特马凯（Whyte & Mackay）	玉米+小麦	>4000万L	1个老的科菲蒸馏器，1963年增加了2个，1978年又增加了1个大型的科菲蒸馏器	1959年成立，是高地第一家也是唯一一家谷物威士忌蒸馏厂。这里海运、路运交通方便，位于著名的大麦种植区，水资源丰富
罗曼湖（Loch Lomond）	罗曼湖（Loch Lomond）	玉米+小麦	—	1个改良的科菲蒸馏器，1个科菲蒸馏器	1965年成立，是一个大型实用的工业厂区，以生产为主要目的，未设游客中心。蒸馏厂新改进的科菲蒸馏器，从塔盘沿着塔柱一路往下，在任何一段都可以截取不同酒精度的蒸馏液

续表

蒸馏厂	拥有者	谷物原料	规模（年产）	蒸馏器	说明
北不列颠（North British）	帝亚吉欧/爱丁顿（Diageo / Edrington）	玉米+25%麦芽	>6400万L	3个科菲蒸馏器。带有3个整流盘的连续蒸馏器于2007年退役，现还保留在酒厂	1885年成立，是苏格兰第三大酒厂。唯一使用绿色麦芽的蒸馏厂，是谷物威士忌中含麦芽比例最高的
斯塔罗（Starlaw）	格兰登纳（Glen Turner Co.）	玉米+小麦	2500万L	意大利佛利（Frilli）设计安装的连续真空蒸馏器	2011年建设，由美国科罗拉多集团（Colorado Group）设计，获得苏格兰建设中心颁发的"设计和建造杰出表现奖"
斯特拉斯克莱德（Strathclyde）	保乐力加（Pernod Ricard）	小麦	>4000万L	2个用于谷物的科菲蒸馏器，5个用于中性乙醇的连续蒸馏器	1927年由历史悠久（1805年）的伦敦金酒公司建造

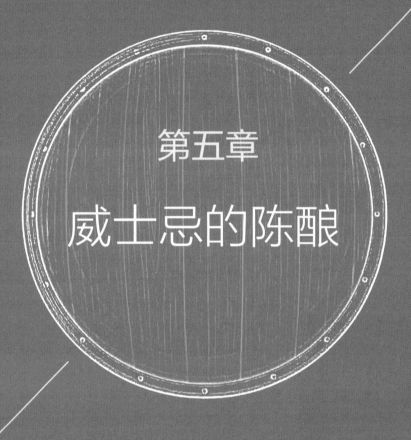

第五章

威士忌的陈酿

第一节　陈酿原理

一、陈酿概述

威士忌的陈酿也称为熟成，是指各种有机物成分在橡木桶储藏期间发生一系列化学反应的过程，包括氧化还原反应、缩醛反应、酯化反应等，最后获得各种酸类、醛类和酯类等风味物质。

威士忌陈酿的质量取决于以下因素：首先是原料，这是威士忌的基础，其参与反应的风味底物同谷物原料密切相关，没有好的原料不可能酿出好的威士忌；其次为工艺，发酵、蒸馏等环节会直接影响威士忌的质量，例如发酵过程，如果控制不好工艺条件，也会导致杂菌污染，从而产生一些特殊不良的气味。

橡木桶是威士忌陈酿的最关键因素，通过对其进行烘烤或者烤炙，产生了更多的香味物质。橡木桶的这些物质通过乙醇的浸提，进入威士忌中，构成威士忌的基本风味，并有一部分作为风味底物参与陈酿过程的一系列化学反应。

从无色的新酒到变为金黄色的威士忌，酒味也变得醇厚柔和，这一过程称为陈酿。

首先，简单回顾一下威士忌的陈酿过程。威士忌新酒通常要装在橡木桶中陈酿，酒精度一般为60%vol左右。橡木桶的大小有200~250L的，也有500L左右的，有雪莉桶和波本桶等。

陈酿仓库的构造会对威士忌的品质产生微妙的影响，传统的为平房，地面为土地且房顶较高，仓库的墙壁使用石头建成，这样也可以起到防火和调节温度的作用。现在大部分蒸馏厂会使用水泥地面，但个别老的蒸馏厂仍然使用土地面，他们以为土地面能起到调节湿度的作用。虽然没有明确数据表明这种湿度到底多少合适，但当湿度升高时乙醇成分就会减少，反过来湿度降低时水分就会减少。在温度方面，苏格兰每年的最高气温为25℃左右，最低气温为−5℃左右，所以仓库内的温度范围为0~20℃。湿度和温度都会对威士忌的陈酿产生很大的影响。图5-1为苏格兰安南达尔（Annandale）蒸馏厂的陈酿仓库。

开始陈酿的威士忌经过半年左右后颜色会略带淡黄色，乙醇刺激味降低，散发出逐步陈酿的香味。一年甚至两年后，会变成黄褐色，和陈酿前相比香味等已经完全不同了。最初的一两年是风味变化最大的时期，也是陈酿威士忌的最少必要时间。在这之后也会再逐渐陈酿，香味也会更浓。一般认为十二年左右的威士忌香味最浓，一旦超过十五年，酒的数量减少严重，木香味变浓，威士忌的品质也会下降。这一点和白兰地不同，白兰地的陈酿时间可以达到30年左右。

威士忌最终产品需要调和，其中原因之一便是橡木桶陈酿会产生不同品性的威士忌原酒，每个橡木桶之间很难得到相同品质的威士忌。这时候就需要将很多不同品性的威士忌原酒进行

▲ 图5-1　苏格兰安南达尔（Annandale）蒸馏厂的陈酿橡木桶仓库

[图片来源：苏格兰威士忌协会（SWA）]

混合制成每个批次相同品质的酒，有时候也会将不同陈酿时间的酒进行混合，这样可以使威士忌更有特点。混合时主要依靠感官品鉴，目前还没有更科学的办法及使用大数据等来进行调和。

二、陈酿中微量成分的变化

在威士忌陈酿的过程中，有很多研究课题，其中之一便是研究陈酿前、后威士忌中微量成分的变化；第二是研究这种微量成分的陈酿时间的变化规律；第三是研究不同条件对微量成分产生的影响，即陈酿的最佳条件是什么。

使用橡木桶陈酿的代表性蒸馏酒有威士忌、白兰地、朗姆酒等。虽然陈酿的方法有所差别，但大体的原理都是相同的。对于蒸馏酒陈酿的研究，在美国、日本、法国等研究机构多年来都在关注。美国曾经研究将波本威士忌陈酿过程中的成分变化总结为数学公式，法国多年前就研究干邑白兰地酒在陈酿中的成分变化，日本也将不同橡木桶对威士忌的作用都进行系统的研究。

由于威士忌是经过蒸馏而形成的酒，因此所有的成分都是挥发出的，其中新酒中成分最多的是乙醇，占60%左右，剩下的40%则是水，这二者的成分就接近100%。但除此之外，还有一些数量达不到百分之几的微量成分，这些就是芳香物质。

这些微量成分中有比乙醇更容易挥发的低沸点成分及比乙醇更难挥发的中沸点到高沸点的成分，包括醛类、醇类、酯类、酸类等。

威士忌在橡木桶中陈酿，酒桶中的成分也会慢慢溶解释放到酒中，这其中包括色素、单宁（也包括多酚成分）、糖类、氨基酸类、无机成分等。陈酿的威士忌中含有的这些不挥发的成分，对威士忌的颜色和味道产生很大的影响。

原来就含有的成分在陈酿过程中并不会保持不变，而是会产生物理和化学变化，从橡木桶中溶解释放的物质量也会增加，同这些物质还会发生二次反应，这些变化综合起来就形成了威士忌的陈酿。

三、陈酿中化学成分的变化

首先，威士忌经过长期的陈酿，发生了一系列物理、化学变化，降低了乙醇的刺激味，增加了柔和感。

之所以发生这样的变化，原因是乙醇分子和水分子靠氢键互相缔合，改变了乙醇分子排列的缘故。威士忌新酒品尝起来感到特别冲辣，主要是由于游离的乙醇分子的刺激性所致。同样乙醇含量的威士忌，所含的游离乙醇分子数越多，它的冲味和辣味就越重。

水和乙醇分子都是极性的，它们可以通过氢键缔合成大分子（图5-2）。

当水和乙醇混合时，由于相同分子间的距离增大，相同分子间氢键便减弱，而乙醇分子与水分子之间，便靠氢键缔合起来（图5-3）。

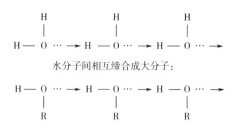

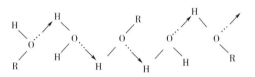

▲ 图 5-2　乙醇分子间相互缔合成大分子（┈┈>代表氢键）

▲ 图 5-3　乙醇分子和水分子靠氢键互相缔合[13]

　　乙醇和水分子之间的缔合，大大改变了它们的物理性质，如折光率、黏度等。当混合水和乙醇时，其总体积收缩，放出热量，就是由于形成氢键，使水分子和乙醇分子互相缔合，分子间靠得更近。如用无水乙醇 53.94mL 和水 49.83mL 混合时，由于分子间的缔合作用，其体积不是 103.77mL，而是 100mL，表现出最大的收缩率。

　　威士忌经过长期的陈酿，乙醇分子和水分子之间通过氢键互相缔合，形成大分子缔合群。这样就有更多的乙醇分子受到氢键的束缚，减少了分子运动的幅度和范围，因而对味觉和嗅觉器官的刺激作用也减少了。同样乙醇含量的威士忌陈酿的时间越长，在饮用时就越感到柔和。

　　威士忌陈酿期间酒的一些变化见图 5-4。

▲ 图 5-4　威士忌在橡木桶陈酿期间酒的变化情况[4]

　　以上变化也适用于金酒、伏特加、白兰地等。但是和这些酒不同的是，威士忌有另外的陈酿原理，因为在陈酿前后酒的香气会发生很大的变化。

日本的威士忌研究机构曾经做过研究，其中出现了一种让人意想不到的实验结果。陈酿后的威士忌和未熟化的威士忌进行相同的操作后收集其香味成分，就其中的成分进行分析后发现，这两者的成分定性几乎相同，但确实也存在数量的不同。当然颜色和香味的不同可以直观感受到。

这些区别的主要原因是难挥发性的成分引起的，正如前面所述，这些成分主要来自橡木桶。

陈酿前后，大多挥发性成分会增多，这种增多和初期相比是呈直线型关系的。这些成分具有芳香性，所以气味会变浓。如果所有成分的增加程度都一致，那么陈酿可以说成挥发性成分的增加过程。但实际中不同成分在陈酿过程中其增加量是不一样的。

研究这个现象产生的原因，不能不谈威士忌陈酿中的蒸发，厚度约为 2cm 的橡木桶壁会吸收桶中威士忌并通过酒桶表面蒸发，每年大约会减少内容量的 2%（根据酒库环境而有差别）。放置 10 年的话大约会减少最初量的 20%。减少的成分会受到湿度和温度的影响，这些都属于一些挥发性成分（包括水和乙醇）。但是，这些成分的蒸发程度会有所不同，有一些易蒸发，也有一些不易蒸发。也就是说，一年减少的 2% 的量中有 95% 是水和乙醇，微量的香味成分会得到浓缩，挥发的难易程度不同，浓缩的程度也有所差别，从而造成陈酿过程中各成分增加程度不一样的情况，这是威士忌香味有所区别的主要原因之一。第二，不能忽略的是成分自身的变化和成分间的相互反应。例如，陈酿过程中由于氧化作用，醇类形成醛类，醛与乙醇分子相结合形成缩醛，醇类和脂类产生酯化反应，产生的这些成分即使数量微少，也足以使香气变得复杂。木酒桶不知从什么时候开始被用于陈酿？在公元几世纪时已经在使用木桶，当时壁画中有一个运输船的画面，画面中就有被堆放的酒桶。酒桶最早是一种运输容器（水或者葡萄酒等），至于使用橡木桶贮存蒸馏酒（这时候是白兰地）是近代以后的事情了。

被用作储存容器的酒桶毋庸置疑需要坚固的材料，其形状也需要是易于搬运且坚固的。其材料选择方面一般使用较为结实的栎树，形状也采用易于滚动的形状。

这里让人产生兴趣的是用栎树材料制作的酒桶，栎树中有其他树木没有的独特成分，这种成分也促成了蒸馏酒的陈酿香味。

酒桶材料中加入酒精度为 60%vol 左右的蒸馏酒后不久便会着色，此酒精度是最佳溶解酒桶中成分的浓度，浓度过浓或过低溶解的量都会有所减少。这是在试验过程中总结出的经验，有其科学性和合理性。

威士忌在陈酿过程中，单宁物质的氧化具有重要的意义。单宁氧化的产物不仅影响威士忌的口味特点，它同时参与形成威士忌透明而金黄的颜色。威士忌中有两种单宁形式，水溶性的和醇溶性的。在威士忌的陈酿过程中，水溶性的单宁含量减少，而醇溶性的单宁含量增加。醇溶性单宁能改善威士忌的口味和颜色。

陈酿后的威士忌味道变得更加丰富，对其成分进行研究发现其中含有氨基酸及微量的糖类成分，除此之外还有相当多的苦味成分。这些成分在刚蒸馏完的新酒中是不存在的，所以被认为是从酒桶中释放出来的。但是使用雪莉桶贮藏时，其部分酒的成分也会渗入威士忌中。

四、陈酿中芳香物质的变化

香草醛是香草香料的主要成分,存在于陈酿后的蒸馏酒中。在刚蒸馏完的新酒中几乎不含有香草醛成分,威士忌在橡木桶中陈酿的时间越长香草醛含量越高。

这种香草醛来源于橡木桶,但木材中并不直接存在这种香草醛物质。香草醛是一种简单的化合物。在威士忌中的醇和酸的作用下发生了木质素的酵解。由于缓慢的酵解过程,从木质素形成了松基醇或者丁香醇,它们容易被过氧化物酶和无机催化剂氧化成芳香醛——香草醛和丁香醛。

日本酿造试验所所长大塚谦一对香草醛、单宁在威士忌陈酿过程中会发生怎样的变化进行了超过 15 年的研究,得到了一个有趣的结果。

最初陈酿香气的形成和酒桶材料有关,特别是香草醛和单宁影响着香气的产生,这也是将酒桶材料切断后加入酒精溶液,然后人工抽取其成分进行分析后得出的结论。同时发现,操作过程中还存在很多变化的化合物,将这些化合物进行分类时发现了一些有气味的成分,这也引起了人们的关注。对陈酿后的威士忌进行相同处理后得到的成分和这些成分相同,但两者的气味有些许不同。

将酒桶材料提取液进行分解处理后,发现了和威士忌的气味相同的成分。对其进行精密的分析发现了两种橡木内酯,这两种橡木内酯刚好和三得利的西村骥一证明的栎树材料中存在的栎树内酯相吻合。

这种物质有两种,顺式橡木内酯和反式橡木内酯,它们对威士忌整体的气味都有很大的影响。布伦斯西等 10 位专家品尝 10 种威士忌按照优劣排序后将收集的结果和橡木内酯含量进行对比发现,排序越是靠前的内酯的含量越高。这再一次表明橡木桶材料会对威士忌品质产生很大的影响。

同上所述,包含橡木内酯的木材可以是栎树或枹树,不可思议的是栗子树和柳桉树中却不含有这种物质。不同品种和产地的栎树其含量也会有所差别,一般波本威士忌使用的是落基山脉产的白栎树,橡木内酯含量高,所以椰子和香兰素风味突出。干邑使用的法国的利穆桑的栎树中橡木内酯的含量低,但干邑在橡木桶贮藏的时间要比威士忌长很多,酒的浓缩度相对提高(橡木内酯不会在贮藏过程中挥发),所以时间越久的干邑橡木内酯的含量就越高。

上述威士忌陈酿的原理概括如下。

(1)威士忌在橡木桶里陈酿过程中由于乙醇分子和水分子的氢键缔合,改变了乙醇分子排列,所以香味和味道中乙醇的刺激程度都会大大减少。

(2)威士忌在橡木桶中陈酿时,空气中的氧会缓慢氧化威士忌中的成分,并逐渐形成芳香成分。

(3)因为威士忌陈酿时乙醇的作用,橡木桶中的许多成分会溶解释放,形成了威士忌色泽和味道的组成成分。

(4)酒桶材料中的木质素在溶解释放后发生酵解,像香草醛等芳香成分会因此增加。

(5)单宁的一部分会溶解成苦味成分,橡木内酯使威士忌的香气和味道得到改善。

(6)酒在橡木桶中陈酿时,大约每年会蒸发 2%(根据仓库环境而有区别)左右,成分会发生浓缩。不同浓缩程度会影响每一桶酒的风格，所以陈酿越久的威士忌成分风格差别越大。

威士忌的陈酿香味是上述变化的综合结果，任何想通过单纯加入芳香成分、调味等手段都不会产生自然陈酿的香味。多年以来，人们也在研究威士忌或者白兰地的人工快速陈酿法，例如氧化法、物理加温法、电处理法、照射各种光线法、添加橡木片（条、块）提取物法等。但到目前为止，这些方法都没有被实际采用。现在来看，没有满足上述 6 个条件的话，就不会产生同自然陈酿相同的效果。能满足陈酿条件的唯一方法就是使用橡木桶进行自然陈酿。

第二节　橡木桶与陈酿

在全世界，几乎所有的威士忌都在橡木桶中陈酿。陈酿的时间、当地的法规和地区气候是主要影响因素。

威士忌经过木桶陈酿，会赋予其漂亮的色泽，巧克力、香草、坚果等芬芳的香气，同固有的谷物、泥煤的香气，形成了威士忌复杂丰富的感官表现。

苏格兰威士忌蒸馏之后，会在雪莉桶、波本桶、波特桶等中陈酿 3 年。通常不使用新的橡木桶进行陈酿。

波本威士忌只能用全新烧烤的橡木桶。在肯塔基州和密苏里州有很多专业生产美国白橡木桶的工厂。对于纯波本威士忌，这些橡木桶可能只会使用一次，然后出口到苏格兰用于那里的威士忌陈酿。

一、橡木的成分

橡木的成分根据树种、气候和土壤的不同而变化，这些成分主要包括以下几类。

1. 纤维素

纤维素（Cellulose）占 49%~52%，是植物细胞壁的基本成分，由于不溶解于水和乙醇，所以对威士忌的陈酿影响不大。但是当加热到 150℃时会开始焦化，因此在烧烤后，纤维素将被热解并且释放出糖分，而在陈酿过程中也会释放出部分糠醛（Furfural）而形成甜味、焦糖以及烘烤的气味。

2. 半纤维素

半纤维素（Hemicellulose）是存在于细胞壁的多糖类，约占 22%。半纤维素是基环中带有 5

碳、6 碳糖聚合的碳水化合物。5 碳糖的聚合称为戊聚糖，6 碳糖的聚合称为多聚己糖。在水解的情况下，由戊聚糖水解成木糖和阿拉伯糖，多聚己糖水解成半乳糖、甘露糖和果糖。

半纤维素的特点是在弱碱或弱酸溶液中发生水解，形成简单的单糖。这些单糖的存在，使威士忌具有甜味和柔和的口味。

半纤维素对威士忌的质量还有另外的作用，它成分中的戊糖经脱水作用，形成糠醛。糠醛具有面包皮的焦煳香，参与威士忌香气的形成。

半纤维素受热超过 140℃的高温时将裂解为糖，而在橡木桶内壁形成焦糖层，与威士忌作用后可以产生焦糖、太妃糖等甜味，给酒体增加焦糖色泽和黏性，使威士忌的口感柔顺。

3. 木质素

木质素（Lignin）占 15%~33%，在植物体内起重要作用，通过原始汁液的循环维持生命。木质素是芳香族高分子化合物，其最终结构现在还没有确定，但已经指出，β- 羟基松基醇和 4- 羟基 -3，5- 二甲氧基肉桂醇，是阔叶树（包括橡木）的木质素的基本构成。木质素的基本成分，彼此之间通过酯键、半缩醛或缩醛键连接在一起。

木质素加热后将产生愈创木酚，这种同样存在于泥煤中的化合物是类似烘焙咖啡香气的油脂，也是木头燃烧后烟熏香气的来源。愈创木酚另外带有香草醛和丁香酚等化合物，形成香草、奶油、巧克力、烟熏或丁香辛辣等主要气味。若将木质素加热至 200℃左右，将提升上述化合物的含量，但是若继续加热至焦炭化时，则会因挥发和炭化而让这些化合物的含量下降，只提升烟熏味。

4. 鞣花单宁

鞣花单宁（Ellagitannin）约占 10%，可以水解产生鞣酸（Ellagic acid），是强力抗氧化剂，欧洲橡木的单宁含量高于美国的白橡木（8~10 倍）。橡木的单宁主要存在于木质的薄壁组织、髓射线的细胞及非细胞间隙里，间隙里的单宁很容易被浸出来。但是，无论怎样加工木桶，仍有大量的单宁留在桶板里。与酒接触面积越大的木质层，其中单宁的含量就越多。当酒精度为 62%~70%vol 时，能充分地从木质中吸取单宁。新的木桶，单宁的吸收过程很迅速。而老的木桶，这个过程就减慢了。当酒液里的单宁物质含量很高时，这种酒液通常是很粗糙的，具有一种特殊的被称为橡木的后味。为了避免这种缺陷，橡木桶制作前必须经过自然水洗将大部分粗糙的单宁溶出，烧烤后的单宁含量也会减弱，并且使威士忌变得柔和，同时也可以降低威士忌中的硫化物含量并且稳定色泽。

5. 微量成分

微量成分（Micro-elements）约占 5%，包括单糖、橡木内酯（Oak lactones）等，美洲白橡木含量高。橡木内酯是威士忌中非常重要的风味化合物，也是指标化合物，其化学结构有顺式和反式之分（图 5-5）。

顺式橡木内酯呈现的是甜甜的椰子和香兰素的风味。反式橡木内酯则呈现的是辛香味。反式橡木内酯会和顺式内酯产生风味协同效应，当反式橡木内酯达到一定浓度后，会促进顺式橡木内酯的椰子和香兰素风味。在不同品种的橡木中，顺式和反式橡木内酯的含量之比是不一样的：在白栎（*Q. alba*）中，顺式占主要组成，而在欧洲栎（*Q. robur*）中几乎没有顺式橡木内酯。

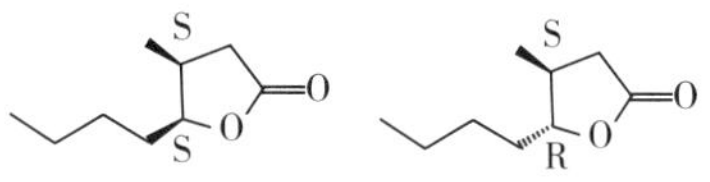

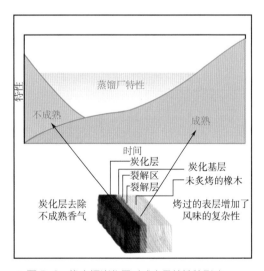

▲ 图5-5　橡木内酯的化学结构

所用橡木中，反式橡木内酯比重最大的是日本的蒙古栎（*Q. mongolica*）和大叶栎（*Q. crispula*），所以日本的橡木呈现出独特的"东方禅香"，欧洲的一些威士忌酒厂也开始尝试使用日本橡木桶，丰富威士忌的风味。

从橡木内酯总含量来看，含量最高的橡木品种是美国白橡和大叶栎，这也解释了为什么美国波本桶会产生浓郁的甜椰子风味。但是波本桶在用过一次后，里面的大量橡木内酯都会被萃取走；即使葡萄酒也会萃取出新橡木桶中60%以上的橡木内酯。烘烤橡木会增加橡木内酯的含量，但是炭化则会消除橡木内酯。

不同橡木桶和陈酿时间赋予的不同香气：酒与橡木桶中的木质素、单宁、内酯、甘油、脂肪酸反应，产生威士忌的香气。木质素首先发生反应，生成有机化合物香草醛，这也是为什么波本威士忌与年份短的威士忌都具有香草气味，而橡木内酯需要较长时间才能渗透到威士忌酒体中。

二、新酒在橡木桶中的变化过程

蒸馏后的威士忌新酒在橡木桶陈酿过程中发生的变化，可分为去除（Subtractive）、增加（Additive）以及协同（Interactive）三部分。

1. 去除

去除主要是减少新酒中不良的香气成分，去除不想要的化合物，主要依靠橡木桶内部烧烤层的过滤、吸附作用。橡木桶采用的炙烤或烘烤方式，以及炙烤程度不同，产生的效果也不同。波本桶经炙烤后将在橡木桶内侧形成2~4cm的木炭层，其密度低，比表面积大，容易让酒渗透进去，是一种良好的过滤介质，因此可以将新酒中的硫化物等令人不喜欢的成分过滤掉，通常新酒在橡木桶中存放几个月，便可以发现硫化物明显减少。但是低温烘烤的雪莉桶其热解层不到波本桶的1/10，橡木表面不致炭化，因此在雪莉桶陈酿的威士忌，有时仍然会有硫的味道。

橡木桶炭化层对威士忌特性的影响见图5-6。

▲ 图5-6　橡木桶炭化层对威士忌特性的影响

（图片来源：帝亚吉欧）

2. 增加

威士忌新酒经过橡木桶陈酿后，外观色泽产生了变化，从无色透明的新酒，逐渐变成了禾秆黄色或金黄色，时间越久色泽越深，当然这与橡木桶的使用次数、烧烤程度，以及之前装过的酒种有关。

橡木桶可以赋予威士忌芳香的味道，增加的这些成分主要来源于制作橡木桶时经热解反应而产生的化合物，以及之前装的酒种（波本酒、雪莉酒、葡萄酒、白兰地等）。木材本身拥有的芳香物质以橡木内酯为主，可溶出椰子的风味，而丁香酚也会溶出丁香等辛香刺激感；半纤维素、木质素经由加热可降解为焦糖、香草醛，同时也将释放出各种丁香醛、香草醛和丁香酸。

提高橡木桶的烧烤程度时，虽然表面炭化对香气的贡献有限，但由于木质组织裂解程度加深，陈酿时上述物质的浓度因而提高。实验证明当加热温度超过200℃时可提高上述芳香物质的浓度，不过由于香草醛在初始加热阶段便已形成，因此即使采用低温烘烤同样也会热解产生。至于较深层的木质素即使未被热解，但在陈酿阶段将借由水解及氧化反应持续释放出香草醛。

加热后的半纤维素，形成的糖以及焦糖的味道非常明显，但是受到橡木桶使用次数的影响较大，因此第一次使用时释放出的焦糖甜味是最明显的。水解单宁是另一种容易引起味觉冲击的物质，橡木本身就含有各种单宁酸，在加热之后将转变为酚类，使酒的口味复杂、酒体丰满。

3. 协同

威士忌新酒进入橡木桶，去除和增加过程将在短时间内发生，然后再以比较慢的速度进入协同阶段，通过与仓储环境的交互影响，让酒中的化合物持续进行氧化反应，逐渐形成每一个橡木桶酒应有的独特风格。

在橡木桶的陈酿过程中，挥发始终存在，这些挥发性物质，包括水和乙醇，在陈酿期间会从橡木桶的表面蒸发掉，如果酒体中的某种化合物的挥发性比乙醇或水低，则在长时间的蒸发之后酒液内的化合物浓度将持续提高。

协同过程中的化学变化以氧化为主，溶解于酒中的 O_2 与化合物反应，导致酸类、醛类的转变以及酯类的增加，提升了酒的醇厚感。

橡木桶中的木质素进入酒液中发生了化学变化，形成香草醛及其他香气成分。

三、影响橡木桶陈酿的因素

1. 酒精度与陈酿的关系

橡木桶的浸提物和原桶的酒精度高低有关，酒精度低，水溶性物质容易溶出，例如单宁类物质、甘油和糖；酒精度高，芳香类物质会溶出更多，例如具有椰子风味的内酯，同时也将减缓挥发性酸以及色泽的发展。由于部分酒与橡木桶的互动反应须靠水来完成，酒精度高时也会降低反应速度。另外酒精度高可以减少橡木桶的使用量。

通常新酒入桶的酒精度一般不超过 80%vol，较低酒精度有利于木材内水溶性化学分子，如水解单宁、丙三醇和糖分的萃取。高酒精度则会萃取出更多的乙醇溶解性物质，如各种橡木内酯。增加入桶酒精会在陈酿期间影响颜色、固体物和挥发性酸类的发展。有些木质成分与酒液的化学反应也依靠于水分的存在，因此酒精度的增加也代表水分的减少，依靠水分的化学反应速率也随之变慢，从而导致最终产品与其相关的分子浓度降低。研究表明，入桶的酒精度在 63%~70%vol 时，其获得的浸提物比较均衡。现在苏格兰蒸馏厂的麦芽威士忌入桶酒精度一般为 63.6%vol 左右，谷物威士忌为 68%vol 左右。

2. 环境与陈酿的关系

（1）与温度的关系　　橡木桶窖藏环境的温度也影响着威士忌成熟度。在温度高的地区，成熟度会加快。例如同样年份的中国台湾威士忌，要比爱尔兰威士忌更加成熟，因此中国台湾威士忌一般是不宣传年份的，因为那样会很吃亏。同样道理，爱尔兰的温度比北边的苏格兰也要高一点，而南爱尔兰比北爱尔兰也要高 1℃。

威士忌在陈酿过程会因蒸发而损失，在苏格兰每年有 2%~2.5% 的威士忌酒会被蒸发消失掉，称之为"天使的分享"。

威士忌在陈酿过程中蒸发的数量和乙醇含量的变化取决于渗透和蒸发两个因素。渗透的规模取决于木质的疏松程度、乙醇含量和桶的表面积比；而蒸发的强度与贮存的温度、空气的湿度等因素有关系。

渗透是沿着桶板的气孔（导管孔）进行的。液体在毛细管里上升的规律可用下面的式（5-1）表示。

$$h=\frac{2\sigma\cos\alpha}{rgd} \qquad\qquad（5-1）$$

式中　h——液体在毛细管里上升的高度，m

　　　σ——液体的表面张力，N/m

　　　α——湿润作用的角度，°

　　　r——毛细管的半径，m

　　　g——重力加速度，m/s^2

　　　d——液体的相对密度

分析式（5-1）可以看出，威士忌酒液沿着毛细管上升的高度，与表面张力成正比，与液体的相对密度成反比。如果陈酿不同乙醇含量的威士忌（66%vol 和 45%vol），那么，由于它们的不同相对密度和表面张力，在后者的情况下（45%vol）将比前者（66%vol）渗透的规模小。

贮存的温度条件，对威士忌的蒸发和体积有重要的影响。在固定的条件下，蒸发的强度可以用下面的式（5-2）表示：

$$J = \frac{T}{r} \qquad\qquad (5\text{-}2)$$

式中　　J——蒸发强度，℃·kg/kJ

　　　　r——蒸发焓，kJ/kg

　　　　T——空气的温度，℃

从式（5-2）可以看出，蒸发的强度随着环境温度的提高和蒸发焓的降低而增长。

（2）与湿度的关系　酒库的空气湿度，对威士忌酒液的乙醇含量变化有直接的影响。当空气中的相对湿度为 70% 时，这时陈酿威士忌乙醇的蒸发速度和水的蒸发速度是平衡的。在这种情况下，乙醇和水按比例蒸发，原威士忌的乙醇含量保持不变。当空气的相对湿度低于 70% 时，则水的蒸发速度高于乙醇的蒸发速度，在这种情况下陈酿，威士忌的乙醇含量将提高。相对湿度高于 70% 时，则乙醇的蒸发速度高于水的蒸发，威士忌的乙醇含量将随着陈酿时间的延长而降低。

所以，在爱尔兰地区，终年多雨潮湿，威士忌在陈酿过程中会失去更多的乙醇成分，随着时间的推移，由于自然蒸发的原因，年份高的酒精度会略有下降；而在美国肯塔基州这样的低湿度地区，水分蒸发的速度则比乙醇更快，乙醇的浓度实际上会增加。

（3）与海风的关系　在品尝威士忌时，会发现有的酒具有咸味或者海水的味道，特别是一些来源于苏格兰的岛屿区、艾雷岛区或者坎佩尔镇的威士忌。之所以出现这些味道的原因，有的人以为是橡木桶在靠近海边仓库进行陈酿时，长期受到海风的影响造成的，因空气中弥漫着盐类分子，附在橡木桶上，而后渗透入橡木桶被酒所吸收。但有的学者认为靠近海边的仓库温度较低、湿度较高，陈酿速度慢，长期陈酿后酒精度下降。由于氧化反应时间加长，威士忌会呈现明显的香草、花香和果香。至于咸味，也可能来自水源、生长在岛屿区的谷物原料或者用于烘干谷物的泥煤。

3. 时间与陈酿的关系

在同等的条件下，陈酿时间越长，威士忌就越成熟，风味就会越复杂，这也是为什么威士忌经常会标注陈酿年份的原因。年份的计算方法是原酒在橡木桶存留的时间，装瓶之后是不算的。

是不是窖藏时间越长品质就越好呢？研究表明，不同年份的威士忌，所表现出来的特性是不一样的，不能一概以时间长短论品质。一般来说，威士忌在 3~5 年的时候是最实惠的，性价比最高，风味口感也是不错的。10~12 年的威士忌是比较饱满的，不论是橡木桶的特性还是酒体本身通过酯化和缩醛反应产生的风味物质，都到达一个很好的峰值；20 年以后的酒，随着酒的蒸发，风味物质就会浓缩，木头味道会更重，反而很难体现出橡木桶原有的特性，例如雪莉桶的那种甜美就没有那么明显了，甚至很稳定的泥煤味都会开始减弱，酒精度也会减弱。通常市场上出现的高价格的威士忌主是因为稀缺性的原因。

4. 橡木桶本身因素与陈酿的关系

橡木的种类、橡木桶的容量大小、制作方法、使用次数、每一次使用的时间等都将影响到陈酿的效果。

（1）容量大小　橡木桶尺寸大小的主要表现为新酒同橡木桶接触面积的不同，例如波本桶的容量为200L，雪莉桶的容量为500L。所以使用小木桶陈酿，具有较大的表面积，陈酿时间短，同时渗透和蒸发引起的消耗大。

（2）制作方法及桶的来源　为了运输方便，有的厂家将木桶经过拆解，进口后重新处理组装。有的厂家直接进口空桶，为了防止木质干缩，这些空桶通常都会填充少量的波本酒或者雪莉酒来浸润，到达蒸馏厂后将酒倒出。桶结构中残留的波本酒或者雪莉酒的成分将与威士忌新酒进行融合，提升了酒的颜色和风味，这是雪莉桶陈酿的酒的外观色泽一般比波本桶深的原因。不过炙烤程度较深的波本桶同样也可以陈酿出较深酒的色泽。

（3）制作橡木桶的木材　木材来源会影响威士忌特色。通过对美国栎木雪莉桶和欧洲栎木雪莉桶的对比，可以清楚看到不同栎木树种对威士忌的影响。欧洲栎木可赋予威士忌更深的颜色和更多的木材萃取物，主要风味为香草味、水果味和香甜味；相反，美国栎木陈酿的威士忌颜色更浅，有花香味，在减少新酒不成熟个性方面的能力比较有限。因此，美国栎木雪莉桶更适合风味干净细腻的蒸馏液，而欧洲栎木中的强烈萃取物质会掩盖其他风味。

（4）橡木桶的使用次数　同一个橡木桶最多可以反复使用四次。重复使用的次数越多，橡木桶对原酒造成的影响就越小，其中包含很多原因（例如前一次原酒在桶中陈酿的时间）。在波本桶中装入原酒经过3年，能够带来奶油质感的香草风味与饱满的焦糖风味。虽然重复使用也可以带来相似的风味，但是随着使用的次数增加，浓度会渐渐降低。反之，桶的使用次数越多，对原酒的影响减少，就能更多地保留威士忌原酒的特性。因此，重复使用的橡木桶同样具有价值。二次使用的桶，可以更加简单地创造出风味组合，制造出拥有不同特性的威士忌，这些特性与初次使用的原酒有着一定关系。不同状态的橡木桶结合使用，可以组合出许多复杂的威士忌风味。

影响橡木桶的因素很多，不同的新酒需要选择适宜的橡木桶。一般情况下，酒体轻柔、清爽细致的新酒适用于波本桶陈酿，而味道醇厚、酒体丰满的新酒适用于在雪莉桶中陈酿。

第三节　陈酿要素及选桶用桶策略[①]

经过糖化、发酵、蒸馏获得的新酒，无色透明，不同原料和蒸馏方式，香气各有差异，但总体比较清新，酒精度高，口感相对浓烈爆冲，需要经过橡木桶陈酿和终极调和，才能具备威士忌的特性。国内外很多研究报道均有提及橡木桶对威士忌感官风味的重要贡献。在极端情况，威士忌80%的风格和风味源自橡木桶；同样波本威士忌超过75%的香气来自橡木桶，更有100%

---

① 本节由上海葡本酿酒科技有限公司的邢凯、查巧玲编写。

的颜色是橡木桶赋予的。因此，橡木桶作为威士忌陈酿的必要条件，对威士忌的终极质量至关重要。不同的桶和不同选桶用桶策略，对威士忌的风格走向和陈酿结果影响深远。

一、橡木桶陈酿的基础要素

在选桶用桶之前，我们需要明确，橡木桶无论多重要，也仅仅是陈酿工艺过程中的重要工具，是为威士忌陈酿服务的。作为工具，要更好地体现价值，就需要了解促成威士忌陈酿达到最佳状态过程中至关重要的五个要素。

1. 优质基酒

好基酒是酿造好威士忌的基础，真正优质的威士忌新基酒，应该香气优雅纯净，具有原料的谷物香（又称为"一类香气"）、源于发酵和蒸馏过程中生成的花果香和酯香（又称为"二类香气"），平衡雅致，口感丰富厚实，不空洞不燥苦，更不能有异香和杂味。不良异香和杂味都可能在陈酿中被放大，后期修正优化的处理代价会大很多，还可能让陈年老酒返新，建议早发现早净化。有公司研发的精准选择性吸附的复合净味炭 CT05，可在不损伤基酒香气和质量的情况下去除异杂香，从而使基酒香气更加优雅明快，为后期陈酿打好基础。

另外，合适的入桶酒精度，对于威士忌入桶陈酿效果以及终极产品稳定性也至关重要。最佳的入桶陈酿过程应该是酒养桶、桶养酒的彼此互促状态。过高的入桶酒精度，会造成快速高强度浸提，酒显得粗糙生硬，降度后很容易沉淀损耗，桶也淘汰得快，酒伤了桶，桶也伤了酒；酒精度过低，浸提不足，酒熟得慢，桶也熟得慢，浪费了时间而得不偿失。

2. 丰富底物

刚蒸馏的无色新酒，放在不锈钢罐里，无论经历多久的时间变迁，都无法变成令人沉醉的威士忌，这便是橡木桶陈酿的底物贡献。丰富的底物，才是陈酿发展的根本。不同来源、不同风干方式、不同烘烤方式、不同润桶基酒和不同使用年限的桶，在底物贡献上千差万别，真正的选择应基于陈酿目标和底物需求的匹配才更为合理。

3. 充足氧气

氧气是威士忌基酒和橡木桶底物发生陈酿变化的重要媒介。橡木桶在这一陈酿过程中，不仅承担着底物贡献者，还承担了溶氧调控的重要角色。大桶或小桶、法国桶或美国桶、细纹橡或疏纹橡透氧束管分布不同；新桶或旧桶透氧束管的通透率不同；桶板薄厚、烘烤深度和炭化程度都会影响陈酿溶氧量。因此，科学选桶用桶也是陈酿过程中的重要溶氧管理法宝。

4. 温度管控

温度是陈酿变化实现的重要条件。威士忌是有生命的，剧烈的温度波动容易造成威士忌的"感冒"，优雅度和细腻度都会大打折扣。相对而言，橡木桶比不锈钢罐具有更好的温度缓冲能力，不同容量、不同纹理和通透性的橡木桶对温度波动也有着各不相同的缓冲平衡能力，这也是选桶用桶过程中需要考虑的因素。

5. 时间成本

时间对于所有烈酒的陈酿和质量进阶都是重要资产。没有足够的时间和耐心很难有机会感受烈酒与时间共舞的艺术成果。对于威士忌而言，基酒遇上橡木桶后，其中近80%的风格表达是由时间来决定。时间决定了物质交换的效率、特别是橡木桶中木质素水解的效率，这一切都深远地影响着威士忌终极产品陈酿风格的丰富度和复杂性。这个过程中，优秀的酿酒师们找到了很多"借用时间"的陈酿方式，也催生了各种特色养桶业务的兴盛。因此，在橡木桶的选用配置中，基于时间成本考量，老桶、旧桶和新桶的匹配比例也是需要重点规划的。

二、选桶用桶策略

熟知威士忌陈酿的五个核心要素及其对威士忌终极感官质量的意义后，选桶用桶策略上需要考虑的最大本质就是，如何最大限度地让所选之桶为最佳的陈酿结果服务，把基酒现状、产品目标和陈酿底物、溶氧量、温度、时间等多个因素结合起来通盘考虑。这里我们把常见的威士忌桶和桶陈五要素对应关系用表达形式呈现给大家，如表5-1所示。从表5-1中不难看出，橡木桶不同新旧程度、橡木种类、烘烤类型、风干方式、润桶工艺和酒桶容量对威士忌陈酿风格和方向具有极大的影响。

表5-1　橡木桶对威士忌陈酿要素赋能表 *

常见橡木桶类型		基酒风味	底物增效	溶氧效率	温度缓冲	陈酿时间
新旧程度	全新桶	桶味更足	新鲜底物丰富	透氧率佳	相对缓温中	相对时间长
	翻新桶	桶味微弱	底物不足	透氧率中	相对缓温弱	相对时间中
	红旧桶	异杂味风险	底物不足	透氧率低	相对缓温强	相对时间短
	老陈桶	陈酿风味多	成熟底物丰富	透氧率中	相对缓温中 +	相对时间快
橡木种类	美国橡木	甜美感	底物丰富	透氧率低	相对缓温中 +	相对时间中 +
	传统法橡	橡木味	底物较多	透氧率中	相对缓温中	相对时间中
	欧洲夏橡	结构感	底物非常丰富	透氧率高	相对缓温中 −	相对时间长

常见橡木桶类型		基酒风味	底物增效	溶氧效率	温度缓冲	陈酿时间
烘烤类型	浅烘烤	木香和生硬感	底物丰富	透氧率低	相对缓温高	相对时间长
	重烘烤	焙烤香和结构	底物中等	透氧率中	相对缓温中	相对时间中
	炭化烤	净化香气	底物减少	透氧率提高	相对缓温弱	相对时间短
风干类型	自然风干	柔和细润	底物优质	透氧率相对低	相对缓温强	相对时间快
	人工风干	粗犷干洌	底物粗糙	透氧率相对高	相对缓温弱	相对时间慢
润桶酒龄	老酒润桶	陈酿风味	底物成熟	透氧率降低少	相对缓温强	相对时间快
	新酒润桶	新鲜果味	底物潜力弱	透氧率降低多	相对缓温弱	相对时间慢
润桶时间	小于2年	香气稚嫩浮游	成熟底物少	透氧率降低少	相对缓温强	相对时间慢
	大于2年	香气深邃融合	成熟底物增加	透氧率降低多	相对缓温弱	相对时间快
酒桶容量	1/4桶	桶味强度大	底物释放量大	透氧率相对高	相对缓温弱	相对时间长
	标准桶	桶味强度中	底物释放量中	透氧率居中	相对缓温中	相对时间中
	超大桶	桶味强度弱	底物释放量弱	透氧率相对低	相对缓温高	相对时间短

* 说明：不同橡木桶类型对威士忌陈酿五要素的影响都是同一类型细分类目里的相对值；酿酒师选桶时可根据自己对威士忌风味、陈酿时长、发展潜力等需求综合考量和取舍；本表是鼎唐＆葡本团队对近十年选桶用桶实践研究结果的汇总，仅作为工艺参考，不作为任何工艺标准。

一般来说底物越丰富，相对透氧率越低，需要的陈酿时间就越长，陈酿结果就越丰富细腻；使用时间越长，底物贡献能力就越弱；不同的是，所用之桶如果在上一使用阶段赋予了丰富的成熟底物，即陈酿风味，在本轮陈酿中虽然相对陈酿时间缩短，但陈酿风味却更为丰富复杂，这也是老陈桶在烈酒陈酿中受宠的重要实践依据。这里需要纠正一个观念，优秀麦芽威士忌并非不用或者不能用全新橡木桶，只是新桶初期贡献的底物非常多，需要更多的时间陈酿来转化和融合，这是一个相对时间成本和风味融合的话题，但越丰富的底物陈酿丰富潜力自然越好，这一橡木桶陈酿规律是肯定的。所以在很多优秀威士忌厂，新桶、旧桶、老桶都是按照一定时间考量合理匹配的，每年的新桶的追加也是必要的。

值得一提的是，波本威士忌只允许在内表面炭化烘烤的全新美国橡木桶里陈酿，对苏格兰威士忌来讲，这一程序正好淋洗了新桶中过于丰富粗犷的底物，成为其省时省力精致陈酿的优质桶源，这也是正式自然选择过程中，威士忌世界极为有趣的用桶默契。这也造就了波本威士忌的狂野甘洌和苏格兰威士忌的绅士典雅，在风格上的截然不同。但随着威士忌消费的趋年轻化，波本威士忌在新桶选择中也更加追求温文尔雅。如西班牙MURUA桶厂的特色海洋球热润柔化和超长时深层炙烤工艺波本桶，也日渐成为波本用桶新宠。

关于烘烤程度，想重点探讨下炙烤炭化桶。从陈酿底物和陈年变化潜力的角度来说，炭化烘烤并不是最佳选择。高强度的炭化炙烤，使橡木桶的内表面大面积发生炭化，部分优秀底物在这个过程中遭到损伤，炭化级别越高底物数量和质量损伤得也相对多。但为什么炭化桶在威士忌领域依然备受欢迎？这和其炭化表面独特的吸附净化作用分不开。经过炭化炙烤的橡木表面形成了一层木质活性炭净化层，可以对新基酒的刺激感和异味进行一定的修正和净化作用，在早期活性炭没有大面积引入基酒净化方向之前，炭化桶无疑是非常棒的选择；当然，炭化桶经过炭化炙烤大大弱化了橡木桶表面的底物，尤其单宁生涩感，也可以加快入桶陈酿时间，时间效率第一的今天，炭化桶受宠也是可以理解的。但值得注意的是，非常高端的威士忌单纯靠炭化桶陈酿是远远不够的。

自然风干一般至少都需要 2~3 年时间才能把木质水分降低到能适合做桶的水平，但内容物质在风干过程中也有一个自然熟化过程，会更加细腻柔和；人工风干，就是借助电力和热风快速风干的方式，缩短板材积压和占用的时间，这也是为什么市场上往往会看到同样 200L 或 250L 的全新波本桶，价格可能相差 30%~40%。人工风干过程对底物内容变化并不友好，高端威士忌用桶不建议。

橡木桶容量越小酒液接触比表面越大，单位溶出底物越丰富，没有足够时间消化，风味表达就是木质感十足的粗糙感，显得十分不协调。但时间是值得信任的资产，随着时间推移，最终还是可以获得不少惊喜，只是需要太多的耐心，有的友好转化可能需要十年甚至二十年之久。当然容量越小，同样湿度条件下基酒挥发造成的酒损比例也会更大。在一些知名的威士忌蒸馏厂，1/4 桶的引入更多是为了快速获得丰富底物后转入底物贡献不足的旧桶或者老桶里继续陈酿，这个时间都不会太长，更不会成为单批次优质威士忌的唯一陈酿桶。那么对于更加市场化行为的迷你新桶存威士忌，这里也想给几点建议：如果是上好的已陈酿威士忌，二次装入迷你新桶可能会大大使酒体降级，这种情况下，选择老桶改装型迷你桶效果更佳；如果是新蒸馏基酒或者年份比较短的威士忌，装入迷你桶获得一定底物后建议尽快更换到旧桶或者装瓶等待时间自然陈酿，长期装在迷你新桶里的酒，一定要等足够年份才能适合享用。

说到润桶，"雪莉桶"是首当其冲的，几乎成了威士忌领域的神话；这里必须要说明的是雪莉陈酿桶和雪莉润桶并不是一回事。雪莉陈酿桶之所以阴差阳错地成为顶级威士忌的嫁衣，这得益于陈酿雪莉桶赋予顶级威士忌陈酿过程中不可或缺的高级感风味，这种高级感是超越葡萄原料和橡木桶本身风味的陈年演化物，是只有老年份的雪莉酒和存放过老年份雪莉酒的桶才会有的风味。所以，选购高品质雪莉桶时，更需要关注润桶的酒龄和桶龄，这比桶本身的材质和烘烤程度更为重要。因为太新的酒，太短的时间，都无法真正获得陈酿雪莉赋予的那种高级感。太新的酒只能赋予短期显得新鲜甚至妩媚的花果香，但这种新鲜花果香在随后的陈酿过程中会逐步逝去，或者惊讶地走向对顶级威士忌并不友好的方向，正因为菲诺（Fino）雪莉太香太鲜，菲诺桶在专业威士忌领域也并不受宠；陈年奥罗索（Oloros）就兼备了复杂浓郁和高级感，所以无论是奥罗索老桶还是用陈年奥罗索浸润 2~3 年的雪莉桶，都是顶级威士忌追捧的；当然，如果是非常年轻的奥罗索酒润桶，效果自然打折很多；同样，即便是很不错的陈年奥罗索，太短的浸润时间，意义也不大；至于 PX（Pedro Ximenez，一种产于西班牙的甜型雪莉酒，简称 "PX"）桶，一样要理性看待，贵是因为酒少，能用来润桶的酒更少，并非一定比奥罗索出奇很多，因为是甜型雪莉，同样陈酿时间美拉德反应会更多一些，但是如果年份不足的 PX 润桶还是应该谨慎一些的。这些因素在选桶时，都需要充分了解清楚。至于波特酒（Port）、苏玳酒（Sauternes）

润桶，道理都一样，威士忌需要的是时间带来的陈酿风味物质，并不是所有的这类酒都一样优秀。无论是雪莉、波特、苏玳、波本还是传统威士忌，真正的高级感，就是纯净基酒和充足底物在时间长河里演变而来的陈酿风味，这个风味里展现了别样的奶油感和花果香，是经得起时间考验的，倒入杯中每一刻都呈现惊喜变化着的艺术感。所以，时间，永远是威士忌最重要的资产，随时手握时间这把尺，选桶才能更科学有效。

STR*葡萄酒桶，在赋值表里并没有单独列入，对这个桶的应用也是争议颇多。从一定意义上来说，不同使用年份的葡萄酒桶，效果也是千差万别的，真正在市场上流通的退役葡萄酒桶，基本上桶龄都在 7 年左右或者以上，从底物本身说可以贡献给威士忌的还是比较有限了，直接装酒因为各种因素的影响，往往缺陷大于贡献；STR 处理方式，全称 shaving, toasting and recharring，简单地说就是刨刮再烘烤或炙烤（详见本章第四节），就是俗称的炭化翻新桶，炭化的主要目的是在未来最大限度减少葡萄酒余香负效应，炭化层可以吸附拦截一部分，但同样可贡献陈酿底物又非常有限，单纯用 STR 葡萄酒桶陈酿威士忌无论从风味还是风格上都单调了些，可以作为经济指标考量下的一个补充产品。对于葡萄酒桶的另一个选择是纯本土的桶魔方 Bio&3S 陈酿处理法，即生物法转化后，配合深度浸润、蒸汽洁净和老酒驯化的综合处理方式。该方法由葡本酿酒科技公司独家研发，通过 Bio&3S 步骤处理，可以更加彻底地清洗和转化深层酒渍残留带来的不良影响，并驯化和引导其转向，可以提供更多陈酿底物和风味的品质方向。无论哪种方式，这个过程都需要很好地关注底物贡献和风味走向。

以上是对目前市面上大家颇为关注的威士忌可用桶源做的简单分析和解读，在大生产中选桶可能还需要考虑经济价值、产品定位、环境条件、自动化程度和酒窖布局等更多因素。

三、橡木桶养护和维修

1. 烈酒桶的常规保存

橡木桶应储存在温度低于 20℃，相对湿度 70%~80%，无污染，无异味，无直射光，无对流通风的舒适环境中；新桶上的塑料膜和纸板能有效保护木桶，如果桶不计划启用将勿拆除；存放超过六个月的新橡木桶在使用之前需要更长时间重复注水膨胀，以降低渗漏率；使用过的烈酒桶，不建议空桶存放，尽量做好规划快出快入，必须空放的情况下建议保留 3~5L 残余烈酒，每隔一周转动一次桶确保湿润，空桶期不建议超过 2 个月；大于两个月的空桶期，重复启用前，需要和新桶一样复水查漏。

2. 威士忌橡木桶的复水膨胀

橡木桶的复水膨胀处理详见本章第四节"三"。如果是二次桶和旧桶，及时出桶入桶需要区分桶源，一般波本和雪莉桶，如果能及时转运后投入使用最佳；如果不能，长途运输中一般是用酒液保护的，确保无污染的情况下可以直接使用；如果空放时间过长，复水膨胀查漏还是必要的。

3. 渗漏处理及紧急修补

复水过程中如果出现渗漏现象，可用粉笔做好标记后旋转桶将渗漏侧转向受力较小的位置，浸泡24h后复位再次验证是否继续渗漏；如果继续渗漏，可倒掉浸泡液并充分沥干；自助检查渗漏位点和渗漏可能原因，如发现以下情况可尝试自行修补。

（1）虫孔渗漏　用牙签同等形状的橡木楔，钉入虫孔，削掉多余部分，磨平即可止漏。

（2）小树结渗漏　表面涂抹肥皂泥、粉笔灰、纳基膨润土膨胀液或者修补膏均可有效止漏。

（3）端板接合处渗漏　找出漏点，垂直于接缝处的渗漏点钻一个3mm的小孔，将橡木楔或者竹筷子做的竹木楔打入孔中，削掉多余部分，用砂纸磨平。

（4）端板和桶身接合处渗漏　找出渗漏点，可以用芦苇叶或者粗细合适的麻绳浸湿填塞在渗漏边缘处，并用修补膏涂抹即可修复。

（5）渗漏严重时　建议第一时间联系桶厂协助处理。

4. 威士忌桶的入酒应用

空橡木桶按照复水和查漏要求做完基本清洗膨胀后，即可准备开始将酒入桶；但新桶初次使用并不建议注入高端定位酒基；可以考虑注入一些级别较低的酒基，对桶内粗涩表面底物进行润洗；如果有条件准备使用一些陈年老酒进行润养，效果更佳，酒越老效果越好；润养的时间可以随终极威士忌产品的定位高低来决定，定位越高润养时间可以越长，最长可达4年以上；对于新建项目没有老桶可循环使用的企业，早期润养4~6个月即可；初次驯化完的威士忌桶可入初阶定位原威士忌，继续陈酿润养4年后，方可用于高端烈酒陈酿。对于关注时间成本的蒸馏厂，建议购买部分烈酒老陈桶以缩短循环陈酿时间；各种特色培养桶、驯化桶也是这一工艺诉求的不错选择。

初填桶是指填充过其他酒后，初次填充威士忌的橡木桶。对于初填桶和再填桶来说，使用相对简单很多，基本直接入即可；但有个大原则，就是高阶的酒桶退位用于低阶是推荐的，低阶的桶越位用于高阶的酒是不建议的；另外，出桶入桶接续时间规划好，不要让桶长时间处于空桶期。

威士忌每次入酒都不能装得太满，可以留出1%~3%的空间，避免温度波动引起的溢桶损失，也留有一定的氧气交换空隙，利于陈酿变化。

5. 威士忌的降度和添桶

入桶的酒精度，在55%~65%vol为佳，在早期传统威士忌领域也有提倡70%~80%vol的，但实践证明，这个酒精度区间，对酒和桶彼此伤害都比较大，成品调和过程中的降度，也会造成大量高度醇溶物质的析出和沉淀，得不偿失。在55%~65%vol的酒精度区间，更容易找到水项和醇项的浸提平衡，对酒对桶都双赢。

但是在市场最常见到的威士忌有很多是低于50%vol的，有限的陈酿时间里基酒并不能自然降度到目标酒精度，这个过程是需要人为辅助降度的，有些降度发生在调和期，但对于优质威士忌来讲，桶中陈酿期间有节奏地缓缓降度是最科学的，出桶后大尺度降度容易造成熟酒返新，浓郁度也会随之降低；在桶中可以根据目标酒精度和陈酿时间等指标规划降度节奏，一般每次降度幅度在5%~10%vol最佳，最大不要超过10%vol，每次降度时间至少间隔3个月，间隔越长越好，最后一次降度后应至少存放6个月才能装瓶。

降度一般不建议用纯水，可在桶中培养一部分同年份、同源的低度酒，一般可以在30%vol左右，提前在桶中驯化3~5个月，用来降度最佳。

降度的添加量，按照桶中基酒数量酒精度和降度酒的酒精度来计算，不需要特别精准，但应尽可能降低每次降度误差。

添桶：威士忌在桶内陈酿过程中会蒸发损耗一部分，根据环境不同，蒸发量通常在2%~8%不等。在橡木桶陈酿过程中许多地方往往主张不使用添桶工艺，特别是一些原桶强度和单桶法威士忌。

但是当橡木桶中酒损过多的时候，橡木桶液位以上部分的桶板就很容易干裂，会再次加大挥发酒损。所以，在酒窖日常管理中，必要时可以采取添桶的办法来避免和减少这方面的损失。添桶用酒的基本原则是，同批次平行添桶最佳；实在不能满足时，老酒可以给新酒添桶，好酒可以给次酒添桶，反过来就不建议了。

除了降度和添桶，换桶也是部分威士忌陈酿过程中的重要功课，尤其双桶法和多桶法陈酿的酒，在陈酿过程中需要根据优势互补或风格加强的原则进行换桶。

第四节　橡木桶的制作

一、橡木的种类

橡木材料有两种：红橡木（*Q. erythrobalanus*）和白橡木（*Q. leucobalanus* / *Q. lepidobalanus*）。

1. 红橡木

红橡木源于美国红橡树，之所以称为红橡木，是因为在秋天时树叶会转红。除了外观之外，红橡树木材的纹理和色彩丰富多彩，其材质致密，被广泛用于制造家具、枕木和木地板等方面。

2. 白橡木

白橡木一般被用于制作橡木桶，主要有两个原因：一是其含有更多的填充体，是阻碍木材中水分移动的重要因素，所以不会有漏水的问题，这点对储存酒来说很重要；二是其含有更复杂和独特的风味，可以提升酒的风味品质。

用来制作威士忌的橡木桶，常见的白橡木种类有：北美的白栎木（*Q. alba*）、长梗栎（*Q. robur*）和无梗栎（*Q. petraea*）。

在北美，大部分的橡木桶使用的橡木为白栎木（*Q. alba*），也有少部分使用的是其他品种的橡木，如湿地白栎木（*Q. bicolor*）、覆斗栎（*Q. lyrata*）、大果栎（*Q. macrocarpa*）、黄栎（*Q. muehlenbergii*）、蒙大拿栎（*Q. montana*）、星毛栎（*Q. stellata*）和加里亚纳栎（*Q. garryana*）。

美国波本威士忌桶使用的橡木主要来自肯塔基州和密苏里州，而来自这两个州的橡木桶绝大部分使用的是 *Q. alba*、*Q. bicolor* 和 *Q. macrocarpa* 这三种橡木。这三种橡木木材的性质和外观非常相近，肉眼很难辨别出差别。

美洲白橡木是全球使用量最多的橡木种类，有 90% 以上的威士忌使用。其利用了美国白橡木木材品质优良且相对较快的成材速度的优势，慢慢成为日渐短缺的欧洲橡木的最佳替代品。在第二次世界大战后，美国制桶商为了刺激橡木桶产业，立法规定美国波本威士忌必须在全新的木桶中成熟，结果产生了大量物美价廉的二手橡木桶，一举抢占了苏格兰威士忌用桶的半壁江山。

3. 欧洲橡木

欧洲橡木（*Quercus robur*）在欧洲，用于制作橡木桶的主要有三种：无梗栎（*Q. petraea*）、长梗栎（*Q. robur*）和比利牛斯山栎（*Q. pyrenaica*）。

Q. robur 品种的橡木树具有更强的耐寒、耐干、喜阴性，所以比 *Q. petraea* 的生命力更强（图 5-7）。

法国橡木非常适合陈酿葡萄酒，橡木桶所用的橡木大部分为 *Q. petraea*。

葡萄牙和西班牙橡木桶一般主要使用 *Q.robur*，也有少部分使用 *Q. petraea*。在葡萄牙也有使用 *Q. pyrenaica* 的。

欧洲橡木纹理较密，能让威士忌吸收更多的香气，通常是先用于雪莉酒，再用于威士忌。欧洲橡木由于气候关系生长速度较为缓慢，一般树龄需 100~150 年才适合制作橡木桶，因此木质更为紧密，同时含有较多的单宁，香气也相对较幽雅细致。

▲ 图 5-7 白橡木纹理
（图片来源：陈正颖）

在葡萄酒界，如果酿酒师喜欢酿制橡木味浓重单一的葡萄酒，一般多选用美国的白橡木；如果想酿造橡木香、果香、酒香协调幽雅的葡萄酒则要选择欧洲橡木，两种橡木有着先天的差别。用于橡木桶制作的欧洲小白橡树和老橡树如图 5-8 所示。

在 16 世纪中叶的西班牙，使用欧洲橡木桶来储存运输雪莉酒销往英国，使用之后的空橡木桶对当时的人来说等同废弃物，大部分是拆解后作为木材，没有人会继续储放威士忌。

20 世纪 80 年代以前，雪莉酒都是以桶装的形式出口到世界各地，许多出口到了英国。雪莉酒装瓶之后，把空桶运回西班牙的效率很低，所以大多数的空酒桶最终进入了威士忌行业中。雪莉酒是用特制的橡木桶运来的，运到英国需数月，所以这些新运来的酒桶吸收了一些雪莉酒进入橡木中，这非常有利于威士忌的陈酿。

（1）欧洲小白橡树　　　　　　　　　　（2）老橡树

▲ 图 5-8　橡木桶制作原材料

（图片来源：新成橡木桶公司唐成义提供）

1981 年西班牙立法通过了"雪莉酒必须在西班牙装瓶后外运"条款，再加上 1983 年欧盟禁止成员国产制的葡萄酒以整桶方式运送出国，导致雪莉桶价格飞涨，威士忌产业拥有的雪莉桶一下子成为稀缺资源。

各种橡木的香气特点见表 5-2。

表 5-2　各种橡木的香气特点

橡木类型	香气特点
欧洲橡木	雪莉酒、干果、橙子、肉豆蔻、焦糖、肉桂、香料、葡萄干
美洲橡木	焦糖、蜂蜜、杏仁、香草、香料、榛子、核桃、姜
日本橡木	香料、花香、蜂蜜、西洋梨、丁香、苹果、香草荚、花卉

4. 水楢橡木

在日本，用于制作橡木桶的橡木有大叶栎（ *Q. crispula* ）、蒙古栎（ *Q. mongolica* ）和槲栎（ *Q. dentata* ）。

大叶栎具有独特的风味特征，这可能和其中的橡木内酯有关系。

日本制作水楢桶（Mizunara cask）使用蒙古栎，这种橡树主要集中在日本、俄罗斯以及我国的东北地区。水楢桶使用的橡木含有大量香草醛，因为纹理深并且多孔，所以具有水密性较差的先天性不足，因此制桶成本很高，但是水楢木桶给日本威士忌增添独特之处。

5. 中国橡木

我国橡木的品种也很多，分布很广，如蒙古栎、辽东栎、青岗栎等。中国科学院植物研究所主编的《中国高等植物图鉴》第一册上记载：柞树，又称为槲树、橡树、青岗，分布于我国黑龙江至华中和西南地区，蒙古、日本也有。

法国利穆森地区所产的橡木，是制作欧洲橡木桶的主要原料，经鉴定是欧洲种的橡木，国内无此种，只有比较接近的种，如蒙古栎比较接近利穆森的橡树。长白山地区由于特殊的地貌和气候条件，可以生长比较好的橡树，为橡木桶的制作提供了先决条件。这里与法国的利穆森地区同在北纬 45° 左右，平均海拔 611.5m，黑褐色土壤，北温带大陆性季风气候。年积温 2000~3000℃，降雨量 750~1000mm，无霜期 140d 左右。主要树种为针阔交林，栎树占 10% 左右，长白山橡树的生长条件与法国橡木很相似。

分析发现使用长白山橡树制作的橡木桶其橡木材质细致、纹理直、力度大、弹性强，是制作橡木桶的理想材料。

我国在橡木桶制作工艺，包括原木选择、风干、烘烤与木桶制作等方面的生产技术已经非常成熟。例如位于山东高密的新成橡木桶公司已经开始给欧洲的酒厂提供代工出口，为国内一些高端的蒸馏厂提供完整的橡木桶和木桶加工设备配套。

二、橡木桶的制作

1. 橡木选择

原木的理想树龄是 100~150 年，不应该选择已经枯竭的老树。橡木桶的制作过程是从原木开始的，橡木必须具有以下特性。

（1）树干直或年轮居中，具直的纵向纤维。

（2）木头为浅色，无疤痕，尤其是没有腐烂的痕迹，无裂痕，无蠕虫洞，无由风霜冻引起的劈裂，无边材。

（3）纹理直，颜色一致，与纹理有关的年轮清楚，年轮狭长、规则。

（4）有较强的抗击打性能和良好的绝热性。

（5）不太"丰腴"，树龄已进入成年期。

（6）能够通过雕刻、弯曲形成橡木桶的凸出部分，即木桶的圆形形状。

图 5-9 中是法国橡木原木。

▲ 图 5-9　法国橡木原木

（图片来源：新成橡木桶公司唐成义提供）

2. 木板切割

制作标准桶,将上好的四面清橡木原木,径基最好在 400~600mm,用断木机截成 1m 长的段,葡萄酒桶的桶板必须用劈木机沿纵向劈开,再用带锯机沿径向锯切成 30mm 厚的桶板(图 5-10)。橡木劈开的主要目的是看木材纵向纤维生长是否扭曲,劈开面的平面度一般不要超过 10mm,否则锯切时木材纤维会被锯断,造成酒桶漏酒、断板、透氧率过高等问题,葡萄酒桶年轮越细越好,蒸馏酒桶则没有那么多的挑剔,美国波本桶桶板一般不用劈切,直接锯成四份,再按径向锯切,装蒸馏酒对木材的纹理及扭曲要求不太严格,但不管是葡萄酒桶还是蒸馏酒桶,桶板年轮必须是垂直于板面的径切板,且角度必须大于 45°。

▲ 图 5-10 断木、劈木、六分法劈木
(图片来源:新成橡木桶唐成义提供)

3. 风干与干燥

将木头锯开或劈开后,一定要进行干燥,否则做成木桶后,木头会不断失去水分,木桶就会渗漏。干燥过程既可以在露天进行自然风干,也可以采用人工烘干。风干是橡木桶制作过程中的重要环节之一,它能使木料发生各种变化,一方面让微生物生长去更改木材内部的化学物质,另一方面让木材的含水量降低到与大气湿度相当。这种变化有助于橡木桶发挥其储藏作用。新砍伐的树,含水量近 80%,制成桶板后,含水量降低到 15%~18%,而且,所有这些过程都使木头保持"活着"的状态。风干是一个温和而重要的阶段(图 5-11)。

通常,将木头露天放置 2~3 年,对于 27~30mm 的木板,再放置 24 个月以上。传统的法国橡木每 10mm 厚度需要干燥 1 年,所以,一般需要 18~36 个月的时间使木头变干。

干燥期间,在雨水、细菌等作用下,可以降低木板中的单宁含量,有的制桶厂也会对橡木板进行烘干处理,也是为了降低单宁带来的涩味。

单宁可以被分为两类:可水解(如没食子单宁和鞣花单宁)和不可水解(如红葡萄酒中的原花青素)。

▲ 图 5-11 风干橡木

（摄于新成橡木桶厂区）

在陈酿的前期阶段，单宁会带来涩感，但是随着时间推移，会参与各种氧化反应，带走部分硫味，也能促进酒体颜色的稳定性。*Q. robur* 橡木单宁含量最高，而 *Q. alba* 和 *Q. crispula* 单宁含量则非常低。单宁在不同品种橡木中的含量差别可能和橡木的生长速度有关，老的橡木比年轻的橡木所含单宁要低。

相对于法国和西班牙的橡木，由于美国橡木的单宁酸含量仅为它们的 1/10~1/8，因此风干时间大多为 6 个月，含水量可以降低到 30%。当然，这个过程取决于存放的位置、气候条件、风向和空气的湿度。这样做主要是为了获得木头牢固的机械性能，而且还能使其潜在质量得以发展。

由于风干需要将木板敞开垛放在远离工业区或其他污染源的地方，会占用太多资金，许多制桶厂被迫采用人工干燥方法，通常需要 12 个月。许多酿酒师愿意付出更多的费用将木头进行露天自然干燥，他们认为采用人工烘干方式得到的木头，干燥并不完全，制成的橡木桶渗漏严重。其次，自然风干会降低木板稳定的浸渍性化合物，提高它的产香味潜力。

风干引起的变化主要表现在使木材机械抗性增强，外观坚硬；酚类化合物降低使苦味、涩味和可提取颜色降低；出现香兰素、椰子和丁香的芳香。

4. 木桶制作

经过风干的板材，运到制桶车间，先对木板加工再进行选板、组装、成型、烘烤、检验等工艺，木桶制作的过程如下所示。

（1）桶板修整　将板材干燥时两端开裂的部分切掉，并仔细检查每一片桶板是否完好，将不合格的板材拣出。将长短不同的板材分开，短板用于制盖。

（2）切割桶板　首先决定桶板（图 5-12）的内外面，用双面切割的机械精确切割桶板的 6 个成型面。桶板的理想形状是内为凹面外为凸面，为增加烘烤的效果，板材的内面会加工浅槽。桶板的厚度因其用途不同而各异，一般的陈酿桶是 22mm，运输桶是 27mm。

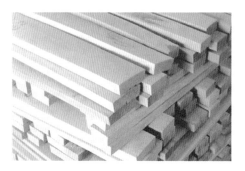

▲ 图 5-12 桶板

（3）拼接桶板　根据不同容量桶的桶腹（桶的最大直径处）展开尺寸，确定一个桶的板材用量。225L的桶所需要的木板一线排开长度为 2.18m，通常由 28~32 块组成。228L 的桶所需要的木板一线排开长度为 2.28m。在这个过程中要注意选择两个较宽桶板，一块用于开桶口，一块为下面的承重板。

（4）装配　在预制的桶圈内摆好桶板，用紧边圈将桶板收紧，然后上两个桶箍。这个步骤是手工操作。将桶板一块块地拼在铁制成的成型桶模上，因桶板上部沿桶紧密拼接，下端开放。然后将上端用收边圈收拢，放入 2 个制桶箍固定好（图 5-13）。

▲ 图 5-13　装配
（摄于新成橡木桶厂区）

（5）弯板定型　为了让桶板弯曲成橡木桶，需要将桶板加热成型，此工艺不同的厂家有不同的过程。更普遍的是用火烤的同时喷水，有的使用蒸汽，有的先将桶放到喷淋室加湿，接着为了增加桶板变形时的柔性，预热至 35℃并保温 30mm 左右，然后火烤加热。在加热弯板过程中经常是桶壁张开着，提高加热温度（<7℃/min），逐渐弯曲桶板。当桶板内侧温度达到约 200℃，外侧温度 50℃时，操作结束。无论哪种方式，最后都是用机械慢慢束圆箍形，将桶板箍紧后再用 2 个制桶箍套住，一个橡木桶体基本成型（图 5-14）。

（6）烤干、箍桶　被制桶箍套住的桶板压力很大，这时将桶身放在火上烘干弯板，减轻桶板的压力。4 个桶箍将桶身箍住，使桶身受力均匀，逐渐合缝（图 5-15）。

▲ 图 5-14　收边圈收拢
（摄于新成橡木桶厂区）

▲ 图 5-15　组装橡木桶
（摄于新成橡木桶厂区）

（7）明火烘烤和炙烤　烘烤和炙烤会赋予波本威士忌独特味道，目的是裂解桶板内侧的木质素，释放出香草风味并烘出暗褐色泽（图5-16）。

（1）明火烘烤

（2）中度烘烤桶

（3）炙烤

▲ 图5-16　烘烤和炙烤
（图片由唐成义提供）

按照美国的习惯分类，橡木桶的明火烘烤分为轻度烘烤（LT）、中度烘烤（MT）、重度烘烤（HT），一般用于以水果为原料的果酒和烈酒的陈酿。炙烤桶根据炙烤程度，从轻到重分为（LT）C1、（MT）C2、（MT）C3、（ST）C4共四种炭化程度，一般用于威士忌、朗姆酒等烈酒的陈酿。

橡木桶在烘烤和炭化处理后，长期浸泡在乙醇环境下，木材中的木质素会被降解，产生很多风味物质，其中一种就是带有烟熏味的愈创木酚。此外，木质素降解产生的呋喃化合物会带来焦糖风味。

橡木被炭化后，形成的炭化表层会吸附一些不良风味，且炭化后可以让酒液渗透到橡木的里层，从而萃取出更多物质。

几种加工处理工艺对几种重要风味物质的影响见表5-3。

表5-3　几种加工处理工艺对几种重要风味物质的影响

	风干	烘干	烘烤	炭化
橡木内酯	＋	（＋）	＋＋	＋＋＋
丁香醛	－	＋	＋＋＋	＋＋（＋）
香兰素	＋＋	＋	＋＋＋	＋＋（＋）
呋喃	＋＋	＋	－（＋）	＋
单宁	－－－	－	－－－	－
愈创木酚	（－）	（＋）	＋＋	＋＋
颜色	－	（＋）	＋	＋＋

注：（＋）表示风味物质多，＋号越多浓度越大。

（－）表示风味物质少，－号越多浓度越小。

（8）烘烤之后　将桶身两头用切磨机磨出端板槽。

（9）制桶端板　制桶端板的传统方法是板块两端都钻了钉眼，用木榫钉合，在板与板之间有的结合处添加芦苇草密封。随着木制行业的发展，大部分木桶的端板已采用凸凹槽插接密封，然后将顶板安装进预留的凹槽内。制成后将端板放在切削机上切削板边，磨光，然后切成规定规格的圆形。

（10）装端板　装端板时需将桶身一头的桶箍松开，将端板嵌入后再箍上。

（11）橡木桶清洁　用机器打磨将橡木桶里外的污迹清理干净，然后磨砂抛光。

（12）装桶箍　用专门的机械操作用桶箍代替制桶箍。

（13）密封检查　用热水测试橡木桶是否有渗漏现象。如果发现渗漏，可以修补或者重换桶板。

（14）入库储存　组装完成后，雕刻商标，使用塞子闭合橡木桶，用塑料薄膜进行包装，在恒温保湿的酒窖内保存。

二手橡木桶会大量吸附前一批的酒液，例如一个邦特雪莉桶，在多年的陈酿后，最高可以吸收 25L 的酒，所以如果用这个桶进行陈酿威士忌，肯定会带来大量的雪莉酒风味。一般一个波本桶最高可以吸附 9L 的威士忌，而葡萄酒桶则最高吸附几升的葡萄酒。这些吸附在木桶里的酒都会对下一批的陈酿带来很大的风味影响。

5. 润桶

润桶主要是指将葡萄酒类（雪莉酒、波特酒、马德拉酒等）、蒸馏酒（波本酒、朗姆酒等）类和其他酒（如黄酒）注入橡木桶，目的是让橡木桶的木质经这些酒浸泡后，再与后来陈酿的威士忌进行相互反应。

有些厂家润桶使用的酒与常见陈酿的雪莉酒不同，是酒厂专门为润桶酿造的。当一批橡木桶完成润桶后，用完的酒可以调入新的橡木桶再重复使用。但随着次数的增加，来自新橡木桶中的单宁将不断积累，润桶酒最终无法继续使用，或蒸馏白兰地，或者用于酿造葡萄酒醋。

润桶的时间，一般为 18~24 个月，当然根据每个威士忌厂家的要求及橡木桶的大小、材质而有区别，有的厂家甚至要求 4~5 年不等。

当雪莉桶使用多次而缺乏有效风味时，过去习惯将 500mL 或者 1L 的 PX 酒喷洒在重组桶或雪莉桶内，然后施加约 0.05MPa 保持 10min，便可以将帕哈雷特渗透木质中让橡木桶恢复活力，但这种方法早在 1982 年便被禁止使用了。

6. 橡木桶 STR 处理系统

使用过的红葡萄酒橡木桶，木桶内壁会残留着红葡萄酒中的单宁、酒石酸和部分硫化物盐类沉淀，造成威士忌陈酿时的苦涩和腥臭味。同时有些葡萄酒桶会用于葡萄酒发酵，长时间后会有酵母和其他微生物孳生，虽然到达威士忌酒厂时这些微生物会因为干燥几近无活性或死亡，但经过威士忌陈酿后，也是酸涩味的来源，所以会建议经过 STR 处理之后这些葡萄酒桶才能再度用于威士忌的陈酿。

所谓 STR 指的是一种特殊的橡木桶处理系统，技术最早起源于法国和西班牙的木桶厂，因为许多中小型葡萄酒厂无法大量采购新木桶，所以会有部分使用 STR 木桶作为类似新桶的香草、椰子和奶油的风味，并增添一些其他的坚果与深色水果风味。STR（Shave-Toast-Rechar）的意思为：刮刨（shave）掉内壁沉积的酒石、酒泥以及木头层，然后重新烘烤（toast）或炙烤（rechar）。利用这种翻新工艺制作出来的桶一般会称为 ST 桶（Shaved and Toasted Cask）或者叫 STR 桶（Shaved Toasted Rechared Cask）。ST 桶和 STR 桶的区别是，STR 桶经过了炙烤，而 ST 桶没有。

（1）第一步刮刨　将木桶的桶盖拆下后进行内部检查，接着将橡木桶水平安置在一个能够帮助橡木桶进行桶壁内缘刨除的特定设备上，机械臂伸入葡萄酒桶内部，然后将其红色内壁刨除 2~3mm 厚，呈现新的木桶内壁。因为从世界各地拿到的葡萄酒桶在尺寸上多有差异，比如美国标准桶、西班牙葡萄酒桶和法国波尔多桶或勃艮第桶等，所以无法将酒桶内部表面完全刨除干净，只要能将大范围面积清理干净即可接受。

（2）第二步烘烤　刨制之后的葡萄酒桶内壁已经露出了原有的橡木层，接下来就能开始烘桶。

烘烤橡木桶这个步骤则需要让桶身在特定距离加热，这会分解橡木最外层的结构，以促进芳香物质的产生，橡木桶被放置在专业设计的旋转托盘上，边旋转边进行火焰烘烤，但会控制火焰不直接接触内壁，透过热对流和辐射加热木桶内壁，而有些木桶厂或蒸馏厂则会直接使用电烘，目的是一样的。这样做能达到非常均匀的烘桶效果，在此过程中橡木桶会散发出香草、奶油、曲奇之类的甜美风味，极为迷人。

（3）炙烤　烘烤完成之后的橡木桶，要经历 STR 处理法的最后一道工序——炙桶。炙桶是利用火焰在橡木桶内直接燃烧，让内壁表层炭化，木板深层能出现焦糖化，焦糖化又称美拉德反应。炭化部分在陈酿过程中会作为活性炭用途捕捉部分的硫化物和大型分子（如高级醇），而焦糖化部分则会在陈酿过程中释出风味物质进到威士忌酒液中，这样则有助于柔化陈酿桶中的威士忌，使之更为香醇。与之前烘桶时的温柔火焰不同，炙桶的火焰极为猛烈，在此过程中甚至可以听到橡木桶内壁爆裂的声音，燃烧 5s 之后，桶匠便移开火源，并用水柱喷洒橡木桶，熄掉里头的火焰。于是眼前的明亮幻化成一团白色烟雾，从桶内溢散开来，与此同时一股浓烈的焦糖气息扑面而来，待烟雾散去之后，便能看到木桶内壁如鳄鱼皮般的痕迹，而 STR 处理便全部完成。再经过测漏后即可以用于威士忌的陈酿。

橡木桶的 STR 处理过程见图 5-17。

无论是波本桶还是雪莉桶，可用于陈酿的次数为 3~4 次，若以每次 12 年计算，每个橡木桶的使用寿命约为 50 年。随着使用次数的增加，橡木桶能提供的风味、影响强度和作用速率都将逐步减弱。

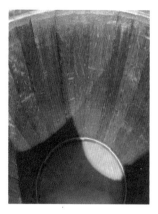

（1）拆开的红酒桶，内壁
都是酒泥或结晶盐类

（2）结晶盐局部照片

（3）遇到有大面积的酵母/野生酵母，
则该木桶会不再使用

（4）内壁进行刨除后
呈现原始的橡木纹路

（5）木板烘烤后再进行大火炙烤，
全着火后再燃烧5s，喷水灭火并降温

（6）炙烤后的内部会呈现
鳄鱼般的纹路（此种状态
约为美国C3等级）

▲ 图5-17　橡木桶的STR处理过程
〔图片来源：嵊州蒸馏厂〕

　　经过STR处理后的橡木桶中的半纤维素将再度热解为焦糖层，而木质素将释放与新桶相似的香草风味，不过其他如水解单宁或橡木内酯等化合物，则无法恢复如新桶，也因此经STR处理后的橡木桶陈酿的效果与新橡木桶相比会完全不一样。一般情况下，经过STR处理后的橡木桶可以再使用两次。

三、橡木桶的处理及灌桶

1. 橡木桶的处理

　　为了确保清洁，确保符合使用的要求，防止出现渗漏现象，橡木桶在使用之前需要进行严格的处理。

　　首先要用水处理，可以将橡木桶中加满纯净水静置浸泡48h〔图5-18（1）〕，观察是否有渗漏的现象。放掉水以后，225L 的桶可以加入 30~40L，90℃以上的热水，塞紧桶口，转动橡木桶，洗遍桶内的每一个地方。刷洗 15~20min 以后，把水留在桶里过夜。第二天，把过夜的水放出，再重复用 30~40L 开水洗桶，一直进行到从桶里放出来的水不带颜色为止。

如果生产上使用蒸汽方便，桶的处理就简单了。将桶里灌上 30~40L 纯净水，从桶口上接入蒸汽管，加热至沸，使桶处于炽热的状态，充分晃动洗刷，然后过夜。重复 2~3 次，然后用凉的纯净水洗刷干净。

以上灭菌操作结束后，倒空橡木桶沥干，尽早灌酒。

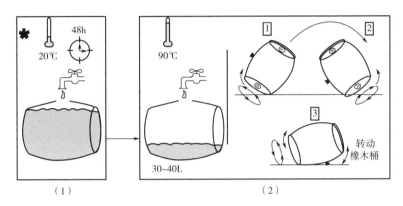

▲ 图 5-18　橡木桶使用前的处理

对于几周或者几个月后再使用的橡木桶，要保留好塑料薄膜包装，并且在以下条件下保存橡木桶：75%~80% 的湿度，避免穿堂风，避免阳光直射。

2. 灌桶

灌桶方式有直接使用酒泵和自动化灌桶装置（图 5-19）等操作。装桶数量方面需要将桶的上方保留一定的空间，以防止温度升高而造成液体的膨胀，通常一个 225L 的橡木桶经过抽板与 STR 处理后实际容量会在 210L

▲ 图 5-19　峡州蒸馏厂的自动化灌桶装置

左右，有的蒸馏厂会采取定量的方法，每个橡木桶灌装 200L 的威士忌新酒。

四、常见的威士忌橡木桶

1. 格尔达（Gordo）大桶

格尔达大桶容量为 600~700L。在美国，其以白橡木制成，大多用于将不同橡木桶的威士忌调和之后，再放入格尔达桶静置融合一段时间，让酒质更稳定再装瓶，也有直接用来陈酿威士忌的，是苏格兰允许使用的最大橡木桶。

2. 马德拉桶（Madeira drum）

此种桶容量为 650L。原用于葡萄牙马德拉岛的马德拉酒，使用法国橡木，桶陈 5~20 年，特别抗氧化。用这种桶陈酿的威士忌，通常有蜂蜜、青梅、果干、焦糖、糖浆 / 蜜糖、咖啡的水果香气。

3. 波特桶（Port pipe）

此种桶容量为 650L。原用于葡萄牙波特酒，使用欧洲橡木，用它陈酿的威士忌带有浓郁的水果芳香，口感呈甜型，有成熟浆果风味，有些也有很明显的氧化味。可供威士忌陈酿的波特桶非常少，但是有些酒厂为追求某一特定风味，也会用波特桶来陈酿威士忌，多是宝石红波特的酒桶。用这种桶陈酿的威士忌，通常有红色的色泽，富含浓郁的水果香气，酒体也较为饱满有力。

4. 雪莉桶（Sherry butt）

此种桶容量为 500L，起源于西班牙，在 16 世纪主要是以整桶葡萄酒运输的方式输往英国，但酒清空后的橡木桶等同废弃物，可能拆解作为木材或作为其他容器使用，或继续储藏其他酒种。

英格兰的烈酒产量直到 18 世纪仍远远大于苏格兰，储酒容器的需求量当然也超过苏格兰，不过当时还没有陈酿的观念，无人去关心橡木桶能赋予的风味。至于交通不便的苏格兰，在当时威士忌是农民将每年剩余的谷物用来生产的农副产品，只有少部分走私进入英格兰。到了 19 世纪中叶，烈酒生产商才充分了解到橡木桶陈酿的优点及可能增加的价值。1860 年通过的《烈酒法》，麦芽及谷物威士忌必须在保税仓库内陈酿及调和，橡木桶陈酿的优点才广为人知，雪莉酒恰巧也在此时开始大量输往英国。由于是以整桶方式运输，留下来的空桶便可用于储存威士忌。

雪莉桶是目前最贵的橡木桶，用其陈酿的威士忌带有巧克力、香草、干果、葡萄干及肉桂的味道。

1986 年西班牙通过了一项法律，规定所有西班牙雪莉酒在出口之前都必须在西班牙装瓶，因此有的威士忌生产厂就委托西班牙酒庄在酒桶中加入一点点雪莉酒，然后给酒桶施加一定的压力，迫使酒进入桶木的孔隙中。但是，苏格兰威士忌协会很快就禁止使用这种加压的巴哈雪莉桶了。现在为了保证雪莉桶的来源，威士忌生产厂，积极与雪莉酒生产商签订契约，甚至直接同制桶厂合作，形成一条完整的雪莉桶产业链。

5. 邦穷桶（British puncheon）

此种桶容量为 509~546L。容量与雪莉桶相当，但是形状比较矮胖，桶身较短，桶径较宽。其使用于朗姆酒和雪莉酒，有较厚的美国白橡木和较薄的西班牙橡木两种类型。

6. 新炙桶（New charred casks）

新炙桶具有木质香、香草、椰子和树脂味。木质香气大多来自心材内的成分及其热降解产物。蒸馏液特性会因焦炭层吸附或自身降解而被修饰。强烈木质香气会掩盖许多原本的蒸馏液特性。

7. 重组桶（Hogshead）

此种桶容量为 225~250L。苏格兰将波本桶拆解、重组，增加板材数量以扩大其容量，5 个 200L 的美标橡木桶（53 美国加仑）可以制作 4 个重组桶。重组桶是威士忌业界最常见的桶型之一，以欧洲橡木或美国白橡木制成，也可能两者皆有。

8. 波本桶（Ex-bourbon casks）

此种桶容量为 200L，来自美国，即陈酿过波本威士忌的酒桶。因为波本威士忌只能用全新的美国橡木桶陈酿，用过的酒桶就出口到苏格兰及一些其他国家。由于桶内采用炙烤方式制作，木质表面炭化，所陈酿的波本威士忌又以玉米为主要谷物原料，所以酒体呈现出较淡的金黄色，具香草、杏仁、可可、甜香草、太妃糖及椰果的香气。与首次装填的木桶相比，焦炭层活性已较低，但蒸馏液个性仍会因焦炭层吸附或自身降解而被修饰。低浓度木质香气有助于突出蒸馏液自身风格，如果时间过久，会出现过重的木头味道，造成酒体的不协调。

9. 再填桶（Refill casks）

再填桶是指第二次或者之后，陈酿威士忌使用的橡木桶，如果包括第一次新桶的陈酿，实际上应该称为是第三次填装。再填桶陈酿的酒具有平顺、香草和甜味的典型特征。木质香气来源通常为板材表层下方已水解和氧化的木材分子聚合物，同时也有可能萃取上次装桶的成分，这对谷物威士忌风味特性的影响很大。焦炭层活性未知，但每重复使用一次都会有所降低。因其他降解反应路径可能已消失，所以通过蒸发减少不成熟的特性与硫化物含量就显得更为重要。

10. 再生桶（Regenerated casks）

再生桶具有木质味、香草味和甜味的典型特征。木质香气大多源自热降解产物。某些上次装填留下的特色可撑过重新炙烤过程（如泥煤味）。蒸馏液个性会因焦炭层吸附或自身降解而被修饰。

11. 夸特四分之一桶（Quarter cast）

此种桶容量为 125L。因为容量小，可增加酒液与橡木桶的接触面积，达到快速成熟的目的。

12. 八度桶（Octave 或 Firkin）

此种桶容量为 63L。在 20 世纪早期这种八度桶很普遍。

13. 水楢桶（Mizunara cask）

水楢桶使用日本蒙古栎制作橡木桶，陈酿的酒有檀香、焚香、沉香、肉桂和椰子的香气。这种桶数量非常少，主要产自日本。

五、有关橡木桶的名词介绍

1. 木桶收尾

木桶收尾是指在陈酿过程中，大部分时间先让威士忌在波本桶里陈酿，装瓶前将陈酿好的威士忌短期地放入具有更浓郁特殊风味的桶中，例如陈酿过波特、雪莉或者马德拉、干红葡萄酒甚至甜白葡萄酒等的桶中。它们能给予威士忌独特的风味和外观色泽。

2. 天使的分享

天使的分享是指威士忌在橡木桶存储期间挥发的部分，比较低的是 2% 左右。环境温度越高挥发越多，如在我国南方一些地区可达到 10%；湿度大乙醇挥发量比水多，湿度小水的挥发量比乙醇多。

3. 原桶浓度

原桶浓度是指那些不经稀释，直接从橡木桶中装瓶的苏格兰威士忌。虽然现在有些威士忌也标明"原桶浓度（Cask strength）"，但是在装瓶时进行了微量的稀释，酒精度大概在 50%~65%vol。40%vol 是苏格兰威士忌装瓶时的最低酒精度要求，不过最常见的苏格兰威士忌酒精度大部分都是 43%vol 或 46%vol。

4. 橡木桶寿命

多次使用橡木桶会降低木材内化合物的可萃取量。随着颜色分子和可萃取物量的降低，成熟风味特性（如柔顺、香草和甜味）会越来越差。而不成熟的风味特性（如肥皂味、油脂味和硫味）的抑制也较差。橡木桶用的次数越多，其风味影响越小，每个橡木桶用来陈酿威士忌的次数一般可以达到 3~4 次。

有时候我们可以在酒标上看到"首次填装（First-fill）"的字样，这意思是说瓶中的威士忌来自第一次用以陈酿的橡木桶。同理，如果酒标上标注"二次填装（Second-fill）"，表明用来陈酿威士忌的橡木桶已经陈酿过一次了，这是第二次使用，也因此其所带来的风味肯定也会弱很多，这样就能制作出许多不同风味的威士忌。

第五节　酒库类型

一、垫板式酒库

传统的苏格兰酒库是以红砖或石板建成的低层建筑，橡木桶以 2~3 层堆叠在煤渣或地板上，搬运全靠人工，最低一层的橡木桶须承受上层橡木桶的重量，无法堆放过高，否则容易出现龟裂而导致橡木桶漏酒。

垫板式酒库见图 5-20。

二、托盘式酒库

▲ 图 5-20　垫板式酒库

［摄于波摩（Bowmore）蒸馏厂，图片来源：苏格兰威士忌协会（SWA）］

托盘式酒库的每一个桶都是直立放在木托盘上，相对堆放高度不会受到限制，方便机械搬运，因此提高了效率，但是仓库内须预留出机械运行的过道（图 5-21）。

三、货架式酒库

货架式酒库（图 5-22）酒桶可以上堆 12 层高，但是越往上酒的挥发越多。
在美国，有的威士忌的仓库相当于 4~5 层楼的高度，每楼层可以存储 3~6 层酒桶。这些

▲ 图 5-21　福建大芹陆宜蒸馏厂托盘式酒库

▲ 图 5-22　美国希特勒克斯罗（Lux Row）蒸馏厂货架式酒库

（图片来源：陈正颖）

仓库具有一个包括栏杆和大梁的骨架，可以使酒桶水平滚动。在骨架之间有升降机，使酒桶垂直移动变为可能。一个普通的仓库可以存储大约 2 万个酒桶。

木桶在仓库中的位置对风味的影响：贮藏位置会对威士忌的风味产生极大的影响。这种仓库会产生一个十分特殊的气候，在夏天，屋顶下方温度很高，可以达到 50~60℃，而底部却如同有空调一样凉爽仅有 18~21℃。所以位于屋顶顶层的威士忌会接受更多的热量，因而出产的威士忌会带有较强的橡木气息。中间楼层的中心区域成了一个热缓冲区。这个地方温度波动小，在此陈酿的威士忌最为稳定，是标准装瓶的核心区域。所有有经验的蒸馏师，都有自己特别偏爱的贮藏楼层。

以波本威士忌的贮藏位置为例，高楼层熟化的威士忌，因为蒸发损失更多，口感更干，更辛香，风味更浓郁；低楼层熟化的威士忌，陈酿更慢，口感更绵柔；中间层熟化的威士忌，陈酿比较缓慢，风味上带有木质的清香。为了与室外空气温度均衡，仓库都有很多窗户。每个楼层的威士忌成熟的速度不同，因此有的酒厂会轮换酒桶。轮换的意思是在陈酿过程中，酒桶被移动到仓库内其他位置，这样每个酒桶都有机会受益于仓库中间的好位置。但是这样一来，仓库的某个部分（通常是 1/3 的仓库总容量）必须空出来以用于轮换。也有一些酒厂选择了混合的工艺。他们不再轮换酒桶位置，而是在装瓶前将不同位置的酒桶的酒进行混合。通过这种方法，可以避免耗费人力的轮换工作，并可以使用仓库的全部存储能力，以及获得仓库中间位置可用于生产小批量波本威士忌的特别酒桶。

以上这种现象在苏格兰不明显，受到海湾气候的调节，夏季时仓库顶层的温度 16~20℃，低层为 10~15℃，上下温差仅为 5℃左右。

橡木桶横放或者立放的区别：首先要分析一下木桶的浸润面积和酒液体积的比例值。为了方便计算，简化为圆柱体，当桶内容量随时间从 1（100%）递减到 0.1（10%）时，木桶的浸润面积和酒液体积的比值见表 5-4。

表 5-4　木桶的浸润面积和酒液体积的比值

容量比	横放	立放
1	0.096	0.096
0.9	0.083	0.084
0.8	0.084	0.086
0.7	0.086	0.088
0.6	0.090	0.091
0.5	0.096	0.096
0.4	0.104	0.102
0.3	0.118	0.113
0.2	0.143	0.135
0.1	0.206	0.201

资料来源：邱德夫《威士忌学》。

表 5-3 的比值越大，表示单位体积的浸润面积越大，所以与橡木桶的交互作用越大。从表 5-3 可以看出：无论采用横放或者立放，其比值虽有差异，但是差异不大，当酒液体积仍在一半以上时，采用立放的比值仍大于横放。但是当酒液体积在一半以下时，采用横放的比值略高于立放。

无论采用横放或者立放，当橡木桶内的酒液减少到在一半以下时，与橡木桶的交互作用反而比装满时更好。当然还必须考虑氧化的影响以及最重要的成本因素。但无论如何，经由计算可以了解只要水密性良好，横放或立放的陈酿效果差别不大。

小贴士

木桶称呼："Barrel" 还是 "Cask"？

一般来说，在美国基本使用Barrel一词，而苏格兰人则更喜欢把木桶称为Cask。一些波本桶卖给苏格兰的蒸馏酒厂时，并不会整桶装船运输，而是将其拆卸为一包包桶板和桶箍，分别装船。这些桶板和桶箍到达苏格兰后，会被运往制桶工场，并加以组装。它们既可以被组装为容量200L的木桶，也可以加入更多的木板，制成225L的大型重组桶。这也是苏格兰的木桶被称为Cask的原因。

第六节 陈酿试验[①]

按照威士忌的传统生产工艺，新酒需在橡木桶中陈酿，然后进行勾兑方能装瓶出厂。

蒸馏的新酒为无色透明的液体，经过在木桶中贮存后颜色、风味逐渐发生变化，日积月累日益完善。因此桶材、桶容和贮存库的环境条件等，对于威士忌酒的质量、数量都有密切的关系。"优质威士忌酒的研究"青岛小组试验所使用的木桶，大部分是依靠青岛葡萄酒厂倒出的旧木桶，因此新旧程度不一，容量大小不等。

一、陈酿中成分变化的研究

威士忌陈酿，最重要的是保持威士忌新酒的良好特性（水果、谷物、泥煤等风味给酒带来的基础印象）与陈酿带来的特性（桶的种类、气化、氧化造成的影响），使之两者达到平衡。

1. 陈酿初期原酒特性

刚蒸馏的威士忌新酒没有任何陈酿特征，但经过短短数周的陈酿之后，新酒就会产生变化。经过3年陈酿的威士忌中，两者的比例平衡也是很难轻松地计算出来的，较为单薄的新酒比质感饱满的新酒受到桶的影响要更快。这就像是无泥煤味的新酒和有泥煤味的新酒对比，泥煤味越强，通过橡木桶去赋予相同强度风味所需要花费的时间就越长。

2. 陈酿时间对风味的影响

在原酒装桶的数周之内，橡木桶带来的风味就会明显地表现出来，前3年橡木桶会为酒带来巨大的变化，而之后橡木桶随时间的推移能够带给威士忌的影响也会逐渐减弱。在入桶前的新酒中包含的麦芽味与硫成分在入桶后数月开始减少，橡木桶吸收了这些成分，随着蒸发（每年蒸发约2%的乙醇）与氧化（桶内外部的空气流通）发生了新的化学反应。麦芽香气与硫气味的减少，使酒的气味变得更加轻盈。这种香气，也就是酯类香气的甜味让陈酿过程的威士忌发生了巨大的转变。

苏格兰威士忌专家布雷恩（Brain Kingsman）认为："在麦芽威士忌风味形成的过程中，最初的3年最为重要。因为在这段时期，酒液会快速产生各种各样的特性。在入桶的第6~18个月，酒桶带来的影响与酒体带来的影响不能取得很好的平衡，到达一个新的平衡点，最少需要三年的时间将两者调和"。

威士忌陈酿期间各种香气成分的变化见图5-23。

---

① 资料来源："优质威士忌酒的研究"青岛小组，1973—1977年。

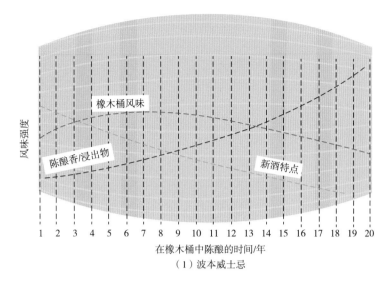

（1）波本威士忌

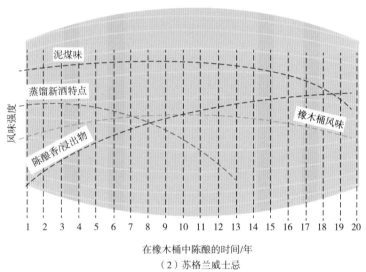

（2）苏格兰威士忌

▲ 图 5-23　威士忌陈酿期间各种香气成分的变化

（资料来源：根据《威士忌品鉴课堂》重绘）

3. 陈酿时间对颜色的影响

入桶前的新酒是无色透明的。经过数周的陈酿之后，新酒开始受到橡木桶的影响而改变颜色，从无色到金色到琥珀色和棕褐色。这一反应在装桶后的最初 3 年也是最为迅速的，从 3 年这个时间点的数周后，着色过程变得越来越缓慢。

威士忌的色调与着色速度都与桶型存在着巨大的联系。波本桶会带来大麦、黄金、琥珀等明亮的色调，而雪莉桶会有带着红色的色调，这是很短时间内就能观察到的。初次使用的橡木桶着色速度比多次使用要快得多。而在同样桶材的前提下酒液与橡木桶相对接触面积更大的桶变色速度也更快。

4.陈酿期间各种成分的变化情况

"优质威士忌酒的研究"青岛小组曾对陈酿期间酒液各种成分的变化情况进行跟踪分析,将新蒸馏的新酒贮存在橡木桶中,每隔半年左右取样进行一次常规化学检验,以观察其主要成分的增减情况,部分结果见表5-5。

表5-5　新酒陈酿过程中主要成分的变化　　单位:g/L(50%vol乙醇)

试号	实验内容	分析次	酒精度/%vol	总酸	总酯	总醛	甲醇	高级醇	异戊醇 A	异丁醇 B	比值 A/B	氧化还原电位	pH
1	啤酒麦芽原料,1217号酵母	1	62.2	0.0695	0.178	0.0134	0.0225	2.73	1.605	0.804	2.00	1.52	4.86
		2	60.3	0.0332	0.313	0.0328	0.0357	1.948	1.036	0.871	1.19	2.89	4.49
		3	60.1	0.0329	0.3577	0.0146	0.0414	2.204	1.248	0.874	1.43	2.69	4.80
		4	59.8	0.0497	0.4303	0.0079	0.0284	1.631	0.836	0.335	2.49	3.21	4.02
2	啤酒麦芽原料,1263号酵母	1	63.1	0.068	0.168	0.0103	0.0193	1.62	—	0.376	—	1.49	4.84
		2	61.2	0.032	0.2761	0.033	0.0389	1.348	0.735	0.571	1.29	2.85	4.45
		3	61.3	0.0388	0.4045	0.0108	0.0578	1.672	1.142	0.432	2.64	3.11	5.09
		4	60.4	0.0529	0.2305	0.001972	0.0299	2.318	0.869	1.076	0.81	3.21	4.01
3	啤酒麦芽及玉米原料,1263号酵母	1	62.5	0.009	0.185	0.0144	0.0143	1.60	1.06	0.368	2.88	—	4.85
		2	60.6	0.0356	0.3226	0.0232	0.0447	1.278	0.66	0.536	1.23	2.90	4.38
		3	59.6	0.0512	0.713	0.0129	0.0686	1.468	0.88	0.461	1.19	2.98	4.40
		4	59.7	0.0649	1.049	0.0061	0.0332	1.549	0.874	0.175	5.0	3.31	3.80
4	啤酒麦芽及高粱原料,1263号酵母	1	61.8	0.0128	0.205	0.01029	0.015	1.86	1.07	0.48	2.23	—	4.78
		2	60.3	0.0332	0.2951	0.0291	0.0476	1.616	0.995	0.539	1.84	2.95	4.35
		3	59.6	0.0486	0.437	0.0111	0.0721	1.887	1.51	0.503	3.0	3.13	4.30
		4	58.7	0.0686	0.4053	0.0081	0.0343	2.13	1.193	0.222	0.54	3.31	3.86
5	啤酒麦芽及大麦原料,1263号酵母	1	61.0	0.0314	0.1504	0.01041	0.0125	2.34	1.42	0.605	2.34	—	—
		2	58.8	0.0325	0.4438	0.0291	0.0405	1.87	1.105	0.68	1.63	2.91	4.38
		3	52.3	0.0528	0.449	0.0105	0.0847	2.342	1.53	0.765	2.0	3.13	4.51
		4	57.6	0.0549	0.3335	0.01134	0.0344	2.431	1.215	0.695	1.75	3.3	3.88
6	啤酒麦芽直接火蒸馏,1263号酵母	1	62.4	0.0163	0.259	0.03324	0.01188	1.96	—	0.486	—	—	4.62
		2	60.9	0.016	0.321	0.036	0.0332	1.067	0.451	0.493	0.91	2.81	4.51
		3	60.6	0.0336	0.3879	0.0181	0.054	1.963	0.5775	0.495	1.17	3.05	4.83
		4	59.2	0.0469	0.4257	0.0051	0.040	1.394	0.5491	0.423	1.3	3.21	4.0

表5-6是来自国外对一些威士忌酒在橡木桶陈酿过程中成分变化情况的研究结果。

表 5-6　国外部分威士忌在橡木桶陈酿中的成分变化　　　单位：g/L（100% 乙醇）

	酒精度/%vol	浸出物/%	总酸（以乙酸计）	固定酸（以乙酸计）	总酯（以乙酸乙酯计）	高级醇	总醛（以乙醛计）	糠醛
苏格兰谷物连续蒸馏威士忌								
新酒	60.34	—	0.04	—	0.25	0.65	0.02	—
雪莉桶陈酿4 个月	60.76	0.059	0.24	0.10	0.26	0.31	0.04	0.0007
波本桶陈酿2 年	59.32	0.026	0.14	0.13	0.25	1.00	0.05	痕迹
雪莉酒陈酿2 年	59.68	0.244	0.58	0.34	0.40	0.44	0.07	0.0015
爱尔兰谷物连续蒸馏威士忌								
新酒	71.94	—	0.03	—	0.19	0.52	—	—
波本桶陈酿15 个月	69.34	0.007	0.09	0.01	0.25	0.46	0.01	痕迹
爱尔兰壶式蒸馏威士忌								
新酒	71.72	—	0.07	—	0.34	1.45	0.12	0.055
波本桶陈酿15 个月	57.08	0.04	0.29	0.08	0.38	1.85	0.68	0.033

所观察的特点如下：

（1）高级醇具有各种芳香特性，例如丙酮、异丙醇、异丁醇，具有使人愉快的芳香，而异戊醇是杂醇油的主要组成部分，它具有令人不愉快的窒息气味。

威士忌在陈酿过程中，发生了非常缓慢的化学变化，因而使威士忌的口味得到改善。威士忌新酒有明显的杂醇味，经过陈酿后的威士忌，杂醇味在很大程度上与乙醇的口味相协调，甚至以它特有的香韵改善了威士忌的香气和口味。

在陈酿过程中，高级醇的总量几乎没有变化，个别的有增长趋势。这种趋势与高级醇的重新形成无关，而是取决于酒精度的变化。高级醇比乙醇、水难以蒸发，由于在陈酿过程中，乙醇和水的蒸发损耗，使高级醇的浓度相对提高。由于这种物理的作用，因而使高级醇的含量有增长趋势。

（2）总酯与甲醇在贮存中含量有所增长，与国外的一些研究结果是一致的。总醛的数据则缺乏规律性，第四次分析的甲醇结果普遍降低。

（3）利用气相色谱法分析几种原酒的 $C_6 \sim C_{16}$ 脂肪酸乙酯时，发现贮存了近三年时间的原酒其棕榈酸乙酯几乎全部消失，迄今尚未看到有关这方面的报道，但研究小组认为这是一种很值得注意的变化，应进一步观察其变化规律，以便阐明原酒自然老熟的作用。

二、橡木桶对威士忌成分的影响

1. 威士忌原酒在橡木桶中陈酿期间成分变化特点[①]

多年前，美国的威士忌专家曾经对产于肯塔基、宾夕法尼亚和印第安纳 3 个州的威士忌进行研究。他们定期地从 4 年陈酿期间的 108 个波本威士忌和黑麦威士忌的橡木桶中进行取样来检测威士忌的主要指标，然后利用统计学原理进行数字处理，计算出威士忌 11 种主要指标的平均值和标准偏差，从而得出了美国威士忌普通的陈酿特性，并由曲线和图表来说明。

用于研究威士忌陈酿的 11 种主要指标是：酒精度、总酸、固定酸、总酯、总醛、糠醛、高级醇、固形物、色泽、单宁和 pH。根据大量的样品数据，计算出各种指标的准确色散极限，得出了 0~4 年间，不同酒龄、不同陈酿过程中"正常"威士忌的变差极限、正常和近似分布的数据及平均值，并提出了一套建立美国威士忌经验标准的表格来作为表示威士忌技术指标的基础数据。

样品背景：产品主要是波本威士忌和黑麦威士忌，它们代表着各种谷物配方、蒸馏特性、橡木桶、酒库类型的威士忌。在 0、1、3、6、12、18、24、36、42 和 48 个月的陈酿期间分别保留样品，统一进行分析。

以下是 4 年陈酿期间威士忌成分变化特点的曲线图及研究结果的汇总情况。

（1）橡木桶陈酿期间酒精度的变化特点　新酒入桶前的酒精度一般是 51%vol 左右。入桶之后，酒精度最初是下降的，这种现象的普遍发生，是因为橡木桶中残留的水分从木板扩散到新酒中，以达到平衡状态。经过一段时间之后，通常是在陈酿的开始 3 个月酒精度出现最低值，从第 6 个月末回升到原始酒精度，并开始匀速直线上升。经过 6~9 个月酒精度的稳定增加以后，酒精度的增长进入稳定状态（图 5-24）。

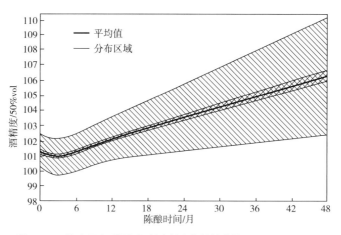

▲ 图 5-24　橡木桶陈酿期间酒精度的变化特性曲线

---

① 　根据"优质威士忌酒的研究"青岛小组的国外资料进行改编。

根据平均值线的结果分析，在橡木桶陈酿期间，每年大约增加酒精度为 0.65%vol。研究发现，酒库中的温度和湿度这些外界条件是影响酒精度变化的决定因素。

（2）橡木桶陈酿期间总酸的变化特点　波本威士忌最初总酸含量为 1.2~26g/100L（50%vol），平均值为 7.3g/100L（50%vol），主要成分是乙酸。在发酵过程中还有其他酸类生成，如甲酸、丙酸、丁酸、乙酸、辛酸、癸酸。另外大量酸是从橡木桶中浸出，如戊酸、丁酸、2-呋喃甲酸、单宁酸等。

总酸在陈酿开始的 6 个月增长最快。的确，在陈酿前 4 个月总酸的平均含量是初期的 4 倍。

在 6~9 个月期间总酸的最大值和最小值的变化基本上是个常数，这是以浸出物反应为基础的，当浸出物达到极限时，也就是说当有限的酸性物质被浸出后，最大值和最小值之间会保持一个恒定的增速（图 5-25）。

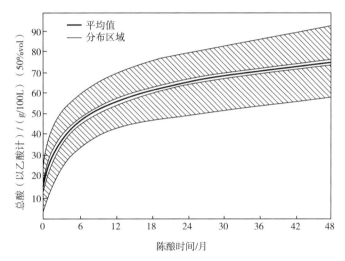

▲ 图 5-25　橡木桶陈酿期间总酸的变化特性曲线

乙醇可以将橡木桶中的酸浸出，根据橡木桶陈酿期间总酸含量的曲线特性可以看出陈酿期间开始的 6~12 个月的重要性，因为在这短短期间内，总酸含量的增加为整个总酸数值的 2/3。

陈酿 6~15 个月期间总酸含量的增长速度迅速下降，最后是一个典型的渐近线趋向，总酸的最大值为 80g/100L（50%vol）。

威士忌中总酸浓度的变化在很大程度上影响着酒的风味和质量。威士忌在 4 年陈酿期间总酸的平均增长值为 68g/100L（50%vol，以乙酸计）。

（3）橡木桶陈酿期间固定酸的变化特性　在正常情况下，新酒中固定酸的含量为 0，图 5-26 中说明有的新酒固定酸的含量大约是 2g/100L（50%vol），这是因为在装入橡木桶之前，部分新酒使用碎木片处理的结果（以前有这样操作的）。

陈酿期间固定酸变化的曲线特性与总酸是相似的，初期酸含量迅速升高，应该考虑是固定酸升高的原因。当陈酿 12 个月时接近极限值，最大平均值小于 15g/100L（50%vol），而总酸 4 年之后平均值小于 60g/100L（50%vol），和固定酸平均值之间的差即为挥发酸的含量。

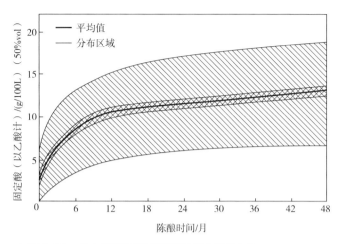

▲ 图 5-26　橡木桶陈酿期间固定酸的变化特性曲线

　　威士忌在陈酿过程中，一部分浸出物容易被氧化后转化成酸性物质，而这些挥发酸有助于最后形成产品的芳香类化合物。4 年陈酿期间，威士忌中挥发酸的平均增长量为 12.1g/100L（50%vol）。

　　（4）橡木桶陈酿期间总酯的变化特性　　酯对于陈酿威士忌特有风味和芳香发挥很大的作用。波本威士忌入橡木桶前的最初酯含量为 7.2~19.5g/100L（50%vol），见图 5-27。波本威士忌中主要的酯是乙酸乙酯，另外还含有其他 68 种酯。

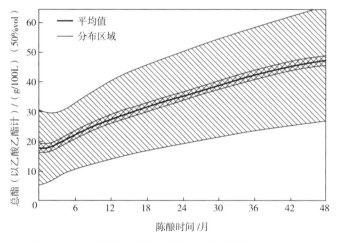

▲ 图 5-27　橡木桶陈酿期间总酯的变化特性曲线

　　威士忌在橡木桶陈酿期间，从总酯平均值变化的曲线可以看出，在刚开始的时候，酯含量的降低是由于新酒刚装入橡木桶内所引起的，酯含量的这种降低在开始的 3 个月期间，每一个桶都出现过这种现象。曲线的形状表明，酯的含量在初期虽然有向下趋势的走向，但不久这种走向就出现增加向上的趋势，这是因为在陈酿刚开始的几个月期间，酒中酸的含量较低，只有很少的酯生成。另外，由于橡木桶内部存有大面积烧焦的木表面形成对酯的吸附，因此降低了酒中酯的含量。不久，由于威士忌中酸含量的迅速增加，形成的酸和醇的反应而出现酯含量的增加。在陈酿过程中，威士忌里所出现或形成的酸和醇的反应，大部分发生在陈酿过程中。

6个月以后，橡木桶内酯含量的平均增长速度是正的和有规律的。由于酯的形成依赖于酸的浓度，在4年之后，才出现一种降低的趋势。4年间，酯的增长速度已逐渐缓慢，因而用酯的含量表明威士忌的陈酿程度比用酸的含量更为可靠。

有个别橡木桶在陈酿的4年中酯的变化比较大，可能是以下因素：首先是含酸量的影响，其次是各种不同环境温度对形成酯平衡常数的影响，例如不同酒库、不同存放位置的温度波动等。

4年陈酿期间威士忌中酯含量的平均增长值是28g/100L（50%vol）。

（5）橡木桶陈酿期间醛的变化特性　陈酿期间醛平均含量的变化说明，在轻微不规则增加之后，醛浓度每年以大约1.7g/100L（50%vol）的速度增加，醛含量随着陈酿时间而增加（图5-28）。

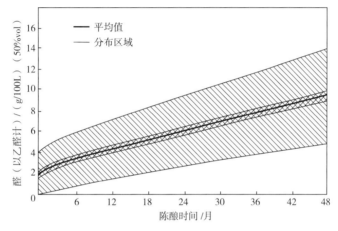

▲ 图5-28　橡木桶陈酿期间醛的变化特性曲线

醛的变化取决于酒中乙醇氧化及由蒸发引起酒的损失。4年陈酿过程中，威士忌醛含量的平均增长是7.5g/100L（50%vol，以乙醛计）。

（6）橡木桶陈酿期间糠醛的变化特性　糠醛在陈酿期间的变化曲线不明显，其数据对威士忌感官评价的影响较小。

所有的糠醛在陈酿开始的6个月就被浸出，并且增加量非常低，甚至可以忽略不计。橡木桶使用的木头在烧焦时会形成糠醛，如果将威士忌放入没有经过烧焦的橡木桶内陈酿，糠醛的变化是痕量的。

在陈酿开始的6个月中，有一个不规则的曲线范围，这种现象的出现是由于新酒在入橡木桶之前用木片处理的原因。陈酿之前糠醛含量为0的威士忌，其曲线变化主要取决于橡木桶火烤的程度。经过3个月之后，浸出速度迅速降低（图5-29）。

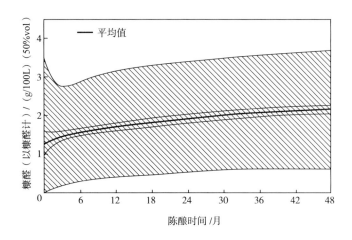

▲ 图 5-29　橡木桶陈酿期间糠醛的变化特性曲线

　　威士忌中糠醛的最大平均值不超过 2.5g/100L（50%vol）。

　　（7）橡木桶陈酿期间高级醇（杂醇油）的变化特性　威士忌中的高级醇含量主要受到酵母种类、发酵状态、蒸馏操作的影响，高级醇是威士忌风味的重要元素。这些高级醇完全是发酵过程中的产物，陈酿对其影响微不足道。图 5-30 表明，随着陈酿时间的增加高级醇的浓度有轻微的增加，由于增加百分数同陈酿过程中因为蒸发损失而减少（12%~15%）的酒数量近似，所以相对来说高级醇的含量也就提高了。经过 4 年陈酿的威士忌中，高级醇浓度的平均增长值是20g/100L（50%vol，以戊醇计）。

　　（8）橡木桶陈酿期间固形物的变化特性　橡木桶的物理特性，例如容量、木板的厚度和烧焦的程度，对威士忌酒的陈酿都有直接的影响。较小的橡木桶浸出的固形物含量相对较高，这是由于威士忌酒液与橡木桶接触的单位表面积多的缘故。烧焦的橡木桶内壁形成的化合物，其中除部分蒸发外，大部分被保留在烤焦层中，并溶解于酒中，而且形成分子的重新排列组成更大的分子。

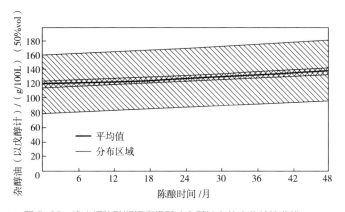

▲ 图 5-30　橡木桶陈酿期间高级醇（杂醇油）的变化特性曲线

橡木桶陈酿期间固形物的变化与总酸的变化特性类似，陈酿初期的第一年含量增加迅速。当开始陈酿 6 个月之后，固形物含量的平均值已增加到其开始时的 5 倍，之后增长的速度明显减弱，慢慢接近于极值。

尽管固形物含量并不像总酸那样迅速地接近它的渐近线值，但在 4 年期间，固形物的增加是值得重视的。陈酿中固形物的这种特性，并不能用于表明威士忌的酒龄，固形物含量的最大平均值也不可能由这一阶段的曲线图来决定。图 5-31 中固形物含量的最大值不超过 210g/100L（50%vol），4 年陈酿期间威士忌中固形物含量的平均值增长值是 174g/100L（50%vol）。

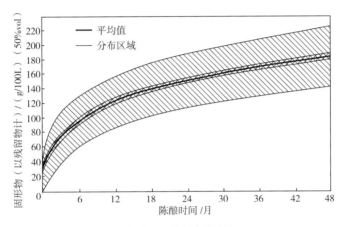

▲ 图 5-31　橡木桶陈酿期间固形物的变化特性

（9）橡木桶陈酿期间色泽的变化特性　陈酿威士忌的色泽是在烧焦的橡木桶中由无色到金黄色，到琥珀色，再到带红色调的深棕色的过程。色度的变化曲线（图 5-32）近似于总酸和固形物，在开始时色泽接近于 0，2 个月后色泽的强度增加了 4 倍，3 个月后，色泽变化的速度开始减弱，并接近于一个不大于 0.45 的最大平均值，4 年陈酿威士忌的色泽强度平均增长了 0.37。

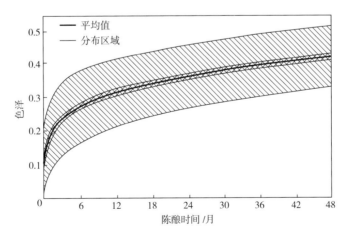

▲ 图 5-32　橡木桶陈酿期间色泽的变化特性

（10）橡木桶陈酿期间单宁的变化特性　威士忌中单宁的含量完全来源于橡木桶的浸出物。陈酿期间单宁的变化曲线如图5-33所示，其开始部分与总酸、固形物及色泽的曲线变化相近似，酒中单宁浓度的迅速增加出现在开始入橡木桶的前6个月，然后增长速度开始降低，经过12个月的陈酿之后，单宁浓度的增长速度成为一条直线。

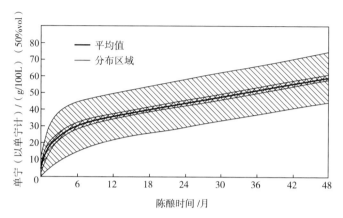

▲ 图5-33　橡木桶陈酿期间单宁的变化特征曲线

4年陈酿期间，威士忌中单宁含量的平均增加值（以单宁酸计）为58g/100L（50%vol）。

（11）橡木桶陈酿期间pH的变化特征　在陈酿的开始6个月，pH为迅速降低的趋势。之后的6个月pH的降低就不是那么迅速，1年之后，变化才出现典型缓慢的趋势（图5-34）。

pH的最小平均值不低于4.5，4年陈酿期间的平均降低值为0.57。

（12）陈酿后的威士忌芳香族醛类情况　波本威士忌在陈酿过程中，从橡木桶中获得种类非常多的物质，这些物质多为乙醇可溶性的，它们使威士忌发生了感官和化学成分的变化。

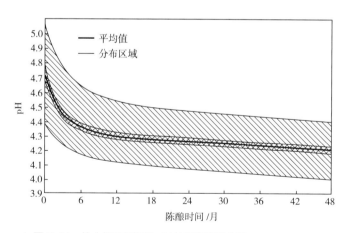

▲ 图5-34　橡木桶陈酿期间pH的变化特征曲线

现将陈酿后的威士忌芳香族醛类分析（表5-7）及其木制素同族化合物成分的生成途径如图5-35所示。

表5-7　部分波本威士忌酒中芳香族醛类的浓度分析　　单位：g/100mL（50%vol）

样品	香草醛	丁香醛	松柏醛	芥子醛	合计
1	0.10	0.12	0.06	0.05	0.33
2	0.20	0.15	0.06	0.07	0.48
3	0.06	0.14	0.03	0.04	0.27
4	0.12	0.12	0.03	0.02	0.29
5	0.10	0.16	0.13	0.29	1.28
6	0.07	0.45	0.12	0.13	0.77
7	0.15	0.22	0.17	0.34	0.88
8	0.15	0.26	0.18	0.34	0.93

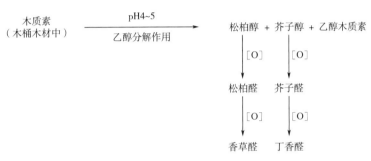

▲ 图5-35　生成木制素同族化合物香味成分的途径

2. 橡木桶容量与原酒陈酿的关系 [1]

研究小组曾对同一时期所生产的原酒，分别贮存在容量为1000L的大橡木桶和300L以下的小橡木桶中的差别进行了研究（图5-36），发现有明显的差别。前者颜色浅，味感成熟度较差；后者颜色深，味醇浓厚，说明了容量较小的木桶对酒的陈酿有利。据有关资料介绍，随着酒桶容量的增大，每升酒接触桶的表面积逐渐减少，如桶容增加10倍，则每升酒接触桶的面积只是原来的一半，如桶容增大1000倍，则每升酒的比面积只有原来的1/10。但从酒的蒸发损失角度观察，桶容过小则损耗加大，故国外多用容量300L左右的木桶作为陈酿容器。当然贮酒库的自然条件，对于酒的消耗也有重大的影响。

▲ 图5-36　"优质威士忌酒的研究"青岛小组使用的橡木桶

（摄影：袁新海、孙方勋）

① 　资料来源："优质威士忌酒的研究"青岛小组，1973—1977年。

3. 不同橡木桶类型对酒质量的影响

研究小组在试验中利用同一种原酒，分别装在不同类型的木桶中，一年后感官鉴定其差别，结果如表 5-8 所示。

表 5-8　不同类型的酒桶对原酒质量影响

木桶类型	感官鉴定结果
雪莉酒桶 （由西班牙进口）	金黄色，香气纯正，清爽丰满，味较醇厚，带甜，有香草、果干等风味，回味较长，典型性较强
白葡萄酒桶 （生产用老桶）	禾秆黄色，香气纯正，具典型性，味醇和带甜，但不够丰满
波本桶	浅禾秆黄色，香气纯正，具有香草、蜂蜜、水果等风味，口味有甜感，略生涩

从以上结果可以看出，桶的类型不同，陈酿后的酒感官差别很大，几种桶的对比，以雪莉酒桶最好。如果选择波本桶，能带来香草、蜂蜜、水果等风味。若是雪莉桶，就可以带来香草、果干等风味。香草风味最大的优势是更容易引出水果等其他风味，使酒的质感变得更加醇厚。

在香草风味的基础上，单宁给酒带来的影响也十分重要。从橡木桶转移到威士忌原酒的单宁比例，在最开始的前 3 年是最高的。在这之后，单宁转移的速度会急速下降，但依然存在。单宁为威士忌提供酒体、构架与风味，与香草等香甜的风味形成对照性因素。单宁在口腔之中也会产生富有质感的味道。

4. 不同贮酒容器对威士忌的影响

研究小组对同一种原酒分别贮存在不同容器条件下，对原酒的影响进行了分析，结果如表 5-9 所示。

表 5-9　不同贮酒容器中原酒的成分变化　　　　　　单位：g/L（50%vol 乙醇）

试验项目	新酒	玻璃瓶 贮存两年	本厂1500L 橡木桶陈酿两年	法国300L 橡木桶陈酿两年
酒精度 /%vol	65.2	64.6	62.7	63.8
总酸	0.0108	0.01128	0.03842	0.02986
总酯	0.0757	0.2126	0.4026	0.6693
总醛	0.0185	0.01476	0.02808	0.02299
糠醛	0.0138	0.01445	0.011357	0.01145

续表

试验项目	新酒	玻璃瓶 贮存两年	本厂1500L 橡木桶陈酿两年	法国300L 橡木桶陈酿两年
甲醇	0.0167	0.03625	0.05925	0.05930
高级醇	1.19	1.14177	1.04606	0.97875
pH	4.9	4.72	2.94	3.40
氧化还原电位	2.70	2.85	3.90	3.62

从以上分析结果可以看出，在玻璃瓶中的原酒各种成分变化不明显，而在木桶中储存的则有较明显的变化，特别是总酯，小桶较大桶增加多，大桶较玻璃瓶增加多，差别较明显。

三、国产橡木的研究

为了寻找我国适于制造威士忌酒桶的橡木品种，研究小组在江西大茅山酒厂、江西珍珠山酒厂的协助下搜集了八种江西产的橡木，用 55%vol 脱臭酒精浸泡后感官鉴定其木香质量，并请吉林师范大学及辽宁省林业土壤研究所协助进行了木质鉴定，其结果认为：在木香方面江西产的青冈栗（栎）、苦株（槠）有较典型的苏格兰威士忌酒的香气。经辽宁省林业土壤研究所进行的桶材鉴定，"苦株"系锥栗属苦槠（*Castanopsis hystrix* A.D.C.），青冈栗（栎）可能系栎属栓皮栎（*Quercus variahilis* B.L.），其木质结构与法国木桶近似。

小贴士
威士忌的瓶储效应

> 威士忌装瓶后在瓶中是否会有陈酿效果？许多人的看法是，在一个密封的、满的瓶子里不会发生变化。化学专家观点是，一旦瓶子被密封，里面的液体就不会改变。但是，有些酿酒师认为，尽管反应速度很慢，变化还是会发生的，他们称之为"瓶储效应"，特别是几十年前瓶装的调和威士忌。

第六章
威士忌的调配、
后处理和包装

第一节 调配概述

"调配（Blending）"指的是在威士忌生产过程中，将不同的原酒、水或者焦糖色进行混合，以得到更加和谐平衡的威士忌。调配后的新酒对风格、香气和典型性有着较高的追求。调配是威士忌生产的重要环节，它会使威士忌的感官、香气和口感实现高度的完美统一。

一、调配的目的

在 1805 年左右，大多数苏格兰威士忌都由单一麦芽制成，然而这种非常独特的风格并不符合每个人的口味，经过调配后的威士忌可以达到如下目的。

（1）经过调配可以达到更好的品质。将不同厂家、年份、橡木桶中的酒、麦芽威士忌、谷物威士忌等进行混合，让其成为口感更加柔顺、酒体更加和谐、典型性独特的威士忌。

（2）经过调配使每批威士忌产品具有一致性和稳定性，并且符合蒸馏厂的产品风格，调酒师将不同年份或不同酒桶的威士忌进行调配，以尽可能减少每年、每批次产品在口感与香气之间的差异。

（3）调配可以将不同品种、年份、蒸馏厂、橡木桶的威士忌混合在一起，从而增加复杂性。

（4）调配可以使威士忌风格多样化和个性化。通过不同比例的调配，采用相同的原酒不同的配比混合出不同风格的威士忌，从而获得多样化产品，满足不同消费者需求。

连续蒸馏器所制造出来的谷物威士忌对调配发挥着重要作用，谷物威士忌口感清淡，经波本橡木桶陈酿后更加醇和。谷物威士忌能够在创造柔滑口感的同时，将个性化更强的麦芽威士忌融合在一起，把它们隐藏的风味物质发挥出来。可以说，谷物威士忌不但保存和延续了所有原料的特点，还能发掘与创造出全新的风味，调配成人们喜爱的柔和的威士忌。

也可以将多种麦芽威士忌进行调配，以保持产品的稳定性和多样化。

二、调配的类型和风格

1. 调配威士忌的类型

（1）苏格兰调和威士忌　苏格兰调和威士忌是麦芽和谷物威士忌的混合物，通常会使用多种原酒。这种混合，并不是原酒之间的简单相加，而是相互融合、超越原来质量、形成新风格的过程。

单一麦芽威士忌：调配两种或数种来自同一蒸馏厂的单一麦芽威士忌。

调和麦芽威士忌：调配两种或数种来自不同蒸馏厂的单一麦芽威士忌。

单一谷物威士忌：调配两种或数种来自同一蒸馏厂的单一谷物威士忌。

调和谷物威士忌：调配两种或数种来自不同蒸馏厂的单一谷物威士忌。

调和威士忌：调配一种或数种单一麦芽威士忌以及一种或数种单一谷物威士忌。

（2）日本调和威士忌　日本威士忌同样是用麦芽威士忌和谷物威士忌调配的，但是它们与苏格兰的产品有非常显著的区别，两者的区别在于文化差异，日本产品需要适用于本土市场，而东方的消费习惯与西方完全不同。

根据日本料理的特点、气候和对人们对乙醇的敏感程度，日本威士忌趋向于清淡的风格。

（3）加拿大调和威士忌　加拿大调和威士忌使用的原酒基本来自同一家蒸馏厂，不像苏格兰那样会从许多不同的蒸馏厂中挑选。加拿大威士忌的基酒通常是酒精度较高的玉米威士忌，部分产品还会使用小麦和黑麦威士忌。然后，在此基础上添加用于调味的威士忌。不同的橡木桶种类会给这些威士忌带来多种特性，通常会选择美国新橡木桶和旧桶，为了让风味更加复杂，偶尔使用雪莉桶。

（4）爱尔兰调和威士忌　爱尔兰调和威士忌是用多种谷物威士忌及壶式蒸馏威士忌调配而成。这些威士忌会经过不同类型的橡木桶陈酿。布什米尔的调和威士忌是将自产的麦芽威士忌和谷物威士忌进行混合。库利蒸馏厂旗下的基尔伯根（Kilbeggan）所使用的谷物和麦芽威士忌也都来源于自产。

（5）美国调和威士忌　美国对调和威士忌的规定非常详细。美国威士忌的风格在不断创新中得到变化，以符合消费者的需要。

2. 调和威士忌的风格

（1）多种单一麦芽威士忌与谷物威士忌的调配

①轻柔芳香型：在20世纪30年代，美国消费者需要一种口感更为清淡的威士忌，同时调酒也需要有这样风格的调和威士忌。事实上，这种饮法也是一直持续到20世纪60年代的流行嗨棒的基础。调和威士忌口感柔和，通常带有花香及葡萄、蜜瓜和梨等水果风味，与同类的麦芽威士忌具有类似的特点。这类调和威士忌中的麦芽成分通常有较高的酯类含量，较为浓郁。陈酿使用的主要是旧桶，因此橡木的特点不会太明显，带有柔和的口感和甜味，酒体浓郁。

②果味辛香型：这类威士忌的风味适中，可能调配了各种风味的麦芽威士忌，最关键的是不同原酒间的比例和平衡。同时橡木桶的特点明显，特别是波本橡木桶，这意味着含有更多的香草和奶油的风味气息。同轻柔芳香型的威士忌对比，这类产品的口感更为丰富，主要香味中果香更为明显。雪莉桶的香味也会出现在酒中。这种明显的变化同陈酿的时间有关系，很多都是陈酿十几年以上的麦芽酒。再加上各种新旧橡木桶原酒的搭配，使酒的复杂度和橡木带来的醇厚感进一步加强。添加谷物威士忌原酒的目的主要是增加柔和度及奶油香气的作用。由于谷物威士忌较为清淡，通常都在较为活跃的橡木桶中陈酿，陈酿速度快，所以在调配的风味中起到次要作用，而主要风味仍然为麦芽威士忌的风格。

③醇厚果香型：这类威士忌由于雪莉桶成分的增加，具有轻柔芳香的味道，为威士忌赋予了个性。调配这类威士忌既要表现出雪莉桶的醇厚和甜美的干果特点，也不能因为橡木桶过高

的单宁含量让酒体产生粗糙的感觉。而谷物威士忌在此发挥了关键的作用，它能够中和过重的单宁，使果香得到突出，同时让酒的芳香气息更加明显。

④烟熏泥煤型：在调和威士忌中，烟熏感的表现方式与其他的单一麦芽威士忌有所不同。它只是复杂风味的一部分，烟熏感在酒体每一种风味之间自身也会发生微妙的变化。泥煤发挥了决定性的作用，它带来了烟熏风味、石楠香气，以及盐碱/海洋风味的元素，但它的存在是细腻微妙的。谷物威士忌在整个过程中发挥了重要的作用，它降低了烟熏风味中的品鉴峰值，并让这种特色与产品所设计的风格完美融合，无论是轻柔芳香、果香、辛香还是醇厚果香，谷物威士忌都能与烟熏风味的威士忌和谐搭配。

（2）麦芽威士忌之间的调配

①轻柔芳香型：这一类型的威士忌具有春天的味道，鲜花、刚修割的草坪，或者是黑醋栗、青苹果、梨子和菠萝等这些新鲜水果的香气，有时也会有一点柠檬香。酒体轻柔，口感细腻，具有甜味。在生产中，这类产品发酵时间长，由此产生更多的果香。在蒸馏时，会选择酒心中较早的馏分，陈酿时受橡木桶的影响较少。

②新鲜果香型：这个类型的威士忌具有波本桶带来的香草、椰子和香料的风味，还带有比轻柔芳香型更加浓郁的水果香气。爽脆的青苹果味变成了柔软的桃子、杏味，偶尔还会有芒果和番石榴的甜蜜。这类威士忌的新酒，发酵时间较长，蒸馏时会选择酒心范围更大的部分。

③浓郁果香型：醇厚、丰满的酒体，这个类型的威士忌是以旧的雪莉桶陈酿的麦芽威士忌为基础。因为欧洲橡木桶的单宁含量更高，同时还带有丁香的香气，而浸入橡木桶中的雪莉酒会带来胡桃、大枣、葡萄干和糖蜜的味道。使用的橡木桶越新、陈酿的时间越长，这类威士忌就越浓郁。

④烟熏泥煤型：这个类型的威士忌中的特别香气来源于麦芽干燥时燃烧的泥煤，泥煤产生的烟气中含有酚类化合物，它会附着在大麦的种皮上。泥煤的使用量和干燥时间决定酚类化合物的多少，通常用"泥煤值"表示。蒸馏过程中，截取的酒心越往后，"泥煤值"就越高，烟熏味就越重。由于泥煤的形成需要几千年的时间，其中的成分完全取决于产地。例如来源于海边附近的具有海洋气息，而来源于内陆地区的就具有木香气息。

（3）谷物威士忌之间的调配　谷物威士忌主要是用玉米和黑麦为原料调配而成，主要产区集中在北美一带。

①香甜玉米型：这种类型的威士忌主要用玉米为主要原料，其特点是具有浓郁的甜味，有时也会有爆米花的香气和味道。香甜味是波本威士忌的主要特征，远远超过黑麦威士忌带来的辛辣味。香甜玉米威士忌还可以进一步划分为清淡型和浓郁型。由于波本只能在新的橡木桶中陈酿，酒的陈酿时间越长，橡木桶带来的甜味和奶油味就越明显。

加拿大威士忌是由不同的原料和风味混合而成，在各种不同的橡木桶中陈酿。在这些威士忌中由于橡木桶带来的影响较小，从而让玉米的风味变得更为甜美和柔和，同时还有枫糖树、奶油和硬糖的香气。

②甜美小麦型：在这类波本威士忌中，其原料是以小麦为主，这样会产生一种完全不同的效果。黑麦带来的辛辣干涩会完全消失，从而产生植物芬芳的香气，酒体中的辛香则完全来源于橡木桶。这样的波本威士忌会有更明显的甜味，余味爽快。

③浓重黑麦型：黑麦威士忌的特点是辛辣，有些像丁香、小茴香和小豆蔻的味道，有点酸感。一些黑麦含量高的威士忌口感干爽，有的还具有收敛感，还有的具有面包般的质感，而辛辣和强劲是它们的共同点。纯黑麦威士忌的酒醪中至少含有 51% 的黑麦。

第二节　调配工艺

一、调配原料

1. 原酒

调配通常用麦芽威士忌、谷物威士忌原酒。根据生产装瓶计划及配方要求，将不同种类和数量的原酒从陈酿仓库中运输到调配车间。需要注意的是，许多国家规定了威士忌的最低陈酿时间，另外标签标注的是调和中最年轻原酒的年份。

2. 水

通常威士忌原酒酒精度大约为 64%vol，装瓶前需要加水稀释，使酒精度降到 40%~60%vol，必须使用无色、无味的蒸馏水或者软化水，也可以使用经处理后的雨水，雨水是无离子水。

稀释威士忌用水对威士忌的稳定性影响很大，自来水硬度高，含有大量的钙离子、镁离子、铁离子等。如果使用自来水配成威士忌，由于上述阳离子的严重超标，会造成威士忌质量的不稳定，装瓶后会在短时间内发生浑浊沉淀。

3. 焦糖色

添加的主要目的是保持每一批威士忌外观颜色的一致性。威士忌在经过长时间的橡木桶陈酿之后，橡木中的单宁色素物质溶解到酒里，使威士忌外观呈现金黄色。威士忌在新桶里贮藏比在旧桶里着色快，在小桶里贮藏比在大桶里着色快。在同样的条件下贮藏，着色的程度与时间成正比。

如果威士忌的颜色不够深，可以利用焦糖色给威士忌着色。当然有的酒厂也会不添加焦糖色，特别是许多以单桶装瓶的威士忌，有时还会在标签上标注 "Natural Colour（自然色泽）" 字样。如果需要调入焦糖色，一般来说添加量为 0.1~5L/1000L。由于威士忌原酒的陈酿情况不一样，调入焦糖色的数量也各异。在调色之前，应该通过小型试验来确定。

焦糖色可以购买成品，也可以自己制作。

焦糖色的制作工艺：使用优级白砂糖，在专门制作的紫铜锅里，用电加热或直火加热，到白砂糖熔化变为褐色流动状，期间要不断搅拌（以前用人工搅拌，后来用机械搅拌），使糖焦化。要防止炭化，当白砂糖逐渐变得黏稠状时，适当时间停止加热（长时间的加热一部分糖会变成炭，造成浪费。如果加热时间不够，焦糖色颜色淡，着色力差），使用同白砂糖同样重量的热水，在慢慢加入水的同时进行搅拌，形成焦糖色。

焦糖色生产操作实例：在200L紫铜锅里，用直火加热焦糖色。往清洗干净的锅里首先加入5L软化水，再倒入25kg白砂糖，然后搅拌均匀。先用急火烧开锅，加入6~10g的柠檬酸，继续急火，使水分全部蒸发干净。待糖熔化至上烟时，马上用煤把炉腔里的火压住，使用慢火爝糖的色度。此时要经常检查着色的程度。检查的方法是用搅糖板，挑起糖拉成丝，当拉成的丝很均匀，呈现深紫红色，火候即到，趁热加入软化水。加入的水要热，一般为70~90℃。需要两个人同时配合操作，一个人慢慢加水（开始加水时要特别小心。这时焦糖的温度高达180℃以上，如果水加急了，焦糖色就会飞溅出来），另一个人用力不断搅拌，使焦糖色均匀。化糖25kg，加入软化水12kg。加完水，把锅烧开，马上出锅。锅里的焦糖色要清理干净，将制作好的焦糖色倒入指定的容器里，准备调和威士忌使用。锅里的焦糖色清理干净后，要马上加入12~14kg的软化水，盖好锅盖，旺火烧开，使锅内残留的焦糖色全部溶解到水里，把这些锅水舀进不锈钢桶里，放在锅炉旁边温度较高的地方，以备化下锅焦糖色时加水用。

为什么要将锅清洗干净后才可以操作下锅焦糖色呢？因为焦糖色含有一定量的焦化物，如果不加水烧开，将锅清洗干净，接下来就开始下一锅焦糖色的制作，就会在第二锅焦糖色上烟着色时，冒起很多的泡沫，甚至随着泡沫把糖顶出锅外，发生着火或烫伤人事故。所以每制作完一锅焦糖色，一定要马上加入下锅焦糖色需要添加的软化水烧开，舀进不锈钢桶里放到周边温度较高的地方备用，这样既清洗干净了锅，又准备了制作下锅焦糖色需要的热水。

如果糖的质量不好，如含有杂物，上烟着色时，也会冒起很多的泡沫。不采取措施，糖会全部让烟顶出锅外。遇到这种现象不要慌张，用搅拌糖板顺着锅底用力搅拌，把糖挑起，使烟从糖板下跑出来。不停地搅拌，糖会慢慢下去，达到平安着色出锅。

前面讲到，熬焦糖色开始，急火烧开锅后，要加6~10g的柠檬酸，主要目的是防止起泡沫，也能催化着色的反应过程。有的工厂在熬焦糖色时添加氯化铵、硫酸铵、氨水等作为催化反应的触媒。研究指出，氨法生产焦糖色，在焦糖色里会形成一种有害的物质甲基咪唑，损害人的神经系统。所以现在禁止使用氨法生产焦糖色。

焦糖色用途非常广泛，它不仅用于威士忌和配制酒着色，也用于饮料和食品的生产着色。因而现在有专门生产焦糖色的工厂，用工业化生产，使白砂糖在高温高压下反应，生成焦糖色。这个反应过程可以连续进行，加入白砂糖，瞬间生成焦糖色。焦糖色可以是固体干粉状，也可以是液体浆状。

焦糖色质量对威士忌有非常重要的影响。成品焦糖色应该具有暗红色，相对密度1.20~1.34，残糖的含量30%~40%，具有很强的调色能力。

焦糖色的质量标准及试验方法见表6-1。

表 6-1　焦糖色的质量标准及试验方法

质量标准	试验方法
对浑浊的稳定性	1. 焦糖色溶于 40%~60%vol 的乙醇溶液里，不产生浑浊 2. 加焦糖色到 1∶4 的硫酸溶液中，48h 内不出现浑浊
染色能力	1mL 焦糖色在 1L 蒸馏水里的染色强度，应相当于 10mL 0.05moL/L 的碘液，溶解在1L蒸馏水里的颜色

2009 年苏格兰法规规定：在不影响原始香气及口感的情况下，允许加入 E150a 焦糖色，这是唯一合法的添加物。但是美国禁止在波本威士忌和黑麦威士忌中使用。

在苏格兰，商品焦糖色分为以下几种：

（1）E150a　为普通焦糖色（Plain caramel），是将碳水化合物（食品级甜味剂，含单体葡萄糖、果糖和／或其聚合物，如葡萄糖浆、蔗糖和／或转化糖浆）经热处理后的产品，可以添加酸、碱或盐以促进焦糖化，一般用于威士忌或其他高乙醇含量的烈酒。

（2）E150b　允许添加亚硫酸盐，适用于添加到含有单宁的白兰地、雪莉酒或葡萄酒醋等产品中。

（3）E150c　一般适用于啤酒、调味品或糕点。

（4）E150d　通常多用于酸性饮料，如可乐。

二、调配方法

1. 调配方案

通常，调配威士忌是多种威士忌原酒之间的优化组合。许多威士忌是由大量的麦芽威士忌和一种谷物威士忌调配而成，而麦芽和谷物威士忌的风味组成因生产方式不同而完全不同。谷物威士忌提供调配产品中较清淡、干净的风味，但是各种谷物威士忌各有其特性，不能相互取代，与麦芽威士忌交互作用后风味也不相同。麦芽威士忌的特性差异更大，含有更多的芳香物质。麦芽威士忌和谷物威士忌调配后的产品风味组成，不仅取决于种类选择，更要求配比准确。

威士忌酒厂很少透露其配方中麦芽威士忌与谷物威士忌的比例，许多商业调和威士忌中麦芽威士忌的含量为 20%~25%。一般而言，调和威士忌的价格越高，其麦芽威士忌的比例越高、年份也越长。

调配师负责威士忌调配比例。他们每年将抽取很多个样本，以便调制每一批产品。一旦"小样品"的调和威士忌开发出来，就将其扩大到最终产品的生产中。

如果威士忌需要添加焦糖色，应该在酒精度降到装瓶要求的标准后，根据添加焦糖色实验的百分比计算出添加数量。首先在一个小的桶中加入水或威士忌，而后放入焦糖色，调和均匀后再倒入威士忌调和罐中。注意：由于一旦焦糖色被倒入调和罐中，假如色泽过深，便毫无恢复的可能，因此通常是先将 80% 的预估量倒入调配罐，然后测量威士忌的色度，再缓缓调整及测量，一直到需要的色度为止。

将经过品尝试验后的库存威士忌原酒（从两种到百种不等），输送到不锈钢罐中混合均匀。调配好的威士忌是不可以直接装瓶的，应该在存储罐中存放一段时间，通常是半个月到几个月不等，这个过程称为"融合（Marrying）"，目的是让威士忌的风味更加柔和圆润。在有些酒厂还会将调配好的威士忌再次存入无活性的中性橡木桶中融合一段时间，有的甚至使用与原陈酿橡木桶风味不同的其他橡木桶进行陈酿，时间是一个月至数月不等，目的是创造更多感官风格类型的威士忌。

2. 调配计算

在威士忌调配过程中，除了将许多种不同质量、不同酒龄、不同酒精度甚至不同厂家的原酒进行混合以外，还要根据要求，加入一定数量的软化水，使威士忌达到需要的乙醇含量。当需要调配的威士忌数量和酒精度已经确定，所有调配用威士忌原酒的酒精度已经确定，并且给出了调配后威士忌要求的焦糖色数量，即可进行计算。表 6-2 为调配威士忌计算时常用符号和代表内容。

表 6-2　调配威士忌计算时常用符号和代表内容

符号	代表内容	符号	代表内容
V_k	需要调配成品威士忌的体积	C_n	n# 威士忌原酒所占百分数
V_1	1# 威士忌原酒体积	V_{kc}	焦糖色体积
V_2	2# 威士忌原酒体积	V_b	软化水体积
V_3	3# 威士忌原酒体积	K_k	威士忌成品要求的乙醇含量
V_n	n# 威士忌原酒体积	K_1	1# 威士忌原酒的乙醇含量
C_1	1# 威士忌原酒所占百分数	K_2	2# 威士忌原酒的乙醇含量
C_2	2# 威士忌原酒所占百分数	K_3	3# 威士忌原酒的乙醇含量
C_3	3# 威士忌原酒所占百分数	K_n	n# 威士忌原酒的乙醇含量

如果需要调配成品数量为 10000L，乙醇含量为 42%vol 的威士忌。小型试验确定，需要焦糖色的数量为 40L。已知 1# 威士忌原酒乙醇含量为 65%vol，2# 威士忌原酒乙醇含量为 70%vol，3# 威士忌原酒乙醇含量为 60%vol。通过小型试验确定最佳调和比例是：1# 威士忌原酒为 10%，2# 威士忌原酒为 25%，3# 威士忌原酒为 65%。需要计算 1#、2#、3# 威士忌原酒各多少升，添加软化水的体积（n 代表多个原酒品种，计算方法以此类推）是多少升。

（1）1# 威士忌原酒体积数

$$V_1 = \frac{V_k . K_k . C_1}{K_1} = \frac{10000 \times 42 \times 10\%}{65} = 646（L）$$

（2）2# 威士忌原酒体积数

$$V_2 = \frac{V_k . K_k . C_2}{K_2} = \frac{10000 \times 42 \times 25\%}{70} = 1500（L）$$

（3）3# 威士忌原酒体积数

$$V_3 = \frac{V_k \cdot K_k \cdot C_3}{K_3} = \frac{10000 \times 42 \times 65\%}{60} = 4550（L）$$

（4）添加焦糖色的体积数

$$V_{kc} = 40（L）$$

（5）需要添加软化水的体积数

$$V_b = V_k - V_1 - V_2 - V_3 - V_{kc} = 10000 - 646 - 1500 - 4550 - 40 = 3264（L）$$

假如在调配完后经分析发现，酒精度同成品威士忌要求的酒精度标准有过低或过高的偏差，可以根据以下计算办法进行调整。

例1：配成威士忌10000L，要求酒精度为44.5%vol，结果配成后的酒精度为43.5%vol，达不到成品酒的要求。其中：1# 威士忌原酒占11%，酒精度为70%vol；2# 威士忌原酒占85%，酒精度为78%vol；3# 威士忌原酒占4%，酒精度为68%vol。

计算需要调入 1#、2#、3# 威士忌原酒各多少升？

计算：

$10000 \times（44.5 - 43.5）= 10000$

1# 威士忌原酒：$\dfrac{10000 \times 0.11}{70 - 44.5} = 43.1（L）$

2# 威士忌原酒：$\dfrac{10000 \times 0.85}{78 - 44.5} = 253.7（L）$

3# 威士忌原酒：$\dfrac{10000 \times 0.04}{68 - 44.5} = 17（L）$

需要调入 1# 威士忌原酒 43.1L，2# 威士忌原酒 253.7L，3# 威士忌原酒 17L，最终这批成品威士忌的酒精度为 44.5%vol。

例2：配成威士忌10000L，要求酒精度为40.2%vol，配成后的酒精度为40.8%vol，高于成品酒的要求。需要加多少升水？

计算：

加软化水数量：$\dfrac{10000 \times（40.8 - 40.2）}{40.2} = 149（L）$

需要调入 149L 软化水，最终这批成品威士忌的酒精度为 40.2%vol。

三、调配试验

首先确定调和目标，选出威士忌基酒，就可以开始进行调配试验。调配应该选择在最有利于精确评估调和效果的环境下操作。最好在墙壁色调较淡、调配人员不易分神的安静室内进行。实验室或品酒室是评估调配威士忌最合适的地方。

1. 调配器具及试剂

小量杯，50mL。

大量杯，500mL。

带软木塞 / 螺旋盖的空瓶子。

带刻度移液管。

品尝杯。

笔记本和笔。

不干胶标签。

风格和数量不同的单一麦芽威士忌。

单一谷物威士忌。

虽然谷物威士忌原酒并非所有调和威士忌必须使用的，但是它的确能给调和威士忌提供良好的"基酒"。调配的最终目的是创造出一种口感更好的威士忌，所以在调配之前需要决定的第一件事是确定威士忌的风格。

2. 调配方法

调配时，首先要品尝每一款可用原酒，记录品尝感受，记下每一款可用原酒的库存数量，考虑每一种原酒的优缺点，考虑什么能改善它们的品质或什么能去掉它们的粗伪成分。品尝调和后的酒样并记录品尝印象，比较调配酒的感受和原酒的变化区别。

确定令人满意的调配样品后，最好取出少量，储存 1~2 个月，再重新评估。这样可以检测调和的稳定性，也可以检测随着风味的融合，调配酒可能发生的改善。如果这些酒是稳定的，品质有改善，那么就可以进行最后的调配了。

调配是一项很精确的操作，所以要先做调配试验。要将所有的酒样取好一字排开，列好表格，知道各个酒样的基本信息，如品质、陈酿信息、数量及各项理化指标。也需要知道调配产品的要求，如是果香还是花香？是泥煤味还是辛香料味？是麦芽香还是谷物香等。对于大规模生产来说，需要将前批的酒样拿来做对比，这样才能更好地保持产品的一致性。接下来品尝，要仔细掌握每一组酒样的优点和弱点，以便在最终的调配中进行最大限度的利用，对威士忌调配师来说这需要多年的积累和天生的敏感度。

调配必须符合国家标准及行业相关规定，例如对年份、产地等的要求。

以下示例，展示了突出三种不同风格所需的威士忌调和方案。

首先使用量筒将最柔和的威士忌添加到小量杯中，再分别加入更少量的每一种其他威士忌，每一个变化点，都要做笔记，然后使用品尝杯进行闻香和品尝。当达到满意的风味组合时，将其按比例扩大到较大的量杯中，要确保记录是最近更新过的。然后，将混合物倒入一个空瓶中，贴上标签。请记住，随着口味的融合，威士忌会在瓶中发生变化，我们期望会变得更好。继续记录它的变化，以便下次需要进行类似调和时进行调整。

每一款调配威士忌都具有个性，需要控制所用到的威士忌的种类数量和比例，有的还要包含少量的泥煤味威士忌的强烈味道。

图 6-1 显示 3 种配方中，谷物威士忌是这些调配威士忌的基酒，记下"辛香和泥煤味"的调配比例，并进行"合并"，使最终的调和产品能够清晰地辨识出其特点。在实际调配中有的厂家会使用几十种甚至上百种原酒进行调配。外观颜色必要时添加焦糖色来补充。

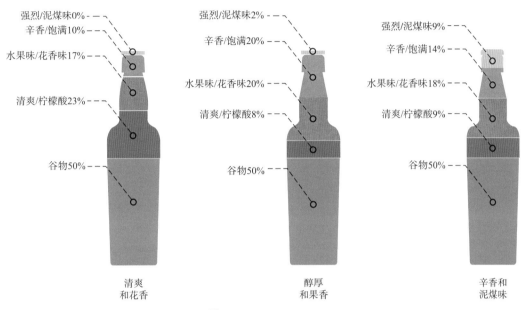

▲ 图 6-1　三种不同风味威士忌的组成 [10]

3. 不同原料、工艺原酒的感官鉴定 ①

研究小组的研究将三次扩大试验的贮存原酒共 46 种，分别用蒸馏水稀释至酒精度为 43%vol 左右，感官鉴定其香气及口味特征，结果选出五种不同泥煤、四种不同原料、四种不同酵母以及不同工艺共二十种原酒，另有三种调和酒和两种特级玉米中性乙醇作为这次调和用酒基，现将几种有代表性的调和用酒品评结果列入表 6-3 中。

表 6-3　调配用原酒的品评结果

试号	类别	评语摘要
1	试验 6# 原酒	淡金黄，枣香带木香，回甜
2	试验 19# 原酒	禾秆黄，香气纯正，醇和回甜
3	试验 35# 原酒	无色，麦芽香气浓，柔和回甜
4	特级瓜干乙醇	无色透明，味正回甜

① 资料来源："优质威士忌酒的研究"青岛小组，1973—1977 年。

试号	类别	评语摘要
5	特级玉米乙醇	无色透明，有玉米香，味正回甜
6	进口泥煤调和酒	棕红色，烟香明显，醇和带甜
7	尚志泥煤调和酒	棕红色，烟香枣香明显，醇和带甜
8	敦化泥煤调和酒	棕红色，烟香明显，醇和带甜

第三节 威士忌的后处理

一、冷凝过滤工艺

1. 冷凝过滤的目的

威士忌经过调配之后，大部分还要经最后一道工序后才能装瓶，那就是冷凝过滤。其实冷凝过滤对于威士忌的口感和风味并没有任何的改善作用，目的是去除酒中不稳定性的酯类化合物和蛋白质，使威士忌在各种环境下呈现澄清的外观，同时可以避免装瓶后遇到低温或者饮用时加水、加冰而出现浑浊现象，从而影响威士忌的品质。

遇冷或加水稀释后，威士忌没有冷凝和经过冷凝过滤后的外观对比见图 6-2。

▲ 图 6-2 遇冷或加水稀释后，威士忌没有冷凝和经过冷凝过滤后的外观对比

左：没有冷凝过滤，右：经过冷凝过滤

2. 威士忌浑浊的主要成分

威士忌中含有的成分超过 100 种，各自表现出不同的香气和口感，主要可分为 4 大类，分别为酯类、杂醇类、脂肪酸以及醛类。通常，威士忌中出现的浑浊物会有两种类型的絮状物：可逆性絮状物和不可逆性絮状物。

（1）可逆性絮状物 这类絮状物会在低温或加水环境下形成。如果威士忌所在环境较为温暖，或是搅拌威士忌时，这些絮状物会再次消失。其中会让威士忌出现浑浊现象的主要成分为长链酯类，如月桂酸乙酯、棕榈酸异辛酯以及亚麻酸乙酯。这些酯类由乙醇与脂肪酸反应后生成，溶解于乙醇但不溶解于水，当酒精度低于 46%vol 的临界值或温度下降时，便会开始凝结使

威士忌产生浑浊现象，因此冷凝过滤要除去这些成分。这些物质是在酿造威士忌过程中形成的，也与蒸馏时分馏点等因素有关，橡木桶陈酿的萃取物同样可能形成可逆性絮状物。

（2）不可逆性絮状物 一方面来源于橡木桶陈酿的萃取物，主要是草酸钙。另一方面，在装瓶之前，来自用于降低酒精度的水，这种情况应该首先去除水中矿物质成分，否则将会促进絮状物的形成。

3. 冷凝过滤方法

利用降温后将溶解于乙醇中的酯类化合物和蛋白质凝结，然后使用过滤的办法去除。

大部分威士忌装瓶时的酒精度为40%~43%vol，这些酒必须经过冷凝过滤工艺处理，冷凝温度每个厂家不一样，通常为0~4℃，但有的酒厂会更低（达到-10℃），例如"威雀"系列中的"银雀"产品冷凝温度达到-8℃。冷凝时间更是每个厂家不一，从几个小时到几天，格兰杰采用4℃降低到-8℃后保持3h，而其他蒸馏厂可能降温后保持24h以上。在保持低温情况下，使用纸板过滤机将酒体中最容易沉淀的成分过滤掉。

为了确保调和后的威士忌符合标准要求，冷凝过滤前必须先检查储存罐内威士忌的理化指标，包括酒精度、色度、总酸、总醛、总酯等，另外还有必要检测卫生指标。调整完成后再进行下一步精滤。精滤后的威士忌会放在储存罐内，在装瓶前还要进行最终取样，再次化验成品酒的酒精度、颜色、浊度等。

过滤机的过滤纸板预处理非常重要，处理不好也会形成絮状物。如果在过滤之前没有用酸冲洗滤板，那么滤板上的钙可能会进入酒中，再次形成絮状物。

4. 非冷凝过滤

要避免威士忌进行冷凝过滤还有另外一种方法：将装瓶前威士忌的酒精度提高至46%vol以上。这样就可以避免浑浊，但是一旦将威士忌加水（或加冰），或者再次降低酒精度，那么絮状物又会再次出现。

有些酒厂由于使用含钙镁离子的硬水来稀释酒体，会加剧可逆物的絮状沉淀，甚至会形成不可逆的晶体状沉淀，这对于冷凝、过滤工艺的选择及条件，就会有更高的要求。

通常苏格兰会在以下两种情况下生产非冷凝过滤的威士忌，一是酒精度在46%vol及以上。其二，限量款的原桶强度威士忌和单桶威士忌，多半会采用非冷凝过滤，因为量少又贵，过滤掐头去尾损耗很大。

酒精度46%vol以上的威士忌，如果还特意在酒标上标注非冷凝过滤，会以为多此一举。

二、冷凝过滤对风味的影响

冷凝过滤能够使威士忌外观更加澄清透明，但它是否会影响威士忌的风味和口感？近年来，有越来越多人认为，冷凝过滤会影响威士忌的风味和口感。在风味方面，这些长链酯类表现不算太明显，月桂酸乙酯具有一点花香、水果以及蜡质感，棕榈酸异辛酯和亚麻酸乙酯主要是蜡质或油性的口感，以及一些椰子和水果的风味，但重要的是，这些酯类担任活性剂的角色，可提升或压抑上述风味特色。至于短链酯类如乙酸乙酯、己酸乙酯或辛酸乙酯，因较具水溶性，因此不被滤除。

冷凝温度：在苏格兰地区气候比较冷，蒸馏厂室内经常出现0℃左右的温度，在这种环境下做个普通过滤也可以达到目的。过滤板直径的选择、流速等参数也决定了整个过滤的效果，不同的冷凝过滤条件，最终被滤掉的成分可能不一样。冷凝过滤到底会对风味造成怎样的影响，业内对此给出的是完全不一样的回答，其中一派认为冷凝过滤会影响风味、质量以及口感，所以一些酒厂将装瓶酒精度提高到46%vol以上，摒弃了冷凝过滤的工艺。还有一些酒厂，利用非冷凝工艺说法，来体现天然的概念。

在苏格兰一家酒厂，2010年将酒厂所有的单一麦芽威士忌的酒精度提高至46.3%vol以上，不使用冷凝过滤。他们以为这些"油腻"的物质富含香气，质感十足。这些专家认为冷凝过滤过程的确会对威士忌的风味产生一些影响。

有部分人则有不同意见，他们实验时选择了一系列不同风味威士忌，模拟冷凝过滤对这些酒进行处理，然后再进行盲评对比。最终结论是品鉴基本无法分辨冷凝过滤前后的酒质差别。

第四节 包装

一、技术指标

技术指标是威士忌质量的关键因素之一，主要包括感官指标和理化指标。由于各个国家的标准和法规都不一样，所以产品装瓶前首先必须符合要求。表6-4和表6-5是我国现实施的GB/T 11857—2008《威士忌》标准中对感官指标和理化指标的规定。

表6-4 GB/T 11857—2008《威士忌》感官指标

项目	优级	一级
外观	清亮透明，无悬浮物和沉淀物	
色泽	浅黄色至金黄色	
香气	具有大麦芽或（和）谷物、橡木桶赋予的协调的、浓郁的芳香气味或带有泥炭烟熏的芳香气味	具有大麦芽或（和）谷物、橡木桶赋予的芳香气味，或带有泥炭烟熏的芳香气味
口味	酒体丰满、醇和具有大麦芽（和）谷物、橡木桶赋予的芳香口味，无异味	酒体较丰满、醇和、甘爽，具有大麦芽或（和）谷物、橡木桶赋予的较纯正的芳香口味
风格	具有本品独特的风格	具有本品明显的风格

表 6-5　GB/T 11857—2008 威士忌理化指标规定

项目		优级	一级
酒精度 */(%vol)	⩾	40.0	
总酸（以乙酸计）/[g/L（100%vol 乙醇）]	⩽	0.8	1.5
总酯（以乙酸乙酯计）/[g/L（100%vol 乙醇）]	⩽	0.8	2.5
总醛（以乙醛计）[（g/L（100%vol 乙醇）]	⩽	0.2	0.4

* 酒精度实测值与标签标示值允许差为 ±1.0%vol。

二、灌装方式

1. 官方灌装

在苏格兰，官方灌装简称 OB（Official bottling），是指酒厂自己蒸馏原酒，自己装瓶，酒标上标注自己的酒厂名称和品牌。通常情况下，这样的酒厂也拥有自身的销售网络。

2. 独立装瓶商

在苏格兰，独立装瓶商简称 IB（Independent bottling），是指从其他蒸馏厂买入桶装威士忌，然后调和后进行灌装。通常情况下，这样的装瓶商拥有自身的销售网络，大多没有自己的蒸馏厂。在苏格兰有许多独立装瓶商，其他国家如比利时、法国、德国也有不少，他们虽然不一定拥有蒸馏厂但都与蒸馏厂有着密切联系。

许多著名的调和威士忌品牌，一开始都有杂货店或葡萄酒商进行销售，如尊尼获加与帝王威士忌。他们向蒸馏厂购买威士忌，有时会自行陈酿、调和、装瓶销售。同样的，部分早期单一麦芽威士忌也是由独立装瓶商向市场销售，他们会向经纪人或直接向蒸馏厂购买桶装威士忌。威士忌经纪人的工作是协助各种陈酿威士忌之间的交易，因调配师需要这些原酒创造出自己的酒款。他们会向不同的蒸馏厂购买大量的原酒，再进行交换或交易。有时，蒸馏厂会有剩余的酒，这些酒最后就会卖给独立装瓶商。在威士忌产业萧条期间，一些蒸馏厂为了短期资金流需要，愿意向独立装瓶商出售整批陈酿或未经陈酿的新酒。

像苏格兰著名的独立装瓶商高登和麦克菲尔（Gordon & MacPhail，图 6-3）、卡登黑德（Cadenhead's）、贝瑞兄弟和拉德（Berry Brothers & Rudd）等瓶装公司，会集结这些酒桶自行陈酿（有时也会将酒桶留在蒸馏厂的仓库并标上标记，有时则会搬到自家仓库）并装瓶。独立装瓶商可以使用自己的品牌进行销售，也可以推出限量批次的酒款。

3. 装瓶

装瓶是威士忌生产的重要环节，装瓶之前必须做好以下准备工作。

▲ 图 6-3　成立于 1895 年的高登和麦克菲尔（Gordon & MacPhail）[7]

（目前仍在苏格兰的埃尔金市经营杂货店及烈酒业务，店内有超过 1000 个品种的麦芽威士忌）

（1）感官鉴定及理化指标和卫生指标的分析　每一批威士忌产品根据销售目的地、不同国家的标准，装瓶前产品要符合有关要求。另外，检测分析应该在具有检测资质的实验室进行。

（2）稳定性试验　主要是保证威士忌的冷稳定。

（3）外观及澄清度检查　威士忌装瓶前，要符合色泽要求，外观澄清透明有光泽，无杂质及悬浮物。

（4）杀菌　装瓶前要对灌装设备进行杀菌。过滤前要使用蒸汽对纸板过滤机及所有的管路、成品罐全部进行杀菌处理，然后再进行过滤。采用膜过滤时，过滤结束后，将膜柱内的酒放净，先用膜过滤后的水冲洗，再用不低于 85℃的热水冲洗灭菌，时间不低于 20min。滤芯使用一段时间后，出现堵塞、破损，要及时更换新滤芯。除菌过滤的威士忌在过滤后要进行卫生指标检测。

（5）灌瓶高度　首先瓶内威士忌的液位必须保证达到酒的规定容量，灌装酒线要一致，容量控制在规定的公差范围内，不应过高或过低。过高则会给压塞带来困难，并随着温度的变化，可能会引起木塞的移动和酒的渗漏；过低则会给酒太多的氧化空间，对口感产生影响，也会给消费者一个容量不够或渗漏的错觉。装瓶高度取决于酒瓶类型和酒的温度，装瓶前必须检查酒瓶的种类，温度低应降低装瓶高度，温度高则应该提高装瓶高度。

三、包装材料

1. 酒瓶

酒瓶的颜色和形状：威士忌酒瓶大部分为玻璃瓶，生产工厂是通过高温加热石英砂制成。一般常见的威士忌酒瓶的颜色有翠绿、墨绿或无色等，由于玻璃中含有氧化铁的种类不同，酒瓶会呈现不同的颜色。厂家可以根据产品特征和设计师对于市场需求选择颜色。玻璃的化学稳定性良好，不会被乙醇溶解，更不会污染产品，对产品质量没有任何不良影响，其平滑的表面特性也易被清洗。这些因素使玻璃瓶成为威士忌的首选。威士忌酒瓶的形状也很多，有经典的圆瓶、方瓶、偏瓶等。可根据各个厂家的实际情况和消费市场进行选择。

酒瓶重量：酒瓶的重量除了取决于材质外，很大程度上由厚度决定。不少时候，厚实的酒瓶是非常必要的。因为酒瓶壁越厚，整个酒瓶就越坚固。不过酒瓶重量也是成本的决定因素，重量越大，价格越高。目前，生产 750mL 酒瓶最轻的不到 400g，最重的超过 1200g。近些年，由于人们节能环保意识的增强，越来越多的威士忌蒸馏厂开始大量使用轻量瓶，不仅降低了采购成本还降低了运输费用。由于轻量瓶比一般的玻璃瓶壁薄，更易破碎，在每个环节需要更加小心。

玻璃瓶容量从 50mL 到 5L 不等。通常欧洲版威士忌标准装瓶容量为 0.7L，美国版威士忌的装瓶容量为 0.75L，我国目前大部分为 0.75L。威士忌酒瓶的容量标准，其实是借鉴葡萄酒酒瓶标准。在 18 世纪以前，软木塞密封技术尚未被普及，当时大部分葡萄酒没有规定容量标准，是装在陶罐里进行出售，当然也包括威士忌。

18 世纪，软木塞技术得到了普及，葡萄酒开始用玻璃瓶来进行包装。然而在当时，装瓶容量并没有统一要求，大部分葡萄酒瓶的容量都是 0.6~0.8L，这是当时玻璃吹制工人一口气能吹出的最大容量。

而葡萄酒瓶容量标准的由来，主要还是因为一个 225L 的波尔多橡木桶刚好可以装 300 瓶 0.75L 的葡萄酒，如果每箱 12 瓶，刚好 25 箱。到了二战结束后，随着工业化的推进，很多威士忌酒厂就开始效仿葡萄酒的装瓶容量，以 0.75L 容量作为装瓶标准，这正好是英制一加仑容量的 1/5。所以现在经常看见的 1/5 威士忌（A Fifth of Whisky），就是指 0.75L 容量的威士忌。

欧洲版威士忌大部分容量是 0.7L。1992 年，欧盟正式推出法规确定威士忌的标准容量为 0.7L。但是以多少容量来装瓶还是取决于酒厂，不过大部分的酒厂都选择以标准容量 0.7L 来装瓶。

美国版威士忌大部分容量是 0.75L。美国威士忌瓶子具有各种容量、形状和材质，典型的规格是 0.2L（扁瓶）、0.7L（欧洲市场）、0.75L（美国及日本市场）、1.0L（免税）和 1.89L（半加仑）。在 1970 年，英国、欧盟、加拿大等都推行 0.75L 的标准瓶装容量时，美国还是坚持使用 0.757L 的酒瓶，直到 1979 年才改成 0.75L。在 1992 年，全球统一 0.7L 为标准瓶装容量时，美国仍然保持着 0.75L 的标准直到现在。这也是许多威士忌品牌，即使是同一瓶酒，欧洲版、美国版的容量有所差异的原因。除了欧盟通用的 0.7L 和美国 0.75L 容量的威士忌，我们有些时候也见过 1L 或者 0.5L 的威士忌。1L 的威士忌一般可以在国际机场免税店看到，这是因为大部分法律对旅客或者国民携带酒类入关的免税额度是 1L，例如进入欧盟国的非欧盟国旅客不能携带超过 1L 蒸馏酒，美国也是如此。

除了这些容量之外，其实还有更大容量的威士忌。2011 年 9 月 1 日，为了庆祝杰克丹尼酒厂创始人诞辰 161 年，杰克丹尼推出了一瓶高达 1.52m，直径 48.5cm，容量为 184L 的威士忌，成为当时世界上最大的一瓶威士忌，并成功地申请了吉尼斯世界纪录。然而在 2012 年 9 月 12 日，威雀也举办了一场盛典，推出了一瓶身高约 1.65m，容量为 228L 的威士忌，打破了杰克丹尼刚创下的世界纪录。

2. 封口

威士忌包装封口材料主要是软木塞和螺旋盖。

（1）软木塞　软木塞是采用栓皮栎（*Quercus suber*）的树皮加工而成，这种树主要分布在地中海沿岸的国家，其树皮厚，再生能力强。幼树种植后大约 20 年左右即可采集树皮，之后每 9 年左右又可再次采集。采集的树皮可以用来加工地板、隔音板以及制鞋，只有在第三个采集年之后的树皮方可用于制作酒用软木塞。

威士忌使用的软木塞主要包括天然软木塞和颗粒塞。

①天然软木塞：其由整块栓皮栎树皮加工而成。每只天然软木塞由很多个防水细胞组成，这种细胞中充满了类似于空气的混合气体，在体积被压缩到一半时其弹力仍会毫发无损。软木是唯一一种可以压缩一边，而不增加另一边大小的固体材料，它的这种特性可以使软木塞在不损坏其完整性的情况下，适应不同的温度与压力。天然软木塞是质量最高级别的软木塞，纯天然、不添加任何黏合剂。

天然软木塞有严格的质量等级之分，不同等级的天然软木塞对威士忌的影响是不同的，顶级天然软木塞（图 6-4 左）可以保证威士忌多年储存。

填充软木塞是质量较低的天然软木塞。为改善其表面质量，减少软木塞孔洞中杂质对酒的影响，用软木粉末与黏结剂的混合物在软木塞表面涂布均匀，填充软木塞的缺陷和呼吸孔。填充软木塞的档次比天然软木塞低，很少使用于威士忌的密封。

▲ 图 6-4　不同质量档次的天然软木塞（左：光滑，孔少，右：孔大，孔多）

②颗粒塞：它是用软木颗粒和黏合剂黏合而成的软木塞（图 6-5），是用软木颗粒和黏合剂混合，在一定的温度和压力下，压挤而成板或棒后，经加工而成的瓶塞。颗粒塞根据加工工艺不同又分为板材颗粒塞和棒材颗粒塞。这两种方法均使用食品级黏合剂黏合软木颗粒。颗粒塞虽然比天然软木塞便宜，但其封闭质量与天然软木塞是不能相比的。由于长期与酒接触，存在掉渣风险，会影响酒质或发生渗漏现象。

▲ 图 6-5　颗粒塞（左）和天然软木塞（右）

对这两种软木塞而言，最大的风险是有可能使酒出现瓶塞味，这种味道来源于 2，4，6-三氯苯甲醚（2，4，6-Trichloroanisole），这是使用软木塞的最大缺点。

威士忌的封闭通常使用加顶软木塞，也称为丁字塞（图 6-6）。这种瓶塞易开易盖，对消费者而言非常实用，但许多威士忌爱好者

▲ 图 6-6　威士忌使用的加顶软木塞（左：天然塞 + 木头顶，右：颗粒塞 + 塑料顶）

对软木塞也还是情有独钟的。加顶软木塞特别适用于封装一次性无法饮完的威士忌。它的形状有许多种，通常用天然软木塞或聚合软木塞加工而成。顶盖的材料可使用木头、塑料、陶瓷、玻

璃、水晶、合金、软木甚至石头等。顶盖主要关系到产品的外观形象，对突出个性化非常重要。具体使用什么样的顶盖应该根据厂家的成本预算同软木塞厂的设计人员提前沟通。

软木塞使用中的注意事项：威士忌软木塞同葡萄酒使用的软木塞有许多区别，主要表现为以下几点。

①大部分葡萄酒为一次性开启，而威士忌需要多次开启，所以要求软木塞同顶盖的粘接要牢固，通常软木塞厂会使用食品级的热熔胶。粘接后软木塞同顶盖尺寸要标准，否则无法实现机械化生产。

②威士忌的酒精度会超过 40%vol，酒精度越高越容易将软木塞中的单宁、色素等浸入酒中，所以厂家会根据威士忌的酒精度高低对软木塞表面进行专门处理。

③由于天然软木塞弹性大，对瓶口的适应性强，而颗粒塞弹性小，如果瓶口内径尺寸要求不严格会增大漏酒风险。

④对于需要存放时间较长、特别是 5 年以上的威士忌，建议使用天然软木塞，因为颗粒塞长时间浸泡会有掉渣和漏酒现象。

⑤威士忌使用的瓶塞应该同瓶子的设计同步进行。

（2）金属螺旋盖　金属螺旋盖通常选用铝作为原料，螺旋盖内使用一小块圆形的合成材料垫片来保证密封性。现在越来越多的威士忌产品使用螺旋盖，特别是金属防盗瓶螺旋盖（Roll-on-pilfer-proof, ROPP，图 6-7）。除具有精密性和安全性外，螺旋盖还有以下特点：避免了软木塞产生的 TCA 污染，而给威士忌带

▲ 图 6-7　金属螺旋盖

来发霉和潮纸板的味道。螺旋盖也不会出现像软木塞那样因为湿度、温度、摆放方式等变化而发生的干瘪、漏气现象。螺旋盖开启方便，第一次使用被拧开时，在瓶盖下端许多微小的金属连接处会应声而断，整个瓶盖断成两段，会有一半留在瓶颈处，而上盖部分可由消费者拧下来。这种保护设计便于消费者观察酒瓶上的瓶盖是否在购买之前就被打开。除此之外，可以将喝剩下的酒直接拧上盖子进行保存。

（3）塑料螺旋盖　塑料螺旋盖又称为螺纹盖（External Screw Thread, EST，图 6-8），已逐渐受到威士忌行业的喜爱，除可以直接作为封瓶盖使用，还可以用于装饰其他材料瓶盖。塑料瓶盖通过塑料注塑成型的方式生产，方法与金属瓶盖相似，可大规模生产且尺寸精确。瓶盖内部通常贴上类似金属螺旋盖内常见的衬垫以增加封闭程度。

3. 标签及标示

威士忌的标签作为一种装饰和产品说明，

▲ 图 6-8　塑料螺旋盖

可提高产品辨识度并提供必要的产品信息，相当于威士忌产品的身份证。

各个国家的规定不同，威士忌标签上应该标注的最基本的项目有：产品名称、陈酿年份、酒精度、容量、装瓶单位及地址等。标签标注的内容是否完整，是一个产品是否合格的主要因素之一。

（1）中国

①国产酒：根据 GB 7718—2011《食品安全国家标准　预包装食品标签通则》规定，在国内生产的威士忌，其酒标上的内容必须标注：产品名称、酒精度、原料与辅料、产品类型、生产厂家、经销商的名称和地址、电话、净含量、生产日期及批号、产品标准号、生产许可证编号、贮存条件、警示语等。

②进口酒：根据我国法律规定，所有进口食品都要有中文标签，标注内容包括：产品名称、酒精度、原料与辅料、净含量、原产国、生产日期、贮存条件、生产商、进口商或经销商地址和电话、生产商在华注册编号、警示语等。

（2）苏格兰

①标签法规定必须标明的信息：酒精度、净含量、产品类型，酒标正面必须标注："Single Malt Scotch Whisky""Single Grain Scotch Whisky""Blended Scotch Whisky""Blended Malt Scotch Whisky""Single Grain Scotch Whisky"。可以添加蒸馏地点或区域，如"艾雷岛""斯佩塞"等。

②选择性信息：品牌名称，大部分是出品这款威士忌的蒸馏厂的名称，通常单一麦芽威士忌会标明蒸馏厂，调和威士忌则会标明品牌的名称。年份，标签上的年份必须是瓶中陈酿时间最短的威士忌年份。例如标注 6 年的威士忌，瓶内不仅有 6 年的威士忌，可能还有陈酿时间更长的威士忌。地理标志，"苏格兰威士忌"只能在苏格兰酿造、蒸馏和装瓶，苏格兰单一麦芽威士忌则必须标明产区来源（斯佩塞、高地区、低地区、艾雷岛、坎贝尔镇）。

（3）酒标上常见的信息

①原桶强度（Cask strength）：装瓶前没有加水稀释的威士忌。通常酒精度和橡木桶内的威士忌一样，乙醇含量超过 50%~60%vol，通常也会标明原桶的桶号。

②小批次生产（Small batch）：挑出数个陈酿的酒桶（两三个到多个都有可能），调和成限量威士忌，目的是彰显每一批威士忌的个性。

③单一桶威士忌（Single barrel/Single cask whisky）：通常是单一麦芽威士忌或波本威士忌，装瓶的威士忌来自"单个"酒桶。

④自然色泽（Natural color）：表示未添加任何色素，是完全来自橡木桶的颜色。

⑤二次桶陈（Finish）：Finish 或者 Double，表示威士忌陈酿结束后又换桶陈酿（例如雪莉桶或者波本桶），以增加不同的风味。

⑥首次装填、二次装填等（First fill, Second fill etc.）：首次装填是将威士忌第一次装进二手酒桶，一般指第一次装填苏格兰威士忌的美国波本桶或雪莉桶。二次装填是将威士忌第二次装进二手酒桶。以此类推。一个木桶填满几次后可能会被重新炭化，以"激活"它。

⑦非冷凝过滤（Non chill-filtered）：在威士忌生产过程中没有使用低温过滤掉长链脂肪酸的工艺。

⑧装瓶日期（Date bottled）或者蒸馏日期（Date distilled）：不是所有威士忌都有此信息，但

这样有助于判断这瓶酒在橡木桶中的陈酿年份。

⑨装瓶商（Bottler）：可能是蒸馏厂，也可能是独立装瓶商。2012年新规定，苏格兰威士忌必须在苏格兰装瓶并且贴标。

（4）标签实例　通过图6-9威士忌标签介绍标注的内容。

▲ 图6-9　麦卡伦18年雪莉桶单一麦芽威士忌标签

第五节　存储与运输

威士忌是没有保存期限的，正常情况下长久存放也不会坏掉，但如在存储和运输过程中忽略一些基本条件和注意事项，也会影响威士忌的质量，甚至造成损失。

一、存储

（1）湿度　如果威士忌的存储环境过分潮湿、通风不良，威士忌的瓶盖会出现发霉现象。存储环境过分干燥会使软木塞脆化造成酒的过度氧化，开瓶时出现断塞现象。威士忌的标签和纸箱也最怕受潮，因此成品库必须干燥、冷凉。另外，装有威士忌的纸箱应该存放在木托盘或其他材料制作的托盘上，不能直接同地面接触。

（2）温度　威士忌要在常温下存储。很多人将葡萄酒与威士忌一概而论，威士忌是不是同葡萄酒一样需要放在酒窖里面？如果有这样的条件并且能够保持恒温恒湿的状况，当然是个非常好的选择。不过葡萄酒的酒精度才十几度，而威士忌高达 40%vol 以上，所以也不用过度担心，威士忌在常温下储存也是没有问题的。至于有的人将开瓶后的威士忌存放在冰箱里保存，是大可不必的，除非是想喝冰镇的威士忌。

（3）光线　威士忌存储要避免阳光直射，光线会影响威士忌中成分的变化，尤其是紫外线会加速威士忌的老化。装瓶后的威士忌应该直立放置储存，而不是像葡萄酒那样倒放或平放，因为葡萄酒需要酒液与软木塞保持接触，以防止软木塞收缩和空气进入，而威士忌的乙醇含量高得多，这将导致威士忌酒瓶的软木塞随着时间的推移而会被破坏。

（4）环境　威士忌必须存放于清洁无异味的环境中，因为化学或者食品的味道可以透过瓶塞，影响威士忌的风味。

（5）存放方式　勿倒放和横放。威士忌的乙醇含量高，如果倒放或者横放高酒精度会腐蚀软木塞，导致威士忌有严重的软木塞味道，甚至长时间浸泡也会让软木塞坏掉，所以威士忌一定要直立存放。

（6）防止陈酿威士忌酒液面降低　一些珍藏的瓶装陈酿威士忌，经过多年存放瓶内液面会逐渐降低，这样不仅影响酒的质量还会降低酒的价值。造成这种现象的根源是封口处密封不严。为了避免这样的问题，可以使用收缩膜或者用保鲜膜将瓶子包起来。如果是玻璃瓶建议只包瓶口即可，因为玻璃瓶身是不会渗漏的，如果是陶瓷瓶就需要将整个瓶子包起来。

二、运输

按照威士忌国家标准要求，运输温度宜保持在 5~35℃；储存温度宜保持在 5~25℃。

威士忌大部分为玻璃瓶包装，属易碎品。在长途运输过程中最好使用木托盘加塑料膜缠绕，外包装帖上"易碎品，请勿倒置"标示。

小贴士
世界上最古老的威士忌

　　有些人将陈酿威士忌作为一种投资。例如莫特拉克（Mortlach）70年，这款斯佩赛威士忌于1938年装桶，2008年才装瓶，只生产了54标准瓶，每瓶零售价为1万英镑。此外，还有162款小瓶酒可供选择，每瓶售价也高达2500英镑。

　　基拿云（Glenavon）威士忌：根据吉尼斯世界纪录，这是世界上最古老的威士忌。虽然最初的记录已经丢失，但可以确认的是，它是在1851—1858年装瓶的。

第七章

威士忌酒厂的
清洁化生产、
节能环保和
消防安全

注：本章的第一节至第三节由中国食品发酵工业研究院酿酒部中心主任宋绪磊教授级高级工程师编写。

第一节　概述

2021年，碳达峰、碳中和被首次写入政府工作报告，也成为代表委员们讨论的"热词"。什么是"碳达峰"和"碳中和"？我国承诺的碳达峰路线图是力争在2030年前，我国CO_2的排放不再增长，达到峰值之后逐步降低。

碳中和是指企业、团体或个人测算在一定时间内直接或间接产生的温室气体排放总量，然后通过植树造林、节能减排等形式，抵消自身产生的CO_2排放量，实现CO_2"零排放"。为什么要提出碳中和？气候变化是人类面临的全球性问题，随着各国CO_2排放，温室气体猛增，对生命系统形成威胁。在这一背景下，世界各国以全球协约的方式减排温室气体，我国由此提出碳达峰和碳中和目标。我国作为"世界工厂"，产业链比较完善，国产制造加工能力与日俱增，同时碳排放量加速攀升。但我国油气资源相对匮乏，发展低碳经济，重塑能源体系具有重要安全意义。近年来，我国积极参与国际社会碳减排，主动顺应全球绿色低碳发展潮流，积极布局碳中和，已具备实现碳中和条件。循环经济是以资源节约和循环利用为特征，与环境和谐的经济发展模式。它强调把经济活动组织成一个"资源—产品—再生资源"的反馈式流程，特征是低开采、高利用、低排放，所有的物质和能源在这个不断进行的经济循环中得到合理和持久的利用，以把经济活动对自然环境的影响降低到尽可能小的程度。对我国而言，循环经济的发展具有以下两方面的重大意义。

（1）从"双循环"视角来看　循环经济有助于提升内循环效率，同时提升外循环中我国在国际产业链中地位，减少稀缺原材料的对外依赖。

（2）从"碳达峰、碳中和"视角来看　大力推广循环经济，通过减少高能耗的原料加工环节，最终来实现单位产品碳排放强度的降低。

2021年9月投产的嵊州蒸馏厂，采用水循环、零废弃等先进技术，建厂初期已经实现了碳中和目标。

2021年11月2日，国际酒业巨头帝亚吉欧在中国的第一家麦芽威士忌酒厂——洱源威士忌酒厂，在云南省洱源县凤羽镇正式宣布破土动工。这家公司承诺，在运营初期即实现碳中和，由水利和风能相结合产生的"绿色电力"为其提供能源。

保乐力加将可持续发展与社会责任理念融入从生产、制造到零售的每一个实践中。瑞典的绝对伏特加（Absolut Vodka）酒厂实现了碳中和，而格兰威特（The Glenlivet）威士忌酒厂将每升酒产生的CO_2排放量减少了30%。位于上海的全球首家零售旗舰店 Drinks & Co，降低了其设计、装修中的碳排放，并在日常运营中通过使用符合节能标准的照明和电器等措施践行可持续发展理念。多年来，保乐力加（中国）一直将可持续发展理念融入企业整体发展，积极落实《2030企业社会责任行动方案》，并因地制宜地在中国开展相关实践。

第二节　威士忌酒厂循环经济的主要内容

威士忌工业是以农产品加工为主的制造业，在加工过程中，能源、资源消耗较大，涉及电、水、热和多种农副产品原料，排出废弃物也较多，包含废水、废气、废渣等，但这些废弃物都无毒，有机成分含量较高，因此，可以实现资源的再利用。

1. 推行清洁生产

清洁生产是发展循环经济的主要内容和基础工作，清洁生产的主题是使用清洁的能源和原料，采用先进的工艺技术和装备，改进管理，采取综合利用等措施，从源头削减污染，从而提高资源利用率，减少生产过程中污染物的产生和排放。清洁生产的内容非常广泛，和循环经济的"3R"[①]原则是一致的，既针对原料又对生产过程提出管理要求；既针对设备又针对工艺；既要降低消耗又要综合利用，最终实现过程减少排污至零排放。

2. 威士忌生产中可回收利用的副产物

冷却水：威士忌生产厂的冷却水占总用水量的 30% 以上，必须回收再用，既节水又节热，形成合理的闭路循环。

冷凝水：威士忌生产厂采用蒸汽加热，耗热量大，冷凝水既是纯净水又有很大热焓，必须回收，形成闭路循环。

洗涤水：分步回收，按污染程度合理利用，节水又环保。

CO_2：回收利用，节能降耗，减少污染。

麦糟、废酵母：量大，易腐败，必须及时回收处理，减少污染。

废碱液、废酸液：已有较好的回收利用措施和设备，减少污染。

瓶渣、标渣、煤渣：回收集中后，按不同方式处理。

废包装材料、废机油、粉尘等：回收集中处理，减少污染。

3. 威士忌厂副产物的综合利用

CO_2：回收处理后，工厂自身再用，形成小循环。

麦糟：含有丰富的蛋白质和粗纤维，除用于加工饲料外，还可深加工成食品添加剂。

废酵母：蛋白质含量高，含有多种维生素等，除简单干燥成酵母粉混入饲料外，其提取物是多种生物、药品、食品制剂的原料。

---

① 3R 即 Reduce（减量化）、Reuse（再使用）和 Recycle（再循环）。

中水：中水利用有广阔的前景，正在开发，是中循环、大循环的载体。

沼气：废水厌氧处理产生的沼气是一种很好的燃料，必须利用。

污泥：很好的肥料。

4. 威士忌生产厂的主要节能措施

采用节能新技术、新设备。

采用麦芽汁压滤设备，提高过滤效率。

缩短制酒过程时间，提高效率。

应用新型节能环保型的原料、涂料、能源、设备、电气仪表等。

采用变频技术及节能环保型电机。

采用蓄冷、蓄热技术（低谷用电、平衡热、冷的使用）。

利用生物制剂（酶制剂等）和其他加工助剂，提高效率，降低消耗。

5. 扩大协作，实现不同范围的资源循环

废弃物回收、资源再利用不限于一个企业内部，应扩大协作，将威士忌生产厂的回收资源（如中水、酵母等）供给下游产业利用，形成产业链和更大范围的资源循环。

第三节　威士忌生产环节的节能环保技术

▲ 图 7-1　嵊州蒸馏厂的二氧化碳回收系统

一、CO$_2$ 的回收利用

（一）技术解释

1. 基础理论

CO$_2$ 是发酵生产中最重要的副产物，同时 CO$_2$ 又是酿造必不可少的重要原材料。CO$_2$ 的合理应用对改进酿造工艺、提高产品质量起着重要作用。因此对发酵产生的 CO$_2$ 进行回收，可减少生产的投入和资源的消耗，意义重大。图 7-1 中为嵊州蒸馏厂的二氧化碳回收系统。

2. 具体方法

发酵初始，由于罐内有一定的空气，必须等发酵一段时间，待罐内空气基本排完，CO_2 纯度达到要求以后方可回收。一般当发酵 26h 以后，CO_2 纯度稳定在 99.50% 以上，可以正常回收。

3. 回收工艺流程

CO_2 回收工艺流程如下所示：

CO_2 气源→泡沫捕捉器→气囊→洗涤→压缩→活性炭过滤和干燥→液化→贮液→应用

典型 CO_2 回收设备流程见图 7-2 所示。

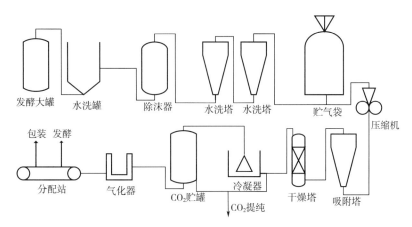

发酵大罐　水洗罐　　除沫器　　水洗塔　水洗塔　　　贮气袋　　压缩机

包装　发酵

分配站　　气化器　　CO_2贮罐　　冷凝器　　干燥塔　吸附塔

CO_2提纯

▲ 图 7-2　发酵过程典型 CO_2 回收设备流程图

4. 一罐法 CO_2 回收量的理论计算

发酵反应式为：

$$C_{12}H_{22}O_{11} + H_2O + 4ADP + 4Pi \rightarrow 4C_2H_5OH + 4CO_2 + 4ATP$$
$$46.0688 \quad 44.0098$$
$$1g \quad 0.9553g$$

原麦芽汁浓度 14°Bx，CO_2 纯度合格时的外观糖度按 10.5°Bx 计，即外观发酵度 25%，真正发酵度 20% 时，开始回收 CO_2，此时的乙醇量为 1.375%vol。一直到外观糖度 4.2°Bx，即外观发酵度 70.37%，真正发酵度 57% 时，停止回收 CO_2，产生乙醇量 4.027%vol。

开始回收时，产生的 CO_2 量为 1.375×0.9553=1.314g/100mL。

结束时，产生 CO_2 量为 4.027×0.9553=3.847g/100mL。

纯度合格的 CO_2 产生量为 3.847−1.314=2.533g/100mL。

即每升发酵液产生纯度合格 CO_2 的效率为 25.33÷38.47=65.84%。

上述计算未考虑实际回收 CO_2 时的损失率（回收效率、过程损失等）。实际上，CO_2 的回收效率预计在 62%~65%。

按此计算，CO_2 回收设备的配置能力选择见表 7-1。

表 7-1　CO_2 回收设备的配置能力

匹配 \ 编号	1	2	3	4	5
发酵液年产量 /（万 kL/ 年）	3	9	15	30	60
回收装置的能力 /（kg/h）	100	300	500	1000	2000

（二）技术点评

CO_2 回收可以节约资源，节省成本，同时有利于环境的保护。购置回收设备需要大量资金投入，资金回收期一般为 2 年左右。发酵企业都应创造条件，实现 CO_2 回收。

二、麦芽汁压滤机的应用

（一）技术解释

近年来，对威士忌麦芽汁醪液过滤技术指标的要求越来越高，应能够在保证过滤麦芽汁达到生产所需要的质量要求的前提下，尽可能多地、尽可能快地获得澄清麦芽汁，提高生产效率和收得率，由此对麦芽汁过滤设备也提出了更高的要求。大多数威士忌酒厂的麦芽汁过滤是通过过滤槽来完成的，近年来随着工艺、原辅材料的不断变化，麦芽汁压滤机呈现出日趋流行的趋势。目前麦芽汁压滤机在很多啤酒厂中使用越来越广泛，国外从 20 世纪 40~50 年代就开始研制、使用麦芽汁压滤机，由于受当时条件所限，滤板大多使用铸铁制成，滤布采用普通棉布，麦芽汁过滤浊度不够理想，劳动强度大，滤布每一批次都要拆卸、清洗，生产环境恶劣。这种麦芽汁压滤机很快遭到淘汰。20 世纪 90 年代，国际上兴起采用聚丙烯原料生产滤板和滤布，这种材料具有保温性能好、重量轻、能够达到食品生产要求、滤布可使用一周以上清洗一次、劳动强度小等特点，自此，麦芽汁压滤机进入了一个快速发展的时期，很多啤酒厂家、威士忌厂家在改建、扩建中纷纷采用。

（二）技术点评

（1）提高生产效率　每天可满足糖化 12 批次，多的可达 13~14 次。能在较高的麦芽汁黏度条件下进行过滤，过滤不受原料质量的影响，适合威士忌酒厂生产高浓度麦芽汁，通过高浓稀释来增加产量，头道麦芽汁浓度可以达到 30°P，定型麦芽汁浓度可以达到 15°P 以上。

（2）较高的糖化室利用率　可降低生产成本，得到较高的糖化室利用率。原料可以较细粉碎，增加原料在糖化反应中的比表面积，提高糖化收得率，以降低成本，并可适应不同的辅料，使用没有皮壳的原料生产麦芽汁。投料量灵活，设置可移动过滤盲板，可适应不同的投料量。

（3）提高产品质量 整个过滤、洗糟过程中，均处于密闭状态，降低了麦芽汁的氧化作用。麦芽汁浊度低，可缩短洗糟时间，防止麦皮中有害成分的浸出。连续、交替进行的洗糟方式避免了洗糟不匀和短路现象。

（4）改善生产环境并降低了劳动强度 全自动操作，易于维护保养。较干的麦糟，较传统过滤槽的麦糟水分减少70%，降低了运输和烘干处理费用。减少CIP清洗次数，降低了洗涤水量。

综上所述，在资源紧张、能源匮乏的态势下，麦芽汁压滤机有其一定优势。

图7-3为吉曼麦芽汁压滤机外形图。

▲ 图7-3　吉曼麦芽汁压滤机

三、采用一段冷却工艺

（一）技术解释

1. 基础理论

传统麦芽汁冷却采用两段式，第一段采用自来水冷却，第二段采用冷乙醇水冷却。此工艺的缺点：麦芽汁热量回收率低；冷冻机负荷重，电能消耗大；乙醇消耗大。

麦芽汁一段冷却工艺是以水为载冷剂，先将常温的自来水冷却至3~4℃，然后与热麦芽汁进行热交换，一次将麦芽汁冷却至工艺要求温度7~8℃。和两段冷却工艺比较，麦芽汁热回收率从60%提高到95%；冷冻机能耗降低30%~40%；水用量降低40%。

2. 具体方法

70~80℃热麦芽汁经薄板冷却器冷却至20~25℃，泵入发酵罐，冷却热麦芽汁的冷媒为2~4℃的冷水，经换热后温度升高至60℃用作糖化用水。2~4℃的冷水是用20℃的自来水经过氨蒸发器直接与液氨换热得到，氨蒸发吸热后的氨气又经冷冻站的压缩、冷凝，进入贮氨罐进行制冷循环。一段冷却的回路为：

（1）70~80℃热麦芽汁与2~4℃冷水换热，冷却至20~25℃泵入发酵罐。

（2）2~4℃冷水用20℃水经氨蒸发换热得到，与热麦芽汁换热后升温至60℃，作为糖化用水。

（3）氨制冷循环，不断提供冷量。

（二）技术点评

一段式冷却有以下优点：

（1）省去液氨蒸发冷却乙醇水。

（2）把热麦芽汁直接冷至 20~25℃进入发酵罐，2~4℃冷水经过换热后达到 60℃热水，全部作为糖化用水，水用量降低 40%。

（3）节省了糖化洗糟水加热到 60℃需用的蒸汽，麦芽汁热回收率从 60% 提高到 95%。

（4）冷冻机负荷能耗降低 30%~40%。

四、采用高浓度酿造技术

（一）技术解释

1. 基础理论

高浓度酿造是啤酒工业中的常见技术，是生产中采用比正常浓度更高的麦芽汁进行发酵，并在生产后期用水稀释成正常浓度啤酒的工艺。目前威士忌工厂也可以采用高浓度酿造的工艺技术，如正常发酵的麦芽汁浓度为 13~17° Bx，高浓度发酵的麦芽汁浓度为 18~24° Bx。目前，国外啤酒厂仍在进行该项技术的研究，麦芽汁浓度已提高至 18~24° Bx，甚至高达 30~36° Bx。高浓度酿造技术对酵母的要求比较高，需要进行特种酵母的选育工作。

2. 具体方法

制备高浓度麦芽汁的方法一般有两种：

（1）加大投料量，按常规生产方法制备高浓度麦芽汁。

（2）使用各种糖或糖浆制备高浓度麦芽汁或者麦芽浓缩浸膏，在糖化结束前 10~20min 加入，提高定型麦芽汁浓度，而糖化投料量仍保持在正常范围内。此方法对克服麦芽汁过滤困难有效，且不影响麦芽汁质量。

（二）技术点评

采用较高麦芽汁浓度酿造，在糖化工艺、酵母选育、发酵技术等方面均提出了更高的要求，高浓度酿造的优缺点总结如下。

1. 优点

（1）提高了糖化和发酵设备的利用率。

（2）能源消耗、劳动成本及清洗、排污成本降低。

（3）可允许添加更多的辅料，更经济。

（4）每单位可发酵性浸出物产生更多的乙醇。

（5）可减少麦糟副产物的产生。

（6）会产生口味的独特变化。

（7）赋予生产更大的灵活性。

2. 缺点

对酵母的各种性能要求提高了，需要进行特种酵母的选育工作。

五、添加抑泡剂提高大罐容积利用率

（一）技术解释

1. 基础理论

发酵罐的有效容积应为 80%~85%，若装液超过有效容积，则主酵过程易有泡沫溢出罐外，无法进行 CO_2 回收，造成浪费及影响卫生。据有关资料报道：醪液发酵前添加适量的 FOAMSOL（聚二甲基硅氧烷）可降低液体膜的表面张力，使泡沫衰竭，从而可有效提高发酵罐利用率，使大罐更易清洁，降低清洗成本，有利于 CO_2 的回收。该抑泡剂是大分子不溶性物质，其在蒸馏过程中可以除去，不会残留于成品酒中。

据有关资料介绍 FOAMSOL 是一种分子质量为 500000u 的高分子惰性聚合物，从 20 世纪 90 年代就已开始批量应用，其分子结构式见图 7-4。

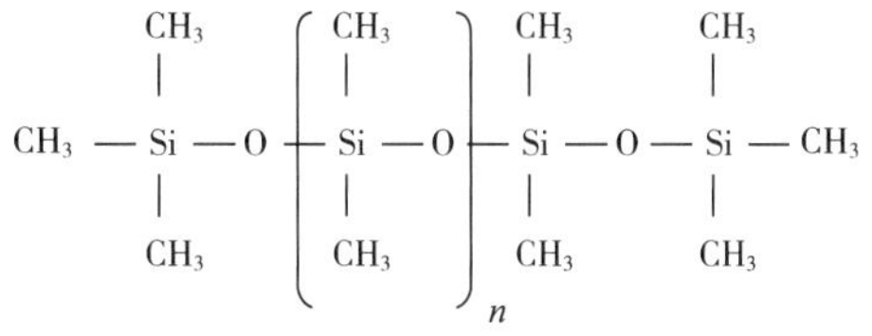

▲ 图 7-4　FOAMSOL 分子结构式

2. 具体方法

使用剂量、添加比例取决于产品类型、容器尺寸以及不同添加场所，一般的使用量为 2~10mL/100L，开始一般加 4mL/100L。在大罐满罐以后，使用 CIP 的洗球将抑泡剂喷洒在大罐顶部液面。

（二）技术点评

可以提高发酵罐的有效利用率至 93% 以上，提高产能，降低生产成本；消除由于溢泡引起的所有问题；有利于 CO_2 的回收；有利于大罐的清洗。

六、威士忌酒厂废水处理工序

威士忌工业产生的废水不仅量大，而且污染浓度较高，COD_{Cr} 浓度平均在 1000~1500mg/L，

BOD$_5$浓度在900~1200mg/L，悬浮物浓度在400~650mg/L。在废水处理中，并非只是投入，也能产生一定的经济效益。如废水厌氧处理中，1m³废水可产生0.35~0.40m³沼气。1m³沼气的发热量，相当于0.9kg标准煤的发热量，加以利用，其价值也是可观的。

（一）技术解释

威士忌酒厂排放废水及负荷各工序不均匀，主要集中于酿造工序，酿造工序又以洗糟水和过滤负荷为大。威士忌酒厂废水负荷情况见表7-2。

表7-2　威士忌酒厂废水负荷情况

工序	排放点	占总负荷/%	备注
糖化	洗糟水 凝固蛋白 容器洗涤	33	可控制 应回收
发酵	废酵母 洗涤	42	可控制 应回收
蒸馏	残液	20	可控制
其他	—	5	—

威士忌废水的主要特点之一是BOD$_5$/COD$_{Cr}$比值高，一般在50%及以上，非常有利于生化处理，同时生化处理与普通物化法、化学法相比较：一是处理工艺比较成熟；二是处理效率高，COD$_{Cr}$、BOD$_5$去除率高，一般可达80%~90%；三是处理成本低（运行费用省）。因此生物处理在啤酒废水处理中，得到了充分重视和广泛采用。现把常见的相对比较成熟的生物处理工艺进行简要介绍。

1. 处理工艺方案1

处理工艺方案1见图7-5。

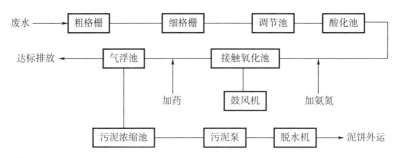

▲ 图7-5　处理工艺方案1

2. 处理工艺方案 2

处理工艺方案 2 见图 7-6。

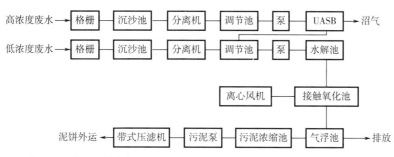

▲ 图 7-6 处理工艺方案 2

3. 处理工艺方案 3

处理工艺方案 3 见图 7-7。

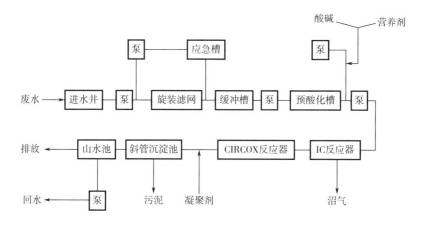

▲ 图 7-7 处理工艺方案 3（IC-CIRCOX 为主体）

4. 处理工艺方案 4

处理工艺方案 4 见图 7-8。

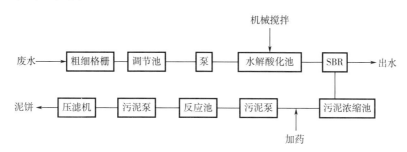

▲ 图 7-8 处理工艺方案 4（SBR 为主体）

5. 处理工艺方案 5

处理工艺方案 5 见图 7-9。

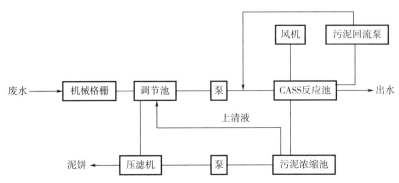

▲ 图 7-9　处理工艺方案 5（CASS 反应池为主体）

（二）技术点评

（1）根据威士忌废水 BOD_5/COD_{Cr} 大的特点，上述五个处理工艺方案的共同点，均以生物处理为主体，而且基本上均以前级为厌氧处理（水解酸化为主），后级为好氧处理，不同之处为：一是后级好氧生化处理分为生物接触氧化法（生物膜法）和活性污泥法（微生物呈悬浮状态）；二是在厌氧和好氧生物处理中，又分为成熟的传统方法（工艺 1、4）和较新技术应用的方法［如工艺 2 中预处理用 UASB（Upflow anaerobic sludge blanket，上流式厌氧污泥毯反应器），工艺 3 中使用 IC（Internal circulation，内循环高效厌氧反应器）和 CIRCOX（"赛克斯"反应器）及工艺 5 中使用 CASS（Cyclic Activated Sludge System，循环活性污泥工艺）］。但有一个共同点是可以肯定的：废水（混合水）采用厌氧（水解酸化）生物处理与好氧生物处理相结合（为主体）的处理工艺是成熟、可靠的工艺，是可以接受和被采用的。

（2）总的来说，厌氧（水解酸化）与好氧为主体的处理工艺，产生的污泥量较少，但上述五个处理工艺中也有区别，处理工艺 1~3 在好氧生物处理后均设沉淀设施（工艺 1 和工艺 2 为气浮池，工艺 3 为斜管沉淀池）；而处理工艺 4 和工艺 5，在好氧生物处理后不设沉淀池，污泥量很少，大多数内部消化，故污泥直接进入污泥浓缩池，进行污泥的处理与处置。从上述五个处理工艺可以分析出，工艺 1~3 好氧生物处理采用的是生物膜法（前两个是生物接触氧化法，第三个 CIRCOX 反应器是由好氧生物流化床原理发展而来，微生物黏附在细砂类载体物表面，形成生物膜），生物膜要进行新老更替，老的膜剥落后需要经沉淀后去除（当然同时也去除悬浮物等），故氧化（好氧）生物处理后要设沉淀设施。后两种好氧生物处理均属活性污泥法范畴，SBR（Sequencing Batch Reactor，序列间歇式活性污泥法，又称序批式活性污泥法）集生物降解和终沉排水于一体，污泥浓缩在 SBR 池下面，省去了沉淀池；CASS 反应池污泥用回流泵回流（循环式活性污泥法），产泥少，污泥直接进污泥浓缩池，不设沉淀池。可见后两种工艺省去了沉淀设施，减少了沉淀池的造价和占地面积。可以这样说：好氧生物处理采用生物膜法，后面要设沉淀池，其处理工艺由生化处理和物化处理相结合；好氧生物处理采用 SBR 和 CASS 反应池的，后面可不设沉淀池，其处理工艺省去了物化处理，由单一的生化处理组成。

（3）处理工艺 2 中，把高浓度有机废水采用 UASB 进行预处理后再进入总调节池，与低浓度有机废水进行混合，再进入主体处理工艺系统。从分析得到的数据发现，高浓度有机废水采用厌氧处理中的 UASB 反应器进行处理，效果是好的，COD_{Cr}、BOD_5、SS 等去除率均较高。

（4）总的来说，废水采用厌氧（水解酸化）预处理，再进行好氧处理是比较理想的，但上述五个处理工艺方案中，也各有所不同。如处理工艺方案 2 处理后的出水水质远好于排放标准，这对于水资源紧缺的地方来说，稍加深度处理后即可回用，对于回用水水质要求不高的地方来说，可直接回用（如绿化、浇马路等）。又如处理工艺方案 5 采用 CASS 反应器，调试相对较麻烦，时间可能较长；操作管理要严密妥当，否则有可能产生污泥膨胀；滗水器的下降速度要与水面的下降速度基本相同，否则可能扰动已沉淀的污泥层等。同时从处理后的出水水质来看，处理工艺方案 5 的出水 COD_{Cr} 常大于 100mg/L，BOD_5 常大于 50mg/L，比其他 4 个工艺方案差，如果排放标准较严时，则采用此工艺要慎重。

七、威士忌麦糟加工成蛋白饲料

（一）技术解释

将糖化车间产生的含水率在 85% 左右的湿糟先进行机械脱水，使物料含水率降到 60%~65%，再将其松散后送入流化床干燥机，经过气流干燥使物料含水率降到 13% 以下，然后经冷却、粉碎、包装后，作为产品出厂。加工设备技术指标：①干糟生产能力 250~300kg/h；②配套醪液产量 25~40kt/ 年；③成品含水率 ≤ 13%；④蛋白含量 22%~28%；⑤干燥获得量 1200~1500t/ 年；⑥湿糟夹带水的去除率 100%。

（二）技术点评

麦糟的深加工已列入国家政策扶持的环保项目，大型企业可以享受进口设备国产化替代的国家退税政策来解决项目的投资问题；同时，该项目的产品——酒糟蛋白饲料属于国家免税产品，可以享受国家免征五年产品所得税的政策。从效益方面，可以提高副产物的附加值，收到明显的经济效益，还对环境的保护有积极的影响。

八、废酵母的综合利用

（一）技术解释

1. 基础理论

在威士忌生产中会产生大量废酵母。废酵母的营养很丰富，其氨基酸组成中 8 种必需氨基酸的含量已接近理想蛋白质的水平，特别是甲硫氨酸的含量高于大豆一倍。因此，废酵母在食品工业中的利用应该有着广阔的前景。废酵母回收应用的领域主要有：饲料工业、食品工业、生物制药工业等。干酵母中各类营养成分的含量见表 7-3 至表 7-5。

表 7-3　干酵母中一般营养成分含量

成分	指标/%	成分	指标/（mg/100g）
水分	5~7	K	2000
蛋白质	40~50	I	1290
碳水化合物	30~35	Ca	80
脂肪	15	Fe	20
灰分	7	热量	0.67kJ/100g
粗纤维	1.5		

表 7-4　干酵母与理想蛋白中人体必需氨基酸对比　　　　　　　　　　单位：mg/100g

成分	啤酒干酵母	理想蛋白质	成分	啤酒干酵母	理想蛋白质
赖氨酸	400	270	苯丙氨酸	260	180
苏氨酸	325	180	甲硫氨酸	213	270
缬氨酸	338	270	亮氨酸	425	306
色氨酸	75	90	异亮氨酸	350	270

表 7-5　干酵母中维生素及生理活性物质的含量　　　　　　　　　　单位：mg/100g

成分	指标	成分	指标
核黄素	3.25	烟酸	41.7
硫胺素	12.9	泛酸	1.89
麦角固醇	126	叶酸	0.90
肌醇	391	生物素	92.9
维生素 B_6	2.73	嘌呤	0.59

2. 具体方法

（1）生产饲料添加剂　酵母直接干燥可作为饲料添加剂，工艺流程如下：

废酵母→加 2 倍体积无菌水→ 70 目筛筛分→ 90 目筛筛分→ 300r/min 离心 5min →固体鲜废酵母→加 2 倍体积 1%NaOH →离心分离→加 2 倍体积无菌水→离心分离→干净废酵母

酵母泥筛分时要保证去除酒花碎片等较大的杂物，经去杂、脱苦、脱色后的废酵母呈乳白色，pH6.5~7.0，无苦味，香味浓郁，可作为高蛋白饲料添加剂。

（2）生产酵母抽提物工艺　加水将干净酵母浓度调至 8%~15%，pH 为 4~8，通蒸汽加热搅拌，经 2h 左右升温到 48℃，保温 6h，充分激活酵母内源自溶酶体系自溶。再缓慢升温至 52℃ 左右，按 500g 木瓜蛋白酶 /t 酵母的加量加入木瓜蛋白酶，搅拌 30min，保温 14h。然后升温至 65℃，保温 4h，冷却静置 24h，将自溶液离心，除去细胞残渣，通过超滤得到上清液。可用上清液生产酱油或其他产品。

（3）提取核酸、核苷酸、核苷类成分　从废酵母中提取 RNA 的方法有浓盐法、酶法、自溶法等。其中，浓盐法设备简单，方法便捷。利用浓盐法提取酵母 RNA 的工艺过程如下：

废酵母→盐处理→菌体分离→清液提取 RNA →抽滤→干燥→成品，提取得到的 RNA 还可进一步降解得到 5′- 核苷酸和 2′，3′- 核苷酸

（二）技术点评

从酵母提取各种组分需要一定的技术基础和设备，要有一定投资，但经济效益也比较明显。

九、烟道气和沼气的利用

（一）技术解释

在废水的厌氧处理过程中，每吨发酵液的当量废水约产生 6m³ 沼气。沼气是一种很好的燃料，每 1m³ 沼气的发热量为 29280kJ，应该充分加以利用。国内很多啤酒厂在利用类似技术，燕京漓泉啤酒股份有限公司将污水处理产生的沼气用来燃烧烘干麦糟、酵母等，每天可产生 4000~8000m³ 沼气，相当于 4~8t 标准煤。利用沼气燃烧烘干酒糟后，年节约蒸汽近 2 万 t，能源利用效率由 20% 提高到 85%。

目前沼气利用一般有两种方式：

（1）将沼气直接引入锅炉燃烧，但沼气要经深度除杂处理。因为沼气中含有 H₂S 等硫化物，遇水或湿气产生酸性物质，对设备造成腐蚀。应用沼气必须保证锅炉的安全运行，因此设备投资较大。

（2）将沼气引入热风炉中燃烧产生热风，然后直接将热风引入麦糟烘干机中利用，设备投资较低，约是引入锅炉燃烧的 1/8。沼气利用率可达 99%，因此是很实用的方法。

（二）技术点评

1. 优点

沼气发电、余热制冷，可产生大量的电能和冷量，其本身都是清洁能源，可以用于工业生产，产生很好的经济效益。利用废水处理厌氧池副产沼气直接加热热风烘干麦糟，减少了温室

气体排放，最大限度利用了沼气热能（99%），运行操作简单，自控设备不多，安全性有保证，是值得酒厂及相关酒业推广的一项新技术。

2. 缺点

一是要进行前期的设备投资。二是无论是将沼气直接引入锅炉燃烧还是采用加热热风的方式燃烧，都存在安全使用的问题，尤其是进行厌氧池的超压保护。还要防止回火的问题，火的回烧，会引起厌氧池的不安全。饲料烘干机可能产生爆燃，当热风炉沼气阀调节不当，会产生熄火现象，熄火后，未燃烧的沼气继续进入烘干机，达到燃烧极限后会发生爆燃现象，因此要安装自动关阀装置。在运行中，要采用各种有效措施来保证系统的安全运行。直接加热热风式沼气烘干麦糟工艺流程见图7-10。

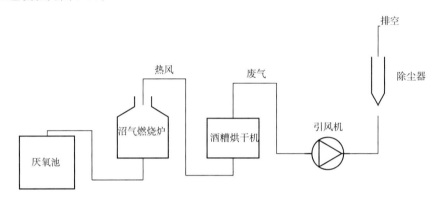

▲ 图 7-10　直接加热热风式沼气烘干麦糟工艺流程

十、高温密闭式冷凝水回收技术

（一）技术解释

冷凝水回收系统可分为开式和闭式两类，开式回收系统使用一般的泄水阀将冷凝水回收到一个敞口的集水箱，再泵送到锅炉给水罐或作其他用。这种系统设备简单、投资小、操作方便，但经济效益不高，且由于冷凝水直接与大气接触，溶氧量提高，易产生设备腐蚀（图7-11）。密闭式回收系统是冷凝水集水箱及所有管路连接成一个封闭系统，系统在恒定的正压状态下运行。在该密闭式系统中，冷凝水泄水阀的选择很重要。它的优点是设备能正常运转，工作寿命长，能取得明显的节热、节水效益。目前很多啤酒厂正在陆续将原开放式冷凝水回收系统改造为高温密闭式冷凝水回收系统。冷凝水回收系统改造的关键是如何在保证正常生产的情况下，消除汽蚀现象。汽蚀现象是指高温饱和水在降压的情况下会析出蒸汽，所产生的蒸汽在进入高压区时，又突然液化而凝结成水并使气泡爆破。如这一过程反复进行，就会对这一区域的零件表面产生破坏，加之各类相关腐蚀作用，最终造成海绵状或蜂窝状的汽蚀破坏。发生汽蚀的后果是破坏蒸汽传输过程的连续性,增加阻力、阻塞流道,严重影响水泵的效率和正常生产。以往厂家为了消除汽蚀现象,往往通过降压来回收冷凝水,以释放大量闪蒸汽来减少汽蚀源。但此做法无疑会造成能源浪费。因此要解决水泵汽蚀现象,最佳方法是使进入水泵的压力超过汽蚀的压力,从而在根本上避免汽蚀的产生。密闭式冷凝水回收技术的主要工作原理就是利用喷射泵的增压原理,建立适用于高温饱和水输送的防汽蚀理论,最终合理设计喷射泵来解决水泵的汽蚀问题。另外,此系统对疏水阀的选型是以最不利工况参数为依据的,从而避免了原来由疏水阀选型与实际运行之间的矛盾所造成的能源浪费现象。密闭式回收泵所设计的集水罐为闭式,这不仅保证了冷凝水的回水温度为 120℃,而且还充分利用了闪蒸汽(图 7-12)。

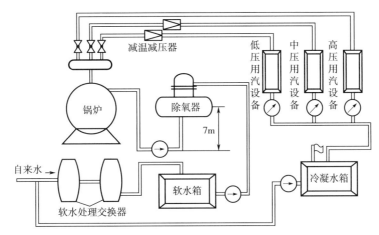

▲ 图 7-11　开式冷凝水回收系统工艺简图

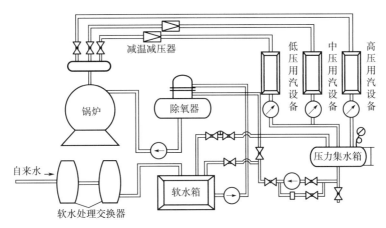

▲ 图 7-12　闭式冷凝水回收系统工艺简图

(二)技术点评

(1)与开式回收方式相比,减少了因疏水背压的降低造成的闪蒸损失,闪蒸量占冷凝水量的 15% 以下。

（2）用汽设备均在背压条件下运行，减少换热设备变工况运行时的蒸汽泄漏量。

（3）回收冷凝水直接进锅炉，提高锅炉供水温度 50℃ 以上；直接进除氧器，二次闪蒸和本身的高温，可以减少除氧器的蒸汽供给量。

（4）节约水及软化水处理费用。

（5）减少锅炉排污率（一般与冷凝水回收率一致）。

（6）增加锅炉单位时间的产汽量，稳定汽压。

（7）减少跑、冒、滴、漏而产生的热污染，改善工作环境。

（8）能源利用率的提高，缩短了锅炉的运行时间，降低了烟尘排放量。

十一、热电联产

（一）技术解释

在威士忌工厂中，一方面是糖化工序、蒸馏工序需要大量使用蒸汽，另一方面是麦芽汁冷却、发酵等工序需要大量使用冷却技术，需要耗用大量的冷冻电力。在啤酒厂中，比如日本朝日啤酒公司为了节约加热和冷却的能源，首次采用热电联产回收系统。这是利用蒸汽涡轮通过热交换产生的高压蒸汽推动蒸汽涡轮驱动式冷冻机，以低压化的蒸汽为热源驱动氨气吸收式冷冻机以实现节省电力和无氟化的系统，这种热电联产回收系统同时实现了节能和保护环境的目的。采用热电回收系统实现了减少电力消耗 20% 的成果，每年可削减 35% 的电力消耗成本。

（二）技术点评

热电联产热效率高达 70% 以上，而一般单机容量 200MW 以上的冷凝电厂的热效率仅为 35%~40%；200MW 凝汽机组的发电煤耗为 350gce/（kW·h）[1]，而容量相同的供热机组的发电煤耗一般均在 300gce/（kW·h）以下，供电煤耗约低 60gce/（kW·h）；热电联产由于采用了容量较大、参数较高的锅炉，因此热效率较高，锅炉热效率可达 85%~90%（一般工业小锅炉热效率只有 50%~60%），供热煤耗低 13~22kgce/106kJ。

据环保部门测算，节约 1t 标准煤可减少排放 CO_2 440kg、SO_2 20kg、烟尘 15kg、灰渣 260kg。同样的发电量，热电厂 CO_2 排放量只有常规电厂的 50%。热电联产可节省大量燃料，除尘效果好，能高空排放，有效地改善环境质量。

---

① 表示克标准煤／千瓦时［g 标准煤／（kW·h）］。

第四节　厂址选择、生产及运输过程中的节能环保

一、厂址选择

蒸馏厂厂址应选择在酿制威士忌所需要的谷物的种植产区，这样做有两个好处，一是生产的酒会具有与产地相关的独特风味，二是减少了原料运输过程中的碳排放。

蒸馏厂周边要拥有丰富的水资源，通过建立循环系统将蒸馏器的冷却用水进行回收重复使用。

蒸馏厂所在地的常年环境温度不宜太高，以减少冷却系统用水量。

能源的来源很重要，使用专业的绿色能源供应商和安装太阳能电池板已经受到许多蒸馏厂的欢迎，这样可以降低总体 CO_2 的排放量。

二、工艺

最简单的方法就是多使用柱式连续蒸馏法，而少使用壶式蒸馏法，因为这样可以有效地减少蒸馏器加热所需的能源。由于连续蒸馏一次就可以产生更多数量的威士忌，也意味着可以减少蒸馏期间加热的次数。可能用这种方法生产的威士忌质量达不到许多厂家要求，建议扩大调和威士忌的生产，通过不同麦芽和谷物的调配来改善提高威士忌的风味。

三、包装

威士忌的包装要选择使用重量更轻的、易于回收的玻璃瓶，这是威士忌行业减少碳排放的一大贡献。从长远来看，即使减少一点点也能节省大量的二氧化碳，因为这意味着瓶子制作过程中使用了更少的能源和原材料，以及更少的运输进程中能源的消耗。据报道，欧洲的一个酿酒厂在 2021 年将所有瓶子的重量减少了 15%，每年减少了 60t 的碳排放。

在威士忌包装领域有许多事情可以探讨，甚至可以研究使用可回收的铝瓶、循环包装，包括可以重复使用的瓶子／袋等。在欧洲的一些酒店、酒吧行业出现了补酒（散装酒）配送站的新模式。

四、运输

重量更轻的玻璃瓶包装会大大减少交通运输消耗的能源。

第五节　CIP清洗系统

一、简介

Cleaning In Place 简称 CIP，又被称为就地清洗。现在在一些威士忌蒸馏厂被广泛地应用。CIP 清洗系统可追溯到 20 世纪 50 年代在乳品工业上应用。目前，CIP 系统已与自动控制技术相结合，被应用于食品工业。我国的嵊州蒸馏厂已经使用了 CIP，这套系统被有效地用于生产车间管路和容器的清洗。

CIP 系统采用化学药剂清除物体表面污垢的方法，它是借助清洗剂表面污染物或覆盖层进行化学转化、溶解、剥离以达到去污的效果。在一定流量/压力的条件下，将清洁剂溶液喷射或喷洒到设备表面或在设备中循环。整个清洁过程通常由多个独立清洗步骤组成。

与传统的清洗方式对比，CIP 系统主要的优点为：清洁、灭菌彻底，节约操作时间，提高生产效率，降低生产成本，增加设备的使用寿命。

二、CIP 系统组成及工艺流程

CIP 清洗系统是根据清洗点的数量确定，主要由酸罐、碱罐、水罐、加热系统、隔膜泵、高低液位、在线酸碱浓度检测仪及控制系统组成。

CIP 清洗系统的核心是 CIP 清洗站，清洗站通常有两罐式、三罐式、四罐式和五罐式。目前四罐式（酸罐、碱罐、水罐和回收罐）和五罐（碱罐、酸罐、热水罐、回收水罐、清水罐）式居多。各个清洗罐贮存的溶液各不相同，会根据清洗需要，设计不同的清洗流程，使用不同的洗涤剂。部分 CIP 系统的工艺流程如下：

（1）三步流程　预冲洗—清洗剂清洗—最后冲洗。

（2）五步流程　预冲洗—清洗剂清洗—冲洗—清洗剂清洗—最后冲洗。

（3）七步流程　预冲洗—清洗剂清洗—冲洗—清洗剂清洗—冲洗—消毒剂—最后冲洗。

三、CIP 系统的洗涤剂

对于 CIP 清洗常用洗涤剂的要求有以下几点：湿润功能，溶解并清除污垢，防止水垢的形成，易溶于水，易冲洗，不腐蚀设备表面，无毒，有效，生物可降解。

（1）CIP 清洗的过程　一般是先将污物从被清洗表面分离，将此污物在清洗液中分散形成一种稳定的悬浮状态，要防止污物重新沉淀在被清洗物的表面上。

（2）中性清洗剂　水和界面活性剂均属此类。水几乎是所有清洗剂和食品的基本成分，当污物为完全可溶时，就不需要其他清洗剂而能清洗干净。

（3）碱性清洗剂（Alkaline cleaners） pH>7。碱性清洗剂是食品工厂使用最广泛的清洗剂，碱洗可以通过皂化反应去除脂肪和蛋白质等残留物。碱与脂肪结合形成肥皂，与蛋白质形成可溶性物质而易于被水清除。氢氧化钠是最常见的碱性清洗剂，价格便宜，清洗作用力强，但漂洗难度大，需要另外使用漂洗剂。氢氧化钾有较好的漂洗能力，对铜蒸馏器的腐蚀性也比氢氧化钠低。磷酸三钠的碱性比氢氧化钠低，相对较安全，同时也能软化硬水，特别是加入次氯酸钠后洗涤效果更好。碳酸钠的碱性也较低，同时也有助于软化硬水。

具体使用的碱液浓度应该根据具体设备和待清洗的物质而定。对于一般的 CIP 清洗，建议使用的碱液浓度范围在 0.5%~2%。在这个浓度范围内，碱液可以有效地去除设备和管道中的油脂、蛋白质和污垢等杂质，同时不会对设备造成腐蚀或损坏。需要注意的是，如果碱液浓度过高，可能会对设备造成腐蚀或损坏，甚至会影响清洁效果。如果碱液浓度过低，则可能无法有效去除污垢和杂质。

（4）酸性清洗剂（Acidic cleaners） 酸性清洗剂是用以溶解除掉 CIP 系统中设备表面矿物质沉积物，如钙镁的沉积物、硬水积石和草酸钙等。这些物质通常很难使用碱性清洗剂清洗。最常见的酸性清洗剂是磷酸（浓度为 2.0%）和硝酸（浓度为 0.8%~1.0%）或者是它们的混合液。盐酸和硫酸也可以用来清除锈蚀和污垢，两者都是强酸，对人体有刺激作用，应佩戴防护手套和眼镜，同时应尽可能避免呼吸酸性气体。氨基磺酸也可以用于清洗无机脏污，清垢力强，安全性较好。

（5）消毒剂（Sanitisers） 恰当添加消毒灭菌剂，能提高杀菌清洗消毒效率，控制清楚微生物污染，按照稀释浓度使用。一些化学药品可作为 CIP 过程的消毒剂。如次氯酸盐、碘化物、稳定性二氧化氯、酸性阴离子表面活性剂等。在消毒设备时必须对设备和管路进行彻底的清洗。如果设备表面有食品残渣或污物存在，消毒剂的效力将会大大降低。

四、威士忌酒厂的污垢种类

（1）霉味、鼠类和昆虫带来的污染 主要存在于谷物原料环节。

（2）碳水化合物的污垢 包含于整个糖化、发酵和蒸馏的过程中。

（3）蛋白质和脂肪污垢 易于沉积在容器的表面和底部。

（4）碳水化合物、蛋白质和脂肪结垢后形成的无机化合物 主要存在于加热罐和热交换器中。

（5）生物膜污染 这是多种污染物的组合，当微生物附着在表面，其产生的多糖产物黏着其他脏污时，就会生成生物膜，会给生产造成严重污染。

五、影响 CIP 清洗的因素

（1）时间 主要是与被清洗表面接触、作用的时间。一般来说，清洗的时间越长，效果则越好。

（2）机械作用　主要受到流速、流量和压力的影响。

（3）化学作用　对于化学作用，主要关注清洗剂的选择和浓度两个方面。可根据洗涤剂的去污能力以及其残余漂洗的难易程度选择合适的洗涤剂。

（4）温度　虽然温度提高，清洗速度和溶解速度都会随着提高，但温度过高，残留的蛋白质成分可能发生变性，导致设备更难清洗，所以并不是温度越高越好。

（5）其他因素　水的质量和管路的设计也对 CIP 清洗有一定的影响。

第六节　消防安全的基本要求

威士忌酒厂消防系统无论采用什么形式的设计，都需在符合与满足消防规范的前提下做到合理及经济。

一、原料仓库和粉碎车间

1. 原料仓库

建筑的耐火等级不得低于二级。原材料库电气设备必须设置防爆型，注意通风，减少粉尘悬浮；严禁在仓库内吸烟或携带火种。筒仓的建筑耐火等级不得低于二级，筒仓顶部应采取防爆泄压措施。筒仓所有电气设备必须防爆或封闭，筒体应有良好的防雷装置。

2. 粉碎车间

建筑的耐火等级不低于二级，并应具有防爆泄压措施。车间内严禁烟火。粉碎设备力求具有良好的密封性能，减少粉尘的飞逸。车间应采用半开放式建筑或加强通风除尘。粉碎车间所有电气应防爆，防止电气设备超载，定期检查电气设备，及时修复问题、更换。

二、糖化、发酵和蒸馏车间

1. 糖化、发酵车间

应使用防爆电气，如果使用非防爆电气，配电盘、开关应安装在车间室外，不得安装在室内，特别是室内应禁止倒顺开关。

2. 蒸馏车间

威士忌酒厂最为危险的地方有两个：一个是蒸馏车间，它是提取酒精的场所；另一个是原酒储罐区，它们的火灾危险性都属于甲类。

（1）蒸馏车间有两种类型，一种是完全封闭式，另一种是完全敞开式。对于完全封闭式蒸馏车间，也可采用泡沫 - 雨淋系统。

（2）在蒸馏车间布置水及泡沫消防栓。

（3）由于蒸馏车间内设有较多的酒精提升泵，是酒精较易泄漏的地方，在这些地方设置危险气体报警器，当车间内的酒精蒸发浓度达到锁定界限时报警。

（4）设置早期报警装置。柱式蒸馏由几个蒸馏塔组成，高十几米至几十米不等。蒸馏车间的楼板都留有让塔体穿过的圆孔，由于蒸馏塔在工作时往往会出现振动现象，所以塔体与楼板之间需要留有缝隙，如果发生火警，火苗会沿着楼板及塔体的缝隙窜入上一级楼层，这样加速了塔体的受热速度，所以要求塔体与楼板之间的缝隙由阻火棉隔断。

（5）蒸馏车间内所有电器设备都需按有关规范要求设置防爆、防雷接地等措施，对封闭式车间应有排气通风及防爆泄压等设施。

（6）在蒸馏车间布置手提或推车灭火器。

三、原酒酒库

（1）贮存酒精度 50%vol 以上的原酒酒库不得超过三层。大型酒库采用防火门或水幕进行防火分隔，尽量减少单个酒库的占地面积以防止火势蔓延。如果条件允许，应安装自动火灾报警、自动灭火等消防设施系统。

（2）酒库内的电气设备必须防爆，并要求整体防爆。严禁使用非防爆电动泵输送酒液。电气开关箱应设置在仓库外，并安装防雨防潮等保护设施。经常检查酒库内的电气设备，发现可能引起火灾、短路、发热、绝缘不良时，必须立即修理或更换。禁止使用不合格的保险装置。下班后最好切断电源。

（3）金属酒罐应有良好的接地装置，每年至少对避雷装置进行两次绝缘检测，并经常进行检查和维护。每个防火分区的原酒储量应适当限制，并设置防止原酒流散的设施（如暗沟），使泄漏的原酒能够及时排出仓库。仓库外应设置事故储酒池。每个分区的暗沟应设置防火挡板。

（4）楼层酒库防火分区间地板之间一般不得有孔，如确需设置连接管道的孔，应采用防火堵料密封。加强机械排气，降低室内酒蒸气浓度。

（5）酒库里不得有办公室、休息室，不得住人，不能用可燃材料搭建阁楼。库内严禁吸烟、不得动用明火、禁止带有火种或穿带钉鞋进入。手套、沾油棉纱等应收集统一存放。

四、包装车间

按甲类火灾危险生产选址，建筑物为单层。耐火等级不得低于二级。其最大允许面积和防火墙面积应符合《建筑设计防火规范》的要求。加强室内通风，降低乙醇蒸气浓度，降低燃烧爆炸风险。根据防疫卫生要求，可采用机械排气。车间机电设备应整体防爆。

五、其他

按规定设置消防设施和消防设备。酒类火灾，普通泡沫灭火效果不好，应配备抗溶性泡沫。也可以准备一些石棉布、沙土等简易物品，用于灭火、围堵流淌的酒液。

第八章

威士忌成分的
研究

第一节 威士忌中的风味化合物[1]

一、风味成分来源

威士忌中的风味化合物有多种来源,主要包括原料、发酵、蒸馏和陈酿。

1. 原料

不同的谷物会形成不同的香气及浓度,这是威士忌香气成分的基础。

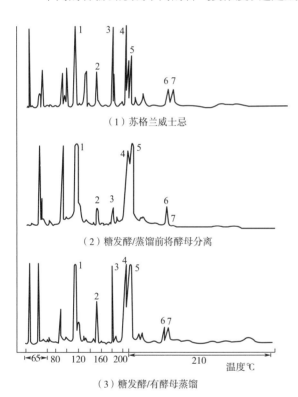

（1）苏格兰威士忌

（2）糖发酵/蒸馏前将酵母分离

（3）糖发酵/有酵母蒸馏

▲ 图 8-1 在无氮源糖液发酵和苏格兰威士忌中有酵母产生的香味化合物的气相色谱图
1—异戊醇 2—辛酸乙酯 3—癸酸乙酯 4—月桂酸乙酯 5—苯乙醇 6—棕榈酸乙酯 7—棕榈油酸乙酯

2. 发酵

在威士忌以及其他乙醇饮料的生产过程中,发酵是形成香味化合物的最重要阶段。在"优质威士忌酒的研究"青岛小组实验室进行的试验表明,在无氮源糖液发酵中,酵母产生的香味化合物与苏格兰威士忌中出现的那些大致相同(图 8-1),然而在香味化合物的浓度和其相对比例上却有相当大的差别。在苏格兰威士忌中各种酯类的相对浓度比糖发酵蒸馏液的要高。此外,在蒸馏中存在酵母,则对产物中酯的浓度有影响。如果蒸馏前不将酵母去除,那么辛酸乙酯、癸酸乙酯和棕榈油酸乙酯的含量就会有所增加。

3. 蒸馏

蒸馏是生产工艺中香味化合物来源的第二阶段,对香味化合物的含量也会有很大的影响,由于蒸馏中发生的反应和热解作用,从而形成了性质和浓度完全不同的新的化合物,这类化合物对于香味也具有

---

[1] 资料来源:"优质威士忌酒的研究"青岛小组,1973—1977 年。

各自的作用。通过用异戊烷从清淡型的加拿大威士忌和醇厚型的苏格兰威士忌中提取的香味化合物的气相色谱图的分析，发现蒸馏技术的重要性。它们的定性组成大致相同，但是在加拿大威士忌中香味化合物的浓度只有香味较浓的苏格兰威士忌的 10%~15%。

4. 陈酿

陈酿是影响香味的第三个重要工艺因素，在陈酿过程中生成了一些新的香味化合物，而另一些香味化合物则在化学反应中消耗掉。

二、风味成分组成

威士忌中的挥发性成分，以高级醇为最多，占 0.1%~0.3%，高级醇中又以异戊醇和异丁醇为最多，威士忌的香味与其组成中的酯和醛有特别的关系。

五个主要威士忌生产国部分威士忌挥发性成分分析见表 8-1。

表 8-1　五个主要威士忌生产国部分威士忌挥发性成分分析　　　　　　　　　单位：%

国家		酒精度/%vol	高级醇	总醛（以乙醛计）	总酯（以乙酸乙酯计）	异丁醇 A	异戊醇 B	B/A	备注
日本	最低	42.8	0.110	0.0040	0.0616	0.027	0.082	1.9	5 个样品
	最高	43.7	0.163	0.0080	0.0827	0.052	0.123	5.6	
	平均	43.3	0.138	0.0054	0.0788	0.038	0.102	3.2	
苏格兰	最低	42.3	0.090	0.0056	0.0792	0.027	0.045	0.59	6 个样品
	最高	43.6	0.224	0.0073	0.0810	0.126	0.136	3.8	
	平均	43.3	0.167	0.0067	0.0827	0.068	0.099	1.87	
美国		43.3	0.280	0.0095	0.1050	0.036	0.246	6.8	—
加拿大		43.6	0.125	0.0057	0.0810	0.025	0.100	4.0	—
爱尔兰		43.5	0.300	0.0060	0.0800	0.083	0.217	2.6	—

研究表明，威士忌中的香味成分包括：

低沸点的成分主要有：乙醛、乙酸乙酯、杂醇油、异戊醇等 9 种物质。

高沸点的成分主要有：辛酸酯、糠醛、癸酸酯、月桂酸酯和 β- 苯乙醇等 13 种物质。

中性成分有：辛酸、癸酸、月桂酸乙酯、β- 苯乙醇乙酸酯，另外还有正丁醇、异丁醇、己醇、辛醇等高级醇类，对甲基愈创木酚、对乙基愈创木酚等。

蒸馏酒的香味和橡木桶产生的酚类有关，即这些香味是发酵后的蒸馏成分同单宁或木质素等分解物或氧化生成物共同作用产生的。

通过对香味成分的深入研究，已经表明威士忌的香味成分是由 200 多种化合物组成。羧酸的酯类构成了种类最多的一类组分，而羰基化合物、羧酸类、醇类及酚类化合物也是重要的香味成分。此外，威士忌还含有其他产生香味作用的微量成分。

对威士忌蒸馏香味的研究，采取感官和气相色谱分析相结合的方法。威士忌的香味成分因为酿造工艺和调配方法不同而有区别。现就已知的威士忌的微量成分说明列表如表 8-2 所示。

表 8-2　　威士忌中常见的微量成分及沸点

名称	沸点/℃
乙酸	117.72
丁酸	163.7
己酸	205.8
辛酸	239.3
癸酸	268.4
月桂酸	299
肉豆蔻酸	250.5（13.3kPa）
乙醛	21
甲酸乙酯	54.3
乙酸乙酯	77
乙酸异戊酯	142
辛酸乙酯	206
癸酸乙酯	244
月桂酸乙酯	269
丙酮	56.5
正丙醇	97.4
异丁醇	108
正丁醇	117.4
异戊醇	132
正戊醇	137
活性戊醇	128
糠醛	161.8
吡咯	130~131
愈创木酚	205
丁香醛	192
香草醛	285
甲酚	190~205
（苯）酚	182

名称	沸点/℃
葡萄糖	147
木糖	144~145
阿拉伯糖	158~160
果糖	103~105

1. 高级醇类

高级醇是酒类微量成分中存在最多的物质，其本身有较强的香气，高级醇和有机酸反应所形成的酯类，是威士忌芳香物质所不可缺少的成分，为酒的香气发挥着重要的作用。蒸馏酒中高级醇组成与含量的不同，影响了酒的类型和风格，多数微量成分是构成酒香的因素。

高级醇在蒸馏酒中具有好的吸引力，如果蒸馏酒中无高级醇，就没有酒的传统风味。如果含量过多，不但酒的风味不好，且对饮酒者有害处。高级醇容易使人头痛致醉，所以不宜过多。对于高级醇的好恶与饮酒习惯和嗜好有关。

乙醇的分子链拥有 2 个碳，高级醇是比乙醇的碳链更长的其他醇类，如戊醇、异戊醇、丁醇、丙醇和庚醇等，统称为杂醇类或高级醇，其含量取决于酵母的繁殖生长，在有氧环境下，较多的氮和较高的温度都促使杂醇的产生。杂醇为具有特殊风味的油状物质，一般以尖锐的溶剂香来形容，通常不是人们喜欢的风味，但是与酸类反应生成酯类，产生各种水果和花香，是威士忌中非常重要和期望的风味。

通过对使用谷物和水果为原料生产的酒进行对比发现，以谷物为原料的酒，其总酸、高级醇等成分较少，但是正丙醇和异丁醇成分多，特别是威士忌中的异丁醇与异戊醇的比值大。在蒸馏酒中，正丙醇的含量为 10~120mg/L，异丁醇为 20~70mg/L，异戊醇为 70~350mg/L。现将蒸馏酒中高级醇的组成列表如表 8-3 所示。

表 8-3　蒸馏酒中高级醇的组成　　　　　　　　　　　　　　　　　　　单位：%

编号	种类	正丙醇	异丁醇	丁醇	活性戊醇	异戊醇	其他（正丁醇）
1	威士忌	8	30		19	43	—
2	威士忌	16	32		16	32	微量
3	白酒	16	25		15	44	微量
4	白酒	12	25	24	17	47	微量
5	白兰地	5	13		18	64	—
6	白兰地	8	22		14	56	微量
7	苹果白兰地	20	6		13	37	微量
8	朗姆酒	9	10		24	57	—

蒸馏酒中以异戊醇含量最多，还含有异丁醇、活性戊醇和正丙醇。高级醇中异戊醇/异丁醇（A/B）的比值，威士忌为1~2，白酒为2~3，白兰地为3~8，因酒的种类不同，其比值范围也不相同。威士忌和白酒为谷物原料，白兰地和朗姆酒是含糖原料，从这两种类型酒中高级醇的组成可以看出，前者较后者的异丁醇高，异戊醇低，活性戊醇的含量两者相差不大。

醇类一般具有特殊的香，乙醇带有甜味，正丙醇有苦味，异丁醇有苦味，异戊醇几乎无味。苯乙醇为玫瑰香味但浓度大时会有苦涩感。干酪醇两万分之一时就有苦味。

蒸馏对高级醇的含量有极大的影响，通过对各产区的不同种类的多款威士忌进行分析，测定其中高级醇的含量，可以获得一些关于威士忌中高级醇类含量变化范围的情况。

威士忌中高级醇类的总含量相差很大，在研究的样品中，其数值为 0.265~2.252g/L（表8-4）。除个别例外，苏格兰威士忌样品的含量都低于1g/L，美国和加拿大的清淡型威士忌中的高级醇类含量通常是相当低的，仅为苏格兰威士忌的30%左右。日本和西班牙威士忌所含的高级醇类也比苏格兰威士忌低些，而爱尔兰威士忌中高级醇类的含量却略高些。波本威士忌中高级醇类的浓度高达 2.252g/L，约为其他样品的两倍。

表 8-4　部分威士忌产品高级醇类的总量 *

威士忌	样品	高级醇类/（g/L）	威士忌	样品	高级醇类/（g/L）
苏格兰威士忌	1	0.785	爱尔兰威士忌	1	1.259
	2	0.895	美国波本威士忌	1	2.252
	3	0.804		2	0.308
	4	0.853	加拿大威士忌	1	0.265
	5	0.955	日本威士忌	1	0.700
	6	0.912	西班牙威士忌	1	0.732
	7	0.1049			
	8	0.996			

* 气相色谱法的固有标准偏差平均为 2.5%。

在威士忌的高级醇中异丁醇和异戊醇是主要成分（表8-5）。在苏格兰和爱尔兰威士忌中异丁醇的含量和异戊醇相近，而在其他威士忌中，异戊醇为含量最多的高级醇类组分，平均约为总量的一半。正丙醇和活性戊醇是另一些重要的高级醇类。苏格兰威士忌的正丙醇比例最高，其含量平均为高级醇类总量的20%。爱尔兰、日本和西班牙威士忌所含的正丙醇比例相近，而美国和加拿大样品的比例最低。就活性戊醇的含量而言，苏格兰、爱尔兰和日本威士忌接近，而美国、加拿大和西班牙威士忌接近。

表 8-5　部分威士忌最重要的高级醇平均含量

威士忌	正丙醇/%	异丁醇/%	活性戊醇/%	异戊醇/%
苏格兰威士忌	24	36	10	30

威士忌	正丙醇/%	异丁醇/%	活性戊醇/%	异戊醇/%
爱尔兰威士忌	17	32	13	38
美国威士忌	6	25	19	50
加拿大威士忌	—	25	18	57
日本威士忌	14	26	13	47
西班牙威士忌	12	28	18	42

由此可见，在威士忌中除了乙醇之外，最主要同系物是高级醇，特别是正丙醇、异丁醇、异戊醇和活性戊醇。研究发现，可以通过设定同系物的浓度范围或比例范围来对威士忌产品进行验证。这些同系物主要在发酵过程中产生，其浓度在蒸馏、陈酿和调配过程中受到影响，但比例相对稳定。

不同类型饮料酒经常使用活性戊醇和异戊醇的浓度比值来区分。表8-6提供了所研究的威士忌的这一比值。在调和苏格兰威士忌中，此值在0.29~0.36，除了西班牙威士忌数值较高（0.44）外，其余样品值全都在这个范围内。

苏格兰威士忌测定的活性戊醇含量在0.064~0.119g/L，而异戊醇的浓度，则在0.212~0.345g/L（表8-7）。在苏格兰威士忌中，正丙醇的量稍多于0.200g/L。在另一些所测定的威士忌中，异戊醇的含量比其他高级醇的量高得多。波本威士忌所含的异戊醇含量最高。除了正丙醇以外，波本威士忌还含有比其他威士忌高出很多的高级醇类，而淡香型产品所含的每种高级醇显然就要少一些。

表8-6　部分威士忌产品活性戊醇和异戊醇的比例

威士忌	样品	活性戊醇/异戊醇	威士忌	样品	活性戊醇/异成醇
苏格兰威士忌	1	0.30	爱尔兰威士忌	1	0.35
	2	0.26	美国波本威士忌	1	0.36
	3	0.30		2	0.39
	4	0.35	加拿大威士忌	1	0.30
	5	0.29	日本威士忌	1	0.29
	6	0.33	西班牙威士忌	1	0.44
	7	0.36			
	8	0.34			

资料来源：果敢译自"*Process Biochemistry*"。

表 8-7 部分威士忌产品高级醇类的含量 *

威士忌	样品	正丙醇/（g/L）（1.6%）	异丁醇/（g/L）（1.5%）	活性戊醇/（g/L）（3.1%）	异戊醇/（g/L）（3.4%）
苏格兰威士忌	1	0.209	0.300	0.064	0.212
	2	0.254	0.326	0.071	0.244
	3	0.217	0.252	0.077	0.258
	4	1.976	0.296	0.093	0.267
	5	0.242	0.357	0.081	0.274
	6	0.230	0.343	0.085	0.254
	7	0.225	0.377	0.119	0.329
	8	0.178	0.354	0.119	0.345
爱尔兰威士忌	1	0.208	0.103	0.167	0.481
美国波本威士忌	1	0.144	0.556	0.410	1.143
	2	0.016	0.079	0.062	0.157
加拿大威士忌	1	未检出	0.065	0.047	0.153
日本威士忌	1	0.100	0.185	0.093	0.323
西班牙威士忌	1	0.087	0.204	0.137	0.309

* 气相色谱方法的固定标准偏差列在每个醇名之后的括号中。

苯乙醇是威士忌中含量仅次于上述醇类的高级醇，所以将苯乙醇视为一种高级醇是合理的。苯乙醇的感官阈值和异戊醇大致相同，两者都只有异丁醇的 1/10，所测威士忌的苯乙醇含量列于表 8-8 中。苏格兰威士忌约含 0.01g/L 苯乙醇，波本和日本威士忌的含量最高，超过 0.015g/L，而加拿大威士忌和爱尔兰威士忌的含量最低，少于 0.004g/L，其他的威士忌则与苏格兰威士忌浓度相近。

表 8-8 部分威士忌产品的苯乙醇含量 *

威士忌	样品	苯乙醇/（g/L）	威士忌	样品	苯乙醇/（g/L）
苏格兰威士忌	1	0.0081	苏格兰威士忌	8	0.0144
	2	0.0092	爱尔兰威士忌	1	0.0021
	3	0.0099	美国波本威士忌	1	0.0162
	4	0.0104		2	0.0072
	5	0.0105	加拿大威士忌	2	0.0039
	6	0.0109	日本威士忌	1	0.0152
	7	0.0142	西班牙威士忌	1	0.0091

* 气相色谱方法的固定标准偏差平均为 2.3%。

资料来源：果敢译自 "*Process Biochemistry*"。

2. 脂肪酸酯类

脂肪酸酯类是被视为威士忌芳香物质的重要来源，其形成取决于麦芽汁中的高级醇和有机酸的含量，也取决于乙酰辅酶（Acetyl CoA）的活性，更重要的是取决于酵母菌种。

威士忌中的有机酸类，与乙醇发生化学反应，在常温下会缓慢地形成酯类：

$$RCOOH+CH_3CH_2OH \rightleftharpoons RCOOCH_2CH_3+H_2O$$

这个反应是缓慢的，而且是可逆的。

威士忌中的酯类，或是由陈酿过程的酯化反应形成的，或者是随威士忌蒸馏从发酵醪中转移过来的，威士忌中酯的总量称为总酯。

酯类是乙醇饮料中更为重要的一类香味成分，它的种类最多。浓度最大的酯类是具有偶碳原子数酸的乙酯、异丁酯和异戊酯。

使用气相色谱可以把酯类分为三个主要的类别。第一类是轻馏分，主要包括短链脂肪酸的乙酯、异丁酯和异戊酯。这些"果香味酯类"，由于其具有愉快的气味和低感官阈值，因而对香味有显著的作用。第二类是中间馏分，包括在己酸和苯乙醇之间馏出的化合物，主要成分是辛酸乙酯和癸酸乙酯。第三类馏分是在苯乙醇之后馏出的化合物，包括棕榈油酸乙酯和油酸乙酯这类重要的不饱和酸乙酯。

乙酸乙酯是威士忌中最丰富的酯，其含量比其他酯类高许多倍。所测定的苏格兰威士忌的乙酸乙酯含量在0.121~0.173g/L（表8-9）。爱尔兰和西班牙威士忌中乙酸乙酯含量与经勾兑的苏格兰威士忌含量相当。清淡型的美国和加拿大威士忌所含的乙酸乙酯比苏格兰样品略低些。不同的是，前者所含的杂醇类要低得多。日本威士忌和淡香型的北美威士忌中乙酸乙酯的浓度大致相同，虽然日本威士忌根据其杂醇类含量一般不划作清香型威士忌。波本威士忌的乙酸乙酯含量最高，约为所测苏格当威士忌的两倍。

表8-9 部分威士忌的乙酸乙酯的含量 *

威士忌	样品	乙酸乙酯/（g/L）	威士忌	样品	乙酸乙酯/（g/L）
苏格兰威士忌	1	0.125	爱尔兰威士忌	1	0.144
	2	0.137	美国波本威士忌	1	0.347
	3	0.147		2	0.104
	4	0.121	加拿大威士忌	1	0.97
	5	0.147	日本威士忌	1	0.85
	6	0.165	西班牙威士忌	1	0.126
	7	0.144			
	8	0.173			

* 气相色谱方法的固定标准偏差平均为1.2%。

资料来源：果敢译自"*Process Biochemistry*"。

除了乙酸乙酯以外，含量最多的是乙酸异戊酯和具有偶碳原子数酸的乙酯。苏格兰威士忌中乙酸异戊酯的浓度约为 0.005g/L 或略高些（表 8-10）。爱尔兰、波本和西班牙威士忌中乙酸异戊酯的含量和苏格兰威士忌差别不大，但在其他的样品中含量明显降低。

表 8-10　部分威士忌中某些重要的低级脂肪酸酯的含量（到 C10 为止）*

威士忌	样品	乙酸异戊酯/ （g/L）	己酸乙酯/ （g/L）	辛酸乙酯/ （g/L）	癸酸乙酯/ （g/L）
苏格兰威士忌	1	0.005	0.0006	0.0033	0.0088
	2	0.0057	0.0006	0.0041	0.0113
	3	0.0043	0.0008	0.0050	0.0128
	4	0.0056	0.0007	0.0042	0.0116
	5	0.0057	0.0006	0.0047	0.0128
	6	0.0073	0.001	0.0004	0.0135
	7	0.0054	0.0009	0.0069	0.0166
	8	0.0053	0.001	0.0064	0.0138
爱尔兰威士忌	1	0.0050	0.0009	0.0075	0.0239
美国波本威士忌	1	0.0043	0.0022	0.0097	0.0166
	2	0.0002	0.0003	0.0008	0.0007
加拿大威士忌	1	0.0004	0.0003	0.001	0.0016
日本威士忌	1	0.0009	0.0005	0.0033	0.0070
西班牙威士忌	1	0.0036	0.0007	0.0036	0.0102

* 气相色谱方法的固定标准偏差是 5%。

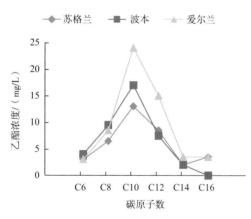

▲ 图 8-2　爱尔兰、波本和苏格兰威士忌中乙酯浓度与酸的链长（C6~C16）的函数关系
（资料来源：果敢译自 "Process Biochemistry"）

图 8-2 说明了乙酯浓度的变化与酸链长之间的函数关系。该图表明爱尔兰威士忌中在癸酸之前即 C6~C10 酸的乙酯含量是急剧上升的。波本威士忌所含的短链脂肪酸乙酯比苏格兰威士忌多一些，但两者总的趋势是一致的，癸酸之后直到肉豆蔻酸（即 C10~C16 酸）的乙酯含量则是相当平稳地下降。

表 8-11 提供的是测定的威士忌的高级脂肪酸乙酯的含量。可以看出，苏格兰威士忌所含的棕榈油酸乙酯与棕榈酸乙酯几乎相同，有时前者则大得多。对爱尔兰、日本和西班牙威士忌来说，两者含量却是相同的。相反，在波本和加拿大的威士忌中就根本不含棕榈油酸乙酯（图 8-3）。

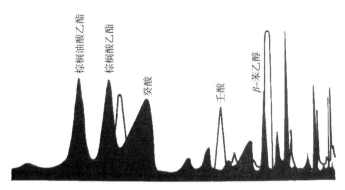

▲ 图 8-3　苏格兰威士忌（黑色部分）和波本威士忌（实线部分）的香气成分对比图[4]

表 8-11　部分威士忌中某些重要的高级脂肪酸乙酯的含量 *

威士忌	样品	月桂酸乙酯/（g/L）	肉豆蔻酸乙酯/（g/L）	棕榈酸乙酯/（g/L）	棕榈油酸乙酯/（g/L）
苏格兰威士忌	1	0.0059	0.0008	0.0021	0.0028
	2	0.0081	0.0009	0.0020	0.0037
	3	0.0102	0.0014	0.0032	0.0050
	4	0.0089	0.0012	0.0039	0.0040
	5	0.0091	0.0010	0.0019	0.0042
	6	0.0098	0.0013	0.0031	0.0055
	7	0.011	0.0011	0.0018	0.0047
	8	0.0083	0.0006	0.0010	0.0024
爱尔兰威士忌	1	0.0152	0.0026	0.0024	0.0025
美国波本威士忌	1	0.0073	0.0008	0.0003	未检
	2	0.0001	0.0002	0.0001	未检
加拿大威士忌	1	0.0008	0.0003	0.0018	未检
日本威士忌	1	0.0044	0.0001	0.0016	0.0011
西班牙威士忌	1	0.0072	0.0009	0.0016	0.0025

* 气相色谱方法的固定标准偏差平均为 5%。

3. 酸类物质

威士忌发酵会生成各种有机酸，其中影响风味的包括乙酸、丙酸、异丁酸、丁酸和异戊酸，至于脂肪酸类则包括辛酸、癸酸和月桂酸，其中异戊酸具有强烈的刺激性味道，含量高时会出现醋味以及类似呕吐物和酸谷物味道。

酸将与其他化合物反应，高级醇、游离脂肪酸以及乙酸的含量比例十分敏感，过量乙醇的酯类将形成刺激性的溶剂味，而过量的游离脂肪酸也将带来腐臭味。

除了杂醇类和乙酯类外，就含量而言，酸类也是香味化合物的重要成分，同其他组分一样，酸的含量也随威士忌种类而异。实验室进行的研究表明,威士忌中总的可滴定酸含量一般在0.09~0.14g/L。波本威士忌例外,其含量约为其他威士忌的4倍。

在苏格兰威士忌中,乙酸约占挥发酸总量的一半,它是含量最多的酸组分。在其他威士忌中,乙酸的比例为60%~90%。除乙酸以外,含量最多的是辛酸、癸酸和月桂酸。癸酸占乙酸以外的挥发酸总量的20%~40%,这也随威士忌种类而异。在苏格兰、爱尔兰、日本和西班牙威士忌中,如同棕榈油酸乙酯和棕榈酸乙酯比例一样,前酸的比例高于后酸。

4. 酚类物质

苯酚、甲酚、二甲酚、愈创木酚以及丁香酚是威士忌最重要的酚类化合物,促成了威士忌的烟熏味、咖啡味、苦味和辛辣的气味。

在酿造威士忌时所用的麦芽中出现的酚类化合物,通常来源于烘干的大麦麦芽。在谷物糖化过程中也能生成酚类化合物。施泰因克(Steinke)和保尔森(Paulson)指出,对香豆酸、阿魏酸和香草醛能分别生成4-乙基苯酚、4-乙基愈创木酚和4-甲基愈创木酚,而4-乙烯基苯酚和4-乙烯基愈创木酚则是它们的中间体。另外,用于陈酿的橡木桶也是酚类化合物的来源。通过实验室研究,已经从橡木碎片的乙醇萃取液中成功地分离和鉴定了愈创木酚、苯酚、间甲酚、丁子香酚和香草醛,其中以丁子香酚为主要成分(图8-4)。

表8-12提供了一些威士忌的酚含量。它们的浓度都非常低,在200μg/L左右或更低些。只是在波本威士忌中4-乙基苯酚和4-乙基愈创木酚的含量稍高些。

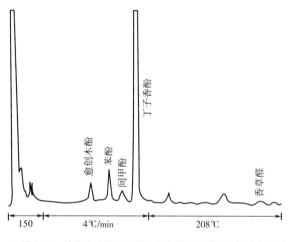

▲ 图8-4 从橡木片的乙醇提取液中分离的酚类的气相色谱图

表8-12 部分威士忌中酚类的浓度 单位: g/L(或100%vol乙醇)

分析项目	苏格兰麦芽威士忌	调和苏格兰威士忌	波本威士忌	加拿大威士忌	爱尔兰威士忌
苯酚	0.100	0.190	微量	未检出	微量
邻甲酚	0.075	0.075	未检出	未检出	未检出
间甲酚	0.030	0.035	未检出	未检出	未检出
对甲酚	0.050	0.050	未检出	未检出	未检出
愈创木酚	0.090	0.120	0.090	未检出	未检出

分析项目	苏格兰麦芽威士忌	调和苏格兰威士忌	波本威士忌	加拿大威士忌	爱尔兰威士忌
4-乙基苯酚	0.070	0.040	0.390	0.100	0.035
未知	0.030	0.020	未检出	0.020	未检出
4-乙基愈创木酚	0.100	0.030	0.360	0.080	0.060
丁子香酚	0.050	0.100	0.195	0.050	0.055

资料来源：果敢译自"*Process Biochemistry*"。

5. 醛类物质

威士忌中含有的各种醛类称为总醛。从橡木桶中可以提取多种醛类物质，例如丁香醛和香草醛，丁香醛可以赋予威士忌木质香、辛辣等味道；香草醛给予威士忌香草的香气。波本威士忌以其香兰素（香草醛）含量而闻名，木材中的其他醛类包括针叶醛和芥子醛。此外，一些更简单的醛如乙醛可以在威士忌中增加青草味，而麦芽味则与2-甲基丁醛和3-甲基丁醛有关。艾洛特和麦肯齐（Aylott & Mackenzie）2010年证明香草醛/丁香醛的比例是一个有效判断苏格兰威士忌的依据，因为非橡木桶陈酿的谷物乙醇和风味添加剂中含有比较高的香兰素。一些威士忌中总醛含量的分析结果见表8-13。

表8-13　一些威士忌中总醛含量的分析结果　　　　单位：g/L（100%vol乙醇）

威士忌类型	含量
苏格兰麦芽威士忌	0.17
苏格兰谷物威士忌	0.12
苏格兰调和威士忌	0.054
爱尔兰威士忌	0.041
肯塔基波本威士忌	0.15
加拿大威士忌	0.033

威士忌风味化合物的含量可能与以上的样品相差很大，但是，这些研究提供了各类威士忌中香味化合物的概念。

当然，这些化合物只是香味中的一部分。威士忌中还有很多含量少但种类繁多的其他风味化合物，每种风味化合物对威士忌的香味都各有作用，因此不能简单地用化学和物理分析方法来区分。目前感官分析还是鉴别威士忌质量的唯一方法，将感官分析和风味研究进行结合，是风味研究新的探索途径。

三、原料和工艺对威士忌风味成分的影响 [1]

为了了解威士忌的主要成分,"优质威士忌酒的研究"青岛小组先后将试验的不同原料和工艺的威士忌样品,同国外产品使用气相色谱进行对比分析,国外产品使用了"红方"威士忌。

常规的化学分析结果见表8-14,C6~C16脂肪酸乙酯的含量与含量比率分析见表8-15,表8-16。

表8-14　不同原料和工艺的威士忌常规化学分析结果　　单位: g/L(50%vol乙醇)

项目	1 苏格兰泥煤	2 敦化泥煤	4 尚志泥煤	6 啤酒麦芽	8 玉米	9 高粱	10 大麦	11 大米	12 小麦	5#勾兑样品	6#勾兑样品	红方
酒精度/%vol	59.9	56.8	58.8	61.2	62.5	61.8	61.0	63.2	64.4	44.4	43.4	44.1
总酸	0.323	0.406	0.684	0.327	0.128	0.0314	0.0278	0.0855	0.0163	0.437	0.597	0.239
总酯	0.2821	0.313	0.3325	0.2761	0.205	0.1504	0.1520	0.1595	0.259	0.504	0.556	0.1225
总醛	0.033116	0.03866	0.033547	0.03301	0.0715	0.00595	0.00605	0.00655	0.00430	—	—	0.0107
高级醇	1.085	1.044	1.403	1.348	1.86	2.34	2.66	2.61	1.96	0.90	0.98	0.88
异戊醇(A)	0.50	0.528	0.85	0.7352	1.07	1.42	—	1.06	—	0.45	0.518	0.60
异丁醇(B)	0.495	0.484	0.510	0.571	0.48	0.605	0.0810	0.98	4.86	0.113	0.115	0.40
A/B比值	1.01	1.09	1.66	1.287	2.23	2.34	—	1.06	—	3.98	4.5	1.5
甲醇	0.457	0.4446	0.663	0.3888	0.1501	0.1251	0.1126	0.1464	0.1188	0.0557	0.0736	0.24
糠醛	0.033	0.035	0.04205	0.0294	0.094	0.042	0.047	0.050	0.123	0.0186	0.0224	0.0064
pH	4.5	4.37	4.18	4.45	4.78	5.15	5.32	4.90	4.62	4.02	3.9	4.12

表8-15　C6~C16脂肪酸乙酯的含量分析　　单位: g/L(50%vol乙醇)

	己酸乙酯	辛酸乙酯	癸酸乙酯	月桂酸乙酯	肉豆蔻酸乙酯	棕榈酸乙酯
苏格兰"红方"	0.0013	0.0047	0.0126	0.0086	0.0011	0.0034
日本三得利"寿"牌	0.0015	0.0042	0.0123	0.0082	0.0011	0.0031
4#试验酒	0.0014	0.0027	0.0062	0.0032	0.0021	0.0117
5#试验酒	0.0014	0.0021	0.0047	0.0027	0.0017	0.0122
6#试验酒	0.0020	0.0022	0.0053	0.0028	0.0017	0.0102

---

[1]　资料来源: "优质威士忌酒的研究"青岛小组,1973—1977年。

表8-16 C6~C16脂肪酸乙酯的含量比率

样品	C6~C16脂肪酸乙酯总量/（g/L）	含量比率/%					
		己酸乙酯	辛酸乙酯	癸酸乙酯	月桂酸乙酯	肉豆蔻酸乙酯	棕榈酸乙酯
苏格兰"红方"	0.03170	4.1	14.8	39.7	27.1	3.5	10.8
日本三得利"寿"牌	0.03040	4.9	13.8	40.5	27.0	3.6	10.2
4# 试验酒	0.02730	5.1	10.0	22.7	11.7	7.7	42.3
5# 试验酒	0.02480	5.6	8.4	18.9	10.9	6.9	49.3
6# 试验酒	0.02420	8.3	9.1	21.9	11.6	7.0	42.2

从分析结果可以看出，试验酒 C6~C16 脂肪酸乙酯的总量比率较苏格兰红方低 0.0044~0.0075g/L，其中癸酸乙酯及月桂酸乙酯的含量特别低，而癸酸乙酯是苏格兰威士忌中主要的脂肪酸乙酯。因此这可能是试验酒和对照酒在风味上存在差别的主要原因之一。试验酒的肉豆蔻酸乙酯及棕榈酸乙酯含量较对照酒分别高 1~3 倍，这可能是造成试验酒兑水后产生浑浊的主要原因。

第二节 部分威士忌风味成分的研究

一、苏格兰和日本威士忌风味成分的研究 [①]

"优质威士忌酒的研究"对麦芽威士忌原酒及谷物蒸馏原酒成分进行了研究。以下是对使用苏格兰和日本谷物生产蒸馏的原酒、使用苏格兰和日本麦芽威士忌生产蒸馏的原酒进行的分析结果。

1. 谷物蒸馏原酒

表 8-17 与表 8-18 分别为苏格兰与日本谷物蒸馏原酒中的醛类、乙酸乙酯和醇类的分析结果。

---

① 资料来源："优质威士忌酒的研究"青岛小组，1973—1977 年。

表 8-17　苏格兰谷物蒸馏原酒的分析结果　　　　单位：%vol（60%vol 乙醇）

成分 类别	乙醛	乙酸乙酯	丙醇	异丁醇	异戊醇	异戊醇/异丁醇	异戊醇/丙醇	异丁醇/丙醇
	0.0015	0.0091	0.023	0.040	0.013	0.33	0.57	1.74
	0.0026	0.0090	0.017	0.045	0.020	0.44	1.18	2.65
A	0.0033	0.0092	0.028	0.097	0.038	0.39	1.36	3.46
	0.0016	0.0130	0.033	0.094	0.039	0.41	1.18	2.85
	0.0011	0.0089	0.022	0.037	0.009	0.24	0.41	1.68
B	0.0024	0.0076	0.022	0.064	0.018	0.28	0.82	2.91
	0.0023	0.0146	0.034	0.110	0.037	0.34	1.09	3.24
$\bar{x}$	0.0021	0.0102	0.026	0.070	0.24	0.35	0.94	2.65
s	0.0008	0.0026	0.002	0.030	0.013	0.07	0.35	0.69
x	0.0005~ 0.0037	0.0051~ 0.00153	0.014~ 0.038	0.011~ 0.129	0.000~ 0.049	0.21~ 0.49	0.25~ 1.63	1.29~ 4.01
n	0.0014~ 0.0028	0.0078~ 0.0126	0.020~ 0.032	0.004~ 0.098	0.012~ 0.036	0.28~ 0.42	0.61~ 1.27	2.05~ 3.29

注：$\bar{x}$：平均值。

　　s：标准差额。

　　x：对个别值有 95% 的准确限度。

　　n：对平均值有 95% 的准确限度。

表 8-18　日本谷物蒸馏原酒的分析结果　　　　单位：%vol（60%vol 乙醇）

成分 类别	乙醛	乙酸乙酯	丙醇	异丁醇	异戊醇
A	0.0004	0.001	0.009	0.001	0.001
B	0.0028	0.003	0.008	0.004	0.004
	0.0005	0.001	0.005	—	—

通过表 8-18 可以看出，日本谷物蒸馏原酒的各种香气成分含量非常低。这是因为采用多塔蒸馏的原因。从表 8-17 的苏格兰谷物蒸馏原酒分析结果可以看出，其香气成分含量较高，这是因为使用科菲连续蒸馏器的原因，但是与麦芽威士忌原酒相比（表 8-19）其成分含量还是明显减少。从各成分含量比率来看，异丁醇成分含量非常高，为异戊醇含量的 3 倍左右，丙醇含量的 2.5 倍左右。而一般的酒精发酵中生成的异丁醇量是丙醇含量的 1 ~ 1.5 倍，仅为异戊醇的几分之一，其成分组成在实际上是不同的。

2. 麦芽蒸馏原酒

表 8-19 和 8-20 分别为苏格兰麦芽威士忌原酒、使用日本麦芽和苏格兰麦芽威士忌生产蒸馏原酒进行的分析结果。

表 8-19　苏格兰麦芽威士忌原酒分析结果　　　单位：% vol（60%vol 乙醇）

成分 类别	乙醛	乙酸 乙酯	丙醇	异丁醇	异戊醇	异戊醇/ 异丁醇	异戊醇/ 丙醇	异丁醇/ 丙醇
1	0.0039	0.025	0.022	0.065	0.153	2.35	6.95	2.95
2	0.0036	0.043	0.025	0.116	0.200	1.72	8.00	4.64
3	0.0062	0.026	0.026	0.094	0.177	1.88	6.81	3.62
4	0.0049	0.026	0.023	0.108	0.213	1.97	9.26	4.70
5	0.0074	0.018	0.029	0.083	0.184	2.22	6.34	2.08
6	0.0044	0.007	0.031	0.089	0.188	2.11	6.06	2.87
7	0.0062	0.018	0.028	0.081	0.165	2.04	5.89	2.89
8	0.0067	0.017	0.027	0.064	0.126	1.97	4.67	2.37
9	0.0066	0.025	0.026	0.076	0.159	2.09	6.12	2.92
10	0.0060	0.024	0.027	0.089	0.180	2.02	6.67	3.30
$\bar{x}$	0.0056	0.023	0.026	0.087	0.175	2.04	6.68	3.31
s	0.0013	0.009	0.003	0.017	0.025	0.24	1.24	0.78
x	0.0031~ 0.0081	0.005~ 0.041	0.020~ 0.032	0.054~ 0.120	0.126~ 0.224	1.57~ 2.51	4.25~ 9.11	1.78~ 4.84
n	0.0046~ 0.0066	0.016~ 0.030	0.024~ 0.028	0.075~ 0.099	0.157~ 0.193	1.87~ 2.21	5.79~ 7.57	2.75~ 3.87

注：$\bar{x}$：平均值。

　　s：标准差额。

　　x：对个别值有 95% 的准确限度。

　　n：对平均值有 95% 的准确限度。

表 8-20　分别使用日本麦芽和苏格兰麦芽为原料生产蒸馏威士忌原酒的分析结果

单位：% vol（60%vol 乙醇）

成分 类别	乙醛	乙酸乙酯	丙醇	异丁醇	异戊醇	异戊醇/ 异丁醇	异戊醇/ 丙醇	异丁醇/ 丙醇
使用日本大 麦芽为原料	0.0039	0.030	0.075	0.058	0.183	3.16	2.44	0.77
	0.0038	0.035	0.063	0.049	0.168	3.43	2.71	0.79
	0.0020	0.048	0.026	0.026	0.094	3.62	3.62	1.00

续表

成分类别	乙醛	乙酸乙酯	丙醇	异丁醇	异戊醇	异戊醇/异丁醇	异戊醇/丙醇	异丁醇/丙醇
使用日本大麦芽为原料	0.0086	0.044	0.030	0.035	0.144	4.11	4.80	1.17
	0.0090	0.039	0.042	0.054	0.153	2.83	3.64	1.29
	0.0057	0.040	0.043	0.035	0.134	3.83	3.12	0.81
	0.0040	0.044	0.028	0.055	0.131	2.83	4.68	1.96
	0.0053	0.045	0.021	0.035	0.100	2.86	4.76	1.67
	0.0057	0.039	0.029	0.034	0.140	4.12	4.83	1.17
	0.0048	0.031	0.031	0.039	0.155	2.95	3.71	1.26
$\bar{x}$	0.0053	0.040	0.039	0.042	0.136	3.33	3.83	1.10
s	0.0022	0.006	0.017	0.011	0.028	0.59	0.90	0.39
x	0.0010~0.0096	0.028~0.052	0.006~0.072	0.020~0.064	0.081~0.191	2.17—4.49	2.07~5.59	0.43~1.95
n	0.0037~0.0069	0.035~0.045	0.027~0.051	0.034~0.050	0.116~0.156	2.91~3.75	3.18~4.48	0.91~1.47
使用苏格兰大麦芽为原料	0.0027	0.048	0.044	0.035	0.130	3.71	2.95	0.80
	0.0036	0.046	0.066	0.046	0.155	3.37	2.38	0.71
	0.0036	0.044	0.043	0.042	0.144	3.43	3.35	0.98
	0.0029	0.051	0.048	0.040	0.125	3.13	2.60	0.83
	0.0025	0.035	0.033	0.047	0.137	2.91	4.15	1.42
	0.0036	0.041	0.032	0.048	0.130	2.71	4.06	1.50
	0.0037	0.040	0.032	0.047	0.136	2.89	4.25	1.47
	0.0025	0.037	0.036	0.047	0.136	2.89	3.78	1.31
	0.0017	0.022	0.018	0.026	0.074	2.85	4.11	1.44
	0.0030	0.042	0.029	0.041	0.133	3.24	4.59	1.41
	0.0042	0.043	0.029	0.046	0.130	2.83	4.48	1.59
$\bar{x}$	0.0031	0.041	0.034	0.042	0.130	3.09	3.70	1.22
s	0.0007	0.008	0.012	0.007	0.020	0.31	0.77	0.33
x	0.0017~0.0045	0.025~0.057	0.010~0.058	0.028~0.056	0.091~0.196	2.48~3.70	2.19~5.21	0.57~1.87
n	0.0026~0.0036	0.035~0.047	0.036~0.042	0.037~0.047	0.117~0.143	2.88~3.30	3.18~4.22	1.00~1.44

注: $\bar{x}$: 平均值。

s: 标准差额。

x: 对个别值有 95% 的准确限度。

n: 对平均值有 95% 的准确限度。

从分析数据来看，日本麦芽生产蒸馏的威士忌比苏格兰威士忌原酒中乙酸乙酯和丙醇的含量高，而异戊醇和异丁醇含量低。在日本威士忌原酒中异戊醇含量的平均值为0.13%，苏格兰威士忌原酒中的平均值为0.18%。日本麦芽威士忌原酒中异丁醇含量的平均值为0.042%，苏格兰麦芽威士忌原酒中的平均值为0.087%。从这个结果可以说明，在谷物蒸馏原酒中，异丁醇的含量苏格兰麦芽威士忌原酒比日本麦芽威士忌原酒的要高得多，约为日本的2倍。各种高级醇含量比，即异戊醇/异丁醇、异戊醇/丙醇、异丁醇/丙醇的比值，可以看出这两种威士忌原酒的差别。

3. 调配威士忌成分的研究

使用上述的威士忌原酒用乙醇调配成威士忌，方法如下。

（1）在乙醇中添加30%~40%的日本麦芽威士忌原酒（酒精度为40%vol）。

（2）在乙醇中添加30%~40%的苏格兰麦芽威士忌原酒（酒精度为40%vol）。

（3）在苏格兰谷物蒸馏原酒中添加30%~40%的日本麦芽威士忌原酒（酒精度为40%vol）。

（4）在苏格兰谷物蒸馏原酒中添加30%~40%的苏格兰麦芽威士忌原酒（酒精度为40%vol）。

上述4种情况其各种成分的平均值见表8-21，调配比例见表8-22。

表8-21　调配威士忌酒成分分析结果　　　　　　　　　　　　　　　单位：%vol

编号	威士忌新酒/%	乙醛	乙酸乙酯	丙醇	异丁醇	异戊醇	异戊醇/异丁醇	异戊醇/丙醇	异丁醇/丙醇
1	30	0.0009	0.008	0.008	0.008	0.027	3.21	3.77	1.21
	40	0.0011	0.011	0.011	0.011	0.036	3.21	3.77	1.21
2	30	0.0011	0.005	0.005	0.017	0.035	2.04	6.68	3.31
	40	0.0015	0.006	0.007	0.024	0.047	2.04	6.68	3.31
3	30	0.0018	0.013	0.019	0.041	0.038	0.93	2.00	2.16
	40	0.0020	0.015	0.020	0.039	0.045	1.15	2.25	1.95
4	30	0.0021	0.009	0.017	0.050	0.046	0.92	2.71	2.94
	40	0.0021	0.010	0.017	0.051	0.056	1.10	3.29	3.00

表8-22　调配威士忌酒比例（酒精度稀释到40%vol后进行混合）

编号	原酒比例	麦芽威士忌原酒比例
1	中性乙醇：60%~70%	日本：40%~30%
2	中性乙醇：60%~70%	苏格兰：40%~30%
3	苏格兰谷物蒸馏原酒：60%~70%	日本：40%~30%
4	苏格兰谷物蒸馏原酒：60%~70%	苏格兰：40%~30%

从表 8-21 调配威士忌酒成分分析结果可以看出，使用中性乙醇按照威士忌酒的成分比调配的威士忌酒，其异戊醇 / 异丁醇的比值是一致的。苏格兰谷物蒸馏的原酒中，其谷物蒸馏原酒异戊醇 / 异丁醇的比值为 0.3~0.4，这个低的值影响调配酒成品中异戊醇 / 异丁醇的值都在 1 左右。

从调配的威士忌中异戊醇 / 丙醇、异丁醇 / 丙醇的值进行比较，可以发现日本与苏格兰威士忌原酒的区别。由此可见，在调配威士忌时，基酒的成分和比例是一个重要的影响因素。

4. 对苏格兰和日本威士忌成分研究结果

通过对日本和苏格兰麦芽威士忌原酒及谷物蒸馏原酒的分析，发现其各种成分的含量及比例比较明确。

（1）苏格兰谷物蒸馏原酒中的成分，在麦芽威士忌原酒中也有，但是含量较低。苏格兰谷物蒸馏原酒中，异丁醇含量比较高，异戊醇 / 异丁醇的平均值为 0.35，异戊醇 / 丙醇的平均值为 2.65。

（2）分别使用日本产的大麦芽和苏格兰产的大麦芽，在日本生产的威士忌原酒中成分的含量及比例差别不大。但是苏格兰和日本生产的威士忌原酒，通过各成分的含量及比例的差别可以看出，日本威士忌原酒中的乙酸乙酯及丙醇的含量较多，而苏格兰的威士忌原酒中异丁醇及异戊醇的含量多，特别是异丁醇的含量在苏格兰原酒中多，约为日本威士忌原酒的 2 倍。因此异戊醇、异丁醇和丙醇的含量比是两种原酒的明显差别。

（3）通过多种调配试验，对各种调配威士忌成分的含量及比例进行研究发现，苏格兰和日本威士忌酒差别的主要原因是谷物蒸馏原酒质量的不同。

小贴士
苏格兰调和麦芽威士忌分析

两份进口苏格兰调和麦芽威士忌分析证书的部分数据见表8-23。

表 8-23　两份进口苏格兰调和麦芽威士忌分析

项目	单位	结果（1）	结果（2）
酒精度	%vol	60.0	60.0
挥发酸	以乙酸计，g/100L（100%vol 乙醇）	19.4	22.3
固定酸	以乙酸计，g/100L（100%vol 乙醇）	7.8	8.1
总酸	以乙酸计，g/100L（100%vol 乙醇）	27.2	30.4
酯类	以乙酸乙酯计，g/100L（100%vol 乙醇）	26.1	30.3
醛类	以乙醛计，g/100L（100%vol 乙醇）	7.6	9.2

项目	单位	结果（1）	结果（2）
糠醛	g/100L（100%vol乙醇）	1.9	1.7
丙醇	g/100L（100%vol乙醇）	48.6	46.5
丁醇	g/100L（100%vol乙醇）	71.3	68.1
戊醇	g/100L（100%vol乙醇）	180.3	174.3
高级醇	g/100L（100%vol乙醇）	300.3	288.9
甲醇	g/100L（100%vol乙醇）	4.8	4.9

二、波本威士忌风味成分的研究 [①]

通过对 20 个不同波本威士忌的主要成分进行分析，来研究威士忌的成分与酒体及风味之间的关系。表 8-24、表 8-25 为对 20 个不同波本威士忌的主要成分进行的分析结果，表 8-26 与表 8-27 为 20 个不同波本威士忌各种挥发性成分与高级酯类的气相色谱分析结果。

表 8-24　20 个不同波本威士忌的主要成分分析结果（1）

酒样	酒精度/%vol	浸出物/（g/100mL）	总醛*/（mg/100mL）	糠醛/（mg/100mL）	总酸**/（mg/100mL）	pH	甲醇（%v/v 100mL乙醇）	单宁/（mg/100mL）
1	43.08	0.10	13	3.4	45	3.7	0.04	16
2	43.02	0.11	15	3.5	44	3.6	0.04	16
3	43.47	1.00	5	0.3	45	3.7	0.01	4
4	43.39	0.11	27	2.2	46	3.7	0.05	39
5	42.74	0.16	21	2.0	38	4.0	0.04	16
6	43.13	0.12	12	2.2	53	3.7	0.04	29
7	43.98	0.11	11	4.4	47	3.6	0.03	18
8	43.28	0.14	10	2.6	46	3.9	0.05	26
9	43.37	0.10	10	3.8	46	3.6	0.02	22

---

① 资料来源："优质威士忌酒的研究"青岛小组，1973—1976 年。

酒样	酒精度/ %vol	浸出物/ （g/100mL）	总醛*/（mg/ 100mL）	糠醛/（mg/ 100mL）	总酸**/ （mg/ 100mL）	pH	甲醇 （%v/v 100mL 乙醇）	单宁/（mg/ 100mL）
10	43.31	0.11	12	3.0	47	3.9	0.04	21
11	44.03	0.12	10	2.0	26	4.0	0.03	21
12	43.12	0.14	16	3.6	53	3.7	0.05	22
13	43.80	0.13	11	4.0	53	3.6	0.03	26
14	43.05	0.15	11	3.1	47	3.7	0.05	21
15	44.16	0.14	11	4.3	50	3.6	0.05	20
16	43.69	0.13	12	2.0	53	3.5	0.05	27
17	43.04	0.10	9	3.4	44	3.8	0.05	29
18	43.63	0.13	13	2.4	50	3.6	0.06	23
19	43.10	0.08	16	2.0	51	3.5	0.05	19
20	43.10	0.16	10	3.0	54	3.7	0.03	29

* 以乙醛计。

** 以乙酸计。

表8-25　20个不同波本威士忌的主要成分分析结果（2）

酒样	总糖*/ （mg/ 100mL）	葡萄糖/ （mg/ 100mL）	果糖/（mg/ 100mL）	游离醛/ （mg/ 100mL）	结合醛/ （mg/ 100mL）	乙缩醛**/ （mg/ 100mL）	灰分/ （mg/ 100mL）	灰分 碱度（对 100mL 所需碱液 数）/mL
1	4	3.4	0.5	6	7	19	10	0.01
2	5	3.8	0.7	5	10	37	3	0.04
3	540	470	70	3	2	5	5	0.06
4	7	6.0	0.8	9	18	48	4	0.04
5	2	1.5	0.2	9	12	32	7	0.04
6	3	1.0	1.9	5	7	19	< 1	0.01
7	1	0.9	0.1	5	6	16	5	0.08
8	18	12	5.0	5	3	13	4	0.06
9	6	4.7	1.2	4	6	16	4	0.06

续表

酒样	总糖*/（mg/100mL）	葡萄糖/（mg/100mL）	果糖/（mg/100mL）	游离醛/（mg/100mL）	结合醛/（mg/100mL）	乙缩醛**/（mg/100mL）	灰分/（mg/100mL）	灰分碱度（对100mL所需碱液数）/mL
10	8	6.2	1.0	5	7	19	7	0.06
11	8	5.9	1.6	5	6	13	8	0.06
12	10	8	1.5	7	9	24	2	0.07
13	7	6	1.1	5	6	16	1	0.04
14	13	9.2	4.2	5	6	16	2	0.07
15	8	6.5	2.4	5	6	16	7	0.06
16	9	5.8	1.3	6	6	16	4	0.07
17	4	3.0	0.6	6	5	13	8	0.06
18	10	6.9	2.7	6	7	19	< 1	0.02
19	7	5.8	1.3	7	9	24	< 1	0.02
20	12	10	1.8	6	4	10	5	0.06

* 酶法，以转化糖为表示单位。

** 以二乙醇缩乙醛为表示单位。

表 8-26　20 个不同波本威士忌各种挥发性组分的气相色谱定量分析结果

单位：mg/100mL 乙醇

酒样	总酯（以乙酸乙酯计）	乙酸乙酯	正丙醇	异丁醇	异戊醇
1	85	60	37	104	301
2	90	52	31	100	287
3	17	12	7	27	76
4	92	67	49	160	457
5	79	49	50	126	290
6	120	93	29	68	304
7	83	61	26	66	294

酒样	总酯（以乙酸乙酯计）	乙酸乙酯	正丙醇	异丁醇	异戊醇
8	79	61	22	94	297
9	81	58	22	58	244
10	107	69	33	80	293
11	69	55	29	76	295
12	121	93	24	78	317
13	107	70	26	63	306
14	85	60	26	66	273
15	94	67	37	104	313
16	105	82	28	70	266
17	70	46	20	58	268
18	104	78	29	60	285
19	114	87	33	82	285
20	116	94	31	101	326

表 8-27　20 个不同波本威士忌所含高级酯类的气相色谱定量分析结果

单位：mg/100mL

酒样	己酸乙酯	辛酸乙酯	癸酸乙酯	月桂酸乙酯
1	0.4	0.7	1.4	1.2
2	0.3	1.1	1.8	0.7
3	0.1	0.2	0.4	0.3
4	0.3	1.2	2.2	1.6
5	0.2	1.2	2.6	1.6
6	0.4	1.5	2.5	1.3
7	0.3	1.1	2.1	1.3
8	0.2	1.4	1.6	0.2
9	0.3	1.2	1.9	0.7
10	0.4	1.0	1.8	0.1
11	0.3	2.2	3.5	2.0

酒样	己酸乙酯	辛酸乙酯	癸酸乙酯	月桂酸乙酯
12	0.4	1.0	1.8	1.2
13	0.3	1.7	2.9	1.4
14	0.2	1.2	3.1	2.4
15	0.3	0.8	1.6	1.2
16	0.4	1.5	2.5	1.0
17	0.4	3.2	5.6	2.7
18	0.4	1.5	2.5	1.2
19	0.4	1.5	2.5	1.4
20	0.2	1.1	2.4	1.1

通过以上酒样品的化学分析结果及品尝后分析发现，3 号样品不是一个谷物酿造蒸馏威士忌，而是一个勾兑威士忌。其发酵副产物挥发性酯类比较少，浸出物比较高，比其他酒样品几乎高 7 倍。4 号样品的醛含量特别高，乙缩醛、异丁醇、异戊醇也都特别高。其他酒的分析结果则都比较接近，酒体和品尝结果相似。

香草醛是威士忌酒香气的主要成分，主要来自长期储存在优质橡木桶中的陈酿，由于 9 号和 10 号样品中香草醛含量特别高，故其香气突出。

以上研究结果对于鉴定、分析威士忌的质量有非常重要的意义。

三、爱尔兰威士忌成分的研究

1. 爱尔兰威士忌成分分析

表 8-28 是一份爱尔兰威士忌产品的官方分析证书，在此作为参考，可以来分析爱尔兰威士忌理化指标及主要成分情况。

表 8-28　爱尔兰威士忌成分分析证书

产品类型	单一麦芽威士忌
品牌	×× 品牌单一麦芽威士忌 40%vol
原产国	爱尔兰

续表

产品类型	单一麦芽威士忌	
成分	结果	单位
实测酒精度	40.02	%vol
酒精度标准	40.00	%vol
浊度	0.3	NTU
1-丁醇	15.77	mg/L
2-丁醇	0.00	mg/L
2-甲基丁醇	646.95	mg/L
3-甲基丁醇	1874.77	mg/L
乙缩醛	48.17	mg/L
乙醛	32.84	mg/L
乙酸乙酯	563.14	mg/L
己酸乙酯	9.85	mg/L
乳酸乙酯	10.27	mg/L
糠醛	22.54	mg/L
乙酸异戊酯	65.15	mg/L
异丁醇	776.1	mg/L
甲醇	68.84	mg/L
乙酸甲酯	0.00	mg/L
正丙醇	466.62	mg/L
异戊醇/异丁醇	3.24	—
活性戊醇/异戊醇	0.34	—
总戊醇	2521.00	mg/L
总高级醇	3764.00	mg/L

注：①感官：符合爱尔兰威士忌陈酿标准的要求。

②添加剂：除符合1980年爱尔兰威士忌法规外，威士忌不含有任何添加剂、糖或者调味剂。

③其他：上面是样品的气相色谱分析结果，由于酵母发酵和橡木桶陈酿的因素，同类的酒可能会受到自然变化的轻微影响。

2. 爱尔兰威士忌工艺、营养和食品安全证书

下文为一份爱尔兰威士忌产品的官方工艺、营养和食品安全证书，可作为参考。

某爱尔兰威士忌官方工艺、营养和食品安全证书

产品类型：单一麦芽威士忌。

原产国：爱尔兰。

生产过程：

（1）使用大麦、麦芽和玉米为原料添加酵母进行发酵，采用传统的爱尔兰威士忌三次蒸馏和柱式蒸馏方式。

（2）在橡木桶中陈酿不超过10年。

（3）相关营养价值　见表8-29。符合1980年爱尔兰威士忌法规规定的所有要求及爱尔兰威士忌法规定义。

表8-29　营养价值

项目	结果
热量/（kJ/100mL）	925
蛋白质/（g/100mL）	40.00
脂肪/（g/100mL）	0
碳水化合物/（g/100mL）	0
糖/（g/100mL）	0
维生素/（g/100mL）	0
纤维素	0
钠	0

符合标准声明：爱尔兰单一麦芽威士忌的生产符合欧洲烈酒条例、食品和商品法规以及该地区有效的法律法规，与《欧盟法规》（EC No. 110/2008）和爱尔兰威士忌法相适应。

存储和保质期：如果储存方法正确，威士忌可以长期保存。要直立存放，避免阳光直射，在1~25℃保存。

转基因和过敏原：爱尔兰单一麦芽威士忌不使用任何转基因成分，也不含欧洲议会和理事会条例《转基因食品和饲料法规》（EC No.1829/2003）和《欧盟转基因食品法规》（EC No.1830/2003）规定中的成分。威士忌不含任何欧盟法规《向消费者提供食品信息的规定》（EC No.1169/2011）制定的过敏原。引起过敏的蛋白质，包括麸质，在三次蒸馏过程中被去除。

第九章
主要的威士忌产区和风格

第一节　苏格兰

▲ 图 9-1　优质的大麦、丰富的水资源 [摄于苏格兰拉瑟岛（Isle of Raasay）蒸馏厂，图片来源 苏格兰威士忌协会（SWA）]

关于威士忌的起源的争论仍在继续。但对许多人来说，威士忌的灵魂故乡是在苏格兰。苏格兰威士忌的品种和质量是其他威士忌酿造者所追求和向往的。苏格兰威士忌的文化所具有的深度、广度和历史是其他国家梦寐以求的。

苏格兰威士忌历史悠久，尽管历经坎坷，加之新兴国家的崛起，但是苏格兰威士忌始终都在延续和发展，几个世纪以来，不断得以传承，这主要取决于苏格兰威士忌行业的实力和传统。现在，他们正在不断创新，精心研究如何进一步提高和改善世界闻名的单一麦芽、谷物和混合威士忌的品质。

苏格兰不仅十分适合农作物大麦的生长，这里水资源也非常丰富，水质优良（图 9-1），为酒液的稀释调和奠定了良好的基础。苏格兰威士忌品种多，产量大，有超过 100 家蒸馏厂，几百种单一麦芽威士忌，口感从柔和到醇厚。这里也是泥煤威士忌的发源地，有些酒厂靠近海岸或蕴藏泥煤处，出产带有迷人的海水咸味或泥煤风味的威士忌，谷物威士忌也主导了世界威士忌市场，占苏格兰出口量的 90%。

一、苏格兰威士忌分类

（一）苏格兰单一麦芽威士忌

苏格兰单一麦芽威士忌是指酒液完全来自同一家蒸馏厂的麦芽蒸馏酒，这意味着从原料到水源都是来自同一家酒厂，并且在该厂自有的仓库里陈酿超过三年以上的威士忌，所以威士忌具有本土的风味，个性十分鲜明，是苏格兰威士忌的代表之一（图 9-2）。蒸馏厂可以将不同橡木桶及不同橡木桶年份的酒调和后再装瓶。

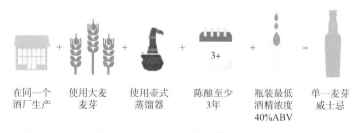

在同一个　　使用大麦　　使用壶式　　陈酿至少　　瓶装最低　　单一麦芽
酒厂生产　　麦芽　　　蒸馏器　　　3 年　　　酒精浓度　　威士忌
　　　　　　　　　　　　　　　　　　　　　　40%ABV

▲ 图 9-2　苏格兰单一麦芽威士忌工艺要点 [10]

蒸馏厂也可以将自己厂里多余的威士忌销售给一些独立的装瓶商，然后以装瓶商的自有品牌另行包装出售。在这种状况下虽然威士忌后半段的陈酿工艺可能是在装瓶商拥有的仓库里进行，而非在蒸馏厂原本的仓库里，但只要初期的原址陈酿时间能超过苏格兰政府公告的底限，仍符合单一麦芽威士忌的定义标准。

（二）苏格兰单一谷物威士忌

苏格兰单一谷物威士忌是指在同一家蒸馏酒厂，通过一批或多批蒸馏而得的威士忌。它会采用小麦、玉米等这样的谷类作为原料。

谷物威士忌是以谷物作为原料所制造出的威士忌，但在实际上，我们通常只将纯大麦芽为原料、使用壶式蒸馏制造的威士忌排除在谷物威士忌之外（虽然发芽的大麦本身也是一种谷物），有时大麦本身也会被用来当作谷物威士忌的原料，但差别在于全部的大麦不需要都经过发芽工艺。常用的苏格兰谷物威士忌原料除了用来当作酶来源的麦芽外，会用到的原料包括了玉米与小麦，以及偶尔会掺入一些裸麦。

相对于麦芽威士忌，谷物威士忌的口味受制造地点与环境的影响较小，因此产区的差异并不明显。目前苏格兰地区的谷物威士忌蒸馏厂，大部分都集中于低地，主要的原因是苏格兰大部分的调和威士忌制造商都位于低地区的大城市附近，且附近地区农作物种植面积广，谷物原料供应充足。这些谷物威士忌厂蒸馏出来的产品，大都是提供给其他的调和威士忌厂商作为原料使用，但最近也有少数蒸馏厂直接将其谷物威士忌装瓶销售，对比麦芽威士忌的分类命名方式，这种威士忌可以称为单一谷物威士忌。

苏格兰单一谷物威士忌工艺要点见图9-3。

| 大麦麦芽 | 其他谷物 | 连续蒸馏器 | 同一个蒸馏
厂生产 | 单一
谷物 |

▲ 图9-3 苏格兰单一谷物威士忌工艺要点 [10]

（三）苏格兰调和麦芽威士忌

苏格兰调和麦芽威士忌是指不同酒厂所产的两种或多种苏格兰单一麦芽威士忌的调和。与市场上较主流的调和威士忌相比，此类的产品完全没有添加谷物威士忌的成分，因此也被称为纯麦芽威士忌。

调和麦芽威士忌是种介于调和威士忌与单一麦芽威士忌之间的过渡产品，它兼具有两种威士忌的优点，但往往也摆脱不了两种威士忌的缺点部分。

苏格兰调和麦芽威士忌工艺要点见图9-4。

单一麦芽
威士忌
　＋　
另一家酒厂
单一麦芽威士忌
　＝　
调和麦芽
威士忌

▲ 图 9-4　苏格兰调和麦芽威士忌
工艺要点[10]

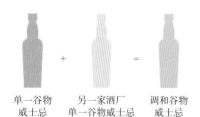

单一谷物
威士忌
　＋　
另一家酒厂
单一谷物威士忌
　＝　
调和谷物
威士忌

▲ 图 9-5　苏格兰调和谷物威士忌
工艺要点[10]

（四）苏格兰调和谷物威士忌

苏格兰调和谷物威士忌是指不同蒸馏酒厂所产的两种或多种苏格兰单一谷物威士忌的调和物。

苏格兰调和谷物威士忌工艺要点见图 9-5。

（五）苏格兰调和威士忌

苏格兰调和威士忌指的是一种或多种苏格兰单一麦芽威士忌，混合一种或多种苏格兰单一谷物威士忌，这种威士忌较为常见。

虽然，相对于麦芽威士忌，谷物威士忌的发明时间较晚，但由于这种威士忌的诞生原本就是为了要能够提升威士忌产品的产量并保持品质的稳定，再加上其较为柔和的口味，对于许多不习惯麦芽威士忌较重口味的消费者，比较容易接受，因此调和威士忌占苏格兰威士忌销售量的 90% 以上。

历史上，苏格兰地区存在着许多所谓的杂货商或酒商，他们本身不蒸馏酒，而是在大城市里开设店铺，并向各地的蒸馏厂购买威士忌，使用自己的商标来销售。由于当时玻璃工业不发达尚未有销售瓶装酒的概念，大部分酒商之间的产品交易都是以整个橡木桶作为单位。由于麦芽威士忌本身有产能起伏大、品质不稳定的缺点，一些杂货商为了确保自己出品的酒口味稳定，尝试着将自己手上收购来的威士忌混合做出自己想要的特定口味。

最早尝试将来自不同酒厂的威士忌混合后装瓶销售的先驱，是今日的帝王（Dewar's）品牌的创始人约翰·帝王（John Dewar），他将两三种来自高地的单一麦芽威士忌混合，加入一些来自岛屿区的威士忌调味，然后使用低地威士忌作为基酒，这样生产出最早的批量调和威士忌。不过，由于当时谷物威士忌尚未发明，帝王的调和威士忌如果以今天的分类来说，其实比较接近所谓的调和麦芽威士忌（Vatted malt whisky），是纯以麦芽威士忌调成的。

除了首次尝试将威士忌调和后再销售外，帝王也是第一个将威士忌装入玻璃瓶中销售的厂家，在此之前威士忌都是放在陶瓷罐中销售或只能在酒吧或餐馆里才喝得到，因为在当时只有这些场所才有能力一次购买整个木桶的酒。

至于第一个将谷物威士忌跟麦芽威士忌混合，成为今日调和威士忌先驱的人，则是来自爱丁堡的安德鲁·亚瑟（Andrew Usher），他与他父亲本身也是格兰利维（Glenlivet）蒸馏厂的创始人，在 1860 年以"老调和格兰利维"（Old Vatted Glenlivet）的名称开始销售，这是世界上第一瓶含有谷物威士忌成分的调和威士忌。另外，格兰利维也是日后的北不列颠蒸馏厂（North British Distillery）的组成之一，后者则是全球酒业巨头、英国的帝亚吉欧集团的前身。

调和威士忌的出现大幅提高了苏格兰威士忌的产能，在出口市场颇受欢迎。尽管近年来单一麦芽威士忌在国际市场上受到重视，但仍比不上调和威士忌超过九成的市场占有率。

对于调和威士忌的配方，麦芽威士忌与谷物威士忌的比例各占多少？使用了几种威士忌来调和？基本上这些都是各调酒厂本身的商业机密。

苏格兰调和威士忌工艺要点如图9-6所示。

五种不同类型苏格兰威士忌之间的调配关系如图9-7所示。

麦芽威士忌　＋　谷物威士忌　＝　苏格兰调和威士忌

▲ 图9-6　苏格兰调和威士忌工艺要点[10]

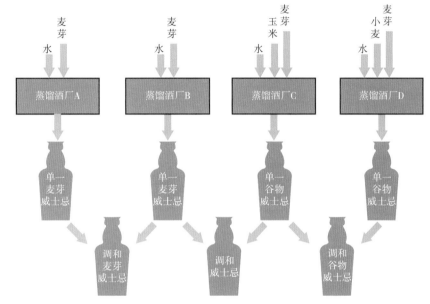

▲ 图9-7　五种不同苏格兰威士忌之间的调配关系

二、苏格兰威士忌产区

苏格兰的五个威士忌产区有独一无二的地理优势，那里的威士忌呈现出风味的多样性，不同的原料、工艺、橡木桶，也产生不同风格的威士忌。

五个威士忌产区是：绵延不断美丽山河景色的高地（Highland）和岛屿（Islands），地势低缓的低地（Lowland），历史悠久的坎佩尔镇（Campbeltown），"威士忌之岛"艾雷岛（Islay）和一直受欢迎的斯佩赛（Spryside）。

（一）低地

1.概述

低地：被英格兰和高地南北包夹，地势低缓，没有崇山峻岭却有充沛的河流，没有如高地般受到强风的吹拂，泥煤沼泽地少，但人口稠密，适宜种植大麦和小麦。

就威士忌而言，苏格兰低地和高地之间有一条从格林诺克到敦提的边界线。2009 年，苏格兰威士忌协会划定并确认了这条假想的分界线，它不应该与苏格兰高地边界断层混淆。低地指的是高地边界断层的苏格兰地带，此举有助于解释它们不同的地貌。大部分低地的地势低缓，农作物丰富，苏格兰的大部分大麦种植在这里，许多大型的谷物威士忌蒸馏厂都位于此。

低地首次生产威士忌的时间是 15 世纪末。威士忌的主要种类是单一麦芽种类的。低地的蒸馏厂数量非常少，但是许多大型的谷物威士忌蒸馏厂都位于此，有一些著名的、具有历史意义的威士忌名字与该地区有关，例如已经关闭的圣玛德莲（St. Magdalene）、小磨坊（Littlemill）以及罗斯班克（Rosebank）。现在低地已成为苏格兰新建威士忌酿酒厂的投资热土。

低地产区原先被认为是爱尔兰三次蒸馏法生产工艺的发源地。不过，酿酒历史学家阿尔弗雷德·巴纳（Alfred Barnard）在 1886 年对苏格兰和爱尔兰的酿酒厂做调查时否认了这种说法。今天，只有欧肯特轩还在用三次蒸馏的生产工艺。阿尔弗雷德·巴纳调查时发现，消费者不喜欢低地产区的威士忌，是因为低地产区的威士忌较高地产区的单一麦芽威士忌口感较轻，而且没那么复杂。所以只有欧肯特轩（图 9-8）和格兰昆奇幸存下来。

低地产区的威士忌香气比较轻淡，有明显的花香与草本香气，口感微甜轻柔。

▲ 图 9-8　位于低地的欧肯特轩（Auchentoshan）蒸馏厂

[图片来源：苏格兰威士忌协会（SWA）]

2. 常见品牌

常见品牌有欧肯特轩（Auchentoshan）、磐火（Bladnoch）、格兰昆奇（Glenkinchie）、达芙特米尔（Daftmill）、克莱德赛（Clydeside）。

3. 主要的威士忌蒸馏厂

欧肯特轩（Auchentoshan）：采用三次蒸馏方法生产威士忌。

克莱德赛（Clydeside）：位于太平洋码头的酿酒厂使用附近卡特琳湖的水。

磐火（Bladnoch）：苏格兰最南端的酿酒厂。

达芙特米尔（Daftmill）：苏格兰最新最小的酿酒厂之一。

格拉斯哥酿酒厂（Glasgow Distillery）：成立于 2014 年，位于西北角。

林多丽丝修道院（Lindores Abbey）：这是在原修道院遗址上新建的蒸馏厂，于 2017 年开业。其实早在 1494 年，这里就是最早生产苏格兰威士忌的地方。

伊顿磨坊（Ened Mill）：赢得了圣安得鲁斯蒸馏大奖的酿酒厂。

金斯邦斯（Kingsbarns）：坐落在一座废弃的农场建筑上。

格兰昆奇（Glenkinchie）：帝亚吉欧拥有的酿酒厂，位于爱丁堡。

（二）高地和岛屿

1. 概述

高地（Highland）和岛屿（Islands）首次生产威士忌的时间是 15 世纪，是苏格兰面积最大的威士忌产区，位于高地线以北、斯佩塞区以外的土地。苏格兰高地可能是苏格兰地貌最丰富的地区，引人注目的山脉和丘陵，古老的岩石被水流和冰川分割成峡谷和湖泊，分布在北部和西部，然后向平坦的沿海地区延伸。这一威士忌产区还包括欧克尼、设得兰群岛、西部群岛（除了伊斯莱）。它们被包裹在美丽的火山岛屿中，气候温和多变，经常出现"一日四季"现象。

直到 19 世纪早期，苏格兰高地产区要稍逊于苏格兰威士忌的其他产区。与苏格兰低地产区相比，这个地方荒无人烟，存在许多的非法蒸馏酒。这片土地的地形也起到了一定的作用，使得非法的酿酒厂更容易隐蔽和躲藏，以至于当地政府很难发现和惩罚它们。

然而，随着威士忌的名声打响和普及，高地产区的酿酒厂不断进步和发展。1823 年的消费税法案产生了巨大的影响，使苏格兰威士忌的生产合法化，从而迎来了苏格兰高地产区单一麦芽威士忌今天的发展局面。

在这一大片区域约有 40 多家麦芽酿酒厂，就像这里的地貌一样，高地产区的威士忌品种繁多，由于该区的范围较大，蒸馏厂分布零散，威士忌风格多样，要想很明确地归纳出高地威士忌的特色，并不太容易，从柔软以及富有果香的格兰哥尼和达威尼摩娜，到更为强劲的普尔特尼；从口感丰满、带辛香味的格兰多纳到有浓郁泥煤味的阿德莫尔和泰斯卡，总能找到一款适合你口味的威士忌。这是一个充满活力的威士忌产区（图 9-9）。

▲ 图 9-9　位于高地和岛屿的部分威士忌蒸馏厂
［图片来源：苏格兰威士忌协会（SWA）］

高地分为四个子产区：东部高地、西部高地、南部高地和北部高地。
东部高地：酒体适中，口感柔顺，稍带甜味，但余味干爽。
西部高地：蒸馏厂相对比较少，所产的威士忌酒体轻盈带果香，带有比较明显的海洋风味。
南部高地：风格同东部高地非常类似，柔顺带果香。
北部高地：酒体适中，口感复杂，有时带有淡淡的海盐味，泥煤味也比较明显。

2. 常见品牌

常见品牌有泰斯卡（Talisker）、达摩（Dalmore）、格兰多纳（Glendronach）、欧本（Oban）、

达尔维尼（Dalwhinnie）、格兰杰（Glenmorangie）、本尼维斯（Ben Nevis）等。

虽然在法定意义上，岛屿区基本上是隶属于高地的一部分，但在风味口感上，岛屿区威士忌与艾雷岛有几分相似。如果说泥煤是艾雷岛的金字招牌，那么岛屿区则比艾雷岛多了一些丰富的特质，这是由于地貌特征和自然环境因素，岛屿区有着更为明显的海洋风格，湿湿咸咸的海风，带着花香和苔藓气息的沼泽。

3. 主要的威士忌蒸馏厂

泰斯卡（Talisker）：斯凯岛上最古老的蒸馏厂。

多诺赫（Dornoch）：小型蒸馏厂，是多诺赫西蒙·汤普森和菲利普·汤普森兄弟于 2016 年在一座老消防站的旧址上成立的。

老富特尼（Old Pulteney）：定位为"海洋麦芽威士忌厂"。

格兰杰（Glenmorangie）：生产世界上著名的单一麦芽威士忌。

高原骑士（Highland Park）：以欧克尼为基地，是苏格兰最北边的蒸馏厂。

格兰多纳（Glendronach）：苏格兰最古老的蒸馏厂之一，创建于 1826 年。

达尔维尼（Dalwhinnie）：苏格兰海拔最高的蒸馏厂，位于凯恩戈姆达尔维尼，坐落在苏格兰高地和斯佩塞区的边界上，但被列为高地产区的蒸馏厂。

格兰哥尼（Glengoyne）：高地产区最南端的蒸馏厂。

（三）艾雷岛

1. 概述

艾雷岛（Islay）首次生产威士忌的时间是 15 世纪末。有些人认为威士忌的蒸馏技术是从爱尔兰经过艾雷岛来到苏格兰的。艾雷岛距离爱尔兰北部海岸只有 14.5km，岛上的许多酿造厂都是苏格兰最古老的酿酒厂之一。可以肯定的是，艾雷岛是苏格兰威士忌的发源地，历史上，苏格兰所有的威士忌曾经都是采用泥煤工艺和大麦麦芽酿造而成，然而当无烟燃料和其他种类的威士忌出现时，酿酒厂开始对工艺和产品多样化进行改进。但在艾雷岛上仍然使用传统的泥煤工艺，而且现在仍然如此。

艾雷岛的地形更像低地或坎佩尔镇，而不像附近的岛屿。它位于苏格兰内赫布里底群岛的最南端，这里景色秀丽、绿地起伏，面积仅 500km²，岛上只有 3500 多居民。而就是这么一个弹丸之地，却诞生了具有鲜明特色、让人惊叹的泥煤风味威士忌。岛上 1/4 的土地被泥煤覆盖，作为一个生产泥煤烟熏威士忌的岛屿，艾雷岛泥煤沼泽资源丰富，从波摩到艾伦港（Port Ellen）（图 9-10）的主要道路两侧被泥煤沼泽所覆盖。这里盛产

▲ 图 9-10　艾雷岛威士忌的主要出口码头——艾伦港 [10]

大麦，为麦芽威士忌提供了优质的原料。

艾雷岛上的酿酒厂除两家外，其余都位于海边，这样从岛上通过船运出口威士忌便更加方便（图9-11）。如今，艾雷岛上的威士忌主要通过南部的艾伦港和阿斯凯克港（Port Askaig）的渡轮出口。艾雷岛上的9家酿酒厂生产的威士忌各有不同，不仅仅是泥煤威士忌。雅伯、齐侯门、乐加维林和拉弗格以及新建酿酒厂阿德纳霍专注于酿造味道浓厚的泥煤烟熏威士忌。卡尔里拉和波摩酿造中度泥煤味威士忌。布纳哈本和布赫拉迪酿造更甜、更圆润的无泥煤味的威士忌，虽然这两家酿酒厂生产的泥煤威士忌数量很少，但其中来自布赫拉迪的泥煤怪兽8.3版威士忌，由于含有非常高的泥煤酚值（328mg/kg），号称世界上泥煤味最重的威士忌。

▲ 图9-11 位于艾雷岛的威士忌蒸馏厂
［图片来源：苏格兰威士忌协会（SWA）］

2. 常见品牌

常见品牌有波摩（Bowmore）、雅伯/阿贝（Ardbeg）、拉弗格（Laphroaig）、拉格维林（Lagvulin）等。

3. 主要的威士忌蒸馏厂

齐侯门（Kilchoman）：建于2005年，是艾雷岛上的最小的蒸馏厂。

布赫拉迪（Bruichladdich）：主要生产无泥煤味单一麦芽威士忌和金酒。

拉弗格（Laphroaig）：1815年建立。

布纳哈本（Bunnahabhain）：蒸馏厂名字的意思是"河口"。

阿德纳候（Ardnahoe）：2019年开业，成为艾雷岛的第九家在生产的蒸馏厂。

卡尔里拉（Caolila）：建于 1846 年。

波摩（Bowmore）：拥有世界上最古老的陈酿仓库——第一地窖。

雅伯（Ardbeg）：单一麦芽威士忌品质卓越，他们声称是岛上最好的单一麦芽威士忌。

乐加维林（Lagavulin）：帝亚吉欧集团在艾雷岛上的蒸馏厂。名字来自苏格兰方言盖尔语，意思为"工厂所在的山谷"，描述了蒸馏厂在一个隐蔽的海湾里。

（四）坎贝尔镇

1. 概述

坎贝尔镇（Campbel Town）首次生产威士忌的时间是 17 世纪末。坎贝尔镇地处苏格兰岛西南部金泰尔（Kintyre）半岛的南端，远离大陆。其位于金泰尔半岛的底部，是一块手指形状的地方，约 48km 长。坎贝尔镇位置很偏僻，从很多方面来说就是世界的尽头，这里盛产大麦与泥煤，是能够与斯佩塞齐名的业界标杆产区，曾经是苏格兰威士忌之城。

如果你开车去过那里，从格拉斯哥出发，经过大湖泊——洛蒙德湖和芬尼湖，穿过因弗雷里，沿着美丽的蜿蜒小路一直开到坎贝尔镇，就不能再往前开了。它坐落在琴泰海角的顶端，周围是美丽肥沃的农田，濒临大海。

这样一个小镇被单独提及是因为它在 19 世纪渔业、造船业兴起时曾作为"威士忌之都"，市场延伸到美国，鼎盛期至少有 30 余家酒厂，生产的威士忌大多是泥煤味威士忌和"工业化威士忌"，当谷物威士忌和更细致的单一麦芽威士忌开始挑战它们时，它们就失宠了。受当地一家煤矿的关闭和美国禁酒令、第一次世界大战、经济恐慌、调和威士忌消费崛起等多种因素叠加，使小镇威士忌业衰败，导致威士忌酿酒厂接连倒闭。到 1934 年，只剩下了云顶和格兰帝。

格兰帝从 1832 年开始经营，经过 1984—1989 年的短暂关闭后，现在又开始蒸馏优质烈酒。格兰吉尔的品牌是可蓝，生产一些风格柔和、甜美及烟熏风格的威士忌。然而，云顶可能是最具标志性的，是苏格兰历史最悠久的独立家族式酿酒厂，可以追溯到五代人之前。云顶仍然以传统手工方式生产威士忌，这里从大麦发芽，到蒸馏酒，再到装瓶都在酒厂内完成，云顶既是酒厂也是博物馆。

坎贝尔镇麦芽威士忌的特点是风格浓郁醇厚，主要有泥煤味和淡淡海洋咸味。

2. 常见品牌

常见品牌有云顶（Springbank）和格兰帝（Glen Scotia）等。

3. 主要的威士忌蒸馏厂

格兰帝（Glen Scotin）：成立于 1832 年。

格兰盖尔（Glengyle）：威士忌的品牌名是可蓝（Kilkerran）。

云顶（Springbank）：成立于 1828 年，建在一个古老的无执照蒸馏厂的旧址上。

（五）斯佩塞

1. 概述

斯佩塞（Speyside）位于苏格兰高地产区的东北部，东至德弗伦河，西至芬德雷恩河，南边以凯恩戈姆山脉和阿伯丁群海岸为界。从地理上来讲，斯佩塞是苏格兰高地的一部分，但就威士忌而言，它有自己的产区"名称"，同高地是一个级别的产区，以表示它在苏格兰威士忌行业中的地位。

斯佩塞不仅仅是苏格兰的一个行政区，它纯粹是为了酿造威士忌而存在。苏格兰威士忌协会（SWA）于20世纪90年代初将苏格兰指定为苏格兰产区，即原产地命名，把单一麦芽威士忌按照产区和风格分类，就像葡萄酒一样。如今，许多酿酒厂已在原有口味的基础上使产品多样化，产品种类变得更加灵活。

斯佩塞的名字来自斯佩河（Spey River），这里的许多酿酒厂坐落在河两岸周围的峡谷中。在东部靠北沿海，农田肥沃，水源优质，凉爽潮湿，被誉为苏格兰威士忌的中枢，这是一个美丽、温暖、宁静的地方。斯佩河和它的许多支流就像生命的动脉一样流经这里，为该地区许多蒸馏厂提供优质的水源，这些蒸馏厂的产品以柔顺和复杂而著称。

斯佩塞的繁荣，归功于调和威士忌的发明。为了确保调和威士忌稳定的原料来源，各大厂商大规模地收购蒸馏厂，或斥资兴建新厂。在这种情况下，酒厂考虑的往往是酿出来的威士忌能否与来自其他厂的威士忌完美融合。

斯佩塞产区可进一步划分出更小的区域，如罗西斯、达夫镇、亚伯乐、基思等。斯佩塞是世界上最优秀的威士忌产区之一。这里酒厂密集，集中了苏格兰一半以上的蒸馏厂，在这个小地方，有近50家各式各样的酒厂在经营。格兰威特的威士忌口感轻柔、香气中带有花香及柑橘味。而更多的"中型"蒸馏厂包括百富、欧摩和克拉格摩尔生产的威士忌口感更加圆润和丰满。喜欢口感浓郁、辛香和强劲的人，可以品尝格兰花格和麦卡伦。其中还有一些酒厂如本诺曼克仍然在使用泥煤麦芽，这是对斯佩塞威士忌的一种传承。

斯佩塞威士忌的产品风格是有丰富的果香与花香，还有绿叶、蜂蜜类的香味，口感圆润柔和，甚至在品鉴威士忌时有一个形容香气的词被称为：斯佩塞风格。

2. 常见品牌

这里有世界上最畅销的三大苏格兰单一麦芽威士忌品牌：麦卡伦（Macallan）、格兰菲迪（Glenfiddich）和格兰威特（Glenlivet）。历史上，格兰威特也是这里第一家合法化经营的蒸馏厂，其创始人乔治·史密斯（George Smith）也是该地区第一个获得执照的商人。

3. 主要的威士忌蒸馏厂

亚伯乐（Aberlour）：威士忌是用卢尔河的水酿造的。
麦卡伦（Macallan）：1824年取得了蒸馏许可证，现在是全球威士忌巨头。

欧摩（Aultmore）：盖尔语意为"Big burn"，是"大河"的意思"，指的是酿酒厂的水源地来自奥金德兰河（Auchinderran burn）。

格兰菲迪（Glenfiddich）：威士忌产量约占全球单一麦芽威士忌销量的三分之一。

百富（The Balvenie）：由威廉·格兰特在 1889 年建立。

格兰花格（Glenfarclas）：六个蒸馏器是斯佩塞最大的蒸馏器。

格兰威特（Glenlivet）：是历史上首个获得酿酒执照的苏格兰蒸馏厂，正式宣告非法酿酒时代的终结。此厂由酿酒师乔治·史密斯建立。

克拉格摩尔（Cragganmore）：第一家拥有自己铁路的蒸馏厂，用来运输自己生产的威士忌。

本诺曼克（Benromach）：生产斯佩塞单一麦芽威士忌。

第二节　爱尔兰

爱尔兰素有"翡翠岛国"之称，中部为丘陵和平原，北部、西北部和南部为高原和山地。这里沿海多为高地，是温带海洋性气候，冬天温和湿润，夏天凉爽。岛的西边面对大西洋，受北大西洋暖流的影响，气温平稳，降雨量是东部的两倍。这里森林茂盛，绿地遍野。爱尔兰泥煤资源虽然丰富，但是并不广泛用于威士忌的酿造。

爱尔兰整个国家都没有严重的污染，空气清新，水质清澈。优越的自然环境进一步造就了爱尔兰威士忌干净纯净、易饮顺口的特点。

爱尔兰人认为自己的威士忌是世界上最好的威士忌，因此在威士忌单词拼写上，爱尔兰"Whiskey"要比苏格兰"Whisky"多一个"e"字，爱尔兰人认为这个"e"代表了"Excellent"（极好的、卓越的）。米德尔顿（Midleton）酒厂生产的尊美醇（Jameson），是世界上最畅销的爱尔兰威士忌之一，风味独特，有着焦糖、苹果派的香气。图 9-12 展示了爱尔兰与威士忌的历史渊源。

▲ 图 9-12　远在 1276 年，布什米尔的领主罗伯特爵士率领士兵出战前，都要饮用"生命之水"来壮行[47]

一、爱尔兰威士忌概况

1. 爱尔兰威士忌历史

威士忌（Whiskey）一词，源于爱尔兰盖尔语"Uisge beatha"，即"生命之水"（Water of life）。

威士忌对于爱尔兰而言是非常重要的，历史上，最早有文献记载的爱尔兰威士忌至今已经超过了 800 年，所以很多人以为威士忌起源于爱尔兰。最早的时候蒸馏技术是由一些僧人从地中海带回到爱尔兰，并将其运用于酒精饮品的制作中，而爱尔兰威士忌的工业化生产始于17世纪初期。

1608年，爱尔兰威士忌正式获得蒸馏许可，大大小小的蒸馏厂如雨后春笋般涌现，其中布什米尔酒厂（Bushmills）是首个获得蒸馏许可的酒厂，它被公认为全世界历史最悠久的合法酿酒厂，甚至比苏格兰任何一家酿酒厂都要古老。

▲ 图9-13　1870年，爱尔兰威士忌生产能力最大的乔治·罗伊（George Roe）酒厂，年产量约为900万 L

到了17世纪后期，爱尔兰地区已经有超过1200家规模不一的蒸馏厂，1832年之时，全英五大蒸馏厂均坐落于都柏林，酿酒业非常发达。17世纪末，爱尔兰威士忌扬名海外并大量出口世界各地。到了19世纪，爱尔兰威士忌达到顶峰，其产量占全球威士忌总产量的1/2，成为全球最畅销的威士忌，也让世界知道了爱尔兰壶式蒸馏器的魅力。图9-13展示的是1870年，爱尔兰威士忌生产能力最大的乔治·罗伊酒厂。

爱尔兰威士忌，曾是英国女王伊丽莎白一世（Queen Elizabeth Ⅰ）十分喜爱的烈酒。16世纪时，她曾让人们将一桶桶的爱尔兰威士忌运到她的宫廷。

到1880年，全世界的市面上已经有400多种不同的爱尔兰威士忌；到1900年，为了满足市场需求，爱尔兰生产的威士忌数量已经翻了两番——都柏林成为当时全世界公认的"威士忌之都"（图9-14）。

▲ 图9-14　历史上受欢迎的爱尔兰威士忌

然而辉煌并没有持续多久。历史上，爱尔兰威士忌历经风风雨雨，1779年政府出台了一个新法案要对每个蒸馏器都征税，开始的时候税率比较低没有多大影响，但到第二年大幅提高的时候，那些小型威士忌酿酒者受到了冲击，爱尔兰1/4的酿酒厂倒闭或转入地下。到18世纪末，爱尔兰只剩下不到15%的蒸馏厂。征税的恶性循环使爱尔兰威士忌行业受到了巨大影响，而且这种政策的直接结果，就是威士忌酿造向少数厂家集中。到了1823年，整个威士忌行业都集中在几个大蒸馏商手中，比如都柏林的约翰·詹姆斯父子公司（John Jameson & Son）和约翰·鲍尔父子公司（John Powers & Son）。

1831年爱尔兰税务官埃尼斯·科菲（Aeneas Coffey）将柱式蒸馏器改良成现在常用的连续蒸馏器，并且获得专利。爱尔兰人认为这种蒸馏器生产的是劣质威士忌，根本不值得评判。但是苏格兰低地的威士忌同行们却率先采用了这种新工艺，使用连续蒸馏器大量生产高含量的酒精生存下来，他们很快就尝到了规模生产的甜头，向世界范围出口调和威士忌。然而爱尔兰人就没有那么幸运了。

1845—1850年爱尔兰的"大饥荒"（The Great Famine），使爱尔兰的农村人口骤减10%，用来酿造威士忌的谷物也大幅减少。当时的爱尔兰官方发动了轰轰烈烈的"节制运动"，加大了对威士忌的税收，一批酒厂开始倒闭。

1922 年，当爱尔兰宣布脱离英国统治时，爱尔兰威士忌又经历了一次重大打击。英国议会决定在所有大英帝国的范围内禁止销售爱尔兰威士忌，由阿尔斯特地区（Ulster，北爱尔兰）生产的威士忌除外。

1919—1933 年，美国颁布《禁酒法案》后，不再进口任何烈酒。而爱尔兰又拒绝与美国私酒商合作向其非法出口威士忌，因此美国的私酒商就用劣质货勾兑，冒充高端的爱尔兰威士忌，导致爱尔兰威士忌形象跌入了谷底，美国人倒掉了大量爱尔兰威士忌。爱尔兰威士忌内忧外患之际，苏格兰威士忌乘机攻城略地。精明的苏格兰酒厂联合起来，成立了苏格兰威士忌有限公司，在爱尔兰收购了众多酒厂，并且将它们一一关闭，以保护苏格兰威士忌产业，爱尔兰威士忌产业在这一时期直接倒退了几百年。当美国重新开放市场的时候，苏格兰和加拿大的威士忌又蜂拥而至，就这样爱尔兰威士忌又失去了最后一个大市场。爱尔兰政府在第二次世界大战后不得不关闭了所有的蒸馏厂。爱尔兰威士忌的前景非常暗淡。

1960 年，整个爱尔兰只剩下四家蒸馏厂还在运转，布什米尔（Bushmills）、约翰·詹姆斯父子公司（John Jameson & Son）、约翰·鲍尔父子公司（John Powers & Son）和科克蒸馏公司（Cork Distillers）。1966 年，除布什米尔之外的另外三家决定抗议世界对爱尔兰威士忌的漠视。它们组成了爱尔兰蒸馏公司（Irish Distillers，简称 ID），要生产最好的爱尔兰威士忌。最后，在1973 年布什米尔也加入了它们的行列，但是保留了它在安特里姆郡（Antrim）的蒸馏厂，1988年，法国保乐力加集团收购了 ID。

图 9-15 展示的是位于爱尔兰米德尔顿的詹姆斯博物馆。

▲ 图 9-15　位于爱尔兰米德尔顿的詹姆斯博物馆

（图片来源：www.Irish Whiskry360.com）

2. 爱尔兰威士忌的复兴之路

1987 年爱尔兰威士忌开始发生变化，当时爱尔兰商人约翰·帝霖（John Teeling）和他的两个儿子，买下位于劳斯郡一个不起眼的马铃薯酒精厂，经过改造，于 1989 年复活节那天，一家新的威士忌蒸馏厂——库利酿酒厂（Cooley's Distillers，简称 CD）诞生。约翰·帝霖在尊重"传统的"爱尔兰威士忌酿造方法的同时不断创新，突破爱尔兰威士忌的界限，对发芽大麦和未发芽大麦进行混合发酵，不使用三次蒸馏，采用了苏格兰威士忌的酿造方法，只用双重蒸馏。恢复了一个世纪以来爱尔兰酿酒厂从来没有做过的产品——泥煤味威士忌。

2011年帝霖以9500万美元的价格把他们的库利蒸馏厂卖给比姆·三得利（Beam Suntory Inc），由此可见，这些成功人士意识到了爱尔兰威士忌的发展潜力。从那时起，不断有新爱尔兰蒸馏厂开业，一些"大财团"酒厂，如历史悠久的图拉多（Tullamore Dew）蒸馏厂在1954年关闭，之后被苏格兰的威廉·格兰特父子买下并于2014年重新开张。"小型"蒸馏厂，如奇林维尔（Echlinville）、北爱尔兰利特里姆县的棚屋（Shed）蒸馏厂都采用了精酿的工艺。两家公司都生产杜松子酒，并把自己定位为游客和威士忌爱好者的旅游目的地。

帝霖家族凭借着当时从库利酿酒厂保留下来的16000桶威士忌原酒，在2012年的时候成立了帝霖威士忌公司，2015年帝霖家族在都柏林创建了帝霖酿酒厂。

爱尔兰传统威士忌曾经是单一壶式蒸馏，而现在的蒸馏方法更加多样化。一些酿酒厂，例如帝霖、棚屋和丁格尔（Dingle）正在重振单一壶式蒸馏，在某些情况下，它们也在生产"传统"的单一麦芽威士忌，而其他公司专门生产二次蒸馏或三次蒸馏的单一麦芽威士忌。许多新的酿酒厂在大型的威士忌酿酒厂里陈酿、装瓶并销售。爱尔兰威士忌酿造业曾经是一个庞大的行业，如今却成为产品多元化发展的典范。

近年来，爱尔兰威士忌大有卷土重来之势，再次受到消费者关注。随着爱尔兰威士忌复兴的步伐，受到国际市场的重视，目前美国是最大的出口国，增幅显著，同时也广泛受到其他地区的关注。

爱尔兰威士忌的质量也受到行业内的肯定，在世界烈酒比赛上屡获大奖。帝霖酒厂生产的24年威士忌，曾经在2009年世界威士忌大奖赛（WWA）上，斩获全球最佳单一麦芽威士忌大奖。知更鸟21年获得2021年世界威士忌大奖赛最佳单一麦芽威士忌大奖（图9-16）。

（1）帝霖24年威士忌　　　（2）知更鸟21年威士忌

▲ 图9-16　获奖的爱尔兰威士忌

二、经典爱尔兰威士忌风格

1. 主要特点

从口感来说，爱尔兰威士忌酒质干净，风味纯粹，香甜精致，有顺滑的油脂感，容易入口。

原料配方方面，使用一定比例（20%~60%）的不发芽大麦，赋予了威士忌辛香、果香和柔润的特点。这主要起源于19世纪人们为了避昂贵的"麦芽税"而采取的办法，除了常用的未发芽大麦、小麦与黑麦，甚至还会使用燕麦。未发芽大麦的高比例使用提升了馥郁的辛香，并在味蕾上产生一种稍纵即逝的油滑感觉。

2. 工艺流程

工艺上，不使用泥煤，采用传统的三次壶式蒸馏方法。爱尔兰威士忌有自己的坚守，一直保

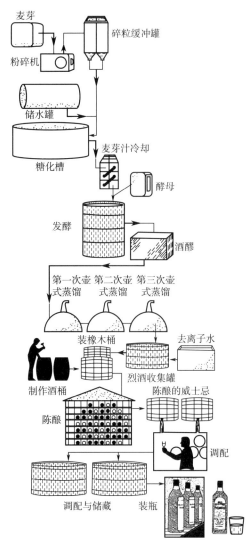

麦芽

粉碎机

碎粒缓冲罐

储水罐

糖化槽

麦芽汁冷却

酵母

发酵

酒醪

第一次壶 第二次壶 第三次壶
式蒸馏 式蒸馏 式蒸馏

装橡木桶

去离子水

制作酒桶

烈酒收集罐

陈酿

陈酿的威士忌

调配

调配与储藏 装瓶

▲ 图 9-17 爱尔兰老布什米尔威士忌酒厂三次蒸馏威士忌工艺流程[47]

持自己独特的风格，与苏格兰威士忌采用二次蒸馏不同，爱尔兰大多数酒厂采用传统的三次蒸馏，虽然不利于产量的提升，但去除了原酒中的更多杂质，使酒质更加干净纯粹，柔和顺口，刚蒸馏出来的原酒风味独特，充满个性，饱含香草、苹果、香料和青草的气味。

蒸馏时，第一次在酒醪蒸馏壶中进行，产出 22%~50%vol 的低酒精度酒。第二次在酒汁蒸馏壶中进行，产出 50%~78%vol 的酒液，这次蒸馏要掐头去尾，头尾会重新蒸馏。酒心会进行第三次蒸馏成为新制成的烈酒（图 9-17）。

三、爱尔兰威士忌产区分布

随着市场对高端威士忌的渴求与日俱增，爱尔兰威士忌也终于掀起了一股热潮。爱尔兰威士忌协会于 2020 年公布的 2019 年爱尔兰威士忌酒厂分布情况显示，在经营中的爱尔兰威士忌酒厂有 25 家，正在规划和开发的新威士忌酒厂有 23 家。由此可见，爱尔兰已成为国际资本的投资热土，威士忌的复兴之路充满希望。

在经营中的爱尔兰蒸馏厂如下：

巴利基夫酿酒厂（Ballykeeffe Distillery），基尔肯尼郡（Kilkenny）。

黑水酿酒厂（Blackwater Distillery），沃特福德郡（Waterford）。

布什米尔酿酒厂（Bushmills Distillery），安特里姆郡（County Antrim）。

克罗纳克迪酿酒厂（Clonakilty），科克郡（Cork）。

康诺特威士忌酿酒厂（Connacst Whiskey Distillery），梅奥郡（Mayo）。

库利酿酒厂（Cooley Distillery），劳斯郡（Louth）。

丁格尔酿酒厂（Dingle Distillery），凯里郡（Kerry）。

都柏林自由酿酒厂（Dublin Liberties），都柏林（Dublin）。

埃奇林维尔酿酒厂（Echlinville Distillery），唐郡（Down）。

大北方酿酒厂（Great Northern Distillery），劳斯郡（Louth）。

基尔伯根酿酒厂（Kilbeggan Distillery），韦斯特米斯郡（Westmeath）。

基罗文酿酒厂（Kilowen），唐郡（Down）。

爱尔兰酿酒厂（Irish Distillery），科克郡（Cork）。

玛斯克湖酿酒厂（Lough Mask Distillery），梅奥郡（Mayo）。

梨里昂酿酒厂（Pearse Lyons Distillery），都柏林（Dublin）。

鲍尔斯考特酿酒厂（Powerscourt Distillery），威克洛郡（Wicklow）。

拉德蒙庄园酿酒厂（Rademon Estate Distillery），唐郡（Down）。

Roe&Co 酿酒厂（Roe & Co Distillery），都柏林（Dublin）。

斯来恩酿酒厂（Slane Distillery），韦斯特米斯郡（Westmeath）。

帝霖威士忌酿酒厂（Teeling Whiskey Distillery），都柏林（Dublin）。

棚屋酿酒厂（The Shed Distillery），利特里姆郡（Leitrim）。

塔拉莫尔酿酒厂（Tullamore Distillery），奥法利郡（Offaly）。

沃尔什威士忌酿酒厂（Walsh Whiskey Distillery），卡洛郡（Carlow）。

沃特福德酿酒厂（Waterford Distillery），沃特福德郡（Waterford）。

西科克酿酒厂（West Cork Distillery），科克郡（Cork）。

四、常见的爱尔兰威士忌

1. 尊美醇（Jameson）

尊美醇是世界上销量最好的爱尔兰威士忌。约翰·詹姆斯（John Jameson）是尊美醇（Jameson）威士忌品牌的创立者，虽然生产爱尔兰威士忌，但约翰·詹姆斯是苏格兰人，1740年出生于苏格兰的阿洛厄，是一名商人，与妻子玛格丽特结婚后，接管了在爱尔兰都柏林的一家酿酒厂，之后开始生产尊美醇威士忌。为了纪念詹姆斯的先辈们在 17 世纪与海盗们的勇敢抗争，詹姆斯家族将家训定为 "SINE METU"，意思是"永不畏惧"，可以在尊美醇威士忌标签上的家徽位置找到这句话。

尊美醇标签上的 1780 年是鲍街酒厂（Bow Street Distillery）的建立时间，建立酒厂的人并不是约翰·詹姆斯，而是约翰·施泰因（John Stein），妻子的娘家人。1786 年，约翰·詹姆斯成为了酒厂的总经理，只是酒厂的经营者，到 1805 年，他才成为酒厂真正的老板，全部接管酒厂。

20 世纪初，爱尔兰独立后，爱尔兰威士忌不再在英国销售，威士忌的出口受到限制。到1966 年，本土三家蒸馏酒商约翰·鲍尔父子公司（John Power & Son）、约翰·詹姆斯父子公司（John Jameson & Son）和科克蒸馏公司（Cork Distillery Company）进行合并运营，成立了爱尔兰制酒公司（Irish Distillers），成为了爱尔兰唯一一家生产销售威士忌的公司。从 1968年起，酒厂才开始售卖瓶装的威士忌，而之前的近两个世纪里，威士忌都是用木桶装起来销售的。总部在法国的世界上最大的烈酒商之一——保乐力加，于 1988 年买下了爱尔兰制酒公司，拥有尊美醇这个品牌。

当保乐力加买下尊美醇的时候，只有一半的威士忌是出口的，每年只生产 50 万箱的威士忌。但现在，在米德尔顿可以看到全新的发酵车间、壶式蒸馏器以及谷物威士忌酒厂，这也使得新米德尔顿的年蒸馏量可以达到 6000 万 L，每年生产 470 万箱，90% 是销往国外的。

尊美醇爱尔兰威士忌属于调和型爱尔兰威士忌。酒厂从南爱尔兰采购大麦，大麦全部来自科克酒厂周围 80km 范围内。酒厂与大约 200 个较小的农民合作，并从大约 284hm² 的土地上采购春季大麦。这些农民在 3 月中旬或 4 月初种植大麦，在 8 月和 9 月的夏末收获。

新米德尔顿酒厂壶式蒸馏器位于巨大的落地玻璃窗后，过道直接通向老酒厂。所有的一切浑然一体，过去和现在完美结合在一起。

尊美醇完美地利用了新米德尔顿酒厂的多样性生产。半滤糖化锅能够带来更为澄清的麦芽汁和酯类物质。如今的单一壶式蒸馏器已经能够蒸馏出不同厚重感的原酒，为了能够打造一款全新的调和威士忌，三座全新的连续式蒸馏器用于蒸馏出口感清爽、纯净，香气芬芳的谷物威士忌原酒，而这样的谷物威士忌原酒正是尊美醇的基础酒基。

作为爱尔兰威士忌的杰出代表，尊美醇完全摒弃苏格兰威士忌的煤熏味，口感倍加清淡柔和。无论是添加冰块的纯饮，还是调制的鸡尾酒特饮，都令众人交口赞叹。

随着尊美醇系列产品（图 9-18）的不断增加，每一款新品在口感上都会略微加重一些。采用壶式蒸馏器蒸馏的酒液，被调配到更高年份的酒款中，并辅以不同类型的橡木桶。尊美醇金标（Gold）使用全新的美国橡木桶，年份珍藏系列（Vintage）用的是波特桶，定制的美国橡木桶则用于精选系列（Select），除此之外尊美醇也开始尝试单一壶式蒸馏威士忌。

2. 布什米尔（Bushmills）

布什米尔位于爱尔兰安特里姆郡（County Antrim）的一个小村庄，是世界上最古老的威士忌蒸馏厂之一。

布什米尔酿造威士忌的历史可以追溯到 400 多年前。1608 年，詹姆斯一世国王（King James Ⅰ）授予安特里姆郡的托马斯·菲利普斯爵士（Sir Thomas Phillips）蒸馏许可证。1784 年，休·安德森（Hugh Anderson）正式成立了古老的布什米尔蒸馏厂（Old Bushmills Distillery），并且以壶式蒸馏器图案作为其注册商标。此时，安特里姆郡酿造威士忌的历史已有 100 余年。1785 年，爱尔兰对发芽大麦威士忌进行征税，导致了发芽大麦价格的大幅度上涨，为了保证利润，蒸馏厂保留了一定比例的发芽大麦以帮助发酵和保留风味，并开始在麦芽汁配方中使用比较便宜的未发芽大麦。但是布什米尔一直坚持使用原本的配方。1885 年，一场大火摧毁了这个蒸馏厂，幸运的是，蒸馏厂很快重建并且投入生产。

19 世纪 80 年代到 20 世纪初是布什米尔的黄金年代，这段时间，布什米尔威士忌表现优异，在国际烈酒比赛中获得了众多荣誉。1923 年，贝尔法斯特（Belfast）的一名酒商塞缪尔·威尔逊（Samuel Wilson）买下了这个蒸馏厂。

1939 年到 1945 年的第二次世界大战导致了蒸馏厂停产，同时，一枚炸弹袭击了酿酒厂在贝尔法斯特的总部，摧毁了布什米尔的所有档案。幸运的是，第二次世界大战结束后，布什米尔不仅恢复了生产，其威士忌也越来越受欢迎，销量不断提高，其中出口美国的威士忌销量更是直线上升。

1972 年，爱尔兰蒸馏酒公司（Irish Distillers Company）接管了包括布什米尔在内的所有爱尔兰威士忌酿酒厂。1988 年 6 月，法国保乐力加收购了爱尔兰蒸馏酒公司，又于 2005 年将布什米尔转卖给了英国最大的洋酒公司帝亚吉欧。在帝亚吉欧公司的现代化管理下，布什米尔的产量和销售量一直呈现上升趋势。令人吃惊的是，2014 年 11 月，帝亚吉欧将布什米尔卖给了著名的墨西哥洋酒大亨金快活（Jose Cuervo）。

布什米尔威士忌（图 9-19）年产量为 450 万 L，是爱尔兰产量第二大的蒸馏厂，也是世界上最知名的爱尔兰威士忌品牌之一。布什米尔使用的水来自圣哥伦布河（St. Columb's Rill），采用密封的不锈钢发酵罐，用三次蒸馏的方式来生产威士忌，因此布什米尔的 10 座壶式蒸馏器和 6 个分酒箱便显得尤为重要。这些现代化、电子化的酿酒设备极大地减少了人力的使用，使得从发酵到蒸馏的全部过程只需一个人操作便可完成。蒸馏厂用来陈年的仓库也非常关键。除此之外，布什米尔还拥有三个装瓶厂，这不仅保证了布什米尔自己大量威士忌的装瓶工作，还可以帮助其他品牌的威士忌进行装瓶。

▲ 图 9-19　爱尔兰布什米尔威士忌
（图片来源：元月）

红布什爱尔兰威士忌（Bushmills Red Bush Irish Whiskey）和黑布什爱尔兰威士忌（Bushmills Black Bush Irish Whiskey）分别需要在波本桶和雪莉桶中进行陈酿，而布什米尔 16 年爱尔兰单一麦芽威士忌（Bushmills Aged 16 Years Single Malt Irish Whiskey）和布什米尔 21 年爱尔兰单一麦芽威士忌（Bushmills Aged 21 Years Single Malt Irish Whiskey）则必须先后在三种不同的橡木桶中进行陈酿。

3. 其他传统的爱尔兰威士忌

其他传统的爱尔兰威士忌还有库力（Cooley）、帝霖（Teeling）、图拉多（Tullamore D.E.W）、斯莱恩（Slane）、卡洛（Carlow）等，都非常值得尝试。

4. 现代爱尔兰威士忌

从兴盛到落寞，跌宕起伏的故事为爱尔兰威士忌蒙上了一层历史的色彩，但是爱尔兰威士忌却并没有一蹶不振，反而其丰富的底蕴在沉淀中愈发散发光彩。现在，新的爱尔兰威士忌蒸馏厂如雨后春笋般涌现。现代的爱尔兰威士忌产品丰富多彩，谷物威士忌、麦芽威士忌、调和威士忌、单一麦芽威士忌、泥煤威士忌品种繁多,品质优秀,且近年来屡获殊荣,备受瞩目。

第三节　美国

一、美国威士忌概况

美国威士忌的历史与移民有直接的关系,当时为了吸引欧洲人到美国开荒,根据弗吉尼亚州政府颁布的《玉米地和小屋权利法》规定,每个移民可以得到一块玉米地作为奖励。移民们发现玉米价格太低,便将玉米蒸馏成威士忌进行销售,这样价格是等量玉米的4倍。

17世纪初期,苏格兰和爱尔兰的移民来到美国新大陆,开始了威士忌的酿造,他们选择的原料是美国当地产的黑麦和玉米等。

在18世纪中叶,美国威士忌才真正开始发展起来。它的历史,同其他一些国家一样,与暴乱和税收的混乱分不开。最初的税赋是1791年由乔治·华盛顿制定的,开始对小麦酿造的酒类征收消费税。而当时的肯塔基州有玉米种植的优惠政策,这让一些酿酒厂迁移到了美国的内陆地区,这也是肯塔基州成了最著名的美国威士忌产区的一个原因之一。这种威士忌是以波本(Bourbon)郡的名字命名,它们从这里被运送到新奥尔良。而波本郡是以法兰西波本王朝命名的,是为了感谢在美国独立战争期间,这块土地上同英国人作战的法国人。

1808年禁止奴隶贸易之后,使朗姆酒——美国威士忌的主要竞争对手遭受沉重打击,由此美国威士忌最终在酒类饮品市场上占据了稳定的地位。

1825年,在缅因州发生过第一次反蒸馏酒运动。这次运动的目标是要完全禁止生产,参加者认为蒸馏酒是撒旦的朋友。

到了威士忌需求的鼎盛时期,1861—1865年,南北战争减缓了美国威士忌的发展速度,战争破坏了很多酒厂,加之沉重的税赋,这些都是影响因素。

1915年,包括肯塔基州在内,美国已有20个州禁酒,到了1917年,由于战争需要大量的工业酒精,导致所有的美国威士忌蒸馏行业全部停止。

1920年1月17日,禁酒令正式实施,规定凡是制造、运输、贩卖,包括进口酒精度0.5%vol以上的饮料一律被视为非法行为,有6家蒸馏厂允许生产医用酒精,仅有医师、牙医等可以限量购买酒精。1933年12月5日,禁酒令废止。整个禁酒令时期覆盖了20世纪20年代,尽管美国的酒精饮料消费总量低于1915年,但是人们的口味反而变重了,从喝啤酒改成喝威士忌,在这近14年的时间里,尽管禁止酒的酿造、运输、贩卖与公开饮用,但是地下酒吧数量翻倍,大量的爱尔兰和加拿大威士忌走私进入黑市,地下酿酒厂遍布全国…… 还出现了"医疗处方",很多酒鬼都开始患上一种"必须用威士忌治疗"的病,医院天天"病患"爆满,都拿着处方签领"药"。

禁酒令执行的第一年,酒精使用量得到控制,但从第二年起,又逐渐恢复往年的水平,再往后便开始反弹。禁酒令废止时的实际消费量比禁酒令之前还要多，而且年轻人喜欢上了威士忌。

禁酒后，美国一半以上的蒸馏厂被迫永久停产，导致了失业人数大大增加，这一切还造成了 1929 年经济危机的爆发。政府失去庞大的税收之余，还一手促进了黑市的繁荣，所以禁酒令也被称为"最愚蠢"的法令。

美国禁酒令期间的部分物品见图 9-20。

◀ 图 9-20　美国禁酒令期间的部分物品[4]
右上角为支持禁酒令法成立的妇女团体的徽章。左上角为反对禁酒令法的酒类批发商和零售商在货物单据上签署的抗议凭证。下面是禁酒令期间医生的处方药，作为药用的威士忌，酒瓶上的用量标注为"一天三次，一次为一汤匙"。

1933 年禁酒令废止后，美国人需要威士忌，但是库存量非常少。1935—1945 年第二次世界大战期间，美国所有威士忌酒厂不再酿造威士忌，转为全力生产乙醇作为战略物资，使用乙醇可生产炸药、橡胶和防冻剂等，造成美国酿酒业彻底停滞。当战争结束时，美国已经 30 年没有生产威士忌，大量的苏格兰和加拿大威士忌进入美国市场。

19 世纪 60 年代兴起的工业革命，连续蒸馏器的使用让美国威士忌生产得到迅速发展，肯塔基州的酒厂纷纷扩建，通过新修的铁路销往各地。美国议会在 1964 年通过的"美国独特产物决议案"中，美国波本威士忌正式被政府批准成为国酒。

近年来，美国使用了大量创新技术，引起全球关注。美国威士忌主要原材料中玉米占比 51% 或更高，剩余可搭配小麦、黑麦以创造出不同的风味特征，还可以用不同酵母制造出独特香气，这是创造出目前美国威士忌各个蒸馏厂风格的主要因素。

通常美国威士忌的口感更甜，加之价格便宜等各种原因，让美国威士忌在本土也能后来居上。美国威士忌的风格与英国、爱尔兰不同，包括原料、技术和陈酿的方式等都有所区别，美式威士忌不是只有一种风格。

二、美国威士忌类型

1. 美国威士忌定义

美国威士忌的标准定义和其他烈酒一样，都可以参照《美国联邦法规 27CFR5.22 分类标准》

的规定：威士忌是一种从发酵谷浆中蒸馏生产低于190proof（美国酒精度）（95%vol）的酒精蒸馏液，并且保留了对威士忌有贡献的香气、口感和特性，在橡木制作的容器中陈酿，装瓶酒精浓度不低于80proof（40%vol）。

除此之外，美国也陆续制定了许多威士忌种类的标准，特别是波本威士忌。法律规定，波本威士忌是在美国制作的威士忌，蒸馏酒精度不超过80%vol，其发酵谷浆原料中的玉米不得少于51%，入橡木桶陈酿前的酒精度不高于62.5%vol，必须使用炙烤过的新橡木桶陈酿（图9-21）。

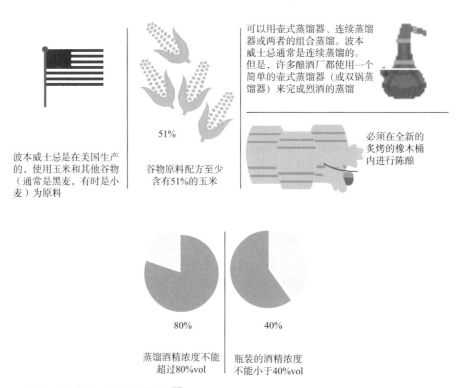

可以用壶式蒸馏器、连续蒸馏器或两者的组合蒸馏。波本威士忌通常是连续蒸馏的。但是，许多酿酒厂都使用一个简单的壶式蒸馏器（或双锅蒸馏器）来完成烈酒的蒸馏

波本威士忌是在美国生产的，使用玉米和其他谷物（通常是黑麦，有时是小麦）为原料

51%

谷物原料配方至少含有51%的玉米

必须在全新的炙烤的橡木桶内进行陈酿

80%

蒸馏酒精浓度不能超过80%vol

40%

瓶装的酒精浓度不能小于40%vol

▲ 图9-21　波本威士忌有关规定[10]

2. 主要的美国威士忌类型

美国法律认可的五种主要的威士忌类型分别是波本威士忌、黑（裸）麦威士忌、小麦威士忌、黑（裸）麦麦芽威士忌和玉米威士忌。

波本威士忌、黑（裸）麦威士忌、小麦威士忌、黑（裸）麦麦芽威士忌，都有一个基本的要求，即主要谷物原料要求在51%以上，加上其他谷物进行发酵后，蒸馏的酒精度不超过80%vol，入桶酒精度不高于62.5%vol，需在全新炙烤过的橡木桶中陈酿。

美国威士忌类型按照原料可以分为玉米威士忌、黑麦威士忌、小麦威士忌、麦芽威士忌、调和威士忌；按照生产工艺可以分为酸麦芽威士忌、甜麦芽威士忌、清淡威士忌、田纳西威士忌、保税威士忌、单桶威士忌、烈酒威士忌。

（1）玉米威士忌（Corn whisky）原料中含有不少于 80% 的玉米，其余可以是任何其他谷物，例如小麦和黑麦。传统上，它含有大约 10% 的发芽大麦，以提供酶的来源。蒸馏酒精度不超过 80%vol，玉米威士忌没有陈酿年份的限制，但是如果要使用橡木桶，必须是在新的未经炙烤的橡木桶或者是已经使用过的炙烤的橡木桶中陈酿。将玉米威士忌放入新的炙烤橡木桶中熟成，就成为了波本威士忌。

（2）清淡威士忌（Light whisky） 为 20 世纪 80 年代才出现的美国威士忌，要求是在 1968 年 1 月 26 日之后蒸馏的。与传统美国威士忌（即波本威士忌及调和威士忌）有两点主要差别：蒸馏到 80%~95%vol，并将酒液存放在使用过的橡木桶（旧的）或者未烘烤的全新橡木桶中。清淡威士忌蒸馏液的酒精度较高，所保留的谷类原味较少，因此口感较清淡，减少了乙醇的刺喉感，所以也称轻威士忌。

（3）纯威士忌（Straight whisky） 符合美国威士忌定义及法律认可的五种主要的威士忌要求，储存在橡木桶内超过两年，则可以另外增添一个 "Straight -（纯）" 标示。

（4）调和威士忌（Blended whisky） 以 20% 纯威士忌和 80% 的其他类型的威士忌（谷物、玉米和轻威士忌）混合而成的威士忌。美国调和威士忌可能包含不同厂家、不同酒龄的多种酒，最后调和出来的威士忌酒精度不得低于 40%vol，常用来作混合饮料的基酒。如果调入超过 51% 的裸麦威士忌，则又可称之为 "调和裸麦威士忌"。

（5）保税装瓶威士忌（Bottled-in-bond whisky） 美国政府于 1897 年明文规定，保税威士忌必须在单一酿酒厂制造，并在政府监督（或保税）的仓库中陈酿 4 年以上。这样的酒就可以免除酿酒商的一系列赋税。之所以这样做，是为了保证威士忌的陈酿年份，威士忌的生产商以这种方式向购买者证明他们的产品是纯正的。

（6）单桶威士忌（Single barrel whisky） 为了追求更有影响、质量更好的酒，酿酒商会把一些味道丰富且品质上好的威士忌使用不同的酒桶陈酿，而且根据酒的风格，变幻不同的陈酿方式。

（7）美国威士忌（American whisky） 不是产自美国的威士忌的统称，而是那些在美国生产，但未使用新橡木桶陈酿的威士忌。美国威士忌这一类别的酒被允许在生产过程中加入中性酒精，为了保证消费者知情，如果酒厂在生产时往酒液中加入了中性酒精，会标注 "Blended Whisky"。同时，这一类型的威士忌还可以添加调色剂或者调味剂。当然，不少酒厂鉴于对自己产品的高标准严要求，并不会加入中性酒精和其他调色剂、调味剂，因此其会在酒标上标注 "Unblended American Whisky"，以示区别。

（8）烈酒威士忌（Spirits whisky） 用中性酒精为原料调入大于 5%~20% 的纯威士忌。

三、美国威士忌的特点和生产工艺

在苏格兰，蒸馏厂有各式各样形状和结构的蒸馏器可以选择，工艺上他们可以调整酒头、酒心和酒尾的截取点。也可以使用泥煤来确定酒的风格，灵活使用各种橡木桶来调整酒的风味。在爱尔兰，有壶式蒸馏、柱式蒸馏、壶式蒸馏和柱式蒸馏的组合，二次和三次蒸馏等多种形式的选择。

而在美国，联邦法律对威士忌的规定非常严格，这样也许会带来一个"同质化"的问题，也就是说威士忌的风格相似，如所有的威士忌都是用一种主要谷物，蒸馏出来的原酒酒精度都差不多，酒都在经过烧烤的新橡木桶中陈酿，陈酿的酒龄都差不多，所有的威士忌都不会添加色素等。造成的结果是波本威士忌品尝起来都一样，有橡木香、香草的甜味、辣热、粗糙的感觉。

但是事实并非如此，美国威士忌行业大胆创新，包括原料、工艺和陈酿的科学研究，使威士忌的质量不断提升。

1. 原料

（1）玉米　这是美国威士忌的主要原料。美国法律要求纯波本威士忌的玉米比例至少为51%，但实际上玉米比例会更高些（60%~80%）。其他原料包括黑麦和大麦芽，占比在10%~15%。少数酒厂会加入小麦，占比大约在10%。

不同的谷物类型分别研磨并暂时储存。以前的时候使用锤式粉碎机，但会导致谷物大量发热因而影响味道。如今通常先挤压谷物使其外壳张开，然后研磨成极细粉。

不同的原料配比会影响到威士忌的典型性。例如增加基本谷物玉米的比例，波本就会变得比较甜，裸麦会变得更加具有辛香感，小麦变得更加柔滑圆润。所以一个蒸馏厂内可能有多个不同配方的波本威士忌。原料配方对波本威士忌的影响非常大，给蒸馏厂找到了威士忌的创新之路。

在美国，每家酒厂都有自己的谷物混合配方，表9-1是一些美国威士忌的原料配方。

表9-1　一些美国威士忌的原料配方　　　　单位：%

原料	配方1	配方2	配方3	配方4	配方5	配方6	配方7
玉米	56	75	80	72	70	72	84
黑麦	39	20	12	—	—	18	8
麦芽	5	5	8	12	14	10	8
小麦	—	—	—	16	16	—	—

（2）裸麦　殖民时期美国的蒸馏技术始于17世纪中叶，源自朗姆酒。直到18世纪的美国大革命时期，英国人封锁了殖民地的港口，没有了糖蜜的进口通道，酿酒厂才开始生产威士忌。美国的农民祖传的大麦在当地长势并不是很好，于是他们转向种植玉米和黑麦等收成更好的农作物，极大地提高了农作物的产量。

根据美国法律规定，裸麦威士忌与波本威士忌的差异主要是原料配方中的玉米比例更改为裸麦，其他规定都一样。

黑麦威士忌风味比较多变，既有口味强劲辛辣的，也有圆润柔和的。肯塔基州的大型酿酒厂一般会采用51%黑麦、39%玉米和10%大麦麦芽的配方或与之相似的配方来酿黑麦威士忌，一些酿酒厂和调酒师则风格多变，有些甚至会使用100%的黑麦。

2. 水

肯塔基州和田纳西州位于一个大型的石灰岩层上，水是石灰质硬水。现在一些酒厂坐落于工业区，它们使用已去除矿物质的本地供水而非泉水。

3. 糖化

一般用含有矿物质的水，加入玉米混合后进行蒸煮直至接近沸腾，之后用压力锅或是无顶锅进行蒸煮到糊化。为什么研磨的时候不混合呢？因为裸麦和小麦会在高温中结块变成面疙瘩，因此等到温度下降到77℃才加入，将混合物冷却到63.5℃。然后加入发芽大麦，内含有重要的淀粉糖化酶，将淀粉转化成可发酵的糖。

4. 酒精发酵

当谷物糖化液冷却到25~30℃后，在发酵罐中加入酵母，酵母将糖转化为乙醇和CO_2，并产生热量。发酵通常需3h，酒精度为8%~9.5%vol。少数蒸馏厂会让发酵持续更长时间，但酒精度最高也只是10%~11%vol。发酵液称为"Beer"或"Bistiller's beer"。实际就是苏格兰威士忌生产过程中的"Wash"，只是名称不同。

这一阶段还会添加部分酒糟，也称酸醪，发酵罐的尺寸分为"大型"和"巨型"。由于柱式蒸馏器连续工作，可以处理大量酒醪，所以必须保证稳定供应。美国的威士忌酒厂都有一个用于盛放酒醪的存储罐。存储罐通常用不锈钢制成，放置在许多发酵罐当中。存储罐的大小与发酵罐的大小相对应，通常比最大的发酵罐还要大上1/3，这样即使某个发酵罐的排空被延迟，柱式蒸馏器也可以持续生产。

发酵罐越大，产生的热量越多。如果发酵罐中的温度上升至高于40℃，酵母就会开始死亡直到发酵停止，因此许多发酵罐都有水冷系统。

从发酵醪的味道可以得知关于未来威士忌很多方面的信息。发酵醪应该具有香味（例如具有浓烈苹果味道）。如果具有较少香味，则意味着酵母受到污染，下一批次发酵需要新的酵母菌株。发酵后，酒醪会被蒸馏为威士忌原酒（Raw whisky），也称之为"白狗"（White dog）。

每个蒸馏厂都有自己发酵时所使用的酵母，这些酵母是自己独有的或者有专利的。蒸馏厂都会小心守护，因为酵母的特质对成品威士忌有重大影响，能促进风味元素的发展。

发酵会选择不同的酵母和发酵温度，以产生各种不同的酯类。波本蒸馏厂的威士忌酵母选择非常严格，并且严加保护。例如四玫瑰蒸馏厂使用5种酵母菌和不同原料配方，研究出十几种不同风格的波本威士忌，这5种酵母菌分别是：①V：带有微微果香，形成经典波本的圆润特点；②K：辛香味，需要较长的陈酿时间；③F：丰富的花香、草本香，柔和醇厚；④O：果香优雅复杂，余味持久；⑤Q：强烈的花香，清爽细腻。另外发酵期间添加不同比例的酸麦芽浆，也会产生各种变化。

5. 蒸馏

通常美国威士忌酒厂都使用柱式连续蒸馏器来蒸馏。蒸馏后的新酒会从冷凝器流经烈酒安全箱进入储酒罐（Vat），随后入橡木桶进行陈酿。

品尝威士忌新酒时，通常将其稀释至约20%vol，在这种状态下，芳香物质最容易判定。

当乙醇提取后，残留在蒸馏器底部含有纤维的水及谷物称为"酒糟"，会被加工为动物饲料和酸醪，酸醪会被重新用于发酵过程。

每蒲式耳谷物（35.24L）可以生产大约19L 50%vol的烈酒（9.5L纯酒精）。换算成谷物重量，大约每吨谷物可以生产400~450L纯酒精。

6. 酸醪

现在所有美国威士忌酒厂都使用酸醪工艺。酸醪指的是将部分蒸馏残余物（酒糟）重新添加到谷物酒醪中。当谷物原料与水混合后，特别是肯塔基州和田纳西州位于石灰岩层上，水的硬度大，pH大约为7，这种环境下酵母无法正常工作。加入部分酸酒糟（pH5.0~5.4）后，酒醪的pH为5.4~5.8，是酵母生长的理想酸度。

有的波本威士忌生产商通过使用酸醪一词来使其产品看起来特别些，还有一些生产商宣称酸醪具有消毒效果。其实酸醪的唯一目的只是给酵母创建一个酸性环境，其他关于酸醪的故事只是出于营销目的。

7. 橡木桶

美国威士忌的特色与其使用的橡木桶密切相关。

（1）橡木桶的制作　美国威士忌贮存使用的橡木桶使用美国白橡木制作。将橡木板自然晾干或者在控制湿度和温度的库房中干燥。然后，橡木板在炉火上烘干。在这一过程中，木质会散发出强烈的香味，就是它们赋予威士忌浓烈的木质香味。而一些必要的香味就是通过烘烤木质纤维保留在橡木桶中。在将橡木桶上下封住之前，还要再次烧烤，称为"炙烤"。橡木桶会在内表面形成半厘米厚度的炭化层。这种炙烤也会增加木质的香味，特别是香草的味道，这种被焦化的木质会赋予威士忌美丽的外观颜色。陈酿威士忌时，炭化层还会起到一个重要的作用，相当于过滤，它能吸收一些残留的不好气味。炭化程度根据轻重分为几个级别。

为了避免同质化，在美国，橡木桶的选材和制作有不同的做法。蒸馏厂家对于木材的来源、风干的时间、烘烤的程度等要求都很精确。不同的橡木桶会产生不同风格的威士忌。

（2）威士忌入桶　威士忌加水稀释，使其浓度降至62.5%vol，经过橡木桶中陈酿2~4年，有的时间会更长，之后可以装瓶。

8. 酒库

酒库对于新酒的特色和质量有着长远的影响。酒库里的温度越高，新酒和橡木桶之间的交互作用就越活跃，相对地，酒库环境温度越低，作用就越缓慢。这代表酒库的所在位置、楼层和建材对风味形成相当重要。同理，橡木桶在仓库的位置对风味也有影响，所以有的酒厂会周期性轮流移动橡木桶，以得到均衡的陈酿程度。根据法律规定，陈酿过程至少要两年以上。

酒库，在肯塔基州也被称为"酒架屋"（Rickhouse），因为放置橡木桶的木制层架称为"Ricks"。根据不同的建筑设计，酒库对影响威士忌陈酿的程度因此不同。铁皮酒库通常建造七层楼（有的是四或五层楼，现在也有九层楼的），坚固的木质框架外加金属铁皮是最常见的设计形式。这种建筑的空气流通性良好，空气的循环和温度的变化会加快威士忌的陈酿，使酒带有更多的果香和辛香感。薄薄的金属铁皮墙可以使环境气温的升降变化更有效地影响威士忌。其实铁皮的主要功能是避免雨水对橡木桶造成损坏。

酒库酒架的高度也是影响威士忌陈酿的因素之一，因为热空气会上升到顶层集中，存放在那里的威士忌会更快吸收橡木桶中的成分，蒸发速度也高，酒更具有木质特性、更干、更具有辛香感，所以要避免酒在这里存放时间过久。

还有些酒库使用石材或者砖建造，空气流动性差，建造的楼层也比较低，一般不会超过三、四层。酒库内部冬天采用蒸汽加温，冬天后则利用自然温度。

酒库的选址也各有不同，建在山谷中的酒库因为风大，会有更好的空气流通，但是也会受到暴风雨和龙卷风的威胁。有的蒸馏厂将酒库建在坐北朝南或者坐南朝北的地方，目的是让日照时间平均。有的蒸馏厂将酒库建在有树荫的地方。有的蒸馏厂将酒库建在河川或小溪旁，让雾产生的湿度来影响威士忌的成熟特点。所以，每一个环境都可以影响威士忌，值得去探索和研究。

技术团队：如同葡萄酒一样，葡萄生长需要多年，酿酒和陈酿需要时间，因此打造一个好的酒庄，需要许多年甚至几代人的努力。威士忌也是一样，蒸馏技师和酒库主管是蒸馏厂技术的人力因素。在肯塔基州，酒风格的设计是由蒸馏技师和酒库主管决定的。如威士忌的出酒率、橡木桶在哪个酒库存放、建造什么样的酒库以及新酒的风格等，他们重视气候、成本、谷物与木材的品质、设备的状态以及员工的操作方法，他们会时时刻刻关注威士忌的状态。蒸馏技师和酒库主管的建议会给蒸馏厂的产品风格发挥指导作用，他们是维持传统、稳定威士忌的品质的主要力量。有好的原酒，调配师才能创造出不同类型和品质的威士忌。所以，有些著名蒸馏厂的蒸馏技师、酒库主管和调配师会在这里工作几十年甚至一生，稳定的技术团队非常重要。

四、波本威士忌

1.概括

肯塔基州与七个州接壤，其中包括同为威士忌之乡的田纳西州。该州的气候从北向南略有不同，但一般都是温暖的亚热带气候。它不像密西西比州或亚拉巴马州那样炎热，但在冬天的时候比密歇根州和宾夕法尼亚州要暖和。这里的水资源很丰富，所有肯塔基州的河流都要流入密西西比河。肯塔基州是一个绿色富饶的州，有着悠久的农业历史，尤其是玉米的种植。

自从欧洲移民在 18 世纪后期到达肯塔基州，威士忌就一直在肯塔基州酿造生产。肯塔基州大多数的酿造者都是白手起家。例如美格，是一家 1773 年建造的酿酒厂。由于玉米在全州范围内都有种植，收获后有大量的玉米可以用来酿造玉米威士忌。

肯塔基州是波本威士忌的故乡，是世界上最大的威士忌生产基地之一。虽然不能将美国威士忌和波本威士忌画等号，但波本威士忌并不意味着必须生产于肯塔基州波本郡，占据巨大市场份额的波本已经成为美国威士忌的代名词。继苏格兰威士忌之后，波本威士忌现在是世界上出口量最大的威士忌。

波本威士忌必须使用烘烤过的全新橡木桶陈酿，这也是波本威士忌区别于其他品种威士忌最重要的特征之一，当然那些用过的橡木桶会出口到苏格兰继续使用。橡木桶不仅仅可以储藏还可以陈酿。

虽然大部分（95%）美国波本威士忌都来自肯塔基州波本郡，但其实只要遵守法例所限制的原材料、工艺、蒸馏及陈酿过程，波本威士忌基本上可以在美国任何一个地方酿制。不过，虽然美国任何地方都能生产波本威士忌，但经典美国风味的纯波本威士忌还是在肯塔基州。肯塔基州的石灰岩硬水、酸醪工艺及专业酵母是形成波本威士忌特色的主要因素。

因此，只有在肯塔基州内蒸馏生产的波本威士忌才能在标签上印着"Kentucky Bourbon"（肯塔基波本）威士忌。

直到 21 世纪初，肯塔基州只有几家威士忌酒厂，但是像水牛足迹和天堂山品牌一样，他们各自生产了大量不同品牌的瓶装酒，这可能会给人一种威士忌制造商比实际数量更多的一种印象。今天，精酿威士忌在肯塔基州也非常流行，目前这里有 70 多家独立的酿酒厂，有的已经全面投产，有的正在建设之中。

2. 常见的品牌

常见的品牌有金宾（Jim Beam）、四玫瑰（Four Roses）、威凤凰（Wild Turkey）、美格（Maker's Mark）、水牛足迹（Buffalo Trace）、时代波本和伍福德（Early Timrs & Woodford Reserve）等。

3. 主要的威士忌蒸馏厂

金宾（Jim Beam）：1795 年开始销售老杰克比姆威士忌，以公司的创始人雅各布比姆的名字命名。

水牛足迹（Buffalo Trace）：世界上屡获殊荣的酿酒厂。

四玫瑰（Four Roses）：是 20 世纪 30 年代和 50 年代最畅销的波本威士忌。

威凤凰（Wild Turkey）：只使用非转基因黑麦。

天堂山（Heaven Hill）：在 1996 年的火灾中损失 9 万桶波本威士忌。

美格（Maker's Mark）：独特的瓶子使用红蜡封口。

五、田纳西威士忌

1. 概括

田纳西州的亚热带湿润气候与肯塔基州相似，但在夏季和冬季的温度要高几度。它是一个农业和制造业地区，出口牛、家禽，生产交通工具和电器设备。汹涌的密西西比河与该地区西部接壤，阿帕拉契山脉环绕该州东部。

田纳西州的蒸馏厂主要集中在西部的纳什维尔、东部的诺克斯维尔和南部的费耶特维尔附近。居住在田纳西的欧洲移民与在邻近的肯塔基州定居的移民具有一样的背景，但他们的威士忌蒸馏机遇各不相同。

田纳西州是美国第一个禁止生产威士忌的州，直到1939年，即禁令生效六年后，才合法化。杰克·丹尼（Jack Daniel's）酿酒厂一年后重新开张，是禁酒令解禁后第一家投入运营的酒厂。1958年，第二个合法酒厂——乔治·迪科尔（George Dickel）才开始重新开张。1997年本杰明·普里查德（Beniamin Prichard's）蒸馏厂重新开张，随后，新一波的精酿酿酒厂建厂也推动了该州威士忌制造业的繁荣。

2013年，林肯过滤法（Lincoln county process）规定，威士忌必须在田纳西州生产和陈酿，必须经过枫木炭过滤，才能冠予田纳西州威士忌的名称。田纳西威士忌与波本威士忌遵循同样的法律框架，与波本最大的不同在于，波本可以在美国任何地方酿造，而田纳西威士忌只能在田纳西州酿造和陈酿。

2. 田纳西威士忌的工艺特点

（1）林肯过滤法　提起田纳西威士忌，林肯过滤法是值得研究的一个独特工艺。林肯过滤法的作用是：经过枫树烧成的木炭过滤后，滤除不需要的风味化合物，消除"新酒"中较重的同源物（在发酵过程中产生的非乙醇物质），可以明显减少玉米的油脂感和一些苦杂味，使酒更加纯净，从而保持谷物的原有香气。

（2）枫树木炭的制作工艺　杰克·丹尼与乔治·迪科尔的木炭都是使用来自当地方圆130km内的枫糖木。他们使用经过风干6个月的木材，锯成长、宽各5cm，高1.5m的木条。将木条慢慢架成一堆，首先将6块木条并排，每块间距为15cm，接着以垂直方向叠上另一层，逐次堆叠，直到木条架的高度达到1.8~2.5m。木堆架会四堆一组地排成向中心倾斜的方状，因此在放火燃烧时，木堆架会向中心坍塌而不致四散。燃烧时他们会向木堆架喷洒酒精度为70%vol的威士忌新酒后再点火，而不使用柴油或天然气，这样可以避免木炭的污染。燃烧木堆架的地方要在空旷通风处，有利于木材中一些污染物的散发。木堆架燃烧时间约为2h，燃烧温度高达650℃，其中大部分时间会用水管浇水来控制火势。火势燃烧旺盛，但操作者会控制不让其转变为熊熊烈火。燃烧结束后，将其存放在金属方箱内，要确保过夜时不会燃烧，木炭会留在原地直到冷却，再切至0.6cm大小的颗粒，存放在圆柱状的贮存罐内。最后，木炭会倒入直径1.5m、高大约3m的过滤槽，白色羊毛毯铺装在底部，以防止木炭屑进入酒中。

图 9-22 是美国杰克·丹尼枫木炭制作车间。

▲ 图 9-22　美国杰克·丹尼枫木炭制作车间

（图片来源：陈正颖）

（3）乔治·迪科尔的工艺特点　乔治·迪科尔主要采用手工酿造的方式，尽管现在许多工艺已经使用计算机操控，但是在这里仍然依靠手工进行。例如，酒厂用于玉米计量的磅秤仍然采用老式的杠杆秤而不是电子秤。而在原料方面，酒厂也进行了精心的选择，其酿造威士忌的水来自一条小溪，由于溪水流经石灰石，因而铁的含量很低，有利于酿造出口感顺滑的威士忌。乔治·迪科尔田纳西威士忌的谷物比例为 84% 的玉米、8% 的黑麦和 8% 的发芽大麦。谷物经过锤式研磨机的粉碎后被装入两个容量为 36000L 的糖化锅中进行糖化，接着再转移到发酵罐中进行发酵。发酵过程中，酒厂不会采取冷却或加热的措施，整个过程完全是在自然温度下完成。乔治·迪科尔使用自己培育的酵母，每次发酵过程需耗费约 5.5kg。发酵完成后的醪液会在蒸馏厂的柱式蒸馏机中进行蒸馏，从而获得酒精度为 57%vol 的烈酒，在倍压器的作用下，最终所得酒液酒精度可达到 65%vol。

酸醪工艺是最后一次蒸馏完成后，在蒸馏器底部取出少量酒糟，加入新的糖化液中。林肯过滤法在过滤前，都先经过冷凝来除去脂肪酸。木炭过滤罐的顶部和底部都各铺了一层羊毛毯，顶部的毯子的作用是为了防止新酒在大量灌入时可以保证被均匀地分布于罐内，底部的羊毛毯是为了阻止木炭流入酒中。在过滤罐中装满蒸馏原酒后，让威士忌和枫木炭在 40℃的温度下一起浸泡，再将酒从底部流出，流干后再次装满。

木炭过滤完成后的酒液口感会更为圆润，酒液便被装入美国白橡木桶中，放入仓库进行陈酿。乔治·迪科尔的仓库皆位于蒸馏厂附近山顶的位置，相距不远，且大多只有一层，由金属板制成。酒厂表示，这样的设计可以省去将橡木桶进行位置轮换的步骤，且有利于使威士忌在较为统一的陈酿条件下获得一致的味道。

3. 主要的威士忌蒸馏厂

（1）杰克·丹尼（Jack Daniel's）　杰克·丹尼酒厂 1866 年诞生于美国田纳西州林芝堡，是美国第一家注册的蒸馏酒厂。杰克·丹尼在美国是销量排第一的烈酒，在全世界的销量排第四，单瓶销量多年来高踞全球美国威士忌之首。全球的免税店里，它是排名第二的烈酒。

有关酒厂的历史有许多说法。1846年出生的杰克·丹尼年幼时不堪忍受继母的虐待独自离家出走，和一位叔父一起生活。14岁那年他给一位零售店老板兼传教士丹·卡尔（Dan Call）打工，此人在老斯溪谷（Louse Creek）有一个酒厂。南北战争暴发后，丹·卡尔离开酒厂去参战，而杰克则跟随着酒厂的老农奴尼尔斯特·格林（Nearest Green）学酿酒，时刻想独立的他，于1865年离开了老斯溪谷，而老格林的两个儿子，乔治和伊莱也一同前去。之后杰克来到林芝堡镇，并接手位于小镇郊外卡文泉的伊顿（Eaton）酒厂，开始自己的酿酒生涯，这里是大部分人认定的"林肯过滤法"的发源地。

杰克·丹尼酒厂至今仍使用传统的方法酿造威士忌。它的整个生产过程都有着极为严格的规定，精选玉米、黑麦和大麦芽原料，使用附近的山间泉水，这里的泉水不含铁质，但富含石灰质。杰克·丹尼酿酒厂的威士忌通过添加酸醪的方法进行酿造。

蒸馏的新酒使用林肯过滤法，将酒通过枫树木烧成的木炭进行过滤。枫树木产自当地，有两家供货商提供，枫树木炭每次烧4堆，每周烧掉30个堆，相当于每年1500堆。每次燃烧大约需要2h，使用水来熄灭燃烧的火焰，木炭磨成需要的大小后，便装入72个过滤槽中，每个槽的深度为3m。蒸馏后的新酒利用动力学原理，通过整个木炭表面，然后缓慢滴流渗透到槽的底部。要注意的是槽中酒不能直接流到底部，要完整利用木炭的表面积，但不能淹掉木炭，流出的速度一定比流进的速度快，以保证整个过程的渗透，通过重力控制，大约在1周的时间通过3m深的木炭层。木炭的作用像是海绵，一定时间后会饱和，使用每6个月就要清洗过滤槽，换上3m深的新木炭。

陈酿威士忌的橡木桶，被放在位于蒸馏厂附近山上的木制酒库里。按酒厂方面的介绍，每年夏天，橡木酒桶的毛细孔放大，让一些威士忌渗进去；冬天这些毛细孔又会收紧，把里面的威士忌挤压出来。当孔隙里的那些威士忌被挤出来后，被带出来的不仅仅是琥珀般的颜色，还有微妙的风味，例如来自炭化酒桶内部的焦糖。

杰克·丹尼威士忌（图9-23）系列包括多种酒款，其中最著名的当数"杰克·丹尼""Old No.7"单桶、大师酿造和绅士杰克。绅士杰克威士忌的香气为淡淡的焦糖香味，口感绵甜，炙烤的味道夹着淡淡的利口酒味道。后味为桂皮和柠檬的味道。杰克·丹尼单桶田纳西威士忌的特点是：烤橡木是最主要的味道，率先出场，并带有一丝黑香料和枫糖的味道。接着带入微妙的香草和非常细微的香蕉气味，但香料和木材味是主导。最后香草与烤过的橡木相融合，变得有些许辛辣，但很快随着最后一丝水果气息消失淡去。

个性化的私人定制：虽然杰克·丹尼威士忌在全美销量第一，而且杰克·丹尼酒厂是旅游的热点景区，每年都吸引着来自世界各地的威士忌爱好者前去参观，年游客接待量有大约25万。但是在酒厂所在的摩尔郡的商店和餐厅，你却买不到杰克·丹尼威士忌，因为当地不允许销售酒精饮料。不过可以在酒厂买到专门卖给游客的纪念版。

酒的口味依赖于陈酿过程中的最高和最低温度，甚至跟酒桶在酒库中的位置也有关系。品酒师每年都会从存放期满的威士忌酒桶

▲ 图9-23 杰克·丹尼威士忌

中取样，并把一些口感最柔顺、味道最醇厚的酒单独存放，供应整桶项目的威士忌。能赢得这一殊荣的威士忌还不到杰克·丹尼总产量的 0.5%。

参与这个项目的顾客一般都会亲自到蒸馏酒厂品尝不同酒桶中的酒，并从中选出他们想要的那一桶。然后杰克·丹尼酒厂会将顾客选中的威士忌使用手工方法装瓶，封好塞子，加上瓶颈标签。最后一道工序是将顾客订制的大奖章绕在每一个酒瓶的瓶颈上，彰显出这瓶威士忌是特地为桶装酒的主人精心选择的。大奖章是用仿古加工的金属链附着在酒瓶上。

与众不同的杰克·丹尼酒瓶：1866 年，杰克·丹尼首次将他的威士忌装入有软木塞的陶罐中。为了将他的威士忌与其他酒区分开来，他将自己的名字印在罐上。然而到了 19 世纪 70 年代末，玻璃瓶开始流行。于是，杰克·丹尼便开发了一种标准的圆形玻璃瓶，瓶上有酿酒厂名的浮雕，但杰克是一个不断推陈出新的人，这种酒瓶并没有让他满意很久。由于他的木炭过滤威士忌独树一帜，所以他认为杰克·丹尼的酒瓶也必须与众不同。

1895 年，来自伊利诺斯州阿尔顿玻璃公司（Alton Glass Company）的一名推销员向杰克·丹尼展示了一种新颖独特、未经测试过的酒瓶设计——有凹形槽瓶颈的方形酒瓶。100 多年之后，方形酒瓶已经成为杰克丹尼威士忌的品质象征——独具特色，就如同它所装的威士忌一样，并证明了方形酒瓶是很时髦的设计。

杰克·丹尼酒瓶上的 "Old No.7" 字样，很少有人能说出它的来历。有人说这是掷骰子掷出的幸运数字，也有人说这缘于杰克·丹尼先生的第 7 次麦芽浆配方试验。有传言说是杰克·丹尼有 7 个女朋友，但这听上去像个笑话。也有人说是第七号火车运载过杰克·丹尼威士忌，还有的说是杰克·丹尼曾经把他最珍贵的威士忌弄丢了 7 年等。这些说法似乎一个比一个有道理，但事实上并没有人知道真正的原因。"Old No.7" 就如同杰克·丹尼的酿造秘方，始终是个不解之谜。

（2）乔治·迪科尔（George Dickel）　此蒸馏厂位于田纳西州产区的小瀑布谷（Cascade Hollow），是一座有着 100 余年威士忌酿造历史的蒸馏厂，现属帝亚吉欧所有。

乔治·迪科尔蒸馏厂由乔治·迪科尔（George A. Dickel）创立。乔治·迪科尔出生于德国，26 岁时移民至美国，并在纳什维尔（Nashville）销售过一段时间的威士忌。由于乔治销售的烈酒口感丝滑而醇厚，他很快便声名鹊起，成为了当地知名的威士忌商人。1870 年，乔治成立了乔治亚当·迪科尔公司（Geo. A. Dickel & Co.）并于 1878 年收购了小瀑布谷蒸馏厂（Cascade Hollow Distillery）的大量股份，开始生产威士忌。蒸馏厂按照苏格兰的传统，使用不含有 "e" 字母的 "whisky"。此外，酒厂还倾向于在冬天酿造威士忌，因为在乔治看来，冬日酿造的威士忌口感更为柔滑。当时公司在投放乔治亚当·迪科尔小瀑布谷田纳西威士忌（Geo. A. Dickel's Cascade Tennessee Whisky）广告时的核心卖点之一，便是其如月光般柔和的口感。在最初蒸馏厂出产的威士忌称作小瀑布谷田纳西威士忌，直到 1894 年乔治去世，酒厂才决定将品牌名改为乔治·迪科尔威士忌（George Dickel Whisky）。而在乔治去世后，蒸馏厂也交由乔治的妻子奥古斯塔·迪科尔（Augusta Dickel）以及乔治的搭档维克多·施瓦布（Victor Schwab）管理。

1910 年，田纳西州颁布了禁酒令，导致乔治·迪科尔蒸馏厂被迫关闭。酒厂关闭后，维克多·施瓦布搬至路易斯维尔（Louisville）继续生产小瀑布威士忌。1937 年，申利蒸馏公司（Schenley Distilling Company）买下了小瀑布谷威士忌品牌，并于 1958 年，在小瀑布谷蒸馏厂原址的旁边新建了一座蒸馏厂。新的蒸馏厂仍然沿用老小瀑布谷蒸馏厂的配方和水源，生产乔治·迪科尔田纳西威士忌（George Dickel Tennessee Whisky，图9-24）。
1999—2003年间，蒸馏厂曾一度停止了生产经营，也是在
这一时期，帝亚吉欧收购了酒厂。

（3）纳尔逊·格林布雷（Nelson's Green Brier）于
1909年关闭，现在又重新开放并运营。

（4）海盗船（Corsair）纳什维尔的第一家手工酿酒厂，
于2010年开业，也是一个世纪以来的第一家。

（5）本杰明·普里查德（BenJamin Prichard's）此蒸
馏厂只使用壶式蒸馏。虽然林肯过滤法规定，田纳西州威

▲ 图9-24　乔治·迪科尔威士忌

士忌必须经过枫木炭过滤，才能冠予田纳西州威士忌的名称，但是所有蒸馏厂并不是都位于林
肯县，具有讽刺意义的是，田纳西州唯一不受此规定约束的威士忌制造商是本杰明·普里查德
（Benjamin Prichard）酿酒厂（出于复杂的法律原因），实际上它也是唯一一个在林肯县境内的酿
酒厂。

除以上的酿酒厂，田纳西州大约还有30多家的酿酒厂，而且很多都是全新的精酿威士忌蒸
馏厂。

4. 常见的品牌

常见的品牌有杰克·丹尼（Jack Daniel's）、海盗船（Corsair）、乔治·迪科尔（George Dickel）等。

小贴士
为什么叫做"WHISKEY"？

通常，whisky的说法适用于苏格兰、日本和加拿大。而whiskey的写法适用于爱尔兰
和美国。但是不必为此纠结，美国威士忌的拼写是"Whiskey"还是"Whisky"？二者都是
正确的（图9-25）。在美国酒精和烟草税外经贸局的法规上，所有的威士忌都是Whisky。

（1）苏格兰　　　　　（2）日本　　　　　（3）爱尔兰　　　　　（4）美国
　　　　　　　　　　　　　　　　　　（whiskey多了个"e"）

▲ 图9-25　苏格兰、日本、爱尔兰和美国威士忌标签

六、美国其他地区威士忌

1.美国西部

我们将加利福尼亚州、华盛顿州、犹他州和俄勒冈州地区的酿酒厂列入西部威士忌产区。它们位于美国西太平洋以东，落基山脉西。这是一个面积超过 180 万 km² 的广大地区，景观气候各异，从内陆沙漠，到北部温带森林、南部热带海岸线及郁郁葱葱的平原和山谷。越来越多的美国西部酿酒厂集中在美国北部的西雅图和波特兰等主要城市，再往南延伸到旧金山和洛杉矶，许多威士忌酿酒厂（有几个明显的例外）的生产基地就在附近的太平洋海岸线上。

美国西部各州从来不是生产威士忌的主要地区，酿造蒸馏酒所需的谷物来自东部。禁酒令期间，曾关闭了所有的威士忌酿酒厂。现在，这里没有传统的威士忌束缚，当地的酿酒师可以在一张白纸上书写新的历史。他们正在创新酿造"不太可能"的威士忌——如美国单一麦芽威士忌。

禁酒令废止后，这里的威士忌酿造者又重新开始了。1982 年，旧金山走在了前面，圣·乔治烈酒厂（St George's Spirits）自称是"1933 年禁酒令废止后的美国第一家精酿蒸馏厂"。其他老牌的精酿蒸馏厂包括旧金山的安佳（Anchor）酒厂（现更名为 Hotaling and Co.）和俄勒冈州的埃德菲尔德蒸馏厂（Edgefield Distillery），它们在 2000 年后爆发的精酿威士忌运动之前，就已经开始酿造了。

2.美国中部

一些最令人兴奋和有趣的威士忌来自美国中部各州，这里包括得克萨斯州、阿肯色州、伊利诺伊州、威斯康星州和密苏里州。

这个区域各个州的景观各异，面积超过 130 万 km²。北部气候温和，南部为亚热带湿润气候。中部各州经常受到极端天气事件的影响，如龙卷风，而南部沿海各州则会经历周期性飓风。共同特点为土地肥沃，地势平坦，经济以农业为基础，例如，伊利诺伊州、威斯康星州、密苏里州和明尼苏达州是美国主要的玉米产区，也是美国玉米种植带的一部分，因此当地生产的玉米威士忌数量相当可观。这个地区常有严重的龙卷风，它们会严重破坏小麦、黑麦和其他生产威士忌农作物的生长。

在禁酒令之前，禁酒运动就在这些州中占据了主导地位。即使在今天，在得克萨斯州和阿肯色州仍然有几个县禁止出售酒精饮料。一般来说，美国的"干旱"县集中在中部各州，有 1800 万居民。这里的酿酒师和其他美国威士忌酿酒师一样都具有创新精神，他们得益于降低酒精许可的门槛，特别是国家和州对小批量酿造者的放松管制，使目前的美国精酿威士忌得以蓬勃发展。

与美国其他地方一样，这个地区的威士忌历史深受禁酒令的影响。密苏里州可能是一个例外，它靠近传统的威士忌产区肯塔基州和田纳西州。霍拉迪酿酒厂在密苏里州的维斯顿，自 1856 年以来，有过不同的名称和所有者经营。如今，得克萨斯州主要的酿酒厂有 50 多家。而密苏里州、明尼苏达州和伊利诺伊州是酿造精酿威士忌的热门地区，许多规模较小的酿酒商产品只在当地销售。

3. 美国东部

美国东部蒸馏威士忌的历史悠久，包括纽约州、弗吉尼亚州、宾夕法尼亚州，还有印第安纳州。这里人口众多，传统上比中西部地区的工业发达，像纽约、波士顿、华盛顿和费城等历史悠久的城市在东海岸。这里的气候与苏格兰和爱尔兰相似，使这里适合酿造威士忌。北部较冷，有森林和崎岖的海岸线，中部为温带地区，南部为热带地区，佛罗里达地势低洼，沼泽丛生。阿巴拉契亚山脉是北美洲东部巨大山系，它贯穿了美国东部的大部分地区，一直延伸到加拿大。

1640 年，荷兰移民在纽约开设了第一家酿酒厂，生产杜松子酒。当英国人在 1664 年接管时，朗姆酒成为受欢迎的烈酒，紧随其后的是美国独立后的威士忌。再往南，总统乔治·华盛顿于 1797 年在弗吉尼亚州的弗农山建立了一座威士忌酿酒厂。在以后的 150 年里，税收、内战和禁酒令阻碍了美国酒精饮料的生产。这段历史诞生了一些新的传统的小规模蒸馏厂，以及创新的威士忌酿造方法。

黑麦威士忌的生产始于 18 世纪早期的宾夕法尼亚州和马里兰州。今天，这两个地区又重新燃起了人们对这种经典、辛香口感威士忌的兴趣。如在宾夕法尼亚州布里斯托尔风格的黑麦威士忌（Pennsylvania-style Rye），也称莫农加西拉黑麦威士忌（Monongahela-style），原料为 100% 的黑麦，是黑麦和黑麦麦芽的混合，没有玉米和大麦。黑麦麦芽中的酶把淀粉转化成糖，促进发酵。到 19 世纪末，宾夕法尼亚州的酿酒厂用大麦麦芽替代了黑麦麦芽，但黑麦比例是 80%~95%，仍然没有加玉米。

早期有些莫农加西拉黑麦威士忌会在麦芽浆中加入上次蒸馏之前留下的甜麦芽浆，而不是酸麦芽浆，所以只使用新鲜酵母来发酵。甜麦芽浆的 pH 比酸麦芽浆高，发酵过程也不同，这样酿出来的黑麦威士忌的风味与一般黑麦威士忌会有些区别。但是，到了 20 世纪，所有的宾夕法尼亚州黑麦威士忌都采用酸麦芽浆，风味也变得更干、更辛香。

老奥弗霍尔德（Old Overholt）和瑞顿房（Rittenhouse）一开始都是莫农加西拉风格的，但现在在肯塔基州生产，也就失去了原有的特别配方和特别风味。最后一家生产莫农加西拉威士忌的酿酒厂在 20 世纪 80 年代关闭。现在，莫农加西拉风格在老爹帽（Dad's Hat）黑麦威士忌重现。老爹帽黑麦威士忌的麦芽浆是 80% 黑麦、15% 大麦麦芽和 5% 黑麦麦芽，发酵蒸馏后在小橡木桶（1/4 桶）中陈酿 6 个月。老爹帽也会生产在标准橡木桶中陈酿至少 2 年的纯黑麦威士忌。

弗吉尼亚州和西弗吉尼亚州是威士忌之都肯塔基州的邻居，这两个州都是蒸馏厂的聚集地，2000 年以来，新兴蒸馏厂不断涌现。再往北，来自纽约的托瑟镇（Tuthilltown）酿酒厂，是美国禁酒令后纽约第一家威士忌蒸馏厂，一直在生产黑麦威士忌、玉米威士忌、波本威士忌和麦芽威士忌，哈德逊婴儿波本威士忌和纽约玉米威士忌都是用当地出产的谷物酿制而成。

纽约市至少有十家威士忌酒厂，大部分都在"繁华"的地方，包括布鲁克林和曼哈顿地区。

第四节 日本

一、日本威士忌概况

日本大约有 7000 个岛屿，其中四个主要的岛是：本州岛、北海道岛、九州岛和四国岛。

日本大多酿酒厂位于本州岛，有些则接近城市或沿海地区，其他的则建在山区"隐藏"在森林中。1923 年，日本才开始有威士忌，现在有 80 多家蒸馏厂。在短短的 100 年时间里，日本从没有威士忌，到变成世界上饱受尊敬和赞誉的威士忌产区之一，被誉为日本威士忌教父的竹鹤政孝和鸟井信次郎功不可没。

竹鹤政孝（1894—1979），1894 年出生于日本广岛的一个清酒制造家庭，但他痴迷于威士忌，因此去了摄津酿酒厂（Settsu Shuzo）工作。1918 年 7 月，由于了解到竹鹤政孝对威士忌的热爱，摄津酿酒厂的总裁派他去苏格兰学习酿酒技术。在格拉斯哥大学学习的短短三年时间里，竹鹤政孝在几家酿酒厂实习期间，获得了宝贵的知识和经验，例如斯佩塞的朗摩（Longmorn）和坎佩尔镇的哈佐本（Hazelburn）。他在格拉斯哥与丽塔·考恩（Rita Cowan）认识并结婚。丽塔是他教柔道时的一位年轻男子的妹妹。竹鹤政孝夫妇在 1921 年回到日本，将他在那里学到的知识应用到了日本的酿酒中。

在帮助建立了日本第一家麦芽威士忌酿酒厂山崎（Yamazaki）蒸馏所后，竹鹤政孝和丽塔搬到了日本北海道北岛，那里的地貌和气候与苏格兰高地最为相似。1934 年，竹鹤政孝开设了余市（Yoichi）酿酒所，这家公司后来成为一甲（Nikka）威士忌公司。竹鹤政孝在日本乃至整个世界的威士忌圈子里，都是一个受人尊敬的人物，在他居住的余市还有一个他的青铜雕像。

山崎蒸馏所展示的蒸馏器与轻井泽蒸馏所展示的小型直火蒸馏器见图 9-26。

（1）　　　　　　　　　　　　（2）

▲ 图 9-26　山崎蒸馏所展示的蒸馏器（1）与轻井泽蒸馏所展示的小型直火蒸馏器（2）
（图片来源：支彧涵）

鸟井信次郎（Shinjiro Torii）（1879—1962）：今天日本威士忌的规模和全球影响力很大程度上

要归功于鸟井信次郎。鸟井信次郎是一个药品批发商，懂得蒸馏技术。1899 年，他开始经营葡萄酒和白酒，当他看到威士忌带来的商机时，就转向了威士忌酿造。竹鹤政孝在 1921 年离开苏格兰回到日本，鸟井信次郎建议他离开了摄津酿酒厂（Settsu Shuzo）。在鸟井信次郎的领导下，他们创建了山崎，这是日本第一家麦芽威士忌酿酒厂，于 1924 年 11 月 11 日开始生产。1929 年时，鸟井信次郎和竹鹤政孝一起推出了日本第一瓶真正的麦芽威士忌，但是销量却不尽如人意，可能是因为味道特殊，日本消费者一时难以接受。鸟井信次郎认为，东方人与西方人存在先天喜好上的差异，因此日本威士忌在酿造调和方面应该有所调整，但是竹鹤政孝并不认同，他坚持苏格兰传统制法，要继续改进完善现有的设备工艺。因为酿酒理念上的分歧，竹鹤政孝最终离开山崎。

1934 年，竹鹤政孝在余市创立了余市蒸馏厂，拥有了自己的品牌：Nikka（一甲）。后来，两家酒厂成为竞争对手，都试图寻找日本威士忌的定义。从此，日本市场上出现了代表两种威士忌风格的酒厂：一个是符合亚洲人口感、甜美柔和的三得利公司，旗下有山崎、白州（Hakushu）和响（Hibiki）3 个威士忌品牌，鸟井信次郎以苏格兰威士忌为模板，追求与日本风土、口味相结合的风格。另一个是专注于传统苏格兰工艺的一甲公司[有竹鹤（Jaketsuru）、余市（Yoichi）和宫城峡（Miyagikyo）三个系列]。余市单一麦芽威士忌，酿酒厂描述它的味道是大胆、强劲、"愉快的泥煤"风格，而又有来自其沿海位置的"一丝咸味"。

今天日本威士忌被誉为世界上最好的威士忌之一，竹鹤政孝和鸟井信次郎两个人奠定的基础功不可没。

日本的威士忌工业虽然还不到 100 年历史，但发展道路坎坷。日本威士忌的兴衰和日本经济的起伏密切相关。1970 年，日本威士忌市场火热，成为了一种身份和地位的象征，当时最流行的是"威士忌 + 苏打水"的嗨棒（Highball）喝法。不幸的是赶上 20 世纪 80 年代全球的威士忌销售寒冬，步履蹒跚地跨入 20 世纪 90 年代，等待的却是日本"失去的十年"，再加上烧酒和啤酒更加大众化的酒成为了消费主流，日本威士忌又受到了冷落。2000 年后迎来风云际遇，2006 年日本威士忌才真正进入国际市场，并且饱受好评。步入 21 世纪，日本威士忌不断在国际上获奖，其中最重要的是 2015 年，山崎 2013 雪莉桶获得了《威士忌圣经》（Whisky Bible）所评的"年度最佳威士忌"，这是全球范围内的最受欢迎奖，于是日本威士忌价格开始疯狂飞涨。

日本余市和山崎威士忌见图 9-27。

（1）　　　　　（2）

▲ 图 9-27　日本余市和山崎威士忌
（1）竹鹤政孝倾向于追求苏格兰风格——余市（Yoichi）单一麦芽　（2）鸟井信次郎以苏格兰威士忌为模板，与日本风土、口味相结合风格——山崎（Yamazaki）单一麦芽

二、日本威士忌的特点和生产工艺

1. 口感精致细腻

日本威士忌有什么特别之处？日本威士忌脱胎于苏格兰威士忌，所用的大麦和泥煤也是从

苏格兰进口，但是成品的风格却独树一帜。

日本威士忌酒厂对传统的苏格兰威士忌酿造技术做了一些改良，融入了本土特色，生产出了更加精致、和谐、圆润的威士忌。

很多人都觉得日本威士忌的一大特点是"柔和"，但其实也要具体看是什么品牌。三得利公司旗下的山崎、白州、响等品牌，的确相对苏格兰威士忌是比较柔和的，但一甲旗下的余市等威士忌走的是苏格兰传统风格，口味算不上很柔和。

品鉴后你会发现日本单一麦芽威士忌之间的区别，山崎是甜香的、具有丰富的蜂蜜和花的特点。相比之下，白州比较内敛，烟熏味稍浓，有柑橘味。余市是泥煤味重的。竹鹤是由余市和宫城峡调和而成，是将两家酒厂的威士忌调和在一起的一个很好的范例。

2. 工艺独特

日本威士忌非常重视风土，三得利和一甲公司都在日本的不同地方选址建造了蒸馏厂，以获取不同气候环境下的不同风味，如山崎酒厂就位于日本茶道鼻祖曾建立茶室的地方，这里的甘美水质可是一绝。余市则位于北海道，酒厂距离日本海海岸仅 900m，与苏格兰"寒冷湿润"的气候非常接近。

日本威士忌在橡木桶的选用上非常讲究，不仅采用传统的雪莉桶、波本桶或新桶，还开创性地使用了具有日本特色的水楢桶，甚至梅酒桶来陈酿威士忌。

日本威士忌生产工艺特点：原料大麦和泥煤大部分都从苏格兰进口，使用非常清澈透明的麦芽汁，精选酵母长时间发酵，酿成的酒口感清澈干净，麦芽味轻柔；使用壶式蒸馏器生产单一麦芽威士忌；使用麦芽、玉米、小麦为原料，采用连续蒸馏生产谷物威士忌；日本的蒸馏厂之间原酒不相互买卖，所以每个酒厂需要生产各种原酒用于调和。三得利旗下的山崎和白州的蒸馏厂内有各式形状和莱恩臂角度的蒸馏器，力争蒸馏出各种不同风格的新酒，以保证酒款的多样化；橡木的选择上更倾向于美国橡木桶，也有少量新桶，有的用雪莉桶、波尔多红葡萄酒桶，甚至有日本的橡木桶；日本威士忌以调和威士忌为主，单一麦芽也正在兴起。

三、常见的日本威士忌

常见的日本威士忌品牌有山崎（Yamazaki）、宫城峡（Miyagikyo）、轻井泽（Karuizawa）、秩父（Chichibu）、信州（Mars Shinshu）、余市（Yoichi）、响（Hibiki）等。

四、主要的威士忌蒸馏厂

1. 山崎蒸馏所（Yamazaki）

山崎是三得利开设的首家威士忌蒸馏厂，建于 1924 年，以蒸馏单一麦芽威士忌为主。山崎标志中的"奇"与"寿"相似，暗含三得利的前身"寿屋"代代相传的理念。

山崎酒厂共有 12 个福赛思（Forsyths）设计制造的壶式蒸馏器，各个蒸馏器的尺寸与莱恩臂角度彼此不同，力图蒸馏出不同风格酒液，保障酒款的多样性。在橡木桶的使用上，酒厂主要使用 4 类酒桶：雪莉桶、水楢桶、美洲白橡木桶和波尔多红酒桶。

陈酿仓库全年的温度控制在 10~27℃，夏季湿度很高，每年的蒸发量在 2%~3%。

自 2003 年起，山崎 25 年和 18 年多次获得国际威士忌大奖，再加上 20 世纪 90 年代经济不景气时期酒厂虽未停产，却也降低了产量，导致现在库存酒数量严重不足，连最基础的 12 年也变得一瓶难觅。

2. 白州蒸馏所（Hakushu）

白州蒸馏所所属集团为三得利。在山崎蒸馏所建成 50 年后，1973 年，三得利以酿造新口味威士忌为目标的白州蒸馏所诞生了。1994 年，白州单一麦芽威士忌上市。蒸馏所建于山梨县甲斐驹山下的森林之中，白州的水源来自甲斐驹山顶流下的雪融水。

和山崎一样，为了让原酒的种类更丰富，白州蒸馏所拥有 6 款 12 个不同形状的蒸馏器。不同的是，白州的技术革新更大刀阔斧，风格也更简单直接。白州低年份的酒就彰显出与众不同的个性，清新，仿佛置身雨后的竹林，各种树叶和苔藓的味道。美国橡木桶和木质发酵罐中更长时间的发酵赋予它奶油一般的质地，余味中的烟熏味若有若无，耐人寻味。在环境温度上，白州酒厂周围的温度在 4~22℃，而山崎酒厂是 10~27℃。

3. 知多蒸馏所（Chita）

知多蒸馏所是三得利集团所有。相比山崎和白州，知多蒸馏所就显得名不见经传了。这是三得利旗下的谷物威士忌蒸馏厂，生产的原酒一直用作调配之用，近几年也开始独立装瓶推出单一谷物威士忌。

三得利旗下还有调和威士忌，比如最早制作的白札（White），迎合日本人清淡口味的角瓶（Kakubin），还有新推出的季（Toki）等。当然最著名的莫过于拿过许多国际大奖的响（Hibiki），包括 30 年、21 年、17 年和无年份款。三得利有 3 个日本威士忌酒厂——山崎、白州和知多，响的调配原酒就出自这 3 个酒厂。比如，"响和风醇韵"的酿造灵感来自东方 24 节气，融合了山崎、白州和众多蒸馏厂酿制的 12 种以上麦芽和谷物威士忌原酒。

4. 余市蒸馏所（Yoichi）

余市蒸馏所所属集团为一甲，是日本最北部的酿酒厂，以生产酒体强壮、拥有浓厚烟熏味的单一麦芽威士忌而闻名，由首位在苏格兰学习威士忌蒸馏技术的日本人竹鹤政孝建立。

余市蒸馏所从苏格兰进口麦芽，采取了从完全不采用烟熏到重度烟熏的多种处理工艺。此外，酒厂至今依旧使用炭直火蒸馏技术，因此在酒香中会带有一点点的焦香。加上余市寒冷天气的先天优势，让威士忌可以在桶中缓慢地陈酿，造就出余市强劲厚实但又不失细腻优雅的口感。

5. 宫城峡蒸馏所（Miyagikyo）

宫城峡蒸馏所建立于 1969 年，坐落于本州岛东北部。当年竹鹤政孝创办了一甲后，为了再建造一个酒厂，花了 3 年时间才找到这里，正是看中了这里清洌纯净的水质。

同余市蒸馏所形成鲜明对比，宫城峡的大部分麦芽没有经过烟熏，所有蒸馏器形状一致，体积大，并且拥有巨型底部和细天鹅颈，与竹鹤政孝曾在苏格兰工作过的朗摩蒸馏厂（Longmorn）中使用的蒸馏器非常相似。正因上述这些原因，相对于口味厚重饱满、带有强烈烟熏味的余市威士忌，宫城峡的产品风格非常清爽、纯净，带有果香。

酒厂还有两个科菲蒸馏器，用来蒸馏谷物威士忌。一甲集团还创立了调和麦芽威士忌品牌竹鹤（Taketsuru），包括 25 年、21 年、17 年和无年份版本，在国际品评会中斩获不少奖项。

6. 富士御殿场蒸馏所（Fuji-Gotemba）

富士御殿场蒸馏所，所属集团为麒麟（Kirin）。1973 年由麒麟、加拿大施格兰（Joseph E. Seagram & Sons）和皇家芝华士（Chivas Brothers）联合创建。酒厂位于静冈县御殿场市，正好在富士山脚下。2002 年，麒麟集团取得酒厂的完全控制权。

因为拥有大型的装瓶厂，再加上麒麟集团也是许多国外酒品牌的代理商，所以富士御殿场蒸馏所也为其他酒厂装瓶，例如知名的波本威士忌四玫瑰（Four Rose）就是由这里装瓶。

威士忌在美国橡木桶中陈酿。生产的原酒主要用于制作调和威士忌，包括富士山麓樽熟原酒50%vol，也曾出过富士山麓18年单一麦芽威士忌。2000年后，富士御殿场蒸馏所开始增多小批次的单一麦芽和单一谷物威士忌。

7. 信州蒸馏所（Mars Shinshu）

信州蒸馏所位于长野县上伊那郡宫田村，建成于1985年，地处中央阿尔卑斯山脉的山坡处。那里绿荫环绕，空气清新，水质优越，有许多海拔超过2000m的高山，因此长野也有"日本屋脊"之称，而信州蒸馏所也就成为全日本海拔最高（798m）的蒸馏所。

信州蒸馏所隶属鹿儿岛的本坊酒造（Hombo）集团，该集团由本坊家族七兄弟于1872年成立至今，历时140年，如今的本坊酒造是日本酿酒业的巨头之一。而信州蒸馏所在日本威士忌的发展史上也是一座宝库，是仅次于三得利、一甲之外最关键的日本威士忌酒厂。

信州蒸馏所与竹鹤政孝颇有渊源，这个酒厂的顾问是岩井喜一郎，就是他在当年派遣竹鹤政孝前往苏格兰学习。岩井喜一郎，1902年是大阪大学酿造学科系第一届毕业生，1909年开始进入摄津酒造工作。1918年岩井喜一郎派遣他的学弟、同时也是他属下员工的竹鹤政孝前往苏格兰学习正宗的威士忌酿造工艺，竹鹤政孝回到日本后写了一份实习报告给岩井喜一郎，也就是著名的"竹鹤笔记"，这份报告书之所以重要是因为它代表着日本威士忌的起始点。

1945年，本坊酒造在鹿儿岛取得威士忌执照，同年岩井成为本坊酒造的顾问。本坊酒造在1960年决定建设一家真正的麦芽威士忌蒸馏厂，他根据"竹鹤笔记"进行规划并且进行威士忌的生产，终于在1985年把信州蒸馏厂建在长野县上伊那郡宫田村，位于驹岳的山脚下，蒸馏所邻近太田切河，四季分明，终年温度−15~33℃，温差高达48℃，湿度为65%~67%。气候及高品质水保证了本坊威士忌的质量。1985年信州蒸馏所成立后，位于鹿儿岛的酒厂便关闭，设备及原酒也被转移过来。

20世纪90年代的经济危机同样给酒厂带来冲击，酒厂从1991年开始停产，此后的19年中，酒厂不再运作，只是一点点把陈酿好的原酒装瓶并推出市场。直到2011年，信州蒸馏所才重新开始酿酒。

信州蒸馏所的产品以单一麦芽威士忌驹岳（Komagatake）最为有名，由于停产近20年，原酒库存所剩无几，该系列的高年份酒款都已经停产了，偶尔推出的一些限量版也大多是瞬间被抢购一空。

8. 秩父蒸馏所（Chichibu）

秩父蒸馏所所属集团为风险威士忌（Venture Whisky）。说起秩父，不得不提到已经关闭的知名酒厂羽生（Hanyu），因为两家蒸馏所都是由清酒世家肥土家族建立。

秩父由肥土伊知郎（Ichiro Akuto）创建于2007年并于次年拿到生产执照。肥土伊知郎出生在一个清酒世家（始于1625年），他的爷爷是知名威士忌品牌羽生（Hanyu）的创始人。

20世纪90年代，日本爆发了历史上最严重的经济危机，羽生经营不善，蒸馏所最终不得不转让给他人并于2004年倒闭关门，新东家甚至计划抛弃剩下的400桶威士忌原酒。肥土伊知郎不忍祖辈多年的心血付诸东流，于是设法买下这批原酒。同年，肥土伊知郎成立了风险威士忌有限公司，一边酿造新的威士忌，一边将羽生的原酒装瓶上市，并于 2005 年开始将部分原酒以"伊知郎"（Ichiro's Malt）的品牌推向市场。这些酒一经推出，便赢得了威士忌爱好者的青睐，其中最受瞩目的便是由 54 款不同威士忌组成的"扑克牌系列"。54 瓶威士忌，于 2005—2014 年分批推出，因以一副完整扑克牌为酒标而得名。瓶中佳酿全以羽生蒸馏所遗留下来的 400 桶极品威士忌装瓶。

2019 年 8 月 16 日，香港邦瀚斯拍卖会上，"扑克牌系列"以 719 万港币（635 万人民币）成交，刷新日本威士忌系列之世界拍卖纪录，超越 2015 年所创的旧纪录近一倍。

秩父并不是单纯地复制羽生，这是一间小型的酒厂，拥有年轻的团队，大部分员工曾在轻井泽工作过，因此令这里与轻井泽有了不少相同之处，比如使用小型蒸馏器。

秩父蒸馏所的工艺特点：原料方面，尽管目前使用的麦芽大部分从英国诺福克进口，但他们已经说服蒸馏所附近农民种植大麦，并且尝试了不同品种，包括彩之星、山区品种"三芳二棱"、老品种"金瓜"等。目前当地大麦已经占到蒸馏所的 10%~15%。在发酵方面，使用水楢木发酵桶。水楢木很贵，不易清洁和消毒，又容易渗透，但秩父认为自然产生的乳酸菌和木头中的微生物会产生奇妙的变化并形成特殊的口感。在蒸馏方面，使用小型蒸馏器，大胆创新取酒心的方法，很多蒸馏厂的烈酒保险箱会上锁，靠设定好的仪器取酒心。秩父则是依据直觉和风味，所以实际的分酒点可以改变，例如酒精度 72%vol 或 73%vol 时开始截取，无泥煤的在 63%vol 停止，泥煤的则在 61%vol。在陈酿方面，为了维修和制作自己想要的橡木桶，他们还建立了制桶厂，将拍卖回来的水楢木制作成桶，还发明了四分之一桶（Chichibu）。秩父陈年用的酒桶有各式各样，有意思的是，所有酒在进桶前都要过一遍日本特有的水楢桶。

9. 明石蒸馏所（White Oak）

明石蒸馏所所属集团为江井岛酒造（Eigashima）。很多人都认为山崎蒸馏所是日本首家威士忌酒厂，其实不然。早在 1919 年，江井岛酒造旗下的明石蒸馏所已经取得了蒸馏执照，不过直到 20 世纪 60 年代才开始商业化生产威士忌。

江井岛酒造以酿造清酒起家，清酒的酿造具有季节性的限制，却也给予其拓展烧酒及威士忌产业的便利。蒸馏所威士忌的蒸馏方式是在烧酒的方法上改良出来的，因此非常有本土个性，清淡而微妙。另外，除了波本桶和雪莉桶外，蒸馏所还会使用自家的烧酒桶来陈年威士忌原酒，这也使得其非常有本土个性。

除了上述蒸馏所外，日本运作中的威士忌蒸馏所还包括冈山（Okayama）、额田（Nukada）、安积（Asaka）、三郎丸（Saburomaru）、厚岸（Akkeshi）、静冈（Shizuoka）和长滨（Nagahama）蒸馏所，这些蒸馏所规模和名气都要稍逊一筹，但遍布各地，有着鲜明的地域特色，也给了消费者更多的选择。

已关闭和消失的蒸馏所，这里面有很多是在经济大萧条时期被迫关闭的，比如著名的轻井泽（Karuizawa）和羽生（Hanyu），两家蒸馏所留存下来的原酒如今都是收藏界的宠儿。

10. 轻井泽蒸馏所（Karuizawa）

轻井泽蒸馏所由美露香集团（Mercian）成立于 1955 年，是日本最小、最特立独行的蒸馏厂，不惜重金从苏格兰进口大麦（与麦卡伦使用的同一品种）和泥煤，并且使用大量的雪莉桶进行陈酿，这样的高成本之下，蒸馏所的产量却并不多，最终导致蒸馏所无法生存，2000 年便停产了。

2007 年，麒麟集团收购了美露香。遗憾的是，麒麟并没有让轻井泽恢复生产，只是将这里的原酒拿去给旗下的富士御殿场蒸馏所调配用。后来麒麟集团索性将看似"累赘"的轻井泽彻底关闭，蒸馏所剩下的几百桶原酒被酒商一番公司（Number One Drinks）全数买去，并在每年发售一些限量酒款。谁承想，这些威士忌一上市便大获好评，立即陷入供不应求的状况。过硬的品质、稀少的存量，令轻井泽渐渐被归为艺术珍品之列，成为拍卖会中藏家的竞夺目标。

11. 羽生蒸馏所（Hanyu）

羽生蒸馏所由建立东亚酒造的肥土家族创立于 20 世纪 40 年代，1983 年开始专门生产威士忌，2000 年因陷入经济危机而停产易主，2004 年被新的拥有者关闭。当时，酒厂剩下的大约 400 桶威士忌原酒被东亚酒造创始人之孙肥土伊知郎买下，存放在笹之川酒造（Sasanokawa）。2004 年，肥土伊知郎成立了风险威士忌公司和秩父蒸馏所，除了酿造秩父威士忌外，他也开始将羽生留存的那批原酒装瓶，以"伊知郎"为名上市。具体见上文"8. 秩父蒸馏所"中内容。

另外，成为历史的蒸馏所还有川崎（Kawasaki）、白河（Shirakawa）、盐尻（Shiojiri）等，其中身世非常神秘的川崎威士忌也是世界最稀有的威士忌之一。

第五节　加拿大

一、加拿大威士忌概况

加拿大约在 18 世纪中叶开始酿造威士忌，那时候加拿大的东南部人口很多，制粉业也很繁荣。而在此行业中，有许多是以蒸馏为副业的，至后来竟渐成为主业，到 1787 年，在魁北克地方已有三个蒸馏厂，而在蒙特利尔市也有一个蒸馏厂开始营业。在初期，加拿大威士忌都是以黑麦为原料，所以风味很重，直至 19 世纪中叶，从英国引进连续式蒸馏器后，在加拿大本土才开始以玉米为原料，生产清淡类型的威士忌。

加拿大威士忌的兴起可以说是有其独特的时代背景。事实上，造就加拿大威士忌发展的并不是加拿大人，而是相邻的美国。美国在 20 世纪 20 年代颁布了禁酒令，但国内对于烈酒的需求却不降反增，仅隔一条国界的加拿大占尽地利之便，得以沿着美加边境将加拿大威士忌大量走私进入美国。在禁酒令废除之后，美国虽然开始生产威士忌，但威士忌的陈酿需要时间。当时加拿大的威士忌生产商趁此机会，每年增加储存的桶数，以至听到美国禁酒令解禁后，即以品质优良的威士忌出口美国，于是加拿大威士忌一跃而知名。

加拿大威士忌一直以来售价较低，包括一些顶级产品，因此部分消费者对其质量产生怀疑。如今，各个酒厂都在积极创新，蒸馏和调配技术有了新的突破，再加上精酿威士忌的流行等因素，现在市场上出现了更多的个性化高端产品。加拿大威士忌在美国的销售量仅次于波本威士忌，位于第二。

二、加拿大威士忌的特点和生产工艺

1. 加拿大威士忌的特点

加拿大威士忌是一种只在加拿大制造的清淡威士忌。原料上，虽然加拿大威士忌常常被认为是一种用黑麦（裸麦）制造的威士忌，但实际上加拿大威士忌是不折不扣的谷物威士忌——使用包括玉米、黑麦、黑麦芽与大麦芽等多种的谷物材料来制作。

加拿大威士忌通常使用玉米为主要原料，为什么还要称它为黑麦威士忌呢？有些威士忌的谷物原料的配方中没有加入黑麦，但是在调配时添加了少量的黑麦威士忌，所带来的黑麦特点比你想象的还要多。这是加拿大威士忌的特色，以黑麦威士忌来提味，但又不是 100% 的黑麦威士忌。

2. 生产工艺

（1）破碎和发酵　各种谷物单独进行糖化、发酵、蒸馏、陈酿，在装瓶前进行调和，少数厂家也会先调和，然后入橡木桶陈酿。通常酒厂会有两条生产系统，其中一条是制作调和使用的高酒精度的基础威士忌（Bast whisky），主要使用玉米为原料。另一条是制作调和使用的低酒精度的调味威士忌（Flavouring whisky），使用黑麦，但也会使用小麦、玉米或者大麦为原料。麦芽汁的制作工艺同苏格兰。而其他谷物则经过加热，然后用少量的大麦芽或人工添加的酶转化成糖。

黑麦不容易发芽，会粘在糖化罐里，还会在发酵罐里疯狂起泡，有的酒厂已经研究出一种特色酵母，可以解决这些问题。

发酵方面：基础威士忌的酵母有多重选择。调味威士忌的酵母则会选择特定的酵母发酵以产生其特有的味道。

（2）蒸馏　基础威士忌风味很轻柔，用连续或壶式蒸馏到酒精度超过 94%vol，酒的成分纯净，杂醇油等化合物含量极低，可以理解为是高纯度的乙醇。调味威士忌则几乎都用壶式蒸馏，蒸馏后的酒精度在 55%~70%vol。

（3）陈酿　法律规定：要在不大于 700L 的橡木桶中陈年 3 年。使用新的或旧的波本桶，或者来自欧洲的陈年雪莉酒、波特或干邑桶，威士忌会各自陈酿。

（4）调配 有各式风格的调和威士忌，尤其是陈酿时间比较久的黑麦威士忌，都是调和的关键。每个酒厂都有自己的特色，这也是加拿大威士忌的乐趣所在，酿酒师会根据不同元素调配出风味复杂及个性化的威士忌。

根据规定，加拿大威士忌可以添加9.09%的非威士忌酒液"包括葡萄酒或陈酿至少2年的其他烈酒"。

这是因为20世纪80年代，加拿大威士忌75%以上的产量都销往美国，美国税务部门为了促进本国波本威士忌产业，和加拿大威士忌出口商达成一个协议：要求在加拿大的威士忌中含有部分波本威士忌，这样就可以享受更优惠的税率。于是加拿大人便制定出了这条法则。

从2009年开始，本国销售的加拿大威士忌已经不受该规定上限的限制。

（5）装瓶 加拿大对威士忌规定相当宽松，规定只需要制作、蒸馏、陈酿在加拿大，橡木桶中陈酿3年以上，装瓶的时候酒精度不低于40%vol即可。

三、常见的加拿大威士忌

常见的加拿大威士忌品牌有加拿大俱乐部（Canadian Club）、四十溪（Forty Creek）、吉姆利（Gimli）、黑美人（Black Velvet）、皇冠（Crown Royal）等。

四、主要的威士忌蒸馏厂

加拿大主要的商业蒸馏厂有阿尔伯塔省的高树（Highwood）酿酒厂、黑美人（Black Velve）和亚伯达（Alberta Distillers）酿酒厂；马尼托巴省的吉姆利（Gimli）酿酒厂；安大略省的海洛姆·沃克（Hiram Walker）酿酒厂、加拿大之雾（Canadian Mist）和四十溪酿酒厂（Forty Creek）；魁北克省的瓦利菲尔德（Valleyfield）酿酒厂。生产工艺各异，因此产区并不能确切概括一个地区威士忌的风格。

（1）高树 只使用小麦为原料制作基酒。产品系列众多，有几百种。

（2）黑美人 主要使用玉米为原料制作基酒。

（3）亚伯达酿酒厂 生产的"Old time"老时光，使用100%黑麦酿造威士忌，是世界顶级黑麦威士忌专家。

（4）吉姆利酒厂 酿造皇冠威士忌，1936年英国国王乔治六世访问加拿大时饮用过这种酒，因此而得名。现在是加拿大最畅销的威士忌。

（5）海洛姆·沃克 加拿大最大、最古老的酒厂，年生产5500万L威士忌。除使用玉米外，还使用黑麦、发芽黑麦、大麦、发芽大麦以及小麦为原料。

（6）加拿大之雾 一家现代化的酒厂，其产品也是加拿大最畅销的威士忌之一。

（7）四十溪酿酒厂 生产小批量的威士忌。

（8）瓦利菲尔德 属于帝亚吉欧集团，生产施格兰。

此外，加拿大有 30 家左右的精酿酒厂，其中包括苏格兰威士忌风格的格伦诺拉（Glenora）和喜尔波特（Shelter Point）两家，格伦诺拉的格伦布雷顿冰酒（Glen Breton Rare ICE）系列还采用了冰酒橡木桶陈酿威士忌。

第六节　中国

中国最早记载威士忌的史料源自《清稗类钞》（图 9-28）一书，书中记载：清朝设席宴客"嘉庆某岁之冬至前二日，仁和胡书农学士敬设席宴客，钱塘汪小米中翰远孙亦与焉，饮鬼子酒。翌日，严沤盟以二瓶饷小米，小米赋诗四十韵为谢。鬼子酒为舶来品，当为白兰地、惠司格、口里酥之类。当时识西文者少，呼西人为鬼子，因强名之曰鬼子酒也。"这里的惠司格，就是威士忌。

胡書農設席宴客

嘉慶某歲之冬至前二日，仁和胡書農學士敬設席宴客，錢塘汪小米中翰遠孫亦與焉，飲鬼子酒。翌日，嚴漚盟以二瓶餉小米，小米賦詩四十韻為謝。鬼子酒為舶來品，當為白蘭地、惠司格、口裹酥之類。當時識西文者少，呼西人為鬼子，因強名之曰鬼子酒也。

▲ 图 9-28　堪称清末美食大全的《清稗类钞》

一、民国时期的威士忌概况

清末民初，战争频发，当时刚成立的国民政府为维护统治，一方面鼓励实业，另一方面又征收重税。民国时期，酒坊都是私人作坊，其酿酒的技术和工艺也多为家族传承，这些酒坊俗称为烧锅、烧坊、糟坊；为了在竞争中处于不败之地，各烧坊都争取酿出各具特色的美酒，因此种类繁多。烧酒（白酒）在当时与露酒、药酒、黄酒、白兰地、威士忌几乎是并驾齐驱。当时的酒坊生产规模小、自产自销，通常是前店后坊；为方便交通，这些酒坊往往位于交通要道和商业繁荣的地方。威士忌作为一种外来酒，生产技术主要来自国外，大部分采用进口分装的方式进行，消费者也主要是外国人，生产地主要集中在沿海地区。

中国最早的威士忌酒厂诞生于青岛，据《青岛葡萄酒厂志1914—1985》一书记载，1914年，一位经营杂货的德国人在青岛市市南区湖南路34号成立了一家酿酒作坊。他以青岛当地的优质新鲜葡萄为原料，利用从德国带来的容量为600L的橡木桶，按照德国传统发酵工艺，酿制出优质的起泡酒与葡萄酒。这里也是中国最早生产威士忌的地方。

酿酒坊几经易手，数年后由德商"福昌洋行"老板克劳克对其投资收购，为前店后厂生产。

1930年，该酿酒厂以一万大洋的价格被卖给德商"美最时洋行（MELCHERS）"，根据美最时洋行名字的前几个字母，将酒厂命名为"美口（Melco）酒厂"，也就是后来的青岛葡萄酒厂的前身（图9-29、图9-30）。

（1）　　　　　　　　　　　　　　　　　（2）

▲ 图9-29　青岛美口酒厂相关照片（现青岛市湖南路34~36号）

（1）德商"美最时洋行"职员同中方工人合影　（2）酿酒车间内部。

（图片来源：德国美最时公司及《青岛葡萄酒厂志》）

▲ 图9-30　青岛美口酒厂旧址（青岛市湖南路36号）

▲ 图 9-30　青岛美口酒厂旧址（青岛市湖南路 36 号）（续）

　　在当时，青岛产的烈酒和啤酒一样，大部分都是给外国人饮用，是外国海员们的最爱，有些都随着各国商船出口到其他的国家，因此，商标大多都以英文为主（图 9-31）。

　　1914 年第一次世界大战爆发，日本取代德国占领青岛。1938 年日本再次侵占了青岛，历经动荡，青岛威士忌酒厂也是经历了非常困难的时期，关了又开，开了又关。在第二次世界大战爆发期间，青岛的酒厂很难获得进口的国外酒，因此一些有实力的酒厂开始增大产能，以保障供应。在日本占领期间，日本清酒厂的数量出现了大量的增长，最多时达到 60 余家，而威士忌产能仅是延续下来。

　　据《青岛葡萄酒厂志 1914—1985》一书记载：1938 年以后，美口酒厂的生产还是使用德国酿酒技术。保留了传统的葡萄酒、香槟酒、甜酒，意大利式和法国式味美思、威士忌、白兰地等产品。配酒用的原材料，如药材、香料等多由外国进口，瓶子则由各地商人收购旧瓶。成品酒用草把包裹，装入木箱运输。

▲ 图 9-31　青岛早期的威士忌出口产品及进口装瓶的产品标签
（图片来源：青岛市档案馆及文史专家李明先生）

这种艰难的局面一直持续到 1945—1946 年。1945 年日本投降后，社会逐渐稳定，一些民间资本借助德国和日本人留下来的设备工艺和技术，开办自己的酿酒厂，这个时期，有多达十几家的生产威士忌的酒厂如雨后春笋般建立起来，他们都有自己的威士忌品牌和特色产品。这个时期是青岛历史上威士忌品牌最丰富的时期，也成就了"青岛威士忌"的盛名。

1945 年，日本投降，美口酒厂作为敌产，被国民政府经济部接管，除拉特维亚人菲利普技师继续留用外，其余德国人全部由盟军美国政府遣送回国，工厂营业照常。次年十月，美口酒厂归敌伪产业处理局接管。1947 年 9 月，美口酒厂由国民党陈氏官僚资本齐鲁公司价购。该厂附属于青岛啤酒厂，对外仍称"美口酒厂"。

20 世纪 30 年代美口酒厂的威士忌见图 9-32。

▲ 图 9-32　20 世纪 30 年代美口酒厂生产的威士忌
（摄于青岛啤酒博物馆）

二、中华人民共和国成立至改革开放前的威士忌概况

中华人民共和国成立后，我国酿酒行业发生了重大的变化。首先，在政策上，1949 年后，国家实行酒类专营，私人酿酒是非法行为，将私营酒厂全部收购、合并，组建国营酒厂，从生产到销售的全过程受国家计划管理，这些家族酒坊在中华人民共和国成立后的公私合营过程中逐渐销声匿迹。

酒税成为国家的税收支柱，在很长一段时间里仅次于烟草税，这使得国家有能力去扩大酒业的规模，增加产销量。

20 世纪 50 年代初期美口威士忌见图 9-33。

1952 年国营青岛美口酒厂发票见图 9-34。

中华人民共和国成立后的 50~60 年代我国威士忌的生产厂家很少，青岛美口酒厂是为数不多的生产威士忌的厂家，而且主要生产调配威士忌。

1949 年 6 月 2 日，美口酒厂对内为青岛啤酒厂的果酒车间。1959 年 4 月，经青岛市政府和轻工业局批准，"美口酒厂"改名为"青岛葡萄酒厂"，但与青岛啤酒厂仍未脱离关系。1964 年 4 月 1 日，青岛葡萄酒厂与青岛啤酒厂分离，成为独立核算的生产企业。

根据"关于 1973 年前威士忌的试验情况"报告，笔者曾专门拜访过一些青岛葡萄酒厂当年的老员工，例如王好德、修淑英等前辈们及李贵章、陈迎奎等老领导。据他们介绍，在 20 世纪的 1961 年，青岛葡萄酒厂开始生产麦芽威士忌，麦芽是来自青岛啤酒

▲ 图 9-33　20 世纪 50 年代初期美口威士忌
（样品来源及摄影：孙方勋）

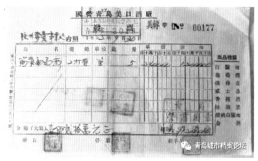

▲ 图 9-34　1952 年国营青岛美口酒厂发票，厂址仍为湖南路 36 号

（图片来源：青岛市档案馆）

厂的大麦芽，使用东北产的泥煤进行干燥，在葡萄酒发酵池进行发酵，和白兰地共用一台铜壶式蒸馏器，蒸馏后的新酒存放在橡木桶中陈酿。威士忌产品使用麦芽原酒、玉米脱臭酒精和焦糖色等调配而成，调配好的酒需要再存放几个月，然后才能装瓶。

"优质威士忌酒的研究"报告——"关于 1973 年前威士忌的试验情况"中，证实了以上的说法。

国营青岛葡萄酒厂是中国第一家生产麦芽威士忌的企业。为了提高产品质量，达到国际同类产品的先进水平，1973 年"优质威士忌酒的研究"被列于轻工业部重点科研项目，课题承担主要单位为青岛葡萄酒厂和江西食品发酵工业科学研究所（现在的"中国食品发酵工业研究院有限公司"），协作单位为吉林师范大学和青岛市轻工业研究所，王好德工程师为青岛葡萄酒厂的项目负责人。该项目从威士忌的原料开始，对糖化、发酵、蒸馏、陈酿、勾兑和分析等都做了系统的科学研究，明确了影响麦芽威士忌和谷物威士忌的工艺路线。在 5 年多的时间里，课题组先后翻译了十几部国外技术专著，50 多份英文和日文资料。从小试到中试，直到规模化生产，期间对 635 批次的威士忌进行试验，蒸馏出 69 种不同的威士忌原酒，分析检测了 13000 多个数据。提前一年完成了轻工业部下达的各项任务。1976 年，使用优质威士忌新工艺生产的麦芽威士忌在青岛诞生。1977 年 12 月 19 日，北京市一轻局受轻工业部的委托，对"优质威士忌酒的研究"项目在北京进行技术鉴定并通过，鉴定意见为：①研究的产品已有苏格兰威士忌的典型风格，质量接近苏格兰红方的水平。②从试验的产品达到的质量水平看，该酒采取的工艺路线是成功的，方向是对的。③优质威士忌的研究成功，为满足国内外需要奠定了技术基础，做出了一定的贡献。1981 年该项目获轻工业部科技成果四等奖和山东省科技成果二等奖。

威士忌研究项目成功鉴定后，1977 年青岛葡萄酒厂投资 18.7 万元人民币，建设威士忌生产车间 1250m²。1979 年为扩大威士忌和伏特加的生产能力又向国家轻工业部、财政部贷款 137 万元，新建威士忌酒库 500m²，增加了威士忌大型的糖化罐和蒸馏器，其中威士忌蒸馏器是在原来设计图纸基础上进行扩大。可惜因为种种原因新的车间没有投入使用。在此以后一直使用原来的中试设备进行连续生产。2004 年 5 月，青岛葡萄酒厂威士忌停产。

北京葡萄酒厂也是我国较早生产威士忌的厂家，1964 年前采用调配方法生产，1964 年 12 月和一轻部发酵研究所协作进行大麦发酵酿制威士忌的试验。1965 年进行中试。1967 年扩大试验规模投入生产，在威士忌使用的大麦芽、泥煤、酵母等方面的研究上做出了大量的工作。1973

年轻工业部下达"轻工业1973年科学技术发展规划重要科研项目",其中有"优质威士忌的研究",北京葡萄酒厂为执行单位,并要求同青岛葡萄酒厂每半年一次对威士忌的研究情况进行交流,互相参观学习,平时随时互通情报。

优质威士忌的研究资料见图9-35。

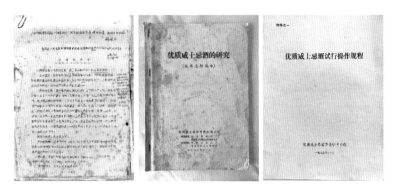

▲ 图9-35　优质威士忌的研究资料

（资料来源，摄影：孙方勋）

三、改革开放以来的威士忌概况

据"优质威士忌酒的研究"报告和《青岛葡萄酒厂志》记载：青岛威士忌虽然有百年的生产历史,但是在中华人民共和国成立前产量极低,中华人民共和国成立后产量逐年增大。1950年为2.930kL,1960年为20.470kL,1970年为29.510kL,改革开放后的1982年为49.460kL,到1986年达到540.000kL。在国内主要是旅游市场用及外供,部分威士忌还出口国外（图9-36）。

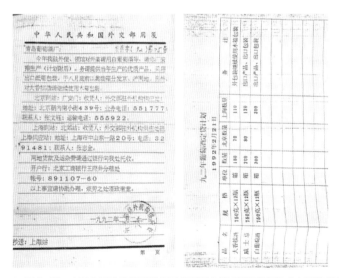

▲ 图9-36　1992年外交部驻外机构供应处对外接待用青岛威士忌计划公函

（摄影：孙方勋）

20 世纪 80~90 年代在全国有很多酒厂生产威士忌，其中大部分为调配类型，主要原料有大麦、玉米、高粱、青稞等谷物及食用香精及焦糖色等添加剂。

主要生产厂家和品牌如下：上海市中国酿酒厂的"象"和"熊猫"牌威士忌、贵州茅台的"茅台威士忌"、宜宾五粮液安培纳斯制酒有限公司的"亚洲"威士忌、北京葡萄酒厂的"中华牌"威士忌、吉林市长白山葡萄酒厂的"长白山"牌威士忌、广州饮料厂的"五羊"牌威士忌等。

▲ 图 9-37 青岛"威士忌"
与"威士吉"
（样品来源及摄影：孙方勋）

20 世纪 70~80 年代，"Whisky"或者"Whiskey"翻译成中文通常为"威士忌"，但在青岛葡萄酒厂生产的威士忌的标签上有两种写法，一种黑标为"威士忌"，另外一种黄标为"威士吉"。笔者曾经咨询过当时的威士忌项目负责人王好德工程师，他告诉我，"吉"是"吉祥""吉利"的意思，而"忌"是"忌讳"的意思，所以从字义上看，翻译成"威士吉"会更好。就在笔者写这本书的过程中，有两位文化学者建议应该将威士忌的中国名称翻译成"威士吉"（图 9-37）。

青岛葡萄酒厂因为各种原因于 1997 年破产，而位于市中心黄金地段的威士忌生产车间、糖化、发酵设备、壶式蒸馏器、橡木桶和地下大酒窖等，被青岛市作为文物遗址完整保留下来了，这是中国威士忌行业的宝贵财富（图 9-38）。

▲ 图 9-38 作为文物遗址被保留下来的青岛葡萄酒厂威士忌生产车间
（摄影：袁新海、孙方勋）

随着中国威士忌市场日益增长的市场需求，威士忌产业异常活跃，众多资本巨头、白酒（啤酒、保健酒）巨头、洋酒巨头也纷纷布局威士忌，实行威士忌品牌本土化策略。一些威士忌蒸馏厂的技术装备，达到了 20 世纪 80 年代中期许多人都无法想象的程度：在技术方面，涌现出大量的专业技术人才，海归派中的硕士、博士及本土大量的啤酒、葡萄酒、白酒产业人才的结合，为国内威士忌产业的蓬勃发展提供了技术支持；在规模上，有大小不等的蒸馏厂；在可持续性发展上，一些大的有影响力的蒸馏厂充分考虑了对整个行业、各种供应链和自然环境的影响，包括减少产业对自然环境的影响，适应气候变化和降低碳排放等方面因素。根据来自中国酒业协会数据显示，2022—2023 年，中国境内威士忌生产厂家的实际蒸馏产能，按照 100% 酒精容量为基准为 30000kL，总设计蒸馏产能为 60000kL，总产能发展规划为 200000kL。橡木桶保有量为 20 万 ~25 万个，桶陈总量为 50000~55000kL。具有法人资格的威士忌单位（含台湾省 2 家），共有 42 家。

以下是部分蒸馏厂情况。

（1）2019 年 3 月嵊州蒸馏厂开始建设，工厂坐落在四川邛崃。他们引进英国麦克米兰（McMillan）的壶式蒸馏器；意大利弗里利（Frilli）公司的柱式蒸馏系统；英国布里格斯（Briggs）公司为其开发定制工艺流程；中国中集（CIMC）集团为其打造各项酿造设备；瑞士布勒（Buhler）公司提供粮食处理设备。

2021 年 10 月 19 日嵊州蒸馏厂开元桶灌桶仪式在邛崃厂区举行。

嵊州蒸馏厂的橡木桶见图 9-39。

▲ 图 9-39　嵊州蒸馏厂的橡木桶

（图片来源：嵊州蒸馏厂）

嵊州蒸馏厂的壶式蒸馏器及开元桶灌桶仪式牌见图 9-40。

▲ 图 9-40　嵊州蒸馏厂的壶式蒸馏器及开元桶灌桶仪式牌

（2）福建大芹陆宜酒业有限公司（图 9-41）于 2015 年第一期投产，2018 年第二期投产，2019 年第三期投产。福建位于热带地区，威士忌在陈酿过程中挥发量大，陈酿时间短，不利于风味物质的均衡提取。福建大芹陆宜酒业有限公司运用海拔的高度替代苏格兰的纬度，酒厂建于闽南海拔 1544.8m 的大芹山上，厂区坐落在海拔 1000m 的山麓位置，夏季平均温度白天 16~30℃，夜晚 10~15℃，年均温度 18~20℃。且由于山中云雾缭绕，湿度大。因此酒厂相信这样的环境相当适宜威士忌的生产和陈酿，再加上大芹山 800m 以上就没有农作物，这样完全不存在农业或是工业污染，其山泉水源经过火山岩层过滤，水质更是得天独厚。

▲ 图 9-41　福建大芹陆宜酒业有限公司

（3）熊猫蒸馏（安顺）酒业公司是熊猫精酿的全资子公司。2016 年在原湖南益阳的工厂试产麦芽威士忌，分别使用波本桶、葡萄酒桶和雪莉桶陈酿。2022 年开始规模化批量生产。

（4）2019 年 8 月，四川峨眉山叠川麦芽威士忌酒厂破土动工，投资方来自保乐力加集团，目的是生产更符合中国消费者口味的威士忌，酒厂于 2021 年 11 月 16 日正式投产运行。

（5）2019 年，位于福建龙岩的福建龙岩德熙威士忌酒厂破土动工，工厂所在地的森林覆盖率在 80% 以上，水源丰富品质好。山区昼夜温差常年保持在 10℃以上，适合原酒的酿造和保存。威士忌酒厂的投资方是中国葡萄酒企业——怡园酒业。

▲ 图 9-42　钰之锦蒸馏设备和雪莉桶

（6）2019 年钰之锦蒸馏酒（山东）有限公司的单一麦芽威士忌上市（图 9-42）。钰之锦蒸馏酒有限公司的母公司是海市酒业集团，蒸馏设备于 2015 年安装完毕开始蒸馏麦芽威士忌。2020 年 9 月 7 日，来自国内的威士忌专家对钰之锦威士忌进行品尝，他们对钰之锦单一麦芽威士忌给予了很高的评价。

（7）2020 年，内蒙古蒙泰威士忌酒厂开始建设，酒厂位于鄂尔多斯市伊金霍洛旗红庆河镇哈达图淖尔村。一期设计能力为 50 万 L。蒸馏设备由苏格兰福赛斯（Forsyths）公司制造。这是内蒙古成立的第一家威士忌酒厂。

（8）2020 年 10 月，香格里拉青稞威士忌 2800 正式在全国上市销售。香格里拉酒业的酿酒原料使用迪庆高原藏区特有的青稞为原料，突出了青稞本身香气特征及陈酿过程形成的香草、烘焙和微微的烟熏风味，是一款具有藏区地域特色的"青稞威士忌"。

（9）2020 年青岛啤酒宣布，增加威士忌、蒸馏酒经营范围，此次青岛啤酒向威士忌领域跨界，实际上也在向外界传递出威士忌在中国市场的巨大潜力，以及青岛啤酒想打破现有产业格局的意图。

青岛啤酒具有威士忌的基因，上面已经提到，历史悠久的青岛威士忌诞生于美口酒厂，这里出产了中国第一瓶威士忌。这家酒厂在 1947—1964 年曾经隶属于青岛啤酒厂。青岛啤酒在历史、自然环境和技术条件等各方面都有得天独厚的条件。笔者认为：青岛啤酒生产威士忌不是跨界，而是啤酒的"升级版"。威士忌与啤酒所使用的原料、前半部分工艺类似，具有密切的"血缘关系"。在成本方面，威士忌最大的成本是大量的原酒存储和市场开发投入。对于中小企业来说是极大难题，也使其很难做大做强，更遑论可持续性发展。而拥有强大资本支持的青岛啤酒，恰恰在这一方面具有绝对优势。

（10）青岛葡萄酒厂　上面已经谈到，青岛葡萄酒厂是中国第一家生产麦芽威士忌的企业。因各种原因于1997年1月10日由山东省青岛市中级人民法院宣告破产，然而幸运的是位于市中心黄金地段的威士忌生产车间、糖化、发酵设备、壶式蒸馏器、橡木桶和地下大酒窖等，被完整地保留下来了。青岛葡萄酒厂的旧址目前是青岛市文物重点保护单位。

（11）2017年，泸州老窖提出了驱动中国白酒未来发展的国际化战略，在中国传统白酒技艺与文化基因的基础上，开展国际酒类市场和酿酒技艺的深入研究，打造符合消费需求，并能面向世界的全新酒品。坚持"守正创新"，泸州老窖在传统酿酒方式的基础上革新突破，以陶坛与橡木桶双容器储藏，双年份酿造，创建了橡木桶陈酿白酒。

将浓香型白酒装入橡木桶中陈酿老熟，酒体色泽由无色透明变为金黄剔透的琥珀色，白酒经典口味融合橡木天然芬芳与单宁赋予的馥郁香氛，既有白酒经典的窖香与粮香，又有橡木桶赋予的木质、香草、奶油、巧克力等香气，相比经典白酒，其香味层次更丰富，口感更柔润。该款产品兼具中西酿酒技艺，更符合追求健康、时尚的年轻消费群体，成为中国白酒年轻化、健康化、国际化的代表。泸州老窖橡木桶白酒见图9-43。

（12）2021年11月2日，国际酒业巨头帝亚吉欧在中国的首家麦芽威士忌酒厂——洱源威士忌酒厂，在云南省洱源县凤羽镇正式宣布破土动工。酒厂位于超过海拔2100m处，占地面积66000m²，之所以在此选址主要考虑到其所处的温和的气候条件和丰饶的自然多样性，酿酒之水将源自云南第二大高山湖泊洱海源头的天然泉水。洱源酒厂秉承碳中和、零废弃的运营理念，工业用水将全部回收利用，重新投放到园林绿化等领域。该厂将成为帝亚吉欧践行从"谷物到酒杯"全产业链可持续发展的实践地之一。

▲ 图9-43　泸州老窖橡木桶白酒

（13）台湾金车噶玛兰酒厂位于宜兰县员山乡，始建于2005年底，2008年12月4日投产，隶属于金车集团。

宜兰地处台湾北部的山海交界处，75%是山区，有一座自然生态大水库，空气纯净，降雨量充沛，水质优良。然而，不同于苏格兰等经典产区拥有威士忌陈酿所需的寒冷条件，台湾的亚热带气候是酿造威士忌的最大挑战。通常，高温会导致威士忌陈酿的过程中蒸发更多的酒液，这意味着酿造成本会更高。另一方面，温度和湿度会加速陈酿过程中各种微妙的化学作用，如果操作不当，会直接影响到原酒的风味。

高温虽然会使橡木桶中有更多的酒液蒸发，却也能让威士忌快速地在4~6年内陈酿，并且带有独特的风味与口感。金车噶玛兰通过不断挑战与努力，将亚热带气候转化成优势，设定了专属的酿酒参数。拥有自己独特的用桶策略和管理模式，坚持每年挑选世界各地优质的橡木桶。

▲ 图9-44　噶玛兰威士忌

▲ 图9-45　奥马尔（Omar）威士忌

目前噶玛兰威士忌（图9-44）已外销至美洲、欧洲、亚洲等40多个国家。金车噶玛兰威士忌已获得多项世界专业比赛的高度肯定，多次荣获IWSC年度大奖，而在2017获得IWSC世界年度蒸馏酒厂冠军的最高殊荣。

（14）台湾南投酒厂　建于1977年，位于南投市军功里东山路82号，隶属于台湾烟酒公司。所处境内有超过41座高山，接近83%的面积是高山丘陵地形。当雨水汇成溪流，形成许多湖泊水塘，为南投酒厂提供源源不绝的纯净好水。

南投酒厂初期以生产葡萄酒、白兰地、朗姆酒及其他水果酒类产品为主，在2008年安装了四个福赛斯制造的壶式蒸馏器，开始酿造奥马尔（Omar）威士忌（图9-45）。南投酒厂大胆地将台湾本土水果的特点融合到橡木桶中，推出了梅子桶、荔枝桶、柳丁桶和橘子桶威士忌，特殊的风味桶赋予了威士忌独有的地域气息。

（15）杭州千岛湖威士忌酒业有限公司　位于杭州千岛湖畔，是一个以威士忌酿造为主营业务的酒类制造企业。2022年11月8日正式开工建设，建设内容涵盖联合车间、蒸馏车间、陈酿酒库、威士忌主题度假温泉酒店、配套景观公园，建成后产能将达到每年900t，预计峰值产能将达到2700t，产值约为35亿元。

（16）烟台吉斯波尔酿酒有限公司　位于北纬37°烟台所在的半岛产区，东临渤海、黄海，空气温暖湿润。2011年从事家具制造行业的吉斯集团开始进军酒水领域，成立烟台吉斯波尔酒业公司。依托于当地苹果产区的天然优势，2012年3月开始蒸馏苹果白兰地。在积累了多年的蒸馏经验后，外加精酿啤酒的基础，2015年1月开始生产麦芽威士忌。

（17）青岛夏菲堡酿酒有限公司　位于山东省青岛市莱西。2022年底该公司建立了新威士忌蒸馏厂，走精酿威士忌路线。糖化、发酵采用智能化终端控制系统，还有2个2000L的壶式蒸馏器（图9-46）。

▲ 图9-46　夏菲堡的精酿威士忌生产车间

（18）浏阳高朗烈酒酿造有限公司　位于湖南省浏阳市两型产业园，2018年开建。工厂所在地自然环境优秀，水资源十分优质，地表水年径流量达1200mm，顶部可达2200mm，是威士忌酿造的理想水源。该公司目前安装了容积5000L的麦芽汁蒸馏器三组，5000L烈酒蒸馏器两组，采用2~2.5次蒸馏。浏阳高朗烈酒酿造有限公司的橡木桶陈酿仓库见图9-47。

（19）湖南韶山市世界烧威士忌蒸馏厂　韶山市世界烧威士忌蒸馏厂位于湖南省国家5A级景区韶山南端，把韶山秀美的自然环境，无污染的水源与本地特有的风土相结合，力求打造一款集中华文化特色及威士忌传承的标志性单一麦芽威士忌。其工艺上采取非冷凝过滤，陈酿上采用橡木桶与中国传统陶坛交换储存，让酒体形成独特的柔和风格。

▲ 图9-47　浏阳高朗烈酒酿造有限公司的橡木桶陈酿仓库

（20）湖南益阳东威蒸馏所　东威蒸馏所位于湖南省洞庭湖西北畔，该蒸馏所的创始人魏伟东先生是一位备受行内尊重的威士忌痴迷者，他自己亲手打锤蒸馏器（图9-48）。蒸馏所门前就是一级饮用水水源保护地，同时四周有足够的农田进行大麦种植，并已经在2019年进行了种植测试，将来也会把新蒸馏所工作目标定位于本地麦芽为主。该蒸馏所2015年后开始100%采用国产大麦酿造威士忌。

▲ 图9-48　东威蒸馏所的蒸馏器

（21）河南省南阳市京德酒业有限公司　其是由全奋飞博士成立的。在此之前其有一家专业啤酒设备制造公司，主要从事精酿工坊啤酒设备及相关产品的研究开发，产品有大中小型啤酒生产成套设备、酒店自酿啤酒设备、家庭自酿啤酒设备、教学实验啤酒设备等，并长期提供啤酒原料和啤酒酿造技术。

第七节　其他

一、英格兰和威尔士威士忌

英格兰和威尔士是英国的一部分，英国是被一条狭窄的英吉利海峡与欧洲大陆隔开的国家。英格兰和威尔士都拥有丰富的森林资源和广阔的农业用地。英格兰东南部和北部的前工业中心，是城市化最彻底的地区，南威尔士的前煤矿中心也是如此。小麦、黑麦和大麦都是制造威士忌的理想农作物，在这里被广泛种植。英格兰和威尔士的气候温暖湿润，四季寒暑变化不大，雨水充沛。英格兰和威尔士的酿酒厂大多位于城市或农村地区。

英格兰和威尔士的风土、气候和大麦的种植，使其成为"天然"的威士忌产区。然而，英国人更多关注的是杜松子酒。此外，由于苏格兰的威士忌产业就在附近，英格兰和威尔士无法与之竞争。为数不多的原始酿酒厂都停产了，最后一次关闭是在 1905 年左右。

圣·乔治（St George's Distillery）蒸馏厂：是英格兰威士忌公司（The English Whisky Co.）的所在地，位于诺福克郡的鲁达姆（Roudham），由尼尔斯特罗普（Nelstrop）家族在 2005 年创立。品牌盛名的背后是圣·乔治酒厂数百年的沉淀，早在 1480 年，尼尔斯特罗普家族便与粮食打交道，拥有 600 年的种植和加工谷物的传统。1820 年，威廉·尼尔斯特罗普（William Nelstrop）在柴郡开了一家新工厂，现今成为了英国最大最古老的酿酒厂之一。2006 年，圣·乔治酒厂成为一个多世纪以来英国第一家注册的威士忌酒厂。2009 年，圣·乔治酿酒厂"THE ENGLISH"（英格兰）的首批单一麦芽威士忌问世。圣·乔治酒厂位于的诺福克郡鲁达姆不仅是世界上优秀的大麦种植区之一，还拥有纯净的水源。威士忌大多使用来自美国的波本桶，另外也使用雪莉桶和其他红葡萄酒桶来进行陈酿。

阿纳姆斯蒸馏厂（Adnams），位于萨福克郡，除生产啤酒外还蒸馏英格兰威士忌。

科茨沃尔德蒸馏厂（Cotswolds Distillery）位于奇平诺顿附近的斯托顿，自 2014 年 9 月起酒厂开始生产，使用当地大麦和传统工艺，生产英格兰单一麦芽威士忌和黑麦威士忌。酒厂还生产杜松子酒和利口酒。

东伦敦酒业公司（East London Liquor Co.）简称 ELLCO，位于伦敦东部堡区（Bow），生产伦敦干金酒、朗姆酒和黑麦威士忌。

湖畔酿酒厂（The Lakes Distillery），号称是英格兰最大的蒸馏厂，除了生产金酒和伏特加外，还生产轻泥煤味单一麦芽威士忌。

伦敦蒸馏公司（The London Distillery Company），是 100 年前利亚河谷酒厂（Lea Valley）关闭以后，伦敦的第一家威士忌酒厂，位于伦敦西北部的巴特西（Battersea），每年的单一麦芽威士忌产量仅为 100 桶。

海莉·希克（Heyley Hicks）酒厂的康沃尔（Cornish）威士忌也在陈酿中。

彭德林（Penderyn）成立于 2000 年，2014 年发布了第一款威士忌，酒厂位于威尔士的布雷肯灯塔国家公园，现归威尔士威士忌公司所有，是一个世纪以来，第一家也是唯一一家生产威尔士威士忌的酿酒厂。他们得到了著名的威士忌酿酒顾问吉姆·斯旺博士的支持。

今天，英格兰和威尔士的威士忌酿酒业正日益壮大起来。在约克郡、北威尔士和其他地方新成立了很多酿酒厂，这预示着威士忌健康的发展未来。

二、北欧威士忌

欧洲的这部分地区以北海、北大西洋和波罗的海为界，气候潮湿、凉爽、寒冷。在北部的丹麦、比利时，尤其是荷兰，地势低洼，气候温和，是生产苏格兰威士忌风格的自然产地。荷兰西部的大片地区，实际低于海平面，这些地区是由北海填海而来，由于受到该国著名的堤坝保护，便没有被再次淹没。瑞典和芬兰森林茂密，北部多山，有良好的清洁水源，尤其在两国接壤的北极圈地区。

这些国家都没有生产威士忌的传统，杜松子酒是当地最常见的酒，比利时的情况也是如此。在斯堪的纳维亚，伏特加和白兰地更受欢迎。荷兰的醉弹（Zuidam）酿酒厂，自 20 世纪 70 年代开始生产威士忌，并使用磨（Millstone）标签。

麦克迈拉（Mackmyra）是这个地区著名的酿酒厂，成立于 1999 年，位于瑞典东南部的耶夫勒港口附近，是一个拥有 35m 高塔楼的"重力"酿酒厂。在博思尼亚湾的另一边，瑞典的邻国芬兰也在生产独具特色的威士忌。2006 年开业的丹麦士丹（Denmark Stauning）和瑞典中部的博思酿酒厂，从 2010 年开始效仿麦克迈拉，开设了斯堪的纳维亚威士忌之路，使这里成为一个充满活力的威士忌产区。

三、西欧威士忌

意大利、西班牙和法国南部享受着温暖的地中海气候，法国其他地区则更为温和。这三个地区的风土有所不同，法国和西班牙的边界由比利牛斯山脉（Pyrenees）划定，而阿尔卑斯山脉（Alps）则将意大利东南部和北部国家隔开，后者的"脊梁"由亚平宁山脉（Apennine Mountains）构成。这三个国家都有酿酒业。

法国、西班牙和意大利都有很长的蒸馏历史，分别以干邑和雅文邑、白兰地和格拉巴为代表。

这些国家都是苏格兰威士忌的前 20 大进口国之一，其中苏格兰向法国的出口量居世界第一。因此，当地的威士忌爱好者把注意力转向自己酿造这种酒，这是完全有道理的。或许令人惊讶的是，第一批威士忌生产直到 1959 年才在西班牙的 DYC 酿酒厂开始。目前，更多的酿酒厂正计划在这三个地区建厂，尤其是法国和意大利，精酿威士忌浪潮正在兴起。威士忌酿造文化在这个地区确实根深蒂固，法国最著名的威士忌厂家是布列塔尼的瓦伦赫姆酒厂（Warenghem），从 1987 年开始生产麦芽威士忌。

瓦伦赫姆酒厂在 1997 年推出了阿莫里克品牌。同样位于布列塔尼的葛兰阿莫尔公司自 2005 年以来，一直在蒸馏含泥煤和不含泥煤的麦芽威士忌。意大利的普尼（Psenner）酒厂，大胆创新，在一个立方体建筑中安装了新的福赛斯蒸馏器，自 2013 年以来，普尼一直在用格拉巴桶，酿造了意大利第一款单一麦芽威士忌。位于马德里的大型 DYC 酿酒厂年生产能力为 2000 万 L，自 2009 年以来，该公司生产了一种有 10 年陈酿的单一麦芽威士忌，尽管这里生产的大部分威士忌都是普通威士忌，通常调配可乐和冰一起饮用，但是在西班牙，冷饮是很受欢迎的饮料。

四、澳大利亚和新西兰威士忌

澳大利亚大陆和新西兰有着悠久的威士忌酿造传统。澳大利亚有 770 万 km² 的土地，包括沙漠、热带森林和雪山。

澳大利亚气候变化多样，从内陆的"温暖沙漠"到北部的"热带稀树草原"，再到东南部的"温暖海洋/温带"气候。大多数酿酒厂都在沿海地区，靠近主要城市或者在内陆稍凉爽的东南地区，都适合生产威士忌。

澳大利亚的威士忌酿造，始于1822年的塔斯马尼亚，比苏格兰的一些酿酒厂还要早。

1929年在墨尔本开业的科里奥（Corio）是内地第一家大型酿酒厂，1989年关闭。在其鼎盛时期生产了超过220万L的威士忌，相当于澳大利亚目前所有威士忌酒厂总产量的四倍。

20世纪90年代，澳大利亚放宽了对蒸馏酒的管制，这促进了威士忌行业的发展。

东珀斯的放肆威士忌（Whipper Snapper）和悉尼的阿奇·玫瑰（Archie Rose）生产美式和苏格兰式威士忌。位于墨尔本的斯塔华得（Starward）公司将姜汁啤酒桶陈酿的单一麦芽威士忌推向国际市场。

塔斯马尼亚的温和气候，比澳大利亚大陆更接近英国或新西兰的气候，难怪塔斯马尼亚岛被称为澳大利亚的"威士忌岛"。那里的条件是酿造威士忌的理想之地，而塔斯马尼亚在某种程度上已成为威士忌蒸馏的重要产区。塔斯马尼亚岛距大陆240km，多山、森林茂密，但也有大片肥沃的可耕地，尤其是在岛上的中部地区。值得注意的是，当地盛产大麦，这也是该岛以出产高品质单一麦芽威士忌而闻名的原因之一。

和澳大利亚大陆一样，塔斯马尼亚岛在19世纪早期威士忌产业就开始诞生了。然而，在1839年，澳大利亚的蒸馏法禁止了所有威士忌的生产。塔斯马尼亚的威士忌蒸馏的火焰在超过150年的时间里，都不再燃烧。重新开始这一切的人是塔斯马尼亚人比尔·拉克（Bill Lark），有一天他出去钓鳟鱼，意识到这个岛真的是理想的威士忌产地。1992年禁酒令被推翻后，比尔·拉克建立了自己的单一麦芽酿酒厂，然后也帮助了其他有这样想法的人。

2014年，塔斯马尼亚有9家威士忌酿酒厂，现有酿酒厂20多家。岛上的第一个现代威士忌制造商是云雀（Lark），成立于1992年，紧随其后的是1994年的苏利文湾（Sullivans Cove）酿酒厂。塔斯马尼亚岛的大部分威士忌酒厂，专注于小批量和单一桶威士忌。

塔斯马尼亚岛生产的威士忌深受世界各地消费者的喜欢，每年大约出产200000L酒。尽管塔斯马尼亚威士忌的产量只有艾雷岛的1%，但是塔斯马尼亚威士忌酒厂，看重的是质量而不是数量。图9-49是塔斯马尼亚苏利文湾出产的威士忌。

▲ 图9-49　澳大利亚塔斯马尼亚苏利文湾威士忌

新西兰位于澳大利亚东南1900km处，南岛以南阿尔卑斯山为主，北岛以火山高原和平原为主。就气候而言，南岛的西部湿润，而北部则是炎热干燥。

在新西兰取消威士忌生产禁令后，于1974年开业的柳岸（Willowbank）成为了最重要的新蒸馏厂。尽管它在1997年关闭，但是它的产品仍然很受欢迎，现在还可以买到。

新西兰的微型酿酒厂发展规模虽小，但意义重大。长期禁酒意味着该国无法利用其有利的威士忌生产气候。如今，越来越多的酿酒师正在创造一种新的威士忌酿造传统。

五、南非威士忌

南非被南大西洋和印度洋所环绕，它还与纳米比亚、博茨瓦纳、津巴布韦、莫桑比克和斯威士兰相邻。其中部是高原地貌，环绕它的沿海低地有著名的葡萄酒产区，也是南非三大酿酒厂中的两家所在地。高原地区被划分为不同的区域，西北部是沙漠气候，东部多草原，这里是第三个主要的酿酒厂所在地，地处于"热带"地区（威士忌快速成熟的理想之地）。南非总体气候是西北部的"热沙漠"气候和东南部的"海洋"气候。

成立于 1886 年的詹姆斯·塞奇威克（James Sedgwick）酿酒厂，1991 年开始生产单一麦芽威士忌，拥有全套的苏格兰式设备。壶式蒸馏器和柱式蒸馏器同时生产麦芽威士忌和谷物威士忌，产能超过了澳大利亚所有威士忌酒厂的总和。

20 世纪 60 年代中期，斯坦伦博施（Stellenbosch）建造了一座现代谷物威士忌酿酒厂——R&B 酿酒厂（R&B Distillery），后来被斯坦伦博斯农场酒业集团（Stellenbosch Farmers' Winery）收购，成为三艘船威士忌（Three Ships）的诞生地，由于产品供不应求，而生产转移到了詹姆斯·塞奇威克（James Sedgwick）酿酒厂。自 1886 年以来，这家酿酒厂还生产白兰地和其他烈酒。

继塞奇威克之后，位于比勒陀利亚东部的德雷曼酒庄（Drayman's）和卡利茨多普的波普拉斯酒庄（Boplaas）也开始酿造威士忌。

六、印度威士忌

印度是一个东、西、南三面环海的南亚国家。印度与巴基斯坦、中国、尼泊尔和孟加拉国等相邻。印度国家多山脉，喜马拉雅山位于其北部地区。然而，作为一个面积 329km² 的广阔次大陆，这里也有广阔的沙漠、肥沃的平原，特别是沿着恒河和纳尔马达河的水道，以及在季风季节容易发生洪水的低洼沼泽地。这里气候温暖，从北部的温带/寒冷带到南部的热带，加速了威士忌的陈酿时间。

在印度，威士忌可以用糖蜜为原料酿造，其实就是朗姆酒。还有其他种类的威士忌，如未经陈酿但是经过调色的中性谷物烈酒，或者糖蜜、混合谷物和麦芽的调和威士忌。

卡邵利（Kasauli）是印度第一家酿酒厂，建于 19 世纪 50 年代中期，由英国殖民者爱德华·戴尔（Edward Dyer）在喜马拉雅山建造，海拔 1829m。戴尔的目标是"生产出和苏格兰威士忌一样好的麦芽威士忌"。然而，如今在印度生产的大多数都是普通威士忌，一些高收入的威士忌爱好者更喜欢像尊尼获加等进口品牌。在印度，一些新的、高质量的精酿酿酒厂正在出现，但阿穆特（Amrut）和约翰酿酒厂（John Distilleries）更愿意将注意力放在出口英国、欧洲和美国的销售上，而非在本土市场。

第八节　主要威士忌产区生产工艺对比

5 个主要威士忌生产国家传统工艺流程对比见图 9-50 和表 9-2。

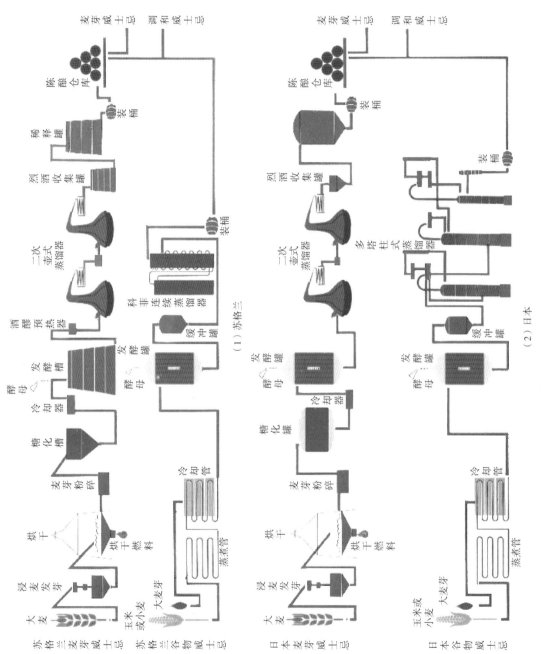

▲ 图 9-50　5 个主要威士忌生产国家传统工艺对比图[4]

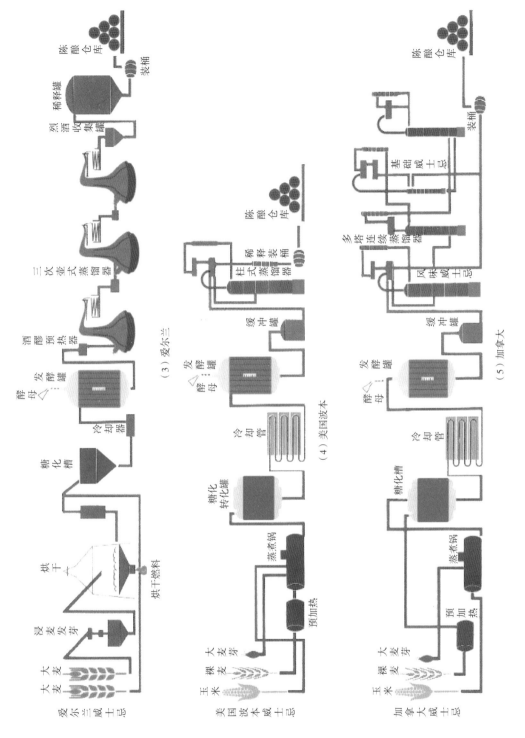

▲ 图9-50 5个主要威士忌生产国家传统工艺对比图（续）[4]

表 9-2　五个主要威士忌生产国家传统工艺流程对比

国家	谷物原料	研磨、糖化、发酵	蒸馏	陈酿	装瓶
苏格兰	麦芽威士忌:麦芽 谷物威士忌:小麦、玉米、麦芽	麦芽威士忌:粉碎 谷物威士忌:粉碎后蒸煮,糖化时加入酒醅蒸馏废液 使用天然酶	麦芽威士忌:壶式蒸馏器 谷物威士忌:连续式蒸馏器 酒精度≤94.8%vol	橡木桶(容量)≤700L 入桶酒精度:不限制 陈酿时间:≥3年	装瓶酒精度:≥40%vol 可以添加 E150a 食用焦糖色 如果标示酒龄必须是瓶中最年轻的酒龄
爱尔兰	壶式蒸馏威士忌:≥30%的未发芽大麦,≥30%的无泥煤麦芽,以及≥5%的其他谷物 麦芽威士忌:麦芽 谷物威士忌:≥30%的麦芽与其他谷物	壶式蒸馏威士忌:粉碎后糖化,各酒厂有其独家谷物配方 麦芽威士忌:粉碎 谷物威士忌:粉碎后蒸煮,各酒厂有其独家谷物配方	壶式蒸馏威士忌:三次蒸馏,但不强制 麦芽威士忌:壶式蒸馏器 谷物威士忌:连续式蒸馏器 酒精度≤94.8%vol	橡木桶(容量)≤700L 入桶酒精度:不限制 陈酿时间:≥3年	装瓶酒精度:≥40%vol 可以添加 E150a 食用焦糖色 不能只标示蒸馏年份,需同时标示装瓶年份、陈酿时间或者酒龄 如果标示酒龄必须是瓶中最年轻的酒龄
美国波本	玉米、黑麦、小麦、燕麦、大麦等,以及麦芽	粉碎后蒸煮,各酒厂有其独家谷物配方 糖化时加入酸醅 使用天然酶或者合成酶	连续式蒸馏器与倍增蒸馏器(Doubler)或壶式蒸馏器 酒精度≤80%vol	全新炙烤橡木桶,入桶酒精度:≤62.5%vol 陈酿时间:纯威士忌≥2年	装瓶酒精度:≥40%vol 只能添加水稀释(纯威士忌) 如果是纯威士忌但瓶内最年轻的酒陈酿时间小于4年,则需标示实际酒龄
加拿大	玉米、黑麦、小麦、燕麦、大麦等,以及麦芽	粉碎后分别蒸煮,不采用谷物配方 使用天然酶或者合成酶,谷物分别糖化	连续式(柱式)蒸馏器与倍增蒸馏器,调和威士忌使用的是基酒(Base)及风味酒(Flavouring)	橡木桶(容量)≤700L 入桶酒精度:不限制 陈酿时间:≥3年	酒精度:≥40%vol 可以添加食用焦糖色 可添加其他烈酒或葡萄酒
日本	麦芽威士忌:麦芽 谷物威士忌:玉米、小麦及麦芽	麦芽威士忌:粉碎 谷物威士忌:粉碎后蒸煮,糖化时加入酒醅蒸馏废液 使用天然酶	麦芽威士忌:壶式蒸馏器 谷物威士忌:多塔连续式蒸馏器 酒精度≤94.8%vol	橡木桶(容量)≤700L 入桶酒精度:不限制 陈酿时间:≥3年	装瓶酒精度:≥40%vol 可以添加 E150a 食用焦糖色 如果标示酒龄必须是瓶中最年轻的酒龄

5 个主要威士忌生产国家传统工艺的主要特点如下。

（1）苏格兰威士忌特点　传统麦芽威士忌的生产，使用大麦芽为原料，经过浸麦、发芽、烘干后，进行糖化、发酵，然后使用二次壶式蒸馏。谷物威士忌使用科菲连续式蒸馏器。

（2）日本威士忌特点　麦芽威士忌生产规模大、现代化程度高。谷物威士忌的生产使用独特的多塔式连续蒸馏器。

（3）爱尔兰威士忌特点　与苏格兰威士忌和日本威士忌相比，除了使用大麦芽外，还使用未发芽的大麦为原料，这是它的不同之处。蒸馏方法为三次蒸馏，蒸馏器的容量大。

（4）美国波本威士忌特点　美国波本威士忌以玉米为主要原料，添加部分大麦芽。蒸馏使用连续式蒸馏器、倍增蒸馏器或壶式蒸馏器。这与用蒸馏锅制成的麦芽威士忌形成鲜明对比。陈酿使用白橡木制成的新桶。

（5）加拿大威士忌特点　制作方法类似于波本威士忌，但其独特之处在于制作方法强调用黑麦蒸馏调味用威士忌。使用单塔式连续蒸馏机或壶式蒸馏器蒸馏出威士忌后，再和其他三塔以上的连续蒸馏器制成的基础威士忌混合在一起，并在橡木桶中陈酿，这也是加拿大威士忌与其他威士忌的不同点。

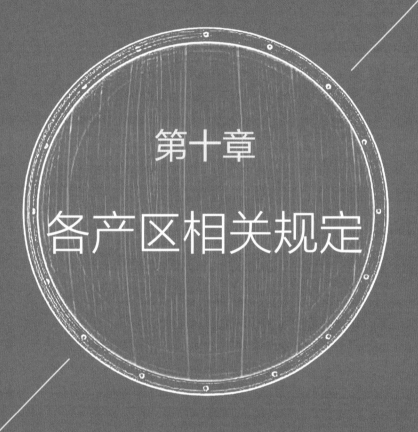

第十章

各产区相关规定

第一节　苏格兰威士忌规定

一、苏格兰法律规定

依据《苏格兰威士忌规范》,苏格兰威士忌从制作到包装的原则如下:

(1)必须在苏格兰蒸馏厂研磨,用水及发芽麦芽或其他谷物为原料,使用天然酶糖化、添加酵母进行发酵,然后蒸馏和陈酿。

(2)蒸馏新酒的酒精度必须低于94.8%vol,以保留原料的香气和口感。

(3)陈酿　必须在苏格兰保税仓库或许可的仓库内的橡木桶中陈酿至少3年,最大橡木桶容量为700L。

(4)调配　只能加水和焦糖调色,不得添加其他物质,必须保留原料、加工工艺以及陈酿过程中取得的颜色。

(5)装瓶的最低酒精度为40%vol。

(6)苏格兰威士忌分为5大类　苏格兰单一麦芽威士忌(Single malt Scotch whisky)、苏格兰单一谷物威士忌(Single grain Scotch whisky)、苏格兰调和威士忌(Blended Scotch whisky)、苏格兰调和麦芽威士忌(Blended malt Scotch whisky)、苏格兰调和谷物威士忌(Blended grain Scotch whisky)。

(7)酒标正面必须标注　"Single malt Scotch whisky""Single grain Scotch whisky""Blended Scotch whisky""Blended malt Scotch whisky""Blended grain Scotch whisky"。可以添加蒸馏地点或区域,如"艾雷岛""斯佩塞"等。

(8)禁止使用"纯麦"(Pure malt)的标识。

(9)如标注酒龄,则必须是瓶中调和的最年轻的酒龄。

(10)如标注年份,则必须是仅能标注一年,而所有的威士忌都是在该年蒸馏;必须同时标注装瓶年份或酒龄;上述蒸馏及装瓶年份或者酒龄都必须标注在相邻可见的位置。

(11)单一麦芽威士忌必须在苏格兰装瓶,不得以其他方式运出。

二、苏格兰威士忌质量控制

下文是一份苏格兰威士忌产品出厂的质量分析证书,通过对这份证书的内容解析,可以了解到苏格兰威士忌质量控制方面有关规定信息。

(1)产品的基本情况　如产品名称、产品描述,包括陈酿年份、产品类型等,还有装瓶日期。

(2)威士忌的主要成分　包括水、酒精度、焦糖色和百分含量。

(3)影响威士忌风味和安全的成分　如影响风味方面的酸类、酯类、醇类等成分及影响食品安全方面的甲醇、高级醇等。

(4)声明包括生产和装瓶的卫生条件　不含防腐剂和其他人类禁用的成分,不含外来酒精或使用转基因物质；产品是原产地苏格兰生产；生产和装瓶是按照欧洲法规执行等。

从以上可以看出，苏格兰威士忌的规定，除常规的酒精度等基本的理化指标项目外，非常重视食品安全、生产过程、原产地保护等内容。

某苏格兰威士忌质量和分析证书

（1）产品基本情况

批号：24-002

产品名称：*** 艾雷岛麦芽威士忌

产品说明：10 年前蒸馏 /2008 单一麦芽苏格兰威士忌

装瓶日期：11/02/1019

（2）主要成分（表 10-1）

表 10-1 主要成分

无矿物质水 /%（体积分数）	41.8%
来自麦芽蒸馏乙醇（20℃）	58.2%vol
焦糖色（E150a）	0

（3）气相色谱分析结果（表 10-2）

表 10-2 气相色谱分析结果

总固形物 /%	0.085
甲醇 /（mg/100mL）	5.9
总酸（乙酸计）/（mg/100mL）	60
酯类（乙酸乙酯计）/（mg/100mL）	37.8
醛类（乙醛计）/（mg/100mL）	6.7
糠醛 /（mg/100mL）	1.5
异戊醇 + 活性戊醇 /（mg/100mL）	216.2
总高级醇（丙醇、异丁醇和戊醇）/（mg/100mL）	358.3
其他成分 /（mg/100mL）	464.3

注：表中数据以 20℃ 为基准。

（4）声明

我特此声明上述产品：

——是健康的，适合人类的消费；

——生产和装瓶是在保证卫生的条件下进行的；

——不含防腐剂和其他人类禁用的成分；

——不含有任何外来的酒精或不添加转基因物质；

—根据 2009 年英国法律规定，产品是在苏格兰生产的；

—生产和装瓶按照（EC）110/2008 规定在最高要求执行。

授权签名：

姓名：

*** 公司：董事长

酒类批发商登记号（AWRS）：***

第二节　爱尔兰威士忌规定

爱尔兰是欧盟国家，爱尔兰威士忌也是欧盟地理标志保护的产品。要成为欧盟地理标志保护产品，爱尔兰必须向欧盟提供爱尔兰威士忌的技术文件。因此，欧盟有关食品和饮料的法规、地理标志的法规、爱尔兰威士忌的技术文件以及各个酒厂自己的质量标准，就构成了爱尔兰威士忌的法规文件体系和质量标准体系。由于爱尔兰对烈酒一直有着严格的税收管理制度，而有关产品技术要求的监管工作，实际上是通过税务官员来做的，具体介绍如下。

一、爱尔兰威士忌技术文件

文件的全称为《爱尔兰威士忌标准技术规范》(*Technical File Setting Out The Specifications With Which Irish Whiskey/Uisce Beatha Eireannach/Irish Whisk Must Comply*)。该技术文件由爱尔兰农业部于 2014 年 10 月颁布实施，内容涵盖了爱尔兰威士忌的历史起源、定义和分类、制作工艺、储存和灌装等方方面面。下面是摘录的一些原则：

（1）威士忌定义　必须使用发芽麦芽以及有或无其他全谷物为原料，以麦芽所含的酶进行糖化，可使用或不使用其他酶，然后进行蒸馏和陈酿。根据技术文件对爱尔兰威士忌的区域划分，尽管北爱尔兰属于英国的国土，但北爱尔兰生产的威士忌也称为爱尔兰威士忌，也属于欧盟地理标志保护的范畴。

（2）添加酵母发酵。

（3）蒸馏　新酒酒精度必须低于 94.8%vol，以保留原料的香气和口感。

（4）陈酿　必须在爱尔兰岛境内陈酿；必须在橡木桶陈酿 3 年以上，橡木桶不能添加任何东西，橡木桶容量不得大于 700L。

（5）调配　只能加水和焦糖色调色，不得添加其他物质，所用的水要经过去离子处理，以保证（1）~（4）的特点。

（6）装瓶的最低酒精度为 40%vol，在取得官方许可后可在境外装瓶，但必须在出口之前将威士忌装入惰性散装容器中，禁止整个木桶出口。

（7）酒标、包装、宣传、广告等均不能标识蒸馏年份，除非同时标识装瓶年份或陈酿时间或酒龄。

（8）如标注酒龄，则必须是瓶中所用到的威士忌中最年轻的酒龄。

（9）"单一"只能用于爱尔兰壶式蒸馏威士忌、爱尔兰麦芽威士忌以及爱尔兰谷物威士忌等3种品项，并且上述品项都必须来自同一个酒厂。

（10）所有的爱尔兰威士忌都必须清楚标示"Irish Whiskey""Uisce Beatha Eireannach"或者"Irish Whisky"。

根据制作原则、蒸馏方式及使用原料，爱尔兰威士忌分为以下几类。

（1）壶式蒸馏爱尔兰威士忌（Pot still Irish whiskey） 使用的原料包括≥30%的未发芽大麦、≥30%无泥煤麦芽以及≥5%的其他谷物，各酒厂有其独家谷物配方，传统上采用3次蒸馏方法，但是不限制。

（2）爱尔兰麦芽威士忌（Malt Irish whiskey） 完全使用麦芽为原料，采用壶式蒸馏器进行2次或者3次蒸馏。

（3）谷物爱尔兰威士忌（Grain Irish whiskey） 使用≤30%的麦芽以及其他谷物，各酒厂有其独家谷物配方，采用连续蒸馏器进行蒸馏。

（4）调和爱尔兰威士忌（Blended Irish whiskey）调和以上3种威士忌。

二、欧盟蒸馏酒地理标志保护条例

保护条例的全称为《蒸馏酒地理标志定义、描述、展示、标示以及保护条例》第110/2008号欧盟条例（EC Regulation）。该条例是由欧盟委员会于2008年颁布，对地理标志产品的定义、描述、表现、标识以及保护等方面做了明确的规定。

2014年底，爱尔兰农业部代表爱尔兰政府向欧盟委员会提交了爱尔兰威士忌技术文件以及验证系统，欧盟委员会对这一套技术文件和验证系统要进行评估和表决。历经四年多，在2019年4月2日，欧盟委员会正式授予爱尔兰威士忌欧盟地理标志。

欧盟蒸馏酒地理保护条例规定的有关威士忌的内容和爱尔兰威士忌技术文件的内容是一致的。当然，这两个法规文件的侧重点也是不一样的。下面是从保护条例摘录的一些要求：

（1）成员国可以执行比欧盟条例更高要求的标准，但对于符合欧盟条例的产品不能有任何进口限制或者市场限制。

（2）规定了食用酒精必须通过农作物发酵、蒸馏等工艺获得，并对食用酒精做出了严格的指标要求；但是，条例明确规定威士忌不能添加任何蒸馏或者不蒸馏的食用酒精。

（3）明确规定除了焦糖色素以外，威士忌不能添加其他任何食品添加剂，包括甜味剂和风味物质。

（4）条例在附件3提供了欧盟地理标志名称列表和对应的区域，也就是只有在列表中对应的区域生产的产品才能够声称是该区域的欧盟地理标志保护产品。

（5）条例第16条明确规定凡是不符合地理标志保护条件的产品，不能用"类似×××""×××类型""×××制造""×××风味"或者其他任何接近的名称，避免引起误导或者混淆。

根据这个要求，有没有酒厂可以不遵循这个技术文件，也不要地理标志，也不声称爱尔兰威士忌？答案是不可以！因为如果这样的话这个酒厂生产的酒甚至不能声称"爱尔兰制造"。

三、爱尔兰威士忌的产品标准和质量控制

传统的酿造，即使是经验丰富的酿酒师，酿造的酒的质量也不一定是稳定的。随着酿酒业的发展和科技的运用，包括生物发酵技术、自动化控制技术以及电子鼻等检测方法，使爱尔兰威士忌进入了一个新的发展阶段，质量控制也得到很好的保证。

爱尔兰威士忌行业也趋向分工细化，比如几乎所有的蒸馏厂都不会自己进行大麦的发芽，大麦发芽都是由谷物公司来做，还有些酒厂只负责酿酒和陈酿，没有灌装线，也就是蒸馏厂的酒还得运到其他灌装厂去装瓶，所谓的 IB（独立装瓶商）就是这么发展出来的。这种分工提高了整个行业的运营效率，保证了质量的稳定性，同时也增加了产品的多样性。

下面，以蒸馏厂的原料标准、新酒的标准以及陈酿后的标准，来研究爱尔兰威士忌的质量控制。

1. 谷物原料标准

原料标准直接影响到出酒率和产品质量，爱尔兰某蒸馏厂麦芽规格见表 10-3。

表 10-3　爱尔兰某蒸馏厂麦芽规格

麦芽规格 -2021		
产品类型	爱尔兰大麦芽—蒸馏厂麦芽	
参考方法	I.O.B 1997，啤酒和威士忌麦芽分析	
项目	单位	指标
水分	%	≤ 4.5
可溶萃取物（0.2mm，细磨粉）	%（干重）	≥ 82
总蛋白质	%（干重）	8.0~11.0
可溶性蛋白质	%（干重）	3.5~5.0
可溶性氮源比（Soluble Nitrogen Ratio，SNR）	%	≥ 38
麦芽汁颜色	EBC 色度	2.5~4.0
麦芽汁 pH	—	≤ 6.10
发酵率	%	≥ 86.5
预估蒸馏酒产量（Prediced Spirits Yield，PSY）	L（纯乙醇）/t（麦芽）	≥ 410
破碎均匀性	%	≥ 85.0
整粒率	%	≤ 2
谷物分级 >2.5mm	%	≥ 95
<2.5mm	%	≤ 2

2. 新酒质量标准

经过一系列加工工艺后，得到了新酒，在灌入橡木桶之前，需要对其成分进行分析，确保原酒的质量，也是反过来验证工艺过程是否稳定运行的一种方法。原酒一般要求酒体成分比较纯净、杂醇少，以确保威士忌的风味主要由橡木桶贡献，具体理化指标如表10-4所示。

表10-4　爱尔兰威士忌新酒理化指标

项目	标准	单位	检测方法
酒精度	63.0~68.0	%vol	比重法
pH	4.00~5.00	—	酸度计法
浊度	0~1.0	NTU	浊度计
糖度	13.5~14.5	（°Bx）	折光法
糖含量	<0.1	%	HPLC
总酸	<0.05	g/L（100% 乙醇）	滴定法
总酯	<0.10	g/L（100% 乙醇）	GC-FIR*
总醛	<0.05	g/L（100% 乙醇）	GC-FIR
能量	280	kJ/100mL	热量计
乙醛	<0.1	mg/L	GC-FIR
甲基丙醛	<0.1	mg/L	GC-FIR
乙酸乙酯	<120	mg/L	GC-FIR
甲醇	<30	mg/L	GC-FIR
丙醇	<200	mg/L	GC-FIR
异丁醇	<200	mg/L	GC-FIR
乙酸异戊酯	<10	mg/L	GC-FIR
2- 甲基 -1- 丁醇	<35	mg/L	GC-FIR
异戊醇	<75	mg/L	GC-FIR
己酸乙酯	<3	mg/L	GC-FIR
乙酸正己酯	<0.1	mg/L	GC-FIR
琥珀酸二乙酯	<12	mg/L	GC-FIR

项目	标准	单位	检测方法
乳酸乙酯	<10	mg/L	GC-FIR
辛酸乙酯	<50	mg/L	GC-FIR
糠醛	<10	mg/L	GC-FIR
癸酸乙酯	<7.5	mg/L	GC-FIR
乙酸苯乙酯	<5	mg/L	GC-FIR
月桂酸乙酯	<5	mg/L	GC-FIR
2-苯乙醇	<5	mg/L	GC-FIR

注：GC-FIR 为气相色谱、红外光谱、计算机联用系统。

3. 陈酿后的威士忌质量标准

威士忌陈酿以后化学成分会有很大的变化，这些变化就是威士忌陈酿和风味的特点，表 10-5 是一份陈酿 3 年后的调和威士忌成分分析。

表 10-5　一份陈酿 3 年的爱尔兰调和威士忌理化指标分析

项目	结果	单位	方法
酒精度（20℃）	43.5	%vol	LQM02
乙醛	2.3	g/100L	LQM04
乙酸甲酯	0.9	g/100L	LQM04
缩醛	3	g/100L	LQM04
乙酸乙酯	11.3	g/100L	LQM04
甲醇	11.3	g/100L	LQM04
丙醇	32.8	g/100L	LQM04
异丁醇	47.4	g/100L	LQM04
乙酸异戊酯	0.7	g/100L	LQM04
正丁醇	0.2	g/100L	LQM04
2-甲基丁醇	9.1	g/100L	LQM04
异戊醇	26.5	g/100L	LQM04
糠醛	1.3	g/100L	LQM04
癸酸乙酯	0.9	g/100L	LQM04
月桂酸乙酯	0.6	g/100L	LQM04
乳酸乙酯	0.6	g/100L	LQM04

下文是一份爱尔兰威士忌产品出厂的质量和分析证书

一份爱尔兰威士忌质量和分析证书

产品名称：×××爱尔兰威士忌40%vol，700mL

批号：20/001

工艺处理：装瓶前首先使用直径50μm的不锈钢网过滤机进行预过滤，再使用直径10μm的滤芯进行最终过滤。

感官评价：具有陈酿爱尔兰威士忌的典型风格，符合相关标准规定，没有不符合要求的味道或气味，与参考样品的感觉一致。

生产工艺：采用传统的爱尔兰威士忌三次蒸馏工艺，在橡木桶中最低陈酿3年时间。

化学分析见表10-6。

表10-6　化学分析

分析项目	结果	目标	范围	方法	取样率
酒精度/%vol	40.0	40	39.85%~40%	蒸馏法	每一批
pH	3.74	—	—	酸度计法	每一批
相对密度（20℃）	0.9497	—	—	比重计法	每一批
浊度	0.92NTU	—	—	浊度仪法	每一批
颜色	0.430abs	—	—	分光光度计法	每一批

符合标准声明：

×××威士忌按照欧洲蒸馏酒标准生产，符合现行的食品和商品的法律规定，符合EC110/2008和爱尔兰1980年威士忌法规要求。

保质期和存储：

如果存储合理，威士忌是没有保质期的。要避免阳光，在室内存储的正常温度为1~20℃。

通过上面这份爱尔兰威士忌产品出厂的质量和分析证书的内容解析，可以看到爱尔兰威士忌质量控制方面的有关规定。

（1）产品澄清度的处理方法　主要包括：是否经过冷凝过滤，过滤的类型及过滤介质。

（2）感官评价　主要通过闻香和品味后，分析是否具有爱尔兰威士忌的典型风格并且符合相关标准规定。

（3）生产工艺　主要是指威士忌的蒸馏工艺和橡木桶陈酿时间。

（4）理化指标　有酒精度、pH、相对密度等。同时对外观指标也进行了量化，如浊度和颜色等。

（5）强调生产过程必须符合欧洲和爱尔兰威士忌法规要求。

（6）提出了威士忌的保质期和存储的要求。

从以上可以看出，爱尔兰威士忌重视产品的工艺、外观、风味和存储。除基本的理化指标项目外，也非常重视食品安全、生产过程、地理标志及原产地保护。

四、爱尔兰威士忌的监管体系

自从 400 多年前，爱尔兰获得全球第一张酒厂生产证书以来，威士忌的生产和销售就一直受到政府的严格监管。一方面是对食品质量的关心，另一方面也有对于蒸馏酒的防火防爆安全的要求；更重要的是蒸馏酒一直是政府的税收重要来源。

经过 400 多年的磨合，已经形成一套有效的酒厂监管系统。具体做法就是，爱尔兰农业部负责制定技术标准，然后和税务局（Revenue Commissioners）以及食品安全局（FSAI）联合执行一套验证控制系统（Verification Control System）。所有的酒厂都需要农业部和税务局的审批。

因为威士忌有存储年限的要求，生产出来的酒必须在保税仓库陈酿，如果要离开保税仓库，就需要交税或者办理出口，有一套严格的可追溯的记录系统。保税仓库的数据是和税务局共享的，出多少酒，存多少酒，卖多少酒，都是有记录的，而且政府官员很容易获得这些数据，并分析这些数据之间的合理性，从而避免了"偷税漏税"的问题，也从根本上确保了酒至少在保税仓里陈酿 3 年以上才能出库。

第三节　加拿大威士忌规定

一、加拿大威士忌分类

按照加拿大《食品和药品规范》规定，威士忌分类如下：

加拿大威士忌（Canadian whisky）；

加拿大黑麦威士忌（Canadian rye whisky）；

黑麦威士忌（Rye whisky）。

二、加拿大威士忌规定

（1）要在小于 700L 的橡木桶中陈酿 3 年以上。

（2）具有加拿大威士忌的香气。

（3）按消费税法（*Excise Act*）的规定执行。

（4）必须在加拿大糖化、发酵和蒸馏。

（5）装瓶的酒精度大于 40%vol。

（6）可以使用焦糖色或者其他增味剂。

三、其他规则

按照加拿大《食品和药品规范》：

（1）内销　可以添加超过 9.09% 的其他酒种，但是必须执行《食品和药品规范》规定中的加拿大威士忌定义："香气、口感以及个性需来自加拿大威士忌"。其酒龄标注必须以此种酒为准。另外，如超过 9.09% 并且其他酒的陈酿时间小于 3 年，必须标识为最低酒龄；如没有超过 9.09%，则无需标识。

（2）外销　添加的其他酒必须在橡木桶中陈酿 2 年以上。如果输入国家要求政府提供加拿大的证明，则添加的其他酒必须保持在 9.09% 以下，如果不需要证明，则可以超过。

第四节　美国威士忌规定

美国威士忌的定义和分类标准源于美国联邦法律，第 27 篇"酒精、烟草与枪炮、弹药"，第五部分"蒸馏酒标识与广告"中的 C"蒸馏酒标准"第 22 段"分类标准"。

现在，解释标识与强制性执行这些规范工作，由美国联邦政府"酒精与烟草税收及贸易局"（Alcohol and Tobacco Tax and Trade Burean，ATTTB/TTB）负责，该组织的前身也就是"美国烟酒、枪炮及爆炸物管理局"，但是在美国 911 恐怖袭击事件之后，法令执行单位经过一次大洗牌，"美国烟酒、枪炮及爆炸物管理局"的法令执行权责（主要是执行走私禁令，因为酒与走私有关）转移到美国司法部。更名后的"酒精与烟草税收及贸易管理局"，隶属于美国财政部，负责税收与标识审核。

美国的威士忌法规不仅包括在美国境内生产的产品，还包括所有进口到美国的威士忌产品。另外，这个法规还适用于美国境外领土的波多黎各。

一、美国威士忌的定义

美国 TTB《饮用酒精手册》（*The Beverage Alcohol Manual*，BAM）对威士忌的定义和分类进行了规定。

威士忌的类别定义：发酵后的谷物醪液经过蒸馏后酒精度 ≤ 95%vol（190proof），并保留威士忌本身应该具有的香气和口感特征，在栎木制品中储藏，装瓶的酒精度 ≥ 40%vol（80proof）。

二、美国威士忌分类

美国威士忌在类别定义的基础上又进行了细分，其划分为 41 种。美国威士忌的分类见表 10-7。

表 10-7 美国威士忌的分类

序号	产品类型	谷物原料	蒸馏酒精度/%vol	入桶酒精度/%vol	陈酿橡木桶
1	波本威士忌	玉米 ≥ 51%	≤ 80	≤ 62.5	全新烧烤
2	黑麦威士忌	黑麦 ≥ 51%	≤ 80	≤ 62.5	全新烧烤
3	小麦威士忌	小麦 ≥ 51%	≤ 80	≤ 62.5	全新烧烤
4	麦芽威士忌	麦芽 ≥ 51%	≤ 80	≤ 62.5	全新烧烤
5	黑麦芽威士忌	黑麦芽 ≥ 51%	≤ 80	≤ 62.5	全新烧烤
6	玉米威士忌	玉米 ≥ 80%	≤ 80	≤ 62.5	无须或使用过的或未烧烤全新。桶内禁止放烧烤的橡木片
7	纯波本威士忌	纯波本威士忌或者调和 2 种以上来自同一州内制作的陈酿 2 年以上的纯波本威士忌			全新烧烤，2 年以上
8	纯黑麦威士忌	纯黑麦威士忌或者调和 2 种以上来自同一州内制作的陈酿 2 年以上的纯黑麦威士忌			全新烧烤，2 年以上
9	纯小麦威士忌	纯小麦威士忌或者调和 2 种以上来自同一州内制作的陈酿 2 年以上的纯小麦威士忌			全新烧烤，2 年以上
10	纯麦芽威士忌	纯麦芽威士忌或者调和 2 种以上来自同一州内制作的陈酿 2 年以上的纯麦芽威士忌			全新烧烤，2 年以上
11	纯黑麦芽威士忌	纯黑麦芽威士忌或者调和 2 种以上来自同一州内制作的陈酿 2 年以上的纯黑麦芽威士忌			全新烧烤，2 年以上
12	纯玉米威士忌	纯玉米威士忌或者调和 2 种以上来自同一州内制作的陈酿 2 年以上的纯玉米威士忌			使用过的或者未烧烤全新，2 年以上
13	纯威士忌	任何谷物 ≥ 51% 或调和 2 种以上来自在同一州内制作的纯威士忌			全新烧烤，2 年以上
14	波本醪威士忌（Whisky distlled from Bourbon mash）	玉米 ≥ 51%	≤ 80	≤ 62.5	使用过的

续表

序号	产品类型	谷物原料	蒸馏酒精度/%vol	入桶酒精度/%vol	陈酿橡木桶
15	黑麦醪威士忌（Whisky distlled from rye mash）	黑麦 ≥ 51%	≤ 80	≤ 62.5%	使用过的
16	小麦醪威士忌（Whisky distlled from wheat mash）	小麦 ≥ 51%	≤ 80	≤ 62.5%	使用过的
17	麦芽醪威士忌（Whisky distlled from malt mash）	麦芽 ≥ 51%	≤ 80	≤ 62.5%	使用过的
18	黑麦芽醪威士忌（Whisky distlled from rye malt mash）	黑麦芽 ≥ 51%	≤ 80	≤ 62.5%	使用过的
19	轻威士忌	—	80 < 酒精度 ≤ 95	—	使用过的或未烧烤的全新
20	调和轻威士忌	按照乙醇体积分数计算，调入低于 20% 的纯威士忌			
21	调和威士忌	按照乙醇体积分数计算，调入不低于 20% 的纯威士忌或调和纯威士忌（不得添加调色、调味或其他物质）以及任何一种的威士忌或中性蒸馏酒			
22	调和波本威士忌	按照乙醇体积分数计算，调入在美国境内生产、不低于 51% 的纯波本威士忌（不得添加调色、调味或其他物质）			
23	调和黑麦威士忌	按照乙醇体积分数计算，调入不低于 51% 的纯黑麦威士忌（不得添加调色、调味或其他物质）			
24	调和小麦威士忌	按照乙醇体积分数计算，调入不低于 51% 的纯小麦威士忌（不得添加调色、调味或其他物质）			
25	调和麦芽威士忌	按照乙醇体积分数计算，调入不低于 51% 的纯麦芽威士忌（不得添加调色、调味或其他物质）			

序号	产品类型	谷物原料	蒸馏酒精度/%vol	入桶酒精度/%vol	陈酿橡木桶
26	调和黑麦芽威士忌	按照乙醇体积分数计算，调入不低于51%的纯黑麦芽威士忌（不得添加调色、调味或其他物质）			
27	调和玉米威士忌	按照乙醇体积分数计算，调入不低于51%的玉米威士忌（不得添加调色、调味或其他物质）			
28	调和纯威士忌	纯威士忌 纯威士忌，但是可以添加没有影响人体健康的调色、调味或其他物质			
29	调和纯波本威士忌	调和100%纯波本威士忌			
30	调和纯黑麦威士忌	调和100%纯黑麦威士忌			
31	调和纯小麦威士忌	调和100%纯小麦威士忌			
32	调和纯麦芽威士忌	调和100%纯麦芽威士忌			
33	调和纯黑麦芽威士忌	调和100%纯黑麦芽威士忌			
34	调和纯玉米威士忌	调和100%纯玉米威士忌			
35	烈酒威士忌	按照乙醇体积分数计算，调和中性烈酒与不小于5%的纯威士忌，或者是调和威士忌与小于20%的纯威士忌			
36	苏格兰威士忌	符合英国法规，在苏格兰生产的非调和威士忌			
37	调和苏格兰威士忌	符合英国法规，在苏格兰生产的威士忌			
38	爱尔兰威士忌	符合爱尔兰共和国及北爱尔兰法规，在该地区生产的非调和威士忌			
39	调和爱尔兰威士忌	符合爱尔兰共和国及北爱尔兰法规，在该地区生产的威士忌			
40	加拿大威士忌	符合加拿大法规，并在该地区生产的非调和威士忌			
41	调和加拿大威士忌	符合加拿大法规，并在该地区生产的威士忌			
其他	调味威士忌	（1）使用天然风味物质调味，可以添加糖，装瓶的酒精度 ≥ 30%vol（60proof） （2）须标注主要的风味物质，如"Apple Flavored Whisky" （3）可添加葡萄酒，如果添加数量超过2.5%（体积分数）时，则必须标注添加葡萄酒的种类和添加量			

根据法规要求，每一种威士忌都必须选择上表中最严谨的类型来标注，例如波本威士忌虽然也是威士忌，但不能仅仅标示为"威士忌"，而必须标示为"波本威士忌"。但如果都不符合，那么只能选择最广泛的定义，即"威士忌"。

　　根据以上分类，为了便于理解，我们将主要的美国威士忌进行归纳说明如下。

　　（1）按照美国的定义，威士忌是以谷物为原料经过发酵，蒸馏后酒精度 ≤ 95%vol 并且保留了本身应该具有的香气和口感特点的产品，装瓶酒精度 ≥ 40%vol。

　　（2）波本、黑麦、小麦、麦芽及黑麦芽威士忌　用超过 51% 的玉米、黑麦、小麦、大麦芽或黑麦芽为原料，加上其他谷物发酵后，最高蒸馏酒精度不超过 80%vol，用 62.5%vol 以下的酒精度在全新的烧焦的橡木桶内陈酿。

　　（3）玉米威士忌（Corn whisky）　用不低于 80% 的玉米为原料，蒸馏的酒精度不超过 80%vol，无须在橡木桶中陈酿，但是如果使用橡木桶陈酿，酒精度必须降到 62.5%vol 以下，可以用使用过的橡木桶或者未烧烤的全新橡木桶，不允许使用烧烤过的橡木片做任何处理。

　　（4）轻威士忌（Light whisky）　在 1968 年 1 月 26 日之后蒸馏，酒精度超过 80%vol 但小于 95%vol，并且储存在使用过的橡木桶或者是未烧烤的全新橡木桶中。

　　（5）纯威士忌（Straight whisky）　符合上述（1）、（2）项的威士忌，在橡木桶内陈酿超过 2 年，就可以另外增加"Straight"的标识。

　　若瓶中最年轻的酒液不到 4 年，则必须标注实际酒龄，一旦超过 4 年，边无需加注任何标识，但是如果选择标识酒龄，酒龄必须是瓶中的最低者。

　　（6）调和威士忌（Blended whisky）　使用成本较低的酒，调入最低 20% 的纯威士忌，例如第（1）、（3）、（4）项。

　　（7）调和 ××× 威士忌　调入超过 51% 的某种纯威士忌，例如黑麦威士忌，则可以称为"调和黑麦威士忌"。

　　（8）烈酒威士忌（Spirit whisky）　用中性乙醇及大于 5% 但是小于 20% 的纯威士忌调和。

三、解读美国威士忌法规

　　（1）美国威士忌法规中对于威士忌的分类是所有威士忌生产国中最多的（41 类），甚至可以用"烦琐"来形容。

　　（2）威士忌的写法，在苏格兰、加拿大等许多国家都写为"Whisky"，通常在爱尔兰和美国的大部分产品习惯使用"Whiskey"（多了一个"e"）。而在本法规中使用的是"Whisky"，说明两种写法都可以。

　　（3）在美国境内都可以生产波本威士忌，如第 1 类中的"波本威士忌"甚至没有规定最低的陈酿时间。

　　（4）以谷物名称命名的威士忌，除了玉米威士忌外，其他都要求主要谷物含量为 ≥ 51%（苏格兰麦芽威士忌要求百分之百使用麦芽为原料。这方面有点像葡萄酒中的单一品种命名和多品种混酿的概念）。

　　（5）不是所有的波本威士忌都要在全新的烧烤橡木桶中陈酿，例如在使用过的橡木桶中陈酿的威士忌称为"波本醪威士忌"。

（6）为了彰显玉米原料的独特风味，防止过多的橡木及陈酿风味给酒带来的影响，法规强调玉米威士忌所用原料玉米含量≥80%。陈酿可以不使用橡木桶或者用使用过或用未烧烤的全新橡木桶，桶内也禁止放烧烤的橡木片。

（7）没有橡木桶最大或者最小容量的规定限制（苏格兰不得超过700L）。

法规中没有单独对田纳西威士忌做出规定（虽然符合波本威士忌的规定，但允许标示"田纳西威士忌"）。

（8）法规规定，苏格兰、爱尔兰和加拿大3个国家（或地区）的威士忌可以按各自的规范执行，而没有对其他的国家和地区做出规定。

第五节　日本威士忌规定

日本威士忌其法律规范主要来自《酒税法》。相比苏格兰和爱尔兰，日本威士忌行业监管比较宽松，特别在酒的来源、调和方法或生产工艺等方面。日本的酿酒商一直被允许将进口威士忌和国产威士忌进行混合，并标明其原产地为日本。这对日本威士忌来之不易的声誉构成了潜在威胁，引起许多酿酒商的不满，他们要求改变现状。

日本蒸馏酒和利口酒生产商协会（Japan Spirits & Liqueurs Makers Association，简称JSLMA），是政府批准的蒸馏酒生产者组织，由82家成员组成。2021年2月16日，这个组织公布了日本威士忌行业规范、新的日本威士忌标签标准。

新规范将于2021年4月1日开始实行，并设置了3年的过渡期。2021年4月1日之后，该协会会员单位生产的威士忌，如果要声明并将自身标注为"日本威士忌"，就必须按照新规范来执行。而2021年3月31日之前已经上市的"日本威士忌"，若不符合新规范，2024年3月31日之后则不能继续生产。虽然这一行业规范并不具有法律效应，但该协会包含了一甲（Nikka）和三得利（Suntory）在内的共八十多个会员，覆盖了日本威士忌大部分生产商。因而新规范对日本威士忌行业还是会产生重大影响。

一、日本威士忌标签标准

1.宗旨

为日本国内消费者选择合适的日本威士忌做出贡献，从而保护消费者利益，确保企业之间的公平竞争并提高酒品质量。

2. 适用范围

标签标准适用于在日本销售或从日本销售到海外使用的威士忌。

3. 适用法律法规

除了遵守标签标准外，经营者还应在适应范围内，按照以下法律的要求适当地对威士忌产品进行标注，这些法规主要是"威士忌标签的公平竞争法""FCC 威士忌标签的执行条例""食品标签法"。

二、日本威士忌的生产和质量要求

1. 原料

使用麦芽，也可使用其他谷物，使用的水必须来自日本境内。

2. 制作方法

糖化、发酵和蒸馏过程必须在日本境内的酿酒厂进行。蒸馏后酒精度不得超过 95%vol。

3. 陈酿

蒸馏后新酒必须在容量不超过 700L 的木桶中陈酿至少 3 年时间，且必须在日本境内。

4. 装瓶

必须在日本境内，酒精度不低于 40%vol。

5. 其他

允许添加普通焦糖色。

6. 禁止误导性标签

经营者不得对不符合生产方法和质量要求的产品，使用包含下列内容的标注及与"日本威士忌"具有相同含意的词（例如"和风威士忌"或"日式威士忌"）、它们的外语翻译或"类型"或"风格"等术语。

让人联想到日本或者日本产品的词。

让人联想到日本的人名，也不能使用城市名、地区名、风景名胜区、山脉名、河流名、国旗或者日本时代名称。

任何其他标签，使被标注的产品可能被误以为是满足生产方法和质量要求的产品。

严禁经营者将不符合"酒税法"中威士忌定义的酒标注为威士忌，并且不得向使用此类酒的供应商提供或合作供应酒类产品。

7. 标签标准管理

标签标准由日本蒸馏酒和利口酒生产商协会管理，其解释或使用特定术语的任何不确定性应由其董事会委托的委员会审议。

第六节　中国国家标准

一、威士忌标准回顾

威士忌虽然在我国有百年的历史，但是由于各方面的原因，威士忌的生产一直发展不快。改革开放后，与国外交流增多，特别是近几年国内威士忌消费量迅速提升，生产厂家逐渐增多。20 世纪 80 年代以前，我国的威士忌没有统一的国家标准和行业标准。我国的第一个威士忌国家标准，是 1987 年立项，1989 年首次发布的，即 GB 11857—1989《威士忌》。该标准在当时对规范威士忌生产、引导威士忌行业的发展，起到了一定的作用。由于当时对外交流少，工艺技术比较落后，标准制定仓促，参考的国外技术标准少，所以在该标准中有些项目规定不合理，既限制了我国威士忌的生产，又制约了国外威士忌的进口和交流。GB/T 11857《威士忌》历经 2 次修改，分别是 GB/T 11857—2000 和现在的 GB/T 11857—2008。

GB 11857—1989，由轻工业部提出，轻工业部食品发酵工业研究所归口，起草单位为青岛葡萄酒厂，轻工业部食品发酵工业研究所。

GB/T 11857—2000 由轻工业部提出，全国食品发酵标准化中心归口，起草单位为中国食品工业发酵研究所，宜宾五粮液集团有限公司、青岛葡萄酒有限公司。

GB/T 11857—2008 由全国食品工业标准化技术委员会提出，全国酿酒标准化技术委员会归口，起草单位为中国食品发酵工业研究院。

二、威士忌标准现状

目前，威士忌标准已经十多年没有修改，最近几年，国内外要求修订的呼声强烈，此标准的修订势在必行。2021年7月6日全国酿酒标准化技术委员会在上海举办了《威士忌》国家标准修订工作启动会议。9月26日又在山东省烟台市蓬莱区召开了"中外威士忌法规交流论坛暨《威士忌》国家标准研讨会"。2023年4月12日和7月27日分别在四川省泸州市和大邑县召开了《烈性酒质量要求 第1部分 威士忌》国家标准起草工作会议。这四次国家标准的修订会议引起威士忌行业的极大关注，每次都有来自国内外的几十名专家出席，其中包括世界酒业巨头集团代表、国内主要生产厂家、大专院校及科研机构等。

专家们对威士忌国家标准的修改纷纷发表了意见，为了使标准同国际先进国家接轨，大家对一些威士忌先进生产国家的法规和标准同我国的标准进行对比研究，有关参考资料的情况见表10-8。

表10-8 有关国家的威士忌法规和标准

国家	法规和标准
苏格兰	《苏格兰威士忌法（*The Scotch Whisky Rrgulations*），2009》
爱尔兰	《爱尔兰威士忌法案1980（*Irish whiskey Act*），1980》
欧盟	《欧盟法规 No.110/2008》
	《欧盟法规 No. 2019/787》
加拿大	《食品与药物法规（*Food and Drug Rrgulations*），2021》
美国	《美国联邦法规 27CFR5.22，2008》
	《联邦政府"酒精与烟草税收及贸易局（TTB）"制定的"饮用酒精手册（*The Beverage Alcohol Manual*，BAM)》
日本	日本蒸馏酒和利口酒生产商协会（*Japan Spirits & Liqueurs Makers Association*）制定的《威士忌行业规范》
中国	GB/T 11857—2008

《威士忌》国家标准的理化指标部分是本次修订的核心内容之一，例如酒中的总酯含量会随着威士忌陈酿时间而增加，风味也会明显提高，但是分析的结果可能达不到现标准规定的优级要求，甚至出现不合格的产品。标准同质量相矛盾，这次修订希望得到完善。

就在本书出版之前，威士忌新国标送审稿已于2024年3月23日通过了有关方面的评审，下一步将进入报批及公示阶段。本次国家标准同2008版相比，新增及修改了大量内容，补充原标准分类术语体系，增加相关质量指标及检测方法。新威士忌国家标准的报批稿详见本书最后的附录部分。

三、威士忌质量指标的研究

"优质威士忌酒的研究"曾经对一些国外威士忌的理化指标进行分析，例如威士忌的酒精度、总酯、甲醇和杂醇油等理化指标，在此可以作为参考。分析结果见表10-9。

表 10-9　部分来自市场流通的威士忌成分分析　　　　单位：g/L（100%vol）

产地		高地	低地	艾雷岛	坎贝尔镇	爱尔兰	波本	苏格兰谷物
样品数量		31	9	4	2	2	4	7
总酯 （以乙酸 乙酯计）	最大	1.5416	0.8580	0.7805	0.8562	0.4422	1.1952	0.5090
	最小	0.4501	0.3452	0.4831	0.6142	0.3842	1.1106	0.2204
	平均	0.8306	0.6619	0.6151	0.7352	0.4132	1.1599	0.3326
高级醇	最大	1.9040	2.4066	1.6170	2.0670	1.6910	1.7734	0.6847
	最小	0.7351	1.0349	1.3020	1.3958	1.5493	1.0255	0.3247
	平均	1.4461	1.4040	1.4455	1.7314	1.6201	1.5699	0.4532
挥发酸（以 乙酸计）	最大	0.8906	0.3686	0.3241	0.5635	0.4923	1.3211	0.3283
	最小	0.2176	0.0470	0.1711	0.3116	0.0455	0.6524	0.0386
	平均	0.4178	0.1735	0.2586	0.4375	0.2689	0.9943	0.1667
总醛 （以乙 醛计）	最大	0.3506	0.3359	0.3174	0.3354	0.2112	0.3285	0.1295
	最小	0.0321	0.0470	0.1982	0.3245	0.0434	0.1701	0.0159
	平均	0.1984	0.2042	0.2840	0.3299	0.1273	0.2653	0.0768
糠醛	最大	0.0734	0.0585	0.0629	0.0377	0.0302	0.0386	0.0050
	最小	0.0158	0.0265	0.0325	0.0323	0.0272	0.0195	0.0010
	平均	0.0419	0.0439	0.0502	0.0350	0.0287	0.0300	0.0025

注：高地、低地、艾雷岛、坎贝尔镇和爱尔兰均为麦芽壶式蒸馏威士忌。

资料来源："优质威士忌酒的研究"青岛小组，1973—1977 年。

第十一章

威士忌的
感官评价

第一节　品尝的基本步骤

在 ISO 标准品酒杯里倒入大约 20mL 的威士忌。对所有要品尝的酒，倒入数量要一样，使用相同的技巧，这是品尝评价每种威士忌特性的基础。

一、看颜色

颜色可以提供一些信息，例如威士忌使用什么类型的橡木桶、陈酿时间等，但是颜色只能作为参考，有的威士忌为了统一每一批产品的颜色，在装瓶前会添加焦糖色，这在苏格兰是允许的。通常，威士忌的外观是清澈透亮的，否则，可能是因为有些酒没有经过冷凝过滤的处理工艺，或者是冷凝过滤工艺不合理而造成的。

二、观察黏稠度

轻轻摇晃酒杯后，可以观察威士忌的黏稠度。对于高酒精度或在橡木桶中陈酿时间长的威士忌，摇动后酒杯壁上"酒泪"浓重且流动缓慢。通常"酒泪"淡薄的威士忌年份比较短，酒精度也比较低。摇动威士忌的过程，也能够使其香气到达杯口。

三、闻香气

首先，将酒杯拿在身前，距离鼻子大约 40cm 处，轻轻摇动酒杯让香气上升。慢慢摇，然后将酒杯拿到离鼻子大约 10cm 的地方，并稍微倾斜杯子，就能闻到威士忌的前味。此时进入鼻腔的是最容易挥发的果香或花香。

其次，让酒杯呈水平状态，并轻轻旋转，让杯壁均匀沾上威士忌，将酒杯保持水平，鼻子靠近杯口，从杯缘下方往上闻香。下方是香料、泥土与麦芽香，越往上则是越容易挥发的果香和花香。

最后，继续将酒杯保持水平，从侧边靠近鼻子，嗅闻杯子靠近中间的地方。最难以捕捉的细致香气会从这里释放出来。具体操作见图 11-1。

四、品味

轻啜一小口威士忌，让酒液流转舌头与口腔的每一个味蕾。你可以在做这个动作的同时试着开口说话。舌头此时扮演着极其重要的角色，因为舌尖、舌上、舌后的味蕾对酒液的感受完全不同。

| （1）看颜色 | （2）观察黏稠度 | （3）闻香气 |

| （4）喝一小口品味 | （5）加水品尝 |

▲ 图 11-1　威士忌品尝的基本步骤

五、加水品尝

当品尝完纯威士忌后，可以在杯中试着加入一点水，然后重复闻香与品尝的步骤。加水最好用滴管缓慢地加入，开始时只加几滴，直到找出最完整和丰富的香气。注意不要加水过量，以免威士忌被稀释过度。

为什么要加水品尝？对于威士忌来说，乙醇与水的比例对于最终呈现出的味道、状态有很大影响，酒精度高一点低一点，风格、味道都会有所不同。

一般威士忌陈酿阶段结束，准备装瓶前，酒精度都在 60%vol 左右，以这样的浓度，乙醇会使舌头和味蕾发麻，可能导致味觉受损。所以一般酒厂在装瓶前，都会将威士忌加水稀释到酒精度 40%vol。现在也有很多以原桶浓度装瓶的威士忌，酒精度在 60%vol 左右，品尝时可以自己选择加水的比例或者纯饮。水的加入，能够帮助威士忌释放出被乙醇锁住的香气和味道，原本难以捕捉或轻微的香气会在鼻腔与口腔爆发。

应该加多少水？上面说到的只加一点水操作虽然能激发威士忌的香气，但对于口感来说，一两滴能改变得实在不多。由于每个人的口味不同，所以也不存在一个所谓的最佳比例，你可以先试着加几滴，耐心等待几分钟，不断地晃一下酒杯，品尝一口，再重复上述动作，加水从淡到浓都试一试，直到你觉得稀释的程度刚好能让你的鼻子捕捉到最饱满的香气，入口时能让味蕾充满感动。通常大部分品酒师会将威士忌稀释到大约 35%vol 的酒精度，这是最能释放多重香气的平均值。具体应该加多少水，也可以根据这个公式算一下：

目标酒精度 =［威士忌体积 /（威士忌体积＋加水体积）］× 威士忌酒精度

加什么水？　如果只是希望降低威士忌的酒精度，让它喝起来更柔顺一些，不那么刺激，那么最好避免使用矿泉水和自来水，因为矿泉水含有矿物质，而自来水含有氯气，所以应该选择蒸馏水或纯净水，这种水中的矿物质含量少，不会对威士忌的风味产生直接影响。

注意：加冰块的效果与加水完全背道而驰，反而会锁住威士忌的香气。

移液管是一种精确加水的有用工具。开始加一点点水到酒中，随后增加，直到感觉水量合适为止。你也可以"随手"加水，根本不用移液管，但这可能会让你无法控制加水量。

六、余味

当咽下威士忌后，无论有没有加水，都要注意你嘴里和舌头所感受到的味道，它是香醇的、天鹅绒般的还是油腻的？酒体是否醇厚？你还要寻找酒的余味。

第二节　品尝技术

一、感官分析

1. 外观

（1）威士忌的颜色　威士忌颜色轮盘见图 11-2。早期的蒸馏设备通常很简陋，酒也不会在橡木桶内储存，但是会在酒里加入能提色的香草和香料。

历史的意外：18 世纪末，木桶开始用于储存和运输，从此一切都发生了改变。

添加颜色：为了保持颜色的一致性，苏格兰威士忌和部分其他威士忌会添加焦糖色，但并非全部颜色都是来自焦糖色。美国禁止在波本威士忌和黑麦威士忌中使用。焦糖色使用量对口味的影响是可以忽略不计的。

威士忌的外观还包括透明度、黏稠度等。

（2）描述威士忌的颜色　清澈、淡禾秆黄色、淡金色、浅金色、金禾秆黄色、金黄色、淡琥珀色、琥珀色、金黄色、锈琥珀色、锈褐色、栗色、红褐色、黄褐色、茶褐色 、红褐色、焦赭色、红橡木色、棕色雪莉酒色、咖啡色、焦糖色等。

（3）外观品鉴方法　品鉴威士忌，首先是通过眼睛来观察酒的外观，色泽可以帮助你对品鉴的威士忌形成初步印象，但也不要完全相信它。

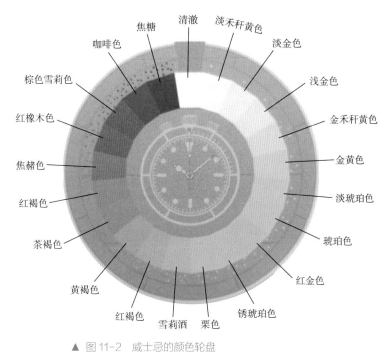

淡禾秆黄色　淡金色　浅金色　金禾秆黄色　金黄色　淡琥珀色　琥珀色　红金色　锈琥珀色　栗色　雪莉酒　红褐色　黄褐色　茶褐色　红褐色　焦赭色　红橡木色　棕色雪莉色　咖啡色　焦糖　清澈

▲ 图 11-2　威士忌的颜色轮盘

（图片来源：根据《威士忌品鉴课堂》重绘）

对于威士忌的颜色，通常情况下淡色表明曾在波本桶里陈酿，而深色则表明曾在雪莉酒桶里陈酿，玫瑰或仿古铜的色调通常指在波特酒桶里陈酿。如果威士忌有浑浊现象，这可能意味着它们没有经过冷凝过滤去除蛋白质或脂肪酸。手持玻璃杯，观察其中的酒泪保持时间，然后慢慢品尝。

（4）外观对比训练　表 11-1 是进行外观对比训练所用威士忌示例。

表 11-1　外观对比训练所用威士忌示例

1	2	3	4
格文 4 号单一谷物威士忌，酒精度 42%vol（或者使用"基尔伯根 8 年单一谷物威士忌"）	雅柏 10 年单一麦芽威士忌，酒精度 46%vol（或者使用"泰斯卡北纬 57%vol 单一麦芽威士忌"）	美格波本威士忌，酒精度 45% vol（或者使用"鹰牌 10 年波本威士忌"）	格兰多纳 12 年"原味"单一高地麦芽威士忌，酒精度 43%vol（或者使用"摩特拉克稀有陈年单一麦芽威士忌"）

2. 香气

嗅闻是评价威士忌最重要的一个环节。鼻子是嗅觉检测威士忌香味的关键器官，因此，了解它的生理机能以及如何在品鉴时使用它是非常重要的。在品尝威士忌之前，先闻一闻，是完善品尝体验的重要第一步。

在研究香味或味道之前，我们需要了解我们的嗅觉是如何处理信息的，这些信息如何让我们来识别出不同的成分。

（1）理解嗅觉　嗅觉感受器中的每个神经细胞，都包含单独的嗅觉神经元，并深嵌在你的鼻腔里，感受周围气味分子的刺激。无论是夏天的草地还是你最喜欢的咖啡店，我们去的每一个地方，都充满了独特的香气。一旦一种气味被探测到，神经系统就会尽其所能识别出这种气味，并通知你的大脑对信息进行处理和分类。因为味道比信息接收器多得多，所以这些感觉接收器通常会形成合力，来识别特定的香味。

当闻到气味时，接收信息的第一个途径是鼻孔。另外，在舌头后面还有另一条通道。当品尝某种食物时，味道分子通过喉咙后部到达嗅觉感受器。但是当一个人感冒时，如果这些感受器被阻断，味觉就会受到阻碍。对品尝威士忌来说，使用嗅觉系统（图 11-3）来探测酒中的香气成分。嘴和舌头主要用来检测最基本的味道，对其他味道的识别效率非常低。

（2）用鼻子鉴别　除了最基本的味道，如咸味、甜味和苦味外，我们的嘴和舌头实际上对其他味道的敏感度非常低，但这些正是你的嗅觉系统无法检测到的东西。你可以慢慢地了解到鼻子、舌头和嘴巴在品尝过程中，是如何有机结合在一起工作的，简单地说，香气加上味道等于风味。

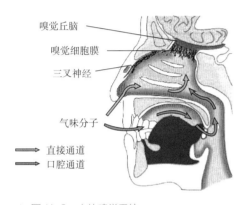

嗅觉丘脑
嗅觉细胞膜
三叉神经

气味分子

➡ 直接通道
➡ 口腔通道

▲ 图 11-3　人的嗅觉系统

（3）嗅觉技巧　在品尝威士忌之前，应该"校正"你的嗅觉系统。首先要保持味觉灵敏，避免吃味道浓烈的食物，在品酒前 1h 内也不要吸烟。这两种物质都会使你的味觉变得迟钝，让你的鼻子更难察觉到更细微的香气。另外还要保持嗅觉精准，如果发现你的味蕾不堪重负，也许是因为你已经喝了很多威士忌。这时最好去透透气或喝口冰水，这可以帮助你"重置"嗅觉系统。

（4）鼻子来鉴别威士忌的训练　嗅觉系统对大部分芳香物质的鉴别具有重要作用。在这里，重点是嗅觉，通过闻威士忌来辨别它的香味。闻一闻未稀释的威士忌，然后在每杯里面试着加几滴水。继续用鼻子闻，做好记录。加入更多的水，并在每个阶段记录好。通常情况下，你喝威士忌时可能不会加这么多水，但在这个过程中，是为了品味分析出尽可能多的香味。

研究证明，威士忌中加入一点水，刚好可以除去任何刺激性的感觉，这样可以将威士忌"打开"，释放芳香挥发物。通常调配师调配威士忌时会将酒的酒精度降至 20%vol 时进行品尝。

品尝威士忌的过程中，需要明白嗅觉的重要性，以及如何使用嗅觉。来看看它是如何帮助你，精确地分辨出威士忌的口味。你也会领悟到，利用水来帮助散发香味的重要性，当然没有必要在每次品酒时都使用这个方法。

（5）嗅觉体现　热的感觉主要是乙醇感、胡椒、刺激感等；凉的感觉主要是薄荷叶、桉树叶、干燥感等。

嗅闻威士忌气味时，先过一遍主要香气，是什么谷物？什么水果味道？有泥煤的味道吗？……如果能闻到水果香味，可以再进一步分析，它们是新鲜的、罐装的、晒干的还是煮熟的水果味？然后再去寻找是哪一种水果。

（6）不同威士忌香气的对比训练　表 11-2 中是进行香气对比训练时采用的一些常见

威士忌。

表11-2　香气对比训练时采用的一些常见威士忌

顺序	1	2	3	4
威士忌	芝华士水楢苏格兰调和威士忌,酒精度40%vol(或者使用"日本响和风醇韵调和威士忌")	百富12年斯佩塞单一麦芽威士忌,酒精度47.8%vol(或者使用"奈普格城堡12年单一麦芽威士忌")	萨泽拉克肯塔基州黑麦威士忌,酒精度45%vol(或者使用金宾黑麦威士忌")	乐加维林16年单一麦芽威士忌,酒精度43%vol(或者使用雅柏乌干达单一麦芽威士忌)
香气	花香	果香	木香	泥煤

图 11-4 是英国帝亚吉欧（Diageo）设计的威士忌风味图表,这张风味图表使用很方便,可以让人们轻松地学会挑选自己所要的威士忌。图中垂直的箭头下方的"细致"一端,表示味纯和干净的威士忌。威士忌的风味越复杂,它在这根线上的高度也随之上升,当威士忌出现烟熏的风味时,它就被划分到了图表中水平线的上方。烟熏味越是明显,这款威士忌在竖轴上的高度也越高。

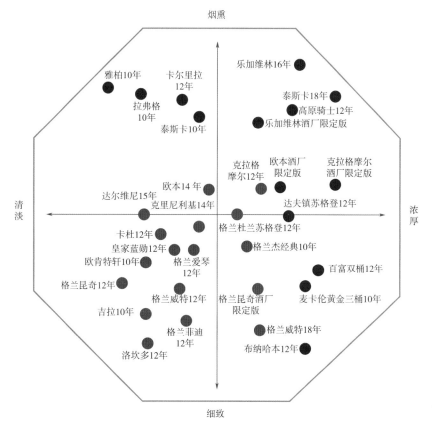

▲ 图 11-4　威士忌风味图表

[图片来源: 帝亚吉欧（Diageo）]

另一根水平线的箭头从一端的"清淡"直到右边的"浓厚",从最清淡、极富芳香的风味开始,一直穿过中心点,会经过青草味、麦芽香、浆果、蜂蜜味。当跨过中心点,开始往"浓厚"一端行进,橡木桶的影响就变得更为明显。美国橡木桶的香草味和辛辣,在"浓厚"一端的尽头,那里充斥着雪梨酒和干果的味道。

需要说明的是,这张图只是简单地将部分苏格兰威士忌的风格味道进行图解,并不能说明哪种威士忌比另外一种更好,也不存在哪个区域不好,它只是用于选择威士忌的一个工具,当然由于版面限制,不可能标注太多产品。

3. 口感

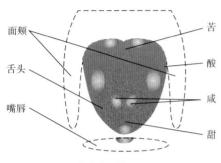

▲ 图11-5　人的味觉系统

口感的主要味道:酸、甜、苦、咸、鲜,人的味觉系统示意如图 11-5 所示。

舌头感觉:

温暖的:乙醇,灼烧感;

凉爽感:薄荷叶,桉树叶;

覆盖感:油脂感,奶油感;

辛香料感:胡椒感,辣椒刺激感;

收敛性:干燥感,粉状感,毛茸茸的感觉;

刺激感:气泡水的清爽感,冰凉果冻感。

对于任何一种威士忌,都有一系列复杂的口味需要辨别。使用香气轮盘是鉴别威士忌主要味道的有效方法,可以帮助我们深入细致地探索各种味道的微妙之处。

没有两种威士忌的味道是一样的。每一种酒,即使来自同一酿酒厂的两种威士忌,也会存在细微或较大的差别。在这个过程中,"香气轮盘"是一个有用的工具。不过,无论如何,都不应该认为它是固定不变的"图表"。毕竟,在品酒过程中,最有趣的评语,将是来自你自己的想象。

经过训练,能够在不借助这些辅助工具的情况下,独立地写出品酒评语。但是在那之前,作为一种训练方式,帮助大脑思考威士忌的味道是如何分类的方法,以香气轮盘作为参照物,则是极其有效的方式。

威士忌味道可分为六大类,它们是:木质香、果味、花香、谷物、辛香、泥煤味。

明白并熟悉香气与风味轮盘上的风味,就会为你深入了解并探讨那些丰富多彩、味道迷人威士忌的奥秘奠定基础。

威士忌是一种烈酒,但它有时口味也会"变质"。虽然在威士忌中发现"变质"的概率要比葡萄酒少,但这种情况确实发生过,尤其是有软木塞的威士忌,同葡萄酒一样,也会因软木塞问题而污染威士忌,氯酚化合物(来自杀虫剂和防腐剂)被软木塞吸收,转化为 TCA(三苯甲醚),然后与瓶中的威士忌发生反应,产生一种发霉、难闻、潮湿的气味。它虽然不会严重影响身体健康,但很难闻,一旦威士忌存在这样异味,就不要喝了。

4. 酒体和余味

（1）威士忌的酒体 威士忌的酒体从感官上来说，是让我们总结一下在喝入和吐出威士忌后，口感的感觉及回味持续时间。酒体受酒精度、陈酿时间、内在成分的影响。通常，酒体就是威士忌在口中的感觉，与味道无关，因为从字面上理解，它是威士忌在你嘴里感觉的轻与重。

形容酒体的术语有：淡薄、平淡、圆润、丰满、醇厚等。

（2）威士忌的余味 当威士忌入口后，通过味蕾，滑过咽部后，仍能借口腔中残留的余味继续回味威士忌的香醇风味，有些威士忌回味时间很长，有些很短，我们可以依此来鉴定威士忌的余味。

形容余味的术语有：余味短、余味长、回味无穷等。

二、香气轮盘和风味图

1. 威士忌的香气轮盘

威士忌有超过一百种香气成分。品鉴是研究威士忌的一项重要工作，而要学会品鉴威士忌，首先就要了解它的香气和风味——威士忌香气和风味轮盘正是为了满足这个需求而设计的。

关于威士忌品鉴的第一套系统方法是由爱丁堡彭特兰苏格兰威士忌研究院（Pentlands Scotch Whisky Research），即现在的苏格兰威士忌研究协会（The Scotch Whisky Research Institute）的科学家们发明的。1978 年，有两位蒸馏师与两位化学家进行专门研究，一年后完成了第一代威士忌香气轮盘。

在当时，这样的轮盘是相当新颖的东西。至今，这种香气轮盘在行业内也有着重要的地位，它为品酒者提供了完整的威士忌香气和风味标准，让你无论在什么地方，喝什么酒，都可以通过它找到其中的细微差别。

彭特兰轮盘是专供威士忌蒸馏厂使用的，而不是供消费者使用。它既适用于新酿的威士忌，也适用于陈酿威士忌（图 11-6）。轮盘由三个圆轮组成，分为初级（15 个味道）、二级（54 个味道）与三级酒香（大约 130 个味道）。最简单的使用方法是从最外轮的圆盘开始，找出你杯中威士忌的对应香气，再层层往中间对照。在三级分类的 130 种不同香气味道中，大部分是比较常见的，比较罕见的不在其中。例如如果一个专家在描述一种威士忌的时候说有乙醛的味道时，你千万不要惊讶，也许这个味道不是来自威士忌的香气轮盘。

其实，各种不同的威士忌产区都有不同的香气轮盘，如波本威士忌，甚至一些相关产品也有自己的香气轮盘，如咖啡、葡萄酒、香水、白兰地等。

威士忌的香气轮盘现在有多种版本。图 11-7 也是威士忌的一种香气轮盘，它将威士忌经常见到的几类香气分成六大类，即内轮的谷物香、果香、花香、泥煤、辛香料和木质香，中间轮将相关的味道又进行分类，最外轮缩小了特定的口味范围，在这里可以从中找到威士忌相应的香气。这个香气和风味轮盘对于快速鉴别威士忌的香气非常方便，不仅适用于威士忌专业人士，同时也适用于威士忌爱好者使用。

▲ 图 11-6　第一代威士忌香气轮盘 [10]

　　轮盘分为 3 层 6 个部分，使用者可以从轮盘的最外一层开始研究，熟悉一下在品鉴威士忌的过程中经常会遇到的各种香气和风味，然后再研究第二层、第三层；当然，也可以按照相反的顺序来进行研究，例如当闻到果香时先找到内圈第一轮的果香，再至第二轮、第三轮，最后分辨是哪种水果的香气。注意：香气轮盘只收录了最常见的香气种类。

　　轮盘的 6 个部分的排列顺序大致反映了威士忌在生产过程和陈酿过程中香气的发展状态。

　　（1）威士忌在生产过程中产生的香气

　　①谷物香（Cereal）：这些香气来自原料，在生产过程中（发酵和蒸馏）通常会产生变化。麦芽的香气非常干净，如酥脆饼干味，会有一种带有芳香的尘土味，让你想起面粉、早餐麦片，还有坚果。玉米会有一种香甜的气味和油脂、黄油感，口味饱满。小麦是一种柔和、圆润的感觉。黑麦很容易分辨，有轻微的香水味，新鲜的烘焙黑麦面包味。

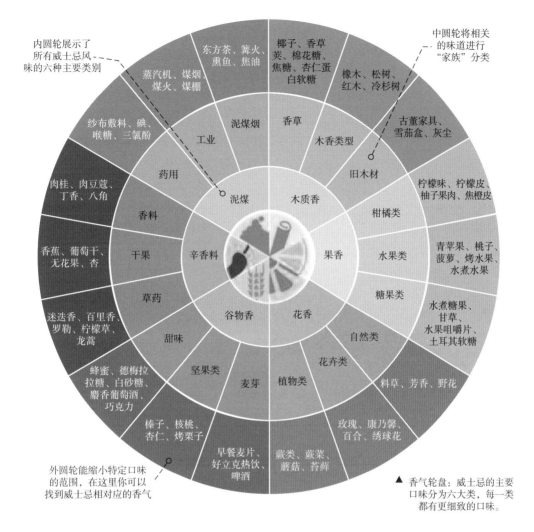

内圆轮展示了所有威士忌风味的六种主要类别

东方茶、篝火、熏鱼、焦油

蒸汽机、煤烟、煤火、煤棚

纱布敷料、碘、喉糖、三氯酚

肉桂、肉豆蔻、丁香、八角

香蕉、葡萄干、无花果、杏

迷迭香、百里香、罗勒、柠檬草、龙蒿

蜂蜜、德梅拉拉糖、白砂糖、麝香葡萄酒、巧克力

榛子、核桃、杏仁、烤栗子

早餐麦片、好立克热饮、啤酒

椰子、香草荚、棉花糖、焦糖、杏仁蛋白软糖

橡木、松树、红木、冷杉树

古董家具、雪茄盒、灰尘

柠檬味、柠檬皮、柚子果肉、焦橙皮

青苹果、桃子、菠萝、烤水果、水煮水果

水煮糖果、甘草、水果咀嚼片、土耳其软糖

料草、芳香、野花

玫瑰、康乃馨、百合、绣球花

蕨类、蕨菜、蘑菇、苔藓

泥煤烟、工业、药用、香料、干果、草药、甜味、坚果类、麦芽、植物类、花卉类、自然类、糖果类、水果类、柑橘类、旧木材、木香类型、香草

泥煤、木质香、辛香料、果香、谷物香、花香

中圆轮将相关的味道进行"家族"分类

外圆轮能缩小特定口味的范围，在这里你可以找到威士忌相对应的香气

▲ 香气轮盘：威士忌的主要口味分为六大类，每一类都有更细致的口味。

▲ 图11-7　威士忌香气轮盘
（图片来源：威士忌品鉴课堂）

②果香（Fruity）：这类香气甜美、芬芳，像水果一样，例如斯佩塞麦芽威士忌的特色，是在发酵和蒸馏的过程中产生的。这里讲的水果是指成熟的水果，如苹果、杏等。还有一些热带水果，例如芒果。

③花香（Floral）：这些香气像叶子、青草或者稻草味一样，有时也可能类似于帕尔玛紫罗兰（Parma violet）或者金雀花丛味，在苏格兰低地麦芽威士忌中会经常出现这种香气。

④泥煤味（Peaty）：这些香气在艾雷岛麦芽威士忌中经常见到，包括烟熏、焦油、碘酒等味道。几乎所有的泥煤味都是来源于麦芽烘烤。通常，泥煤威士忌都有甜味平衡。

（2）威士忌在陈酿过程中产生的香气

①辛香料（Spicy）：这一类型香气很复杂，包括香蕉、葡萄干、无花果等干果，肉豆蔻、丁香、肉桂等香料，还有些草药的气味。如果用来陈酿威士忌的橡木桶以前装过葡萄酒（主要是雪

莉酒，还有波特酒或者其他葡萄酒），它就会残留葡萄酒的风味。使用这些橡木桶陈酿威士忌之后，威士忌就会将这些物质吸收，从而增加酒的香气和风味。

②木质香（Woody）：在这一组香气中，与香草相关的香气来源于橡木桶。木质香直接跟陈酿有关，威士忌在木桶中陈酿时间太长，会明显增加木头的香气，容易造成酒的口味不协调。正确的橡木桶陈酿可以提高威士忌酒体的复杂度、浓郁度和优雅度，并产生一种单宁的涩感，让它的颜色变得更深，口感更圆润。

2. 威士忌的风味

通过威士忌的对比品尝后，使用风味图（又称为雷达图）可以判断出威士忌的风格特点，"风味"是气味、味道和质感的结合，不仅仅是尝出来的味道。威士忌有什么物理感觉——光滑、油腻还是酸？现在我们来评估一下滑过舌头的主要味道的平衡。一般来讲，舌尖会收集甜味，酸味和咸味在舌头的两侧和中间，苦味在舌根。吞咽时则会感到"干涩感"和"烟熏感"。通过对威士忌品鉴后，将果香、花香、谷物香、辛香料、泥煤味和木质香六大类主要香气绘制成风味图，酒的特性会一目了然。以下是对一些不同典型性的威士忌的品尝训练，然后根据品尝结果绘制了风味图。

（1）芝华士（Chivas Regal）调和苏格兰威士忌　这款芝华士最后是在水楢桶中陈酿的，酒精度40%vol。

外观：金禾秆黄色。

香气：芳香草本植物、樱花香味、胡椒和太妃糖味。

口感：轻柔、甜蜜、香橙花蜂蜜、香料、柑橘、桃皮。

余味：尾味轻盈。

此款威士忌风味图见图11-8。

（2）百富12年（Balvenie SB 12YO）单桶麦芽威士忌　酒精度47.8%vol。

外观：淡金黄色。

香气：雏菊和毛茛叶味，带有新鲜蜂蜜的硬皮面包味。

口感：蜂蜜的甜味、天鹅绒般的口感，香草、柠檬酱、奶油甜甜圈味，加入水变为柔和的柑橘味。

余味：回味甘甜悠长。

此款威士忌风味图见图11-9。

（3）萨泽拉克黑麦（Sazerac Rye）威士忌　由肯塔基州屡获殊荣的布法罗蒸馏厂生产，是在新奥尔良发明的萨泽拉克鸡尾酒的基础上使用肯塔基州黑麦，酒精度45%vol。

外观：红褐色。

香气：香气复杂、辛辣，有牛肉干、帕尔玛火腿、烧烤烟味、芳香坚果味。

口感：辣的，植物味、新鲜苹果、甜焦糖、奶油糖果、甜水果味。

余味：非常干，辛辣，回味悠长。

此款威士忌风味图见图11-10。

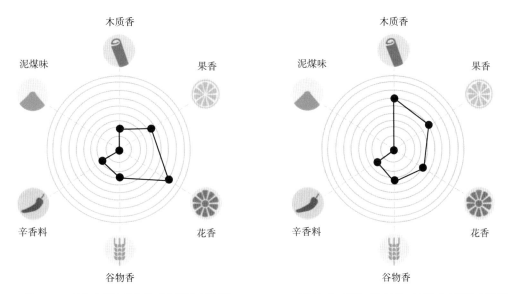

▲ 图 11-8　芝华士调和苏格兰威士忌风味图[10]　　▲ 图 11-9　百富 12 年单一麦芽威士忌风味图[10]

（4）乐加维林 16 年（Lagavulin 16 YO）单一麦芽威士忌　乐加维林 16 年具有强劲的泥煤风格，酒精度 43%vol。

外观：金琥珀色。

香气：旧皮沙发味、烟草味、巧克力味、桂皮味、泥煤味。

口感：金黄色的糖浆状结构。

余味：悠长、有烟雾味。

此款威士忌风味图见图 11-11。

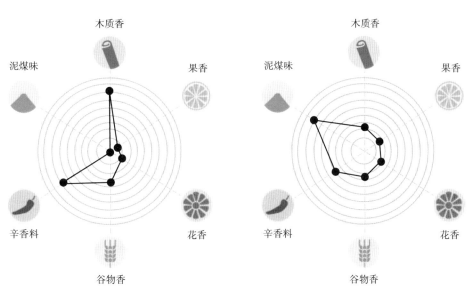

▲ 图 11-10　萨泽拉克黑麦威士忌风味图[10]　　▲ 图 11-11　乐加维林 16 年单一麦芽威士忌风味图[10]

（5）爱尔兰黑布什米尔（Bushmills Black Bush）三次蒸馏调和威士忌　发芽大麦为原料进行三次蒸馏，在雪莉桶中陈酿，酒精度40%vol。

外观：淡琥珀色。

香气：浓郁的、甜美的和辛辣的红葡萄酒香，梨、桃和菠萝香气。

口感：成熟的红色水果，黑莓酥饼碎和卡达士酱，微酸和辣椒味。

余味：回味悠长，多汁的酸度和令人满意的香气。

此款威士忌风味图见图11-12。

（6）四玫瑰波本威士忌（Four Roses）　四玫瑰波本威士忌由60%玉米、35%黑麦、5%大麦麦芽酿制而成，酒精度50%vol。

外观：金琥珀色。

香气：深色糖浆，餐后薄荷糖，胡椒类香料，花香，奶油可可味。

口感：辛辣，浸渍的深色水果，然后是薄荷巧克力和干的黑胡椒味。

余味：收尾长而且干，香料味道明显。

此款威士忌风味图见图11-13。

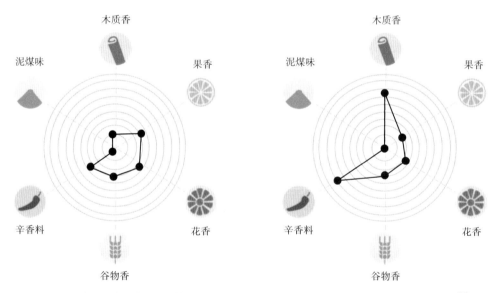

▲ 图 11-12　爱尔兰黑布什米尔三次蒸馏调和威士忌风味图 [10]

▲ 图 11-13　四玫瑰波本威士忌风味图 [10]

（7）美国 Koval 黑麦威士忌　用100% 黑麦为原料，酒精度40%vol。

外观：燃烧的琥珀色。

香气：巧克力棉花糖，燃烧的蕨类和凤尾草，加水果的太妃糖味。

口感：多汁的，轻微烟熏的，加香料的梨和桃，带有枫糖浆口味。

余味：悠长的，带有枫糖浆余味，优雅的和轻柔的胡椒味。

此款威士忌风味图见图11-14。

（8）山崎（Yamazaki）珍藏单一麦芽威士忌　酒精度43%vol。

外观：金黄色。

香气：香味芬芳，有热带果园香味，一点香草味。

口感：粒状蜂蜜和果酱味，桃和奶油味，少许姜和香料味。

余味：悠长，很辣，又很复杂。

此款威士忌风味图见图 11-15。

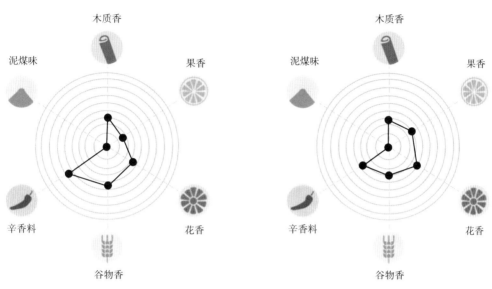

▲ 图 11-14　美国 Koval 黑麦威士忌风味图 [10]　　　▲ 图 11-15　山崎（Yamazaki）珍藏单一麦芽
威士忌风味图 [10]

（9）噶玛兰经典（Kavalan）单一麦芽威士忌　是在波本桶中陈酿，酒精度 40%vol。

外观：金琥珀色。

香气：香甜的热带水果沙拉、微妙的薄荷醇味。

口感：水蜜桃、杏、酸橙酱、甜杏仁味。

余味：酒体醇厚，微辣。

此款威士忌风味图见图 11-16。

三、品酒术语与感官评价记录

1. 品酒术语

品酒术语是品鉴威士忌的语言，威士忌可以说是世界上最复杂的烈酒，表述清楚它的味道可能是一个挑战。一旦掌握了威士忌的"语言"，就会找到

▲ 图 11-16　噶玛兰经典（Kavalan）单一麦芽
威士忌风味图 [10]

自己品酒的声音。

专业化的品酒术语，得益于品酒者的想象力，是威士忌的专用"语言"。它们不仅能正确描述各种口味，也是你了解威士忌以及探索背后故事的窗口。更重要的是通过你个人的描述，体现出你品尝的真实感觉。从使用简单、广泛的术语开始，比如新鲜、果味、麦芽、辛香、烟熏味。最好的品酒评语，是从品酒师的想象中提炼而来。

一个完整的品酒评语应该包含：威士忌的名字，品尝时间，然后用你自己的语言来描述酒的外观、气味、口感，以及酒体和余味等，最后进行综合评价。

威士忌外观主要包括颜色和透明度。

描述威士忌颜色的术语有：浅黄色、金黄色、琥珀色、咖啡色等。

描述威士忌透明度的术语有：清亮透明、晶莹透明、有光泽、略失光、微浑浊、沉淀等。

描述威士忌气味的术语有很多，以下是帝亚吉欧的专家评估威士忌新酒时用到的一些术语：奶油感（Butyric）、泥煤味（Peaty）、硫味（Sulphury）、肉感（Meaty）、金属感（Metallic）、坚果香（Nutty-spicy）、植物感（Vegetal）、蜡质（Waxy）、绿色油性（Green-oily）、甜味（Sweet）、青草味（Grassy）、水果味（Fruity）、香水味（Perfumed）、干净（Clean）。

描述威士忌口感也可以使用一些抽象的术语，例如光滑、干净、清新、粗糙、沉重、轻柔、丰富、圆润、年轻等。

描述威士忌酒体可使用：丰满、醇厚、淡薄等。

描述威士忌余味可使用：余味悠长、余味长、余味中、余味短等。

2. 威士忌感官品评记录

威士忌的感官品评，可以按百分制评分。习惯的计分方法是色泽 10 分，澄清度 10 分，香气 30 分，滋味 40 分，典型性 10 分，总计为 100 分。

国内品评威士忌，一般采用两种评酒表。一种是一个威士忌样品填写一张评酒表，见表 11-3。

表 11-3　威士忌感官品评记录表例 1

样品编号　　　　　　　　　　　　　　　　　　　　　　　　　　　　　　单位：分

项目名称		品评结果	备注
外观	色泽（10）		
	澄清度（10）		
香气滋味	香气（30）		
	滋味（40）		
典型性（10）			
综合评定结论			
评委签字			

年　月　日

另一种是几个威士忌样品，填写一张评酒表，见表 11-4 所示。这两种评酒表的内容是一致的，都是按百分制评分。

表 11-4　威士忌感官品评记录表例 2

第　　组 　　　　　　　　　　　　　　　　　　　　　　　　　　　　　　　　　　　　年　月　日

编号	品名	色泽（10分）	澄清度（10分）	香气（30分）	滋味（40分）	典型性（10分）	总分（100分）	评语

单位： 　　　　　　　　　　　　　　　　　　　　　　　　　　　　　　　　　　　　　　姓名：

表中的"评语"，用分数不能表达时，用文字加以说明。即使用简练的文字，对酒的突出优点和主要缺陷加以概括和描述。

威士忌的品评记录表有好多格式，不同产地和组织都有自己的品评系统。下面介绍国外 5 个威士忌评分体系。

（1）《威士忌圣经》（Whisky Bible） 是一本威士忌入门的选酒手册，涵盖了超 4600 款威士忌及各酒款的品评结果。《威士忌圣经》评分体系如下所示：

98~100 分：最完美的佳酿名品。

90~95 分：令人赞叹的质量。

80~89 分：杰出的威士忌口感。

70~79 分：性价比好，质量上品。

60~69 分：一定要品尝的好滋味。

50~59 分：整体优良，但余味较短。

（2）《威士忌倡导家》（Whisky Advocate） 这是一本著名的美国威士忌杂志。

《威士忌倡导家》评分体系如下所示：

95~100 分：经典的威士忌。

90~94 分：杰出，具有优良品质与风味。

85~89 分：很好，品质出众。

80~84 分：好，制作精良。

75~79 分：中规中矩，有轻微缺陷。

74~50 分：不推荐。

（3）国际葡萄酒暨烈酒大赛（International Wine & Spirit Competition） 简称 IWSC，业界公

认的全球顶级酒类竞赛。从某一程度来说，这个赛事的奖项代表了行业的最高殊荣。国际葡萄酒暨烈酒大赛评分体系如下所示：

90~100 分：金奖。

80~89 分：银奖。

75~79 分：铜奖。

（4）麦芽狂人奖（The Malt Maniacs Awards） 这是爱好者自发进行的威士忌评选，评委们由资深威士忌品评专家组成。麦芽狂人奖评分体系如下所示：

90~100 分：金奖。

85~89 分：银奖。

80~84 分：铜奖。

（5）《威士忌杂志》（Whisky Magazine） 是全球最具影响力的行业杂志之一，供稿作者涵盖苏格兰威士忌产业的众多专家。杂志发起系列专业比赛，最大规模的世界威士忌大赛。从赛制看，世界威士忌大赛非常严格，不是所有的威士忌都能参加。

四、酒杯的类型

1.ISO 杯

ISO 杯（图 11-17）全称为"国际标准品酒杯"，是酒类比赛中专用的评酒杯。ISO 杯在尺寸上有着严格规定，含杯脚高 155mm，杯体最宽处直径 65mm，杯口直径 46mm，将酒倒进杯体腹部最宽处，刚好约 50mL。

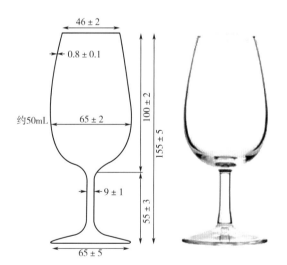

▲ 图 11-17 ISO 国际标准品酒杯

单位：mm。

ISO 杯具有良好的香气收集效果，不突出酒的任何特性，恰如其分地表现酒的原始情况。

如果在 ISO 杯子上面放一个小杯盖，可以发挥很好的效果，它能够让粘在杯内壁的酒液香气释放到杯内空气中，杯盖会将香气挡住一直停留在杯中。这种酒杯特别适应需要长时间一次品鉴很多种威士忌的时候。

适用：威士忌专业品评的通用杯。当难以确定使用什么样酒杯品评威士忌时，建议选用 ISO 杯子。

2. 格兰凯恩闻香杯（Glencairn glass）

格兰凯恩闻香杯（图 11-18）的设计基本上同 ISO 杯非常接近，只是一个有脚柄一个是没有脚柄的，是针对威士忌品品酒所开发的闻香杯，造型像威士忌的壶式蒸馏器，现已成为众多专业赛事的指定酒杯。

略微宽大的杯腹，可以容纳足够分量的威士忌，并在杯腹将香气凝聚，再从杯口释放出来。杯口直径比 ISO 杯略小，杯缘没有外翻或内缩的设计，适用于各种威士忌或烈酒。如果你期待强烈地嗅闻香气，建议使用格兰凯恩闻香杯。

▲ 图 11-18　格兰凯恩闻香杯[17]

格兰凯恩闻香杯由于杯身厚重耐用，又没有杯脚柄，在携带上相当便利，且便于清洗，即便是放入普通洗碗机内清洗也毫无问题。

适用：专业闻香及苏格兰威士忌品评。

3. 郁金香杯（Copita nosing glass）

郁金香杯（图 11-19）体型纤瘦、杯缘极薄且有着微妙弧度，类似于 ISO 标准杯或是传统雪莉酒杯，专业而标准化，并且小巧耐用，杯缘处的特殊处理能够让饮酒者在闻香的同时，鼻腔免于承受高浓度乙醇带来的挥发性刺激。

郁金香杯优点在于香气凝聚效果好，闻香时能充分展现酒的美好香气。同时，杯口微外开，能让酒细致的香气飘散出来，能回馈给饮者更多细致和有层次感的风味，适合白兰地、威士忌以及需要展现美好香气的酒类使用。

郁金香杯适用于各类专业场合，特别适合酒体强的威士忌使用，如单一麦芽威士忌的平行品鉴。

适用：纯饮，高酒精度、重酒体的威士忌，如单一麦芽威士忌。

▲ 图 11-19　郁金香杯[17]

4. 古典杯

▲ 图 11-20　古典杯[17]

古典杯（图 11-20）又有很多其他称呼，例如老式酒杯（Old fashioned glass）、岩石杯（Rock glass）、不倒翁杯（Tumbler glass）。

在饮用威士忌的时候，古典杯似乎也是一种绝佳的选择，虽然它没办法拿来进行闻香，会影响香气的多样性与丰富性，减损香气的结构及表现力。古典杯非常适合习惯加冰块喝威士忌的人，因为你不必担心它会被打翻。

适用：加冰饮用的威士忌。

5. 纯净杯（Neat glass）

▲ 图 11-21　纯净杯[17]

纯净杯（图 11-21）是产品设计师兼葡萄酒发烧友乔治·马斯卡（George F. Manska）自行研创并吹制的酒杯，在波本威士忌发烧友心目中的地位非同小可。其杯形为反传统的痰盂形，底座扁平，酒肚浑圆，杯缘的开口大而夸张，能降低威士忌的乙醇刺激感，使得强烈醇厚的香气在杯中释放，特别适用于珍稀或年老的威士忌。

纯净杯也能够生动地诠释出波本威士忌特有的甜美芳香，例如太妃糖、椰子、花卉、蜂蜜和坚果等。此外，纯净杯还可以用来喝白兰地、朗姆、龙舌兰之类的烈酒，堪称是万能杯。

适用：珍稀或酒龄长的威士忌、波本威士忌。

6. 高球杯（Highball glass）或柯林斯杯（Collins glass）

▲ 图 12-22　高球杯或柯林斯杯[17]

高球杯或柯林斯杯（图 11-22）外观都是直筒形，只是容量上微有区别，高球杯容量为 227~284mL（8~10oz），柯林斯杯容量通常为 340mL（12oz）。

高球杯和柯林斯杯比古典杯的容量大，这 2 个酒杯主要是为威士忌兑水或以威士忌为基酒制作鸡尾酒而准备的。

适用：威士忌调制的鸡尾酒或威士忌兑苏打水。

7. 其他酒杯

品鉴威士忌还有许多酒杯，如带有刻度的品鉴杯、带颜色的盲评杯等。

第三节　品尝训练

一、不同原料威士忌的品尝训练

1. 麦芽威士忌的品尝训练

麦芽威士忌的品尝训练见表 11-5。

表 11-5　麦芽威士忌的品尝训练

顺序	1	2	3	4
威士忌	欧肯特 12 年低地麦芽威士忌, 酒精度 40%vol（或者使用"格兰杰 10 年单一麦芽威士忌"）	格兰花格 15 年斯佩塞单一麦芽威士忌, 酒精度 43%vol（或者使用"格兰多纳 12 年单一麦芽威士忌"）	格兰帝 15 年坎佩尔镇单一麦芽威士忌, 酒精度 45%vol（或者使用"云顶 10 年单一麦芽威士忌"）	波摩 10 年爱雷岛单一麦芽威士忌, 酒精度 43%vol（或者使用"卡尔里拉 12 年单一麦芽威士忌"）
感官特点	金禾秆黄色; 具有金银花甜香, 香草和淡淡的柑橘味; 入口有脆苹果、桃子和奶油味道, 口感轻柔甜美; 有果香味和绵长的余味	琥珀色; 具有葡萄干和黑醋栗香气; 带有轻微的肉桂粉味, 丰富、油腻的口感; 回味悠长, 干爽和辛辣	金禾秆黄色; 水煮糖味, 略带海浪的气息; 入口浓郁而复杂, 有杏仁果酱、牛轧糖、小杏仁饼的味道, 具细微的泥煤烟熏味; 长而微弱的苦甜味收尾	金禾秆黄色; 像是迎着海风在沙滩上漫步, 泥煤的烟熏味和菠萝气味; 入口有泥煤烟熏过的水煮梨, 淡淡的柑橘和柠檬味道; 回味中长, 以烟熏的柑橘味收尾

2. 谷物威士忌的品尝训练

谷物威士忌的品尝训练见表 11-6。

表 11-6　谷物威士忌的品尝训练

顺序	1	2	3	4
威士忌	罗曼湖单一谷物威士忌, 酒精度 46%vol（或者使用"格文科菲蒸馏威士忌"）	芝华士 12 年调和威士忌, 酒精度 40%vol（或者使用"百龄坛调和威士忌"）	康沛勃克司国王街艺术调和威士忌, 酒精度 43%vol（或者使用"尊尼获加"黑标威士忌"）	威姆斯"辛香之王" 12 年调和威士忌, 酒精度 46%vol（或者使用"道格拉斯·梁" 10 年威士忌"）

顺序	1	2	3	4
感官特点	浅金黄色；甜的、新鲜的柑橘味，渐变为美妙的桃罐头香味；最初是轻盈而精致的，然后显示出成熟多汁的热带水果的特点；回味以柑橘和奶油味收尾，口感软绵	琥珀色；具有饱和的秋果香与温柔的花蜜香气；入口醇和，浓郁的苹果和带有甜味的花香，伴随着温和的干果香和奶油香；回味长	浅禾秆黄色；新鲜红莓、梨香气，非常轻微的烟熏味；辛辣的，奶油香；入口清淡，微妙、清爽的柠檬味，均匀平衡，细腻；收尾干爽	浅金黄色；甜咸的焦糖味，白巧克力、芳香菠萝味；口感饱满，肉桂、调香过的煮熟的苹果的味道；回味非常长，干和胡椒味收尾

3. 波本威士忌的品尝训练

波本威士忌的品尝训练见表 11-7。

表 11-7　波本威士忌的品尝训练

顺序	1	2	3	4
威士忌	圣睿波本威士忌，酒精度 46%vol（或者使用"美格波本威士忌"）	乔治·迪克尔 12 号田纳西威士忌，酒精度 45%vol（或者使用"杰克·丹尼的绅士杰克威士忌"）	麦特 US1 波本威士忌，酒精度 50%vol（或者使用"埃文·威廉单一桶威士忌"）	埃文·威廉单一桶威士忌，酒精度 50%vol（或者使用"布雷波本威士忌"）
感官特点	淡琥珀色；具有茴香、香草、轻微的鲜嫩树叶香气；入口甘中有苦，樱桃利口酒、甘草味，轻微的、完美融合的香料味；非常干，但清爽，中长回味	古铜色；烤棉花糖、酸樱桃、有一点点擦皮鞋的味道；入口有浓郁酸樱桃味道，带有黑巧克力和白胡椒苦味；短，甜，辣椒味收尾	琥珀色；轻微的巧克力和焦糖味，柔和的香料味道，雪茄烟、泡酒樱桃和西洋李子、带奶油的浓缩咖啡味；口感香而润滑；回味长，辛辣味收尾	金琥珀色；深色糖浆、薄荷糖、胡椒、花香、奶油味道；入口辛辣，有浸渍的深色水果，然后是薄荷巧克力和干的黑胡椒味道；收尾长而且干

4. 黑麦威士忌的品尝训练

黑麦威士忌的品尝训练见表 11-8。

表 11-8　黑麦威士忌的品尝训练

顺序	1	2	3	4
威士忌	野火鸡黑麦威士忌，酒精度 40.5%vol（或者使用"派克斯维尔威士忌"）	瑞塔豪斯保税黑麦纯威士忌，酒精度 50%vol（或者使用"卡托辛溪·朗德斯东威士忌"）	FEW 烈酒黑麦威士忌，酒精度 46.5%vol（或者使用"罗素大师珍藏 6 年威士忌"）	水库黑麦威士忌，酒精度 50%vol（或者使用"索诺玛蒸馏公司黑麦威士忌"）
感官特点	淡琥珀色；奶油味，香草和柠檬味，带有黑麦的香味；入口比较干，有胡椒、甜水果和轻柔香草的味道；中长收尾，带有甜香草的味道，持续持久	淡琥珀色；甜李子、薄荷和柠檬味，轻微香草香气；入口轻柔、软绵，有果仁、提拉米苏、辣椒、黑巧克力、椰子、白胡椒味道；绵长而清新的收尾	琥珀色；具有复合坚果、软糖香气，入口柠檬和甜味平衡，有柠檬酱、清新薄荷或者桉树、小豆蔻、熏烤杏仁、胡椒味道；绵长而复杂的收尾，甜和干的平衡良好	黄褐色；具有浓郁的桂皮、八角香料香味，强烈的草莓果香；口感饱满，香甜，胡椒味平衡；绵长收尾，带有水果的酸度和轻微的胡椒味

5. 泥煤威士忌的品尝训练

泥煤威士忌的品尝训练见表 11-9。

表 11-9　泥煤威士忌的品尝训练

顺序	1	2	3	4
威士忌	格兰威特 12 年斯佩塞单一麦芽威士忌，酒精度 40%vol	云顶 10 年坎佩尔镇单一麦芽威士忌，酒精度 46%vol	本诺曼克泥煤烟熏斯佩塞单一麦芽威士忌，酒精度 46%vol	齐侯门玛吉湾艾雷岛单一麦芽威士忌，酒精度 46%vol
感官特点	淡禾秆黄色；具有刚割的草坪、香草、柠檬草的香气；入口丝滑，干，没有泥煤味；回味长	淡金黄色；具有糖果、菠萝、桃子、柔软独特的泥煤香气；有烤橘子酱、水果蛋糕、泥煤味道；回味有淡淡的烟熏味，柑橘味，油性	浅金黄色；甜而不腻，新鲜的香草、柑橘和火腿的香气；有苹果、梨、甜的柠檬和烟熏的味道；回味长	淡金黄色；甜甜的、浓郁的饼干香气被泥煤烟熏的味道所代替；谷物和柑橘的香味被刺激的烟味所包裹；回味长，烟熏味，油性

二、不同产区威士忌的品尝训练

1. 苏格兰威士忌的品尝训练

见本节一、1. 麦芽威士忌的品尝训练和 2. 谷物威士忌的品尝训练。

2. 爱尔兰威士忌的品尝训练

爱尔兰威士忌的品尝训练见表 11-10。

表 11-10　爱尔兰威士忌的品尝训练

顺序	1	2	3	4
威士忌	布什米尔 10 年单一麦芽威士忌，酒精度 40%vol（或者使用"安静人 10 年单一麦芽威士忌"）	布什米尔黑布什调和威士忌，酒精度 40%vol（或者使用"布什米尔原味威士忌"）	米切尔绿点单一威士忌，酒精度 40%vol（或者使用"作家眼泪威士忌"）	知更鸟 12 年单一麦芽威士忌，酒精度 40%vol（或者使用"鲍尔斯约翰巷 12 年单一麦芽威士忌"）
感官特点	淡金黄色；具有柔和的蜂蜜香，轻柔的柠檬和草本香气，清爽脆苹果味；入口微辣，有香草和柠檬味道，浓郁，甜中带苦，回味中长	淡琥珀色；浓郁的梨、桃、菠萝和成熟的红色水果味；黑莓香气；入口微酸，回味悠长，有多汁的酸度和令人满意的香气	金禾秆黄色；具有苹果、梨的香气，奶油味突出，辛辣的香草和菠萝香气；入口柔和，带有热带水果、橡木香料和淡淡的薄荷味道；回味轻盈，水果和辛香料的味道在回味中缓慢消失	金黄色；具有香草、玫瑰果蜜香气；入口柔软，有摩卡咖啡、棉花糖和成熟的桃、杏和酸奶油的味道；回味轻而甜，略带苦

3. 美国威士忌的品尝训练

见本节"一、3. 波本威士忌的品尝训练"部分。

4. 日本威士忌的品尝训练

日本威士忌的品尝训练见表 11-11。

表 11-11　日本威士忌的品尝训练

顺序	1	2	3	4
威士忌	白州酿酒师珍藏单一麦芽威士忌，酒精度43%vol	山崎酿酒师珍藏单一麦芽威士忌，酒精度43%vol（或者使用"响和风醇韵威士忌"）	余市一甲单一麦芽威士忌，酒精度45%vol	一甲竹鹤纯麦芽调和威士忌，酒精度43%vol（或者使用"一甲黑牌调和麦芽威士忌"）
感官特点	金黄色；柑橘及甜甜的香草和椰子香气，泥煤味；入口具有辛香料感；回味悠长	金黄色；香味芬芳，有热带水果香味，香草味；入口具有蜂蜜、果酱、桃和奶油味，少许姜和辛香料味；回味悠长、复杂	浅禾秆黄色；有烟熏香气和果香，口感清爽，有新鲜的酸橙和甜葡萄柚味，烤桃、白胡椒粉，还有一点香草味。回味悠长、甜美、复杂而优雅	淡琥珀色；有熏火腿、橙、杏酱味，姜饼和奶油味，花香浓郁；入口有麦片味，烟熏杏仁味，烤棉花糖、香料味；精致、中等余味，一缕烟味

5. 亚洲（除日本外）威士忌的品尝训练

亚洲威士忌的品尝训练见表 11-12。

表 11-12　亚洲威士忌的品尝训练

顺序	1	2	3	4
威士忌	噶玛兰经典单一麦芽威士忌，中国台湾宜兰，酒精度40%vol	奥马尔波本桶单一麦芽威士忌，中国台湾南投，酒精度40%vol	阿穆特调和单一麦芽威士忌，印度班加罗尔，酒精度50%vol	保罗·约翰"大胆"单一麦芽威士忌，印度果阿，酒精度46%vol
感官特点	金琥珀色；具有香甜的热带水果沙拉、微妙的薄荷醇香气；入口有水蜜桃、杏、酸橙酱、甜杏仁味；酒体醇厚，后味微辣	金禾秆黄色；具有烤柠檬皮、草莓、甘草味，有一点点茴香味；入口有苹果派、洋葱和柠檬皮味道，轻微的雪茄烟的香料味	淡琥珀色；具有焦橙果酱、肉桂、丁香和火腿味，泥煤烟味；入口具有蜂蜜味道，充满香料味；回味悠长甘美，油感	淡琥珀色；具有烟熏杏仁、培根、薯片、桉树的香气；入口有杏和百香果味道，泥煤味；新鲜薄荷味道持久

6. 南半球威士忌的品尝训练

南半球威士忌的品尝训练见表 11-13。

表 11-13　南半球威士忌的品尝训练

顺序	1	2	3	4
威士忌	贝恩斯好望角单一谷物威士忌，南非惠灵顿，酒精度 40%vol	虎蛇单一谷物威士忌，西澳大利亚，酒精度 43%vol	斯塔华得新星单一麦芽威士忌，澳大利亚墨尔本，酒精度 41%vol	勒路边酒庄泥煤单一麦芽威士忌，澳大利亚塔斯马尼亚，酒精度 46.2%vol
感官特点	金黄色；具有棉花糖、柠檬、香草气息；口味舒适甜美；回味悠长，新鲜香草香料和薄荷味	淡琥珀色；具有甜、杏仁、鲜花香气；入口太妃糖、新鲜香料、成熟的水果、新鲜芳香草本植物香气，略带焦糖味；回味有新鲜的柑橘味，悠长	深琥珀色；具有炖苹果、大黄、热带水果、香草的香气；口感香醇，有浓郁的草莓果冻、西柚、温肉桂、焦糖的味道；后味柔滑，有令人垂涎的酸度和淡淡的香草味	淡金黄色；具有燃烧的草和蕨类植物、油烟雾、亚麻籽、烧石灰、煤焦油、篝火、香烟味；入口有烧焦的菠萝、胡椒、香料味；回味悠长，篝火的余烬味

7. 欧洲大陆威士忌的品尝训练

欧洲大陆威士忌的品尝训练见表 11-14。

表 11-14　欧洲大陆威士忌的品尝训练

顺序	1	2	3	4
威士忌	马克米拉布鲁克斯单一麦芽威士忌，瑞典耶夫勒，酒精度 41.4%vol	克朗·罗奇伊单一麦芽威士忌，法国布列塔尼，酒精度 46%vol	鹳俱乐部黑麦威士忌，德国施莱普齐希，酒精度 55%vol	居洛黑麦威士忌，芬兰泰帕莱，酒精度 47.8%vol
感官特点	浅金黄色；具有柑橘、草莓糖果、薄荷香气；入口有柠檬、温热的香料和新鲜的香草味道；回味悠长、细腻、芳香	浅金黄色；开始闻香是令人兴奋的泥煤烟熏味，然后是甜甜的香气；入口是烟熏和甜味，口感柔和，带有生梨、柠檬、荨麻和蕨类植物味道；回味持久	淡琥珀色；具有浓郁的糖蜜、腌肉、新鲜百里香香气；入口有糖醋汁、焦糖和太妃糖、肉桂、奶油味道；回味悠长，甘甜，油滑	金琥珀色；具有经典黑麦特色，有熏肉、辣椒和胡椒香气；入口是圆润新鲜的红色水果、香草的味道；回味柔软，有柑橘和香料的味道

第四节　缺陷威士忌的鉴别

（1）劣质酒　通常使用工业乙醇、香精及色素勾兑而成。这些酒甲醇、杂醇油等成分严重超过酒类产品的卫生标准，饮用后会出现头痛、腹部难受等现象，严重者会造成眼睛失明甚至危及生命。在印度曾经发生过一千人因为饮用这种假酒而死亡的严重事件。

鉴别方法：按照饮料酒国家卫生标准对强制性项目进行分析，其结果会严重超过标准的要求。另外，在威士忌的劣质酒鉴别中，有些挥发性化合物成分的含量也可以提供帮助，如甲醇含量过高表示可能使用了劣质乙醇；只检测到3-甲基丁醇而没有2-甲基丁醇则表示可能使用了3-甲基丁醇的合成香精；如检测不到陈酿类化合物，只出现单种化合物（如香草醛），表示有可能添加了类似香兰素等这样的香料。

（2）假冒酒　通常是指使用低档次酒冒充高端酒或者使用合格的酒去冒充一些畅销的品牌酒，他们使用一些国内外知名的品牌包装，但瓶子内用的不是原厂家的酒。如果没有能力去鉴别，就很容易让消费者花费大量的冤枉钱。

鉴别方法：在外观鉴别方面可根据瓶子外观上的标签、批号等进行对比，但是由于制假水平的提高，已经很难进行这方面的鉴别。大数据已经被应用于现代威士忌的鉴别中，同位素法可以用来帮助鉴别威士忌中的醇类是否来自麦芽谷物发酵，而不是采用如糖蜜、甜菜等低价原料。在苏格兰，利用一些指标进行对比也可以鉴别威士忌的真假，如乙醛、甲醇、乙酸乙酯、正丙醇、异丙醇、2-甲级丁醇、3-甲级丁醇的比例等。美国的威士忌除以上外，可以使用对比糠醛（Furfural）对5-羟甲基-2-糠醛（5-hdrdroxymethyl-2-furfuraldehyde）的比例来进行鉴别。

（3）假年份　威士忌在橡木桶中陈酿过程中，新酒萃取了橡木桶中的成分，增加了许多化合物的浓度。不过由于橡木桶的来源、新旧和烘烤程度有很大的差别，所以要取得一个类似的参数是很困难的。研究表明，通过陈酿化合物的色谱分析来对比假冒酒同真酒的区别还是行之有效的办法，特别是对于添加香精和香料的威士忌。

（4）焦糖色或者使用过量　焦糖色可以增加威士忌的颜色，使每批酒的产品颜色一致。有的酒厂为了给威士忌增加迷人的颜色，甚至将低年份的酒加入过多的焦糖色来冒充高年份的酒。在苏格兰，法规只允许使用E150a焦糖色，液相色谱质谱可以区分出威士忌中各种添加的焦糖色类别。而在美国，法规不允许使用焦糖色。

（5）浑浊　威士忌中会可逆性和不可逆性地存在两种类型的絮状物。可逆性絮状物会在低温或加水情况下形成。如威士忌所在环境较为温暖，或是搅拌威士忌时，这些絮状物会再次消失。让威士忌出现浑浊现象的主要成分为长链酯类，这些酯类由乙醇与脂肪酸反应后生成，溶解于乙醇但不溶解于水，当酒精度低于46%vol的临界值或温度下降时，便会开始凝结使威士忌产生浑浊现象。通过冷凝过滤可以除去这些成分。

不可逆性絮状物主要来源于橡木桶陈酿的萃取物，主要是草酸钙。另一方面，在装瓶之前，来自用于降低酒精度的水，这种情况应该首先去除水中矿物质成分，否则将会促进絮状物的形成。

（6）异味、污染　通常刚蒸馏的威士忌新酒很少会发生污染现象。威士忌中的大部分异味来源于橡木桶，良好的用桶策略和管理是非常重要的。特别是大量的橡木桶从美国或者欧洲运来后，一些葡萄酒类型的或者是蒸馏酒类型的橡木桶放在室外风吹日晒，特别是那些酒精含量比较低的葡萄酒桶，就会产生发酵或者杂菌污染现象，从而导致不良气味的产生，如腐败的蔬菜味道、硫化物、鱼腥味等。

运输和保存过程中周边的环境也会污染瓶内威士忌的风味，这些气味有可能渗入瓶中，会导致一些不愉快味道的出现。例如20世纪90年代青岛葡萄酒厂曾经在一次池塘清淤中发现一瓶封口完整的威士忌，开瓶后进行品尝时，就发现了明显的淤泥味道。

（7）软木塞异味　软木塞封口对威士忌的质量会有潜在的影响，这种影响不仅包括2，4，6-三氯苯甲醚（TCA）等化学物质引起的威士忌异味，也包括软木塞自身的构造和特点，如密封性和耐用性等对威士忌的影响。如果软木塞长时间同威士忌接触，其弹性会逐渐失去，并且从外到内腐烂，因此使用软木塞封口的威士忌必须直立存放。

（8）橡木桶使用不当　首先是用桶过度：威士忌要求麦芽的香气同橡木桶味完美平衡，来自原料的风味是第一类香气，发酵过程产生第二类香气，橡木桶陈酿产生第三类香气。用桶过度会造成威士忌出现过多的苦涩味、辛辣味及木头味等，这些风味掩盖了麦芽的原始香味也使威士忌失去了个性。

其次是橡木桶报废不及时：无论是波本桶还是雪莉桶，可用于陈酿的次数为3~4次，若以每次12年计算，每个橡木桶的使用寿命约为50年。随着使用次数的增加，橡木桶能提供的风味、影响强度和作用速率都逐步减弱，最后这个橡木桶就会衰退到没有办法再给予威士忌提供风味的情况，例如有的威士忌尽管陈酿了25年，因为使用了已经衰退的橡木桶，后10年威士忌只是存放在桶中，橡木桶无法给予更多的风味到威士忌中，所以这个威士忌的有效陈酿时间只有15年，这个酒风味有可能也不错，但不会表现出年份的特性，甚至因为互动时间太短，虽然是老年份，它仍然会有强烈的新酒气味或者刺鼻的辣味，当然也不会表现出足够的橡木桶与麦芽酒风味的平衡。不过最大的可惜是时间的浪费。

经过STR处理后的橡木桶重新恢复了生命力，橡木的半纤维素将再度热解为焦糖层，而木质素将释放与新桶相似的香草风味，不过其他如水解单宁或橡木内酯等化合物，则无法恢复如新桶，也因此经STR处理后的橡木桶陈酿的效果与新橡木桶相比会完全不一样。一般情况下，经过STR处理后的橡木桶可以再使用两次。

第五节　威士忌的饮用

一、威士忌的饮用温度

喝威士忌需要"合适"的温度吗？这个问题会有不同观点，也是一个有争议的话题。在不同的温度下品尝威士忌会影响它的味道吗？

图 11-23 是威士忌在不同温度下的品尝感觉。研究表明，威士忌在室温或与室温接近的温度饮用，通常能保证获得最丰富的味道。所以，为了获得更多的威士忌细节和信息，就应该在室温下品尝。

有时候，在品威士忌的时候，会发现它比你需要的温度要低一点。如果是这种情况，只要把威士忌酒杯放在手心，让身体的自然温度把它加热到想要的温度。

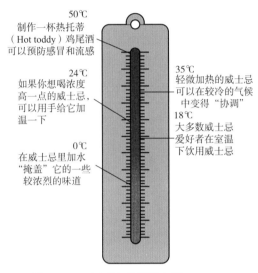

50℃
制作一杯热托蒂
（Hot toddy）鸡尾酒
可以预防感冒和流感

24℃
如果你想喝浓度
高一点的威士忌，
可以用手给它加
温一下

0℃
在威士忌里加水
"掩盖"它的一些
较浓烈的味道

35℃
轻微加热的威士忌
可以在较冷的气候
中变得"协调"

18℃
大多数威士忌
爱好者在室温
下饮用威士忌

▲ 图 11-23　威士忌与饮用温度[10]

二、威士忌与冰

加冰块与加水对威士忌的影响是完全背道而驰的，加冰块会锁住威士忌的香气。这样喝威士忌当然会比较清凉，酒味也不那么刺激。只有在温度慢慢回升的时候，威士忌才会慢慢绽放出全部的独特香气。

威士忌在太冷的时候就会"关闭"和"掩盖"大部分的味道。冰也会使人感觉麻木，让人更难分辨出威士忌的本质。

三、威士忌热饮

喝太温或太热的威士忌，也不能使人得到最好的品尝效果。除非制作热棕榈酒（图 11-24），应该对威士忌加热。另外，在非常寒冷的气候下，喝威士忌（例如在高山湖泊裸泳之前）才需要加热。给冷威士忌加热，将有助于"重新平衡"它的味道。

热棕榈酒：这是一种治疗感冒和流感的传统配方，可以让你的感觉更好，主要是由于威士忌的高酒精含量和热量及糖醋味道。有许多热棕榈酒配方，但这里介绍一个简单的：用 50mL

威士忌加一个柠檬的汁、柠檬片、丁香，一茶匙的蜂蜜和热水。

▲ 图 11-24　热棕榈酒[17]

四、嗨棒

这种威士忌加苏打水，再加一杯冰的混合（图 11-25）是日本的普遍喝法。日本非常重视威士忌的酿造和饮用。

它发明于 20 世纪 50 年代，是由日本第一家威士忌生产商三得利（Suntory）推广开发的，当时的品牌是角瓶嗨棒（Kakubin highball）。在许多日本家庭中，人们在晚餐时喝的是嗨棒，而不是葡萄酒，这在日本年轻的饮酒者中也很流行，甚至可以在街边的自动贩卖机里买到。

▲ 图 11-25　威士忌加冰和苏打水混合
（图片来源：www.Irish Whiskry360.com）

五、开瓶后威士忌的保存

开瓶后的威士忌如何防止酒氧化：如果想将开瓶的威士忌在几个月甚至几年的时间，分别品尝它的味道。假如把威士忌保存在原来的瓶子里，因为氧气会慢慢占据瓶子的空间，存在降低威士忌"质量"的风险。一些低酒精度的威士忌、花香类型的威士忌，开瓶后放的时间越久，香味越寡淡；如果是重雪莉、重泥煤、单桶、原桶强度的威士忌，开瓶后放的时间长一些影响不大，当然最好在一年内喝完。为了避免威士忌的氧化，最好是买一套系列的小瓶子，可以从 350mL 起。当瓶中的酒还有一半满，就可以转移到 350mL 的酒瓶里。当其体积低于 250mL 时，可以将其放入 200mL 的瓶子中。当然，将威士忌保留在最初的那个瓶子里，有助于记住酒的信息，但保持威士忌的最佳饮用状态才是最重要的。

附录

附录1　国家标准《烈性酒质量要求　第1部分：威士忌》（报批稿）

备注：本标准还需通过报批、审核、公示及发布程序。在此过程中可能会有适当的调整，最终以正式版本为准。

前　言

本文件按照 GB/T 1.1—2020《标准化工作导则　第 1 部分：标准化文件的结构和起草规则》的规定起草。

本文件规定了食品质量相关技术要求，食品安全相关要求见有关法律法规、政策和食品安全标准等文件。

本文件是 GB/T 11856《烈性酒质量要求》的第 1 部分。GB/T 11856 已经发布了以下部分：

——第 1 部分：威士忌；

——第 2 部分：白兰地。

本文件代替 GB/T 11857—2008《威士忌》，与 GB/T 11857—2008 相比，除结构调整和编辑性改动外，主要技术变化如下：

a)　更改了术语"威士忌""麦芽威士忌""谷物威士忌""调配威士忌"的定义（见 3.1、3.2、3.3、3.4，2008 年版的 3.1、3.1.1、3.1.2、3.1.3），增加了"单一麦芽威士忌""单一谷物威士忌""风味威士忌""酒龄"和"原酒"的术语和定义（见 3.2.1、3.3.1、3.5、3.6、3.7）；

b)　更改了按原料分类的类别（见第 4 章，2008 年版的第 4 章）；

c)　增加了生产过程控制要求（见第 5 章）；

d)　更改了威士忌的感官要求（见 6.1，2008 年版的 5.1）；

e)　更改了威士忌的理化要求（见 6.2，2008 年版的 5.2）；

f)　删除了卫生要求（见 2008 年版的 5.3）；

g)　更改了"感官要求""酒精度""总酸"和"总醛"的试验方法（见 7.2 ~ 7.4、7.6，2008 年版的 6.1 ~ 6.3、6.5）；

h)　增加了"高级醇"的试验方法和"生产过程控制"（见 7.7、7.9）；

i)　更改了"组批""抽样""判定规则"（见 8.1、8.2、8.4，2008 年版的 7.1、7.2、7.4）；

j)　更改了"标志""包装""运输、贮存"的要求（见 9.1 ~ 9.3，2008 年版的 8.1 ~ 8.3）；

k)　删除了酒精水溶液密度与酒精度（乙醇含量）对照表（见 2008 年版的附录 A）；

1)　　增加了威士忌主要生产工艺流程示例、不同威士忌香气特征剖面示意图、威士忌感官品评杯示意图(见附录 A、附录 B、附录 C)。

请注意本文件的某些内容可能涉及专利。本文件的发布机构不承担识别专利的责任。

本文件由中国轻工业联合会提出。

本文件由全国酿酒标准化技术委员会(SAC/TC471)归口。

本文件起草单位:略。

本文件主要起草人:略。

本文件及其所代替文件的历次版本发布情况为:

——1989 年首次发布为 GB/T 11857—1989,2000 年第一次修订,2008 年第二次修订;

——本次为第三次修订。

引　言

在本文件中，烈性酒是指除白酒之外的其他蒸馏酒，如威士忌等。威士忌在国际上的生产区域分布广泛，不同国家和地区生产的威士忌，因谷物种类和品种、菌种、蒸馏、陈酿、调配等工艺的不同，产品风格差异较大。

近年来，随着我国威士忌行业规模逐步扩大，为更好引导和促进威士忌行业高质量发展，本文件在修订过程中参考了欧盟、苏格兰、爱尔兰、美国、加拿大等地区和国家的相关法规和文件，并根据我国威士忌实际生产现状制定相关要求。

为便于清晰地向消费者传递威士忌的产品特性，以消费者易于理解的感官术语对不同级别威士忌典型产品的香气特征进行描述，并参考 GB/T 39625—2020 中给出的建立感官剖面的原则和方法，在资料性附录中给出香气特征剖面示意图。同时，以麦芽威士忌为例，描述其主要生产工艺流程和工艺要点。

制定 GB/T 11856《烈性酒质量要求》系列文件的目的在于规范威士忌、白兰地、伏特加等烈性酒在生产、检验、销售过程中的质量要求。

GB/T 11856 拟由三个部分构成：

——第 1 部分：威士忌；

——第 2 部分：白兰地；

——第 3 部分：伏特加（俄得克）。

烈性酒质量要求 第1部分：威士忌

1 范围

本文件规定了威士忌的要求、检验规则和标志、包装、运输、贮存，给出了产品分类，描述了试验方法。

本文件适用于威士忌的生产、检验与销售。

2 规范性引用文件

下列文件中的内容通过文中的规范性引用而构成本文件必不可少的条款。其中，注日期的引用文件，仅该日期对应的版本适用于本文件；不注日期的引用文件，其最新版本（包括所有的修改单）适用于本文件。

GB/T 191　包装储运图示标志

GB/T 601　化学试剂　标准滴定溶液的制备

GB/T 603　化学试剂　试验方法中所用制剂及制品的制备

GB 5009.225　食品安全国家标准　酒和食用酒精中乙醇浓度的测定

GB/T 6682　分析实验室用水规格和试验方法

GB 12456　食品安全国家标准　食品中总酸的测定

JJF 1070　定量包装商品净含量计量检验规则

定量包装商品计量监督管理办法（国家市场监督管理总局令〔2023〕第70号）

3 术语和定义

下列术语和定义适用于本文件。

3.1

威士忌　whisky

以谷物为原料，经糖化、发酵、蒸馏、陈酿、经或不经调配而成的蒸馏酒。

〔来源：GB/T 17204—2021，3.15〕

3.2

麦芽威士忌　malt whisky

以大麦麦芽为唯一谷物原料，经糖化、发酵、蒸馏，并在橡木桶中陈酿的威士忌（3.1）。

注：陈酿时间不少于两年。

〔来源：GB/T 17204—2021，3.15.1〕

3.2.1

单一麦芽威士忌　single malt whisky

在同一个工厂至少完成糖化、发酵、蒸馏过程的麦芽威士忌(3.2)。

注:陈酿时间不少于三年。

3.3

谷物威士忌　grain whisky

以谷物为原料,经糖化、发酵、蒸馏,经或不经橡木桶陈酿的威士忌(3.1)。

注1:不包括麦芽威士忌。

注2:经木桶陈酿。

[来源:GB/T 17204—2021,3.15.2,有修改]

3.3.1

单一谷物威士忌　single grain whisky

在同一个工厂至少完成糖化、发酵、蒸馏过程的谷物威士忌(3.3)。

3.4

调配威士忌　blended whisky

调和威士忌

以麦芽威士忌(3.2)和谷物威士忌(3.3)按一定比例混合而成的威士忌(3.1)。

[来源:GB/T 17204—2021,3.15.3,有修改]

3.5

风味威士忌　flavored whisky

以威士忌(3.1)为酒基,添加食品用天然香料、香精,可加糖或不加糖调配而成的饮料酒。

[来源:GB/T 17204—2021,3.16]

3.6

酒龄　age of whisky

威士忌原酒(3.7)在木桶中陈酿的时间。

注:以年为单位。

3.7

原酒　crude whisky

经糖化、发酵、蒸馏、陈酿而得到的未经灌装的酒。

注:未经陈酿的原酒称为"新酒"。

4　产品分类

按原料和工艺分为:

——麦芽威士忌;

——谷物威士忌;

——调配威士忌;

——风味威士忌。

5 生产过程控制要求

5.1 谷物、水等原料符合相应的标准和要求。

5.2 蒸馏所得威士忌新酒的最高酒精度小于 95%vol。

5.3 单一麦芽威士忌在生产中不使用外源性酶；采用铜制壶式蒸馏器进行两次至三次蒸馏；在橡木桶中陈酿时间不少于三年；不使用橡木片、橡木屑等橡木制品。

5.4 威士忌在木桶中陈酿且时间不少于两年；仅谷物威士忌可使用橡木片。

5.5 陈酿所用木桶容积不大于 700L。

5.6 生产中不使用食用酒精、不使用呈色物质（除焦糖色外）、不使用呈香呈味物质（除风味威士忌外）。

注：麦芽威士忌主要生产工艺要点和流程见附录 A。

6 要求

6.1 感官要求
应符合表 1 的规定。

表 1 感官要求

项目	要求[a]	
	优级	一级
外观	澄清透亮，无悬浮物和沉淀物	
色泽	浅黄色至焦糖色	
香气[b]	具有花香、果香、烘烤香、甜香、酒香、橡木香、香料香等多种香气呈现的复合香气；复合香气浓郁、优雅、协调	具有花香、果香、烘烤香、甜香、酒香、橡木香、香料香等多种香气呈现的复合香气；复合香气明显、协调，无不适香气
口味口感	酒体丰满醇厚，甘冽顺滑，回味悠长	酒体丰满轻盈，醇和爽滑，回味较长，无明显异味
风格	具有本品典型的风格	具有本品应有的风格
注：不同威士忌的香气特征剖面示意图见附录 B。		
[a] 不适用于风味威士忌。		
[b] 香气受原料、工艺、陈酿容器等影响。		

6.2 理化要求
应符合表 2 的规定。

表 2　理化要求

项目		要求 [a]	
		优级	一级
酒精度 [b]/（% vol）	≥	40.0	
总酸（以乙酸计）/[g/L（100% vol 乙醇）]	≥	0.30	0.10
总酯（以乙酸乙酯计）/[g/L（100% vol 乙醇）]	≥	0.20	0.10
总醛（以乙醛计）/[g/L（100% vol 乙醇）]	≤	0.5	
高级醇（正丙醇＋异丁醇＋活性戊醇（2- 甲基 -1- 丁醇）＋异戊醇）/[g/L（100% vol 乙醇）]	≤	6.0	

　[a]　不适用于风味威士忌。
　[b]　酒精度实测值与标签标示值允许差为 ±1.0% vol。

6.3　净含量

应符合《定量包装商品计量监督管理办法》的规定。

7　试验方法

7.1　总则

7.1.1　本方法中所用的水，在未注明其他要求时，均指符合 GB/T 6682 中要求的水。

7.1.2　本方法中所用的试剂，在未注明规格时，均指分析纯（AR）。配制的"溶液"，除另有说明外，均指水溶液，实验室常见试剂和材料不再列入。

7.1.3　本文件中的仪器，为试验中所必需的仪器，一般实验室仪器不再列入。

7.1.4　本方法中同一检测项目，有两个或两个以上试验方法时，实验室可根据各自条件选用，但以第一法为仲裁法。

7.1.5　本方法中所提及的乙醇含量（酒精度）均以体积分数（%vol）表示。

7.2　感官要求

7.2.1　方法提要

品酒员通过眼、鼻、口等感觉器官，对威士忌样品的色泽和外观、香气、口味口感及风格特征的分析评价。

7.2.2　品酒环境

品酒室要求光线充足、柔和、适宜，以温度 16 ℃ ~ 26 ℃，相对湿度 40 %RH ~ 70 %RH 为宜，室内空气新鲜，无香气及邪杂气味。

7.2.3　评酒要求

7.2.3.1　品酒员要求感觉器官灵敏，经过专门训练与考核，符合感官分析要求，熟悉威士忌的感官品评用语，掌握威士忌产品的特征。

7.2.3.2　评语应公正、科学、准确。

7.2.3.3 宜采用威士忌感官品评杯,其示意图见附录 C。

7.2.4 品评

7.2.4.1 样品的准备

将样品放置于 20℃ ~25℃ 品评环境或水浴中平衡温度,标记后进行感官品评,品评前将样品注入对应的洁净、干燥的品评杯中,注入量宜为 15mL~20mL。

7.2.4.2 色泽和外观

将品评杯拿起,以白色评酒桌或白纸为背景,采用正视、俯视及仰视方式,观察样品色泽。然后轻轻摇动,观察酒液澄清度、有无悬浮物和沉淀物,记录其色泽和外观情况。

7.2.4.3 香气

一般嗅闻,将品评杯置于鼻下 10mm~20mm 左右处微斜 30°,头略低,采用匀速舒缓的吸气方式嗅闻其静止香气,嗅闻时只可对酒吸气,不应呼气。再轻轻摇动品评杯,增大香气挥发聚集,然后嗅闻,记录其香气情况。特殊情况下,将酒液倒空,放置一段时间后嗅闻空杯留香。

7.2.4.4 口味、口感

将样品注入洁净、干燥的品评杯中,喝入少量样品 0.5mL~2.0mL 于口中,以味觉器官仔细品尝,记下口味、口感特征。

7.2.4.5 风格

综合香气、口味、口感等特征感受,结合威士忌风格特点,做出总结性评价,判断其是否具备典型风格,或独特风格(个性)。

7.3 酒精度

按 GB 5009.225 描述的方法进行。

7.4 总酸

7.4.1 样品中总酸实测含量

按 GB 12456 描述的方法得到样品中总酸(以乙酸计)的实测含量 X_1,单位为克每升(g/L)。

7.4.2 结果计算

每升 100%vol 乙醇中总酸含量按公式(1)计算:

$$X_2 = X_1 \times \frac{100}{E} \quad\cdots\cdots\cdots\cdots\cdots\cdots\cdots\cdots\cdots\cdots\cdots\cdots\cdots\cdots\cdots\cdots\cdots\cdots (1)$$

式中:

X_2——样品每升 100%vol 乙醇中总酸(以乙酸计)的含量,以质量浓度表示,单位为克每升(g/L);

X_1——样品中总酸(以乙酸计)的实测含量,以质量浓度表示,单位为克每升(g/L);

100——酒精度换算系数;

E——样品的实测酒精度,以 %vol 表示。

计算结果表示到小数点后两位。

7.4.3 精密度

在重复性测定条件下获得的两次独立测定结果的绝对差值不应超过其算术平均值的 10%。

7.5 总酯

7.5.1 原理

以蒸馏法去除样品中的不挥发物，先用碱中和样品中的游离酸，再准确加入一定量的碱，加热回流使酯类皂化。通过消耗碱的量计算出酯类的含量。

7.5.2 仪器

7.5.2.1 全玻璃蒸馏器：蒸馏瓶 500mL。

7.5.2.2 全玻璃回流装置：锥形瓶 1000mL、锥形瓶 250mL，冷凝管长度不短于 45cm。

7.5.2.3 酸式滴定管：25mL，最小刻度 0.1mL。

7.5.2.4 碱式滴定管：25mL，最小刻度 0.1mL。

7.5.3 试剂和溶液

7.5.3.1 氢氧化钠溶液 $[c(NaOH)=3.5mol/L]$：按 GB/T 601 配制。

7.5.3.2 40%vol 乙醇（无酯）溶液：取 600mL 95%vol 乙醇于 1000mL 锥形瓶中，加氢氧化钠溶液（7.5.3.1）5mL，加热回流皂化 1h。然后移入蒸馏器中重蒸，再配成 40%vol 乙醇（无酯）溶液。

7.5.3.3 氢氧化钠标准溶液 $[c(NaOH)=0.1mol/L]$：按 GB/T 601 配制与标定。

7.5.3.4 氢氧化钠标准滴定溶液 $[c(NaOH)=0.05mol/L]$：用移液管吸取 50mL 氢氧化钠标准溶液（7.5.3.3）至容量瓶，用水稀释至 100mL，现用现配，必要时重新标定。

7.5.3.5 硫酸标准溶液 $[c(\frac{1}{2}H_2SO_4)=0.1mol/L]$：按 GB/T 601 配制与标定。

7.5.3.6 酚酞指示液（10g/L）：按 GB/T 603 配制。

7.5.4 试样液的制备

用一洁净、干燥的 100mL 容量瓶，准确量取 100mL 样品（液温 20℃）于 500mL 蒸馏瓶中，用 50mL 水分三次冲洗容量瓶，洗液并入蒸馏瓶中，加几颗沸石（或玻璃珠），连接冷凝管，以取样用的原容量瓶作接收器（外加冰浴），开启冷却水（冷却水温度宜低于 15℃），缓慢加热蒸馏，收集馏出液，当接近刻度时，取下容量瓶，盖塞，于 20℃水浴中保温 30min，再补加水至刻度，混匀，备用。

7.5.5 试验步骤

吸取 50.0mL 试样液（7.5.4）于 250mL 锥形瓶中，加 0.5mL 酚酞指示液（7.5.3.6），以氢氧化钠标准溶液（7.5.3.3）滴定至粉红色（切勿过量），不记录氢氧化钠标准溶液的体积。再准确用滴定管加入氢氧化钠标准溶液（7.5.3.3）20.00mL，摇匀，放入几颗沸石（或玻璃珠），装上冷凝管（冷却水温度宜低于 15℃），加热至沸腾，准确回流 30min，取下锥形瓶，冷却。用滴定管向其中准确加入 20.00mL 硫酸标准溶液（7.5.3.5）后，用氢氧化钠标准滴定溶液（7.5.3.4）滴定至粉红色为其终点，记录消耗氢氧化钠标准滴定溶液的体积（V_1）。

吸取 40%vol 乙醇（无酯）溶液（7.5.3.2）50.0mL，按上述方法同样操作，做空白试验，记录消耗氢氧化钠标准滴定溶液的体积（V_0）。

7.5.6 结果计算

样品中的总酯含量按公式（2）计算：

$$X_3 = \frac{(V_1-V_0) \times c \times 88}{V} \quad\cdots\cdots\cdots\cdots\cdots\cdots\cdots\cdots\cdots\cdots\cdots\cdots\cdots\cdots\cdots\cdots\cdots （2）$$

式中：

X_3——样品中总酯（以乙酸乙酯计）的含量，以质量浓度表示，单位为克每升（g/L）；

V_1——皂化后样品消耗氢氧化钠标准滴定溶液的体积，单位为毫升（mL）；

V_0——空白试验皂化后消耗氢氧化钠标准滴定溶液的体积，单位为毫升（mL）；

c——皂化后滴定时所用氢氧化钠标准滴定溶液的浓度，单位为摩尔每升（mol/L）；

88——乙酸乙酯摩尔质量的数值，单位为克每摩尔（g/mol）[$M(C_4H_8O_2)=88$]；

V——吸取试样液的体积，单位为毫升（mL）。

每升 100％ vol 乙醇中总酯含量按公式（3）计算：

$$X_4 = X_3 \times \frac{100}{E} \quad\cdots\cdots\cdots\cdots\cdots\cdots\cdots\cdots\cdots\cdots\cdots\cdots\cdots\cdots\cdots\cdots\cdots\cdots\cdots\cdots\cdots\cdots\cdots\cdots（3）$$

式中：

X_4——样品中每升 100%vol 乙醇中总酯（以乙酸乙酯计）的含量，以质量浓度表示，单位为克每升（g/L）；

X_3——样品中总酯（以乙酸乙酯计）的含量，以质量浓度表示，单位为克每升（g/L）；

100——酒精度换算系数；

E——样品的实测酒精度，以 %vol 表示。

计算结果以重复性条件下获得的两次独立测定结果的算术平均值表示，结果保留至小数点后两位。

7.5.7 精密度

在重复性测定条件下获得的两次独立测定结果的绝对差值不应超过其算术平均值的 5％。

7.6 总醛

7.6.1 气相色谱法

7.6.1.1 原理

样品被汽化后，随同载气进入色谱柱，利用被测定的各组分在气液两相中具有不同的分配系数，在柱内形成迁移速度的差异而得到分离。分离后的组分先后流出色谱柱，进入氢火焰离子化检测器，根据色谱图上各组分峰的保留值与标样相对照进行定性；利用峰面积或峰高，以内标法定量。

7.6.1.2 仪器

7.6.1.2.1 气相色谱仪：备有氢火焰离子化检测器（FID）。

7.6.1.2.2 色谱柱：ZB WAX 毛细管色谱柱（60m × 0.25mm × 0.25μm）或其他具有同等分析效果的毛细管色谱柱。

7.6.1.2.3 微量注射器：10μL。

7.6.1.3 试剂和溶液

7.6.1.3.1 乙醇：色谱纯。

7.6.1.3.2 乙醛标准物质：纯度≥ 99%，或经国家认证并授予标准物质证书的标准物质。

7.6.1.3.3 乙缩醛标准物质：纯度≥ 99%，或经国家认证并授予标准物质证书的标准物质。

7.6.1.3.4 乙酸正戊酯标准物质：纯度≥ 99%，或经国家认证并授予标准物质证书的标准物质。

作为内标使用。

7.6.1.3.5 40%vol 乙醇溶液：量取 40mL 乙醇（7.6.1.3.1），加水定容至 100mL，摇匀。

7.6.1.3.6 醛类标准物质混合储备溶液（乙醛、乙缩醛均为 2000mg/L）：分别称取 0.2g（精确至 1mg）乙醛标准物质（7.6.1.3.2）、乙缩醛标准物质（7.6.1.3.3），加入适量的 40%vol 乙醇溶液（7.6.1.3.5）溶解，转移至 100mL 容量瓶中，定容，充分混匀。

7.6.1.3.7 乙酸正戊酯内标溶液（20000mg/L）：称取 2.0g（精确至 1mg）乙酸正戊酯标准物质（7.6.1.3.4），加入适量的 40%vol 乙醇溶液（7.6.1.3.5）溶解，转移至 100mL 容量瓶中，定容，充分混匀。

7.6.1.3.8 醛类系列混合标准工作溶液：分别吸取 0.1mL、0.2mL、0.6mL、1.2mL、2.5mL 醛类标准物质混合储备溶液（7.6.1.3.6）于 5 个 10mL 容量瓶中，然后分别加入 0.1mL 乙酸正戊酯内标溶液（7.6.1.3.7），使用 40%vol 乙醇溶液（7.6.1.3.5）定容，充分混匀。配制成乙醛、乙缩醛为 20mg/L、40mg/L、120mg/L、240mg/L、500mg/L 的系列混合标准工作溶液，现配现用。

7.6.1.4 色谱参考条件

色谱参考条件如下：

a）载气（高纯氮）：流速为 0.5mL/min~1.0mL/min；分流比约 37∶1；尾吹约 20mL/min~30mL/min；

b）氢气：流速为 33mL/min；

c）空气：流速为 400mL/min；

d）检测器温度：220℃；

e）进样口温度：220℃；

f）柱温（Tc）：起始温度 40℃，恒温 5min，以 4℃/min 程序升温至 200℃，继续恒温 10min。

注：载气、氢气、空气的流速等色谱条件随仪器而异，通过试验选择最佳操作条件，以内标峰与样品中其他组分峰获得完全分离为准。

7.6.1.5 绘制标准曲线

移取适量的醛类系列混合标准工作溶液（7.6.1.3.8），按照色谱参考条件（7.6.1.4）进样测定，以乙醛、乙缩醛单标品色谱峰的保留时间为依据进行定性，以乙醛、乙缩醛与内标质量浓度的比值为横坐标，乙醛、乙缩醛峰面积与内标峰面积的比值为纵坐标，绘制标准曲线。

7.6.1.6 试验步骤

移取适量样品置于 10mL 容量瓶中，加入 0.1mL 乙酸正戊酯内标溶液（7.6.1.3.7），使用同一样品定容，充分混匀，按照色谱参考条件（7.6.1.4）测定样品。由标准曲线得到样品中各待测组分的质量浓度与对应内标的质量浓度的比值 I_i，再根据待测组分对应内标的质量浓度 ρ_i，分别计算样品中乙醛和乙缩醛的含量，以乙醛计，然后相加，换算成醛类含量。

7.6.1.7 结果计算

样品中乙醛、乙缩醛的含量按公式（4）计算：

$$X_i = \frac{I_i \times \rho_i}{1000} \quad\cdots\cdots\cdots\cdots\cdots\cdots\cdots\cdots\cdots\cdots\cdots\cdots\cdots\cdots\cdots\cdots\cdots (4)$$

式中：

X_i——样品中乙醛、乙缩醛的含量，以质量浓度表示，单位为克每升（g/L）；

I_i——从标准曲线得到待测液中乙醛、乙缩醛质量浓度与对应的内标质量浓度的比值；

ρ_i——内标的质量浓度，单位为毫克每升（mg/L）；

1000——单位换算系数。

每 100%vol 乙醇中乙醛、乙缩醛的含量按公式（5）计算：

$$X_i' = \frac{X_i \times 100}{E} \quad\cdots\cdots\cdots\cdots\cdots\cdots\cdots\cdots\cdots\cdots\cdots\cdots\cdots\cdots\cdots（5）$$

式中：

X_i——样品中乙醛、乙缩醛的含量，以质量浓度表示，单位为克每升（g/L）；

X_i'——样品中每升 100%vol 乙醇中乙醛（或乙缩醛）的含量，以质量浓度表示，单位为克每升（g/L）；

100——酒精度换算系数；

E——样品的实测酒精度，以 %vol 表示。

每 100%vol 乙醇中总醛的含量按公式（6）计算：

$$X_5 = X_6 + X_7 \times 0.37 \quad\cdots\cdots\cdots\cdots\cdots\cdots\cdots\cdots\cdots\cdots\cdots\cdots\cdots（6）$$

式中：

X_5——样品中每升 100%vol 乙醇中总醛（以乙醛计）的含量，以质量浓度表示，单位为克每升（g/L）；

X_6——样品中每升 100%vol 乙醇中乙醛的含量，以质量浓度表示，单位为克每升（g/L）；

X_7——样品中每升 100%vol 乙醇中乙缩醛的含量，以质量浓度表示，单位为克每升（g/L）；

0.37——乙缩醛换算成乙醛的系数。

计算结果以重复性条件下获得的两次独立测定结果的算术平均值表示，结果保留至小数点后两位。

7.6.1.8 精密度

在重复性测定条件下获得的两次独立测定结果的绝对差值不应超过其算术平均值的 10%。

7.6.2 碘量法

7.6.2.1 原理

亚硫酸氢钠与醛发生加成反应，生成 α-羟基磺酸钠，然后用碘氧化过量的亚硫酸氢钠。加过量的碳酸氢钠，使 α-羟基磺酸钠分解，释放出亚硫酸氢钠，再用碘标准溶液滴定。

7.6.2.2 仪器

碘量瓶：250mL。

7.6.2.3 试剂和溶液

7.6.2.3.1 盐酸溶液［$c(\mathrm{HCl})$=0.1mol/L］：按 GB/T 601 配制；

7.6.2.3.2 亚硫酸氢钠溶液（12g/L）：称取 6g 亚硫酸氢钠，用水溶解，并定容至 500mL。

7.6.2.3.3 碳酸氢钠溶液［$c(\mathrm{NaHCO_3})$=1mol/L］。

7.6.2.3.4 碘标准溶液［$c(\frac{1}{2}\mathrm{I_2})$=0.1mol/L］：按 GB/T 601 配制与标定。

7.6.2.3.5 碘标准滴定溶液［$c(\frac{1}{2}\mathrm{I_2})$=0.01mol/L］：将碘标准溶液（7.6.2.3.4）用水准确稀释 10 倍。

7.6.2.3.6 淀粉指示液（10g/L）：按 GB/T 603 配制。

7.6.2.4 试样液的制备

按 7.5.4 的要求。

7.6.2.5 试验步骤

吸取 30.0mL 试样液（7.6.2.4）于 250mL 碘量瓶中，加入 15mL 亚硫酸氢钠溶液（7.6.2.3.2）、7mL 盐酸溶液（7.6.2.3.1），摇匀，于暗处放置 1h。取出，用少许水冲洗瓶塞，以碘标准溶液（7.6.2.3.4）滴定，接近终点时，加淀粉指示液（7.6.2.3.6）0.5mL，改用碘标准滴定溶液（7.6.2.3.5）滴定至淡蓝紫色出现（不计数）。加入碳酸氢钠溶液（7.6.2.3.3）20mL，微开瓶塞，摇荡 30s（呈无色），用碘标准滴定溶液（7.6.2.3.5）继续滴定至蓝紫色为其终点。记录消耗碘标准滴定溶液的体积（V_3）。同时做空白试验，记录消耗碘标准滴定溶液的体积（V_2）。

7.6.2.6 结果计算

样品中的总醛含量按公式（7）计算：

$$X_8 = \frac{(V_3 - V_2) \times c \times 22}{V} \cdots\cdots\cdots\cdots\cdots\cdots\cdots\cdots\cdots (7)$$

式中：

X_8——样品中总醛的含量，以质量浓度表示，单位为克每升（g/L）；

V_3——试样消耗碘标准滴定溶液的体积，单位为毫升（mL）；

V_2——空白试验消耗碘标准滴定溶液的体积，单位为毫升（mL）；

c——碘标准滴定溶液的浓度，单位为摩尔每升（mol/L）；

22——碘摩尔质量的数值，单位为克每摩尔（g/mol）[M（I_2）=22]；

V——吸取试样液的体积，单位为毫升（mL）。

每升 100% vol 乙醇中总醛含量按公式（8）计算：

$$X_9 = X_8 \times \frac{100}{E} \cdots\cdots\cdots\cdots\cdots\cdots\cdots\cdots\cdots (8)$$

式中：

X_9——样品中每升 100%vol 乙醇中总醛的含量，以质量浓度表示，单位为克每升（g/L）；

X_8——样品中总醛的含量，以质量浓度表示，单位为克每升（g/L）；

100——酒精度换算系数；

E——样品的实测酒精度，以 %vol 表示。

计算结果以重复性条件下获得的两次独立测定结果的算术平均值表示，结果保留至小数点后一位。

7.6.2.7 精密度

在重复性测定条件下获得的两次独立测定结果的绝对差值不应超过其算术平均值的 5%。

7.7 高级醇

7.7.1 原理

同 7.6.1.1。

7.7.2 仪器

同 7.6.1.2。

7.7.3 试剂和溶液

7.7.3.1 乙醇：色谱纯。

7.7.3.2 正丙醇、异丁醇、活性戊醇（2-甲基-1-丁醇）、异戊醇（3-甲基-1-丁醇）等标准物质：纯度≥99%，或经国家认证并授予标准物质证书的标准物质。

7.7.3.3 40%vol乙醇溶液：按7.6.1.3.5配制。

7.7.3.4 4-甲基-2-戊醇标准物质：纯度≥99%，或经国家认证并授予标准物质证书的标准物质，作为内标使用。

7.7.3.5 醇类标准物质混合储备溶液（正丙醇、异丁醇、活性戊醇、异戊醇均为10000mg/L）：分别称取1.0g（精确至1mg）醇类标准物质（7.7.3.2），加入适量的40%vol乙醇溶液（7.7.3.3）溶解，转移至100mL容量瓶中，定容，充分混匀。

7.7.3.6 4-甲基-2-戊醇内标溶液（20000mg/L）：称取2.0g（精确至1mg）4-甲基-2-戊醇标准物质（7.7.3.4），加入适量40%vol乙醇溶液（7.7.3.3）溶解，转移至100mL容量瓶中，定容，充分混匀。

7.7.3.7 醇类系列混合标准工作溶液：分别吸取0.1mL、0.2mL、0.4mL、1.0mL、2.0mL醇类标准物质混合储备溶液（7.7.3.5）于5个10mL容量瓶中，然后分别加入0.1mL4-甲基-2-戊醇标准物质（7.7.3.4），使用40%vol乙醇溶液（7.7.3.3）定容，充分混匀。配制成正丙醇、异丁醇、活性戊醇（2-甲基-1-丁醇）、异戊醇（3-甲基-1-丁醇）为100mg/L、200mg/L、400mg/L、1000mg/L、2000mg/L的系列混合标准工作溶液，现配现用。

7.7.4 色谱参考条件

同7.6.1.4。

7.7.5 绘制标准曲线

移取适量的醇类系列混合标准工作溶液（7.7.3.7），按照色谱参考条件（7.7.4）测定，以各醇类系列标准工作溶液浓度与4-甲基-2-戊醇内标溶液浓度的比值为横坐标，各醇类系列标准工作溶液峰面积与4-甲基-2-戊醇内标溶液峰面积的比值为纵坐标绘制标准曲线。

7.7.6 试验步骤

移取适量样品置于10mL容量瓶中，加入0.1mL4-甲基-2-戊醇内标溶液（7.7.3.6），使用同一样品定容，充分混匀，按照色谱参考条件（7.7.4）测定样品。由标准工作曲线得到样品中各待测组分的质量浓度与对应内标的质量浓度的比值I_i，再根据待测组分对应内标的质量浓度ρ_i，分别计算样品中高级醇各组分的含量，然后相加，得到高级醇含量。

7.7.7 结果计算

样品中高级醇各组分的含量按公式（9）计算：

$$X_i = \frac{I_i \times \rho_i}{1000} \quad\cdots\cdots\cdots\cdots\cdots\cdots\cdots\cdots\cdots\cdots\cdots\cdots\cdots\cdots\cdots\cdots（9）$$

式中：

X_i——样品中高级醇各组分的含量，以质量浓度表示，单位为克每升（g/L）；

I_i——从标准曲线得到待测液中某一组分浓度与对应的内标浓度的比值；

ρ_i——内标的质量浓度，单位为毫克每升（mg/L）；

1000——单位换算系数。

每100%vol乙醇中高级醇各组分的含量按公式（10）计算：

$$X'_i = \frac{X_i \times 100}{E} \cdots\cdots\cdots\cdots\cdots\cdots\cdots\cdots\cdots\cdots\cdots\cdots \text{（10）}$$

式中：

X'_i——样品中每升 100%vol 乙醇中某一组分的含量，以质量浓度表示，单位为克每升（g/L）；

X_i——样品中高级醇各组分的含量，以质量浓度表示，单位为克每升（g/L）；

100——酒精度换算系数；

E——样品的实测酒精度，以 %vol 表示。

每 100%vol 乙醇中高级醇的含量按公式（11）计算：

$$X_{11} = \sum X'_i \cdots\cdots\cdots\cdots\cdots\cdots\cdots\cdots\cdots\cdots\cdots\cdots \text{（11）}$$

式中：

X_{11}——样品中每升 100%vol 乙醇中高级醇的含量，以质量浓度表示，单位为克每升（g/L）；

X'_i——样品中每升 100%vol 乙醇中正丙醇、异丁醇、活性戊醇、异戊醇的含量，以质量浓度表示，单位为克每升（g/L）。

计算结果以重复性条件下获得的两次独立测定结果的算术平均值表示，结果保留至小数点后两位。

7.7.8 精密度

在重复性测定条件下获得的两次独立测定结果的绝对差值不应超过其算术平均值的 10%。

7.8 净含量

按 JJF 1070 的规定执行。

7.9 生产过程控制

通过检查生产记录文件的方式进行。

8 检验规则

8.1 组批

以品质均一、品种、规格、包装均相同的产品为一批。

8.2 抽样

8.2.1 按表 3 抽取样本（箱），从每箱任意位置抽取样本（瓶）。单件包装净含量小于 500mL，总取样量不足 1500mL 时，可按比例增加抽样量；当单件包装净含量大于或等于 2.0L 时，同一批产品可随机抽取一个单位样本（桶等）。

表 3　抽样表

批量范围/箱	样本数/箱	单位样本数/瓶（桶等）
≤ 50	3	3
51~1200	5	2
1201~35000	8	1
≥ 35001	13	1

8.2.2　采样后应立即贴上标签,标签信息包括但不限于:样品名称、品种规格、数量、制造者名称、采样时间与地点、采样人。将两瓶样品封存,保留两个月备查。其他样品进行检验。

8.3　检验分类

8.3.1　出厂检验

8.3.1.1　产品出厂前,应由生产厂的检验部门检查生产记录文件。

8.3.1.2　当生产记录文件符合生产过程控制的条件时,生产厂的检验部门应按本文件第6章相关规定逐批进行检验,检验结果符合本文件,方可出厂。

8.3.1.3　检验项目包括感官要求、酒精度、总酸、总酯、总醛、净含量。

8.3.2　型式检验

8.3.2.1　检验项目为本文件中第6章规定的全部项目。

8.3.2.2　一般情况下,同一类产品的型式检验每半年进行一次,有下列情况之一者,亦应进行:

　　a)　原辅材料有较大变化时;

　　b)　更改关键工艺或设备时;

　　c)　新试制的产品或正常生产的产品停产三个月后,重新恢复生产时;

　　d)　出厂检验与上次型式检验结果有较大差异时;

　　e)　国家监管机构按有关规定需要抽检时。

8.4　判定规则

8.4.1　检验结果有三项及三项以上指标不符合要求时,不应复验,直接判该批产品不符合本文件要求。

8.4.2　检验结果有两项及两项以下指标不符合要求时,应重新自同批产品中抽取两倍量样品进行复验,以复验结果为准,复验结果中仍有一项及一项以上项目不符合要求,判该批产品不符合本文件要求。

9　标志、包装、运输、贮存

9.1　标志

9.1.1　应按第4章标示产品类型。

9.1.2　谷物威士忌的谷物原料中,若有任意一种用量比例超过51%(质量分数),可按"用量比例超过51%(质量分数)的谷物名称+谷物威士忌"方式标示,如黑麦谷物威士忌、高粱谷物威士忌,当各谷物用量比例均未超过51%(质量分数)时,应直接标示为"谷物威士忌"。

9.1.3　宜标示酒龄,酒龄标示值为该产品中所使用原酒的最小酒龄。

9.1.4　谷物威士忌及调配威士忌所用的谷物威士忌在陈酿过程中如使用橡木片,应在标签中标示。

9.1.5　风味威士忌终产品中甜味物质(以还原糖计)超过5g/L,还应标示总糖(以还原糖计)含量或范围。

9.1.6　外包装纸箱上除标明产品名称、制造者名称和地址外,还应标明单位包装的净含量和总数量。

9.1.7　包装储运图示标志应符合 GB/T 191 的要求。

9.2　包装

9.2.1　包装容器应端正、清洁，封装严密，无漏酒现象，并符合相关的标准。

9.2.2　内外包装材料应符合相关的标准，箱内宜有防震、防撞的间隔材料。

9.3　运输、贮存

9.3.1　用软木塞（或替代品）封装的酒，在贮运时应竖放。

9.3.2　存放地点应阴凉、干燥、通风良好；严防日晒、雨淋；不应与火种同运同贮。

9.3.3　成品不应与潮湿地面直接接触。

9.3.4　运输和贮存时应保持清洁，避免强烈振荡、气温骤变、日晒、雨淋、防止冰冻；装卸时应轻拿轻放。

9.3.5　贮存温度宜保持在 5℃~25℃；运输温度宜保持在 5℃~35℃。若未在该条件下贮存、运输，产品可能会出现微量絮状悬浮物；温度恢复后，微量絮状悬浮物应逐渐完全或部分消失。

附录 A

（资料性）

麦芽威士忌主要生产工艺要点和流程

A.1　生产工艺要点

A.1.1　原料

大麦的加工性能受其品种和特性等因素的影响：

a)　大麦原料有光泽、无病斑粒、无霉味等，并符合相关标准和要求；

b)　有条件时，宜进行大麦品种选育，使其满足加工要求。

A.1.2　麦芽制作

将大麦进行发芽，以提供糖化所需的内源性酶，主要过程包括浸泡、发芽和烘干。也可直接使用商品化的大麦麦芽：

a)　大麦在水中浸泡一段时间，使其充分吸收水分；

b)　浸泡过的大麦均匀铺洒在麦芽室的地面上或置于麦芽箱内，保持一定温度使其发芽；

c)　根据麦芽生长情况，控制温度进行干燥，以停止发芽并脱去水分。如采用燃烧泥煤的方式烘烤，赋予产品特殊的泥煤风味。

A.1.3　糖化

利用麦芽中的内源性酶，将淀粉转化为可发酵糖：

a)　将干燥后的麦芽进行除尘除杂，在磨麦机中碾磨成大小适中的碎麦粒；

b)　将碎麦粒和一定比例的热水转移至糖化设备中，在一定温度下进行糖化；

c)　糖化结束后过滤收集麦汁。

A.1.4　发酵

麦汁中的可发酵糖在酵母菌的作用下，进行酒精发酵：

a)　将麦汁冷却后移至发酵容器，按一定比例接入酵母菌进行酒精发酵；

b)　发酵时间一般不少于 36h，发酵完成后得到酒精度在 8%vol 左右酒醪。

A.1.5　蒸馏

麦芽威士忌一般经过两次蒸馏，也可进行三次蒸馏：

a)　第一次蒸馏的原酒综合酒精度约为 25%vol，第二次蒸馏的原酒酒心酒精度一般为 68%vol~75%vol；

b)　蒸馏过程中宜掐去酒头，截去酒尾，酒头、酒尾可重新蒸馏。

A.1.6　陈酿

麦芽威士忌原酒在橡木桶中进行陈酿是形成威士忌风格的重要影响因素之一：

a)　原酒的酒精度通常调整至 57%vol ~70%vol 再装入橡木桶中进行陈酿；橡木桶容器一般不超过 700L；

b)　可采用不同类型的橡木桶进行陈酿，以赋予产品特定风格。

A.1.7　调配

根据所设计产品的风格和定位，将不同麦芽威士忌进行调配、组合：

a） 可将同一工厂生产的不同批次的或不同工厂生产的麦芽威士忌，根据陈酿时间、陈酿容器等因素进行调配、组合，形成特定的产品风格；

b） 将酒度调整为成品酒所需的酒精度，如 40%vol；

c） 仅使用焦糖色调整色泽，以确保同一产品的色泽均一性；

A.2 生产工艺流程

麦芽威士忌主要生产工艺流程示例见图 A.1。

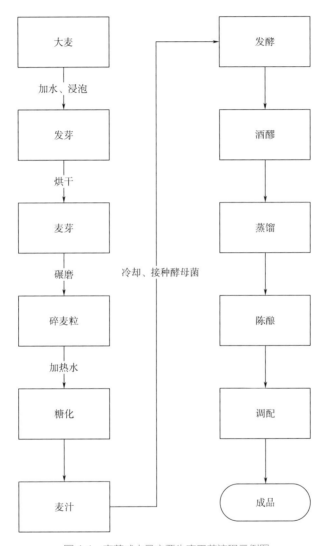

图 A.1 麦芽威士忌主要生产工艺流程示例图

附录 B

（资料性）

不同威士忌香气特征剖面示意图

参考 GB/T 39625—2020 中给出的建立感官剖面的原则和方法，对不同类型威士忌典型样品的香气特征进行评价和描述，绘制香气特征剖面图，便于直观反映威士忌的产品特性，表达形式依所采用的评价方法而异，不同威士忌香气特征剖面参考图见图 B.1。

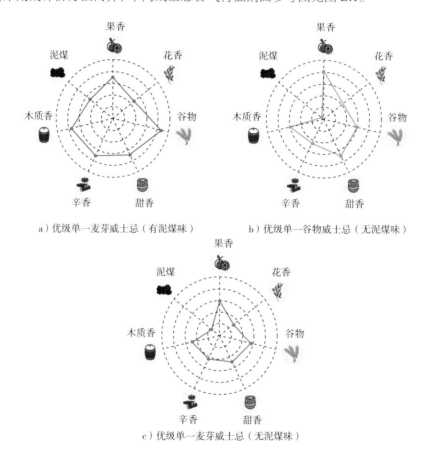

a）优级单一麦芽威士忌（有泥煤味）　　b）优级单一谷物威士忌（无泥煤味）

c）优级单一麦芽威士忌（无泥煤味）

图 B.1　不同威士忌香气特征剖面示意图

注：

1）果香：威士忌呈现的类似水果或干果的香气特征。如柑橘、苹果、杏子、葡萄、热带水果、乌梅等。

2）花香：威士忌呈现的类似花朵植物散发的香气特征。如玫瑰花、紫罗兰、薰衣草、蘑菇等。

3）谷物：威士忌呈现的类似烘烤粮食谷物的香气特征。如烤麦芽、大麦、烤坚果、榛子等。

4）甜香：威士忌呈现的类似甜感的香气特征。如焦糖、蜜饯、蜂蜜、太妃糖、奶油等。

5）辛香：威士忌呈现的类似香辛料的香气特征。如丁香、肉桂、柠檬草等。

6）木质香：威士忌呈现的类似橡木的香气特征。如香草、橡木、雪茄盒等。

7）泥煤：威士忌呈现烘烤泥煤的香气特征。如泥煤、煤烟、灰烬等。

附录 C

（资料性）

威士忌感官品评杯示意图

品评杯包括 a ）、b ）、c ）三款，均为无色透明玻璃材质，满杯容量 180mL~200mL。有条件可在杯壁上增加容量刻度。

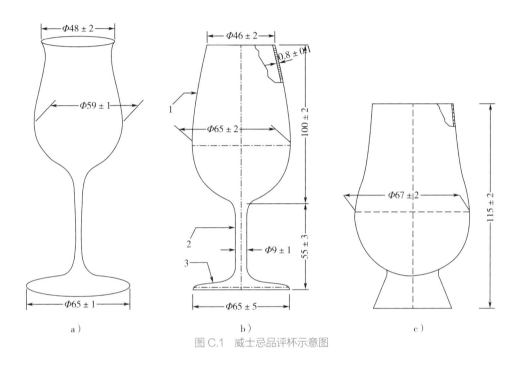

a ）　　　　　　　　　　b ）　　　　　　　　　　c ）

图 C.1　威士忌品评杯示意图

参考文献

［1］GB/T 17204—2021　　饮料酒术语和分类
［2］GB/T 39625—2020　　感官分析　　方法学　　建立感官剖面的导则

———————

附录2 术语表（以英文首字母顺序排列）

ABV：酒精度，指乙醇含量的体积百分数。苏格兰威士忌的酒精度必须至少是40%。

标签上的酒龄（Age statement）：从进入橡木桶到装瓶的时间。对于所有类型的苏格兰威士忌，标出的年份必须是瓶中陈酿时间最短的威士忌。根据法律，苏格兰威士忌必须在苏格兰陈酿至少三年。大多数威士忌都是用不同年份的酒调配的。

天使的分享（Angel's share）：威士忌在橡木桶里成熟时蒸发掉的部分。在气候较冷的地区，每年蒸发数量约是1%；在气候较热的地区，是15%以上。

生命之水（Aqua vitae）：Aqua vitae在拉丁语中的意思是"生命之水"。它的盖尔语翻译"Uisge beatha"即"威士忌"这个词。

美国标准桶（American standard barrel，ASB）：200L的桶用于波本威士忌和美国风格威士忌的陈酿，然后再被苏格兰威士忌和苏格兰风格威士忌的生产者使用。这些木桶通常由美国白橡木制成。

北美白栎（American white oak）：生物学名为白栎，生长在北美。非常适合威士忌的陈酿，因为树木生长迅速，树干高且直，是一种高质量的木材，富有香草醛，带来典型的椰子、香草、蜂蜜和坚果的味道。

淀粉酶（Amylase）：两种主要的淀粉酶是 α- 淀粉酶和 β- 淀粉酶。它们与极限糊精酶共同作用，在62~80℃的温度下逐步将淀粉降解为可发酵的糖，主要是麦芽糖。

大麦（Barley）：世界各地常见的谷类作物。生物学名称为 *Hordeum vulgare*。

啤酒（Beer）：完成发酵后的麦芽汁，酒精度大约为8%vol。

调和威士忌（Blended whisky）：通常由麦芽威士忌和谷物威士忌混合而成。

调和麦芽威士忌（Blended whisky）：两种或两种以上单一麦芽威士忌混合而成。曾被称为"纯麦芽威士忌"。

调和苏格兰威士忌（Blended Scotch whisky）：一种或多种单一麦芽威士忌与一种或多种单一谷物威士忌混合而成的威士忌。

保税仓库或保税仓（Bonded warehouse）：存放应课税货品或进行制造作业而无须缴税的建筑物或有担保的区域。这意味着，在威士忌陈酿或装瓶时，蒸馏厂不必为其交税。

波本威士忌（Bourbon）：以玉米为主要原料蒸馏出来的一种美国威士忌，在全新的炙烤橡木桶中陈酿而成。

波本桶（Bourbon cask）：根据美国法律规定，用于陈酿波本威士忌的木桶必须由美国白橡木制成，而白橡木在使用前必须经过炭化处理。由于这些木桶不能被重新用来陈酿波本威士忌，它们通常会迎来第二次生命——陈酿苏格兰威士忌。在装填苏格兰威士忌之前，波本威士忌的第一次填充已除去了一些粗糙的元素。波本威士忌是一种只有在美国才能生产的烈酒，由至少含有51%的玉米制成。

装瓶者（Bottler）：可能是蒸馏厂的所有者，也可能是独立装瓶商。2012 年新规定颁布之后，苏格兰麦芽威士忌必须在苏格兰装瓶并贴上酒标。

桶塞（Bung）：一种常用的木塞（通常是白杨木塞），也可使用硬尼龙制作，插入木桶的孔中。

桶孔（Bung hole）：桶头或桶腹用来装填酒液的孔，位置由将要使用的仓库样式决定。

大酒桶（Butt）：原来用于雪莉酒陈酿的桶，用来陈酿威士忌。通常约 500L。

精酿蒸馏厂（Craft distillers）：近几年来新成立的一些小型威士忌蒸馏厂。也有的称为微型蒸馏厂（Microdistillers）或者工艺蒸馏厂（Artisanal distillers）。

焦糖色（Caramel colouring）：用来调整威士忌颜色，根据法律，E150a（焦糖色）允许在装瓶前添加，目的是使每一批威士忌的颜色一致而不是调味。波本威士忌禁止添加焦糖色。

木桶（Cask）：用于贮存和陈酿威士忌的木桶，根据法律，木桶必须用橡木制作。大小从 200~700L 不等。最常见的尺寸为 200L（Barrel），250L（Hogshead）和 500L（Butt）。

原桶强度（Cask strength）：装瓶前没有加水稀释的威士忌。通常酒精度和橡木桶内的威士忌一样，乙醇含量超过 50%~60%vol，通常会标明原桶的桶号。

炭过滤（Charcoal mellowing）：田纳西威士忌的一种过滤工艺，让威士忌原酒通过炭层进行过滤后再转入橡木桶进行陈酿。

炙烤（Charring）：将木桶内部烧焦，产生一层活性炭，以帮助除去酒中粗糙和其他不需要的香气，还可以增加威士忌的甜味和香草味。

冷凝过滤（Chill-filtering）：在威士忌生产过程中用来除去沉淀物的方法。威士忌被冷却至 −10~4℃，然后通过低温过滤掉长链脂肪酸（十六烷酸）的过程，否则威士忌在冷却或加水后会变浑浊。

柱式蒸馏器 / 科菲蒸馏塔（Column/Coffey still）：埃尼斯·科菲（Aeneas Coffey）申请了连续蒸馏器的专利，被称为专利蒸馏器或科菲蒸馏器。它由两座相连的柱状蒸馏器所组成，可以 24h 连续工作，主要用于谷物和美式威士忌的蒸馏。

冷凝器（Condenser）：冷凝器的功能是为蒸馏器中的蒸汽提供快速冷却。由于它们是由铜制成的，还能延长蒸馏器中已经发生的复杂化学反应，因此它们在为成品增添风味方面发挥了作用。有两种不同类型的冷凝器——壳管式和虫管式。

同源物（Congeners）：构成威士忌大部分味道和香气的化合物的名称。

连续蒸馏（Continuous distillation）：参见柱式蒸馏器 / 科菲蒸馏器。

制桶技师（Cooper）：主要负责制造和维护威士忌橡木桶，在苏格兰有四家酒厂有自己的制桶厂。

铜（Copper）：壶式蒸馏器通常是铜制的。铜的延展性较强，是一种良好的导热体。和铜产生的反应可以帮助去除酒液中不想要的风味，例如硫化物的味道。

玉米（Corn/Maize）：一种常见的农作物，是制作谷物威士忌的主要原料。

酒心（Cut）：在蒸馏酒液的过程中，最终装入桶中陈酿的新酒部分，也被称为酒心（Heart cut）。

切酒心（Cut point）：酒液从酒头转为酒心、从酒心转为酒尾的分割点，由蒸馏师基于预期威士忌的风格，根据蒸馏时间、酒精度来判断。传统上酒厂会使用温度计和液体密度计来测量酒精度，而现代酒厂通常会有大型的电子监控设备来判断这个时间点。

炭化、再炭化（De-char，Re-char）：木桶重新利用前，会将炭化层先刮掉再进行炙烤，这样橡木桶会重新焕发活力。

稀释（Dilution）：蒸馏出的威士忌酒精度通常在65%~67%vol，在陈酿之前通常被稀释至63.5%左右，并且在最后装瓶前会进一步稀释。

蒸馏（Distilling）：通过加热，把低酒精度的发酵液中的乙醇分离出来的方法。

酿酒厂（Distillery）：生产蒸馏酒精饮料的酒厂。

双重蒸馏（Double distillation）：第一次蒸馏之后再进行第二次蒸馏，最终获得高酒精度的原酒。通常是单一麦芽威士忌的最少蒸馏次数。

残渣（Draff）：糖化过程中剩下的残物。通常经过干燥、压缩后变成动物饲料。

小杯（Dram）：苏格兰威士忌用语，被普遍以为是一小杯（Dram）威士忌，但它起源于拉丁语，是称小重量时用的法定计量单位。

滚桶发芽（Drum malting）：一种现代的大麦发芽方法。一些工厂有大型的滚桶设备，以确保谷物的均匀发芽。

垫板式酒库（Dunnage warehouse）：一种传统的仓库，用于存放注满酒液的木桶。

酶（Enzymes）：作为生物催化剂的一种蛋白质。它们在发芽、糖化和发酵过程中起着非常重要的作用。

酯类物质（Esters）：主要在发酵过程中由酸类和醇类结合产生。酯类物质提供了水果、香草、草本和威士忌的风味。

欧洲栎（European Oak）：生物学名为栎木，又称英国橡木、法国橡木或俄罗斯橡木。这种橡树比白栎生长得慢，而且多孔性很好，产生香料和干果的味道。也有许多其他的品种在使用，但栎树最为常见。

酒尾（Feints/Tails）：从蒸馏器中收集的最后一部分液体，其中含有不需要的化合物和元素。

发酵（Fermentation）：糖在酵母菌的作用下生成乙醇、二氧化碳及其代谢副产物的过程。

最后桶陈酿（Finish 或 Double）：表示威士忌陈酿结束后又换桶陈酿（例如雪莉桶或者波本桶），以增加不同桶的风味。

首次装填、二次装填等（First fill，Second fill，etc.）：首次装填是将威士忌第一次装进二手酒桶，一般指第一次装填苏格兰威士忌的美国波本桶或雪莉桶。二次装填是，将威士忌第二次装进酒桶。以此类推。一个木桶填满几次后可能会被重新炭化，以"激活"它。

香气轮盘（Flavour wheel）：视觉图，用于识别和描述味道。

地板发芽（Floor malting）：传统的谷物发芽方法，将浸过水的大麦铺在石头地板上，然后用人工定时翻一遍，使大麦均匀发芽。这种方法现在已经很少使用。

酒头（Foreshots/Heads）：首先从蒸馏器中流出的酒液。

发芽（Germination）：植物种子自然生长和发育的过程。

谷物（Grains）：用于生产威士忌的谷物，主要有大麦、玉米、黑麦和小麦。

谷物威士忌（Grain whisky）：以玉米或小麦等为主要原料，采用蒸馏或连续蒸馏制成的威士忌。

碎麦芽（Grist）：在加入糖化热水之前，将大麦粉碎的颗粒。

嗨棒（Highball）：由威士忌、冰和苏打水混合而成的饮料，在日本很受欢迎。

重组桶（Hogshead）：一种 250L 的酒桶，将较小的桶进行拆解、重组并且增加板材数量提高其容量。

密度计（Hydrometer）：用于测量酒精度的密度计。

麦芽烘干室（Kiln）：将发芽大麦烘干的地方。传统的烘干方法是用泥煤生火，但现在通常是用煤炭或油。

低度酒（Low wines）：在蒸馏的第一阶段产生的酒，其酒精度范围是 22%~25%vol。

莱恩臂（Lyne arm）：蒸馏器上面的一部分延伸的铜臂以衔接冷凝器。

马德拉酒桶（Madeira drum）：以前用来酿造马德拉葡萄酒的橡木桶。

麦芽 / 发芽大麦（Malt or malted barley）：经过发芽后的大麦。

制麦（Malting）：也称为"发芽"。将湿谷物铺在地板上，待它发芽后烘干的过程。将大麦加工成麦芽，其中大麦产生的酶将淀粉分解，后经糖化把淀粉转化成糖。

谷物配方（Mashbill）：每个酿酒厂的谷物配方，描述玉米、黑麦、小麦等所用比例。

糖化（Mashing）：谷物淀粉转化为可用来发酵的糖的过程。

糖化槽（Mash tun）：粉碎后的麦芽与水混合形成麦芽汁的设备，通常是不锈钢或者木材制成。

调配师（Master blender）：专业的调酒师，负责调出不同年份、不同风格或不同产地的威士忌，以调配出消费者偏爱的口味。

陈酿（Maturation）：在橡木桶中熟成威士忌的过程。

酒心 / 酒心分离（Middle/Spirit cut）：蒸馏中，去掉酒头和酒尾，取中间的部分的操作。

碾磨（Milling）：将干燥的麦芽磨成粉的过程。

水楢桶（Mizunara cask）：日本橡木制成，因其稀有而备受追捧，在威士忌陈酿中极少使用。

口感（Mouthfeel）：威士忌在口中的感觉。

封存酒厂（Mothballed）：有时候，酒厂主人可能会暂时关闭酒厂，随时都可以恢复生产，同时等待下一次威士忌市场机遇的到来，这样的一个蒸馏厂，称为被"封存"；如果不打算恢复生产，等待新拥有者的青睐称为"关厂"（Closed），拆除设备者称为"拆厂"，整个厂房都废除掉则称为"废厂"（Demolished）。

自然色泽（Natural color）：表示未添加焦糖色，是纯粹来自橡木桶的颜色。

天鹅颈（Neck）：蒸馏器的锅体和莱恩臂连接的部分。它的宽度和高度决定了乙醇蒸气的流量。

新酒（New-make）：指新蒸馏的酒，还未经过橡木桶陈酿。

嗅闻（Nosing）：评定威士忌香气的行为。

橡木桶（Oak）：威士忌陈酿用的木桶，使用橡木制成。

塔（Pagoda）：传统的宝塔结构屋顶，是大多数酒厂顶部的一种亚洲风格建筑结构，是大麦麦芽在麦芽烘干室中干燥时的通风处。宝塔也被称为 Doig Ventilators，是由 Charles Doig 在

19世纪晚期发明的，如今成为了整个苏格兰酒厂的象征。

口味（Palate）：威士忌的味道。

泥煤（Peat）：不完全炭化的植物组织经过几千年转变的结果，一旦干燥后，是一种传统的燃料，当用来干燥麦芽时，可以增添独特的烟熏风味。

泥煤味（Peated）：通常指的是一种用泥煤工艺制成的威士忌所具有的味道，可以从轻微的烟熏（轻微的泥煤味）味到强烈的药水味（严重的泥煤味）。

酚类（Phenols）：在泥煤烟雾中发现的多种芳香族化合物。大麦中酚类物质含量的多少，表明了这种威士忌的烟熏程度。

聚合物（Polymers）：由两个或多个重复的化学单位组成的聚合物分子，例如纤维素、半纤维素和木质素，这些是橡木的主要构成成分。在成熟过程中，聚合物对风味的形成起着重要的作用。

波特桶（Port pipe）：陈酿完波特酒后用于陈酿威士忌的桶。

壶式蒸馏器（Pot still）：制造单一麦芽威士忌最常用的蒸馏器。由铜制成，因为铜这种金属能够有效地传导热量并清除酒液中的硫化物。

私酿威士忌（Poteen）：爱尔兰语，指秘密的非法酿酒。

美式酒度（Proof）：现在主要用于美国，一个美式酒度相当于0.5%vol。

净化器（Purifier）：在一些蒸馏厂中，净化器是一种连接到莱恩臂上的装置，它将部分乙醇蒸气重新引回蒸馏锅中进行再蒸馏。

双耳小浅酒杯（葵克，Quaich）：一种传统的苏格兰威士忌酒杯，两边都有一个短把手。

小橡木桶（Quarter cask）：容量为45L的小橡木桶，大部分是新桶，用来陈酿生产年份短的威士忌。

桶陈仓库（Rackhouse）：美国称呼。

回流（Reflux）：指在蒸馏过程中到达较高位置的乙醇蒸气凝结并回流下来，让它变成液体并再重新进行蒸馏。

黑麦（Rye）：生长在北欧和美国较冷地区的一种谷类作物，生物学名称为 *Secale cereale*。

苏格兰威士忌协会（Scotch Whisky Association，SWA）：代表苏格兰威士忌的贸易组织。

盘管式冷凝器（Shell and tube condenser）：冷凝水于铜管内自下而上流动与外面蒸汽进行热交换，水温逐步上升，而乙醇蒸气冷凝后沿铜管壁由上而下流出。

单一桶威士忌（Single barrel/Single cask whisky）：通常是单一麦芽威士忌或波本威士忌，装瓶的威士忌来自"单个"酒桶。

单一麦芽威士忌（Single malt）：由一家酿酒厂生产的威士忌百分之百由麦芽制成。通常情况下，可以从同一酿酒厂的几个酒桶中调配而成。

小批次生产（Small batch）：挑出数个陈酿的酒桶（两三个到多个都有可能）中的酒，调和成限量威士忌，目的是彰显每一批威士忌的独特性。这种做法在美国相当普遍。

辛香料（Spicy）：威士忌中一些类似丁香、肉豆蔻、肉桂、茴香、八角、姜、辣椒、黑胡椒和咖啡等成分的香气。

烈酒安全箱（Spirit safe）：又称为"烈酒保险箱"，一个由金属和玻璃制成的带锁箱子。它与蒸馏器相连，可以获得蒸馏出的新酒。里面有一个液体密度计和温度计，蒸馏师可以通过观察计算出酒液的酒精度。箱外有一个把手，用来操作截取酒头、酒心和酒尾。

烈酒蒸馏器（Spirit still）：也被称为"Low wines still"。第二次蒸馏，低浓度的乙醇被重新蒸馏，以得到浓度更高的乙醇。

蒸馏器（Still）：蒸馏液体的设备。

蒸馏师（Stillman）：操作蒸馏器并负责提取蒸馏器中的乙醇液体的技术人员。

硫（Sulphur）：一种化学元素，在新酒中产生，是一种令人不愉快的（"肉味"）、生厌的（蔬菜、臭鸡蛋）味道。成熟过程中，通过炭化的橡木桶除去。

木板（Staves）：用于制作木桶的木质板材。

单宁（Tannins）：一种存在于橡木中的游离化合物。有苦味和涩味，例如鞣酸和没食子酸。

酒泪（Tears）：当酒杯倾斜时，杯壁上留下的威士忌痕迹。也称为"酒腿"。

烘烤（Toasting）：橡木桶制造过程中将橡木内壁在火上加热，产生芳香活性化合物。香兰素（甜的）和愈创木酚（辣的）随着木材的结构成分（如木质素）的降解而形成。

三次蒸馏（Triple distillation）：将酒用蒸馏器进行三次重复蒸馏，进一步提纯。

麦芽汁罐（Underback）：在麦芽汁从糖化槽流出后流入发酵槽之前用来储存麦芽汁的容器。

生命之水（Uisge beatha）：盖尔语，译为威士忌。

"威士忌盗酒器"（Valinch）：从酒桶中提取威士忌样品的传统金属管状取样器。

香草醛（Vanillin）：木质素在木材热处理，如木桶的炭化或再炭化过程中，通过热降解产生有机化合物。它通过成熟过程进入酒中，是威士忌散发出类似香草的甜味的原因。

酒醪（Wash）：经过发酵的麦芽汁，随后转移到酒醪蒸馏器中进行第一次蒸馏。

发酵罐（Washback）：通常由花旗松或不锈钢制成的发酵容器。

麦芽发酵汁蒸馏器（Wash still）：用于将麦芽发酵汁进行蒸馏。得到的是 22%~25%vol 的低酒精度液体，称为低度数酒液。

小麦（Wheat）：用于生产苏格兰谷物威士忌和一些美国威士忌的谷物，生物学名称为 *Triticum vulgare*。

白狗（White dog）：美国人对新蒸馏威士忌原酒（New make）的称呼。

盘管冷凝器（Worm tub）：也称为虫管水浴冷凝器，是传统的冷凝器，蒸汽在盘管内经过冷凝而提取蒸馏液体。

麦芽汁（Wort）：将麦芽加热水后糖化过滤的液体，含有大量的糖分，麦芽汁经过发酵，糖转化成乙醇。

威士忌（Whisky/Whiskey）：经谷物发酵蒸馏后，经过橡木桶中陈酿的酒。苏格兰、加拿大和日本威士忌用 Whisky，而爱尔兰和美国威士忌用 Whiskey，但是并非所有的美国威士忌都会这样标注。

木桶收尾（Wood finishing）：也被称为"过桶"。威士忌经过橡木桶陈酿后，从原来的橡木桶转移到另一个橡木桶，再陈酿一段时间，目的是进一步从第二个桶中提取不同种类的香味，获得更醇厚和多元化的口感。

酵母（Yeast）：将糖转化为乙醇的微生物。

参考文献

[1] 姚丹译. 威士忌 [M]. 上海：上海文艺出版社，2019.

[2] 方宓译. 威士忌赏味指南 [M]. 武汉：华中科技大学出版社，2018.

[3] 戴夫·布鲁姆. 世界威士忌地图 [M]. 卢馨声，汪海滨，张晋维等，译. 李大伟审译. 上海：上海三联书店，2018.

[4] 野田省一. 威士忌博物馆 [M]. 东京：株式会社讲谈社，1979.

[5] 于景芝等. 酵母生产与应用手册 [M]. 北京：中国轻工业出版社，2015.

[6] 李知洪等. 酵母：啤酒酿造菌种指南 [M]. 北京：中国轻工业出版社，2019.

[7] 邱德夫. 威士忌学 [M]. 北京：光明日报出版社，2019.

[8] 孙方勋. 苏格兰威士忌酿造（上）[J]. 食品工业，1994，（4）：23-26.

[9] 孙方勋. 苏格兰威士忌酿造（下）[J]. 食品工业，1994，（5）：38-40.

[10] 埃迪·勒德洛. 威士忌品鉴课堂 [M]. 孙立新，赵兰，欧祺，译. 北京：中国轻工业出版社，2021.

[11] 芦·布莱森. 魏嘉仪译. 威士忌品饮全书 [M]. 中国台北：积木文化，2018.

[12] 米凯勒·吉多. 威士忌原来是这么回事儿 [M]. 谢珮琪译. 北京：中信出版集团，2019.

[13] 王恭堂. 白兰地工艺学 [M]. 北京：中国轻工业出版社，2019.

[14] 林锦淡. 啤酒酿造技术 [M]. 台北：华香圆出版社，1983.

[15] 李记明. 橡木桶葡萄酒的摇篮 [M]. 北京：中国轻工业出版社，2010.

[16] 陈正颖. 凝视苏格兰威士忌 [M]. 上海：上海科学技术出版社，2020.

[17] 雷热米·欧热，蒂埃里·丹尼尔，艾瑞克·佛萨尔. 世界经典鸡尾酒大全 [M]. 蒯佳，孙昕潼，译. 北京：中国轻工业出版社，2018.

[18] 孙方勋. 世界葡萄酒和蒸馏酒知识 [M]. 北京：中国轻工业出版社，1993.

[19] 孙方勋. 调酒师教程 [M]. 北京：中国轻工业出版社，1999.

[20] 查尔斯·麦克莱恩. 威士忌百科全书 [M]. 支彧涵译. 北京：中信出版社，2020.

[21] 英格·拉塞尔，格雷厄姆·斯图尔特. 威士忌生产工艺与营销策略 [M]. 陈正颖，主译. 上海：上海科学技术出版社，2021.

[22] 戴夫·布鲁姆. 威士忌浓情烈酒 [M]. 何祺桢，译. 武汉：华中科技大学出版社，2021.

[23] 范文来，徐岩. 蒸馏酒工艺学 [M]. 北京：中国轻工业出版社，2023.

[24] 费多·迪夫思吉. 调酒师宝典酒吧圣经 [M]. 龚宇，译. 上海：上海科学普及出版社，2006.

[25] 卢·布赖森. 品鉴威士忌 [M]. 李一汀，译. 北京：中国友谊出版社，2018.

[26] 李记明. 葡萄酒技术全书 [M]. 北京：中国轻工业出版社，2021.

[27] 希瑞尔·马尔德，亚历山大·瓦吉. 图解威士忌 [M]. 秦力，译. 北京：北京美术摄影出

版社，2021.

[28] 邱德夫. 美国威士忌全书 [M]. 台北：写乐文化有限公司，2022.

[29] 陈正颖. 威士忌印象河流 [M]. 上海：上海科学技术出版社，2022.

[30] 范文来，徐岩. 酒类风味化学 [M]. 北京：中国轻工业出版社，2020.

[31]Campbell I.Yeast and fementation.In whisky. technology, production and marketion[M]. London:Elsevier Ltd.，2003.

[32]Kunkee R E，Bisson L F. Brewer's yeast.In the yeasts，yeast technology[M]. 2nd London：Academic Press，2012.

[33]Stewart G G.Yeast nutrition. In brewing and distilling yeasts.The yeast handbook[M]. Cham:Springer，2017.

[34]Peddie H A B.Ester formation in brewery fermentations[J].J Inst Brew，1990，96，（5）:327-331.

[35]Dolan T C S.Malt whiskies:raw materials and processing.In whisy：technology，production and marketiog[M].London:Elsevier，2003.

[36]Pyke M.The manufacture of scotch grain whisky[J]. J Inst Brew，1965，71（3）:209-218.

[37]Piggott J R，Conner J M.Whiskies.In fermented beverage production[M].New York:Kluwer Academic/Plenum Publishers，2003.

[38]Bringhurst T A，Bboadhead A L，Brosnan J.Grain whisky:raw materials and processing.In whisky. technology，productoon and markeing[M].London:Elsevier，2003.

[39]Wilkin G D.Milling，cooking and mashing.In the science and technology of whiskies[M]. Harlow:Longman，1989.

[40]Dolan T C S.Some aspects of the impact of brewing science on Scotch malt whisky production[J].J Inst Brew，1976，82（3）:177-181.

[41]Watson D C.The development of specialized yeast strains for use in Scotch malt whisky fermentations.In current developments in yeast research[M].Oxford:Pergamon，1981.

[42]Pyke M.The manufacture of scotch grain whisky [J].J Inst Brew，1965，71（3）:209-218.

[43]Campbell I.Grain whisky distillation.In whisky. yechnology，production and marketion[M]. London:Elsevier，2003.

[44]Bertrand A.Armagnac and Wine-Spirits.In Fermented Beverage Production [M].New York;Kluwer Academic/Plenum Publishers,2003.

[45]Tenge C.Yeast.In Handbook of Brewing. Processes，Technology Markets[M]. Weinheim:Wily-VCH Verlag GmbH&Co.KGaA，2009.

[46]Jean-Claude BUFFIN.EducVin Developing Your Skills as a Wine Taster[M].French Collection Avenir Oenologie,2002.

[47]Alf McCreary.Spirit of the Age[M].The "Old Bushmills" Distillery Company Ltd.1983.

[48]Mark Skip Worth.The Scotch Whisky Book[M].Lomond Book.1994.

[49] 柴岫. 中国泥炭的形成与分布规律的初步探讨 [J]. 地理学报,1981,36(3):237-253.

[50] 陈淑云. 中国泥炭 [M]. 吉林：东北师范大学出版社，1998.

后记

历经 3 年，终于完成了这本书的编写。

光阴似箭，岁月如歌，屈指算来，从事酿酒行业已经 40 多年了。去年已经到了法定的退休年龄，这本书的出版，也是送给我多年从事这份挚爱工作的"大礼"。

1982 年，我进入青岛葡萄酒厂工作后，曾利用业余时间出版过多部有关酒的专著。而写一本关于威士忌的书，则是我多年以来的一个美好愿望。今天，能顺利完成这本书，首先要感谢一位老前辈的栽培——我国威士忌研究的资深专家王好德老师。

青岛葡萄酒厂是国内最早生产威士忌、伏特加、金酒的厂家，这是我从事蒸馏酒技术研究的根基，在这里使自己得到了磨炼。几十年来，我多次赴欧洲交流白兰地、威士忌蒸馏技术，到澳大利亚进修葡萄酿酒工艺，到美国和意大利学习酿酒企业管理，到访智利谈判葡萄酒合作项目……所有这些都丰富了我的酿酒阅历，提升了我的专业知识。1992 年我有幸成为青岛市破格提拔最年轻的高级工程师，2000 年开始成为连续多届的国家级评酒委员及中国葡萄酒技术委员会委员。今年，本来已退休的我，又被中国酒业协会聘为威士忌技术委员会委员。其实我做的工作远远不够，有关部门及行业组织给予我很多的荣誉，这是对我的信任，使我增强了做好酒、写好书、干一辈子酒的信心和使命感。

可以说，我的酿酒生涯是和改革开放同时起步的，恰好见证了改革开放 40 余年来我国酿酒行业从振兴到快速发展的全过程。多年来，我从酿酒师到总工程师、从葡萄酒讲师到大学兼职副教授、从美酒写作到酒文化推广、从酒行业管理者到酒厂总经理、从酿酒企业的高管到自主创业……我在酿酒行业内尝试过多种职业，这些经历都是我的宝贵财富，感谢这个时代恩赐给我的幸福人生。

虽然我国威士忌有百年的生产历史，但是由于种种原因发展速度较慢。近几年来，随着人们生活和文化水平的提高，威士忌的需求量增加，新的生产厂家不断涌现，迫切需要一些威士忌工艺和技术方面的资料和图书。

为了编写这部《威士忌工艺学》，我整理和收集了近半个世纪以来有关我国研究威士忌的完整历史资料；走访了国内大部分威士忌酒厂；拜访了许多国内外著名专家及学者；也得到了有关方面及人士的大力支持。可以说没有这些付出，这本书是难以完成的。

在编写过程中，为了不断充实和完善本书的内容，先后召开了两次审稿会，来自国内外的专家们提出了许多宝贵的建议，在此深表感谢！

首先要感谢中国酒业协会国际蒸馏酒、利口酒分会和威士忌专业委员会的指导；感谢中国轻工业出版社生物分社江娟社长和贺娜编辑的精心策划和辛勤付出；感谢苏格兰威士忌协会、爱尔兰威士忌协会及中国传媒大学支彧涵老师提供的大量精美图片；感谢日本讲谈社株式会社野间省一提供的《威士忌博物馆》中的珍贵资料。

还要感谢中国酒业协会王延才名誉理事长；感谢中国食品发酵工业研究院首席专家王德良

博士；感谢《新版威士忌学》一书的作者邱德夫博士，他们在百忙之中为本书作序。

感谢来自中国台湾省的"烈酒浪人"陈正颖先生、跨国洋酒集团资深经理人蒯光复先生、张裕集团原总工程师王恭堂老师以及青岛葡萄酒厂的老领导张世德、李贵章、陈迎奎先生的鼎力相助。

感谢崅州蒸馏厂、钰之锦蒸馏酒（山东）有限公司、福建大芹陆宜酒业有限公司、湖南浏阳高朗烈酒酿造有限公司、泸州老窖股份有限公司、烟台裕昌机械有限公司、高密新成橡木桶有限公司、上海鼎唐国际贸易有限公司、安琪酵母股份有限公司、青岛华东葡萄酒有限公司、法国乐斯福集团弗曼迪斯事业部等单位对本书出版的大力支持。

最后还要感谢我的家人。为了写作，家中的书房、客厅有时被我弄得像个旧书市场，而我的夫人从来没有因此有过怨言，我保证当这本书完成后就会整理利索。我的儿子、儿媳也利用业余时间帮助我进行文字编辑及录入。她（他）们都在默默地支持我，其付出是无怨无悔、心甘情愿的。

由于本人学识所限，在本书的编写过程中，难免会出现瑕疵和错误，欢迎大家指正，期待本书再版时得到修正和完善。

孙方勋

2023 年 12 月

泸州老窖养生酒业简介

　　"浓香鼻祖"泸州老窖是在明清36家酿酒作坊群的基础上发展起来的国有大型酿酒企业，是浓香技艺的开创者、浓香标准的制定者和浓香品牌的塑造者。公司拥有从公元1324年传承至今、历经24代的"泸州老窖酒传统酿制技艺"，入选首批"国家级非物质文化遗产名录"；拥有从公元1573年连续使用至今的"1573国宝窖池群"，被列为"全国重点文物保护单位"，入选"中国世界文化遗产预备名单"。

　　泸州老窖养生酒业作为集研发、生产与营销为一体的泸州老窖股份有限公司旗下全资子公司，是泸州老窖新的增长点，是泸州老窖拥有核心竞争力的绿色增长极，承担着探索中国白酒创新发展的使命。养生酒业率先把握大健康产业发展趋势，将传统酿制技艺、中华养生文化与现代生物科技相结合，依托国家固酿中心等国家技术平台，建立了由中国酿酒大师沈才洪领衔，以国家白酒评委、果露酒评委、博士为主体的专家级科技研发团队。

　　目前，已经成功推出涵盖三大品系、十余款产品的品牌矩阵：以泸州老窖滋补大曲、五行和合酒等为代表的滋养类健康养生酒；以茗酿、茗酿·萃绿等为代表的草本花果类健康养生酒；以泸州红、绿豆大曲、天之圣液、百年白首等为代表的食药原材类健康养生酒。茗酿作为泸州老窖股份有限公司战略大单品，是中国白酒国际化的典型代表，将中国美酒的健康与时尚敬呈世界。

　　养生酒业在威士忌板块创新发展，旗下 KYLIN DS™ 中式威士忌风味蒸馏酒，在第十七届中国国际酒业博览会上从众多参选酒品中脱颖而出，获得专家评委一致认可，摘得威士忌类新品荣誉桂冠"青酌奖"。

　　大健康时代千帆竞发、百舸争流，养生酒业踔厉奋发、笃行不怠，将科技、时尚、健康、快乐的中国美酒，献给向往美好生活的消费者。

Fermentis
Yeasts
for Whisky

Fermentis 威士忌酵母

欢迎通过微信公众号联系我们
账号名称: Fermentis
Tel : +86-21-61152788 | Fax : +86-21-61152787

THE OBVIOUS CHOICE FOR BEVERAGE FERMENTATION

饮料发酵的明智之选

SafSpirit™
M-1

The popular yeast
strain **for Scotch and
single malt** Whiskies

苏格兰风格及单一麦芽威士
受欢迎酵母菌株

SafSpirit™
D-53

Ideal **for fruity
new-make grain-based**
Spirits

果香型新酒和谷物
烈酒的理想之选

SafSpirit™
USW-6

The traditional
yeast strain **for American
Whiskey production**

美式威士忌生产所用
传统酵母菌株